"十三五"国家重点出版物出版规划项目
材料科学研究与工程技术系列

材料化学

翟玉春　编著

U0223100

哈尔滨工业大学出版社

内容提要

本书系统地阐述了材料化学的基础理论和基本知识。内容包括材料的结构化学、材料制备过程的热力学和材料制备过程的动力学。

本书可作为材料化学专业本科生、研究生的教材,也可作为冶金、材料、化学、化工、地质等专业的本科生、研究生的教材和参考书,还可供上述专业教师和相关专业技术人员参考。

图书在版编目(CIP)数据

材料化学/翟玉春编著. —哈尔滨:哈尔滨工业大学
出版社,2017.9(2020.9 重印)
ISBN 978 - 7 - 5603 - 6073 - 7

Ⅰ.①材… Ⅱ.①翟 … Ⅲ.①材料科学-应用化学
Ⅳ.①TB3

中国版本图书馆 CIP 数据核字(2016)第 131208 号

材料科学与工程
图书工作室

策划编辑 杨 桦
责任编辑 何波玲
封面设计 卞秉利
出版发行 哈尔滨工业大学出版社
社 址 哈尔滨市南岗区复华四道街 10 号 邮编 150006
传 真 0451 - 86414749
网 址 http://hitpress.hit.edu.cn
印 刷 黑龙江艺德印刷有限责任公司
开 本 787mm×1092mm 1/16 印张 35.25 字数 834 千字
版 次 2017 年 9 月第 1 版 2020 年 9 月第 2 次印刷
书 号 ISBN 978 - 7 - 5603 - 6073 - 7
定 价 98.00 元

前　　言

材料化学学科的专业课由材料化学的基础理论、材料的化学制备方法和材料化学的研究方法三部分构成。

材料化学是材料化学学科的基础理论课,内容包括材料的结构化学、材料制备过程的热力学和材料制备过程的动力学。材料的结构化学的主要内容是材料的化学组成、结构及其与性质、性能的关系。材料制备过程的热力学的主要内容包括气体和溶液的热力学、吉布斯自由能变化、相图和相变。材料制备过程的动力学的主要内容包括传质理论、化学反应速率和化学反应的控制步骤。

材料的化学制备方法的内容包括各种材料尤其是新材料的化学制备方法,涵盖材料制备的工艺技术条件和相应的装备。

材料化学研究方法的内容包括材料组成、结构、性质、性能的测试和表征方法及仪器,材料制备过程所涉及的体系的热力学量的测试、物性的测试,材料制备过程动力学的研究方法和动力学参数的测试方法及仪器等。

本书是作者在东北大学和中国科学院金属研究所讲授材料化学课的讲义基础上编写的。其中大部分内容参阅了一些其他作者的专著和教材,一部分内容是作者本人研究成果的总结。

感谢东北大学、东北大学秦皇岛分校为我提供了良好的写作条件!

作者感谢哈尔滨工业大学出版社,感谢本书的编辑杨桦、何波玲为完成本书,她们倾注了大量的心血和精力。

我的学生申晓毅博士、王佳东博士、谢宏伟博士、廖先杰博士、宁志强博士、王乐博士共同录入了全文,申晓毅博士、王佳东博士对全书文稿做了编排并配置了全部插图,在此向他们表示真诚的感谢!

还要感谢那些被我引用的专著和教材的作者!没有他们我也难以完成本书的写作。

感谢所有支持和帮助我完成本书的人,尤其是我的妻子李桂兰女士对我的全力支持,使我能够完成本书的写作!

由于作者水平有限,难免存在不妥之处,请读者批评指正!

作　者

2017 年 7 月 12 日

目　　录

第1章　晶体学基础

固态物质按组成它的原子、离子或分子的空间排列是否有序划分为晶体和无定形（非晶）体两大类。晶体的有序是指构成晶体的原子、离子或分子等微粒在空间呈周期性的、有规则的排列。

晶体在宏观上是均匀的，各个部分的性质相同，局部性质和整体的性质相同。这是构成晶体的微粒重复排列的结果。晶体又具有各向异性的性质，即沿晶体的不同方向的电导率、热导率、折光系数、解理性不一定相同。这是构成晶体的微粒在各个方向上排列不同所致。晶体在外形上常具有规则的几何形状，表现出对称性。这是构成晶体的微粒规则排列的结果。

除晶体外，还有一类物质称玻璃体，是物质从液态冷却时，微粒没有充分的时间做规则排列就冻结在无序的过冷液态中。这样冻结成的固体与晶体不同，没有周期性的结构，没有固定的熔点，没有宏观对称性，具有各向同性。这类物质如玻璃、金属玻璃、松香、动物胶等。

还有某些物质是由极微小的单晶组成的，每个晶粒仅包含几个或几十个晶胞，这种物质称为微晶物质，例如炭黑。

玻璃体和微晶物质通称为无定形体。

自然界中绝大多数固体物质是晶体，因此研究晶体具有重大意义。晶体的性质由其化学组成和空间结构决定。研究晶体的组成、结构和性质之间关系的科学称为结晶化学。结晶化学包括两部分内容：一是研究晶体结构数学特征的晶体学；二是研究构成晶体的微粒间相互作用的本质和规律及其与性质间关系的化学晶体学。本章主要讨论晶体学。

1.1　晶体的点阵结构

1.1.1　晶体结构的周期性

晶体的外形一般比较齐整和规则，呈多面体形状。晶体外表所呈现的规则多面体形状是晶体内部本质的一种外在反映，是构成晶体的原子、离子或分子等微粒在空间做规则排列的结果。晶体内部结构具有明显的空间排列的周期性。

所谓晶体结构的周期性，是指一定数量和种类的原子、离子或分子在空间排列上每隔一确定的距离重复出现的情况。一个周期性的结构包含两个要素：一个是周期重复的内容，即结构单元；另一个是重复周期的大小和方向。晶体可以定义为由原子、离子或分子在空间周期地排列所构成的热力学稳定的物质。

1.1.2　晶体结构与点阵

在讨论晶体的几何结构时,可以忽略构成晶体的微粒的属性和特征(不管其是什么种类的原子、离子或分子),将其抽象成没有大小、没有质量、不可分辨的几何点。这些按照一定的规律排布的几何点构成的图形称为点阵。通过研究点阵的性质来讨论晶体的几何结构的理论就称为点阵理论。

1.1.2.1　一维晶体与直线点阵

聚乙烯长链高分子 $\text{(CH}_2)_n$ 的周期结构如图 1.1 所示。

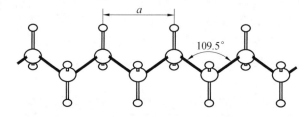

图 1.1　聚乙烯长链高分子 $\text{(CH}_2)_n$ 的周期结构

聚乙烯分子周期性重复的内容即结构基元是两个碳原子和四个氢原子组成的乙烯分子基团 $CH_2=CH_2$;重复周期的大小就是图中不相连的最近的碳原子间的距离,方向由左向右。若把乙烯分子基团 $CH_2=CH_2$ 看作结构基元,并抽象为一个几何点,再将几何点放在乙烯分子基团 $CH_2=CH_2$ 同等位置、相同种类的原子的中心。这样,由各结构基元所抽象出的点就沿着向量 a 的方向按直线排列,如图 1.2 所示。

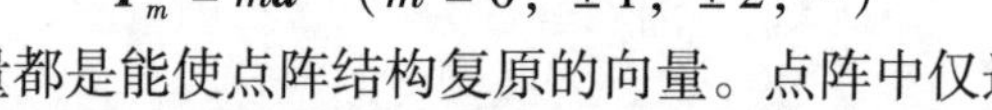

图 1.2　由聚乙烯分子抽象成的直线点阵

与原子间距 a 相比,聚乙烯分子可看作无限长,由聚乙烯分子抽象出的一组点就构成一维点阵或直线点阵。

在直线点阵中,可以找到与直线点阵相对应的平移群:
$$T_m = ma \quad (m = 0,\ \pm 1,\ \pm 2, \cdots)$$

平移群中任一向量都是能使点阵结构复原的向量。点阵中仅过两个点阵点的向量称为素向量,点阵中最短的向量称为基向量,所以 a 既是素向量又是基向量。

这样,我们有了两个研究周期性结构的数学工具:反映结构周期性的几何形式 —— 点阵和描述结构周期性的代数形式 —— 平移群。

1.1.2.2　二维晶体和平面点阵

平面形 As_2O_3 晶体的周期性结构如图 1.3 所示。As_2O_3 晶体周期性重复的内容即结构基元是由三个氧和一个砷组成的 As_2O_3。将每个结构基元抽象为一个几何点,将其放于结构基元中同等位置 —— 相同种类的原子中心,即可抽象出如图 1.4 所示的二维点阵或平面点阵。

平面点阵中只过两个点阵点的向量称为素向量。素向量可能有很多个。在不同方向上的两个最短的素向量称为基向量。基向量只有两个。因此与该平面点阵相对应的平移群为

$$T_{mn} = ma + nb \quad (m,n = 0, \pm 1, \pm 2, \cdots)$$

平移群中的任一向量都能使点阵结构复原,即点阵按平移群向量变换是一等价变换。

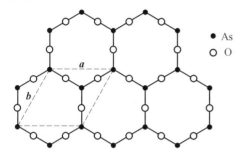 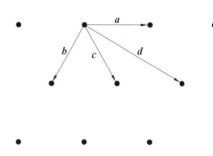

图 1.3　平面形 As_2O_3 晶体的周期性结构　　图 1.4　由 As_2O_3 晶体抽象出的平面点阵

1.1.2.3　三维晶体和空间点阵

三维 NaCl 晶体的结构如图 1.5 所示。

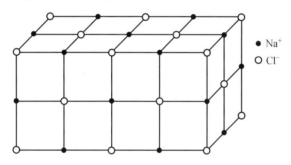

图 1.5　三维 NaCl 晶体的结构

NaCl 晶体周期性重复的内容即结构基元是一个钠离子和一个氯离子组成的 NaCl。实际上氯化钠晶体中并不存在 NaCl 分子,NaCl 是表示其组成的化学简式。将每个结构基元 NaCl 抽象为一个几何点,可将其置于 Na^+ 或 Cl^- 的位置中心。这样就得到一个三维点阵或空间点阵,如图 1.6 所示。

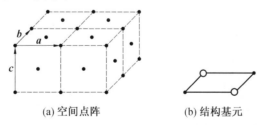

(a) 空间点阵　　　　　(b) 结构基元

图 1.6　由 NaCl 晶体抽象出的空间点阵和结构基元

三个素向量是 a,b,c。与空间点阵相应的平移群是

$$T_{mnp} = ma + nb + pc \quad (m,n,p = 0, \pm 1, \pm 2, \cdots)$$

按 a,b,c 素向量可将空间点阵划分为空间格子。

1.1.3 点阵和格子

在平面点阵和空间点阵中选择一组平移向量的方式很多,如图 1.7 中的 a 和 b,a' 和 b' 等;图 1.8 中的 a,b,c 及 a',b',c' 等。

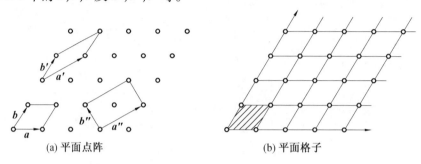

(a) 平面点阵　　　　　　　　　　　(b) 平面格子

图 1.7　平面点阵和平面格子

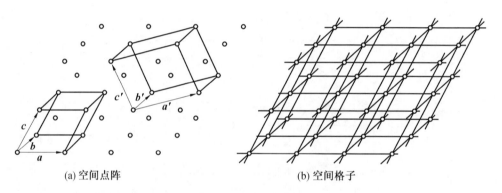

(a) 空间点阵　　　　　　　　　　　(b) 空间格子

图 1.8　空间点阵和空间格子

以平移向量为边画出的平行四边形称为平面点阵的单位。只包含一个点阵点的单位称为"素单位"。例如 a 和 b 或 a' 和 b' 组成的单位的 4 个顶点都有一个点阵点,这种点为 4 个邻近的单位所共有,所以属于一个单位的点数仅为 $\frac{1}{4} \times 4 = 1$。而由 a'' 和 b'' 组成的单位除 4 个顶点外,中心还有一个点阵点,所以这一单位包含 $\frac{1}{4} \times 4 + 1 = 2$ 个点阵点。包含两个或两个以上点阵点的单位称为复单位。

只在两端有点阵点的向量称为素向量,其中不在同一方向上的两个最短的素向量称为基向量。与上面平面点阵相应的平移群可有多种写法:

$$T_{mn} = ma + nb = ma' + nb' = \cdots \quad (m,n = 0,\ \pm 1,\ \pm 2,\cdots;m',n' = 0,\ \pm 1,\ \pm 2,\cdots)$$

同样,在空间点阵中以一组平移向量 a,b,c 为边画出的平行六面体称为空间点阵单位。

每个空间点阵单位的 8 个顶点上的点阵点为 8 个邻近单位所共有,所以每个单位包含 $\frac{1}{8} \times 8 = 1$ 个点阵点。在空间点阵单位面上的点为两个邻近单位所共有,每个单位分到 $1/2$ 个点阵点。在空间点阵单位边线上的点为邻近 4 个单位所共有,每个单位分得 $1/4$ 个点阵点。在空间点阵单位中心的点就全属于这个单位。空间点阵的素向量也不止一种,除 a,b,c 外还可以有 $a',b',c';a'',b'',c'',\cdots$,所以相应的平移群也可以有多种写法:

$$T_{mnp} = ma + nb + pc = ma' + nb' + pc' = \cdots$$

$$(m,n,p = 0, \pm1, \pm2,\cdots; m',n',p' = 0, \pm1, \pm2,\cdots)$$

按所选择的向量把全部平面点阵用直线连接起来所得的图形为平面格子。图 1.8 就是相应于向量 a 和 b 的平面格子。选择不同的向量可以把同一平面点阵划分为几种不同的平面格子。同样,按所选择的向量把全部空间点阵用直线连接起来所得的图形为空间格子。选择不同的向量可以把同一空间点阵划分为几种不同的空间格子。

在划分点阵点为格子时,遵循在考虑对称性的前提下尽量含点阵点少的原则。这样选取的单位称为正当点阵单位,相应的格子称为正当格子。

据此原则,平面正当点阵单位可有 5 种形式,如图 1.9 所示。

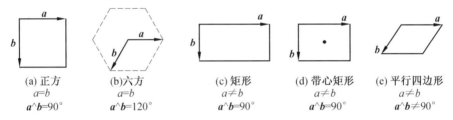

(a) 正方
$a=b$
$a^{\wedge}b=90°$

(b)六方
$a=b$
$a^{\wedge}b=120°$

(c) 矩形
$a\neq b$
$a^{\wedge}b=90°$

(d) 带心矩形
$a\neq b$
$a^{\wedge}b=90°$

(e) 平行四边形
$a\neq b$
$a^{\wedge}b\neq90°$

图 1.9　平面正当点阵单位

空间正当点阵单位按包含点阵点的情况可有 4 种类型,如图 1.10 所示。

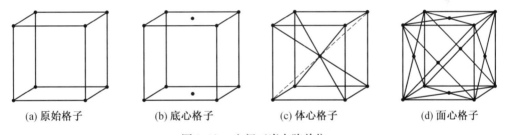

(a) 原始格子　　(b) 底心格子　　(c) 体心格子　　(d) 面心格子

图 1.10　空间正当点阵单位

空间点阵单位是由 a,b,c 一组向量所规定的平行六面体。若根据 a,b,c 的相对长度和两个向量间的夹角特征,可以划分为 7 种类型,它们分别为:

立方:$a = b = c, \alpha = \beta = \gamma = 90°$;

六方:$a = b \neq c, \alpha = \beta = 90°, \gamma = 120°$;

四方:$a = b \neq c, \alpha = \beta = \gamma = 90°$;

三方:$a = b = c, \alpha = \beta = \gamma \neq 90°$;

正交:$a \neq b \neq c, \alpha = \beta = \gamma = 90°$;

单斜:$a \neq b \neq c, \alpha = \beta = 90°, \gamma = 120°$;

三斜:$a \neq b \neq c, \alpha \neq \beta \neq \gamma$。

在此基础上,再考虑点阵点的情况,即考虑是素单位和复单位,每种类型又可分为一种或几种形式,总计为 14 种,如图 1.11 所示。

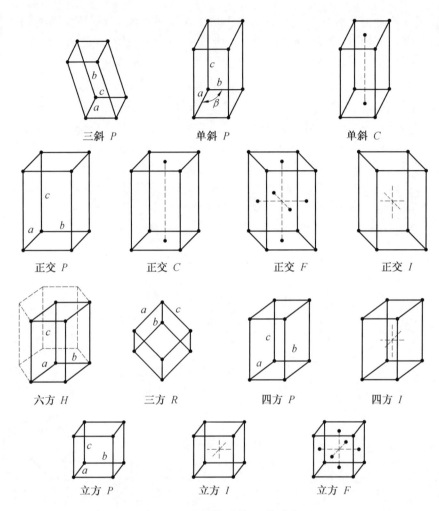

图 1.11　空间格子的 14 种形式

　　这 14 种空间点阵形式是由布拉维(Bravais)在 1885 年推导得到的,称为布拉维空间格子。这 14 种点阵形式对晶体来讲是唯一的,是由晶体点阵结构的特点及划分正当点阵单位的原则所决定的。

1.1.4　点阵和晶体、格子和晶胞

　　将格子放回到原来的晶体中,将晶体划分为晶格,截分的一个个包含等同内容的基本单位,称为晶胞。

　　例如,将 As_2O_3 晶体抽象出的点阵,按基向量 **a** 和 **b** 的方向划分成正当平面格子后,再将此平面格子放回 As_2O_3 晶体中,则将 As_2O_3 晶体划分为晶格,截分成平置的、包含有相同结构内容的基本单位 —— 晶胞,如图 1.12 所示。

　　将 NaCl 晶体抽象出的点阵,按向量 **a**,**b**,**c** 的方向划分为正当空间格子后,再将此空间格子放回 NaCl 晶体中,则将 NaCl 晶体划分为晶格,截分的一个个包含相同结构内容的基本单位就是 NaCl 的晶胞,如图 1.13 所示。

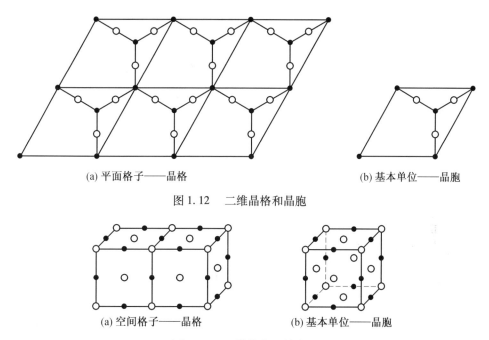

(a) 平面格子——晶格　　　　　　　　　　　　　　(b) 基本单位——晶胞

图 1.12　　二维晶格和晶胞

(a) 空间格子——晶格　　　　　　　　　　(b) 基本单位——晶胞

图 1.13　　三维晶格和晶胞

晶胞是保持晶体结构特征的最小单位。整个晶体可以看作是由晶胞拼成的。

1.1.5　格子、正当点阵单位、晶格和晶胞

讨论了点阵以后,可以给晶体重新下一个定义,即原子、离子或分子按点阵排布的物质称为晶体。每个点阵点代表晶体中的结构基元。结构基元可以是原子、离子、离子团或分子等。

点阵划分为格子后所得到的正当点阵单位,在晶体结构中就是晶胞,它是晶体结构中的最小单位。

空间点阵可以从各个方向上划分成许多组平行的平面点阵。这些平面点阵组在晶体外形上就表现为晶面。平面点阵的交线就是直线点阵,在晶体的外形上就表现为晶棱。

晶胞是代表晶体组成、结构特征和性质的最小单位,晶胞形状的不同可以作为晶体分类的根据。相应于 7 种正当格子类型,有 7 种晶胞类型,称为 7 个晶系。

表 1.1 列出了 7 个晶系的名称和特征,其中立方晶系的对称性最高,称为高级晶族;六方、四方、三方晶系次之,称为中级晶族;正交、单斜、三斜晶系又次之,称为低级晶族。表中还列出特征对称元素。所谓特征对称元素,是晶体归入该晶系至少需要具备的对称元素。可以通过特征对称元素从晶体外形决定它所属的晶系。具体做法是,对一个具体晶体,按对称性由高到低次序来判断其所属晶系。先找有没有 4 个 3,如果有则为立方晶系,若没有则找有没有 6 或 $\bar{6}$,如果有则属六方晶系,若没有则继续往下找。依次类推,直到找到为止。

每种类型的正当点阵单位,因其可以是素单位或复单位,又可以分为一种或几种形式,称为正当点阵单位形式,总计 14 种,相应晶体就有 14 种晶胞形式。这 14 种晶胞形式

和14种布拉维空间点阵单位形式是一样的,如图1.11所示。

表1.1 7个晶系的名称和特征

晶族	晶系	晶胞特征	特征对称元素	点 群
高级	立方	$a = b = c$ $\alpha = \beta = \gamma = 90°$	4个$\underline{3}$	$23,43,m3,\overline{4}3m,m3m$
中级	六方	$a = b \neq c$ $\alpha = \beta = 90°,\gamma = 120°$	$\underline{6}$ 或 $\overline{6}$	$6,\overline{6},6/m,6mm,$ $\overline{6}2m,62,6/mmm$
中级	四方	$a = b \neq c$ $\alpha = \beta = \gamma = 90°$	$\underline{4}$ 或 $\overline{4}$	$4,\overline{4},4/m,4mm,$ $\overline{4}2m,42,4/mmm$
中级	三方	$a = b = c$ $\alpha = \beta = \gamma \neq 90°$	$\underline{3}$ 或 $\overline{3}$	$3,\overline{3},3m,\overline{3}m,32$
低级	正交	$a \neq b \neq c$ $\alpha = \beta = \gamma = 90°$	三个相互垂直的2 或 两个相互垂直的m	$mm,222,mmm$
低级	单斜	$a \neq b \neq c$ $\alpha = \gamma = 90°,\beta > 90°$	$\underline{2}$ 或 m	$2,m,2/m$
低级	三斜	$a \neq b \neq c$ $\alpha \neq \beta \neq \gamma$	无	$1,\overline{1}$

1.2 描述晶体特征的参数和定律

1.2.1 晶胞参数及晶胞内原子的分数坐标

空间格子将晶体结构分成一个个包含等同内容的基本单位,即晶胞。晶胞包含大小、形式、内容三个要素。大小是指三个素向量的大小和方向;形式是指简单格子还是带心格子;内容是指晶胞中有哪些原子、离子或分子,以及它们在晶胞中的位置和分布情况。如果了解晶胞中原子、离子或分子的分布情况,通过平移就知道晶体中所有的原子、离子或分子是怎样排列的。

围成晶胞的三个向量 a,b,c 的大小就是晶胞中三个互不平行的棱长,以 a,b,c 表示;其夹角为 $\alpha = \widehat{bc},\beta = \widehat{ca},\gamma = \widehat{ab};a,b,c,\alpha,\beta,\gamma$ 合称为晶胞参数,规定了晶胞的大小和形状。

晶胞中原子的分布可以用原子的分数坐标来表示。晶胞的存在提供了天然、合理的空间坐标。选三个向量 a,b,c 的三个方向为三个晶轴 Ox,Oy,Oz,三个向量的交点为坐标原点,每个轴的单位长度为 a,b,c。这样,晶胞中原子的位置可以用表示其坐标的三个数来规定。

如图1.14所示,O 为晶胞原点,P 为晶胞中某原子的位置,则对于向量 OP 来说,有

$$OP = xa + yb + zc$$

由于 $x,y,z \leq 1$,所以称 x,y,z 为分数坐标。

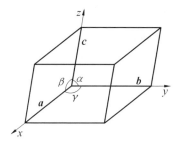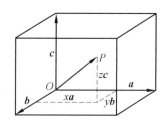

图 1.14 晶胞的坐标

例 1 NaCl 的晶胞原子分数坐标(图 1.15(a)) 为

Na$^+$	(1)1/2,	0,	0	Cl$^-$	(1)0,	0,	0
	(2)0,	1/2,	0		(2)1/2,	0,	1/2
	(3)0,	0,	1/2		(3)1/2,	1/2,	0
	(4)1/2,	1/2,	1/2		(4)0,	1/2,	1/2

例 2 CsCl 的晶胞原子分数坐标(图 1.15(b)) 为

Cs$^+$ 1/2, 1/2, 1/2; Cl$^-$ 0, 0, 0

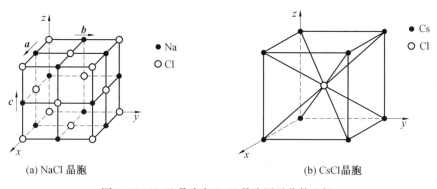

(a) NaCl 晶胞

(b) CsCl晶胞

图 1.15 NaCl 晶胞和 CsCl 晶胞原子分数坐标

1.2.2 晶面指标及定律

晶体的空间点阵可划分为一族平行而等间距的平面点阵。晶体外形中的每个晶面都和一族平面点阵平行。所以可根据晶面和晶轴相互间的取向关系,用晶面指标标记同一晶体内不同方向的平面点阵族或晶体外形的晶面。

设有一平面点阵与三个坐标轴 x,y,z 相交,在三个坐标轴上的截数分别为 r,s,t(以 a,b,c 为单位的截距数),截数之比即可反映出平面点阵的方向,如图 1.16 所示。

但若直接由截数之比 r,s,t 表示时,当平面点阵和某一坐标轴平行时,截数将会出现 ∞。为了避免出现 ∞,可采用截数的倒数之比($1/r,1/s,1/t$)作为平面点阵的指标。由于平面点阵的特性,这个比值一定可化为互质的整数之比,即

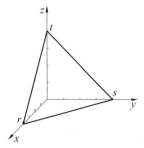

图 1.16 晶面在坐标轴上的截距

$$1/r:1/s:1/t = h^* : k^* : l^*$$

所以平面点阵的取向就用指标 $(h^* k^* l^*)$ 表示。例如, $r=3,s=3,t=4$,则

$$1/r:1/s:1/t = 1/3:1/3:1/4 = 4:4:3$$

该平面点阵的指标即为 (443)。

晶体外形中每个晶面都和一族平面点阵平行,所以 $(h^* k^* l^*)$ 也用作和该平面点阵平行的晶面指标,如图 1.17 所示。

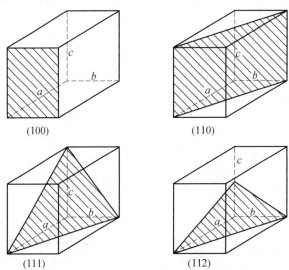

图 1.17　晶面指标

平面点阵族 $(h^* k^* l^*)$ 中相邻两个点阵平面间的距离用 $d(h^* k^* l^*)$ 表示。在最简单的立方晶系中有

$$d(h^* k^* l^*) = \frac{a}{\sqrt{h^{*2} + k^{*2} + l^{*2}}}$$

其他晶系也有相应的关系式。

晶面指标或简单整数比的规律称为有理指数定律。这一规律可以用平移群的数学表达式说明。

设在空间点阵中选取某个点阵点为原点,平移群 $\boldsymbol{T}_{mnp} = m\boldsymbol{a} + n\boldsymbol{b} + p\boldsymbol{c}$ 作用在原点上就得到其他点阵点。显然每个特定的整数组 m,n,p 与一个点阵点对应。

两个晶面的法线交角简称为晶面交角或晶面角。同一品种的晶体,虽然外形上晶面的大小和形状不一致,但是相应的晶面间的交角是相等的,即晶面角守恒。

这可用点阵结构来解释。晶面就是平面点阵,晶面角是平面点阵间的交角。某一品种的晶体具有一定的点阵结构,平面点阵间的角是固定的,所以晶面角守恒。如图 1.18 所示,晶面 aa 与 bb,aa 与 $b'b'$,$a'a'$ 与 bb 或 $a'a'$ 与 $b'b'$ 相互间的角度都是相等的。影响晶体生长的外界条件只能决定晶面的大小和层次的多少,而晶面交角的大小则是由组成晶体的微粒间的作用力所决定的。

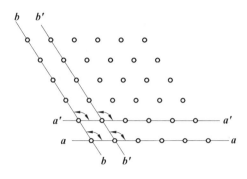

图 1.18 晶面角守恒

1.3 对称性概述

晶体的几何构型具有对称性,这是其内部结构的反映。为了研究晶体的结构特征,需要了解对称性的知识。

图形的对称性用对称操作和特征元素描述。对称操作是指一个变换动作。图形经过这个变换后,其位置与变换前是物理上不可分辨的。例如,一个等边三角形,绕垂直于三角形平面过三角形中心的直线旋转$\frac{2\pi}{3}$后的图形和原图形在物理上不可分辨。旋转$\frac{2\pi}{3}$这个变换动作就是对称操作,旋转$\frac{2\pi}{3}$所依据的垂线就是特征元素,称为对称元素。图 1.19 为等边三角形的对称操作。

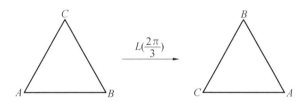

图 1.19 等边三角形的对称操作

下面介绍描述图形对称性的对称元素和相应的对称操作。

1. 对称轴和旋转

当图形绕一个轴逆时针旋转$\frac{2\pi}{n}$后,给出的图形和原来位置上的图形在物理上不可分辨,则此图形有一个 n 次对称轴,记作 C_n。图 1.20 是具有三次轴的对称图形,则此图形有一个对称元素 C_n 轴,而旋转$\frac{2\pi}{n}$的动作就是对称操作,是使此图形在物理上不可分辨的等价变换。例如,等边三角形有一个过其中心垂直于其平面的三次对称轴 C_3,正方形有一个过其中心垂直于其平面的四次对称轴 C_4。

相应于一个对称元素 n 次轴,可以有 n 个对称操作,即 $\alpha = \dfrac{2\pi}{n}, 2\alpha = \dfrac{4\pi}{n}, \cdots, n\alpha = 2\pi$,分别用 $\hat{C}_n, \hat{C}_n^2, \cdots, \hat{C}_n^n$ 表示。其中,$\hat{C}_n$ 表示 $\hat{C}_n^1$,右上角标 1 常省去;$\hat{C}_n^n$ 表示旋转 2π,等于不旋转。对于 $\hat{C}_n^n$ 对称操作,图形上各点的位置都没有发生变化,是恒等变换,称为恒等操作,以 $\hat{E}$ 表示。以后所有的恒等操作都以 $\hat{E}$ 表示。其他使图形发生了物理上不可分辨的变换是等价变换,称为等价操作。

2. 对称面和反映

对称面或镜面将图形分为完全相等的两部分,二者互成映像关系。经过对称操作 —— 反映,将图形中相对称的点互换位置,从而得到与原来不可分辨的图形。此对称面或镜面即为对称元素,以符号 σ(或 m)表示,相应的对称操作以 $\hat{\sigma}$ 或 $\hat{m}$ 表示。偶次反映等于不动,奇次反映等于一次反映,即 $\hat{\sigma}^{2n} = \hat{E}, \hat{\sigma}^{2n+1} = \hat{\sigma}$。图 1.21 为具有镜面的对称图形。

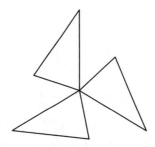

图 1.20　具有三次轴的对称图形　　图 1.21　具有镜面的对称图形

与主轴垂直的镜面称为水平镜面,以 σ_n 表示;与主轴重合的镜面称为垂直镜面,以 σ_v 表示;平分两个相邻的侧轴的镜面称为等分镜面,以 σ_d 表示。

3. 对称中心和倒反

一个图形中的任一点在与图形中心点的直线的反向延长线的等距离处都有一个对应的点存在,依据此中心进行倒反操作,这些相互对应的点交换位置,则此中心是对称元素,称为对称中心,相应的对称操作称为倒反或反演。对称中心以符号 i 表示,倒反操作以符号 $\hat{i}$ 表示。图 1.22 是具有对称中心的对称图形。

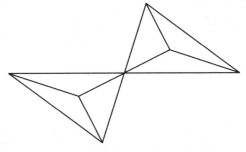

图 1.22　具有对称中心的对称图形

如果将图形的对称中心作为坐标原点,进行反演操作的结果是将坐标为 (x, y, z) 的点变换成 $(-x, -y, -z)$ 的点,将坐标为 $(-x, -y, -z)$ 的点变换成 (x, y, z) 的点。偶次倒反等于不动,奇次倒反等于一次倒反,即 $\hat{i}^{2n} = \hat{E}, \hat{i}^{2n+1} = \hat{i}$。

4. 反轴和旋转倒反

当把一个图形绕某个轴旋转一定角度后,再对中心进行倒反,而得到等价图形,则该图形具有反轴对称元素。相应的对称操作称为旋转倒反。旋转倒反是由旋转和倒反两个动作连续进行构成的一个对称操作。即

旋转倒反 = 旋转 × 倒反

图 1.23 是具有四次反轴的对称图形。

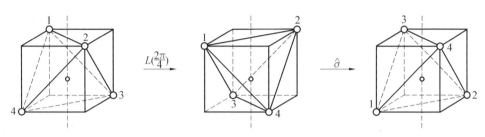

图 1.23　具有四次反轴的对称图形

反轴对称元素以 I_n 或 $\bar{n}$ 表示,反轴对称操作旋转倒反以 $\hat{I}_n^m$ 表示,下角标 n 表示轴次,上角标 m 表示转动 $\dfrac{2\pi}{n}$ 的倍数,即倒反的次数。其对称操作依次为

$$\hat{I}_n^1 = \hat{C}_n \hat{i}, \hat{I}_n^2 = \hat{C}_n^2 \hat{i}^2 = \hat{C}_n^2, \cdots, \hat{I}_n^m = (\hat{C}_n \hat{i})^m$$

当 n 为偶数时 $\hat{I}_n^n = \hat{E}$;当 n 为奇数时 $\hat{I}_n^{2n} = \hat{E}$。

5. 象转轴和旋转反映

一个图形如果绕某一轴旋转 $\dfrac{2\pi}{n}$ 后,再用和此轴垂直的镜面反映,得到等价图形,则称此图形有 n 次象转轴对称元素。相应的对称操作称为旋转反映。

对称元素象转轴以 S_n 表示,相应的对称操作旋转反映以 $\hat{S}_n^m$ 表示,下角标 n 表示轴次,上角标 m 表示转动 $\dfrac{2\pi}{n}$ 的倍数及反映的次数。旋转反映是转动和反映的连续复合动作所构成的一个对称操作,即

$$\hat{S}_n^m = \hat{C}_n^m \hat{\sigma}^m$$

图 1.24 是具有四次象转轴的对称图形。

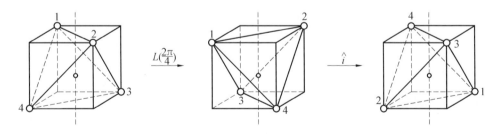

图 1.24　具有四次象转轴的对称图形

上述 5 类对称元素中,反轴和象转轴不是独立的,可以取其中一种。因此,在描述对称性时,可以取 C_n, i, σ, I_n 或取 C_n, i, σ, S_n 为对称元素。通常描述分子的对称性取 S_n,描述晶体的对称性取 I_n。

反轴和象转轴两类对称元素并不都是独立的。例如,对于奇次反轴 I_n,图形中总会同时存在对称元素 C_n 和 i。2 次反轴 I_n 可以看作是图形的对称面。6 次反轴可以看作是一个

3 次轴与 3 次轴垂直的一个反映面结合而成。只有不依赖于图形中其他对称元素或对称元素的结合而独立存在的对称元素,才是独立的对称元素。例如 I_4 是独立的对称元素,图形中即使不存在 C_4 轴和对称中心,I_4 也可以独立存在。

6. 对称操作乘积

对称操作是引起空间变换的算符。定义两个这样的算符乘积是逐次运用这两个算符进行变换,乘积右边的算符先作用。一个图形所具有的对称操作不是彼此无关的,两个对称操作的乘积必定也是一个对称操作。例如对称操作

$$\hat{C}_3 \cdot \hat{C}_3 = \hat{C}_3^2, \quad \hat{\sigma} \cdot \hat{\sigma} = \hat{\sigma}^2 = \hat{E}$$

7. 对称元素系

一个图形可以同时存在多个对称元素,它们彼此之间存在着一定的组合关系。一个对称图形按一定的组合方式结合在一起的所有对称元素的集合称为对称元素系。有限图形的对称元素系具有如下特点:

(1) 对称元素系是一个图形所含的全部对称元素的集合。

(2) 对称元素的结合方式多种多样,但对于一个有限图形而言,各对称元素必须至少相交于一点。

(3) 对称元素系中的对称元素必须是同一图形所具有。

这种对称元素系称为点对称元素系。这种有限图形称为点对称图形。

依据图形所含对称元素及结合方式的不同,可以将对称元素系分类。一个图形所含的全部对称元素构成一个对称元素系。对称图形可以按对称元素系进行分类。

例如,仅包含一个镜面对称元素的图形称为 C'_s 对称元素系,以 $\{\sigma\}$ 表示;仅包含一个对称中心的图形称为 C'_i 对称元素系,以 $\{i\}$ 表示;仅包含一个 n 次反轴对称元素的图形称为 I'_n 对称元素系,以 $\{I_n\}$ 表示;仅包含一个对称轴的图形称为 C'_n 对称元素系,以 $\{C_n\}$ 表示;含有一个对称轴 C_n 和通过主轴的镜面 σ_v,称为 $C_n, n\sigma_v$ 对称元素系,记作 $\{C_n, \sigma_v\}$,等等。

1.4　群论初步

1.4.1　群的基本概念

要了解群的概念,必须先了解描写群性质时经常涉及的"集合"和"代数运算"的含义。

1.4.1.1　集合

满足某种要求的事物的全体称为集合,用符号 $G: \{a, b, c, \cdots\}$ 表示,其中 $a, b, c, \cdots$ 是集合 G 中的元素。例如,一切整数构成一个集合,表示为 $A: \{\cdots, -2, -1, 0, 1, 2, \cdots\}$。

1.4.1.2　代数运算

代数运算指规定的集合中元素之间的关系。例如,整数集合 A 的代数运算是元素间的"加法"关系。

1.4.1.3　群

在一个非空集合 G 中,当某种代数运算规定后,若该集合具有下面 4 条性质,则 G 构成一个群。

（1）封闭性。

若 $a \in G, b \in G$,则 $a \cdot b = c \in G$。

（2）结合律成立。

若 $a, b, c \in G$,则 $a \cdot (b \cdot c) = (a \cdot b) \cdot c$。

（3）存在恒等元素。

若 $a \in G, E \in G, a \cdot E = E \cdot a = a$,$E$ 称为恒等元素。

（4）存在逆元素。

若 $a \in G$,则必有 $d \in G$,使得 $a \cdot d = d \cdot a = E$,这里称 d 为 a 的逆元素,记作 $a^{-1} = d$。a 也是 d 的逆元素,a, d 互为逆元素。

例如,一切整数的集合 $A: \{\cdots, -2, -1, 0, 1, 2, \cdots\}$ 构成一个群,规定其代数运算为普通的加法。其中零为恒等元素,只要用群的 4 条性质来检验就可以证明。

群的元素的数目可以是有限个,也可以是无限个,前者称为有限群,后者称为无限群。群元素的数目称为群的阶。

1.4.1.4　群的乘法表

将全部群元素排成一横列,一纵行,以行里的每个元素依次乘列里的每个元素,即得乘法表。

例如,立正、向左转、向右转、向后转 4 个体育动作的集合 G 的乘法表见表 1.2。

表 1.2　4 个体育动作的乘法表

G	立正	向左转	向右转	向后转
立正	立正	向左转	向右转	向后转
向左转	向左转	向后转	立正	向右转
向右转	向右转	立正	向后转	向左转
向后转	向后转	向右转	向左转	立正

从乘法表可见,集合 G 中的两个元素的乘积仍然是集合 G 中的一个元素,满足封闭性。

在做乘法时可见,立正为恒等元素;每个元素都存在逆元素:向左转$^{-1}$ = 向右转,向后转$^{-1}$ = 向后转,立正$^{-1}$ = 立正。

此外,集合 G 也满足结合律。

向左转·向右转·向后转 = 向左转·（向右转·向后转）= （向左转·向右转）·向后转

1.4.2　对称群

一个对称图形的全部对称操作的集合构成一个群,称为对称群。例如,等边三角形具有 C_3 轴、3 个 C_2 轴、3 个 σ_v、1 个 σ_h、1 个 I_6 对称元素。相应的对称操作为 $\hat{E}, \hat{C}_3, \hat{C}_3^2, \hat{\sigma}_v^{(1)}$,

$\hat{\sigma}_v^{(2)}, \hat{\sigma}_v^{(3)}, \hat{c}_2^{(1)}, \hat{c}_2^{(2)}, \hat{c}_2^{(3)}, \hat{\sigma}_n, \hat{l}_6, \hat{l}_6^5$。

全部对称操作符合群的定义,构成一个对称操作群,简称对称群。

有限图形的所有对称元素都通过一个公共点,在实施对称操作时,至少这个点是不动的,所以也称这类群为对称点群,简称点群,下面介绍几种点群。

(1)C_s 群。

C_s' 对称元素系的全部对称操作构成相应的 C_s 点群。C_s' 对称元素系只有一个对称元素 —— 镜面 σ。该对称元素只有一个对称操作 $\hat{\sigma}$,即 C_s 点群只有一个群元素 $\hat{\sigma}$。

(2)C_i 群。

C_i' 对称元素系的全部对称操作构成相应 C_i 点群。C_i' 对称元素系只有一个对称元素 —— 对称中心 i。该对称元素系只有一个对称操作 $\hat{i}$,即 i 点群只有一个群元素 $\hat{i}$。

(3)C_n 群。

C_n' 对称元素系只有一个对称元素 ——n 次轴,该对称元素系有 n 个对称操作 $\hat{C}_n$, $\hat{C}_n^2, \cdots, \hat{C}_n^n = \hat{E}$。这 n 个对称操作构成一个对称群 C_n,该对称群有 n 个对称元素。

1.5 晶体的宏观对称性和 32 个点群

1.5.1 晶体的宏观对称元素

晶体结构的对称性与点阵周期性相适应,表现为下面两个原理:

(1)晶体的对称轴必与点阵中的一组直线点阵平行,与一组平面点阵垂直。对称面必与一组平面点阵平行,与一组直线点阵垂直。

(2)晶体对称轴仅限于 $n = 1, 2, 3, 4, 6$ 五种旋转轴,$n = 5$ 和 $n > 6$ 的旋转轴都不存在。

由于晶体的对称性受到点阵的制约,与晶体的宏观对称性、理想外形相联系的宏观对称元素只有 $C_1, C_2, C_3, C_4, C_6, S_4, \sigma$ 和 i 这 8 种。

图 1.25 给出了几个晶体的旋转轴,图中符号 ● 表示 C_2 轴,▲ 表示 C_3 轴,◆ 表示 C_4 轴,⬣ 表示 C_6 轴。图 1.26 给出了几个晶体的对称面。

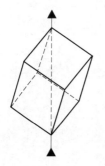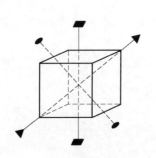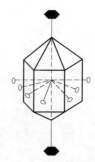

图 1.25 几个晶体的旋转轴

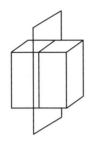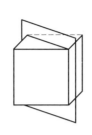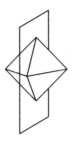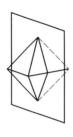

图 1.26　几个晶体的对称面

1.5.2　晶体的 32 个点群

晶体的 8 种宏观对称元素按一定的方式组合在一起,可以有 32 种组合方式,形成 32 种宏观对称元素系。每种对称元素系的全部对称操作构成一个群,所以晶体有 32 个群。对于某个晶体而言,所有群元素都经过同一点,所以称点群。因此,从宏观对称性来分类,晶体可分为 32 个点群。表 1.3 列出了晶体的 32 个点群。

表 1.3　晶体的 32 个点群

C_n	i	i, σ_h	σ_h	σ_v	σ_d	S_4
C_1	$S_2 = C_i$		$C_{1h} = C_s$	$(C_v = C_s)$		
C_2		C_{2h}		C_{2v}		S_4
C_3	$S_6 = C_{3i}$		C_{sh}	C_{3v}		
C_4		C_{4h}		C_{4v}		
C_6		C_{6h}		C_{6v}		
D_2		D_{2h}		(D_{2h})	D_{2d}	
D_3	D_{3d}		D_{3h}	(D_{3h})	(D_{3d})	
D_4		D_{4h}		(D_{4h})		
D_6		D_{6h}		(D_{6h})		
T		T_h		(T_h)	T_d	(T_d)
O		O_h		(O_h)	(O_h)	

1.6　晶体的微观对称性和 230 个空间群

晶体的微观对称性就是晶体内部点阵结构中的对称性。其中除了包括前述各种宏观对称元素外,还有与空间对称操作相对应的一些对称元素,这是有限图形不能包含的。晶体的空间对称操作是和晶体的空间点阵相适应的,这是由微观点阵结构的无限性所决定的。

1.6.1　晶体的微观对称元素

1.6.1.1　点阵和平移

点阵是晶体的最基本的对称元素,与点阵相应的对称操作是平移,以符号 T 表示。平移是晶体最本质的对称操作,晶体可以没有其他一切对称操作,但不能没有平移这个对称操作。

与点阵相应的对称操作的阶次为 ∞。空间格子有14种形式,点阵和相应的平移群就有14种。在平移操作下,点阵的每一点都变动了,所以平移是一种空间对称操作,不是点对称操作。

1.6.1.2　螺旋轴和旋转平移

图 1.27 给出了一种具有二重螺旋轴的对称图形。

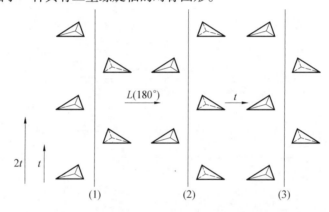

图 1.27　具有二重螺旋轴的对称图形

由图 1.27 可见,将(1)绕直线旋转 180° 变换为(2),不是一个等价变换,因为(2)中直线左右两侧四面体形的位置与(1)不同了。将(2)沿直线方向平移 t,从(2)到(3)也不是等价变换,因为(3)中直线左右两侧的四面体形的位置与(2)也不同。比较(1)、(3)可见,它们是等价的,从(1)到(3)是等价变换,即旋转 180°,再平移 t 这两个复合动作对(1)是对称操作,该对称操作表示为 $L(\pi)T(t)$。这种绕某一直线旋转一个角度后再沿此直线平移一个量而能使图形复原的对称操作称为旋转平移。旋转平移所依赖的直线称为螺旋轴。

旋转轴以符号 n_m 表示,相应的对称操作旋转平移以符号 $L(2\pi/n)T(mt) = C_n T(mt)$ 表示。其中 $m = \pm 1, \pm 2, \cdots, \pm(n-1)$,$t = T/n$,$n$ 为轴次,T 是平行于螺旋轴的直线点阵素向量,$mt = mT/n$ 为平移量。

为了使螺旋轴不与点阵相矛盾,受点阵限制,轴次仅有 1,2,3,4,6。因此,在晶体结构中,可能有的螺旋轴为 $2_1, 3_1, 3_2, 4_1, 4_2, 4_3, 6_1, 6_2, 6_3, 6_4, 6_5$ 共 11 种。连续进行任意次旋转平移都会使图形复原,因此螺旋平移操作的阶次为 ∞。在旋转平移操作下,点阵的每一点都变动了,因此旋转平移也是一种空间对称操作。图 1.27 所示的图形具有二次螺旋轴 2_1。

1.6.1.3 滑移面和滑移反映

图1.28 给出了先映照再平移而成为等价变换的图形。

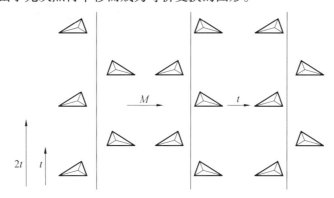

图1.28 具有滑移面的对称图形

这种先相对于某一平面映照后再沿此平面中的某一直线平移一定距离而能使图形复原的对称操作称为滑移反映。滑移反映所依赖的平面称为滑移面。

滑移反映操作以符号 $MT(t) = \sigma T(t)$ 表示，有 $[MT(t)]^2 = T(2t)$，其中 $2t$ 为滑移方向素向量，即 $2t = T$，T 属于平移群。

根据滑移面的平移量 t 和空间点阵素向量的大小和方向的关系，而将滑移面记作

$$a:\frac{a}{2}, b:\frac{b}{2}, c:\frac{c}{2}; n:\frac{a+b}{2}, n:\frac{b+c}{2}, n:\frac{a+c}{2}; d:\frac{a+b}{4}, d:\frac{b+c}{4}, d:\frac{a+c}{4}$$

滑移反映是空间对称操作，其阶次也是 ∞。

平移、旋转平移、滑移反映这三种对称操作实施时，图形上的所有点都变动，而只有无限图形才能具有此种对称操作，称为空间对称操作。

旋转、反映、倒反、旋转倒反这四种对称操作实施时，图形上总有一个点不动，这是无限图形和有限图形都可具有的对称操作，称为点对称操作。

上述这些对称操作所依赖的对称元素构成了晶体的微观对称元素，它们是旋转轴 n、镜面 m、倒反中心 I、反轴 $\bar{n}$、点阵、螺旋轴 n_m 和滑移面。

晶体中的微观对称元素和相应的对称操作见表1.4。

表1.4 晶体中的微观对称元素和相应的对称操作

操作类型	对称操作	对称元素	备注
不动操作	恒等操作 E	点阵	
点操作	旋转 $L(2\pi/n)$	旋转轴 n	$n = 1,2,3,4,6$
	反映 M	镜面 m	
	倒反 I		倒反中心
	旋转倒反 $L(2\pi/n)$	反轴 $\bar{n}$	只有 $\bar{4}$ 是独立的
空间操作	平移 T	点阵	
	螺旋旋转 $L(2\pi/n)T(mt)$	旋转轴 n_m	$n = 2,3,4,6; m \leqslant n-1$
	滑移反映 $MT(t)$	滑移面 x	$x = a,b,c,n,d$

1.6.2 晶体的微观对称元素系和230个空间群

将晶体结构中所有的对称元素,即旋转轴、镜面、对称中心、反轴、点阵、螺旋轴和滑移面进行组合,可以得到230种类型。每种类型就是晶体的一种微观对称元素系。而每种对称元素系所对应的全部对称操作就构成一个群,称为空间群。但其中有80多个还没有找到晶体的实例。反映大多数晶体结构对称性的空间群只有100个左右,最主要的有30多个,特别重要的仅15个。

属于同一点群的晶体可分属于几个空间群。例如,$C_{2h} - \dfrac{2}{m}$点群的晶体对应于6个空间群。该点群的晶体的点阵形式为简单的单斜点阵(P)和底心(C)两种;点群中的二次轴在空间群中可为2或2_1;点群中的镜面在空间群中可为m和C。因此,同一点群$C_{2h} - \dfrac{2}{m}$对应的6种空间点群为

$$C_{2h}^1 - P\frac{2}{m}, C_{2h}^2 - P\frac{2_1}{m}, C_{2h}^3 - C\frac{2}{m}, C_{2h}^4 - P\frac{2}{c}, C_{2h}^5 - P\frac{2_1}{c}, C_{2h}^6 - C\frac{2}{c}$$

短线前面的记号是空间群的熊夫利(Schönflies)符号,右上角数字表示由此点群派生出来的第几个空间群,短线后面的记号是国际符号。

在国际符号中第一个大写字母表示点阵的形式。例如,$P\dfrac{2_1}{c}$空间群属单斜晶系,其晶胞形式为单斜简单点阵。大写字母后面的符号表示晶体中某个方向的对称性,例如,$\dfrac{2_1}{c}$表示b方向有二次螺旋轴2_1及与它垂直的滑移面c。大写字母后面最多可有表示三个方向对称性的符号。例如

$$D_{2h}^{16} - P\frac{2_1}{n}\frac{2_1}{m}\frac{2_1}{a}$$

230个空间群参见各种结构化学书。

习　　题

1. 晶体的特征是什么?点阵和晶体有什么关系?为何将晶体抽象成点阵?

2. 将石墨分子抽象成点阵,画出点阵单位。石墨中 C—C 键长为 1.42×10^{-9} m,计算正当点阵单位的边长和夹角。

3. 如何将点阵划分为正当点阵单位?正当点阵单位和晶胞的关系是什么?

4. 平面点阵有哪几种类型及形式?论证只有矩形单位才有带心和不带心两种形式。

5. 空间点阵有哪几种类型及形式?说明其理由。

6. 计算四方晶系晶胞中原子的分数坐标。

7. 画出正方体的(111)、(101)、(110)、(000)面。

8. 晶体有哪些宏观对称元素？有哪些微观对称元素？

9. 为什么有立方面心点阵单位而无四方面心点阵单位？

10. 说明下列空间群国际符号的含意：

$$C_{6h}^2 - P\frac{6_3}{m}, D_3^2 - P2_12_12, O_h^7 - F\frac{4_1}{d}\bar{3}\frac{2}{m}, D_{2d}^{12} - I\bar{4}2d$$

第2章 化学晶体学

化学晶体学研究晶体的化学组成,即组成晶体的是何种原子、离子或分子;研究晶体的结构,即组成晶体的原子、离子或分子等微粒的排布及其相互作用的大小及规律;研究晶体的组成、结构和性质间的关系。

2.1 晶体的分类

2.1.1 晶体的分类方法

晶体有多种分类方法。

(1)按组成分类。

晶体可分为单质晶体、合金晶体、二元化合物晶体和多元化合物晶体。

(2)按质点的聚集状况分类。

晶体可分为颗粒状晶体、链条状晶体、层片状晶体及骨架状晶体。

(3)按质点排列的几何规律或对称性分类。

晶体可分为 7 个晶系,14 种晶格,32 个点群及 230 个空间群。

(4)按质点间的相互作用(化学键)类型或构成晶体的微粒分类。

晶体可分为金属晶体、离子晶体、原子(共价)晶体和分子晶体,以及过渡键型和多种键型晶体。

2.1.2 典型晶体

典型晶体有金属晶体、离子晶体、原子晶体和分子晶体四类,见表 2.1。

表 2.1 四类典型晶体的特征

晶体类型	结合键型	微 粒	特 性	实 例
金属晶体	金属键	原子或正离子	金属光泽、延展性、传导性	金属单质、合金
离子晶体	离子键	正、负离子	质脆、难熔、导电	盐、碱、碱性氧化物
原子晶体	共价键	原子	质坚硬、难熔、难溶	金刚石、硅、SiC
分子晶体	范德瓦耳斯力	分子	质软、易溶、难导电	卤素、CO_2、有机物

实际晶体不只这四类典型晶体,还有介于两种典型晶体间的过渡型晶体,或兼有几种典型晶体特征的混合键型晶体。例如,石墨同一层间是共价键的原子晶体,还有大 π 键的

自由电子,层和层间是由范德瓦耳斯力相结合,类似于分子晶体;PbS,ZnS 等金属硫化物是原子晶体和离子晶体间的过渡晶体,PbS 中还有金属晶体的自由电子作用。具有氢键的冰还具有共价键和范德瓦耳斯力。

2.1.3　高对称性与简单化学组成

在通常情况下,化学组成简单的晶体具有高的对称性。例如,惰性气体元素及金属单质晶体都是对称性很高的立方晶体及六方晶体;卤素、硫族及 Ga、Sn、Bi 等元素的单质晶体则是中等对称性的四方、三方及正交晶体;复杂化合物及有机晶体则是对称性低的三斜、单斜晶体。

晶型也不完全由化学组成决定,还与温度、压力等外界条件有关。同一种物质可因温度和压力的不同,而有多种晶型,即所谓同质多晶现象。例如,碳有金刚石、石墨、无定形(微晶)碳、C_{60}、碳纳米管等多种晶型。

2.2　金属晶体

2.2.1　金属键

用量子力学讨论金属的结构有两种方法(理论),即分子轨道方法和价键方法。

2.2.1.1　分子轨道方法(理论)

分子轨道方法就是将分子轨道理论应用于讨论金属晶体的成键情况。

金属键可以看作是多原子共价键的极限情况。下面以钠原子形成金属钠的晶体为例说明。

图 2.1 给出了钠晶体的金属键的形成过程和能级变化。

当 2 个钠原子形成双原子分子 Na_2 时,根据分子轨道理论,2 个钠原子各以 3s 轨道参与成键,2 个 3s 原子轨道线性组合成 2 个分子轨道,其中一个是成键轨道 $\psi_1 = \sigma_{3s}$,其能量 $E_1 < E_{(3s)}$;一个是反键轨道 $\psi_2 = \sigma_{3s}^*$,其能量 $E_2 > E_{(3s)}$。2 个价电子填在成键轨道上。

当 4 个钠原子形成 4 原子分子 Na_4 时,4 个 3s 轨道线性组合成 4 个分子轨道,即

$$\psi_j = \sum_{i=1}^{4} c_i \phi_i, \quad j = 1,2,3,4$$

其中 2 个成键轨道为 ψ_1 和 ψ_2,能量分别为 E_1 和 E_2,且有 $E_1 < E_2 < E_{(3s)}$,4 个价电子填在 2 个成键轨道上,2 个反键轨道为 ψ_3 和 ψ_4,能量为 $E_4 > E_3 > E_{(3s)}$,反键轨道空着。

当 12 个原子形成 Na_{12} 分子时,12 个 3s 轨道线性组合成 12 个分子轨道,即

$$\psi_j = \sum_{i=1}^{12} c_i \phi_i, \quad j = 1,2,\cdots,12$$

其中 6 个成键轨道为 $\psi_1,\psi_2,\cdots,\psi_6$,能量分别为 $E_1,E_2,\cdots,E_6$,且有 $E_1 < E_2 < \cdots < E_6 < E_{(3s)}$;6 个反键轨道为 $\psi_7,\psi_8,\cdots,\psi_{12}$,能量分别为 $E_7,E_8,\cdots,E_{12}$,且有 $E_{(3s)} < E_7 < E_8 < \cdots < E_{12}$。

这样形成的多原子共价键与双原子共价键不同,价电子运动的范围不限于邻近原子

的近旁,而是遍及结合的全部原子。这种多原子共价键与大π键也不同,大π键是由p轨道组成,而这种多原子共价键是由s轨道组成。大π键的形成限于同一平面上,而这种多原子共价键可向立体发展,最后形成金属钠的晶体。

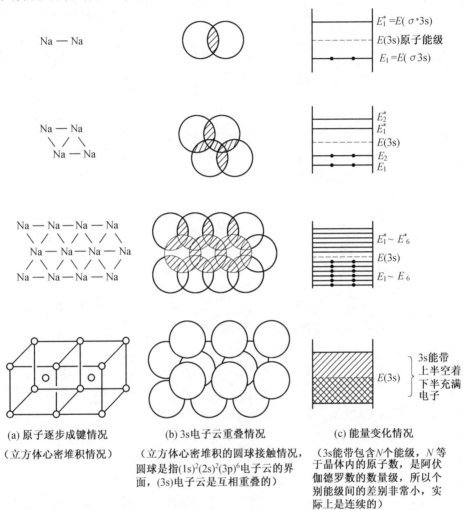

(a) 原子逐步成键情况
(立方体心密堆积情况)

(b) 3s电子云重叠情况
(立方体心密堆积的圆球接触情况,圆球是指$(1s)^2(2s)^2(3p)^6$电子云的界面,(3s)电子云是互相重叠的)

(c) 能量变化情况
(3s能带包含N个能级,N等于晶体内的原子数,是阿伏伽德罗数的数量级,所以个别能级间的差别非常小,实际上是连续的)

图 2.1　钠晶体的金属键的形成过程和能级变化

由上可见,参与成键的原子轨道越多,形成的分子轨道越多,邻近的分子轨道之间能级差越小。一块钠晶体含有N个钠原子,有N个分子轨道,N的数值很大,例如 1 mg 的钠含有$N \approx 10^{19}$个钠原子。所以邻近的分子轨道之间的能级差非常微小,以至于可以将N个能级看成一个具有一定上下限的连续能带。能带的下半部分由成键轨道组成,充满电子,上半部分由反键轨道组成,是空的。这就是金属能带理论模型。

原则上讲,只要金属原子间的距离足够近,所有原子轨道均可以组成相应的能带。金属晶体中原子间距和一般共价键的原子间距相近,内层原子轨道不能有效重叠,而是保持原子轨道特性。所以只讨论由价轨道组成的能带 —— 价带。钠原子的 3s 和 3p 轨道相近,3s 能带和 3p 能带部分重叠。若相邻能带互不重叠,中间的能量间隔称为能带隙或禁带。电子不能填在禁带中,即电子的能量不允许取这个范围内的值。被电子充满的能带称为满带,完全空的能带称为空带,被电子部分填充的能带称为未满带,金属晶体中存在未满带是其导电的根本原因,所以未满带又称为导带。

一个能带中最高能级和最低能级的能量差称为能带宽度。能带的宽度与晶体中金属原子间的距离有关,不同金属和同种金属不同原子轨道构成的能带宽度是不相同的。能带中能级的数目不但决定于相应原子轨道的状态数目,也决定于晶粒的大小。

综上所述,当多原子共价键中原子的数目由几个、几十个发展到相当多(例如约 10^{10})时,量变就引起质变,键的性质就和一般共价键不同了。这种含有非常多的原子的多原子共价键就称为金属键。

金属键的特征是:

(1)成键电子活动范围广,可在整个宏观晶体的范围内运动,即成键轨道是高度离域的。这种活动自由的电子称为自由电子。

(2)没有方向性和饱和性。因为金属原子的价电子层的 s 电子云是球对称的,它可以在任意方向与任何数目的附近原子做电子云重叠。因此,金属原子或正离子的排列不受饱和性和方向性的限制,只受空间范围和最紧密堆积方式的限制。

2.2.1.2　价键方法(理论)

按照价键理论,金属原子以一定数目的价电子与周围原子的价电子配对形成化学键。泡令认为金属中的化学键是以单电子键和双电子键共振的方式存在于相邻原子之间。

例如金属锂晶体的化学键为

$$
\begin{array}{ccc}
\text{Li}:\text{Li} & \text{Li Li} & \text{Li Li}^- \\
\text{Li}:\text{Li} \Longleftrightarrow & \text{Li Li} \Longleftrightarrow & \text{Li}^+ \text{Li}
\end{array}
$$

这样就可以解释金属晶体的配位数很高而价电子数很少,却仍可以通过共价键结合,并且电子可以自由运动。

2.2.2　金属中电子的运动

2.2.2.1　自由电子模型

对于金属晶体中价电子运动的最简单近似,是认为电子在晶体的恒定势场中自由运动。为简单计,考虑一块边长为 L 的立方体金属晶体,其电子的势能为

$$
V(x,y,z) = \begin{cases} 0 & 0 \leqslant x,y,z \leqslant L \\ \infty & x,y,z < 0, x,y,z > L \end{cases}
$$

假设电子之间无相互作用,则金属晶体的单电子薛定谔方程为

$$
-\frac{\hbar^2}{2m_e}\nabla^2\Psi = E\Psi \tag{2.1}
$$

式中

$$
\Psi = \Psi(x,y,z)
$$

这是三维势阱中单电子的薛定谔方程,可以用分离变量法求解。令

$$\Psi(x,y,z) = X(x)Y(y)Z(z) \tag{2.2}$$

代入方程式(2.1),可分离变量为三个常微分方程

$$\begin{cases} -\dfrac{\hbar^2}{2m_e}\dfrac{\mathrm{d}^2 X}{\mathrm{d}x^2} = E_x X \\[2mm] -\dfrac{\hbar^2}{2m_e}\dfrac{\mathrm{d}^2 Y}{\mathrm{d}y^2} = E_y Y \\[2mm] -\dfrac{\hbar^2}{2m_e}\dfrac{\mathrm{d}^2 Z}{\mathrm{d}z^2} = E_z Z \end{cases} \tag{2.3}$$

式中

$$E_x + E_y + E_z = E \tag{2.4}$$

式(2.3)中的每个方程都是单电子在一维势阱中运动的方程,应用代数法可得式(2.3)中各方程的通解为

$$\begin{cases} X(x) = A_x \mathrm{e}^{\mathrm{i}2\pi k_x} + B_x \mathrm{e}^{-\mathrm{i}2\pi k_x x} \\ Y(y) = A_y \mathrm{e}^{\mathrm{i}2\pi k_y} + B_y \mathrm{e}^{-\mathrm{i}2\pi k_y y} \\ Z(z) = A_z \mathrm{e}^{\mathrm{i}2\pi k_z} + B_z \mathrm{e}^{-\mathrm{i}2\pi k_z z} \end{cases} \tag{2.5}$$

式中

$$k_x = \frac{2m_e E_x}{\hbar^2}, k_y = \frac{2m_e E_y}{\hbar^2}, k_z = \frac{2m_e E_z}{\hbar^2} \tag{2.6}$$

各方程的特解为

$$\begin{cases} X(x) = \sqrt{\dfrac{2}{L}}\sin\left(\dfrac{n_x \pi x}{L}\right) \\[2mm] Y(y) = \sqrt{\dfrac{2}{L}}\sin\left(\dfrac{n_y \pi y}{L}\right) \\[2mm] Z(z) = \sqrt{\dfrac{2}{L}}\sin\left(\dfrac{n_z \pi z}{L}\right) \end{cases} \tag{2.7}$$

且有

$$E_x = \frac{\hbar^2}{8m_e L^2}n_x^2, E_y = \frac{\hbar^2}{8m_e L^2}n_y^2, E_z = \frac{\hbar^2}{8m_e L^2}n_z^2 \tag{2.8}$$

$$K_x = \frac{n_x}{2L}, K_y = \frac{n_y}{2L}, K_z = \frac{n_z}{2L} \tag{2.9}$$

将式(2.7)代入式(2.2),式(2.8)代入式(2.4),得

$$\psi = \sqrt{\frac{8}{L^3}}\sin\left(\frac{n_x \pi x}{L}\right)\sin\left(\frac{n_y \pi y}{L}\right)\sin\left(\frac{n_z \pi z}{L}\right) \tag{2.10}$$

$$E = \frac{\hbar^2}{8m_e L^2}(n_x^2 + n_y^2 + n_z^2) \tag{2.11}$$

$$n_x, n_y, n_z = 1,2,3,\cdots$$

由式(2.11)可知,对于确定的能量 E,电子的微观状态数目是确定的,即 n_x, n_y, n_z 所可能取的满足式(2.11)的正整数的组数。若以 n_x, n_y, n_z 为坐标轴,则式(2.11)代表一半径为

$r = \left(\dfrac{8m_e L^2 E}{\hbar^2} \right)^{\frac{1}{2}}$ 的球的方程。满足方程式(2.11)的任一组正整数，相当于半径为 r 的 $\dfrac{1}{8}$ 球

面上的一个点，这是因为 n_x, n_y, n_z 只能取正整数，都集中在第一象限内。在 $\dfrac{1}{8}$ 球面上的点

数是能量为 E 的电子所有可能的微观状态数，所以能量在 $E \sim E + dE$ 之间的电子的微观

状态数等于 $\dfrac{1}{8} \times 4\pi r^2 dr$ 内所含的点数。在所选择的坐标中，平均每一单位体积包含一个

点。因此，能量在 $E \sim E + dE$ 之间的微观状态数为

$$dG = \frac{1}{8}(4\pi r^2 dr) = 2\pi L^3 \frac{(2m_e)^{\frac{3}{2}}}{\hbar^3} E^{\frac{1}{2}} dE \qquad (2.12)$$

若考虑电子的自旋，则

$$dG = 4\pi L^3 \frac{(2m_e)^{\frac{3}{2}}}{\hbar^3} E^{\frac{1}{2}} dE = \rho(E) dE \qquad (2.13)$$

式中

$$\rho(E) = \frac{dG}{dE} = 4\pi L^3 \frac{(2m_e)^{\frac{3}{2}}}{\hbar^3} E^{\frac{1}{2}} \qquad (2.14)$$

称为状态密度或能级密度，表示单位能量间隔中的状态数目。上式说明金属晶体中自由
电子的允许状态密度随能量的增加而增加。

电子是费米子，服从费米－狄拉克统计。在金属达到热平衡时，电子处在能量为 E 的
每个状态上的概率为

$$f(E) = \frac{1}{e^{(E-E_f)/kT} + 1} \qquad (2.15)$$

式中，k 为玻耳兹曼常数；T 为绝对温度；E_f 为费米能量或化学势。在能量为 $E \sim E + dE$ 间
所分配的电子数为

$$dN = f(E) dG = f(E)\rho(E) dE = \frac{4\pi L^3 \dfrac{(2m_e)^{\frac{3}{2}}}{\hbar^3} E^{\frac{1}{2}}}{\hbar^3 \left[e^{(E-E_f)/kT} + 1 \right]} dE \qquad (2.16)$$

下面讨论绝对零度时的情况。由式(2.15)可得，当 $T = 0, E < E_f$ 时，$f(E) = 1$；$E > E_f$
时，$f(E) = 0$。以 E_f^o 表示绝对零度时的费米能量 E_f 值。由上可见，在绝对零度时，所有低
于 E_f^o 的能级都填满了电子，而所有高于 E_f^o 的能级都空着。E_f^o 就是绝对零度时电子所能
占据的最高能级。

在绝对零度时，费米能级 E_f^o 以下的所有状态能够容纳的电子数目为

$$N = \int_0^{E_f^o} f(E)\rho(E) dE = \frac{8\pi L^3}{3\hbar^2} (2m_e E_f^o)^{\frac{3}{2}} \qquad (2.17)$$

如果 N 的数目为已知，则可由式(2.17)求得费米能量

$$E_f^o = \frac{\hbar^2}{2m_e} \left(\frac{N}{8\pi L^3} \right)^{\frac{2}{3}} \qquad (2.18)$$

电子的平均动能为

$$\overline{E}_{\text{kin}}^{\circ} = \frac{1}{N}\int_0^{E_f^{\circ}}E\mathrm{d}N = \frac{1}{N}\int_0^{E_f^{\circ}}f(E)\rho(E)E\mathrm{d}E = \frac{1}{N}\int_0^{E_f^{\circ}}\rho(E)E\mathrm{d}E = \frac{3}{5}E_f^{\circ} \qquad (2.19)$$

通常,E_f° 约为几电子伏特,由式(2.19) 可见,$\overline{E}_{\text{kin}}^{\circ}$ 与 E_f° 有相同的数量级,所以即使在绝对零度,电子仍有相当大的平均动能。这是由于电子必须遵守泡利原理,即使在绝对零度时,也不可能所有的电子都集中占据在最低能级上。

对于不是绝对零度,温度又不太高的情况,即 $kT \ll E_f^{\circ}$ 的情况,可以得到 E_f 与 E_f° 相近,取一级近似为

$$E_f = E_f^{\circ} \qquad (2.20)$$

取二级近似为

$$E_f = E_f^{\circ}\Big[1 - \frac{\pi^2}{12}\Big(\frac{kT}{E_f^{\circ}}\Big)^2\Big] \qquad (2.21)$$

电子的平均动能为

$$\overline{E}_{\text{kin}}^{\circ} = \frac{3}{5}E_f^{\circ}\Big[1 + \frac{5}{12}\pi^2\Big(\frac{kT}{E_f^{\circ}}\Big)^2\Big] \qquad (2.22)$$

2.2.2.2　电子在周期势场中运动模型

把金属中的共用电子看作自由电子是最简单的近似。实际上,金属晶体中的原子实呈规则排列,势能是周期变化的,单电子的薛定谔方程为

$$-\frac{\hbar^2}{2m_e}\nabla^2\psi + V\psi = E\psi \qquad (2.23)$$

式中

$$V = V(x,y,z)$$

为电子的势能,是以晶格的周期为周期的函数。布洛赫(Bloch) 证明这个方程的解具有

$$\psi = u_k(x,y,z)\mathrm{e}^{\mathrm{i}2\pi r\cdot k} \qquad (2.24)$$

形式,称为布洛赫函数,式中

$$k = \frac{2\pi}{\lambda}s \qquad (2.25)$$

称为波矢量,而 s 为电子的德布洛意波的传播方向的单位矢量。利用德布洛意关系

$$k = \frac{2\pi P}{h}s = \frac{2\pi\sqrt{2m_e E}}{h}s \qquad (2.26)$$

得到 k 的三个分量为

$$k_x = \pm n_x\frac{\pi}{L},k_y = \pm n_y\frac{\pi}{L},k_z = \pm n_z\frac{\pi}{L} \qquad (2.27)$$

对于一维晶体,周期势能为

$$V(x + na) = V(x) \qquad (2.28)$$

式中,a 为原子间距离;n 为正整数,即 V 是以 a 为周期的函数。薛定谔方程为

$$-\frac{\hbar^2}{2m_e}\frac{\mathrm{d}^2\psi}{\mathrm{d}x^2} + V\psi = E\psi \qquad (2.29)$$

方程的解为

$$\psi(x) = u(x)\,e^{\pm\mu x} \tag{2.30}$$

和

$$\psi(x) = u(x)\,e^{\pm i2\pi k_x} \tag{2.31}$$

式中，μ 为实数，两式中的 $u(x)$ 都是以晶格常数 a 为周期的周期函数。式(2.30) 所表示的解不是有限的，当 x 由 $-\infty$ 变到 $+\infty$ 时，波函数的值出现无穷大，所以不能代表稳定的电子状态，即有一些能量区域，晶体中的电子能量为这些区域内的值时，不是稳定的电子状态。对电子的运动状态而言，这些区域属于能量的禁区，称为禁带。式(2.31) 不出现无穷大，代表稳定的电子状态，符合布洛赫定理。也就是说在一些能量区域，晶体中的电子的能量为这些区域内的值时，具有稳定的电子状态。这些区域对电子的运动状态而言，属于能量的允许区域，称为允许带。由此可见，电子在周期势场中运动时，能量状态与自由电子是不同的，不是连续的，而是形成称为允许带和禁带的能带。绝缘体和半导体的价电子都填在满带，有些金属的价电子也填在满带。所不同的是，满带和空带间的禁带宽度不同，绝缘体的禁带较宽，通常为几个 eV；半导体的禁带较窄，通常为 1 eV；具有满带的导体的禁带极窄，电子很容易跃迁到空带中去，甚至满带和空带重叠而变成了未满带。

图 2.2 所示是自由电子和在一维晶格的周期势场中运动的电子的能量曲线及能带。

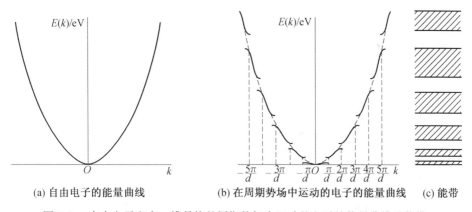

(a) 自由电子的能量曲线　　(b) 在周期势场中运动的电子的能量曲线　　(c) 能带

图 2.2　自由电子和在一维晶格的周期势场中运动的电子的能量曲线及能带

2.2.3　金属单质的三种典型结构

2.2.3.1　金属原子密堆积

金属键没有饱和性和方向性，金属单质的结构采取最紧密堆积的方式以降低体系的能量。密堆积可用等径圆球模型讨论。

一层等径圆球的最紧密堆积方式只有一种，即每个球周围有 6 个球，产生 6 个空隙，如图 2.3 所示。

两层等径圆球的最紧密堆积方式也只有一种，即在上述密置单层的一串空隙上面堆放球，此即密置双层。两个密置单层之间的空隙分为两类，一类空隙被 4 个等径圆球包围，连接 4 个球心构成一个四面体，这种空隙称为正四面体空隙；另一类空隙被 6 个等径圆球所包围，连接这 6 个完整的球心构成一个正八面体，这种空隙称为正八面体空隙。密置双层保留有密置单层的 6 次旋转轴，因此这种三维点阵结构仍可按平面六方格子划分，每个格子摊到两个圆球、两个正四面体空隙和一个正八面体空隙,如图2.4所示。

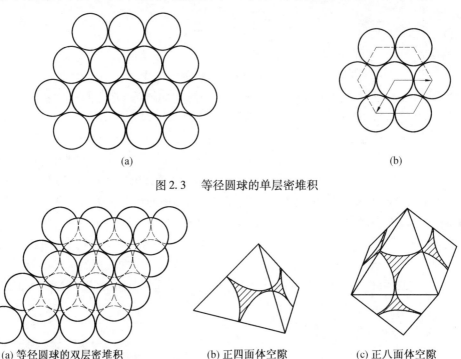

(a)   (b)

图 2.3   等径圆球的单层密堆积

(a) 等径圆球的双层密堆积   (b) 正四面体空隙   (c) 正八面体空隙

图 2.4   等径圆球的双层密堆积及其中的正四面体空隙和正八面体空隙

    三层等径圆球的堆积方式有两种。第一种堆积方式是将球放在密置双层的正四面体空隙上面,这样第三层的位置与第一层相同,即第三层的投影与第一层重合,此时仍保留6次轴,这种堆积称为 AB 堆积(图2.5(a))。第二种堆积方式是将球堆放在密置双层的正八面体空隙上,结果第三层的位置与第一层错开,即第三层的投影落在第一层球的一半空隙上,此时6次轴已不存在,降为3次轴,这种堆积称为 ABC 堆积(图2.5(b))。

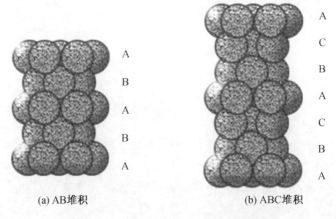

(a) AB堆积   (b) ABC堆积

图 2.5   三层等径圆球的两种密堆积方式

等径圆球的空间密堆积形式有以下三种。

(1) 重复 ABC 堆积,即 ABC,ABC,ABC,…,称为 A_1 型密堆积,从中可取出一个面心立方晶胞,如图 2.6 所示。空间利用率为 74.05%,配位数为 12。

 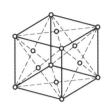 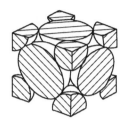

(a) 钢球模型   (b) 质点模型   (c) 晶胞中原子数

图 2.6   等径圆球的空间密堆积形式:面心立方结构

(2) 重复 AB 堆积,即 AB,AB,AB,$\cdots$,称为 A_3 型密堆积,从中可取出一个六方晶胞,如图 2.7 所示。空间利用率也是 74.05%。

 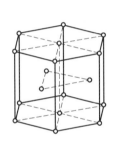 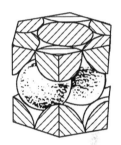

(a) 钢球模型   (b) 质点模型   (c) 晶胞中原子数

图 2.7   等径圆球的空间密堆积形式:密排六方结构

(3) 除 A_1 和 A_3 外,还有一种 A_2 密堆积方式,空间利用率为 68.02%,这种密堆积是按正方形排列的,相应的是体心立方晶胞,如图 2.8 所示。

 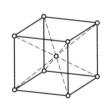 

(a) 钢球模型   (b) 质点模型   (c) 晶胞中原子数

图 2.8   等径圆球的空间密堆积形式:体心立方结构

A_1 型面心立方晶胞含 4 个原子,原子的分数坐标为 000,$\frac{1}{2} \frac{1}{2} 0$,$\frac{1}{2} 0 \frac{1}{2}$,$0 \frac{1}{2} \frac{1}{2}$。$A_2$ 型体心立方晶胞含 2 个原子,原子的分数坐标为 000,$\frac{1}{2} \frac{1}{2} \frac{1}{2}$。$A_3$ 型六方晶胞含 2 个原子,原子的分数坐标为 000,$\frac{2}{3} \frac{1}{3} \frac{1}{2}$。

2.2.3.2 金属原子半径

从金属晶体的晶格参数可以求出两个近邻原子的距离,它的一半就是原子半径。金属原子半径实际是金属晶体中正离子的半径。同一种金属的晶体结构不同,则原子半径不同,因为原子的接触距离与其周围的配位情况有关。就同一种金属来说,A_2 型结构中原子的接触距离比 A_1 与 A_3 型短。哥希密特(Goldschmidt) 和泡令等曾先后从金属单质的结构数据推引了金属原子的半径。表 2.2 列出了泡令推出的配位数为 12 的金属原子半径。这些数据有助于了解金属元素在金属与合金中的结合情况。

表 2.2　配位数为 12 的金属原子半径

Li	Be														Al
152	111.3														
Na	Mg														Al
153.7	160														143.1

K	Ca	Sc	Ti	V	Cl	Mn	Fe	Co	Ni	Cu	Zn	Ga	Ge	As
227.2	197.3	160.6	144.8	132.1	124.9	124	124.1	125.3	124.6	127.8	133.2	122.1	122.5	124.8
Rb	Sr	Y	Zr	Nb	Mo	Tc	Ru	Rh	Pd	Ag	Cd	In	Sn	Sb
247.5	215.1	181	160	142.9	136.2	135.8	132.5	134.5	137.6	144.4	148.9	162.6	140.5	161
Cs	Ba	镧系	Hf	Ta	W	Re	Os	Ir	Pt	Au	Hg	Tl	Pb	Bi
265.4	217.3		156.4	143	137.0	137.0	134	135.7	138	144.2	160	170.4	175.0	152
Fr	Ra	锕系	104	105	106	107	108	109						
270	220													

La	Ce	Pr	Nd	Pm	Sm	Eu	Gd	Tb	Dy	Ho	Er	Tm	Yb	Lu
187.7	182.5	182.8	182.1	181.0	180.2	204.2	180.2	178.2	177.3	176.6	175.7	174.6	194.0	173.4
Ac	Th	Pa	U	Np	Pu	Am	Cm	Bk	Cf	Es	Fm	Md	No	Lr
187.8	179.8	160.6	138.5	131	151	184								

由表 2.2 可见:

(1)金属的原子半径在同一族中自上而下增加,这是电子层数增加之故。

(2)在同一周期中随核电荷增加而减小,这是因为核电荷越多,对电子引力越大。

(3)第四、第五周期原子半径相近,这是"镧系收缩"之故。

(4)过渡元素变化不规则,这是由配位场的影响所致。

(5)Ga,In,Tl 的半径分别比 Zn,Cd,Hg 大,这是由于 Ga,In,Tl 含有 $(ns)^2(np)^1$ 价电子,np 电子云伸展较 ns 广。

2.3　合金的结构

2.3.1　金属固溶体

金属固溶体是由两种或两种以上金属或金属化合物相互溶解组成的均匀物相,其成分比例可以在一定范围内变化而不影响均匀性。少数非金属单质,如 H,B,C,N 等也可溶于某些金属,生成的固溶体仍具有金属特性,也称金属固溶体。

固溶体有三种类型:置换固溶体、间隙固溶体和缺位固溶体。

2.3.1.1 置换固溶体

A、B 两种金属生成的固溶体仍保持 A 或 B 的结构形式,但其中一部分金属原子 A(或 B)的位置被另一种金属原子 B(或 A)统计性地取代,好像溶液一样均匀,因而称为置换固溶体。例如在组成为 A_xB_{1-x} 的置换固溶体中(图 2.9),原子 A 和 B 占据完全相同的位置,每个原子的位置上被 A 占据的概率为 x,被 B 占据的概率为 $1-x$,每个原子相当于一个统计原子 A_xB_{1-x}。

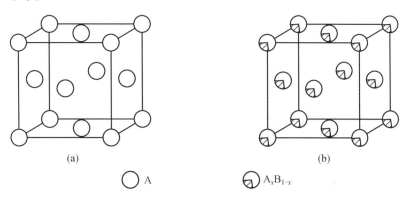

(a)   (b)

○ A   ◔ A_xB_{1-x}

图 2.9　置换固溶体

形成置换固溶体的条件是性质相似:

(1)A、B 具有相同的晶体结构形式。

(2)半径相近,相差不超过 $10\% \sim 15\%$。

(3)正电性相差不多。

2.3.1.2 间隙固溶体

一些原子半径比较小的非金属元素,如 H,B,C,N 等溶入过渡金属中形成间隙固溶体。这些元素不置换作为溶剂的金属的原子,而是统计地填充在溶剂金属晶格的空隙中。例如,C 溶于 $\gamma-Fe$ 中生成间隙固溶体(奥氏体)(图 2.10)。

间隙固溶体不是组分元素间形成的化合物,其组成在一定范围内可变,具有明显的金属性。由于晶格的间隙被这些非金属原子所填充,它们的电负性与金属的电负性相差不很悬殊,会生成某种程度的共价键,使得间隙固溶体在外力作用下晶面间的滑移受阻。其结果是间隙固溶体的硬度比纯金属增高,熔点也提高。通过控制溶质原子的溶入量可以获得不同硬度和熔点的合金。

2.3.1.3 缺位固溶体

缺位固溶体是指原子溶于含有该原子所属元素的金属化合物中生成的固溶体。例如 Sb 溶于 NiSb 中,溶入原子占据晶格的正常位置,但另一元素缺少而使应占的某些位置空缺(图 2.11)。

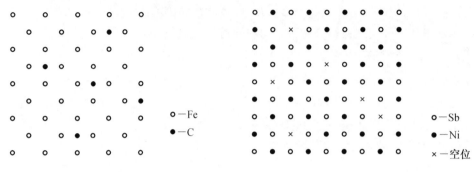

图 2.10 间隙固溶体 图 2.11 缺位固溶体

2.3.2 金属化合物

若不同金属的原子半径、电负性和价电子层结构以及单质的结构形式差别很大,则易形成金属化合物。金属化合物物相的结构形式一般不同于构成它的纯组分金属的结构形式,各组分的原子分占不同的结构位置。例如 BaSe 具有 NaCl 型的结构,与单质 Se 和 Ba 的结构形式完全不同。两种元素在结构中分别占据不同的结构位置。又如 $AuCu_3$ 面心立方晶胞中 4 个位置已分化为 Au 原子占据顶点位置,Cu 原子占据面的位置(图 2.12)。

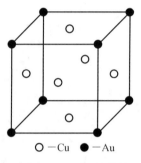

图 2.12 $AuCu_3$ 的结构

金属化合物与固溶体不同。金属化合物是有序结构,每种元素的原子占据晶胞中确定的结构位置。而固溶体中各原子是随机地占据各结构位置,是无序结构。有序结构也称超结构。超结构一般比无序结构具有较低的对称性或较大的单位。

从无序结构转化为有序结构的过程称为有序化,反方向的过程称为无序化。这两种过程总称为有序 - 无序转化。

在金属固溶体无序结构和金属化合物有序结构之间可以存在一系列秩序不完全的过渡结构。

金属化合物物相一般有两种主要形式,一种是组成确定的金属化合物物相;另一种是组成可变的金属化合物物相。组成确定的金属化合物物相 A_mB_n 没有变化的余地,组成可变的金属化合物物相在一定的范围内变化。组成可变的金属化合物物相可以包括其极限化合物 A_mB_n 在内,也可以不包括极限化合物 A_mB_n。

2.4 离子键与离子晶体

2.4.1 离子化合物概论

若两种电负性相差很大的原子(例如碱金属元素与卤族元素的原子)相互接近,电负性小的原子失去电子成为正离子,电负性大的原子获得电子成为负离子。正、负离子因库仑引力而相互吸引,但当正、负离子充分接近时,正、负离子的电子云又互相排斥。当吸引和排斥两种作用相等时,则达成平衡,形成稳定的离子键。单个原子形成的正离子或负离子的最外层电子已呈全充满结构。电子云一般都是球形对称的,因此没有方向性和饱和性,可以向空间多个方向发展而形成离子晶体。

离子晶体可以看成不等径圆球的密堆积。在空间因素允许的条件下,正离子力求与尽可能多的负离子接触,同样,负离子也力求与尽可能多的正离子接触,以使体系能量尽可能降低。

离子晶体具有较高的配位数、较大的硬度和较高的熔点。离子晶体易溶解于极性溶剂,溶解后导电。大多数离子化合物在固态不导电,个别的离子化合物在固态就能够导电,称为快离子导体。大多数离子化合物固态是透明的。

2.4.2　晶格能

2.4.2.1　波恩－哈伯热化学循环

在离子晶体中,离子键的强度和晶格的稳定性可用晶格能的大小来衡量。晶格能 U 定义为由相距无限远的气态正离子和负离子生成 1 mol 离子晶体时所放出的能量的负值。例如,NaCl 晶体的晶格能 U 即为

$$Na^+(气) + Cl^-(气) \xrightarrow{\Delta H} NaCl(晶)$$

中的 $-\Delta H$。晶格能越大,形成晶体时放出的能量越多,离子晶体越稳定。波恩和哈伯(Haber)在 1919 年设计了一个从热化学循环求晶格能的方法,以 NaCl 为例说明如下。

根据热化学盖斯(Hess)定律:

$$\Delta H = \Delta H_{生成} - \Delta H_{升华} - \frac{1}{2}\Delta H_{分解} - I_{Na} + Y_{Cl}$$

$$U = -\Delta H = -\Delta H_{生成} + \Delta H_{升华} + \frac{1}{2}\Delta H_{分解} + I_{Na} - Y_{Cl}$$

式中,$\Delta H_{生成}$ 为 NaCl(晶)的生成热;$\Delta H_{升化}$ 为 Na(晶)的升华热;I_{Na} 为 Na(气)的电离能;Y_{Cl} 为 Cl 的电子亲和能。将各数据代入上式,得氯化钠的晶格能为

$$U = (410.9 + 108.8 + 120.9 + 494.5 - 365.7) \text{ kJ} \cdot \text{mol}^{-1} = 769.4 \text{ kJ} \cdot \text{mol}^{-1}$$

由于电子亲和能 Y 的测定比较困难,实验误差也较大,所以用这种方法求晶格能不准确。

2.4.2.2 晶格能的理论计算

波恩和朗德(Landé)根据静电理论导出了计算离子化合物晶格能的理论公式。根据库仑定律

$$V_{吸引} = -\frac{Z_1 Z_2 e^2}{4\pi\varepsilon_0 R} \quad (2.32)$$

式中，Z_1, Z_2 为正、负离子的电荷数；ε_0 为介电常数；R 为正、负离子之间的距离。

由于正、负离子不是点电荷，所以正、负离子核外电子间存在排斥作用。当正、负离子间距离大时，这种排斥作用可以忽略；但当正、负离子间距离接近平衡距离 R_0 时，这种排斥作用就迅速增加。波恩提出这种排斥势能可表示为

$$V_{排斥} = -\frac{B}{R^n} \quad (2.33)$$

式中，B 为比例常数；n 为波恩指数，数值与离子的电子层结构有关。n 的数值可从晶体的压缩系数求得。表2.3给出了波恩指数 n 的取值。

表2.3 波恩指数

离子的电子层结构类型	He	Ne	Ar,Cu$^+$	Kr,Ag$^+$	Xe,Au$^+$
n	5	7	9	10	12

如果正、负离子属不同的电子层结构类型，则取其平均值。例如 NaCl，Na$^+$ 和 Cl$^-$ 的电子层结构分别属于 Ne 型和 Ar 型，取平均值，则

$$n = \frac{1}{2}(7+9) = 8 \quad (2.34)$$

一对正、负离子间的势能应为吸引能和排斥能之和，即

$$V = -\frac{Z_1 Z_2 e^2}{4\pi\varepsilon_0 R} + \frac{B}{R^n} \quad (2.35)$$

当 R 等于离子间的平衡距离 R_0 时，势能取最小值，它对 R 的微商等于零，即

$$\left(\frac{dV}{dR}\right)_{R=R_0} = \frac{Z_1 Z_2 e^2}{4\pi\varepsilon_0 R_0^2} - \frac{nB}{R_0^{n+1}} = 0 \quad (2.36)$$

得

$$B = \frac{Z_1 Z_2 e^2 R_0^{n-1}}{4\pi\varepsilon_0 n}$$

代入 V 表达式(式(2.35))，取 $R = R_0$，所以

$$V_0 = \frac{Z_1 Z_2 e^2}{4\pi\varepsilon_0 R_0}\left(1 - \frac{1}{n}\right) \quad (2.37)$$

式(2.37)给出的 V_0 只是一对正、负离子间的相互作用势能，而不是离子化合物的晶格能 V。因为在离子化合物中一个离子的周围有若干个异号离子，再远又有若干个同号离子，离子化合物晶格能应该是晶体中全部离子间的势能代数和。例如，在 NaCl 型离子化合物

中,每个离子都被其他离子所包围着,其中最近邻的第一层是 6 个距离为 R_0 的异号离子,第二层是 12 个距离为 $\sqrt{2}R_0$ 的同号离子,第三层是 8 个距离为 $\sqrt{3}R_0$ 的异号离子,……。因此,1 mol 离子化合物的晶格能为 1 mol 离子化合物中所有离子对之间的相互作用势能的总和的负值。即

$$V = \frac{N_A Z_1 Z_2 e^2}{4\pi\varepsilon_0}\left(1 - \frac{1}{n}\right)\left[\frac{6}{R_0} - \frac{12}{\sqrt{2}R_0} + \frac{8}{\sqrt{3}R_0} - \frac{6}{\sqrt{4}R_0} + \frac{24}{\sqrt{5}R_0}\cdots\right] = \frac{A N_A Z_1 Z_2 e^2}{4\pi\varepsilon_0 R_0}\left(1 - \frac{1}{n}\right)$$

(2.38)

式中,N_A 为阿伏伽德罗常数;A 为马德隆(Madelong)常数。马德隆用无穷级数和的数学方法计算了各种构型的离子化合物的 A 值。显然马德隆常数与离子晶体构型有关,而与正、负离子的性质无关。一些晶体类型的马德隆常数见表 2.4 中。

表 2.4　一些晶体类型的马德隆常数

晶体构型	晶系	配位比	原子坐标		马德龙常数 A
			A	B	
NaCl	立方	6:6	$0\,0\,0, \frac{1}{2}\,\frac{1}{2}\,0,$ $\frac{1}{2}\,0\,\frac{1}{2}, 0\,\frac{1}{2}\,\frac{1}{2}$	$\frac{1}{2}\,\frac{1}{2}\,\frac{1}{2}, \frac{1}{2}\,0\,0,$ $0\,\frac{1}{2}\,\frac{1}{2}, 0\,0\,\frac{1}{2}$	1.748
CsCl	立方	8:8	$0\,0\,0$	$\frac{1}{2}\,\frac{1}{2}\,\frac{1}{2}$	1.763
立方 ZnS	立方	4:4	$0\,0\,0, \frac{1}{2}\,\frac{1}{2}\,0$ $\frac{1}{2}\,0\,\frac{1}{2}, 0\,\frac{1}{2}\,\frac{1}{2}$	$\frac{3}{4}\,\frac{1}{4}\,\frac{1}{4}, \frac{1}{4}\,\frac{3}{4}\,\frac{1}{4}$ $\frac{1}{4}\,\frac{1}{4}\,\frac{3}{4}, \frac{3}{4}\,\frac{3}{4}\,\frac{3}{4}$	1.638
六方 ZnS	六方	4:4	$0\,0\,0, \frac{1}{3}\,\frac{2}{3}\,\frac{1}{2}$	$0\,0\,\frac{3}{8}, \frac{1}{3}\,\frac{2}{3}\,\frac{7}{8}$	1.641
CaF$_2$	立方	8:4	$0\,0\,0, \frac{1}{2}\,\frac{1}{2}\,0$ $\frac{1}{2}\,0\,\frac{1}{2}, 0\,\frac{1}{2}\,\frac{1}{2}$	$\frac{1}{4}\,\frac{1}{4}\,\frac{1}{4}, \frac{1}{4}\,\frac{3}{4}\,\frac{1}{4}$ $\frac{3}{4}\,\frac{1}{4}\,\frac{1}{4}, \frac{3}{4}\,\frac{3}{4}\,\frac{1}{4}$ $\frac{1}{4}\,\frac{1}{4}\,\frac{3}{4}, \frac{1}{4}\,\frac{3}{4}\,\frac{3}{4}$ $\frac{3}{4}\,\frac{1}{4}\,\frac{3}{4}, \frac{3}{4}\,\frac{3}{4}\,\frac{3}{4}$	5.039
金刚石 (TiO$_2$)	四方	6:3	$0\,0\,0, \frac{1}{2}\,\frac{1}{2}\,\frac{1}{2}$	$u^*\,u\,0, \bar{u}\,\bar{u}\,0$ $\frac{1}{2}+u\ \frac{1}{2}-u\ \frac{1}{2}$ $\frac{1}{2}-u\ \frac{1}{2}+u\ \frac{1}{2}$	4.816

R_0 可由 X 射线衍射法求得，将 N_A，e，ε_0 的数值代入式(2.38)，得

$$V = \frac{1.389\ 4 \times 10^{-7}}{R_0} A Z_1 Z_2 \left(1 - \frac{1}{n}\right)\ kJ \cdot mol^{-1} \tag{2.39}$$

例如 NaCl 晶体的 $R_0 = 279\ pm$①$= 2.79 \times 10^{-10}\ m$，$Z_1 = Z_2 = 1$，$A = 1.748$，$n = \frac{1}{2}(7 + 9) = 8$，所以

$$V = \frac{1.3894 \times 10^{-7} \times 1.748 \times 1 \times 1}{2.79 \times 10^{-10}}\left(1 - \frac{1}{8}\right)\ kJ \cdot mol^{-1} = 761.7\ kJ \cdot mol^{-1}$$

上面给出的晶格能计算公式是近似式，在比较精确的计算中还要考虑到范德瓦耳斯力和零点振动能，对于过渡金属的离子化合物还要考虑配位体势场的校正。

由于 $\left(1 - \frac{1}{n}\right)$ 近乎常数，所以晶格能与 Z_1、Z_2 和 A 成正比，与 R_0 成反比。晶格能大的离子化合物比较稳定，反映在物理性质上为硬度高，熔点高，热膨胀系数小。若离子晶体的电价相同（Z_1 和 Z_2 相同）、构型相同（A 相同），则 R_0 较大者，熔点较低而热膨胀系数较大。如果离子晶体的构型相同，R_0 相近，则电价高者硬度高。

2.4.3　几种典型的离子晶体结构

离子晶体的结构是多种多样的，下面介绍几种常见的典型结构。NaCl 型为面心立方结构。Na^+ 和 Cl^- 分别构成一套面心立方结构，称为亚晶格。一个 Na^+ 和一个 Cl^- 组成一个结构基元，抽象出面心立方结构。

CsCl 型属简单立方结构。Cs^+ 和 Cl^- 分别构成一套简单立方形式的点阵。一个 Cs^+ 和一个 Cl^- 组成一个结构基元，抽象出简单立方点阵。

立方 ZnS 型属面心立方结构。S^{2-} 和 Zn^{2+} 分别构成一套面心立方晶格。S^{2-} 的面心立方晶格常数比 Zn^{2+} 的大。一个 Zn^{2+} 和一个 S^{2-} 组成一个结构基元，抽象出面心立方点阵。

六方 ZnS 型属六方晶系，以一个 Zn^{2+} 和一个 S^{2-} 作为结构基元，可抽象出六方点阵。

CaF_2 型属面心立方晶系，以一个 Ca^{2+} 和一个 F^- 作为结构基元，可抽象出面心立方点阵。

金红石型 TiO_2 属四方晶系，以一个 Ti^{4+} 和两个 O^{2-} 作为结构基元，可抽象出四方点阵。

离子晶体结构如图 2.13 所示。

此外，还有许多复杂的离子化合物，有的可看作是上述构型的变异。

---

① 1 pm = 10^{-12} m

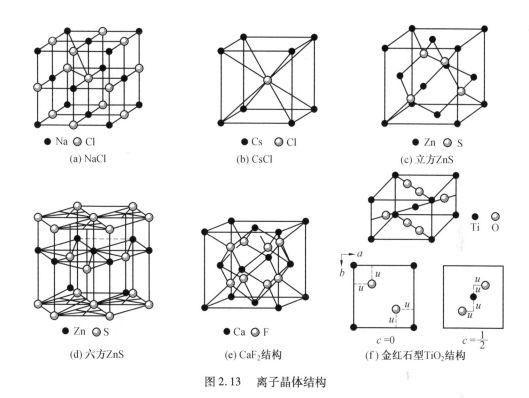

图 2.13 离子晶体结构

2.5 离子半径和离子的堆积

2.5.1 离子半径

由于原子核外电子的运动范围遍及整个空间,所以离子半径的概念是不确定的。在晶体结构中讨论的离子半径是指离子在晶体中的接触半径,即把晶体中相邻的正、负离子中心之间的距离作为正、负离子的半径之和。正、负离子中心之间的距离可以由 X 射线衍射法求得,但正、负离子之间的分界线却难以划分。此外,因为晶体的结构形式不同,正、负离子间的距离也不同,所以离子半径还与晶体的结构形式有关。在求算离子半径时,通常以 NaCl 型的离子晶体为标准,对其他构型的半径做一定的修正。

求算离子半径常用的方法有两种:一种是从圆球堆积的几何关系求算的哥希密特方法,这种方法所得的数值称为哥希密特离子半径;另一种是考虑核对外层电子的吸引等因素来计算离子半径的泡令方法,这种方法所得的数据称为离子的晶体半径,也称为泡令晶体半径。

2.5.1.1 哥希密特离子半径

原子失去电子成为正离子后,电子对核的屏蔽减小,原子核对外层电子的吸引力增大,因此正离子半径较小;相反,负离子的半径较大。

以 NaCl 型结构考虑,球形正、负离子因为半径的不同而有三种接触情况(图 2.14):

(1)正、负离子半径比 $R^+/R^- > 0.414$,正离子和负离子接触,负离子和负离子不接

触,若晶胞周期为 a_0,则

$$a_0 = 2(R^+ + R^-) \tag{2.40}$$

$$4R^- < \sqrt{2}\,a_0 \tag{2.41}$$

(2) 正、负离子半径比 $R^+/R^- = 0.414$,正离子和负离子接触,负离子和负离子也接触,则

$$a_0 = 2(R^+ + R^-) \tag{2.42}$$

$$4R^- = \sqrt{2}\,a_0 \tag{2.43}$$

(3) 正、负离子半径比 $R^+/R^- < 0.414$,正离子和负离子不能紧密接触,负离子和负离子接触,则

$$a_0 > 2(R^+ + R^-) \tag{2.44}$$

$$4R^- = \sqrt{2}\,a_0 \tag{2.45}$$

因此可以利用一些 NaCl 型离子晶体的晶胞周期 a_0(见表 2.5)求得离子半径。

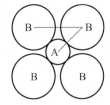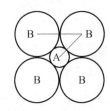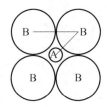

图 2.14　圆球 A 和 B 的接触情况与半径比

表 2.5　一些 NaCl 型离子晶体的晶胞周期

晶体	MgO	MnO	CaO	MgS	MnS	CaS
a_0/pm	421	444	480	519	521	568

从表 2.4 可见,$R_{Mg^{2+}} < R_{Mn^{2+}} < R_{Ca^{2+}}$,$R_{S^{2-}} > R_{O^{2-}}$,因此 S^{2-} 堆积的空隙比 O^{2-} 堆积的空隙大。在氧化物中 MnO 的 a_0 比 MgO 的大,说明 Mn^{2+} 能把 O^{2-} 撑开。但从硫化物看,MgS 与 MnS 的 a_0 大小相似,说明 Mn^{2+} 还不能把 S^{2-} 撑开,所以 MnS 中负离子与正离子是接触的。按式(2.43)算得 $R_{S^{2-}} = 521 \times \sqrt{2}/4 \times 10^{-12}$ pm $= 184$ pm;CaS、CaO、MnO 是正负离子接触的,利用式(2.40)从已求得 $R_{S^{2-}}$ 和 CaS 的 a_0 求得 $R_{Ca^{2+}} = (568/2 - 184)$ pm $= 100$ pm;从 $R_{Ca^{2+}}$ 和 CaO 的 a_0 求得 $R_{O^{2-}} = (480/2 - 100)$ pm $= 140$ pm;从 $R_{O^{2-}}$ 和 MnO 的 a_0 求得 $R_{Mn^{2+}} = (444/2 - 142)$ pm $= 82$ pm;但从 $R_{O^{2-}}$ 和 MgO 的 a_0 不能求得 $R_{Mg^{2+}}$,因为尚无法确定在 MgO 中正、负离子的接触情况,只能确定 $R_{Mg^{2+}} \leqslant (421/2 - 140)$ pm $= 70$ pm。

2.5.1.2　泡令晶体半径

泡令认为离子的大小主要由外层电子的分布决定,对具有相同电子层的离子则与有效核电荷成反比,因此离子半径为

$$R_1 = \frac{C_n}{Z - \delta} \tag{2.46}$$

式中,R_1 是单价离子半径;C_n 是由外层电子的主量子数 n 决定的常数;Z 是原子序数,δ 是

屏蔽常数，$Z - \delta$ 是有效核电荷。

例如，NaF 晶体的离子间距是 231 pm，$\delta = 4.52$，故 Na^+ 与 F^- 的有效核电荷是 6.48 和 4.48，代入式（2.46），因 C_n 相同，得 $R_{Na^+}/R_{F^-} = 4.48/6.48$，又 $R_{Na^+} + R_{F^-} = 231$ pm，所以 $R_{Na^+} = 95$ pm，$R_{F^-} = 136$ pm，$C_n = 95 \times 6.48 = 616$ pm。

用类似的方法可以得到一系列单价半径 R_1，再用式

$$R_Z = R_1 Z^{-\frac{2}{n-1}} \tag{2.47}$$

换算成多价离子半径 R_Z，其中 n 为波恩指数。

2.5.1.3　离子半径与配位数的关系

对于同一金属离子，配位数不同，半径也不同，若以配位数为 6（八面体构型）的离子半径为基准，配位数为其他值的离子半径应乘以一个系数。与不同的配位数相应的离子半径见表 2.6。

表 2.6　配位数与离子半径的关系（单位：pm）

配位数	12	8	6	4
离子半径	112	103	100（标准）	94

2.5.1.4　离子半径的规律性

离子半径的变化规律与元素周期是密切相关的，具体如下：

（1）同一周期中的正离子半径随价数增加而减少，例如

$$Na(95 \text{ pm}) > Mg^{2+}(65 \text{ pm}) > Al^{3+}(50 \text{ pm})$$

（2）同族元素的离子半径自上而下增加，例如

$$Li^+(60 \text{ pm}) < Na^+(95 \text{ pm}) < K^+(133 \text{ pm}) < Rb^+(148 \text{ pm}) < Cs^+(169 \text{ pm});$$
$$F^-(136 \text{ pm}) < Cl^-(181 \text{ pm}) < Br^-(195 \text{ pm}) < I^-(216 \text{ pm})$$

（3）周期表中左上方和右下方的对角线上相邻元素的离子半径近似相等，例如

$$Li^+(60 \text{ pm}), Mg^{2+}(65 \text{ pm})$$
$$Sc^{3+}(81 \text{ pm}), Zr^{4+}(80 \text{ pm})$$
$$Na^+(95 \text{ pm}), Ca^{2+}(99 \text{ pm})$$

（4）同一元素的正离子的电荷增加，则半径减小，例如

$$Fe^{2+}(75 \text{ pm}) > Fe^{3+}(60 \text{ pm})$$

（5）负离子半径较大，为 130 ~ 250 pm，正离子半径小，为 10 ~ 170 pm。

（6）镧系和锕系收缩，同价镧系或锕系元素的离子半径随原子层数 Z 增加而减小，因为 Z 增加一个，f 电子也增加一个，但 f 电子对核电屏蔽常数 σ 略小于 1（约为 0.98），所以有效核电荷略有增加（增加量 $\Delta Z' = \Delta Z - \Delta \sigma = 1 - 0.98 = 0.02$）。有效核电荷增加，则原子核对电子云的吸引力增加，所以离子半径减小。

2.5.1.5　离子的堆积

在离子晶体中，负离子的半径比正离子的半径大，所以正离子嵌在负离子圆球堆积的空隙中。在离子晶体的简单结构形式中，负离子的堆积方式有立方堆积、立方密堆积及六方密堆积等。在这些堆积方式中，正离子占据负离子堆积形成的立方体、正八面体和正四

面体空隙。

在离子型晶体中,正离子力求与尽可能多的负离子接触,负离子也力求与尽可能多的正离子接触,以使体系的能量最低,晶体结构稳定。因此,与正离子接触的负离子个数受正、负离子的半径比 R^+/R^- 限制。图2.15是一个正八面体的剖面图。其中4个大球代表4个负离子,半径为 R^-;中间小球代表正离子,半径为 R^+。这里正离子恰好嵌入6个负离子所堆积的正八面体空隙中,且与6个负离子都紧密接触。由图可知:

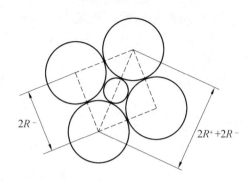

图2.15 正八面体的剖面图

$$\frac{R^-}{R^+ + R^-} = \sin 45° = \frac{1}{\sqrt{2}}$$

因而

$$\frac{R^+}{R^-} = \sqrt{2} - 1 = 0.414$$

若正离子半径单独减小,则不能与6个负离子圆球同时接触,所以正离子周围有6个负离子配位的离子晶体最小的 R^+/R^- 应为0.414。若正离子半径单独增大,正离子仍然可以与6个负离子接触,但负离子间不互相接触了,当正离子半径单独增大到其周围可以再增加两个负离子时,则变成了周围有8个负离子配位的离子晶体,如图2.16所示。

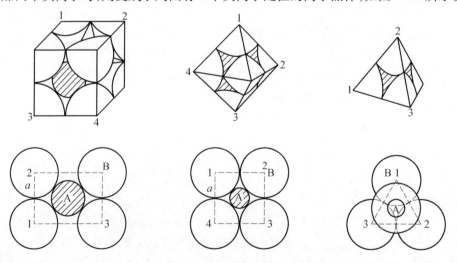

图2.16 配位多面体和半径比的临界值

可算得

$$\frac{R^-}{R^+ + R^-} = \cos 30° = \sqrt{3}$$

因而,正、负离子半径比为

$$\frac{R^+}{R^-} = \sqrt{3} - 1 = 0.732$$

所以正离子周围若有 8 个负离子配位，则 R^+/R^- 最小，应为 0.732。而 R^+/R^- 在 0.414 和 0.732 之间的情况，则可取 6 个负离子配位的正八面体构型，仍能保证正离子和周围所有负离子接触。

　　同理，其他的半径比与配位数的关系也可以算出。配位数和离子半径比的关系见表 2.7。

表 2.7　配位数和离子半径比的关系

R^+/R^-	配位数	构　　型		
0.155 ~ 0.255	3	三角形		
0.255 ~ 0.414	4	四面体		
0.414 ~ 0.732	6	八面体		
0.732 ~ 1.00	8	立方体		
1.00	12	最密堆积		

　　从离子半径可以计算配位数并推测离子晶体的结构类型。例如，NaCl 晶体：

$$\frac{R^+}{R^-} = \frac{0.95}{1.81} = 0.53$$

配位数应取 6，Cl^- 为立方密堆积，Na^+ 填在八面体空隙中。例如，CsCl 晶体：

$$\frac{R^+}{R^-} = \frac{1.69}{1.81} = 0.94$$

配位数为 8，Cl^- 为立方堆积，Cs^+ 填在立方体空隙中。

2.6　离子极化与过渡型晶体

2.6.1　离子的极化

2.6.1.1　极化率

离子的大小和形状在电场作用下发生变形,产生诱导偶极矩,称为离子的极化。离子的诱导偶极矩 μ 和电场强度 E 成正比,即

$$\mu = \alpha E$$

式中,α 称为离子的极化率,它在数值上等于离子在单位电场作用下的偶极矩。

电场可以是外电场,也可以是离子晶体中正、负离子周围异号离子的电场。

离子的可极化性表示在电场作用下其电子云的变形能力,它主要取决于核电荷对外层电子吸引力的大小和外层电子的多少。离子极化率是离子可极化性的量度。

离子的极化力取决于其对周围离子所施加的电场的强度。所施电场强度越大,极化力越强。极化力强的离子其可极化性小,反之亦然。表2.8列出了一些离子的极化率和离子半径的数值。

表2.8　离子的极化率和离子半径的数值

离子	极化率 / $(10^{-40}C \cdot m^2 \cdot V^{-1})$	半径 /pm	离子	极化率 / $(10^{-40}C \cdot m^2 \cdot V^{-1})$	半径 /pm	离子	极化率 / $(10^{-40}C \cdot m^2 \cdot V^{-1})$	半径 /pm
Li^+	0.034	60	B^{3+}	0.003 3	20	F^-	1.16	136
Na^+	0.199	95	Al^{3+}	0.058	50	Cl^-	4.07	181
K^+	0.923	133	Sc^{3+}	0.318	81	Br^-	5.31	195
Rb^+	1.56	149	Y^{3+}	0.61	93	I^-	7.90	216
Cs^+	2.69	169	La^{3+}	1.16	104	O^{2-}	4.32	140
Be^{2+}	0.009	31	C^{4+}	0.001 4	15	S^{2-}	11.3	184
Mg^{2+}	0.105	65	Si^{4+}	0.018 4	41	Se^{2-}	11.7	198
Ca^{2+}	0.52	99	Ti^{4+}	0.206	68	Te^{2-}	15.6	221
Sr^{2+}	0.96	113	Ce^{4+}	0.81	101			
Ba^{2+}	1.72	135						

由表2.8可见:

(1) 离子半径越大,极化率也越大。

(2) 负离子的极化率比正离子大。

(3) 正离子价数越高,极化率越小。

(4) 负离子价数越高,极化率越大。

(5) 含 d^x 电子的正离子的极化率大,且随 x 增加而增加,例如,含 $3d^{10}$ 的 Ag^+ 比半径相近的 K^+ 的极化率大。

2.6.1.2 极化作用对键型和晶体结构的影响

一个离子使另一离子极化的能力大致与 Z^2/R 成正比。由于正离子的半径小,极化率小,不易被极化,而负离子的半径大,极化正离子的能力又较小,所以离子键的极化主要是正离子使负离子极化,如图 2.17 所示。

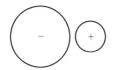 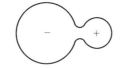 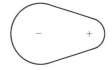

图 2.17　离子的极化

然而,对于含有 d^{10} 电子的正离子来说,则比较容易被阴离子极化。如果阴离子又是很易极化的 I^-,S^{2-} 等,则正负离子相互极化,电子云产生较大的变形,这时离子键就转变为共价键,离子晶体也就转变为共价晶体。离子极化后,正负离子就相互靠近。离子键由于高度极化转变为共价键后,键长将缩短。实测晶体键长与离子半径之和比较,两者基本相等的是离子型晶体,显著缩短的是共价键晶体,缩短不很多的是过渡键型晶体。表 2.9列出一些晶体的键长、离子半径与键型。

表 2.9　晶体的键长、离子半径和与键型(单位:pm)

晶体	实测键长	离子半径和	键型
NaF	231	231	离子型
MgO	210	205	离子型
AlN	187	321	共价型
SiC	189	301	共价型
AgF	246	246	离子型
AgCl	277	294	过渡型
AgBr	288	309	过渡型
AgI	399	333	共价型

极化作用不仅影响化合物的键型,也影响晶体的结构。极化使离子间距离缩短,也引起离子变形,这就改变了正、负离子的半径比。由于负离子的变形一般比正离子大,极化使 R^+/R^- 减小,从而导致配位数降低,晶体由离子型结构向共价型结构转变。例如,AgF,AgCl,AgBr 均为配位数为 6 的 NaCl 构型,而 AgI 则属于配位数等于 4 的 ZnS 构型。

在 AB 型化合物中,随着阳离子极化能力的增强和阴离子的可极化性的增加,结构形式变化次序为

$$CsCl 型 \rightarrow NaCl 型 \rightarrow ZnS 型 \rightarrow 分子型晶体$$

随着组成 AB 型化合物的 A 与 B 的化合价的升高,极化程度增强,而逐渐向共价键过渡。因此,AB 型的离子化合物一般限于一价和二价的 A 和 B 组成的化合物,高价的 AB 型化合物大都是共价化合物。而 18 电子层结构的离子,即使是一价离子,除非与可极化性很小

的负离子结合,一般也生成共价化合物。

在 AB_2 型化合物中,极化较强会使阴离子失去电子,使晶体具有某种程度的金属性质,强烈的极化会导致层状结构。这种结构的晶体以三层为单位进行堆积,上下两层是阴离子,中间一层是阳离子,阴离子和阴离子之间靠范德瓦耳斯力连接。这种结构为 CdI_2 或 $CdCl_2$ 型。在 CdI_2 结构中,I^{2-} 是六方密堆积,Cd^{2+} 一层隔一层地填充八面体空隙。在 $CdCl_2$ 结构中,Cl^- 是立方密堆积,Cd^{2+} 也是一层隔一层地填充八面体空隙。

AB_2 型化合物的化学键的类型和结构形式随着 A 和 B 的大小及极化程度的变化如图 2.18 所示。

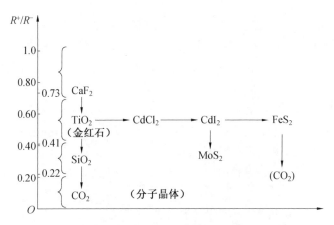

图 2.18　极化对晶体结构的影响

极化使得最典型的离子化合物也不具有百分之百的离子键,也存在着一定程度的电子云重叠,包含着一些共价键成分,大多数化合物中既有离子键成分,又有共价键成分,是介于离子键和共价键之间的过渡键型。

2.6.2　哥希密特结晶化学定律

哥希密特指出:"晶体的结构取决于其组成者的数量关系、大小关系与极化性能。组成者是指原子(有关的离子)和原子团。"这个概括一般称为哥希密特结晶化学定律。该定律表明,晶体的构型取决于下列三个因素:

(1) 晶体的化学组成者 —— 原子、离子、原子团间的数量关系,例如 AB,AB_2,A_mB_n,ABO_3 型等。

(2) 离子半径比 R^+/R^-,原子或原子团的相对大小,推广来说,即结构基元的大小。

(3) 离子的极化程度,推广来说,即结构基元之间结合键型。

而这些因素都是由晶体的化学组成及外界条件决定的。

2.6.3　离子极化对物质的物理化学性质的影响

2.6.3.1　键能和晶格能增加

极化使离子间的距离缩短,放出能量,加强了离子间的键。一般情况下,键能增加 10%。对于晶体而言,极化增加了晶格能。例如,Tl^+ 和 Rb^+ 的半径都是 0.149 nm,Tl^+ 具有 18 电子构型,比 Rb^+ 的极化能力强,所以铊盐的晶格能比铷盐的晶格能大。表 2.10 列出铊和铷的卤化物的晶格能。

表 2.10 铊和铷的卤化物的晶格能(单位:$kJ \cdot mol^{-1}$)

物质	TlCl	RbCl	TlBr	RbBr	TlI	RbI
晶格能	170	160	166	151	161	144

2.6.3.2 极化使金属离子化合物的熔点、沸点降低

碱金属卤化物的晶格能的大小次序如图 2.19 所示。据此推断,卤化锂盐的沸点和熔点应比钠盐的沸点和熔点高。然而实验表明,LiI,LiBr 的沸点比所有其他碱金属的低。这可以解释为强烈极化使正、负离子紧密结合,因而在蒸发时正、负离子成对地汽化,这比正、负离子单个汽化需要的能量小。在离子间键的共价成分很大时,在熔体中也会形成一定比例的"分子",这就比完全离解成单个离子所需能量小。再者,温度升高,离子振幅加大,当负离子瞬间接近某个正离子时,引起另一方的正离子有离开的倾向,极化越强这种倾向越强。上述两个原因造成极化强的晶体熔点降低。图 2.20 和图 2.21 分别给出了碱金属卤化物的沸点和熔点,从中可见极化的影响。

极化还会影响到化合物的颜色、稳定性、溶解度等。

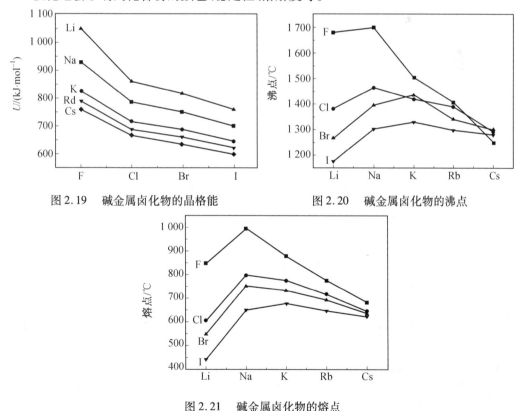

图 2.19 碱金属卤化物的晶格能　　　　图 2.20 碱金属卤化物的沸点

图 2.21 碱金属卤化物的熔点

2.7　共价键和共价晶体

2.7.1　共价键和共价半径

2.7.1.1　共价键

同种或不同种的原子间以共用电子的方式构成分子或晶体的化学键称为共价键。对于典型的共价键,每个原子都形成了八电子(或十八电子)的惰性气体结构。形成共价键的原子间电子云是相互重叠的。

共价键可以共用一对电子、两对电子、三对电子等,分别称为单键、双键、三键等。

共价键可以用分子轨道理论和价键理论描述和处理。

2.7.1.2　共价半径

两个同种原子间的共价键键长的一半称为共价半径。在谈到共价半径的时候,须说明这个共价键是单键、双键、三键。

由于大 π 键的存在,共价键还有介于单键、双键之间的情况。

2.7.2　共价晶体

完全由共价键结合的晶体称为共价晶体。整个晶体都是由原子间的共价键连接的。共价晶体不是以原子密堆积的方式构成的,所以不是由密堆积决定其配位数,而是由原子的电子结构,特别是价电子的结构决定每个原子能形成多少个共价键,由共价键的个数决定其周围配位原子的个数。除了轨道形成的共价键外,由于共价键具有方向性和饱和性,因而在共价晶体中原子的配位数一般都比较小。

形成共价晶体的每个原子都要能形成多个共价键,以保证原子间既以共价键结合,又能形成三维结构,向空间发展,无限延伸。

因为共价键的结合力比离子键的结合力强,所以共价晶体的硬度一般都比离子晶体的硬度大,共价晶体的熔点都比离子晶体的熔点高。

2.7.2.1　同一元素的原子构成的共价晶体

由同种原子构成的共价晶体也称为原子晶体。形成原子晶体的原子要能采取 sp^3 杂化,以保证原子间由 sp^3 杂化轨道形成共价键结合,因为只有这样的共价键才能保证原子间既以共价键结合,又能形成三维结构,向空间无限连续发展。sp 杂化轨道形成的共价结合只能向一维方向发展,sp^2 杂化轨道形成的共价结合只能向二维发展,这两种杂化方式的共价结合要向空间发展必须借助其他形式的化学键,例如,离子键、氢键、范德瓦耳斯力等,就不是纯粹的共价晶体了。

金刚石是典型的共价晶体,其中每个碳原子都是 sp^3 杂化轨道与其他碳原子的 sp^3 杂化轨道形成共价键,所以配位数为 4。每个碳原子和周围 4 个碳原子呈正四面体构型。

金刚石的晶体结构属于立方 ZnS 型,为面心立方结构。将立方 ZnS 晶胞中的所有的原子均换为碳原子,同时所有键长都等于 C—C 单键的键长(154 pm),即为金刚石晶体。

单质硅、锗和 α-锡的结构与金刚石类似,但从硅到 α-锡共价键的性质逐渐减弱,金属键的性质逐渐增强。

2.7.2.2 不同元素的原子构成的共价晶体

由几种不同元素的原子构成的共价晶体中的每种原子都得能形成多个共价键,这样才有可能使每个原子至少能和两个或两个以上的原子结合,以保证共价键的饱和性不能使其形成有限分子;而且其中还得至少有一种原子能形成 4 个杂化轨道,以保证共价键的饱和性不能限制其向空间发展,形成立体结构。只有同时满足上述两条的不同种元素的原子结合才能构成共价晶体。

(1) AB 型共价晶体。

ZnS 型是 AB 型共价化合物的主要形式之一,有立方和六方 ZnS 型。一般六方 ZnS 型为高温变体的结构类型。在 ZnS 型 AB 共价化合物中,每个原子生成 4 个共价键,每对 A、B 原子总共应该提供 8 个价电子。因此,在上述化合物中元素 A 与 B 在元素周期表中的族数 N_A 与 N_B 之和应等于 8,而且元素 A 与 B 都为 ds 区 ⅠB、ⅡB 和 P 区 ⅢA、ⅣA、ⅤA、ⅥA、ⅦA 的元素。

SiC 是 AB 型二元共价晶体,Si,C 都取 sp^3 杂化,每个 Si 周围有 4 个 C 配位,每个 C 周围有 4 个 Si 配位。β-SiC 取立方 ZnS 型结构。由于 Si 原子比 C 原子大得多,C 原子实际处在 Si 原子堆积的四面体空隙中,Si 原子呈密堆积。

α-SiC 是六方结构,可以有多种变体,具有多层结构,其间的差别是重复层数不同。

AlN,AlP,AlAs,AlSb;GaN,GaP,GaAs,GaSb;InN,InSb;CuF,CuCl,CuBr,CuI;AgI,ZnO,ZnS,ZnSe,ZnTe;CdO,CdS,CdSe,CdTe;HgS,HgSe,HgTe 等属于 ZnS 型晶体。

(2) AB_2 型共价晶体。

硅石(SiO_2)是典型的 AB_2 型共价晶体。其中每个 Si 原子与 4 个 O 原子相连接,每个氧原子和两个硅原子相连接。Si 采取 sp^3 杂化,O 原子则依不同的硅石结构采取相应的杂化形式。

硅石中的石英取六方 ZnS 型结构,鳞石英取六方 ZnS 型结构,白硅石(也称方石英)取立方 ZnS 型结构。而且,石英、鳞石英和白硅石各具有一 α 变体和 β 变体,其转变温度为

$$石英 \xrightleftharpoons{870\ ℃} 鳞石英 \xrightleftharpoons{1\ 710\ ℃} 硅石熔融体$$

$$α-石英 \xrightleftharpoons{570\ ℃} β-石英$$

$$α-鳞石英 \xrightleftharpoons{120\ \sim\ 160\ ℃} β-鳞石英$$

$$α-白硅石 \xrightleftharpoons{200\ \sim\ 275\ ℃} β-白硅石$$

β-石英、β-鳞石英、β-白硅石的结构示如图 2.22 所示。

从图 2.13(c) 可见,只要把立方 ZnS 中的 Zn 和 S 都换成 Si,在 Si 和 Si 连线的中心放上 O 原子,即得立方 SiO_2(β-白硅石)的结构,配位比为 4∶2。

GeO_2 晶体属于立方 SiO_2 结构。

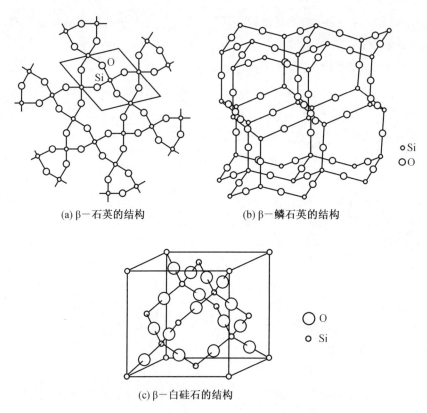

(a) β－石英的结构　　　　(b) β－鳞石英的结构

(c) β－白硅石的结构

图 2.22　β－石英、β－鳞石英、β－白硅石的结构

2.8　范德瓦耳斯力

2.8.1　分子间的作用力

实际气体不符合理想气体状态方程,这表明,实际气体的分子之间存在着相互作用。这是导致实际气体不服从理想气体状态方程的原因。范德瓦耳斯(Van Der Waals)注意到这种力的存在,于 1873 年提出了描述实际气体的状态方程 —— 著名的范德瓦耳斯方程,所以称这种作用为范德瓦耳斯力。不仅气态,在物质的其他凝聚态,分子与分子之间也存在范德瓦耳斯力。以共价结合的有限分子在形成晶体时,由于共价键的饱和性,分子之间不再可能形成通常的化学键,而只能以范德瓦耳斯力相结合,这样的晶体称为分子晶体。和共价分子相似,单原子的惰性气体分子也是以范德瓦耳斯力相结合构成晶体的。范德瓦耳斯力是决定由共价分子组成的物质的熔点、沸点、熔化热、汽化热、溶解度、黏度、表面张力等物理化学性质的主要因素。

2.8.2　范德瓦耳斯力的本质

范德瓦耳斯力的本质在范德瓦耳斯提出近 40 年后才被研究。1912 年,葛生(Keesom) 提出范德瓦耳斯力是极性分子的偶极矩间的引力。1920 ~ 1921 年,德拜

（Debye）认为除极性分子间的作用力之外，极性分子和非极性分子间也存在相互作用，这是由于非极性分子被极化产生了诱导偶极矩。1930 年，伦敦（London）提出范德瓦耳斯力的量子力学理论。

2.8.2.1 静电力（葛生力）

图 2.23 是偶极分子间相互作用的示意图。极性分子的永久偶极矩间有静电相互作用，作用力的性质和大小与它们相对取向有关，相互作用的势能为

$$V_K = -\frac{\mu_1 \mu_2}{(4\pi\varepsilon_0)R^3} f(\theta) \qquad (2.48)$$

式中，θ 是偶极矩 $\boldsymbol{\mu}_1$ 和 $\boldsymbol{\mu}_2$ 之间的夹角，且

$$f(\theta) = 2\cos\theta_1 \cos\theta_2 - \sin\theta_1 \sin\theta_2 \cos(\phi_1 - \phi_2) \qquad (2.49)$$

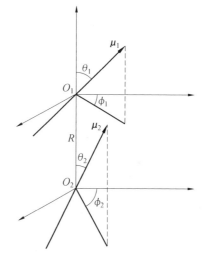

μ_1 和 μ_2 是 $\boldsymbol{\mu}_1$ 和 $\boldsymbol{\mu}_2$ 的数值；(θ_1, ϕ_2)、(θ_2, ϕ_2) 是 $\boldsymbol{\mu}_1$ 和 $\boldsymbol{\mu}_2$ 的方向角；R 是它们的间距。依据 $\boldsymbol{\mu}_1$ 和 $\boldsymbol{\mu}_2$ 不同的取向，作用力可以是吸引的或排斥的。如果 $\boldsymbol{\mu}_1$

图 2.23　偶极子间相互作用的示意图

和 $\boldsymbol{\mu}_2$ 各种方向取向可能性相同时，势能的平均值 $U_K = 0$。按玻耳兹曼（Boltzmann）分布定律，温度越低，$\boldsymbol{\mu}_1$ 和 $\boldsymbol{\mu}_2$ 在低势能的相对方向出现的可能性越大。平均势能为

$$U_K = <V_K(\theta)\exp[-V_K(\theta)/kT]>_\theta \qquad (2.50)$$

式中等号右边的符号 $<\ >_\theta$ 表示对 θ 取平均。

若 $V_K \ll kT$，有

$$\exp[-V_K(\theta)/kT] \approx 1 - V_K(\theta)/kT \qquad (2.51)$$

上式成为

$$U_K = <V_K(\theta)>_\theta - \frac{1}{kT}[V_K(\theta)]^2 >\theta = -\frac{\mu_1\mu_2}{(4\pi\varepsilon_0)R^3}<f(\theta)>_\theta - \frac{\mu_1^2\mu_2^2}{(4\pi\varepsilon_0)^2 R^6 kT} >\theta \qquad (2.52)$$

式中

$$<f(\theta)>_\theta = 0, \qquad <f^2(\theta)>_\theta = \frac{2}{3}$$

所以

$$U_K = -\frac{2}{3}\frac{\mu_1^2\mu_2^2}{(4\pi\varepsilon_0)^2 kTR^6} \qquad (2.53)$$

对于同类分子

$$\mu_1 = \mu_2 = \mu$$

$$U_K = -\frac{2}{3}\frac{\mu^4}{(4\pi\varepsilon_0)^2 kTR^6} \qquad (2.54)$$

2.8.2.2 诱导力(德拜力)

在强度为 E 的电场中,极化率为 α 的分子会产生诱导偶极矩 μ_1,且

$$\mu_1 = \alpha E \tag{2.55}$$

诱导偶极矩与电场 E 的相互作用能的关系为

$$\mu_1 = -\frac{1}{2}\alpha E^2 \tag{2.56}$$

偶极矩为 μ_1 的分子(Ⅰ)在相距 R、方向角为 θ_1 处产生的电场强度 E 为

$$E = \frac{1}{4\pi\varepsilon_0}\frac{\mu_1}{R^3}\sqrt{1 + 3\cos^3\theta_1} \tag{2.57}$$

它与极化率为 α_2 的分子(Ⅱ)的相互作用能为

$$U_{\text{Ⅰ}\rightarrow\text{Ⅱ}} = -\frac{1}{2}\alpha_2 E^2 = -\frac{1}{2}\frac{\alpha_2\mu_1^2}{(4\pi\varepsilon_0)^2 R^6}(1 + 3\cos^3\theta_1) \tag{2.58}$$

U 是负值(吸引力),与温度无关,对 θ_1 取平均,得

$$<U_{\text{Ⅰ}\rightarrow\text{Ⅱ}}>_{\theta_1} = -\frac{\alpha_2\mu_1^2}{(4\pi\varepsilon_0)^2 R^6} \tag{2.59}$$

上式表示分子(Ⅰ)的偶极矩与分子(Ⅱ)的极化率的平均相互作用能。同样,分子(Ⅱ)的偶极矩 μ_2 与分子(Ⅰ)的极化率的平均相互作用能为

$$<U_{\text{Ⅰ}\rightarrow\text{Ⅱ}}>_{\theta_2} = -\frac{\alpha_1\mu_2^2}{(4\pi\varepsilon_0)^2 R^6} \tag{2.60}$$

两者总和为

$$U_{\text{D}} = -\frac{\alpha_1\mu_2^2 + \alpha_2\mu_1^2}{(4\pi\varepsilon_0)^2 R^6} \tag{2.61}$$

对于同类分子,$\mu_1 = \mu_2 = \mu$,$\alpha_1 = \alpha_2 = \alpha$,所以

$$U_{\text{D}} = -\frac{2\alpha\mu^2}{(4\pi\varepsilon_0)^2 R^6} \tag{2.62}$$

2.8.2.3 色散力(伦敦力)

惰性气体分子的电子云分布是球形对称的,偶极矩为零,但仍存在范德瓦耳斯力。而对极性分子来说,葛生力和德拜力之和比实测值小得多,说明还有第三种力存在。

1930 年,伦敦应用量子力学计算范德瓦耳斯力,证明其近似为

$$U_{\text{L}} = -\frac{3}{2}\frac{I_1 I_2}{I_1 + I_2}\frac{\alpha_1\alpha_2}{(4\pi\varepsilon_0)^2 R^6} \tag{2.63}$$

式中,I_1,I_2 是分子(Ⅰ)和(Ⅱ)的电离能;α_1 和 α_2 是它们的极化率;R 是分子中心间距。式(2.63)是近似结果,其精确式非常复杂,与光的色散公式相似,所以称伦敦力为色散力。对于同类分子:

$$U_{\text{L}} = -\frac{3}{4}\frac{\alpha^2 I}{(4\pi\varepsilon_0)^2 R^6} \tag{2.64}$$

色散力产生的原因是分子具有周期变化的瞬间偶极矩。

2.8.2.4 范德瓦耳斯力的特征

分子间总的作用能 U 应是上述三种作用能之和，即

$$U = U_K + U_D + U_L = -\frac{1}{(4\pi\varepsilon_0)^2 R^6}\left\{\frac{2\mu_1^2\mu_2^2}{3kT} + \alpha_1\mu_2^2 + \alpha_2\mu_1^2 + \frac{3}{2}\frac{\alpha_1\alpha_2 I_1 I_2}{(I_1 + I_2)}\right\} \quad (2.65)$$

对于同类分子有

$$U = -\frac{2}{(4\pi\varepsilon_0)^2 R^6}\left\{\frac{\mu^4}{3kT} + \alpha\mu^2 + \frac{3}{8}\alpha^2 I\right\} \quad (2.66)$$

范德瓦耳斯力具有如下特性：

（1）它是永远存在于分子或原子间的一种作用力。

（2）它是吸引力，大小在几十 $kJ \cdot mol^{-1}$，比化学键能小 $1 \sim 2$ 个数量级。

（3）没有方向性和饱和性。

（4）作用范围约为几百个 pm。

（5）对于大多数分子而言，其中最主要的作用是色散力。

2.9　分子晶体

绝大部分有机物，惰性气体元素以及 H_2，N_2，O_2，Cl_2，Br_2，I_2，CO_2，SO_2，HCl 等的晶体都是分子晶体。分子内部是具有方向性和饱和性的共价键，分子之间是范德瓦耳斯力。因为范德瓦耳斯力是没有方向性和饱和性的，所以分子晶体都尽量采取密堆积的形式。

2.9.1　同种原子的分子构成的晶体

惰性气体元素的原子是球形的，形成分子晶体时都采取密堆积的形式。He 的晶体为 A_3 型，Ne，Ar，Kr，Xe 的晶体为 A_1 型。这些晶体中原子间距离的一半称为范德瓦耳斯半径，其数值见表 2.11。

表 2.11　惰性气体的范德瓦耳斯半径

原子种类	He	Ne	Ar	Kr	Xe
半径 /pm	180	160	190	200	200

共价分子都有一定的几何形状，分子堆积成的晶体的构型与分子的形状有关，分子在堆积成晶体时，虽然尽量减少空隙，但实际的堆积仍然不能像原子或离子的堆积那样紧密。所以多数分子晶体，尤其是有机化合物的晶体，其对称性都比较低。

H_2 在低温仍能绕质心旋转，旋转范围构成球形，H_2 的晶体采取 A_3 型堆积。

Cl_2，Br_2，I_2 的晶体结构如图 2.24 所示。这种构型称为 A_{14} 型。Cl_2 略有不同，称为 A_{18}

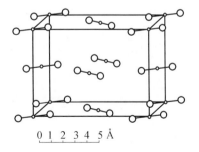

图 2.24　Cl_2，Br_2，I_2 的晶体结构

（1 Å = 10^{-10} m）

型。在这些晶体中,不属于同一分子的两个最接近的原子间距离的一半称为范德瓦耳斯半径,而属于同一分子的原子间距离的一半称为共价半径。表 2.12 列出了卤素原子的范德瓦耳斯半径、共价半径和它们的比值。

表 2.12 卤素原子的范德瓦耳斯半径、共价半径和它们的比值

元素	范德瓦耳斯半径/pm	共价半径/pm	比值
F	135	72	1.88
Cl	180	99	1.82
Br	195	114	1.71
I	215	133	1.61

由表 2.12 可见,两种半径的比值逐渐减小。因为金属单质晶体中这一比值为 1,所以上述半径减少的趋势意味着晶体的键型逐渐具有金属性。I_2 的晶体已有金属光泽了。

O_2 以 A_1 型最密堆积形成分子型晶体。硫有好几种单质,S_8 分子可形成正交(图 2.25)或单斜晶体。

N_2 晶体是 A_3 型最密堆积。黄磷是由结构单元呈四面体结构 P_4 分子组成的晶体。磷原子也可结合成无限的层状分子,由层状分子构成红磷与黑磷晶体。

2.9.2 不同种原子的分子构成的晶体

对于不同种原子组成的分子所构成的晶体,其分子本身的结构可以用价键理论和分子轨道理论讨论。在弄清其分子结构的基础上就可以讨论分子堆积成晶体的问题。分子堆积的构型与分子本身的形状有关,主要是使空隙尽量小。

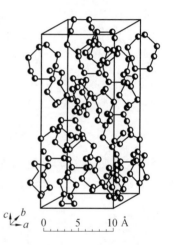

图 2.25 正交硫的晶体

例如 CO_2 晶体、SO_2 晶体、HCl 晶体以及一般的有机化合物晶体都是由不同种原子的分子构成的分子晶体,CO_2、$C_{20}H_{50}$ 和聚乙烯的晶体结构如图 2.26、图 2.27 和图 2.28 所示。

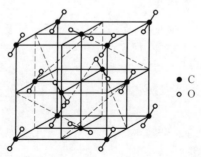

● C
○ O

图 2.26 CO_2 的晶体结构

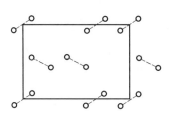 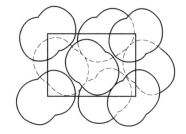

图 2.27　$C_{20}H_{50}$ 的晶体结构

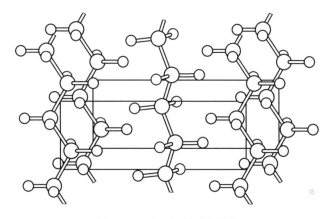

图 2.28　聚乙烯的晶体结构

　　一般有机化合物都为分子化合物。在分子化合物中,分子内部结合力是具有饱和性和方向性的共价键,而分子之间的结合力一般是比较弱的范德瓦耳斯力。

2.10　氢键和氢键晶体

2.10.1　氢键的本质

　　实验发现,在有些化合物中,氢原子可以同时和两个电负性很大而原子半径较小的原子 O,N,F,Cl 等相结合,这种结合称为氢键。例如,甲酸二聚分子($HCOOH)_2$ 的结构如图2.29 所示。

$$H-C \underset{O-H---O}{\overset{O---H-O}{}} \; \overset{125°}{} \; C-H$$

267 pm

图 2.29　甲酸二聚分子的结构

　　其中 O—H⋯O 就是氢键。氢键的通式为 X—H⋯Y,氢键的键长是指 X 到 Y 的距离,氢键的键能是指破坏 H⋯Y 结合所需要的能量。X—H⋯Y 中 X—H 的距离仅较正常的共价键的键长略长,而 H⋯Y 的距离则比正常的共价键的键长大得多。氢键的键能一般在 40 kJ · mol^{-1} 以下,而 X—H 的键能则在 $10^2 \sim 10^3$ kJ · mol^{-1} 之间。

形成氢键是氢原子的特殊结构造成的,氢原子体积小,核外只有一个电子。当它和电负性大的 X 原子结合时,电子偏向 X 原子,氢原子核-质子几乎裸露出来,X—H 键的偶极矩很大,因此氢原子核可以和电负性大的 Y 原子相互吸引,形成了氢键。

一般认为 X—H⋯Y 中,X—H 基本上是共价键,而 H⋯Y 是范德瓦耳斯力。这是由于 X—H 的键能和共价键能相近,H⋯Y 比化学键的键能小得多,和范德瓦耳斯引力的数量级相同,它又是一种偶极-偶极或偶极-离子的静电相互作用,所以通常把氢键看作是一种强的范德瓦耳斯力。但是,氢键和一般的范德瓦耳斯力又不同,即它具有方向性和饱和性。X—H 一般只能和一个 Y 结合,这是因为氢原子体积小,X、Y 原子体积又都相当大,受空间的限制,如果另有其他原子和氢核接近,必然也会和 X、Y 相接近而产生大的排斥作用,一般这个排斥作用大于和氢核的吸引作用,而无法和 H 结合。为使 X、Y 间的斥力最小,X—H⋯Y 尽量在一条直线上。

氢键的强弱与 X、Y 的电负性的大小有关,还与 Y 的半径大小有关。X、Y 电负性越大,氢键越强,Y 的半径越小,氢键越强。例如,F 的电负性最大而半径很小,所以 F—H⋯F 是最强的氢键,O—H⋯O 次之,O—H⋯N 又次之,N—H⋯N 更次之;Cl 的电负性很大,但它的原子半径很大,所以 O—H⋯Cl 很弱。

关于氢键的生成也可以用分子轨道理论来说明。X—H 间生成成键分子轨道 σ_{XH} 和反键分子轨道 σ_{XH}^*,由于 X 的电负性比 H 大得多,所以 σ_{XH} 轨道偏向 X 一边,σ_{XH}^* 轨道偏向 H 一边。Y 的 p 轨道上有一弧对电子,σ_{XH}、σ_{XH}^*、p_Y 对称性相同,组合成 3 个分子轨道。分别为成键轨道 σ_{XHY}、非键轨道 σ_{XHY}^n 和反键轨道 σ_{XHY}^*。由于 σ_{XH} 偏向 X 一边,而 σ_{XH}^* 偏向 H 一边,所以 p 与 σ_{XH} 重叠少,与 σ_{XH}^* 重叠多,σ_{XH}^* 对 σ_{XHY}^n 的能量降低作用比 σ_{XH} 对 σ_{XHY} 能量升高作用要大,所以 4 个电子占据三中心的成键轨道 σ_{XHY} 及非键轨道 σ_{XHY}^n 比占据 σ_{XH} 和 p 轨道能量有所降低,所以形成氢键,如图 2.30 所示。

图 2.30   X—H⋯Y 中的四电子三中心键

氢键的方向性并不是很严格的,即 X—H⋯Y 并不一定严格地在一条直线上。例如,$NaHCO_3$ 晶体中 HCO_3^- 通过氢键组成无限长链,其中的 ∠OHO = 165°。

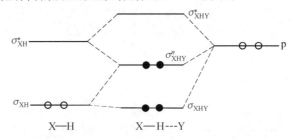

在甲醇中,二聚体$(CH_3OH)_2$ 的氢键是弯的:

此外，X—H⋯Y 中的 Y 还可以用成键的 π 电子与 X—H 生成氢键。例如，$C_6H_5OCH_3$ 与 C_6H_5OH 反应可生成这种氢键：

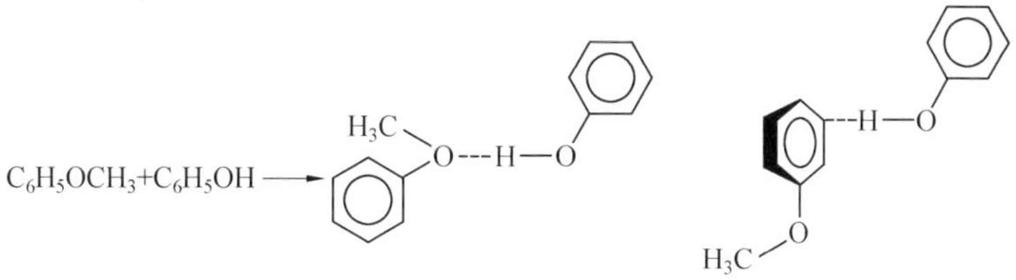

氢键的饱和性也有例外，已经发现一个 X—H 和两个 Y 结合成如下形式的氢键，只是为数较少：

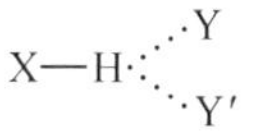

实验发现存在两种氢键。一个分子的 X—H 键与另一个分子的 Y 相结合而成的氢键，称为分子间氢键；一个分子的 X—H 键与它内部的 Y 相结合而成的氢键称为分子内氢键。下面分别予以介绍。

2.10.2 分子间氢键

按组成氢键的分子的异同，氢键可分为同种分子间的氢键和不同种分子间的氢键。同种分子间的氢键又可分为二聚分子中的氢键和多聚分子中的氢键。

二聚甲酸中的氢键（图 2.29）就是相同分子的二聚分子中的氢键。一般羧酸都能生成二聚分子 $(RCOOH)_2$ 氢键。

固体氟化氢就是由氢键结合成链状结构的多聚分子，其构型如图 2.31 所示。

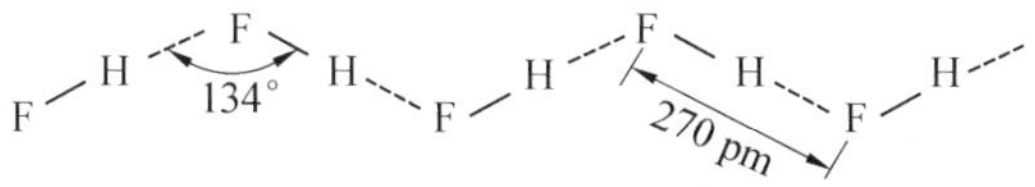

图 2.31　固体氟化氢 $[(HF)_n]$ 的链状结构

氟化氢气体中也有多聚分子 $(HF)_n$ 存在，n 一般小于 5。

硼酸晶体是由氢键结合起来的层状结构，如图 2.32 所示，也是多聚分子。

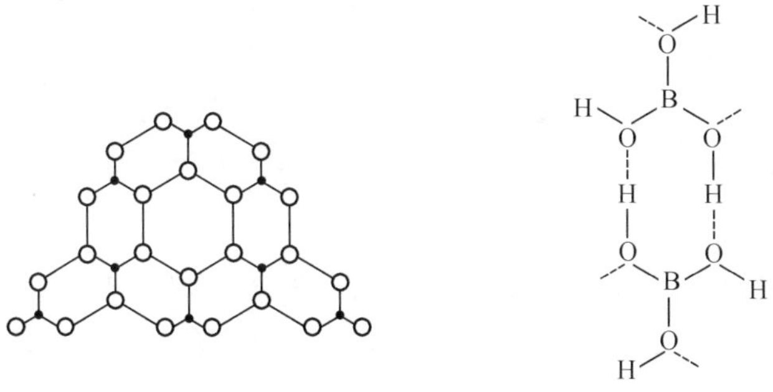

(a)　　　　　　　　(b)

图 2.32　硼酸晶体的层状结构

冰是靠氢键结合的立体结构的多聚分子,其结构如图2.33所示。

在冰的结构中,每个氧原子按四面体与其他氧原子相邻接,而在每两个氧原子的连线上有一个氢原子,但氢原子并不在连线的中点。在冰中,H_2O分子间的相互作用能为51 kJ·mol^{-1},其中约13 kJ·mol^{-1}的作用能为分子间的范德瓦耳斯力,其余38 kJ·mol^{-1}为氢键能;O$\cdots$H 的键能是18.8 kJ·mol^{-1};O—O 间距为276 pm;H—O—H 键角由水分子的105°扩大至冰晶体中四方体键角109°28′。为生成尽可能多的氢键,H_2O分子按四方体堆积成密度低的冰。冰的结构中,空间利用率很低,空隙相当多,所以冰比水密度低。

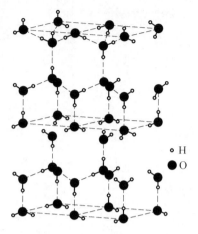

图2.33 冰中氢键结构

冰溶化成水以后仍保持冰的四面体结构。水中的这些四面体结构不像冰那样构成一个庞大的整体,而是松散的集团,随着温度的升高,水中的四面体结构逐渐消失。

以上的例子都是同种分子间的氢键。不同种分子间也能形成氢键,例如,苯甲酸和丙酮分子之间形成的氢键。

$$C_6H_6—C \overset{\displaystyle O}{\underset{\displaystyle O—H\cdots O}{||}} \quad CH_3 \atop CH_3$$

在双螺旋结构的脱氧核糖核酸中就有起主要作用的不同种分子间氢键。脱氧核糖核酸,即DNA的结构为图2.34所示。按照沃琴(Watson)和克里克(Crick)的看法,DNA是由两条多核苷酸链组成的,每条多核苷酸链都是以磷酸脱氧核糖基形成的长链为基本骨架,以右手螺旋的方式绕同一根中心轴线向前盘旋,但两条链的走向相反。两条链间由内侧的碱基对间的氢键牢固地连接在一起。这些碱基对有两种,一种是由一条链上的鸟嘌呤与另一条上的胞嘧啶形成;另一种是由一条链上的腺嘌呤与另一条链上的胸腺嘧啶形成。前一种含有三个氢键,后一种含有两个氢键。

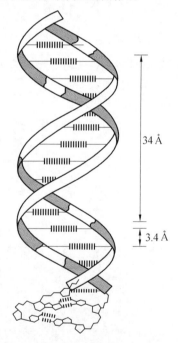

图2.34 DNA的双螺旋结构

2.10.3 分子内氢键

有些分子中的X—H可以和分子自身的Y结合成分子内氢键,由于X,H,Y都在同一个分子中,受结构的限制,往往分子内氢键 X—H$\cdots$Y不在同一直线上,一般键角约为

150°。例如,邻位硝基苯酚中的氢键:

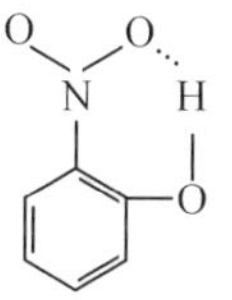

在苯酸邻位上有 —COOH,—NO$_2$,—NO,—CONH$_2$,—COCH$_3$ 和 —Cl 等取代基的化合物都能形成内氢键。下面给出几个含有内氢键分子的结构式:

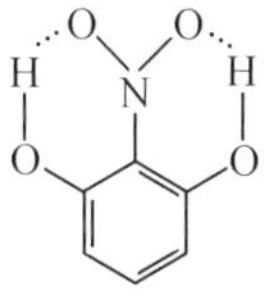

$$C_6H_3(OH)_2NO_2 \qquad\qquad C_6H_4(OH)COOH$$

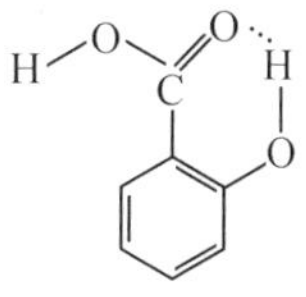

还有一种分子内氢键,其中 Y 与 X 并无其他化学键连接。例如,氨的水溶液中存在下列平衡关系:

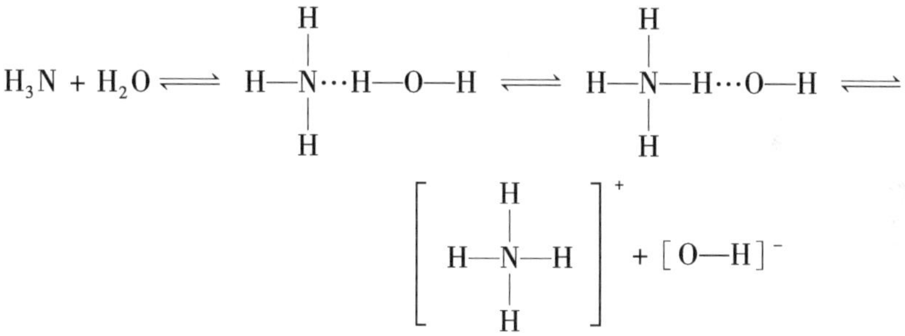

其中第三种形式是主要的,因此,氨的水溶液呈弱碱性。 同样,RNH$_3$OH,R$_2$NH$_2$OH,R$_3$NHOH 也都是弱碱,但在 R$_4$NOH 中,不可能有分子内氢键,只能以离解的形式——NR$_4$$^+OH^-$ 存在,所以是强碱:

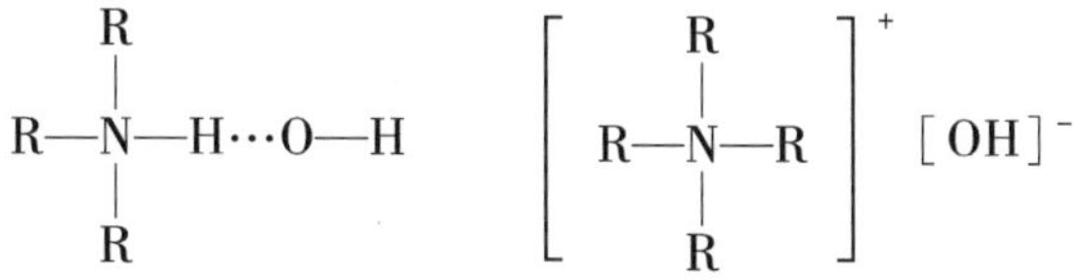

2.10.4 氢键对物质的物理化学性质的影响

要使晶体熔化,需破坏一部分分子间的氢键;要使液体汽化,则需破坏大部分分子间的氢键。这都需要能量,所以分子间的氢键使熔点和沸点升高。

例如,元素周期表第六族元素的氢化物中,H$_2$Te,H$_2$Se,H$_2$S 的沸点和熔点依次降低,而 H$_2$O 却反常,比它们都高。这就是由 H$_2$O 中含有大量的氢键,而其他的氢化物中不含氢键所致。

溶质分子和溶剂分子之间如果能生成氢键,则溶解度增大。如果溶质分子含有分子内氢键,则在极性溶剂中的溶解度减小,而在非极性溶剂中的溶解度增大。

在溶液中生成分子间氢键,溶液的密度和黏度增加,而生成分子内氢键则不会增加溶

液的密度和黏度。

分子间氢键使液体的介电常数增大。

氢键会减小 O—H 键、N—H 键的特征振动频率,这是由于形成 O—H⋯Y,N—H⋯Y 后,O—H 键、N—H 键的强度被削弱。

2.11 多种键型晶体

除典型的金属晶体、离子晶体、共价晶体和分子晶体外,实际上大多数晶体会有多种化学键型,这些晶体可称为多种键型晶体或混合键型晶体。由于晶体具有多种类型的化学键,因而也具有多种类型晶体的性质。

2.11.1 同种元素的多种键型晶体

石墨是由同种元素的原子构成的多种键型晶体。石墨的碳原子采取 sp^2 杂化,彼此之间以 σ 键连成六角形层状平面大分子,每个碳原子剩下的一个 p_z 轨道形成大 π 键,p_z 轨道上的电子填在 π 轨道上。因此,石墨含有数目巨大的原子的大 π 键和数目巨大的 π 电子,π 电子可以在层内自由运动,这是石墨具有金属光泽和导电的原因。石墨的层与层间是以范德瓦耳斯力相互结合起来的,层间距是 340 pm,远比 C—C 键长。范德瓦耳斯力较弱,所以层与层间可以滑移和解理。石墨晶体中含有共价键、类金属键(大 π 键)和范德瓦耳斯力三种键型。

非金属元素的原子大都是先以共价键结合形成分子,再由分子通过范德瓦耳斯力形成晶体。

在 ⅤA 族中,As,Sb,Bi 可以构成 A_7 型结构的晶体,每个原子与相邻的三个原子以共价键相结合,形成无限的层状分子。P 也可组成无限层状分子,形成红磷或黑磷;层与层之间以范德瓦耳斯力结合。而氮的晶体则是共价键的 N_2 分子以范德瓦耳斯力结合构成氮的晶体。

在 ⅥA 族中,Se 与 Te 可以构成 A_8 型结构的晶体,每个原子与相邻的两个原子以共价键相结合,形成一个无限的链状分子,链和链间以范德瓦耳斯力相结合构成晶体。S 形成 S_8 或 S_x 分子,再以范德瓦耳斯力形成晶体。氧的晶体是由共价键的 O_2 分子按 A_1 堆积,以范德瓦耳斯力结合。

ⅦA 族的氯、溴、碘的晶体也是由共价键的 Cl_2,Br_2,I_2 分子以范德瓦耳斯力形成晶体。

在上述非金属元素的结构中,具有 $8-N$ 规则,即在第 N 族元素的单质中,与每个原子邻接的原子数为 $8-N$。这也表明,第 N 族元素的原子可以提供 $8-N$ 个价电子与 $8-N$ 个邻近的原子形成 $8-N$ 个共价单键。

2.11.2 不同种元素的多种键型晶体

2.11.2.1 B 型化合物的多种键型晶体

异核双原子分子 HCl,HBr,HI 等的晶体是由原子间的共价键和分子间的范德瓦耳斯力组成的混合键型晶体。实际上分子晶体大多是多种键型晶体。

2.11.2.2 B₂ 型化合物的多种键型晶体

（1）离子键－范德瓦耳斯力的层状结构。

AB₂ 型氯化物、溴化物、碘化物及氢氧化物都是以带有一定共价性的离子键构成的层状结构，层间的结合力是范德瓦耳斯力。在每一层，每个正离子在由负离子构成的八面体中央，而每个负离子则在一个由正离子构成的三角形的重心的上方或下方。这种层状结构化合物层和层间的堆置方式有两种，若以 A，B，C 和 a，b，c 各代表负离子与正离子的三个错开的密置层，则结构可写成 ‖ AbC ‖ AbC ‖ 的为 CdI₂ 型，结构可写成

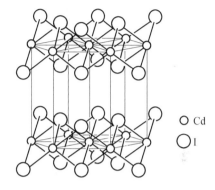

图 2.35 CdI₂ 的层状结构

‖ AcB｜CbA｜BaC ‖ 的为 CdCl₂ 型。CdI₂ 的层状结构结图 2.35 所示。

（2）共价键－金属键的层状结构。

MoS₂ 型层状晶体结构可写成 ‖ BaB ‖ AbA ‖。Mo 原子的配位多面体为三方柱。层内为共价键，层间主要为金属键。MoS₂ 的层状结构如图 2.36 所示。取 MoS₂ 型结构的化合物晶体有 MoS₂，WS₂，SeS₂，TeS₂ 等。

（3）共价键－离子键的多种键型晶体。

CaC₂ 型结构晶体中碳原子间以共价键结合，带有两个负电荷，可写为 $[: C \equiv C :]^{2-}$；C_2^{2-} 与 Ca^{2+} 之间是离子键。类似 NaCl 的晶体结构。图 2.37 所示为 CaC₂ 的层状结构。除 C_2^{2-} 外，阴离子还可以是 O^{2-}，O_2^{-}，S^{2-} 等。一些过氧化物例如 BaO_2，SrO_2，四氧化物 K_2O_4，Rb_2O_4 等也取这种结构。

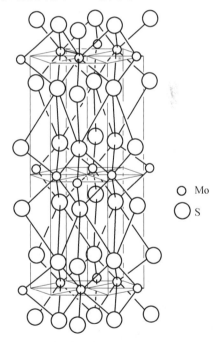

图 2.36 MoS₂ 的层状结构

（4）共价键－范德瓦耳斯力结合的多种键型晶体。

CO_2，SO_2，H_2S 原子以共价键结合成 CO_2，SO_2，H_2S 分子，分子间以范德瓦耳斯力结合，分别构成 CO_2 晶体（干冰）及 SO_2、H_2S 晶体。AB₂ 型气体分子构成的晶体都是这种结合。

（5）共价键－氢键结合的多种键型晶体。

H_2O 分子中原子是以共价键结合，分子间是以氢键结合成晶体——冰。

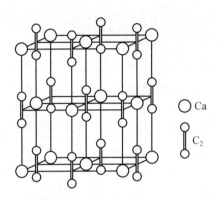

图 2.37 CaC$_2$ 的层状结构

（相当于一个 NaCl 晶胞）

2.11.2.3 AB$_n$ 型化合物的多种键型晶体

SiF$_4$，PF$_5$，SF$_6$ 极化程度严重，原子间基本是共价键结合，分子以范德瓦耳斯力构成晶体。

2.11.3 多元化合物晶体

2.11.3.1 复杂阴离子与阳离子组成的化合物

复杂的阴离子有多种类型，按所含原子种类可分为由一种、两种、三种和更多种原子构成；按形状可分为线形、三角形、四面体形、八面体形等。复杂离子内部可以是离子键或共价键结合。复杂阴离子和阳离子间是以离子键结合成的复杂的离子晶体。复杂阴离子如 CN$^-$，ClO^{2-}，CO$_3^{2-}$，NO$_3^-$，SO$_4^{2-}$，PO$_4^{3-}$，WO$_4^{2-}$，PtCl$_6^{2-}$，S$_2$O$_6^{2-}$ 等。

复杂阴离可以形成很多种键型晶体。例如：

（1）具有 NaCl 结构的 NaCN，具有 CsCl 结构的 CsCN，其中 C 和 N 以共价键结合，CN$^-$ 和 Na$^+$ 及 Cs$^+$ 以离子键结合。

（2）具有 NaCl 型衍生结构的方解石型 CaCO$_3$，其中 CO$_3^{2-}$ 含有共价键和大 π 键，Ca^{2+} 和 CO$_3^{2-}$ 以离子键结合。NaNO$_3$ 也具有方解石型结构，其中 NO$_3^-$ 含有共价键和大 π 键，Na$^+$ 和 NO$_3^-$ 以离子键结合。CaCO$_3$ 还有一种属正交晶系的文石型结构，Ca^{2+} 与9个 O^{2-} 邻接，每个 O^{2-} 与 3 个 Ca^{2+}、1 个 C 邻接。CO$_3^{2-}$，NO$_3^-$，BO$_3^{3-}$ 等阴离子的化合物通常取方解石型和文石型结构。从方解石型到文石型的晶形转变与阳离子大小有关，Ca^{2+} 半径恰处在临界值，所以 CaCO$_3$ 在不同条件下可取不同的晶型。

（3）CaSO$_4$，BaSO$_4$ 两种结构形式都属正交晶系。CaSO$_4$ 晶型中 Ca^{2+} 与 8 个 O^{2-} 邻接，而每个 O 与 1 个 S 和 2 个 Ca^{2+} 相邻接。BaSO$_4$ 晶型中 Ba^{2+} 的配位数为 12，比 Ca^{2+} 的配位数高，这是由于 Ba^{2+} 的离子半径比 Ca^{2+} 大。NaClO$_4$ 取 CaSO$_4$ 型结构，KClO$_4$，BaClO$_4$ 取 BaSO$_4$ 型结构。

2.11.3.2 含有复杂阳离子的化合物

复杂阳离子常见的有 NH$_4^+$ 及其衍生物、氨配位离子和水配位离子等。配位离子的中央离子是以离子键或共价键和配位体结合的。复杂阳离子如$[Ni(H_2O)_6]^{2+}$，$[Ni(NH_3)_6]^{2+}$等。

在$NiSO_4 \cdot 7H_2O$的晶体结构中，SO_4^{2-}和$[Ni(H_2O)_6]^{2+}$分占晶格的不同位置。6个配位水分子除与Ni^{2+}结合外，各与SO_4^{2-}中的O或其他水分子结合。另外，还有一个H_2O不与Ni结合，而仅与SO_4^{2-}中的O和其他的H_2O结合。第7个水分子是填在空隙中的结构水。结构水对水合物的结构所起作用很小，所以$NiSO_4 \cdot 7H_2O$与$NiSO_4 \cdot 6H_2O$结构基本一致。

$CuSO_4 \cdot 5H_2O$的结构中每个Cu^{2+}各为4个H_2O和2个SO_4^{2-}中的O所形成的八面体包围，第5个水分子只与其他H_2O和SO_4^{2-}中的O结合，不与Cu结合，是结构水。

$CaSO_4 \cdot 2H_2O$晶体中每个Ca^{2+}周围有8个O^{2-}，2个属于水分子，其余6个属于SO_4^{2-}。Ca^{2+}与SO_4^{2-}排列成层，水分子形成一双层，对相邻两个层起着连接作用。

在大多数水合物中，全部或大部分水分子是配位水，少量的水分子是结构水。而在由SiO_2四面体连成的骨架结构中，水分子都是结构水，例如沸石中的水分子。

2.12 硅酸盐

硅酸盐是含有硅氧四面体的一大类物质的总称。硅酸盐中的硅能被铝所取代，被铝部分取代的硅酸盐也称为铝硅酸盐。

2.12.1 硅酸盐的结构特征

硅酸盐最重要的结构特征是以$(SiO_4)^{4-}$作为结构单位。4个氧原子以正四面体方式在硅原子周围配位，形成硅氧四面体。其中Si—O距离为162 pm，O—O距离为264 pm。Si通过sp^3杂化轨道和O生成Si—O的σ配键，O的p轨道孤对电子还与Si的空d轨道形成$p \to d$的π配键，所以Si—O键具有多重键的性质。

硅氧四面体的排列可以看作氧紧密堆积，而硅酸盐结构中的硅和其他金属离子占据紧密堆积的四面体空隙和八面体空隙中。

硅酸盐结构的另一特征是键的连接是通过氧来实现的，硅和硅间不存在直接的键。这是硅氧形成的无机大分子和碳所形成的有机化合物的重要区别。硅酸中Si—O键是最主要的键，硅和氧的结合方式在很大程度上决定硅酸盐的性质。

2.12.2 硅酸盐的种类

硅酸盐的化学组成复杂，结构形式多样，但在多种多样的硅酸盐结构中，起骨干作用的硅-氧结合基本形式——硅氧四面体是比较单纯的，而硅氧四面体间的连接方式是多样的。

化学家按化学组成将硅酸盐分为正硅酸盐和偏硅酸盐。例如，镁橄榄石Mg_2SiO_4、白云母$H_2KAl_3(SiO_4)_3$等为正硅酸盐，而透辉石$CaMg(SiO_3)_2$、滑石$H_2Mg_3(SiO_3)_4$等则为偏硅酸盐。这样的分类不合理，因为正硅酸盐和偏硅酸盐中硅的化合价是一样的，都是四价,这不符合正酸盐和偏酸盐的定义。

矿物学家根据硅酸盐的解理性,密度与硬度等物理性质将硅酸盐分为链型、层型、骨架型和含有有限硅氧基团的硅酸盐或轻、重硅酸盐等。

2.12.2.1 含有有限硅氧基团的硅酸盐晶体

有限硅氧基团是指 SiO_4^{4-}, $(Si_2O_7)^{6-}$, $(Si_3O_9)^{6-}$, $(Si_4O_{12})^{8-}$、$(Si_6O_{18})^{12-}$ 等形式的硅氧基团(图2.38)。以上述硅氧基团负离子和金属离子按适当的几何位置以离子键结合的晶体就是含有有限硅氧基团的硅酸盐。例如,橄榄石 $(Mg,Fe)_2SiO_4$(图2.39)、异极石 $Zn_4Si_2O_7(OH)\cdot H_2O$、硅灰石 $Ca_3Si_3O_9$、柱状星叶石 $Na_2FeTiSi_4O_{12}$ 和绿宝石 $Be_3Al_2Si_6O_{18}$ 等。

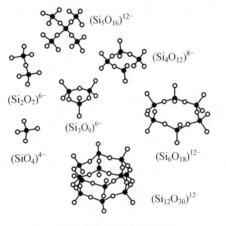

图 2.38 有限硅氧基团

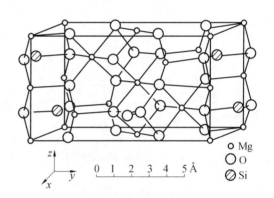

图 2.39 镁橄榄石 Mg_2SiO_4

2.12.2.2 链型硅酸盐

链型硅酸盐就是含有链型硅氧基团的硅酸盐。链型硅氧基团有单链和双链两种,如图2.40所示。

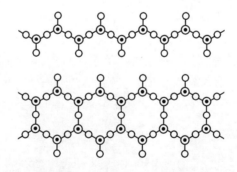

图 2.40 硅氧集团的单链和双链

顽火辉石 $Mg_2(SiO_3)_2$ 等辉石类硅酸盐含有单链 $(SiO_3)_n^{2n-}$ 基团,正交角闪石 $(Mg,Fe)_7(Si_4O_{11})_2(OH)_2$ 等角闪石类硅酸含有双链 $(Si_4O_{11})_n^{6n-}$ 基团。

2.12.2.3 层型硅酸盐

层型硅酸盐就是含有层型硅氧基团(图 2.41)的硅酸盐。其化学式可写为 $(Si_2O_5)^{2n-}$。白云母 $KAl_2(AlSiO_{10})(OH)_2$ 等云母类硅酸盐和高岭土 $Al_2(Si_2O_5)(OH)_4$ 等黏土类硅酸盐等都是层型硅酸盐。

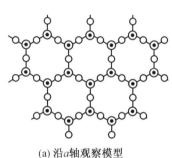

(a) 沿a轴观察模型　　　　　　(b) 沿a轴投影示意图

图 2.41　层型硅氧基团

2.12.2.4 骨架型硅酸盐

骨架型硅酸盐是指硅氧四面体与铝氧四面体联成一个骨架(图 2.42),电价低、半径大的正离子 K^+,Na^+,Ca^{2+} 等填在骨架的空隙中,形成低密度的结构。这类硅酸盐的主要代表有正长石和斜长石两种长石类硅酸盐及方沸石、层沸石和链沸石等三种沸石类硅酸盐。例如,钾长石 $KAiSi_3O_8$ 和钠长石 $NaAlSi_3O_8$ 就分别属于正长石和斜长石;$NaAlSi_2O_6 \cdot H_2O$,$(Ca,Na_2)Al_2Si_4O_{12} \cdot 6H_2O$,$(Ca,Na_2)Al_2Si_6O_{16} \cdot 5H_2O$,$Na_2Al_2Si_3O_{10} \cdot 3H_2O$ 就分别属于立方沸石、三方沸石、层沸石和链沸石。

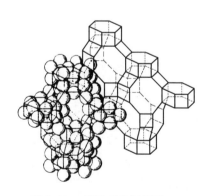

图 2.42　骨架型硅氧基团

2.12.3　泡令规则

依据哥希密特结晶化学定律可以解释简单离子化合物的性质,但对于比较复杂的无机化合物就困难了。泡令在总结大量复杂无机化合物的结构特点后,提出了五条规则。

2.12.3.1　泡令第一规则

在正离子周围形成负离子配位多面体,正、负离子间的距离是离子半径之和,而配位数取决于半径比。

对于离子晶体结构也可以用配位多面体描述,正离子位于负离子构成的配位多面体中心。用配位多面体描述离子晶体的结构,比单纯用离子半径及分数坐标更进一步反映了晶体各向异性的实质。

2.12.3.2 泡令第二规则 —— 电价规则

设 z 为正离子的电荷数,n 为其配位数,从正离子到每个配位负离子的静电强度 S 定义为

$$S = \frac{Z_+}{n_+}$$

在一个稳定的离子结构中,每一个负离子的电价等于或近似等于从邻近的正离子至该负离子的各静电强度的总和,即

$$Z_- = \sum_i S_i = \sum_i \frac{Z_{+i}}{n_{+i}}$$

式中,Z_- 为负离子的电荷数;i 是与负离子相连的第 i 个键。

电价规则也称为泡令第二规则。以 $Si_2O_7^{6-}$ 为例,其构型为共有一个顶点的两个正四面体,每个 Si—O 键的静电键强度为 $S = \frac{4}{4} = 1$,公共顶点处的氧原子的静电键强度 $\sum_i S_i = 2$,等于其电价 $Z_- = 2$。

2.12.3.3 泡令第三规则

在一个配位结构中,公用的棱,特别是公用的面的存在会降低这个结构的稳定性。对于高电价与低配位的正离子来说,这个效应特别大。这一规则的实质是说,随着相邻两个配位多面体从公用一个顶点到公用一个棱(两个顶点),再到公用一个面(三个顶点),正离子间的距离逐渐减小,库仑排斥力迅速增大,这就导致结构不稳定。

在二氧化钛的三种结构中,每个 O^{2-} 都为三个 TiO_6 八面体所共用,但每个八面体与相邻八面体公用的棱数是不同的,在金红石中为 2,在板钛矿中为 3,在锐钛矿中为 4。其稳定性是随公用棱数的增加而迅速递减。很多 AB_2 型化合物都以金红石结构形式存在,而很少以二氧化钛的另两种结构形式存在。

2.12.3.4 泡令第四规则

在含有一种以上的正离子的晶体中,电价大,配位数低的那些正离子间倾向于不公用相互的配位多面体的几何元素。

2.12.3.5 泡令第五规则

在晶体结构中实质上不同的原子种类数一般趋向于尽量少。

泡令的五条规则中第一条哥希密特已总结了,第四条是第三条的推论,第五条应用不广泛,第二、第三条是主要的。

2.13 液 晶

一些晶体熔化或溶解后,失去了固态性质,成为液态,但其结构仍保持着一维或二维

有序排列,并呈现各向异性,形成兼有部分晶体和液体性质的过渡状态。这种过渡状态称为液晶相。处于这种状态的物质称为液晶。

2.13.1　液晶的四种结构类型

目前,已知的液晶大多数由长形有机分子构成。根据分子的排列形式和有序性的不同,液晶有四种结构类型,即向列型、胆甾型、近晶型和柱状型,如图 2.43 所示。

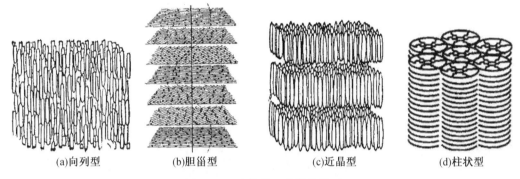

(a)向列型　　　　(b)胆甾型　　　　(c)近晶型　　　　(d)柱状型

图 2.43　液晶的四种结构类型

2.13.1.1　向列型液晶

向列型液晶分子取向长程有序。在局部区域,分子沿同一方向排列,在两个不同取向排列的区域的交界处,在偏光显微镜下显示为丝状条纹。因此,向列型液晶也称丝状相。

2.13.1.2　胆甾型液晶

胆甾型液晶大多数是由胆甾醇的衍生物构成的。其分子排列取向沿着一条螺旋轴变换,所以也称螺旋状相。在丝状相液晶中添加少量具有旋光性的分子,也可以得到螺旋状相液晶。这种液晶被称为扭曲丝状液晶。胆甾型液晶和扭曲丝状液晶可以统称为螺旋状液晶。

2.13.1.3　近晶型液晶

近晶型液晶包括的范围比较广,包括不属于向列型和胆甾型之外的其他液晶。其中主要的是分子层状排列的层状相。分子层状排列的液晶种类很多。目前,已有至少 9 种不同的层状相。层状相分子除具有取向有序外,还有一些是位置有序,键取向有序。长程键取向有序状态是失去了晶体点阵的平移有序,但仍保有分子相互作用力和取向各向异性的状态。

2.13.1.4　柱状型液晶

柱状型液晶也称为碟状液晶,它是由一个个碟状液晶排列而成的。就一个液晶而言,其外形为碟状,若干个碟状液晶排列起来成为柱状。

2.13.2　两类不同物理性质的液晶

从成分和介质的物理性质来看,液晶可以分为热致液晶和溶致液晶两类。

2.13.2.1 热致液晶

热致液晶是单一成分的化合物或均匀的混合物由于温度变化产生的液晶相。例如，氧化偶氮茴香醚（PAA，$CH_3(C_6H_4)N_2O(C_6H_6)OCH_3$）、对甲氧基次甲基苯对氨基丁苯（MBBA，$CH_3O(C_6H_4)CHN(C_6H_4)C_4H_9$）。前者的熔点为 118.2 ℃，清亮点为 135.5 ℃；后者的熔点为 21 ℃，清亮点为 48 ℃。典型的热致液晶的相对分子质量一般为 200 ~ 500 $g \cdot mol^{-1}$，分子的长宽比为 4 ~ 8。

2.13.2.2 溶致液晶

溶致液晶由两种以上组分构成，其中一种是水或其他极性溶剂。在一定温度，溶液出现液晶相。溶致液晶的溶质在温度变化时不稳定，因此忽略温度变化引起相变的问题。溶致液晶中的长棒分子要比热致液晶的长棒分子大很多，分子长度比为 15 左右。例如，肥皂水、洗衣粉溶液、表面活性剂溶液、生物膜等。溶质和溶剂的相互作用是溶致液晶形成长程有序的主要因素，溶质和溶质的相互作用是次要因素。

液晶的平行排列稳定性、相变温度（热稳定性）和液晶分子的介电各向异性等性质与其结构密度相关。细长棒、平面形状的分子有利于平行排列。分子间的相互作用与分子极性基团和易极化的原子团有关，影响液晶的相变温度。

2.14　有机化合物晶体与高分子晶体

2.14.1　有机化合物晶体

一般有机化合物都是分子化合物，分子内部都是具有方向性和饱和性的共价键，而分子之间的结合一般都是范德瓦耳斯力和氢键。

2.14.1.1 尿素的晶体结构

图 2.44 是尿素 $[CO(NH_2)_2]$ 的晶体结构。在尿素分子中，C＝O 键长为 0.126 nm，C—N 键长为 0.134 nm，N—C—N 键角是 116°。尿素分子中，除中心碳原子外都能形成氢键，分子间氢键 N—H…O 键长为 0.306 nm。尿素晶体为四方晶系。

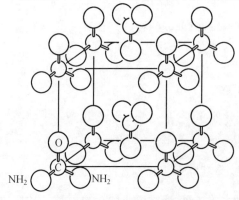

图 2.44　尿素的晶体结构

2.14.1.2 六次甲基四甲烷的晶体结构

图 2.45 是六次甲基四甲烷[$(CH_2)_6(CH)_4$]的分子结构和晶体结构。六次甲基四甲烷分子按等径圆球立方密堆积(A_1)通过范德瓦耳斯力结合构成晶体。其中的 C—C 键长为 0.154 nm，C—C—C 键角接近 109°28′。

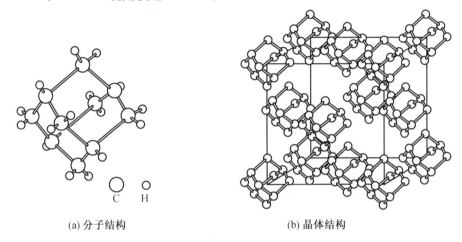

(a) 分子结构　　　　　　　　　　(b) 晶体结构

图 2.45　六次甲基四甲烷的分子结构和晶体结构

2.14.1.3　正 – $C_{29}H_{60}$ 晶体中链状分子的堆积

图 2.46 所为正 – $C_{29}H_{60}$ 晶体中链状分子的堆积情况。在每个正交晶胞中堆积 4 个链型分子，链的轴与 C 平行。链的结构和聚乙烯分子相同。每个分子两端的 CH_3 基团以范德瓦耳斯力和其他分子结合，范德瓦耳斯半径为 0.2 nm。表 2.13 给出了正 – $C_{29}H_{60}$ 几个同系物的晶胞参数和碳链的周期。

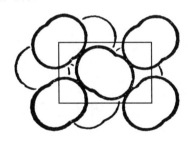

图 2.46　正 – $C_{29}H_{60}$ 晶体中链状分子的堆积情况

表 2.13　几个同系物的晶胞参数和碳链的周期

	晶胞中分子数	正交单位 /nm			碳原子键的周期 /nm
		a	b	c	
正 – $C_{30}H_{62}$	4	0.746	0.498	8.18	0.253
正 – $C_{35}H_{72}$	4	0.744	0.498	(9.26)	(0.255)
正 – $C_{60}H_{122}$	4	0.745	0.496	(15.67)	0.255
$(CH_2)_x$	4	0.741	0.494	—	0.254

温度较高,正烷烃晶体中的链型分子会转动,而相当于一个圆柱分子。正－$C_{29}H_{60}$ 晶体随着温度升高,正交晶胞变成属于六方点阵的正交晶胞,即在图 2.47 中的 φ 角逐渐接近 $60°$。

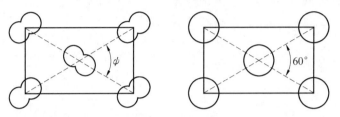

图 2.47 正－$C_{29}H_{60}$ 晶体的晶胞参数随链型分子转动而变化

2.14.1.4 季戊四醇的晶体结构

季戊四醇 $C[CH_2OH]_4$ 分子间以羟基之间的氢键相连,形成层状结构,如图 2.48 所示。层与层之间靠范德瓦耳斯力结合,形成四方晶系晶体。

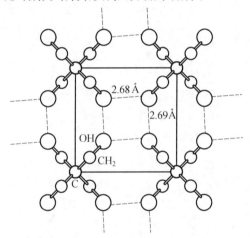

图 2.48 季戊四醇的晶体结构

2.14.2 人工合成的高分子

高分子化合物的分子量数以万计。人工合成的高聚物也是高分子化合物。下面介绍其中几种人工合成的高分子化合物及其晶体。

2.14.2.1 聚乙烯

聚乙烯是合成纤维素中结构最简单的高分子化合物。聚乙烯分子的骨干是一个无限的正碳链。碳链的周期为 0.25 nm,碳原子都在同一平面内。各碳原子按四面体方向的键伸展成一个长链。双键打开的一个乙烯分子为一个结构单元,也称链节。结构单元(链节)是聚乙烯分子中线性重复的单位。一个聚乙烯分子有成千上万个结构单元。聚乙烯分子间以范德瓦耳斯力结合,构成聚乙烯晶体。高分子化合物的结构单元可以是一种,也可以是两种或两种以上。前者称均聚,后者称共聚。图 2.49 所示是聚乙烯分子的晶体结构。晶体为单斜晶系。

2.14.2.2　尼龙

尼龙是聚酰类合成纤维。

尼龙 6.6 的结构式为 $[—NH—(CH_2)_6—NH—CO—(CH_2)_4—CO]_n$。链的周期为 1.72 nm。尼龙的晶体结构如图 2.50 所示。尼龙长链平行排列,构成层状晶体。链间以氢键相连,氢键 N—H—O 键长为 0.28 nm。

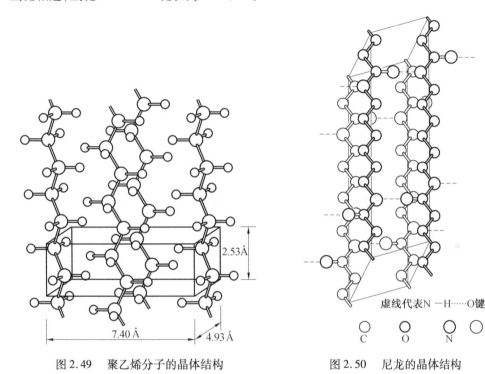

　　　图 2.49　聚乙烯分子的晶体结构　　　　　图 2.50　尼龙的晶体结构

2.14.3　天然高分子

常见的天然高分子化合物有纤维素、橡胶、树脂、蛋白质等。下面介绍几种天然高分子化合物及其晶体结构。

2.14.3.1　天然纤维 —— 纤维素

纤维素是植物细胞壁的主要成分。纤维素是由 β‑葡萄糖单位构成的长链。链的周期为 1.08 nm。纤维素的结构单位和分子结构如图 2.51 所示。

纤维素的晶体结构如图 2.52 所示。

3.14.3.2　橡胶

橡胶是异戊二烯的 1,4 高聚物,其结构式为 $[—CH_4—C(CH_3)=CH—CH_2—]_n$。橡胶中链的构型如图 2.53 所示。其结构周期为 0.913 nm。橡胶晶体为单斜晶系。晶胞常数为 $a = 1.25$ nm,$b = 0.89$ nm,$c = 0.81$ nm,$\beta = 92°$。

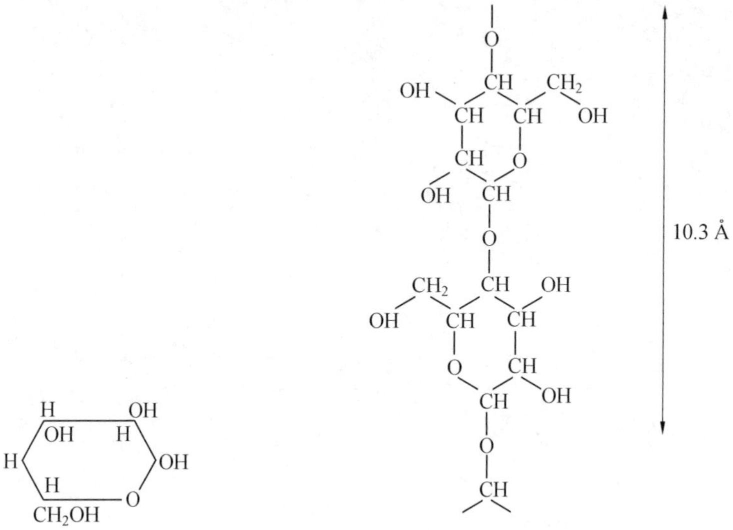

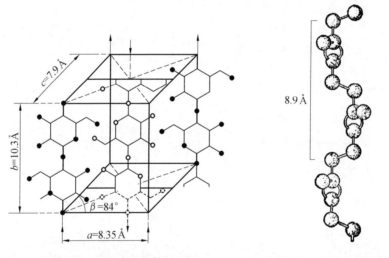

(a) 结构单位   (b) 分子结构

图 2.51　纤维素的结构单位和分子结构

图 2.52　纤维素的晶体结构　　　　图 2.53　橡胶中链的构型

2.14.3.3　蛋白质

蛋白质是一种高分子化合物,分为纤维蛋白和球蛋白两类。大多数纤维蛋白不溶于水。球蛋白能溶于水和酸、碱、盐溶液。

蛋白质可被强酸、强碱和合适的酶水解成分子量较小的分子。完全水解后转化为多种 α-氨基酸的混合物。在各种蛋白质的水解产物中,总共有 25 种不同的 α-氨基酸。在同一种蛋白质中,一般仅含 10 ~ 20 种不同的 α-氨基酸。α-氨基酸的通式为

$$R-\overset{*}{C}H-COOH$$
$$\quad\quad\ \ |$$
$$\quad\quad NH_2$$

。α-氨基酸一般以内盐或两性离子存在, 它的通式为

$$R-\overset{*}{\underset{\underset{NH_3^+}{|}}{\underset{|}{CH}}}-COO^- \quad 。$$

蛋白质内很多α-氨基酸单位通过肽键连接。而肽键是由一个α-氨基酸单位的氨基和一个α-氨基酸单位的羟基脱水形成的一种酰胺键:

$$\overset{R_1}{\underset{|}{}} {}^+H_3N-CH-COO^- \quad + \quad \overset{R_2}{\underset{|}{}} {}^+H_3N-CH-COO^- \longrightarrow$$

$$\overset{R_1}{\underset{|}{}} \overset{R_2}{\underset{|}{}} {}^+H_3N-CH-CO-NH-CH-COO^- + H_2O$$

两个α-氨基酸单位脱水后形成的产物为二肽,二肽再和一个脱水后的α-氨基酸单位形成的产物为三肽,这种过程继续下去,形成的脱水产物为多肽。多肽是由多个氨基酸单位构成的高分子,分子两端为一游离的氨基和游离的羧基。

(1)纤维蛋白。

多数纤维蛋白不溶于水。纤维蛋白具有链型结构,链与纤维轴平行,具有弹性。纤维蛋白又可以划分为两组,一组为角朊 – 肌球朊组,其中包括毛发、角、爪以及哺乳动物、两栖动物、鱼类的表皮等;另一组为骨胶 – 明胶组,其中包括软骨、筋和皮等组织的纤维及用它们来合成的明胶。

角朊有α-角朊和β-角朊(图2.54)。毛发纤维属于α-角朊,其周期为0.52 nm,天然丝纤维属于β-角朊,它的周期为0.70 nm。在水中α-角朊和β-角朊可以相互转换。

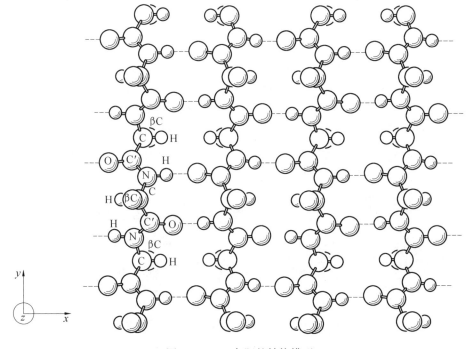

图2.54 β-角朊的结构模型

肌球朊是使肌肉具有弹性的纤维蛋白。骨胶纤维周期为 0.286 nm,各种骨胶纤维基本相同。

角朊由相互平行的多肽链分子组成,层状结构。层间距为 1.0 nm,同层链间距为 0.45 nm。同层内各链间由 N—H⋯O 氢键连接,层间以范德瓦耳斯力和氢键连接。完全伸展的多肽链的周期为 0.723 nm(图 2.55)。纤维蛋白中的多肽链不是完全伸展的,所以其周期小于 0.723 nm。

（2）球蛋白。

球蛋白的分子为球形,是由多肽链盘卷而成的。球状分子中存在一系列相互平行、周期为 0.5 nm 的多肽链,链间距为 0.10 nm。

2.14.4 高分子材料的结构

高分子晶体主要靠范德瓦耳斯力和氢键结合,高分子很大,范德瓦耳斯力和氢键很弱,难以使一个高分子排列成完整有序的晶体结构,所以大多数高分子材料不是百分之百的晶体结构,而是晶体和非晶体的混合。高分子材料的结构形态是无规线团和有规线团的交缠。只有在同一分子的不同链段或不同分子的某些链段间平行排列的部分形成结晶区域。

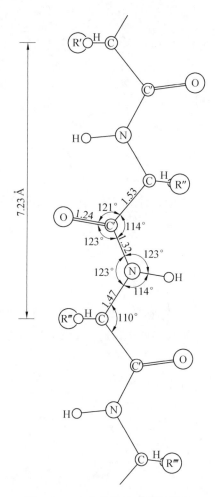

图 2.55 完全伸展的多肽链结构

可见结晶区域可能由同一分子的不同链段构成,也可能由不同分子的链段构成。图 2.56 所示为两种典型的高分子结晶区域。2.56(a) 为缨束状结晶区域,是由不同的高分子的某些链段构成;2.56(b) 为折叠链状结晶区域,是由同一个高分子的不同链段折叠形成的结晶区域。在这些结晶区域之间是非晶区域。

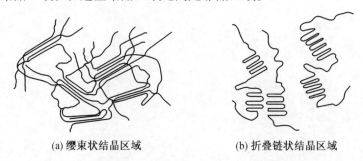

(a) 缨束状结晶区域　　　　　(b) 折叠链状结晶区域

图 2.56 两种典型的高分子结晶区域

习 题

1. 什么是金属键? 金属键的本质是什么?

2. 画出导体、半导体、绝缘体的能带结构,说明其差别。

3. 画出 A_1, A_2 和 A_3 型密堆积结构的点阵形式,找出晶胞中的数目。

4. 铜为 A_1 型结构,原子间最近接触距离为 180.7 pm。计算其晶胞参数和密度。

5. 计算 KCl 晶体所需的热化学数据如下:

$\Delta H_{生成} = -435.9$ kJ·mol^{-1}; $\Delta_{升华}H_{(金属K)} = 89$ kJ·mol^{-1}; $\Delta_{分解}H_{(Cl-Cl)} = 242$ kJ·mol^{-1}
求 KCl 晶体的晶格能。

6. KCl 晶体结构属于 NaCl 型,晶格参数为 6.28 Å。计算 KCl 晶体的点阵能并与上题的结果相比较。

7. 何谓离子半径? 与哪些因素有关? 什么是泡令半径? 什么是哥希密特半径?

8. KCl 的原子间距为 314 pm,Ar 原子实对外层电子屏蔽参数 $\sigma = 10.87$,利用泡令公式计算 K$^+$ 离子半径。

9. 计算正四面体和正八面体正负离子半径之比。

10. 由离子半径计算 CsBr,BaS,NaBr 的半径比并推测晶体离子的配位数和晶体结构形式。

11. 何谓离子的极化? 讨论离子极化与金属离子化合物性质的关系。

12. 解释哥希密特结晶化学定律。

13. 什么是金属原子半径、离子半径、共价半径、范德瓦耳斯半径? 它们有何不同?

14. 说明范德瓦耳斯力的本质。

15. 什么是氢键? 什么是分子内氢键? 什么是分子间氢键?

16. 判断下列化合物是否有氢键? 是分子内氢键还是分子间氢键?

$$NH_3, HCN, CF_3H, CH_3CH_2OH, H_2C_2O_4, CH_3COOH$$

17. 举例说明多种键型晶体,讨论其结构和性质。

18. 说明硅酸盐的结构特征。

第3章　　晶体的缺陷

前两章介绍了晶体的结构。在晶体中原子、离子或分子等微粒在三维空间呈周期性的、有规则的排列。这样排列,也造成质点间的势场具有严格的周期性。这样的晶体是理想晶体,这样的结构是理想的晶体结构。而在实际晶体中,微粒的排列不可能这样的规则和完整,会存在偏离理想晶体结构的不规则和不完整,即存在缺陷。例如,在多晶体晶界处微粒的不规则排列;在单晶体中的位错或裂纹;存在于晶体中的杂质;热运动造成的微粒脱离平衡位置。这些缺陷也会造成晶体点阵结构的周期性势场发生畸变。

晶体的缺陷会影响晶体的性质。有些甚至是决定性的。例如,半导体的导电性质几乎完全是由杂质和缺陷所决定;离子晶体的颜色都是来自缺陷;晶体的发光大都和杂质有关。此外,金属的塑性、材料的强度等都与晶体的缺陷有关。

缺陷的产生与晶体的生成条件、晶体中原子的热运动以及对晶体的加工、掺杂等作用有关。晶体的缺陷不是静止的、稳定不变的,会随着外部条件的改变而变动。

虽然晶体中存在缺陷,但从总体来看其结构仍保持规律性,仍然是近乎完整的。晶体缺陷可以用确切的几何图像来描述。

根据晶体缺陷的几何形态特征,可以将晶体缺陷分为以下三类。

(1) 点缺陷。

在 x、y、z 三个方向上尺寸都很小,相当原子的尺寸。例如,空位、间隙原子和杂质原子等。点缺陷是零维缺陷。

(2) 线缺陷。

在 x、y、z 三个方向的两个方向尺寸很小,在第三个方向上尺寸相对大。例如,位错。线缺陷是一维缺陷。

(3) 面缺陷。

在 x、y、z 三个方向的一个方向尺寸很小,在另两个方向上尺寸相对大。例如,晶界、相界、孪晶界和堆垛层错等。面缺陷是二维缺陷。

3.1　　点缺陷

3.1.1　　点缺陷的类型

理想晶体中的一些原子(离子)被外界原子(离子)取代,或者在晶格间隙中进入原子(离子),或者存在原子(离子)空位,破坏了原子有规则的周期性排列,引起原子(离子)间势场的畸变。这样造成的晶体结构的不完整仅局限在原子(离子)位置,称为点缺陷。

点缺陷有如下几种:热缺陷、组成缺陷、电荷缺陷和非化学计量结构缺陷。

3.1.1.1 热缺陷

晶体中的原子（离子）在平衡位置附近振动,其中有些原子（离子）的能量大于平均动能,某些动能足够大的原子（离子）会离开平衡位置,在平衡位置上形成空位,这样形成的缺陷称为热缺陷。

热缺陷有两种形式。一种是离开平衡位置的原子（离子）挤到晶格的空隙中,成为间隙原子（离子）,而原来的位置成为空位,这种形式的缺陷称为弗伦克尔（Frenkel）缺陷,如图 3.1(a) 所示;另一种是具有较大能量的晶体表面层原子（离子）,其能量还没大到使其脱离晶体成为气态,只是能移到表面外新的位置,而原来的位置成为空位,晶格深处的原子（离子）依次填入,结果是表面上的空位逐渐移到晶体内部,这种形式的缺陷称为肖特基（Schottky）缺陷,如图 3.1(b) 所示。

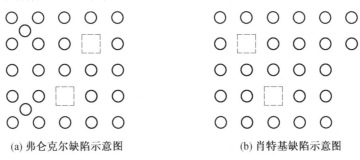

(a) 弗仑克尔缺陷示意图   (b) 肖特基缺陷示意图

图 3.1   氯化钠晶格中的弗仑克尔缺隙示意图和肖特基缺隙示意图

弗伦克尔缺陷的间隙原子（离子）和空位成对产生,晶体的体积不发生改变;而肖特基缺陷产生新的晶格原子（离子）,晶体体积增加。

热缺陷是位置缺陷,即原子（离子）离开原来位置而跑到其他位置。除以上两种位置缺陷外,还有间隙原子（离子）从晶体表面跑到晶体内部,这样的缺陷只有间隙原子（离子）而无空位,如图 3.2 所示。

晶体中的几种位置缺陷可以同时存在,但通常以一种为主。一般来说,若正、负离子半径相差不大,以肖特基缺陷为主;若正、负离子半径相差较大,则以弗伦克尔缺陷为主。

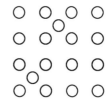

图 3.2   间隙原子缺陷

3.1.1.2 组成缺陷

杂质原子（离子）进入晶体后,破坏了本征原子（离子）的规则排列,改变了原来的周期势场,因而形成缺陷。晶体中的杂质原子（离子）有两种,一种是杂质原子（离子）进入本征原子（离子）的点阵间隙中,称为间隙型杂质原子（离子）;另一种是杂质原子（离子）替代本征原子（离子）,占据晶格节点位置,称为置换型杂质原子（离子）,如图 3.3 所示。

3.1.1.3 电荷缺陷

晶体中原子（离子）的电子受能量作用,被激发到高能级状态,电子原来所处的低能级状态相当于留下一个电子空穴,带正电荷。虽然原子排列的周期性未被破坏,但受激发

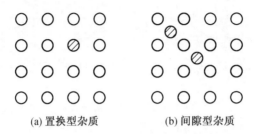

(a) 置换型杂质　　　　　　(b) 间隙型杂质

图 3.3　置换型杂质和间隙型杂质

的原子附近形成一个附加电场,引起周期势场的畸变,造成晶体的不完整性,称为电荷缺陷。

3.1.1.4　非化学计量结构缺陷

一些变价化合物的组成非化学计量,造成空位、间隙原子和电子转移,引起晶体内势场的畸变,破坏了晶体的完整性,形成缺陷,此即非化学计量缺陷。

点缺陷具有实际意义:可以加速烧结的固相反应过程,可以改变电子的能量状态而影响半导体的电学性能,可以使晶体产生颜色,提高晶体的强度和硬度,改变金属的腐蚀性。

3.1.2　点缺陷的反应与平衡

3.1.2.1　热缺陷

热缺陷的多少仅与温度有关。晶体中的点缺陷引起晶格畸变,一方面使晶体内能升高,增大了晶体的热力学不稳定性;另一方面增大了原子(离子)排列的混乱程度,改变了其周围原子(离子)的振动频率,使晶体的熵增大,而熵越大,晶体越稳定。这两个互相矛盾的因素使晶体在一定温度下的热缺陷有一个平衡数值。此平衡数值可以由自由能最小原理计算。下面以肖特基缺陷为例计算。

设完整单质晶体的原子(离子)数目为 N,在温度 T K 形成几个孤立空位,每个空位的形成能为 ΔE_v。该过程的热焓变化为 ΔH,熵的变化为 ΔS。则

$$\Delta G = \Delta H - T\Delta S = n\Delta E_v - T\Delta S \qquad (3.1)$$

其中熵的变化由两部分构成,即组态熵 ΔS_C 和振动熵 ΔS_v。组态熵 ΔS_C 也称混合熵,是由于热缺陷引起的晶体微观状态数的增加而产生。根据统计力学

$$\Delta S_C = k\ln W \qquad (3.2)$$

式中,k 为玻耳兹曼常数;W 为热力学概率,它是 n 个空位在 $(n + N)$ 个晶格位置可区别的不同排列方式的总数目,有

$$W = C_{n+N}^n = \frac{(n + N)!}{n!\ N!} \qquad (3.3)$$

振动熵 ΔS_v 是由于缺陷周围原子振动状态改变而产生的,它和空位相邻的晶格原子的振动状态有关。假设原来每个原子(离子)具有相同的振动频率 v,热缺陷使和空位相邻的原子(离子)的振动频率变为 v',每个空位相邻的原子(离子)数为 Z,则

$$\Delta S_v = kZ\ln\frac{v}{v'} \tag{3.4}$$

因而

$$\Delta G = n\Delta E_v - T(\Delta S_C + n\Delta S_v) \tag{3.5}$$

平衡状态,n 不再改变,所以

$$\frac{\partial(\Delta G)}{\partial n} = 0 \tag{3.6}$$

即

$$\frac{\partial(\Delta G)}{\partial n} = \Delta E_v - kT\frac{\partial}{\partial n}\Big[\ln\frac{(n+N)!}{n!\ N!}\Big] - T\Delta S_v$$

$$= \Delta E_v + kT\ln\frac{n}{n+N} - T\Delta S_v$$

$$= 0 \tag{3.7}$$

右边第二项利用了斯特林(Stling)公式

$$\frac{\mathrm{d}\ln x!}{\mathrm{d}x} = \ln x \quad (x \gg 0) \tag{3.8}$$

由式(3.7)得

$$\frac{n}{n+N} = \exp\Big[\frac{-(\Delta E_v - T\Delta S_v)}{kT}\Big] = \exp\Big(-\frac{\Delta_f G}{kT}\Big) \tag{3.9}$$

当 $n \leqslant N$,有

$$n = N\exp\Big(-\frac{\Delta_f G}{kT}\Big) \tag{3.10}$$

式中,$\Delta_f G$ 是形成空位的吉布斯自由能。

由式(3.10)可见,随着温度的升高,空位成指数增加。对于其他点缺陷也有类似的结果。

目前,采用克罗格－明克(Kroger-Vink)符号表示缺陷:以 V 表示空位,M 表示原子或离子,e 表示电子,h 表示空穴。其中下标 k 表示空位或原子所在的位置,以 i 表示间隙位置,以某个原子的名称表示处在这一原子的位置;上标 l 表示所讨论原子或空位所带的电荷;以撇"′"表示负电荷,以点"·"表示正电荷;以 x 表示中性,以一撇或一点表示一价,以二撇或二点表示二价,依此类推。相应的缺陷表示为:

V_M—— 原子空位;

M_i—— 间隙原子;

M_{M_2}—— 置换原子,表示 M_2 位置上的原子被 M 置换;

e'—— 自由电子;

h°—— 电子空穴;

V'_M—— 带电缺陷,表示带一价负电荷的正离子 M 空位;

V'_X—— 带电缺陷,表示带一价正电荷的负离子 X 空位;

$M^\cdot_{M_2}$,M'_{M_2}——M 置换 M_2 后带一价正电荷和一价负电荷;

M_X—— 错位缺陷,正离子 M 置换了 X 位的负离子,这种缺陷很少。

晶体中的缺陷可以看作化学物质,缺陷的产生可以用类似化学反应方程式表示,可以将质量作用定律应用于缺陷反应。

写缺陷反应方程式必须遵守以下原则:

(1) 位置关系。

在化合物 M_aX_b 中,M 位置的数目必须与 X 位置的数目成一确定的比例关系。例如,在 MgO 中,$n(Mg):n(O)=1:1$,在 Al_2O_3 中,$n(Al):n(O)=2:3$。只要保持比例不变,每种类型的位置总数可以改变。如果晶体中,M 与 X 比例不符合位置的比例关系,表明存在缺陷。例如,在 TiO_2 中,$n(Ti):n(O)=1:2$,而实际 TiO_2 晶体中氧不足,钛氧比例中氧小于 2,即 TiO_{2-x},晶体中有氧空位。

(2) 位置增殖。

若缺陷发生变化,可能会引入或消除 M 空位 V_M,这相当于增加或减少了 M 的点阵位置数目。能引起位置增殖的缺陷有 V_M、V_M'、$V_X^{\cdot}$、M_{M_2}、M_{M_2}'、$M_{M_2}^{\cdot}$、M_X 等;不产生位置增殖的缺陷有 e'、$h^{\cdot}$、M_i 等。晶格原子(离子)迁移到晶体表面,在晶体内留下空位,就增加了位置数目;表面原子(离子)迁移到晶体内部填补空位,就减少了位置数目。可见,缺陷发生变化是否引起位置变化取决于缺陷的点缺陷的种类。

(3) 质量平衡。

与写化学反应方程式一样,缺陷方程的两边必须保持质量平衡。须注意的是,缺陷符号的下标只表示缺陷的位置,与质量无关。

(4) 电中性。

晶体保持电中性。在晶体内部,电中性微粒能产生两个或更多的带异号电荷的缺陷。电中性的原则,要求缺陷反应方程等号两边的总有效电荷数量必须相等。例如,TiO_2 晶体失去部分氧,生成 TiO_{2-x} 的反应可以用如下方程表示:

$$2TiO_2 - \frac{1}{2}O_2 \longrightarrow 2\,Ti_{Ti}' + V_O^{\cdot\cdot} + 3O_O \tag{3.11}$$

$$2TiO_2 \longrightarrow 2\,Ti_{Ti}' + V_O^{\cdot\cdot} + 3O_O + \frac{1}{2}O_2 \uparrow \tag{3.12}$$

$$2\,Ti_{Ti} + 4O_O \longrightarrow 2\,Ti_{Ti}' + V_O^{\cdot\cdot} + 3O_O + \frac{1}{2}O_2 \uparrow \tag{3.13}$$

氧气以电中性的氧分子形式从 TiO_2 中逸出,同时在晶体内部产生带正电荷的氧空位和带负电荷的 Ti_{Ti}',以保持电中性。方程两边总有效电荷等于零。

(5) 表面位置。

表面位置不用特别表示。当一个 M 原子从晶体内部迁移到表面时,M 的位置数增加。例如,NaCl 中的 Na^+ 从晶体内部迁移到晶体表面,在晶体内部留下空位,Na^+ 的位置数增多,如图 3.1(b) 所示。

这些规则在描写固溶体的生成、非计量化合物的反应时很重要。

3.1.2.2 热缺陷平衡

(1) 肖特基缺陷。

形成肖特基缺陷晶体增加新格点,反应方程式为

$$M_M \Longleftrightarrow M_M + V_M \tag{3.14}$$

式中,M_M 表示完整晶格的格点,角标的字母表示在完整晶格上的位置。上式两边都有 M_M,可以消掉,成为

$$O \Longleftrightarrow V_M \tag{3.15}$$

用 O 表示完整晶格。根据化学平衡原理,若空位浓度用 $[V_M]$ 表示,则上式的平衡常数为

$$K_s = [V_M] \tag{3.16}$$

由

$$\Delta_f G_M^\theta = \Delta G_M^\theta = -RT\ln K_s \tag{3.17}$$

得

$$[V_M] = \exp\left(-\frac{\Delta_f G_M^\theta}{RT}\right) \tag{3.18}$$

式中,$\Delta_f G_M^\theta$ 是肖特基缺陷的生成自由能,即生成 1 mol 肖特基缺陷的吉布斯自由能变化。

以氧化镁晶体为例,镁离子和氧离子离开各自的平衡位置,迁移到表面或晶面上,反应方程式为

$$Mg_{Mg} + O_O \Longleftrightarrow V''_{Mg} + O_O^{\cdot\cdot} + Mg_{Mg(表面)} + O_{O(表面)} \tag{3.19}$$

式中,左边表示离子在正常位置上,没有缺陷,反应后变成表面离子和内部空位。从晶体内部迁移到表面的镁离子和氧离子形成一个新的离子层,这和原来的表面离子层没有本质差别,因此方程左右两边的镁和氧可以消掉,成为

$$O \Longleftrightarrow V''_{Mg} + O_O^{\cdot\cdot} \tag{3.20}$$

所以氧化镁晶体的肖特基缺陷平衡常数为

$$K_s = [V''_{Mg}][O_O^{\cdot\cdot}] \tag{3.21}$$

(2)弗伦克尔缺陷。

弗伦克尔缺陷可以看作正常格点离子和间隙位置反应生成间隙离子和空位,反应方程式为

$$M_M \Longleftrightarrow V''_M + M_i^{\cdot\cdot} \tag{3.22}$$

平衡常数为

$$K_F = \frac{[V''_M][M_i^{\cdot\cdot}]}{[M_M]} \tag{3.23}$$

若缺陷浓度低,即

$$[M_M] \gg [M_i^{\cdot\cdot}] \tag{3.24}$$

$$[M_M] \gg [V''_M] \tag{3.25}$$

则

$$K_F \rightarrow 0$$

若 M_M 接近 1 mol,则式(3.23)成为

$$K_F = [V''_M][M_i^{\cdot\cdot}] \tag{3.26}$$

$$K_F^{\frac{1}{2}} = [V''_M] = [M_i^{\cdot\cdot}] = \exp\left(-\frac{\Delta_f G_m^\theta}{2kT}\right) \tag{3.27}$$

式中,$\Delta_f G_M^\theta$ 是弗伦克尔缺陷的生成自由能。

以 AgBr 晶体为例,生成弗伦克尔缺陷的反应可以写成

$$Ag_{Ag} + V_i \Longleftrightarrow V'_{Ag} + Ag_i^{\cdot} \qquad (3.28)$$

$$K_F = \frac{[V'_{Ag}][Ag_i^{\cdot}]}{[Ag_{Ag}][V_i]} \qquad (3.29)$$

若以 N 表示单位体积中正常格点总数,N_i 表示在单位体积中可能的间隙位置总数,n_i 表示在单位体积中平衡的间隙离子数目,n_V 表示在单位体积中平衡的空位数目,则式(3.29)成为

$$K_F = \frac{n_i n_V}{[N - n_V][N_i - n_i]} \qquad (3.30)$$

如果缺陷的数目很少,即

$$n_i \ll N \ll N_i \qquad (3.31)$$

而

$$n_i = n_V \qquad (3.32)$$

则

$$K_F \approx \frac{n_i^2}{N^2} \qquad (3.33)$$

$$K_F = N\exp\left(-\frac{\Delta_f G_m^{\theta}}{2kT}\right) \qquad (3.34)$$

3.1.2.3 组成缺陷和电子缺陷

杂质进入晶体,破坏了有序排列,周期势场在杂质周围发生改变,形成缺陷。对于共价晶体,例如,磷进入硅单晶,形成 n 型半导体。磷为五价,硅为四价,比硅之间的共价键多了一个电子。在低温时,此额外电子保持在磷的附近;在温度高时,热运动引起电子激发到导带。此反应为

$$P_P \Longleftrightarrow P_{Si}^{\cdot} + e' \qquad (3.35)$$

式中,e' 为生成的电荷缺陷。平衡常数为

$$K_e = \frac{[e'][P_{Si}^{\cdot}]}{[P_P]} \qquad (3.36)$$

硼进入硅单晶,形成 p 型半导体。硼为三价,硅为四价,比硅之间的共价键少了一个电子。缺陷反应为

$$B_{Si} \Longleftrightarrow B'_{Si} + h^{\cdot} \qquad (3.37)$$

式中,$h^{\cdot}$ 表示在价带上形成电荷缺陷的空穴。平衡常数为

$$K = \frac{[B'_{Si}][h^g]}{[B_{Si}]} \qquad (3.38)$$

对于离子晶体,例如,$CaCl_2$ 进入 KCl 晶体,同时带进一个 Ca^{2+} 和两个 Cl^-。氯化钙的氯处在晶体中氯的位置,钙处在钾的位置。KCl 晶体中 $n(K):n(Cl)=1:1$。根据位置关系钙进入后,一个钾的位置是空的。此反应为

$$CaCl_2 \xrightarrow{KCl} Ca_K^{\cdot} + V'_K + 2Cl_{Cl} \qquad (3.39)$$

式中,"→"号上的 KCl 表示为溶剂。将缺陷看作化学物质,在离子晶体中缺陷是带电的,

但总有效电荷为零。

Ca^{2+} 也可能进入间隙位置,氯仍处在氯的位置,为了保持电中性和位置关系,产生两个钾空位。其反应为

$$CaCl_2 \xrightarrow{KCl} Ca_i^{\cdot\cdot} + 2V_K' + 2\,Cl_{Cl} \qquad (3.40)$$

也可以将此缺陷反应写成原子形式

$$CaCl_2 \xrightarrow{KCl} Ca_K + V_K + 2\,Cl_{Cl} \qquad (3.41)$$

式中,Ca_K,V_K 都是不带电的。

上述三种反应方程都符合写缺陷反应方程的规则。究竟哪个符合实际,则需根据实际情况判断。

3.1.2.4 非化学计量缺陷与色心

有些化合物不符合定比定律,称为非化学计量化合物。这是在化学组成上偏离化学计量而产生的缺陷。而有些非化学计量缺陷能形成"色心",即由于电子补偿而引起的缺陷。

非化学计量缺陷有以下四种类型。

(1)负离子缺陷,正离子过剩。

二氧化锆、二氧化钛会产生这种缺陷。分子式可以写为 ZrO_{2-x}、TiO_{2-x}。由于氧不足,在晶体中存在氧空位,从化学观点,可以看作是三价金属氧化物和四价金属氧化物的固溶体。其中的四价离子得到一个电子变成三价离子。但是这个电子并不是固定在一个特定的离子上,很容易从一个位置迁移到另一个位置。更确切地理解,可以认为是在负离子空位周围,束缚了过剩电子,以保持电中性。

在 TiO_{2-x} 晶体中,空位和周围离子的关系如图 3.4 所示。在氧空位上带有两个电子,它们是被空位束缚在空位周围的准自由电子。这种电子如果与附近的 Ti^{4+} 相联系,Ti^{4+} 就变成 Ti^{3+}。但这些电子并不属于某个具体固定的 Ti^{4+},在电场作用下,可以从这个 Ti^{4+} 迁移到邻近的另一个 Ti^{4+} 上,从而形成电子导电。所以,具有这种缺陷的材料,是一种 n 型半导体。

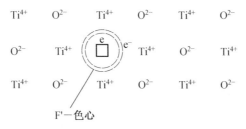

图 3.4 TiO_{2-x} 结构缺陷示意图

一些晶体被 X 射线、γ 射线、中子或电子辐照后会产生颜色。例如,金刚石被电子轰击后,产生蓝色;石英被中子辐照后,产生棕色。这些颜色的产生是由于辐照破坏晶格,产生了各种类型的点缺陷的缘故。这种晶格缺陷就是色心。

在缺陷周围被束缚的过剩电子或正电荷(电子空穴)具有分立的能级,电子或电子空

穴在分立的能级间跃迁,发射或吸收可见光。所以,经辐照的晶体具有颜色。把经辐照而产生颜色的晶体加热,使缺陷扩散掉,晶体缺陷得到修复,晶体就失去颜色。

把碱金属卤化物晶体在碱金属的蒸气中加热后,快速淬火,产生 F - 色心(F-centre)。例如,氯化钠在钠蒸气中加热,产生蓝棕色。氯化钠在钠蒸气中加热,钠扩散到晶体内部,形成过剩的钠离子,同时产生氯离子空位。为了保持电中性,从钠来的一个电子被吸引到负离子空位上,并在那里被捕获。因此,F - 色心是由一个负离子空位和一个在该位置上的电子组成,即捕获了电子的负离子空位。它是一个陷落电子中心。其反应式为

$$V_{Cl}^{\cdot} + e' \Longleftrightarrow V_{Cl} \tag{3.42}$$

F - 色心如图 3.5 所示。氯离子空位带一个正电荷,它捕获一个电子,其构造像一个氢原子。

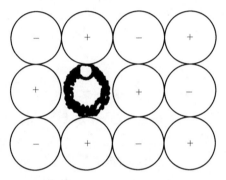

图 3.5 F - 色心

TiO_{2-x} 晶体中的氧空位捕获两个电子形成色心。该种色心上有两个准自由电子,这种色心称为 F' - 色心。色心上的电子能吸收一定波长的光,可以使氧化钛从黄色变为蓝色直至灰黑色。TiO_2 的非化学计量范围比较大,可以从 TiO 到 TiO_2 连续变化。式(3.13)可以等价为

$$O_O \Longleftrightarrow V_O^{\cdot\cdot} + 2e' + \frac{1}{2}O_2 \uparrow$$

平衡常数为

$$K = \frac{[V_O^{\cdot\cdot}][e']^2 p_{O_2}^{1/2}}{[O_O]} \tag{3.43}$$

TiO_{2-x} 晶体中的氧离子浓度基本不变,可以看作常数,过剩电子的浓度比氧空位大两倍,上式可以简化为

$$[V_O^{\cdot\cdot}] \propto p_{O_2}^{-1/6} \tag{3.44}$$

这说明氧空位的浓度和氧分压的 1/6 次幂成反比。所以,TiO_2 的非化学计量对氧压力敏感。

(2)间隙正离子,金属离子过剩。

过剩的金属离子进入晶格的间隙位置,带正电,为保持电中性,等价的电子被束缚在间隙位置金属离子的周围。这又是一种色心,如图 3.6 中 a 所示。例如,氧化锌在锌蒸气

中加热,颜色逐渐加深,就是形成这种缺陷。该反应可以表示为

$$ZnO \Longleftrightarrow Zn_i^{\cdot\cdot} + 2e' + \frac{1}{2}O_2(g) \uparrow \tag{3.45}$$

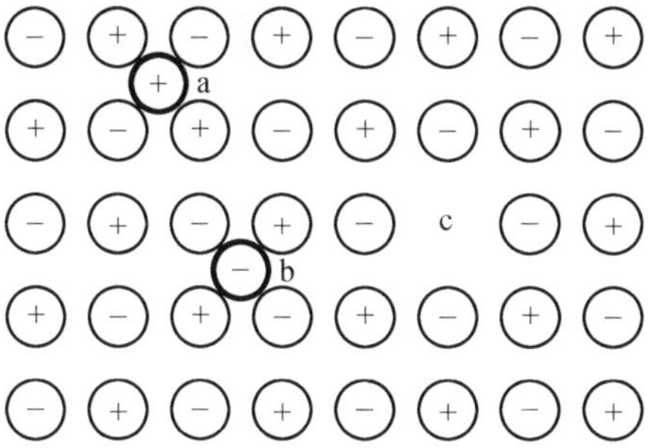

图 3.6 间隙正离子、间隙负离子、正离子空位示意图

或

$$Zn(g) \Longleftrightarrow Zn_i^{\cdot\cdot} + 2e' \tag{3.46}$$

平衡常数为

$$K = \frac{[Zn_i^{\cdot\cdot}][e']^2}{p_{Zn}} \tag{3.47}$$

间隙锌离子的浓度与锌蒸气压的关系为

$$[Zn_i^{\cdot\cdot}] \propto p_{Zn}^{1/2} \tag{3.48}$$

如果锌离子化程度不足,则有

$$Zn(g) \Longleftrightarrow Zn_i^{\cdot} + e' \tag{3.49}$$

有

$$[Zn_i^{\cdot}] \propto p_{Zn}^{1/2} \tag{3.50}$$

通过控制不同的锌蒸气压,可以得到不同的缺陷形式。因为电导率与自由电子的浓度成正比,所以氧化锌的电导率也和带电的间隙锌的浓度成正比。

锌蒸气与氧压的关系为

$$Zn(g) + \frac{1}{2}O_2 \Longleftrightarrow ZnO \tag{3.51}$$

$$Zn_i^{\cdot} + e' + \frac{1}{2}O_2 \longrightarrow ZnO \tag{3.52}$$

$$K = \frac{[ZnO]^2}{[Zn_i^{\cdot}][e']p_{O_2}^{1/2}} \tag{3.53}$$

$$[e'] \propto p_{O_2}^{-1/4} \tag{3.54}$$

在 650 ℃,ZnO 的电导率与氧分压的关系符合上式。

通过测定氧化锌的电导率与氧分压的关系,可以得到单电荷间隙锌的模型,且与实验相符。

(3) 间隙负离子,负离子过剩。

负离子进入晶格间隙位置,为保持电中性,晶体中产生电子空穴,相应的正离子升高

化合价。这种缺陷的结构如图3.6中b所示。电子空穴在电场里会运动,这种晶体是p型半导体。目前,只发现 U_{2+x} 晶体具有这种缺陷。可以将其看作 U_3O_8 在 UO_2 中的固溶体。缺陷反应可以表示为

$$\frac{1}{2}O_2 \longrightarrow O_i'' + 2h^{\cdot} \tag{3.55}$$

平衡常数为

$$K = \frac{[O_i''][h^{\cdot}]^2}{p_{O_2}^{1/2}} \tag{3.56}$$

电子空穴是过剩氧的两倍,所以

$$[O_i''] \propto p_{O_2}^{1/6} \tag{3.57}$$

随着氧压力增大,间隙氧浓度增大。

(4) 正离子空位,负离子过剩。

晶格中存在正离子空位,为保持电中性,在正离子空位周围捕获电子空穴。该种晶体为p型半导体,如图3.6中c所示。氧化亚铜、氧化亚铁晶体属于该种类型的缺陷。例如,氧化亚铁可以写作 $Fe_{1-x}O$。在氧化亚铁晶体中,存在 V_{Fe}'',而使 O^{2-} 过剩,每缺少一个 Fe^{2+},就出现一个 V_{Fe}'',为保持电中性,有两个 Fe^{2+} 转变成 Fe^{3+}。从化学观点,$Fe_{1-x}O$ 可以看作 Fe_2O_3 在 FeO 中的固溶体。三个 Fe^{2+} 被两个 Fe^{3+} 和一个空位代替,可以写成 $Fe_2^{3+}V_{Fe}O_3$,代替 Fe_2O_3 的写法。缺陷生成反应为

$$2\,Fe_{Fe} + \frac{1}{2}O_2(g) \Longleftrightarrow O_O + V_{Fe}'' + 2Fe_{Fe}^{\cdot} \tag{3.58}$$

$$\frac{1}{2}O_2(g) \Longleftrightarrow O_O + V_{Fe}'' + 2h^{\cdot} \tag{3.59}$$

从式(3.59)可见,铁离子空位带负电,为保持电中性,两个电子空穴被吸引到铁离子空位周围,形成一种 V-色心。

平衡常数为

$$K = \frac{[O_O][V_{Fe}''][h^{\cdot}]^2}{p_{O_2}^{1/2}} \tag{3.60}$$

可得

$$[h^{\cdot}] \propto p_{O_2}^{1/6} \tag{3.61}$$

随着氧压力增大,电子空穴的浓度增大,电导率也随之增大。

非化学计量缺陷的浓度与气氛密切相关,这是它与其他缺陷最大的不同。非化学计量缺陷的浓度与温度有关,这从平衡常数与温度的关系反映出来。从非化学计量的观点来看,所有的化合物都是非化学计量的,只是非化学计量的程度不同而已。有的非化学计量范围大,例如 $Fe_{1-x}O$;有的非化学计量范围小,例如 MgO,Al_2O_3。通常将非化学计量程度小的化合物看作稳定的化学计量化合物。

非化学计量化合物除非化学计量缺陷外,也有空位或间隙离子缺陷。利用缺陷反应方程,可以计算非化学计量化合物中所含缺陷物质的浓度。例如,可以认为非化学计量化合物 $Fe_{1-x}O$ 是一定量的 Fe_2O_3 溶入 FeO 中,缺陷反应为

$$\text{Fe}_2\text{O}_3 \xrightarrow{\text{FeO}} 2\text{Fe}_{\text{Fe}}^{\cdot} + \text{V}_{\text{Fe}}'' + 3\text{O}_\text{O} \tag{3.62}$$

$$\underset{\alpha}{\phantom{\text{Fe}_2\text{O}_3}} \quad \underset{2\alpha}{\phantom{2\text{Fe}_{\text{Fe}}^{\cdot}}} \quad \underset{\alpha}{\phantom{\text{V}_{\text{Fe}}''}}$$

式中，α 表示溶入 FeO 中的 Fe_2O_3 的摩尔数，则该非化学计量化合物可以表示为 $\text{Fe}_{2\alpha}^{3+}\text{Fe}_{(1-2\alpha-\alpha)}^{2+}\text{O}$。若其中

$$\frac{n(\text{Fe}^{3+})}{n(\text{Fe}^{2+})} = \beta \tag{3.63}$$

则有

$$\frac{\alpha}{1 - 2\alpha - \alpha} = \beta \tag{3.64}$$

即

$$\alpha = \frac{\beta}{2 + 3\beta} \tag{3.65}$$

$$x = 2\alpha + (1 - 2\alpha - \alpha) = 1 - \alpha = \frac{2 + 2\beta}{2 + 3\beta} \tag{3.66}$$

考虑到每摩尔 Fe_{1-x}O 中的正常格点数，即铁与氧实际所占有总格点数 N 为

$$N = 1 - x = \frac{4 + 5\beta}{2 + 3\beta} \tag{3.67}$$

而铁空位所占格点数为

$$< \text{V}_{\text{Fe}}'' > = \alpha = \frac{\beta}{2 + 3\beta} \tag{3.68}$$

忽略热缺陷引起缺陷浓度并考虑空位格点为正常格点的极少部分，可以得到空位的浓度为

$$\frac{< \text{V}_{\text{Fe}}'' >}{N} = \frac{\beta}{2 + 3\beta} \cdot \frac{2 + 3\beta}{4 + 5\beta} = \frac{\beta}{4 + 5\beta} \tag{3.69}$$

3.2　位　错

在结晶过程中，由于温度变化、杂质存在，或晶体受到机械力的作用，造成晶体中微粒排列变形，行列间相互滑移，而不符合理想晶格的有序排列，由此形成的缺陷称为位错。位错是原子的一种特殊组态，是一种具有特殊结构的晶体缺陷。位错在一个方向上尺寸较长，在另外两个方向上尺寸相当于点缺陷，所以位错也称为线状缺陷。位错对晶体的生长、相变、扩散、形变、断裂等物理、化学和力学性质有重要影响，因此研究位错的结构和性质具有重要作用。在 20 世纪 30 年代，为了理解金属的塑性变形，提出位错的假说，在 20 世纪 50 年代得到证实，发展成位错理论。

3.2.1　位错的类型

位错有平移位错和旋转位错。平移位错包括刃型位错和螺型位错，以及介于两者之间的混合型位错。刃型位错和螺型位错是最基本、最重要的形态。旋转位错只产生于特殊条件。

3.2.1.1 刃型位错

位错相当于局部滑移区的边界。晶体的某一区域受到压缩作用,造成微粒滑移。在滑移面上,已滑移区和未滑移区的交界处有一条交界线,即为位错。在位错上部晶体微粒间距小,下部大,微粒排列和其他位置的微粒不同,疏密不均。

图 3.7 表示一块单晶体,其中 *ABDC* 为滑移面。*ABFE* 为已滑移区,*EFDC* 为未滑移区。*EF* 是滑移面上已滑移区和未滑移区的边界,它和滑移方向垂直。*ABFE* 上面的晶体相对于下面的晶体向左移动一个格点间距。

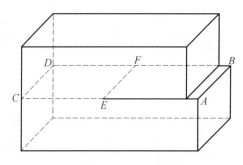

图 3.7 刃型位错

图 3.8 所示为刃型位错的格点排列示意图。右上侧表示滑移面上部已经发生了滑移的部分。上下相对移动了一个格点间距。左上侧晶体未发生滑移。结果在晶体内部出现了一个半晶面。半晶面和滑移面的交线为 *EF*,即滑移面上已滑移区和未滑移区的边界。沿着 *EF* 线,格点正常排列被打乱,排列错位,是一种晶格缺陷。*EF* 线位于半晶面的边缘,好似刀刃,因而称为刃型位错。

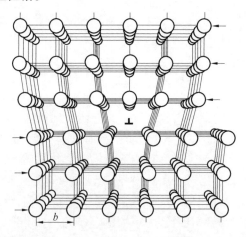

图 3.8 刃型位错的格点排列示意图

图 3.9 表示与滑移面垂直的一组晶面,其中有一个半晶面。半晶面下部边缘线即为位错。通常把半晶面在滑移面上边的刃型位错称为正刃型位错,把半晶面在滑移面下边的刃型位错称为负刃型位错。

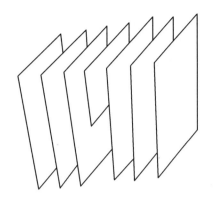

图 3.9　垂直于滑移面的晶面和半晶面

　　刃型位错在晶体中引起畸变。在半晶面一侧,格点间距缩小,受到压缩变形;在另一侧,格点间距增大,受到膨胀变形。位错两侧的晶面稍有倾斜,形成剪切变形。畸变在位错中心处最大,随着与位错中心距离的增大而减小。把格点错排严重到失掉正常相邻关系的区域称为位错核心。从微观看,这是一个细长的管形区域。

3.2.1.2　螺型位错

　　图 3.10 所示为螺型位错。与图 3.7 的滑移不同的是在滑移面上已滑移区和未滑移区的边界 EF 与滑移方向平行。

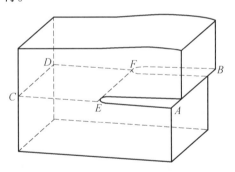

图 3.10　螺型位错

　　图 3.11 表示滑移区上下两个相邻的晶面在与之平行的平面上的投影。图中圆圈代表上层晶面上的质点,黑点代表下层晶面上的质点。EF 线是在滑移面上已滑移区和未滑移区的边界。其右侧为已滑移区,左侧为未滑移区。由图可见,EF 线周围的质点失去了正常的相邻关系,它们周围绕着 EF 线连成了一个螺旋线。而被 EF 线所贯穿的一组原来平行的晶面变成了以 EF 为轴的螺旋面,如图 3.12 所示。此种晶格缺陷为螺旋位错。根据旋进方向,有左旋螺型位错和右旋螺旋位错。图 3.10 所示的位错为右旋螺旋位错。螺旋位错只引起剪切畸变,而不引起体积的膨胀和收缩。随着距离增大,畸变逐步地减少。

　　从图 3.10 可以看到,在晶体表面,与螺型位错露头点 E 连接着一个台阶 EA,沿着 EA 向晶体表面添加质点,台阶将绕 E 点转动生长,每转一周,晶体表面增加一层原子,但台阶本身永远不会被填平。对于完整晶体,每长满一层晶面后,要等到在它上面形成二维核心后才能继续生长新的一层晶面。理论计算表明,所需过饱和度应为 50%。而实际上,过饱和度为 1% , 晶体就可以生长。这就是螺型位错所致。由于在螺型位错露头处有一个表面台阶, 它能够起到晶体生长前沿的作用。而且随着晶体长大, 台阶并不消失, 这就不需要在每生长一层晶面后再重新形成二维晶核。因此, 大大降低了晶体生长的过饱和度。在均匀介质中, 台阶上各点接受原子的机会相同, 前进的线速度相同, 但是角度不同。近位错端大于远位错端。于是台阶最后变成图 3.13 所示的蜷线形状, 称为生长蜷线。在很多天然和人工生长的晶体表面都发现了生长蜷线, 蜷线台阶的高度恰好等于晶面间距或其整数倍, 说明它们的确是由螺型位错露头引起的。

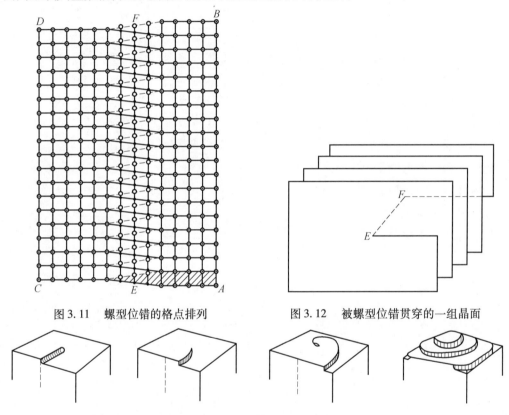

图 3.11　螺型位错的格点排列　　　　图 3.12　被螺型位错贯穿的一组晶面

图 3.13　螺型位错引起的生长蜷线

3.2.1.3　混合型位错

　　除上面讨论的直线形位错外, 还有曲线形位错。如图 3.14 所示, 晶体中的滑移面 $ABDC$ 上的 AEF 部分发生滑移, 滑移区的边界 EF 是一条曲线。如图 3.15 所示, 把滑移区两个相邻的晶面投影到与之平行的一个平面上。同样圆圈代表上层晶面的质点, 黑点代表下层晶面的质点。在 E 处, 由于曲线与滑移方向平行, 质点排列与图 3.11 相同, 是纯螺型位错; 在 F 处, 曲线与滑移方向垂直, 质点排列与图 3.8 相同, 是纯刃型位错; 不过这里是垂直于滑移面观看而不是沿着位错线观看。图中 F 端附近有三列圆圈与两列黑点相配合, 中间一列小圆圈即相当于半晶面边缘。在 EF 上的其他各点, 曲线与滑移方向既不平行也不垂直, 原子排列介于螺型位错与刃型位错之间, 所以称为混合型位错。

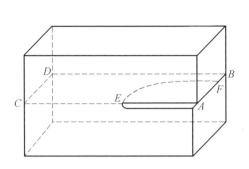

图 3.14 有混合型位错的晶体

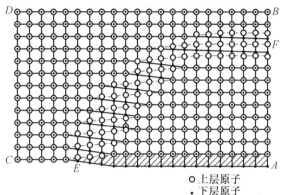

○ 上层原子
• 下层原子

图 3.15 混合型位错的投影

3.2.1.4 伯格斯回路与位错的结构特征

在含有位错的实际晶体中,从好区(无缺陷区)中任一格点出发,围绕位错作一闭合回路,回路的每一步都连接相邻的同类格点,并且始终保持在晶体的好区,这个回路称为伯格斯(Burgers)回路,如图 3.16(a)所示。然后,在一个完整的晶体中作一对应的参考回路,即在相同的方向上走同样多的步数,结果这次回路不能闭合。为了使参考回路也闭合,要从它的终点到始点补加一个矢量 **b**,如图 3.16(b)所示。矢量 **b** 集中反映了两个晶体的差别,体现了实际晶体中所含位错的特征,称为该位错的伯格斯矢量(Burgers Vector)。

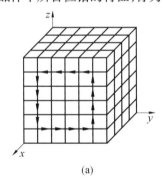
(a)

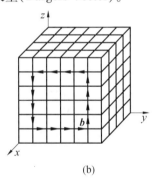
(b)

图 3.16 用回路方法确定刃型位错的伯格斯矢量

用同样的方法可以确定螺型位错的伯格斯矢量,如图 3.17 所示。

位错的伯格斯矢量通常用其沿晶体主轴的分量表示,例如图 3.16 中刃型位错的矢量可以表示为 $0,a,0$,或者写为 $a[010]$,其中 a 为点阵常数。同理,图 3.17 中螺型位错的矢量为 $a[100]$。把这两个位错的矢量相对比,可以得出刃型位错与其伯格斯矢量互相垂直,而螺型位错与其伯格斯矢量互相平行。

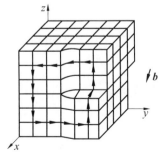

图 3.17 用回路方法确定螺型位错的伯格斯矢量

混合型位错和它的伯格斯矢量既不垂直也不平行。伯格斯矢量的大小称为位错的强度。图3.16和图3.17中两个位错的强度都是 a。

规定位错线的正向为从纸背到纸面;伯格斯回路的正向与位错线组成右手螺旋。这样,对于一个确定的位错,其伯格斯矢量有确定的方向。无论伯格斯回路如何移动,形状怎样变化,它所对应的伯格斯矢量都不变。因为伯格斯回路沿正 x,y,z 方向增加多少步,其沿负 x,y,z 方向也必然增加多少步。由此可得:

(1) 位错线上各部位的伯格斯矢量相同。位错在晶体中运动或改变方向,其伯格斯矢量不变。即一个位错具有唯一的伯格斯矢量。

(2) 位错线不能在晶体内部中断。它们或者连接晶体表面,或者形成封闭的位错环,或者与其他位错连接。

(3) 相互连接的位错,指向节点(即诸位错线的交点)的诸位错的伯格斯矢量之和等于离开节点的诸位错的伯格斯矢量之和。下面利用图3.18加以证明。

图3.18中位错线 L_1 的正向指向节点,位错线 L_2 和 L_3 的正向离开节点。绕位错线 L_1,L_2 和 L_3 各做一个伯格斯回路 C_1,C_2 和 C_3,它们相应的伯格斯矢量分别为 b_1,b_2 和 b_3。用虚线 AB,CD 连接三个伯格斯回路,构成一个大的复合伯格斯回路。该回路可以这样看:从 A 开始,沿 C_3 转一周,经 AB,沿 C_2 由 B 到 O,经 DC,沿 C_1 反向转一周,经 CD,沿 C_2 由 D 到 B,经 BA,回到起点 A。在此过程中,AB,CD 两段均往返各一次,相互抵消。所以,大

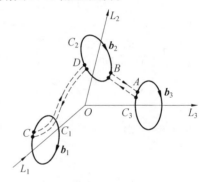

图3.18 位错的节点

复合回路的伯格斯矢量决定于三个小回路的伯格斯矢量。由于 C_2,C_3 两个回路是沿正向通过,而 C_1 回路是沿逆向通过,所以大复合回路的伯格斯矢量为

$$b_2 + b_3 - b_1 \tag{3.70}$$

由于伯格斯回路可以改变形状,缩小乃至消失,即其对应的伯格斯矢量为零,所以

$$b_2 + b_3 - b_1 = 0 \tag{3.71}$$

推广到一般,有

$$\sum_i b_i = 0 \tag{3.72}$$

伯格斯矢量给出了一种描述位错的方法。

3.2.1.5 位错密度

在单位体积晶体中包含的位错线的总长度称为位错密度,即

$$\rho = \frac{S}{V} \tag{3.73}$$

式中,ρ 为位错密度,$cm \cdot cm^{-3}$;V 为晶体体积;S 为晶体内位错线的总长度。

为简单起见,可以把位错线当作直线,并且近似平行地从晶体的一面延伸到另一面。这样,位错密度就等于穿过单位截面积的位错线的数目,即

$$\rho = \frac{nl}{lA} = \frac{n}{A}$$

式中,l 为每根位错线的长度(假定为晶体的厚度);A 为晶体的截面积;n 为面积 A 中所见到的位错数目。

式(3.74)为近似式,按此式计算的位错密度会小于按式(3.73)计算的值。因为位错线并不都垂直于截面,也并不都从晶体的一面延伸到另一面。在经过充分退火的金属晶体中,位错密度为 $10^5 \sim 10^8 \ cm^{-2}$。严格控制其生长过程的纯金属单晶的位错密度低于 $10^3 \ cm^{-2}$。经过剧烈冷变形的金属的位错密度为 $10^{10} \sim 10^{12} \ cm^{-2}$。

3.2.2　位错的应力场

定量分析位错在晶体中引起的畸变的分布及其能量对于研究晶体的力学性能具有重要作用。在讨论与位错有关的晶体性能,通常把晶体分为两个区域:在位错中心附近,因为畸变严重,必须考虑晶体的结构及原子间的相互作用;在离位错中心远的区域,由于畸变较小,可以把晶体看作连续弹性介质。晶体的弹性是有方向的,但在各向异性条件下推导应力场公式很复杂,且对许多计算结果影响不大,所以可以采用形式比较简单的各向同性近似。

3.2.2.1　位错的应力场

(1) 应力分量。

固体中任一点的应力可以用9个分量描述。图3.19所示为分别用直角坐标和圆柱坐标给出 9 个应力分量的表达式。

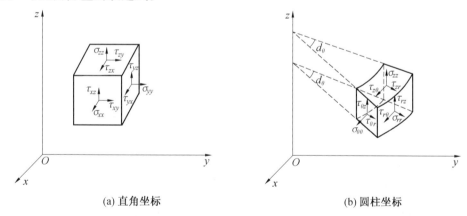

(a) 直角坐标　　　　　　　　　　　　(b) 圆柱坐标

图 3.19　物体中一点(放大为六面体) 的应力分量

其中 σ_{xx}, σ_{yy}, σ_{zz} 和 σ_{rr}, $\sigma_{\theta\theta}$, σ_{zz} 为正应力分量,τ_{xy}, τ_{yz}, τ_{zx}, τ_{yx}, τ_{zy}, τ_{xz} 和 $\tau_{r\theta}$, $\tau_{\theta r}$, $\tau_{\theta z}$, $\tau_{z\theta}$, τ_{zr}, τ_{yz} 为切应力分量。下角标的第一个符号表示应力作用面的外法线方向,第二个符号表示应力的指向。

在平衡条件下,$\tau_{xy} = \tau_{yx}$,$\tau_{yz} = \tau_{zy}$,$\tau_{zx} = \tau_{xz}$ 和 $\tau_{r\theta} = \tau_{\theta r}$,$\tau_{\theta z} = \tau_{z\theta}$,所以,只用 6 个应力分量就可以表达一个点的应力状态。与这 6 个应力分量相应的应变分量是 ε_{xx}, ε_{yy}, ε_{zz}, γ_{xy}, γ_{yz}, γ_{zx} 和 ε_{rr}, $\varepsilon_{\theta\theta}$, ε_{zz}, $\gamma_{r\theta}$, $\gamma_{\theta z}$, γ_{zr}。

（2）刃型位错的应力场。

一个内半径为 r_c，外半径为 R 的无限长的空心弹性圆柱，圆柱轴与 z 轴重合，将它沿径向切开至中心，将切面两侧沿 x 轴相对移动长度 b，然后再黏合起来，就是沿 z 轴的刃型位错的连续性介质模型，如图 3.20 所示。经过这样处理，这就构成一个正刃型位错的晶体的模型。其位错线沿 z 轴，而伯格斯矢量沿 x 轴。据此可求出刃型位错的应力场。

形成刃型位错时没有轴向位移，只有径向位移，因而位移是二维的平面应变。其应力场的解在直角坐标系为

$$
\begin{cases}
\sigma_{xx} = -D\dfrac{y(3x^2 + y^2)}{(x^2 + y^2)^2} \\[2mm]
\sigma_{yy} = D\dfrac{y(x^2 - y^2)}{(x^2 + y^2)^2} \\[2mm]
\sigma_{xy} = \sigma_{yz} = D\dfrac{x(x^2 - y^2)}{(x^2 + y^2)^2}
\end{cases} \tag{3.74}
$$

$$
\sigma_{zz} = \nu(\sigma_{xx} + \sigma_{yy})
$$

在圆柱坐标系为

$$
\begin{cases}
\sigma_{rr} = \sigma_{\theta\theta} = -D\dfrac{\sin\theta}{r} \\[2mm]
\sigma_{r\theta} = \sigma_{\theta r} = D\dfrac{\cos\theta}{r} \\[2mm]
\sigma_{zz} = \nu(\sigma_{rr} + \sigma_{\theta\theta})
\end{cases} \tag{3.75}
$$

式中

$$
D = \frac{\mu b}{2\pi(1 - \nu)} \tag{3.76}
$$

式中，μ 为切变模量；ν 为泊松系数。

（3）螺型位错的应力场。

仿照刃型位错模型的构成方法，将前述相同的圆柱切开至中心，然后将切面两侧沿 z 轴相对移动 b，再黏合起来，就是沿 z 轴的螺型位错的连续性介质模型，如图 3.21 所示。

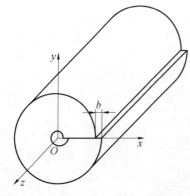

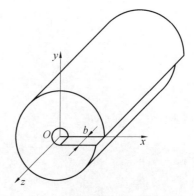

图 3.20　刃型位错的连续介质模型　　　　图 3.21　螺型位错的连续介质模型

这里的位移条件为

$$
u = v = 0
$$

$$\frac{\partial w}{\partial z} = 0$$

其应力场的解在直角坐标系中为

$$\begin{cases} \sigma_{xz} = \sigma_{zx} = -\dfrac{\mu by}{2\pi(x^2 + y^2)} \\ \sigma_{yz} = \sigma_{zy} = \dfrac{\mu by}{2\pi(x^2 + y^2)} \end{cases} \tag{3.77}$$

在圆柱坐标系中为

$$\sigma_{\theta z} = \sigma_{z\theta} = \frac{\mu b}{2\pi r} \tag{3.78}$$

其他应力分量都为零。

螺型位错应力场的特点是只有切应力分量,没有正应力分量;应力分量与 θ 无关,是轴对称的;应力的大小与 ν 成正比。

由于 $\sigma_{rr} = \sigma_{r\theta} = \sigma_{rz} = 0$,满足内外柱面上应力为零的边界条件,但是 $\sigma_{z\theta}$ 在圆柱端面上产生一个力矩,平衡这个力矩的附加应力 $\sigma'_{z\theta}$ 由附加形变产生。在离表面较远的位置,与 $\sigma_{z\theta}$ 相比,它小得可以忽略不计。晶体外半径很小,例如含有螺型位错的晶须,端面应力 $\sigma_{r\theta}$ 引起的附加扭转变形可达每厘米数十度;而对于大块晶体,螺型位错引起的附加扭转变形很小。

3.2.2.2 位错的应变能与线张力

位错在晶体中引起畸变,因而具有能量。位错的能量可以分为两部分:一是位错核心的能量,即内径 r_c 以内的能量;二是位错核心以外的能量,即应变能。

为得到位错的应变能,通常采用的方法是:计算在连续介质模型中形成一个位错所做的功,此功即为位错能。据此得到单位长度刃型位错的应变能为

$$E_s = \frac{1}{2}\int_{r_c}^{R} b\sigma_{yr}\mathrm{d}x = \frac{\mu b^2}{4\pi(1 - \nu)} \tag{3.79}$$

单位长度螺型位错的应变能为

$$E_s = \frac{1}{2}\int_{r_c}^{R} b\sigma_{z\theta}\mathrm{d}r = \frac{\mu b^2}{4\pi}\ln\frac{R}{r_c} \tag{3.80}$$

对于混合型位错,可以将其分解为一个刃型位错分量和一个螺型分量,即

$$\boldsymbol{b} = \boldsymbol{b}_e + \boldsymbol{b}_s \tag{3.81}$$

由于 $\boldsymbol{b}_e$ 和 $\boldsymbol{b}_s$ 互相垂直,所以

$$\boldsymbol{b}_e = \boldsymbol{b}\sin\theta \tag{3.82}$$

$$\boldsymbol{b}_s = \boldsymbol{b}\cos\theta \tag{3.83}$$

式中,θ 为混合型位错与其伯格斯矢量的夹角。

为计算混合型位错的应变能,将其分解成刃型位错分量和螺型位错分量,由于两者之间没有相同的应力分量,所以它们之间没有相互作用能。只需分别计算出两个位错分量的应变能再叠加起来即可。因而有混合型位错的应变能为

$$E_{mix} = E_s + E_e = \frac{\mu (b\sin\theta)^2}{4\pi(1-\nu)}\ln\left(\frac{R}{r_c}\right) + \frac{\mu(b\sin\theta)^2}{4\pi}\ln\left(\frac{R}{r_c}\right)$$

$$= \frac{\mu b^2}{4\pi(1-\nu)}\ln\left(\frac{R}{r_c}\right)(1-\nu\cos^2\theta) \tag{3.84}$$

由以上各式可见,位错的应变能与 b^2 成正比。由于 ν 约为 0.3,所以刃型位错的应变能比螺型位错约大 50%。估计位错的应变能约为 4 eV 每原子间距。

利用点阵模型估计,位错的核心能约等于其应变能的 1/10。

位错的核心能、应变能都能使晶体的吉布斯自由能增加。位错也能增大晶体的熵,但增加的量很小,可以忽略。所以,位错的吉布斯自由能基本上决定于其应变能,直到晶体熔点仍具有正值。因此,位错是晶体热力学不稳定的晶格缺陷。

因为位错能量与其长度成正比,所以位错具有尽量缩短其长度的趋势。与液体的表面张力相似,这种趋势用位错的线张力 T 描述。位错的线张力定义为位错线长度增加一个单位,晶体能量的增加值。对于直线形位错,有

$$T \approx \mu b^2 \tag{3.85}$$

对于弯曲形位错,在 A 处是正刃型位错,在 B 处是负刃型位错,它们的应力场符号相反,在远处会部分抵消。做粗略近似为

$$T \approx \frac{1}{2}\mu b^2 \tag{3.86}$$

3.2.2.3 位错核心

位错核心位置的原子错排严重,不适用连续弹性体模型,而要用点阵模型直接分析晶体结构及原子间的相互作用。常用的点阵模型是派 – 钠模型。该模型假设由滑移面隔开的两个半晶块组成的一个晶体,在两半晶块结合之前,先沿滑移面相对错开半个原子间距,然后沿侧方向压缩上半块晶体,拉伸下半块晶体,使得两半块晶体结合在一起时,在滑移面处形成一个刃型位错,如图 3.22 所示。在位错形成过程中,滑移面两侧的原子

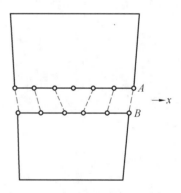

图 3.22 刃型位错的派 – 纳模型

相互作用力图使其上下对齐,而两半块晶体则反抗原子相互作用引起的变形。滑移面上下原子的相对位置决定于两者的平衡。

位错使得滑移面在上下的原子排列不能对齐,它们在水平方向的偏离称为错排。如图 3.23 所示,以纵坐标表示错排的绝对值,横坐标表示距位错中心的距离。由图 3.23 可见,在位错中心,位错值最大,为 $\frac{b}{2}$。离位错中心越远,错排越小,直到在无限远处减少到零。定义 $|\phi| \geqslant \frac{b}{4}$ 的区域为位错宽度,以 w 表示。位错宽度约为几个原子间距,表示位错在晶体中的集中程度。

滑移面上下原子间的相互作用能称为错排能,它是由于滑移面上下原子没有对齐造成的。错排能主要集中在位错核心范围内,可看作位错核心能。滑移面上下两半晶块中的弹性应变能主要分布在位错核心之外。两者之和构成位错的能量。弹性应变能大,错排能小,仅相当于弹性应变能的$\frac{1}{10}$。

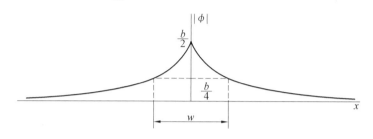

图 3.23　错排值沿滑移面的分布

3.2.3　位错的运动

位错可以在晶体中运动。刃型位错有两种运动方式,即滑移和攀移。滑移是位错线沿着滑移面移动,攀移是位错线垂直于滑移面移动。而螺型位错只有滑移一种运动方式。

3.2.3.1　位错滑移

(1) 刃型位错。

图 3.24(a) 表示含有一个正刃型位错的晶体点阵。图中黑点表示移动前的点阵点,圆圈表示移动后的点阵点,实线表示移动前的格子,虚线表示移动后的格子。图中 PQ 表示移动前的半格点面,$P'Q'$ 表示移动了一个格点间距的半格点面,即位错移动了一个格点间距。从图可见,虽然位错移动了一个格点间距,但位错附近的格点却只移动了很小的距离。这样的位错运动只需要一个很小的切应力。图 3.24(b) 表示负刃型位错的运动,在与正刃型位错同方向的切应力作用下,负位错运动与正位错运动方向相反。

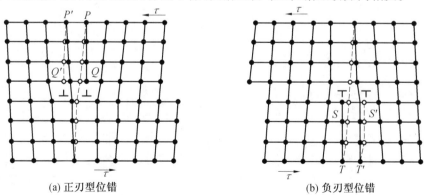

(a) 正刃型位错　　　　　　　　(b) 负刃型位错

图 3.24　刃型位错的移动

一个刃型位错沿滑移面滑过整个晶体,就在晶体表面产生一个宽度为一个伯格斯矢

量 **b** 的台阶,即造成晶体的塑性变形,图 3.25 是正刃型位错滑移过程的示意图。3.25(a)
为原始状态的晶体及所加切应力方向,3.25(b)、(c)为滑移的中间阶段,位错线 *AB* 沿滑
移面移动,3.25(d)为位错移到晶体边缘形成台阶。在滑移过程,刃型位错的移动方向与
位错线垂直,与其伯格斯矢量方向一致。因此,刃型位错的滑移面是由位错线和其伯格斯
矢量构成的平面。

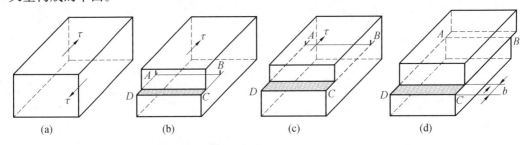

图 3.25　刃型位错的滑移过程

由图 3.25 可见,位错线沿滑移面滑移,它所扫过的区域 *ABCD* 是已滑移区,位错线未
扫过的区域是未滑移区,这两区由位错线分开。因此,位错又可以定义为晶体中已滑移区
和未滑移区的分界线。

(2)螺型位错。

图 3.26 所示为螺型位错的移动。图中小圆圈表示滑移面以下的格点,小黑点表示滑
移面以上的格点。螺型位错使晶体右半部沿滑移面上下相对移动了一个格点间距。这种
位移随着螺型位错向左移动而逐渐扩展到晶体左部分的阵列。位错线向左移动一个格点
间距,从第6列移到第7列。晶体因滑移而产生的台阶也扩大了一个格点间距。和刃型位
错一样,由于格点的移动量很小,所以使螺型位错移动所需要的力也很小。

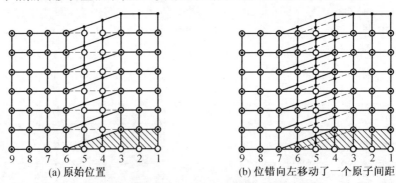

图 3.26　螺型位错的移动

晶体因螺型位错移动而产生的滑移过程如图 3.27 所示。在切应力作用下,螺型位错
的移动方向与其伯格斯矢量垂直,即与切应力及晶体滑移的方向垂直。但当螺型位错移
过整个晶体后,在晶体表面形成的滑移台阶宽度也等于伯格斯矢量 **b**,如图 3.27(d)所
示。其滑移的结果与刃型位错完全一样。对于螺型位错,由于位错线与伯格斯矢量平行,
所以它不像刃型位错那样具有确定的滑移面,而可以在通过位错线的任何格子平面上滑
移。

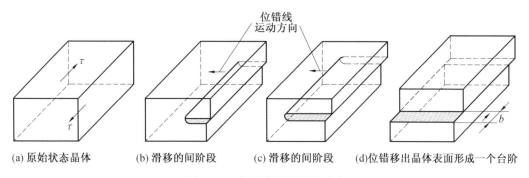

(a) 原始状态晶体　　(b) 滑移的间阶段　　(c) 滑移的间阶段　　(d)位错移出晶体表面形成一个台阶

图 3.27　螺型位错的滑移过程

（3）混合型位错。

如图 3.28(a) 所示,位错在晶体中形成圆环形,位于滑移面上。其伯格斯矢量为 $\boldsymbol{b}$,位错线上除了 A,B,C,D 四点之外,其余部分皆属混合型位错。其中 A,B 两处与伯格斯矢量垂直,是刃型位错;C,D 两处与伯格斯矢量平行,是螺型位错。沿其伯格斯矢量方向对晶体施加外切应力 τ,位错线发生移动,如图中箭头所示,位错线按法线方向向外扩展。位错环的滑移如图 3.28(b) 所示,位错线移动到晶体边缘后,就使得晶体上半部相对于下半部移动一个伯格斯矢量 $\boldsymbol{b}$。

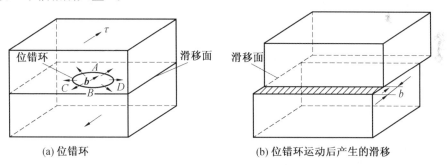

(a) 位错环　　　　　　　　　(b) 位错环运动后产生的滑移

图 3.28　位错环的滑移

上述情况可以用图3.28的位错环的俯视图3.29来解释:按位错线的方向与伯格斯矢量的关系可知,由于 A 处的位错线方向与 B 处相反,如果 A 为正刃型位错,则 B 必为负刃型位错;同样,C 处的位错线方向与 D 处也相反,所以 C 为左螺型位错,则 D 为右螺型位错。在切应力作用下,刃型位错线 A 向后移动,则刃型位错线 B 就向前移动;右螺型位错线 C 向左移动,左旋螺型位错线 D 就向右移动。各位错线分别向外扩展,一直到达晶体边缘。虽然各位错线的移动方向不同,但它们所造成的晶体滑移是由其伯格斯矢量 $\boldsymbol{b}$ 决定,所以位错环扩展的结果使晶体沿滑移面产生一个 $\boldsymbol{b}$ 的滑移。

（4）位错滑移的驱动力。

晶体受到外力作用,其中的位错可能会运动,位错运动使晶体产生塑性形变。位错是一种格点组态,并非物质实体。实际上外力是作用于晶体的格点。为了研究问题方便,设想位错受到力的作用,发生运动,称此力为位错运动的驱动力。

并不是任何作用于位错上的力都能使位错运动。只有作用于滑移面上,并且与位错的伯格斯矢量方向平行的力,位错才会运动。此力可以是外应力,也可以是晶体内部格点、其他位错或界面引起的内应力。

令 τ 表示符合上述条件的切应力，F_t 表示作用在单位长度位错线上并且与位错线垂直的力，即位错受到的驱动力。计算位错所受滑移力示意图如图 3.30 所示，具有伯格斯矢量 $\boldsymbol{b}$ 的一小段位错 dl 在切应力 τ 的作用下，在滑移面上移动一小段距离 ds，其扫过的面积为 $dlds$。同时，$dlds$ 面积两侧的晶体格点沿着位错线伯格斯矢量的方向相对移动了距离 b。因此，可得切应力 τ 所做的功为

$$W_\tau = \tau dldsb \tag{3.87}$$

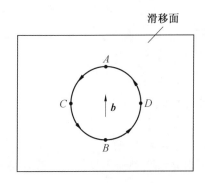

图 3.29 位错环的俯视图

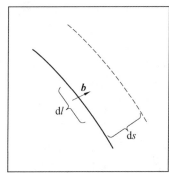

图 3.30 计算位错所受滑移力示意图

力 F_t 所做的功为

$$W_{F_t} = F_t dlds \tag{3.88}$$

这两个功描述的是同一过程，二者相等，即

$$W_\tau = W_{F_t}$$
$$\tau dldsb = F_t dlds$$

得

$$F_t = \tau b \tag{3.89}$$

式中，τ 和 b 为 τ 和 $\boldsymbol{b}$ 的数值。

位错滑移驱动力 F_t 等于作用在滑移面上的沿着伯格斯矢量的切应力分量与位错强度的乘积。F_t 的指向应该是位错沿 F_t 的方向运动，τ 做正功。

位错驱动力 F_t 的作用是引起滑移，克服障碍和产生加速度，即使晶体发生塑性形变。

位错运动的障碍有晶体缺陷、滑移面两侧格点间的作用力等。位错沿滑移面运动，其核心的格点组态会周期性地变化。因此，位错核心的能量，即错排能也会周期性地变化。不受外力作用，位错两侧格点排列呈对称状态，这时错排能最小，即处于图 3.31 的能谷中；位错从位置 Q 移动到位置 Q'，即相邻的等同位置，位错两侧格点排列要经过一个不对称状态，在图 3.31 中则相当于要越过一个能峰。这意味着位错运动遇到一种障碍，要克服一种阻力，此阻力产生于晶体结构的周期性，称为点阵阻力。

应用派 - 纳模型可以定量地计算为克服点阵阻力所必需的驱动力和相应的切应力。此切应力称为派 - 纳切应力，为

$$\tau_p = \frac{2\mu}{1-\nu}\exp\left(-\frac{2\pi w}{b}\right) \tag{3.90}$$

式中,w 为位错宽度;b 为位错强度;μ 为切变模量;ν 为泊松系数。

图 3.31　位错滑移时核心能量的变化

由式(3.90)可知,位错强度 b 越小,应力 τ_p 越小,所以伯格斯矢量小的位错容易滑移。位错宽度 w 越大,应力 τ_p 越小,所以位错宽度大的位错容易滑移。金属晶体密排面上位错宽度大,而共价晶体和离子晶体的位错宽度小,所以金属晶体塑性好,而共价晶体和离子晶体塑性差,具有脆性。

晶体中的点缺陷、位错、晶界、第二相微粒等都能阻碍位错滑移,因此都能降低材料的塑性,提高材料的强度。

3.2.3.2　位错攀移

刃型位错除在滑移面上滑移外,还会垂直于滑移面攀移,即半格点面向上或向下移动。半格点面向上移动称为正攀移,半格点面向下移动称为负攀移。图 3.32 所示是刃型位错的攀移,其中图(a)为位错的初始位置,图(b)为向上移动一个格点间距,图(c)为向下移动一个格点间距。位错发生正攀移需要失去其半格点面最下面的一排格点,这需要通过空位扩散到半格点层下端,或半格点层下端的格点扩散到别处来实现。位错发生负攀移需要在其半格点面下端增加一排格点,这需要通过别处格点扩散到半格点层下端或者半格点层下端空位扩散到别处。可见,与滑移不同,位错攀移要伴随物质迁移,因此,位错攀移需要激活能,位错攀移比滑移需要更多能量。

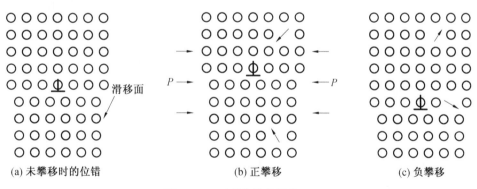

(a) 未攀移时的位错　　　　　　(b) 正攀移　　　　　　(c) 负攀移

图 3.32　刃型位错的攀移

称位错滑移为"守恒运动",位错攀移为"非守恒运动",位错攀移面要在半格点面边缘产生曲折,称为位错的割阶,如图 3.33 所示。割阶是格点附着或脱离半格点面可能性最大之处。图 3.32 中 B 处的微粒与半格点面联结较其他位置为弱,因此 B 处微粒容易离开;在 A 处,外来微粒可以在两个方向与半格点面成键,因此外来微粒容易留住。

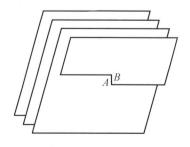

图 3.33　位错的割阶

在一定的温度下,晶体中的点缺陷有一定的平衡浓度。在单位时间内,跳到位错线上的微粒数和离开位错线上的微粒数相等,位错不发生攀移。如果晶体中有过剩的空位,单位时间内跳到位错线上的空位数超过离开位错线上的空位数,就会发生位错攀移。这种引起位错攀移的驱动力称为化学力 F。在某一温度,晶体中空位的平衡浓度为 $C_{v,0}$,而实际浓度为 C_v,则位错的吉布斯自由能变化,即一个空位消失于位错的吉布斯自由能变化为

$$\Delta g_v = \frac{\partial F}{\partial n} = kT\ln\frac{C_v}{C_{v,0}} \tag{3.91}$$

式中,Δg_v 为位错的吉布斯自由能变化;n 为空位数目;k 为玻耳兹曼常数。

单位长度位错线攀移单位距离需要 $\frac{1}{b^2}$ 个空位。定义单位长度位错线的吉布斯自由能变化为化学攀移力 F_S,即

$$F_S = \frac{1}{b^2}kT\ln\frac{C_v}{C_{v,0}} \tag{3.92}$$

正刃型位错向上攀移,半格点面缩小,引起局部体积收缩;正刃型位错向下攀移,半格点面增大,引起局部体积膨胀。在这个过程中,如果有垂直于半格点面的弹性应力分量,它就要做功。定义单位长度位错线所受的弹性攀移驱动力为

$$F_C = -\frac{b\sigma dy}{dy} = -\sigma b \tag{3.93}$$

式中,σ 为垂直于半质点面的弹性应力分量;dy 为位错线移动的距离,$b\sigma dy$ 为单位长度位错线移动 dy 距离 σ 所做的功。负号表示如果 σ 为拉应力,则 F_C 向下;σ 为压应力,则 F_C 向上。

在晶体中,位错受到的攀移驱动力应是 F_S 和 F_C 之和,即

$$F_t = F_S + F_C = \frac{1}{b^2}kT\ln\frac{C_v}{C_{v,0}} - \sigma b \tag{3.94}$$

3.2.4 位错与缺陷的相互作用

3.2.4.1 位错与点缺陷的相互作用

位错与空位、间隙微粒或溶质微粒等所有的点缺陷都会发生相互作用。由于点缺陷在晶体中产生弹性畸变,位错和点缺陷之间发生弹性相互作用。例如,在正刃型位错滑移面上边晶胞的体积比正常晶胞小些,在滑移面下边晶胞的体积比正常晶胞大些。因此,滑移面上边的晶胞将吸引比基体原子小的置换式溶质微粒和空位;滑移面下边的晶胞将吸引间隙原子和比基体原子大的置换式溶质微粒。

在刃型位错附近,晶格的局部膨胀和压缩会引起自由电子的重新分布。在晶格膨胀一侧电子浓度偏高,在晶格压缩一侧电子浓度偏低,结果使膨胀区带负电,压缩区带正电,整个位错成为一个线状的电偶极子。因此,对于价数与基体不同的溶质微粒将表现出电学相互作用。但是,电学相互作用比弹性相互作用小得多。

在位错与溶质微粒之间还有化学相互作用。

根据玻耳兹曼统计,在平衡状态,位错周围溶质微粒的浓度为

$$C = C_0 \exp\left(-\frac{U}{kT}\right) \tag{3.95}$$

式中,C_0 为晶体中溶质微粒的平均浓度;U 为位错与溶质微粒的相互作用能。

当富集的溶质微粒的浓度达到过饱和,就会生成沉淀,在位错上析出。

空位、间隙微粒不仅和位错相互作用,在一定条件下,它们还可以相互转化。例如,过饱和度太高的空位会沿着一定晶面凝聚成片状形式从晶体中析出,当空位片长得足够大后失去稳定,崩塌并合,在空位片的周界转化成一个位错环。在淬火或辐照后的晶体可以看到位错环。晶界附近的过饱和空位可以进入晶界而消亡,而不易形成位错环。由于塑性变形在滑移面上出现的很多位错如果与相邻滑移面上的异号刃型位错相遇,它们就会相互抵消,变成一列空位或填隙微粒。两个螺型位错相切割就会产生刃型的位错割阶,带有刃型割阶的螺型位错继续滑移,其割阶将被迫攀移,则在割阶走过的地方产生一串空位或间隙微粒。

3.2.4.2　位错之间的相互作用

（1）位错之间的弹性相互作用。

晶体中位错的弹性应力场之间要发生干涉和相互作用,并会影响位错的分布和运动。

如图 3.34 所示,一对平行于 z 轴的同号螺型位错,分别位于坐标原点和 (r,θ) 处,它们的伯格斯矢量分别为 $\boldsymbol{b}_1$ 和 $\boldsymbol{b}_2$。位错 $\boldsymbol{b}_1$ 在 (r,θ) 处的应力场为

$$\sigma_{\theta z} = \frac{\mu b_1}{2\pi r} \tag{3.96}$$

此应力分量作用在位错 $\boldsymbol{b}_2$ 的滑移面上,且与位错 $\boldsymbol{b}_2$ 的伯格斯矢量平行,据此可得位错 $\boldsymbol{b}_2$ 所受的滑移力为

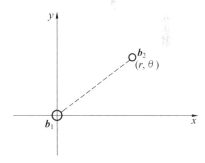

图 3.34　平行螺型位错的相互作用

$$F_r = \frac{\mu b_1 b_2}{2\pi r} \tag{3.97}$$

加给位错 $\boldsymbol{b}_2$ 的力 F_r 会使位错沿着两个位错连线方向向外运动,力的大小随着两个位错间距的增大而减小。同样,位错 $\boldsymbol{b}_1$ 也会受到位错 $\boldsymbol{b}_2$ 加给它的力,两个力大小相等,方向相反。

如果两个位错一个为左旋,一个为右旋,它们之间的作用力仍可用式（3.97）表示,但要改变符号。两个平行的螺型位错之间的相互作用是中心力,同号相斥,异号相吸,大小与位错之间的距离成反比。

如图 3.35 所示,相互平行的两个滑移面上的两个沿着 z 轴平行的同号刃型位错,其伯格斯矢量分别为 $\boldsymbol{b}_1$ 和 $\boldsymbol{b}_2$。位错 $\boldsymbol{b}_2$ 所在之处有位错 $\boldsymbol{b}_1$ 的应力场式（3.74）、式（3.75）。根据式（3.89）和式（3.93）,应力分量 σ_{yx} 使 $\boldsymbol{b}_2$ 受到的滑移力为

$$F_x = \sigma_{yx} b_2 = \frac{\mu b_1 b_2}{2\pi(1-\nu)} \frac{x(x^2-y^2)}{(x^2+y^2)^2} \tag{3.98}$$

应力分量 σ_{xx} 使位错 b_2 受到的攀移力为

$$F_y = \sigma_{xx} b_2 = \frac{\mu b_1 b_2}{2\pi(1-\nu)} \frac{y(3x^2+y^2)}{(x^2+y^2)^2} \tag{3.99}$$

攀移力 F_y 与 y 的符号相同,即若位错 b_2 在位错 b_1 的滑移面上边,受到的攀移力 F_y 指向上;若位错 b_2 在位错 b_1 的滑移面下边,受到的攀移力 F_y 指向下。所以,沿 y 轴方向两位错相互排斥。

滑移力 F_x 变化复杂,当 $x^2 > y^2$ 时,F_x 指向外,所以两位错沿 x 轴方向相互排斥;当 $x^2 < y^2$ 时,F_x 指向内,所以两位错沿 x 轴方向相互吸引;在 $x = 0$ 位置,$F_x = 0$,为稳定平衡,当位错 b_2 偏离此点,它受到的力使其返回原处;在 $x = \pm y$ 位置,$F_x = 0$,是不稳定平衡。当位错 b_2 偏离此点,它受到的力会使其远离原处,如图 3.36 所示。

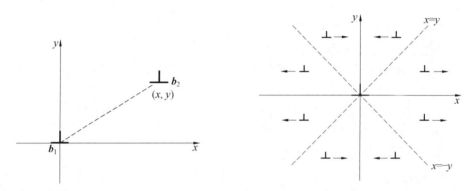

图 3.35　平行滑移面上两刃型位错的相互作用　图 3.36　两刃型位错在 x 轴方向的相互作用

如果两个刃型位错的符号相反,则它们之间的作用力方向就要改变,于是 $x = 0$ 变成不稳定平衡位置,$x = \pm y$ 成为稳定平衡位置。符号相反的两个位错依靠弹性相互作用在 45° 方向上彼此束缚在一起,构成位错偶极子。

如果一个纯螺型位错和一个纯刃型位错互相平行,由于两者的应力场都没有使对方受力的应力分量,所以这两个位错之间没有相互作用。

对于具有任意伯格斯矢量的两个平行的直线位错,可以把每个位错都分解为刃型分量和螺型分量,然后计算分量之间的相互作用,再叠加起来,就得到两个任意位错之间的相互作用。结果通常可近似为:若伯格斯矢量夹角小于 $\pi/2$,两位错相互排斥,若伯格斯矢量夹角大于 $\pi/2$,两位错相互吸引。

(2) 位错塞积。

晶体发生塑性变形时,在一个滑移面上往往会有许多位错堆积在晶界等障碍物前,形成位错群的塞积。这些位错由于来自同一个位错源,所以具有相同的伯格斯矢量。

刃型位错的塞积群在垂直于位错线方向的长度为

$$\frac{N\mu b}{\pi\tau(1-\nu)} \tag{3.100}$$

螺型位错的塞积群在垂直于位错线方向的长度为

$$\frac{N\mu b}{\pi \tau} \tag{3.101}$$

式中,N 为塞积群中的位错总数;τ 为减掉晶格阻力后的有效外加切应力。

塞积群中的位错受到三种力的作用:一是塞积群的每个位错都受到由外加切应力所产生的滑移力 $F_x = \tau b$ 的作用,这个力把位错推向障碍物,使它们在障碍物前尽量靠紧;二是塞积群的位错之间相互排斥,每对位错之间的排斥力可用式(3.98)求得,排斥力使位错群沿滑移面尽量散开;三是障碍物的阻力,是短程力,仅作用在塞积群靠近障碍物的前端的位错上。在上面三种力的作用下,塞积群的位错达到平衡分布。

塞积群靠近障碍物的前端位错不仅受外加应力的作用,还受群中其他位错的作用,以及障碍物的作用。因而,塞积群靠近障碍物的前端位错和障碍物之间因位错挤压而增长的局部切应力很大,可以表示为

$$\tau' = n\tau$$

式中,n 为前端位错个数。

可见,当有几个位错被外加切应力 τ 推向障碍物,在塞积群前端产生 n 倍于外加切应力的局部应力。局部切应力会使相邻晶粒屈服,甚至在晶界处引起裂纹。

3.2.4.3 位错反应

位错之间的相互转化称为位错反应。最简单的情况是一个位错分解为两个位错,或者两个位错合并为一个位错。例如,伯格斯矢量为 $2\boldsymbol{b}$ 的位错会通过位错反应分解成两个伯格斯矢量为 $\boldsymbol{b}$ 的位错:

$$2\boldsymbol{b} \rightarrow \boldsymbol{b} + \boldsymbol{b}$$

位错反应必须满足下列两个条件:

(1)根据伯格斯矢量守恒的要求,反应前的伯格斯矢量之和等于反应后的伯格斯矢量之和,即

$$\sum \boldsymbol{b}_{前} = \sum \boldsymbol{b}_{后} \tag{3.102}$$

(2)根据热力学原理,反应后各位错的总能量必须小于反应前各位错的总能量。位错的能量正比于 $\boldsymbol{b}^2$,所以这个条件可以写为

$$\sum \boldsymbol{b}_{前}^2 > \sum \boldsymbol{b}_{后}^2 \tag{3.103}$$

3.2.4.4 位错交割

对于在滑移面上运动的位错而言,穿过此滑移面的其他位错称为林位错。林位错会阻碍位错在滑移面上运动。若应力足够大,滑动的位错会切过林位错继续滑动。滑动的位错与林位错互相切割的过程称为位错交割,如图3.37和图3.38所示。

两个位错交割时,每个位错上都要产生一小段位错,它们的伯格斯矢量与携带它们的位错相同,它们的大小和方向决定于另一个位错的伯格斯矢量。若交割产生的小段位错不在所属的滑移面上,则成为位错割阶;若小段位错位于所属位错的滑移面上,则相当于位错扭折。

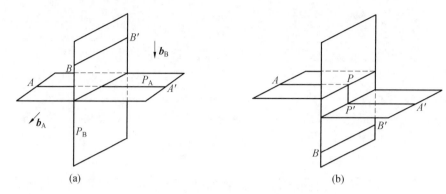

图 3.37 两个刃型位错交割

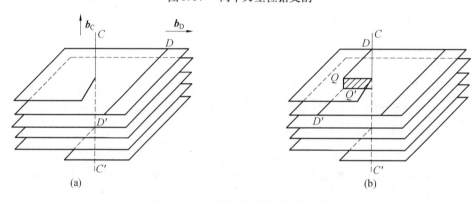

图 3.38 刃型位错与螺型位错交割

3.2.5 位错的来源与位错增殖

3.2.5.1 位错的来源

位错的能量很大,除非晶体受到的应力接近理论切变强度,否则位错不能靠热激活产生。因此,位错难以在晶体中均匀成核,它要在具备条件的一些特殊位置产生。

过饱和空位可以凝聚成空位片,空位片崩塌后转化成位错环,这是产生位错的一个重要途径。

结晶过程中若杂质分凝或成分偏析显著,前后凝固的晶体成分不同,点阵常数也会不同,点阵常数逐渐变化。在过渡区就会形成一系列刃型位错。晶体中的杂质在基体中产生较大相变应力或热应力,也会产生位错。

结晶过程中生长的两部分晶体相遇,如果两者有轻微的位相差,在结合处就会形成位错。例如,熔体中的树枝状结晶,因机械扰动、温度梯度或成分偏析引起的应力,使得枝晶转动或弯曲,便会形成位错。

3.2.5.2 位错增殖

在充分退火的金属晶体中,位错密度为 $10^6 \sim 10^8$ cm^{-2}。晶体塑性形变过程中,大量位错滑出晶体,但是晶体中位错密度不但没减少反而增加到 $10^{11} \sim 10^{12}$ cm^{-2}。可见,晶体在塑性形变过程中位错增殖。

弗兰克 - 瑞德(Frank - Read) 提出一种位错增殖机制,并为实验所证实。在晶体中的一个滑移面上有一段刃型位错 AB,它的两端被位错网节点钉住,如图 3.39 所示。

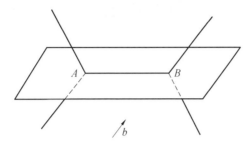

图 3.39　弗兰克 - 瑞德源的结构

晶体受到足够的外加切应力,位错 AB 会受到滑移力的作用而滑移。若外加切应力均匀,位错 AB 各点受到的滑移力大小相等,位错线上各点平行向前滑移。但是现在位错线 AB 两端已被固定,不能运动,造成位错线 AB 滑移时发生弯曲,成为曲线。位错受到的滑移力 F_{t} 处处与位错线垂直,即使位错线弯曲之后仍然如此。所以,位错的每一微元线段都沿它的法线方向向外运动。位错线运动一段距离后,p,q 两点分别是左旋或右旋螺型位错,它们相遇会互相抵消。这样,原来的一条位错线断成内外两部分,外面是位错环,里面是位错线,该过程示如图 3.40 所示。之后,面外的位错环在滑移力 F_{t} 的作用下继续扩大,一直滑移到晶体表面;而里面的位错线回复到起始状态后,再重复上述过程,如此循环,图 3.39 所示的结构就会产生大量的位错环,造成位错增殖。

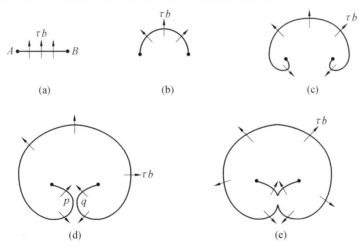

图 3.40　弗兰克 - 瑞德源的动作过程

当位错滑移过整个滑移面,到达晶体表面之后,它扫过的滑移面两侧的晶体沿着位错伯格斯矢量的方向相对滑移一个 b 的相对位移,并在晶体表面产生一个 b 高度的台阶。弗兰克 - 瑞德源提供了一个在应力作用下产生大量位错环的机构。如果弗兰克 - 瑞德源产生 1 000 个位错环,并且都滑移到晶体表面,那么滑移面两侧的晶体就相对滑移 1 000 个 b,晶体表面就出现 1 000 个 b 高的台阶,造成晶体宏观变形和可见的滑移线。

分析图 3.40 中的位错线 AB 受力情况可知,当 AB 弯曲之后,需要有一定大小的切应力与之平衡,曲率越大,平衡的切应力也越大。弯曲成半圆形的 AB 曲率最大;之后,位错线继续向外滑移,曲率又减小,所需的应力也随之减小。因此,能使弗兰克－瑞德源开动并产生位错的力的大小决定于状态(图3.40(b)),即与半圆形位错相平衡的切应力就是使弗兰克－瑞德源开动的临界应力。此临界应力为

$$\tau_C = \frac{\mu b}{2R} = \frac{\mu b}{l} \tag{3.104}$$

式中,R 为曲率半径,这里是半圆形位错线的半径;l 是位错线 AB 的长度。

如果 $l = 10^{-4}$ cm,$b = 10^{-8}$ cm,则由式(3.104)得 $\tau_C \approx 10^{-4}\mu$,这和实际晶体的屈服强度相近。

除位错网的节点外,其他障碍物也可以作为位错的钉扎点。

一个端点被固定的位错,在切应力的作用下会形成蜷线并绕固定的端点转动,转动足够多的圈数后,也可以产生大量位错。如果固定位错端点的是螺型位错,则位错滑移面不是平面,而是螺型面。位错每旋转一周便上升到相邻的一个原子面,并在原子面上产生相当于扫动位错伯格斯矢量的滑移。这种机制可以用来解释形变孪晶的形成过程。

3.3 晶体的表面与界面

在晶体表面和界面上的微粒,其所处的环境和结构与晶体内部的微粒完全不同。晶体表面和界面有几个原子层的厚度,是晶体的一类缺陷,称为面缺陷。

晶体表面和界面的结构与其相应的材料的力学、物理、化学性质及功能有着密切的关系。

3.3.1 晶体的表面

3.3.1.1 晶体表面的力

晶体内部微粒的排列有序并呈周期性重复,因而晶体内部微粒受力是对称的。而在晶体表面,微粒排列的周期性重复中断,受力不对称,具有剩余键,即晶体表面的力。根据形成晶体结构的键不同,晶体表面的力可以分为化学键和分子间力。

(1)化学键。

化学键是指来自晶体表面微粒的剩余化学键,即剩余的金属键、离子键和共价键。其数值可以用表面能的大小表示。

(2)分子间作用。

分子间作用是晶体表面与被吸附微粒之间的相互作用,以及分子晶体表面微粒的相互作用,即范德瓦耳斯力和氢键。

3.3.1.2 晶体表面的结构与状态

晶体表面微粒的环境不同于内部微粒的环境(图3.41)。表面力的存在使晶体表面处于高的能量状态。体系总会通过各种途径自发地降低这部分过剩的能量。这就导致表面微粒的极化、变形、重排并造成原来的晶格发生畸变。例如,液体通过形成球形表面降

低表面能;晶体则借助微粒的极化或位移来降低表面能,这就造成了晶体表面层与内部结构不同。

不同组成、不同结构的晶体,其表面力的大小和作用不同,因而表面结构和状态也不同。下面以离子晶体为例,说明晶体表面力对表面结构和状态的作用。

如图 3.42(a) 所示,处于表面层的负离子 X^-,只受上下和内侧正离子 M^+的作用,而外侧是空缺的。因而,负离子周围的电子云被拉向内侧的正离子一方

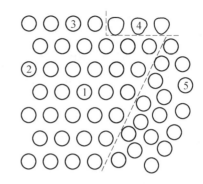

图 3.41　晶体表面与内部质点排列示意图
1— 正常排列的质点;2,3— 表面的质点;
4— 变形的质点;5— 不规则排列的质点

而变形,负离子正负电荷中心不重合,被诱导成偶极子,如图 3.42(b) 所示。这就降低了晶体表面的负电场。导致表面层离子重排以保持稳定,即表面的负离子被推向外侧,正离子被拉向内侧,从而形成表面双电层结构,如图 3.42(c) 所示。在此过程中,表面层的离子键过渡为共价键。结果是晶体表面被一层负离子所屏蔽,并导致晶体表面层的化学组成非化学计量。

图 3.43 所示是 NaCl 晶体表面的双电层。结果表明,在 NaCl 晶体表面,最外层和次外层的 Na^+ 间距为 2.66 Å,Cl^- 间距为 2.86 Å,因而形成一个厚度为 0.20 Å 的表面双电层。NaCl 晶体表面最外层与次外层,次外层和第三层之间的离子间距不相等。说明极化和重排造成表面层的晶格畸变,晶胞参数改变。而表面层的晶格畸变和离子变形又引起相邻内层离子的变形和化学键的变化,并依次向内层扩展。但随着向晶体内部深入,这种影响逐渐减弱。

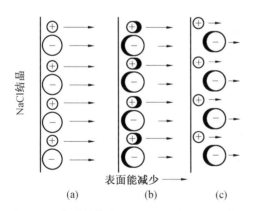

图 3.42　离子晶体表面的电子云变形和离子重排

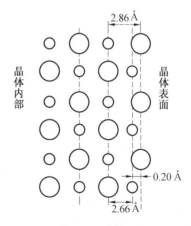

图 3.43　NaCl 晶体表面的双电层

本森(Benson)等人计算了 NaCl(100) 面的离子极化递变情况。如图 3.44 所示,图中位移大于零表示离子垂直于晶面向外移动,负号反之。箭头的大小和方向表示相应的离子极化电偶极矩。结果表明,靠近晶体表面 5 个离子层的范围内,正、负离子都有不同程度的变形和位移。Cl^- 总趋于向外位移;Na^+ 则依第一层向内,第二层向外交替位移。与此相应,Na^+ 和 Cl^- 之间的相互作用也沿着从表面向内部方向交替增强和减弱;离子间距交替地缩短和变长。因此,与晶体内部相比,表面层离子排列的有序程度降低了,离子间的相互作用力的大小即键的强度数值分散了。对于一个无限晶格的理想晶体,具有几个确定的键强数值。而在晶体表面的几个原子层内,其化学键强度数值变得分散,分布在一个宽的数值范围内。这种影响可以用化学键强度 B 对导数 dN/dB(N 为化学键的数目)作图表示。

由图 3.45 可见,对于大晶体内部化学键强度曲线陡峭,而对于表面层化学键强度,曲线平坦。

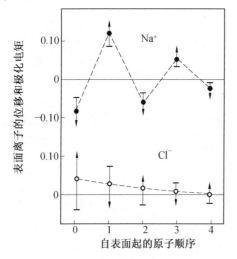

图 3.44 NaCl(100) 面的离子位移   图 3.45 键强分布曲线

晶体表面微粒的能量比内部微粒高,晶体表面能量高的原子层组成的表面上单位面积的吉布斯自由能的增加称为表面能,以 $\sigma(J \cdot m^{-2})$ 表示。表面能也可以理解为产生单位表面所做的功

$$\sigma = \frac{dw}{ds} \qquad (3.105)$$

式中,dw 为产生 ds 表面所做的功。

表面能也可以用单位长度上的力(N/m)表示,称为表面张力。

晶体表面的超细结构可以采用低能电子衍射(LEEI)等方法直接测量。

3.3.1.3 晶体表面的不均匀性

晶体不同晶面上的微粒密度不同。这是不同晶面具有不同的吸附性、溶解度、晶体生长速度和反应活性的原因。

具有完美晶格结构的大晶体有两种类型的表面,一是紧密堆积的表面;二是不紧密堆积的表面,即台阶式的表面。没有波折、表面平坦的表面称为紧密堆积的表面。在这种表面上的微粒间距离和与该表面平行的平面上的微粒间距离都相等。如果不是这样,就是台阶形表面。

晶体暴露在外面的表面是低表面能的晶面。如果表面和这些晶面成一定的角度,为尽量以表面能低的晶面为表面,这样的表面成台阶状。可见,在实际情况中,晶体表面的台阶几乎不可避免。图 3.46 说明了这种情况。晶体的台阶是表面上一个或几个额外的半格子面,台阶的平面是低表面能晶面,台阶的密度取决于表面和低能面的交角。晶体的位错在表面露头形成的缺陷也会产生不同形式的台阶。

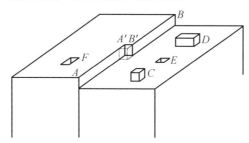

图 3.46 一个低指数晶面表面具有扭折 $A'B'$,台阶 AB,单、双吸附原子 C 和 D,单、双空位 E 和 F

晶体表面的台阶使晶体表面的几何结构不均匀,微观结构粗糙,具有高的表面能。台阶位置、一个吸附微粒能同时与多个基质微粒成键,位错在表面漏出的地方晶体结构混乱,具有活泼的表面微粒。因而,晶体易于在这些位置上生长。在晶体表面的不同位置,微粒的活性、表面能以及与表面有关的性能,例如吸附性、反应活性、晶体生长性质、溶解度等会有很大差别,显示出不均匀。

3.3.2 晶界

多晶固体是由许多不同位向的晶粒组成的。晶粒之间的界面称为晶界。晶粒在晶体的内部。

3.3.2.1 晶界的位置与分类

两个位向差 θ 角度的晶粒交汇到一起形成晶界。

为了确定二维晶粒晶界的位置,需要知道两个参数:一是两个二维晶粒的位向差 θ;二是晶界相对于其中某一个晶粒的方向 φ。可见,二维晶粒的晶界有两个自由度。

为了确定三维晶粒晶界的位置,则需要知道 5 个参数:其中 3 个是 2 个三维晶粒位向差,另两个是晶界相对于其中某一个晶粒的方向。因此,三维晶粒的晶界有 5 个自由度。

根据形成晶界的晶粒之间位向差 θ 的大小,晶界可以分为两类:一是小角度晶界,两个形成晶界的晶粒位向差 θ 小于10°;二是大角度晶界,两个形成晶界的晶粒的位向差大于10° 以上。

小角度晶界与大角度晶界的差异不仅是位向差程度的不同,它们的结构和性质也不同。小角度晶界基本由位错组成,而大角度晶界的结构十分复杂。

金属晶体的晶界多数为大角度晶界,其位向差为30° ~ 40°;也有一些小角度晶界,其位向差不超过2°,是所谓的亚晶界。

3.3.2.2 小角度晶界

（1）对称倾侧晶界。

对称倾侧晶界是由一系列相隔一定距离的刃型位错垂直排列形成的，如图 3.47 所示。其两侧晶体的位向差为 θ，相当于晶界两侧的晶体绕平行于位错线的轴各自旋转了一个方向相反的 $1/2\ \theta$ 角而形成，所以称为倾侧晶界。这种晶界只有一个变量 θ，是一个自由度的晶界，也是最简单的晶界，如图 3.48 所示。

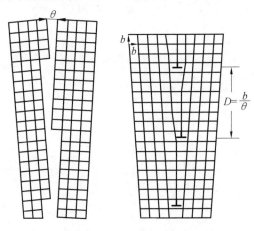

图 3.47　倾侧晶界

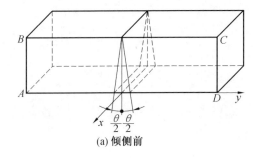
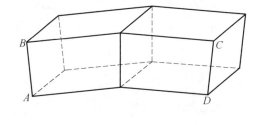

(a) 倾侧前　　　　　　　　　　　　　　　(b) 倾侧后

图 3.48　对称倾侧晶界的形成

晶界上位错的间距为

$$D = \frac{b}{2\sin\dfrac{\theta}{2}} \tag{3.106}$$

式中，b 为伯格斯矢量 $\boldsymbol{b}$ 的数值。

若 θ 值很小，则上式近似为

$$D = \frac{b}{\theta} \tag{3.107}$$

（2）不对称倾侧晶界。

倾侧晶界的界面绕 x 轴转 φ，两个晶粒之间的倾侧角度为 θ，θ 值仍然很小。但是，界面对于两个晶粒是不对称的，就称为不对称倾侧晶界，如图 3.49 所示。它有 θ 和 φ 两个自由度。两组位错各自之间的距离分别为

$$D_\perp = \frac{b_\perp}{\theta \sin \varphi} \qquad (3.108)$$

$$D_\vdash = \frac{b_\vdash}{\theta \sin \varphi} \qquad (3.109)$$

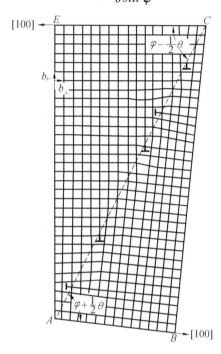

图 3.49 立方点阵的不对称倾侧晶界

（3）扭转晶界。

如图 3.50 所示，将一块晶体沿中间平面切开后，将右半块晶体绕 Y 轴旋转 $\theta°$，再与左半块晶体合在一起，形成图 3.50 所示的晶界。界面与旋转轴 Y 垂直，只有一个自由度。

倾侧晶界和扭转晶界是两种简单的小角度晶界。对于一般的小角度晶界，其界面和旋转轴可以有任意的取向关系，是由刃型位错和螺旋型位错组合而成的。

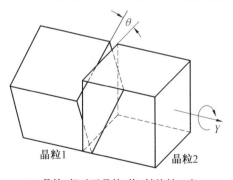

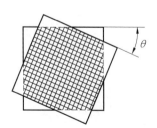

(a) 晶粒2相对于晶粒1绕Y轴旋转θ角　　　(b) 晶粒1,2之间的螺型位错交叉网络

图 3.50 扭转晶界形成模型

3.3.2.3 大角度晶界

为了解释大角度晶界的性质,人们提出了多种大角度晶界模型。但是,这些模型缺少晶界结构的细节,也缺少直接的实验证据。

近来发展起来的"重合位置点阵"模型受到关注。下面进行简单介绍。

结构为二维正方点阵的两个晶粒相邻,其中一个相对于另一个绕固定轴旋转37°。结果可见,两个晶粒各有1/5的旋转轴格点位于另一个晶粒的点阵延伸的位置上,即有1/5的格点位置相互重合,如图3.51所示。把这些重合的位置取出来可以构成一个比原来点阵大的新点阵。这个新点阵就是重合位置点阵。上述例子中有1/5格点处于重合位置,就称这种点阵为1/5重合位置点阵。重合比例数称为重合位置密度。

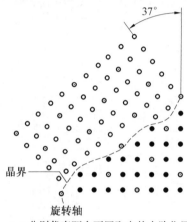

图3.51 两相邻晶粒位向差为37°,1/5重合位置点阵

经旋转产生的较大位向差的两个晶粒的交接处就是晶界。晶界上包含的重合位置越多,晶界上格点排列畸变程度就越小,晶界能越低。所以,晶界尽量与重合位置点阵的密排面重合。若晶界和重合位置点阵的密排面有所偏离,晶界也尽量把大部分面积和重合位置点阵的密排面重合,而在重合位置点阵的密排面之间出现台阶来满足晶界与重合位置点阵密排面间偏离的角度。角度越大,台阶越多。

各种不同的晶体点阵相对于各自的特殊晶轴旋转一定角度都能出现重合位置点阵。表3.1中列出了金属中重要的重合位置点阵晶轴、旋转的角度及重合位置密度。

表3.1 金属中重要的重合位置点阵晶轴、旋转的角度及重合位置密度

晶体结构	体心立方					面心立方					六方点阵($c/a = \sqrt{8/3}$)				
旋转轴	[100]	[110]	[110]	[110]	[111]	[111]	[100]	[110]	[111]	[111]	[001]	[210]	[210]	[001]	[001]
旋转角度	36.9°	70.5°	38.9°	50.5°	60.0°	38.2°	36.9°	38.9°	60.0°	38.2°	21.8°	78.5°	63.0°	86.6°	27.8°
重合位置密度	$\frac{1}{5}$	$\frac{1}{3}$	$\frac{1}{9}$	$\frac{1}{11}$	$\frac{1}{3}$	$\frac{1}{7}$	$\frac{1}{5}$	$\frac{1}{9}$	$\frac{1}{7}$	$\frac{1}{7}$	$\frac{1}{7}$	$\frac{1}{10}$	$\frac{1}{11}$	$\frac{1}{17}$	$\frac{1}{13}$

虽然两个晶粒间有很多位向可以出现重合位置点阵,但这些位向毕竟是特殊位向,不可能包括两个晶粒的任意位向。为了描述两个晶粒的非特殊位向差的晶界,须对上述模

型进行修正。如果两晶粒的位向偏离能够出现重合位置点阵的特殊位向,可以在界面上加一组重合位置点阵的位错,则该晶界也是重合位置点阵的小角度晶界。这样两个晶粒的特殊位向范围可以扩大10°。如此,重合位置点阵模型就可以解释大部分任意位向的晶粒的界面结构。

图3.52所示为两个晶粒位向稍偏离、重合密度为1/11的特殊位向的晶界。由图可见,在界面上加了一些重合位置点阵的位错,即在原来重合位置密排面为晶界的基础上又叠加了重合位置点阵的小角度晶界,从而构成两晶格的大角度晶界。

晶界重合位置点阵已经得到实验证实。但是,该模型还不完善,还不能说明全部大角度晶界,需要进一步发展。

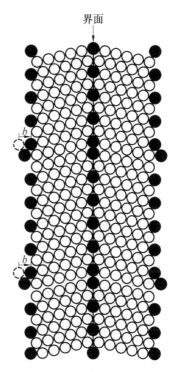

界面

图3.52 两个晶粒位向稍偏离、重合密度为1/11的特殊位向的晶界

3.3.2.4 晶界能

晶界上的格点排列不规整,发生畸变,因而吉布斯自由能增高,这部分额外的吉布斯自由能称为晶界能。

小角度晶界的能量主要来自位错的能量(形成位错的能量和将位错排成各组态所需做的功)。小角度晶界的能量与形成晶界的晶粒之间的位向差有关,随着位向差的增大而增高。单位面积小角度晶界的能量和位向差的关系为

$$\sigma = \sigma_0 \theta (A - \ln \theta) \tag{3.110}$$

式中

$$\sigma_0 = \frac{\mu b}{4\pi(1-\nu)}$$

式中,σ_0 为常数;μ 为材料的切变模量;b 为柏格斯矢量的数值;ν 为泊松常数;A 为积分常数,与位错中心的质点错排能有关。

式(3.110)适用于 θ 小于15°的范围。大角度晶界的能量与晶粒之间的位向差无关,因此式(3.110)不适用于大角度晶界。

金属多晶体的晶界多为大角度晶界,形成晶界的晶粒间位向差为30°～40°。实验测得各种金属的大角度晶界能为0.25～1.0 J·m^{-2},基本为定值。图3.53所示为铜的不同类型晶界的界面能。

晶界能也可以用界面张力表示,并且可以通过测定界面交角来求出它的相对值。图3.54表示相遇于 O 点三个晶粒1,2,3形成晶界,界面张力(界面能)分别为 σ_{1-2},σ_{2-3},σ_{3-1},界面角分别为 φ_1,φ_2,φ_3。

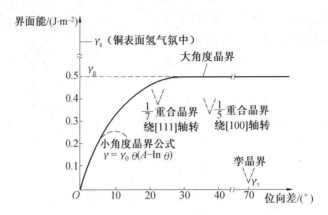

图 3.53 铜的不同类型晶界的界面能

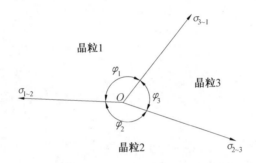

图 3.54 三个晶界相交于一直线(垂直于图面)

作用于 O 点的界面张力达到平衡,所以

$$\sigma_{1-2} + \sigma_{2-3}\cos \varphi_2 + \sigma_{3-1}\cos \varphi_1 = 0 \tag{3.111}$$

及

$$\frac{\sigma_{1-2}}{\sin \varphi_2} = \frac{\sigma_{2-3}}{\sin \varphi_1} = \frac{\sigma_{3-1}}{\sin \varphi_2} \tag{3.112}$$

因此,取某一晶界的能量为基准,通过测量 φ 角,就可以计算出其他晶界的相对能量。

同种晶体的三个晶粒的界面能应该相等,即

$$\sigma_{1-2} = \sigma_{2-3} = \sigma_{3-1} \tag{3.113}$$

因此

$$\varphi_1 = \varphi_2 = \varphi_3 = 120° \tag{3.114}$$

即三个晶粒形成晶界(也称三叉晶界),界面相对于晶粒的方向趋于120°。实验证明,在平衡状态下(例如金属材料经过退火处理),三叉晶界的 $\varphi = 120°$。

3.3.2.5 孪晶界

孪晶是指两个晶体(或一个晶体的两部分)沿一个公共晶面构成镜面对称的位向关系。此公共晶面就是孪晶面(图3.55)。在孪晶面上的微粒位于两个晶格的结点上,为孪晶的两部分共有。这种形式的界面称为共格界面。

孪晶之间的界面称为孪晶界,孪晶界通常就是孪晶面,即共格孪晶界。孪晶界是所有晶界中最简单的一种晶界。但也有孪晶界不与孪晶面重合的情况,这种晶界称为非共格孪晶界(图 3.56)。

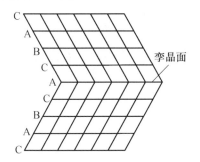

图 3.55　面心立方晶体的孪晶面

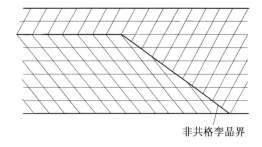

图 3.56　非共格孪晶界

　　孪晶界的形成与堆垛层错紧密相关。面心立方晶体的孪晶面为(111)面。面心立方晶体是以(111)面按 ABCABCABC…… 的顺序堆垛起来的,也可以用符号表示为 △△△△△△△……。 如果从某一层开始其堆垛顺序发生颠倒,即按 ABCACBACB……(图 3.55)的顺序堆垛,用符号表示为 △△△△▽▽▽▽……,则上下两部分晶体就形成了镜面对称的孪晶。其中 ……CAC…… 处即为堆垛层错,接下来就按倒过来的顺序 CBACBA 堆放,仍属于正常的面心立方堆垛顺序。但与出现层错之前的那部分晶体的堆放顺序正好相反,因此形成对称关系。

　　孪晶的晶面上的格点没有错排畸变,孪晶的晶面能很低。孪晶界就是孪晶面,其晶界能很低。例如,铜的共格孪晶界面能为 $0.025 \, J \cdot m^{-2}$。但是若孪晶界为非共格孪晶界,其界面能就高,大约是大角度晶界能的一半。

3.3.2.6　晶界的性质

　　晶界的结构与晶粒内部不同,晶界处质点错排,发生畸变,能量升高,即具有晶界能。能量高体系不稳定,会自发地向低能量的状态转化。晶粒长大和晶界的平直化可以减小晶界的总面积,从而降低晶界的总能量。但是,只有当格点具有一定的动能时,这个过程才可能发生。温度升高,格点动能变大,有利于晶粒长大和晶界平直化。

　　晶界处的格点排列不规则,对材料的塑性变形起阻碍作用,表现为晶界比晶粒内部具有高的强度和硬度。晶粒越细,晶界越多,同种材料的细晶粒结构比粗晶粒结构具有更高的硬度和强度。因此,晶粒细化是提高材料强度和硬度的有效方法。晶界处的微粒具有较高的能量,晶界处比晶粒内部有较多的空位、位错、杂质等缺陷。因此,在晶界微粒的扩散速度比晶粒内部快。晶界的熔点比晶粒内部低。因而,晶体熔化先从晶界开始;固态相变也首先发生在晶界;晶界腐蚀也比晶粒内部快。溶入固体中的杂质、微量元素优先富集在晶界处。这种现象称为内吸附。

3.4　固　　溶　　体

3.4.1　固溶体的组成

　　固溶体是一种不完整的晶体状态,也称固体溶液。其基体相当于溶剂,其他组元相当于溶质。和溶液不同的是,固溶体的微粒排列规整,而溶液的微粒排列混乱;固溶体中的微粒主要在平衡位置做热振动,溶液的微粒做混乱的迁移运动。

固溶体的晶体结构和溶剂相同。但是,由于溶质微粒的掺入引起晶格常数的改变,造成晶格畸变,破坏了基体微粒排列的有序性,导致周期势场的畸变,使其物理和化学性质发生变化。例如,固溶体的强度、硬度、导电性、导热性、耐腐蚀性等都不同于基体和溶质。

金属材料、无机非金属材料和有机高分子材料中都存在着固溶体。例如合金、掺杂的半导体硅、高分子合金等都是固溶体。

固溶体中溶质的含量在一定的范围内变化,不破坏基体的晶体结构,保持基体的晶相。固溶体中溶质的最大含量称为固溶度。若溶质物质的含量超过固溶度,基体的晶体结构就会被破坏,而产生新的结构。例如,A–B 二元系,可以形成以 A 为基的固溶体,也可以形成以 B 为基的固溶体,还可以形成晶体结构不同于 A 和 B 的新固溶体相。在二元相图上,新固溶体相处于以 A 为基和以 B 为基的两个固溶体区域的中间位置,通常把这种新固溶体相称为中间相。中间相包括化合物和以化合物为溶剂而以 A,B 中某一组元为溶质的固溶体,其成分可以在一定范围内变化。许多合金属于这种中间相,由于中间相具有金属性质,所以也称金属间化合物。

固溶体的性质与溶质微粒在基体中的溶解度和溶入方式有关。按照溶解度,固溶体可以分为有限固溶体和无限固溶体两种。无限固溶体的二元系,其固溶体成分可以从一个组元连续变化到另一组元。这种固溶体称为连续固溶体,即无限固溶体。有限固溶体的溶解度依基体和溶质的不同而不同。其溶解度的大小还与温度有关。固溶体的性质与溶质的量有关。

3.4.2   影响固溶度的因素

固溶体溶解度的极限称为最大固溶度,也称"固溶度"。不同物质的固溶度差别很大,同种物质的不同结构固溶度也不同。例如,铜和金可以无限互溶,锌在铜中的固溶度为 39%(质量分数);碳在 γ – Fe 中的固溶度为 2.11%(质量分数)(1 148 ℃),727 ℃ 为 0.77%(质量分数),而碳在 α –Fe 中的固溶度为 0.021 8%(质量分数)(727 ℃)。影响固溶度的因素很多,下面分别讨论。

3.4.2.1   休姆 – 罗瑟里规律

休姆 – 罗瑟里(Hume-Rothery) 等人总结了固溶体固溶度的一般规律:

(1)若形成固溶体的组元的原子尺寸差超过 15%,固溶度很小;若尺寸差小于 15%,尺寸因素成为次要因素,固溶度由其他因素决定。

(2)形成稳定的中间相使一次固溶体的固溶度减小,中间相的形成和组元的化学亲和力有关。中间相越稳定,固溶体的固溶度越小。

(3)在一些合金中,固溶度和中间相稳定性的主要影响因素是电子浓度。电子浓度定义为价电子数和原子数的比值,记作 e/a。并有

$$\frac{e}{a} = \frac{V(100 - x) + vx}{100} \tag{3.115}$$

式中，x 为溶质原子的质量分数；v 为溶质的原子价；V 为基体即溶剂的原子价。

尺寸因素、化学亲和力因素和电子浓度因素共同决定固溶体的固溶度的大小。对于不同的固溶体，各因素所起的作用大小又不相同。对离子键特征强的中间相或金属化合物，化学亲和力因素作用大；对金属键特征强的固溶体和中间相，电子浓度因素作用大。这三个因素是互相联系的，但是固体理论的现状还不能把这三个因素统一起来，只能分别讨论。

3.4.2.2 休姆－罗瑟里规律的依据和例证

（1）尺寸因素。

溶质的溶入会使基体晶体的晶格产生局部畸变。例如，在置换型金属固溶体中，若溶质原子大于溶剂原子，则溶质原子会排挤它周围的溶剂原子；若溶质原子小于溶剂原子，则其周围的溶剂原子会向溶质原子靠拢。这两种情况如图 3.57 所示。溶质原子和溶剂原子的尺寸相差越大，晶格畸变的程度越大，畸变能越大，结构稳定性就越低。从而限制了溶质原子的进一步溶入，造成固溶体的溶解度小。在其他条件相近的情况下，溶质原子与溶剂原子半径相差越大，溶解度越小。

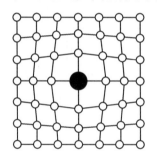 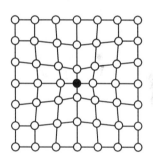

图 3.57　形成置换固溶体时的点阵畸变

由于固溶体晶格发生局部畸变，会导致晶格常数改变。对置换式固溶体，如果溶质原子大于溶剂原子，溶质原子周围晶格发生膨胀，平均晶格常数增大；溶质原子小于溶剂原子，溶质原子周围晶格发生收缩，平均晶格常数减小。对于间隙固溶体，晶格常数总是随溶质原子的溶入而增大。

实验表明，大多数固体膨胀 10% 左右熔化。这说明，键长增加 10% ～ 15%，大多数晶体变得不稳定。这显然和晶体内部微粒间的相互作用能有关。离子晶体的晶格能公式为

$$E = -\frac{A}{r} + \frac{B}{r^n} \tag{3.116}$$

在基态，离子间距 $r = r_0$，离子间的吸引能的绝对值比排斥能的绝对值大 10 倍左右。离子间距减小，吸引能和排斥能的绝对值都增大。由于 n 大，所以排斥能受 r 影响比吸引能大。r 改变 15% 左右，吸引能和排斥能的绝对值相近，固体变得不稳定而离解。

将此规律应用于固溶体，对于金属固溶体，15% 指的是原子半径差，实验表明 15% 规律具有 90% 的准确性。对于非金属固溶体，用键长代替原子半径更合适，即 15% 指的是键长差。例如，NiO－MgO 二元系，键长差为 1%，形成完全固溶体；而 NiO－CaO 二元系

Ca—O 键比 Ni—O 键长了 15%,形成不连续固溶体。需要指出,15% 规律并不十分严格,其适用与否还与形成固溶体物质的晶体结构有关。

(2)电价因素。

图 3.58 和图 3.59 为实测的 B 副族元素在一价的面心立方金属铜和银中的饱和度。由图可见,在尺寸因素有利的条件下,在铜中的饱和度为:二价的锌 38%,三价的镓 20%,四价的锗 12%,五价的砷 7%;在银中的饱和度为:二价的镉 42%,三价的铟 20%,四价的锡 12%,五价的锑 7%。这表明溶质元素的原子价越高,所形成固溶体的固溶度越小。

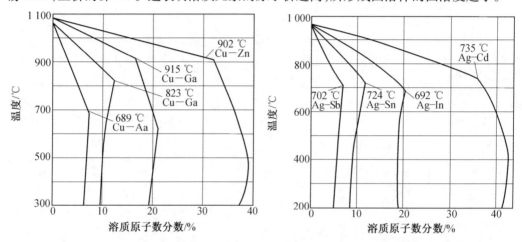

图 3.58 铜合金的固相线和固溶度曲线 图 3.59 银合金的固相线和固溶度曲线

进一步研究发现,溶质原子价的影响实质是"电子浓度"的影响。电子浓度可以由式(3.115)计算得到。上面各合金在饱和度的电子浓度都接近 1.4,这说明一价面心立方合金固溶体的电子浓度的极限值为 1.4。而其他固溶体的电子浓度都有其极限值。可见,固溶体的固溶度是受其电子浓度控制的。

固溶体的极限电子浓度与晶体结构有关。为计算固溶体的极限电子浓度,需要确定金属元素的原子价。通常原子价对应于元素在元素周期表中的族数。例如,Cu 为 1 价,Zn 为 2 价,Ga 为 3 价等。但是对过渡族金属的原子价的取值有争论。过渡族金属的原子有未填满电子的 d 壳层,其在合金中可以贡献出最外层电子,却又要吸收电子填充 d 壳层,其实际作用为零。因此,在计算电子浓度时,过渡金属的原子价取作零。但是,也有人认为过渡族金属的原子价为 0 ~ 2,取值要按具体情况而定。

为解决过渡族金属原子价难以确定的问题,人们提出"平均族数"的概念。所谓平均族数就是原子中相当于惰性气体的满壳层以外的全部电子数。按此定义,Ti,V,Cr,Mn,Fe,Co,Ni 的族数分别为 4,5,6,7,8,9,10,与它们在元素周期表中的位置顺序一致。固溶体的平均族数等于各元素的原子数分数乘以其族数。例如,含 20t%(原子数分数)铬的镍基固溶体的平均族数为

$$(6 \times 20 + 10 \times 80)/100 = 9.2$$

实验得到一些合金的固溶度对应的平均族数值。例如,面心立方固溶体的固溶度对应的平均族数为 8.4。

实验发现,对于离子晶体只有离子价相同或离子价总和相同才有可能生成连续固溶体。这是生成连续固溶体的必要条件。例如,$NiO - MgO,Cr_2O_3 - Al_2O_3,PbZrO_3 - PbTiO_3,CoO - MgO,Mg_2SiO_4 - Fe_2SiO_4$ 等体系,相互取代的元素离子价都相同。若相互取代的元素的离子价不同,则需要由两种以上不同的离子组合,以满足电中性取代的条件,才能生成连续固溶体。例如,在斜长石中钙和铝同时分别被钠和硅所取代,保持取代离子价总和不变,形成了连续固溶体 $Cu_{1-x}Na_xAl_{2-x}Si_{2+x}O_8$。

采用等价离子取代,制备出很多种新型压电陶瓷材料。例如,用 Pb,Sr,Ca 取代 $BaTiO_3$ 中的 Ba,用 Zr,Sn 取代 $BaTiO_3$ 中的 Ti。

离子价不同的两种化合物很少生成固溶体,即使生成,其固溶度也只有百分之几。而要生成固溶体,为保持电中性,必须在基体中产生空位。例如,在 $MgAl_2O_4 - Al_2O_3$ 体系中,存在着很大的固溶体区域。固溶体基体中有很多阳离子空位。化学式可以写成 $Mg_{1-x}Al_{2+(2x/3)}\square_{x/3}O_4$。这种固溶体缺陷的生成,可以看作 Al^{3+} 进入 $MgAl_2O_4$ 晶格,占据了 Mg^{2+} 的位置而产生了镁空位。缺陷反应为

$$4Al_2O_3 \xrightarrow{MgAl_2O_4} 2Al_{Mg}^{+} + V_{Mg}'' + 6Al_{Al} + 12O_O$$

相当于

$$Al_2O_3 \longrightarrow 2Al_{Mg}^{+} + V_{Mg}'' + 3O_O$$

$$2Al^{3+} \longrightarrow 2Al_{Mg}^{+} + V_{Mg}''$$

$CaO - ZrO_2$ 体系也存在很大的固溶体区域。CaO 添加到 ZrO_2 中,Ca^{2+} 占据 Zr^{4+} 的位置,为保持电中性,产生氧空位。缺陷反应如下:

$$CaO \xrightarrow{ZrO_2} Ca_{Zr}'' + V_{Zr}^{\cdot\cdot} + O_O$$

随着离子价差别的增大,中间化合物的数目增多,固溶度减小。例如,在 $MgO - Al_2O_3$ 体系中,离子价相差一价,有一个中间化合物 $MgAl_2O_4$,为有限固溶体;在 $MgO - TiO_2$ 体系中,离子价相差二价,有三个中间化合物,固溶度很小;在 $Li_2O - MoO_3$ 体系中,离子价相差五价,至少存在四个中间化合物。

(3) 电负性因素。

溶质与溶剂之间的化学亲和力对固溶体的溶解度有重要影响。如果两者之间的化学亲和力强,则倾向于生成化合物而不利于形成固溶体;生成的化合物越稳定,则固溶体的溶解度越小。这可以用热力学说明。

图 3.60 所示,曲线 α 表示固溶体的吉布斯自由能曲线,曲线 ζ 是化合物的吉布斯自由能曲线,两相的平衡条件可作切线确定,即 α 固溶体的溶解限度为切点 C_A。比较图(a)和(b)可见,化合物越稳定,吉布斯自由能曲线就越低,切点 C_A 移向左边,固溶体的固溶度减小。再者,也可以从化合物的生成热或熔点来比较其稳定性,得出固溶体的固溶度与化合物稳定性的关系。表 3.2 列出了几个金属固溶体的固溶度与相应的化合物稳定性的关系。由表中的数据可见,镁可以和铅、锡、硅分别形成合金。其中 Mg_2Pb 的稳定性最差,铅在镁中的固溶度最大;Mg_2Si 的稳定性最高,硅在镁中的固溶度最小;Mg_2Sn 的稳定性居

中,锡在镁中的固溶度居中。

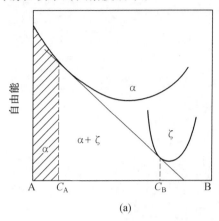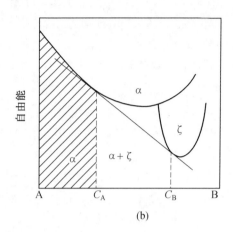

图 3.60 化合物稳定性对固溶体溶解度的影响

表 3.2 镁基固溶体的溶解度和所生成的化合物稳定性的关系

元素	最大溶解度(原子数分数 %)	生成化合物	熔点/℃	生成热/(kJ · mol^{-1})
Pb	7.75	Mg_2Pb	550	17.6
Sn	3.35	Mg_2Sn	778	25.6
Si	微量	Mg_2Si	1 102	27.2

可以用电负性衡量化学亲和力,两个元素的电负性相差越大,它们之间的化学亲和力越强,生成的化合物越稳定。

电负性之差在 ±0.4 是固溶度大小的边界。达肯(Darken)考察金属的固溶度,发现溶质与溶剂原子半径之差在 ±15% 的范围内且电负性之差在 ±0.4 的体系,65% 具有大的固溶度;在此范围之外的体系有 85% 固溶度小于 5%。

而尺寸差大于 15% 的体系,90% 不形成固溶体。相比之下,可见尺寸因素对固溶度的影响比电负性大。

对于离子而言,同样是电负性相近有利于形成固溶体,电负性差别大,倾向于生成化合物。

也可以用离子场强讨论固溶问题。场强定义为

$$E = \frac{Z}{d^2} \tag{3.117}$$

式中,E 为场强;Z 为正离子的价数;d 为离子之间的距离,即正、负离子的半径之和。

第特杰尔(Dietzel)提出,在二元体系中,中间化合物的数目与场强差成正比。这就是所谓第特杰尔关系。对于由两个化合物构成的二元系,场强差是指构成二元系的两个化合物的正离子的场强差,用

$$\Delta E = E_1 - E_2 = \Delta\left(\frac{Z}{d^2}\right) \tag{3.118}$$

表示。图 3.61 所示为在氧化物二元系中正离子的离子场强差与生成的化合物数目的关

系。可见,场强差大,生成化合物的数目多。

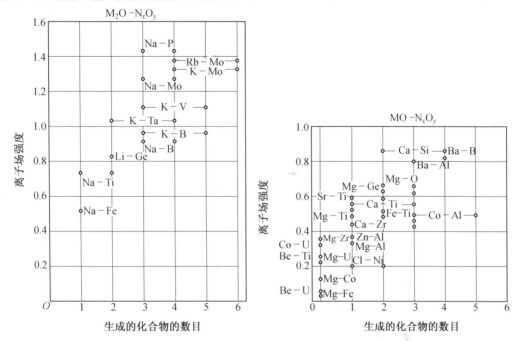

图 3.61 氧化物二元系中正离子的离子场强差与生成的化合物数目的关系

场强差与固溶度也有密切关系。两个化合物正离子的场强差等于 0,则两个化合物完全互溶;场强差小于 0.1,则两个化合物完全互溶或具有很大的固溶度,在相图上有广大的固溶区;场强差大于 0.4,则两个化合物就不形成固溶体;场强差大于或等于 0.5,小于或等于 1.0,氧化物体系会产生液相分层。

类似的关系也适用于三元硅酸盐体系。场强差不考虑硅,用另外的正离子计算。场强差小于 0.5 或 0.7,不生成化合物,场强差为 0.7 ~ 0.8,生成 3 个或 4 个化合物。

3.5 各类固溶体的固溶度

通过准确测量固溶体的晶格参数和密度,可以区分三类固溶体 —— 置换固溶体、间隙固溶体和缺位固溶体。晶胞中的平均原子数为

$$n = \frac{\rho V}{1.65 \times 10^{-24} M_{\mathrm{s}}} \tag{3.119}$$

式中,n 为晶胞中的平均原子数;ρ 为固溶体密度;V 为固溶体体积;1.65×10^{-24} 为 C^{12} 原子质量的 $1/12$;M_{s} 为固溶体的平均原子量,以原子分数表示固溶体成分,则

$$M_{\mathrm{s}} = \sum_{i=1}^{n} x_i M_i \tag{3.120}$$

式中,M_{s} 为组元 i 的原子量。

测量 ρ 和 V 算得 n,将 n 和按晶体结构确定的晶胞中的原子数 n_0 进行比较,若 $n = n_0$,为置换固溶体;若 $n > n_0$,则为间隙固溶体;若 $n < n_0$,则为缺位固溶体。

3.5.1 置换固溶体的固溶度

表3.3列出一些合金元素在铁中的固溶度。由表可见,V和Cr在α-Fe中的固溶度为100%,可以完全互溶,形成无限固溶体;Mn,Co,Ni在γ-Fe中的固溶度为100%,可以完全互溶。α-Fe的直径为0.248 nm,γ-Fe的直径为0.252 nm,V,Cr,Mn,Co、Ni与Fe的原子直径相差不到10%,符合15%规律。V,Cr为体心立方结构,在体心立方结构的α-Fe中固溶度大,而在面心立方结构的γ-Fe中固溶度小。Mn,Co,Ni为面心立方结构,在面心立方结构的γ-Fe中固溶度大,而在体心立方结构的α-Fe中固溶度小。可见,固溶度与结构有关,相同结构的物质符合15%规律,固溶度大。

表3.3 合金元素在铁中的固溶度

元素	结构类型	在γ-Fe中最大溶解度/%	在α-Fe中最大溶解度/%	室温在α-Fe中溶解度/%
C	六　方 金刚石型	2.11	0.0218	0.008(600 ℃)
N	简单正方	2.8	0.1	0.001(100 ℃)
B	正　交	0.018 ~ 0.026	约0.008	< 0.001
H	六　方	0.000 8	0.003	约0.000 1
P	正　交	0.3	2.55	约1.2
Al	面心立方	0.625	约36	35
Ti	β-Ti体心立方(> 882 ℃) α-Ti密排六方(< 882 ℃)	0.63	7 ~ 9	约2.5(600 ℃)
Zr	β-Zr体心立方(> 862 ℃) α-Zr密排六方(< 862 ℃)	0.7	约0.3	0.3(385 ℃)
V	体心立方	1.4	100	100
Nb	体心立方	2.0	α-Fe1.8(989 ℃) δ-Fe4.5(1 360 ℃)	0.1 ~ 0.2
Mo	体心立方	约3	37.5	1.4
W	体心立方	约3.2	35.5	4.5(700 ℃)
Cr	体心立方	12.8	100	100
Mn	δ-Mn体心立方(> 1 133 ℃) γ-Mn面心立方(1 095 ~ 1 133 ℃) α、β-Mn复杂立方(< 1 095 ℃)	100	约3	约3
Co	β-Co面心立方(> 450 ℃) α-Co密排六方(< 450 ℃)	100	76	76
Ni	面心立方	100	约10	约10
Cu	面心立方	约8	2.13	0.2
Si	金刚石型	2.15	18.5	15

FeO 可以溶入 MgO 内形成无限固溶体,其组成可以写成 $Mg_{1-x}Fe_xO$,其中 $x = 0 \sim 1$。MgO 和 FeO 都是 NaCl 型的晶体结构,Mg^{2+} 和 Fe^{2+} 离子半径相差不到 15%,所以可以形成完全互溶的固溶体。其他如 Cr_2O_3 和 Al_2O_3,TiO_2 和 UO_2 都可以形成完全互溶的固溶体。MgO 和 CaO 的阳离子半径差大于 15%,所以只能形成部分互溶的固溶体。

3.5.2 间隙固溶体的固溶度

以金属为基体形成的间隙固溶体的固溶度不仅与溶质原子的大小有关,还与溶剂晶体结构的间隙形状和大小有关。例如,碳在 $\gamma-Fe$ 中的固溶度为 2.11%,在 $\alpha-Fe$ 中的固溶度为 0.021 8%,相差 100 倍。显然,这是由于 $\alpha-Fe$ 和 $\gamma-Fe$ 的晶体结构不同所致。

表 3.4 列出 $\alpha-Fe$ 和 $\gamma-Fe$ 的八面体间隙和四面体间隙的尺寸。$\gamma-Fe$ 为面心立方结构,其八面体间隙大于四面体间隙。在 1 148 ℃,八面体间隙的球半径为 0.053 5 nm,四面体间隙的球半径为 0.029 1 nm,而碳原子半径为 0.077 nm,稍大于八面体间隙尺寸。碳原子溶入八面体间隙需要将周围的铁原子间距挤大一些,才能容纳得下,这样就使晶胞胀大,造成晶格畸变。所以碳在 $\gamma-Fe$ 中的固溶度就要受到限制。由晶体结构可知,面心立方晶体的八面体间隙数目与其原子数目相等。而将碳在 $\gamma-Fe$ 中的固溶度换算成原子数分数,仅为 9.2%,即 10 个铁原子中才溶入一个碳原子。这说明每 10 个八面体间隙至多只有一个能被碳原子填入。

表 3.4 $\alpha-Fe$ 和 $\gamma-Fe$ 的八面体间隙和四面体间隙的尺寸

名称	原子半径 /nm	四面体间隙半径 /nm	八面体间隙半径 /nm
$\alpha-Fe$	0.125 2 (720 ℃)	$r_i/r_{\alpha-Fe} = 0.291$	$r_i/r_{\alpha-Fe} = 0.154$
		$r_i = 0.036\ 4$	$r_i = 0.019\ 2$
$\gamma-Fe$	0.129 3 (1 148 ℃)	$r_i/r_{\gamma-Fe} = 0.225$	$r_i/r_{\gamma-Fe} = 0.414$
		$r_i = 0.029\ 1$	$r_i = 0.053\ 5$

$\alpha-Fe$ 为体心立方结构,其四面体间隙和八面体间隙的尺寸都远小于碳原子的半径。因此,碳原子溶入 $\alpha-Fe$ 要比溶入 $\gamma-Fe$ 困难得多,碳在 $\alpha-Fe$ 中的固溶度极小。实测表明,溶入 $\alpha-Fe$ 中的碳填在 $\alpha-Fe$ 的八面体间隙中,虽然 $\alpha-Fe$ 的八面体间隙比四面体间隙小。这是由于体心立方结构的八面体间隙不是正八面体间隙。z 轴比 x 轴和 y 轴短。因此,碳原子进入八面体间隙需要推开最靠近的 z 轴上的两个铁原子。这反而需要比挤入四面体间隙需要推开四个铁原子容易。

在无机非金属间隙固溶体中,固溶度同样与溶剂晶体结构的间隙形状和大小有关。例如,面心立方结构的 MgO 晶格中只有四面体间隙可以进入溶质;TiO_2 晶格中八面体间隙可以进入溶质;CaF_2 晶格中有大的八面体空隙可以进入溶质。在许多硅酸盐固溶体中,Be^{2+},Li^+ 或 Na^+ 进入晶格间隙,多余的电荷由 Al^{3+} 置换 Si^{4+} 保持电中性,成为硅铝酸盐。

3.6 有序固溶体

3.6.1 固溶体的短程有序和长程有序

在热力学平衡状态下,固溶体的成分在宏观上是均匀的,在微观上其溶质分布是不均匀的。溶质在固溶体中的分布有三种情况。一种是溶质在晶格中的位置是随机的、呈统计分布,完全无序,如图3.62(a)所示,任一溶剂原子的最近邻溶质原子分布概率等于溶质在固溶体中的原子数分数。实际上,溶质原子仅在极稀的固溶体中或在高温条件才有可能接近无序分布。

二是溶质分布并非完全无序。若同类原子对(AA 或 BB)的结合比异类原子对(AB)强,则同类原子倾向于偏聚在一起成群地分布。这种情况称为偏聚状态,如图3.62(b)所示。在溶质原子偏聚的地方,溶质原子的浓度大大超过它在固溶体中的原子数分数。

三是异类原子对(AB)的结合比同类原子对(AA 或 BB)强,则溶质原子 B 在晶格中趋向于按一定规则呈有序分布。这种有序分布只在小范围、短距离内存在,称为短程有序,如图3.62(c)所示。但有些合金在浓度达到一定的原子数分数、并由高温缓慢冷却,可以在整个晶体中完全呈有序分布,这是长程有序。这种长程有序的固溶体称为有序固溶体或"超结构"。实际上,它已接近中间相。

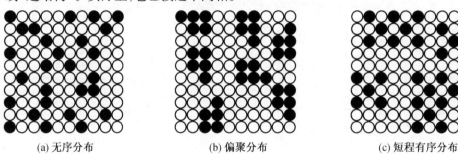

(a) 无序分布　　　　　　　(b) 偏聚分布　　　　　　　(c) 短程有序分布

图 3.62　固溶体中溶质原子分布情况示意图

3.6.2 短程有序参数

为了具体说明溶质原子在固溶体晶格中的分布特点,引入"短程有序参数"表征短程有序的情况。为了解在AB二元合金中溶质B任一原子周围A原子和B原子的分布情况,设想以该B原子为球心有一系列同心球存在。在第 i 层球面上共有 C_i 个原子,其中A原子的平均数目为 $n_{i,A}$ 个,而按照该二元合金成分计算此层上A原子数目应为 $m_A C_i$,其中 m_A 是该合金中A原子的原子数分数。则短程有序参数为

$$\alpha_i = 1 - \frac{n_{i,A}}{m_A C_i} \tag{3.121}$$

据此可以判断固溶体的原子分布类型。若固溶体为完全无序分布,$n_{i,A} = m_A C_i$,$a_i = 0$;若B原子与A原子相邻的概率大于无序状态,存在有序分布,$n_{i,A} > m_A C_i$,$a_i < 0$;若同

类原子相邻概率大,固溶体呈偏聚状态,$n_{i,A} < m_A C_i, a_i > 0$。

短程有序参数也可以定义为

$$\alpha_1 = 1 - \frac{N_{AB}}{N_{AB}^*} = 1 - \frac{P'_A}{C_A} \tag{3.122}$$

式中,N_{AB} 表示实际的 A—B 键的数目;N_{AB}^* 为溶质原子随机分布形成的 A—B 键的数目;P'_A 为 B 原子最邻近一个格点上 A 原子出现的概率。

上面定义的短程有序参数会出现负值,为此定义了另一个短程有序参数

$$\sigma = \frac{N_{AB} - N_{AB}^*}{(N_{AB})_{max} - N_{AB}^*} \tag{3.123}$$

式中,$(N_{AB})_{max}$ 为完全有序的最大 A—B 键数量,其他符号同前。由该式可见,若完全有序,则

$$N_{AB} = (N_{AB})_{max}, \quad \sigma = 1 \tag{3.124}$$

若完全无序,则

$$N_{AB} = N_{AB}^*, \quad \sigma = 0 \tag{3.125}$$

3.6.3 长程有序参数

二元长程有序固溶体的 A、B 原子规则排列,把格点分为 α、β 两类。A 点占据 α 的位置,B 点占据 β 的位置,各构成一个亚晶格。长程有序参数定义为

$$\varphi = \frac{P_A^\alpha - C_A}{1 - C_A} \tag{3.126}$$

式中,P_A^α 为 A 原子占据某个 α 位置的概率,其他符号同前。若完全有序,$P_A^\alpha = 1, \varphi = 1$;完全无序,$P_A^\alpha = C_A, \varphi = 0$;部分有序,$P_A^\alpha = C_A \sim 1, \varphi = 0 \sim 1$。

3.6.4 短程有序和长程有序的关系

在高温条件下,合金中许多短程有序的小原子群不断地在晶格中形成和消失。合金降温,短程有序进一步发展,降温达到某一临界温度 T_C,这些小原子群互相吞并并吸收邻近无序的原子,形成有序畴(domain)。畴内的有序是完全的,畴间原子错排,相邻的有序畴是反相的,称为反相畴,如图 3.63 所示。这样的排列,A—B 键比例很高,只在畴界面上才有 A—A,B—B 键。这些畴界面的 A—A,B—B 键使内能升高。温度低于临界温度 T_C,畴界面不再稳定,反相畴相互吞并长大,畴界面减小,

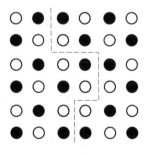

图 3.63 反相畴示意图

原子排列由短程有序变为长程有序,直到在晶体中相当大的范围内具有长程有序,成为超结构。

长程有序和短程有序考虑问题的角度不同,从短程有序角度来看,在图 3.63 中,A—B 键的比例很高,$P'_A \approx 1$,若 $C_A = \dfrac{1}{2}$,由式(3.122)得

$$\alpha_1 = 1 - 2P'_A \approx -1$$

由式(3.123)得

$$\sigma = 2P'_A - 1 \approx 1$$

短程有序接近完全有序,只在畴界面处才有少量的 A—A,B—B 键。从长程有序角度来看,有一半 A 原子处于正确的 α 位置,一半 A 原子处于错误的 β 位置,所以 $P^\alpha_A = \frac{1}{2}$,$\varphi = 0$,是无序状态。

在临界温度 T_C 以下,有序结构可以存在于一定的成分范围内,但只有在特定成分才能达到完全有序。例如,Cu_3Au 是面心立方的有序结构,Au 占据立方体顶角的位置,Cu 占据立方体面心的位置。CuAu I 是面心立方的有序结构,Au 占据立方体的顶角和上、下底面中心的位置,Cu 占据 4 个侧面中心的位置。在 380 ~ 410 ℃,CuAu 出现相互反相畴之间的规则排列:每隔 5 个晶胞变换一次畴相,其基本单元由 10 个晶胞组成,称为 CuAu II,如图 3.64 所示。

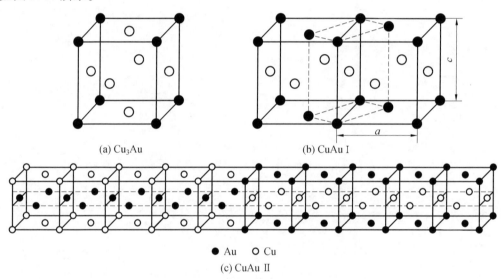

(a) Cu₃Au   (b) CuAu I

● Au ○ Cu
(c) CuAu II

图 3.64 Cu - Au 系有序固溶体的晶体结构

若畴的直径达到 10^4 个原子,X 射线德拜相出现明显的超结构线。在面心立方结构的 Cu_3Au 中,无序排列的 Au,Cu 原子散射因子是两者的平均散射因子,光程差是半波长的整数倍的衍射波互相抵消,只有($h\,k\,l$)皆奇皆偶的线才出现,如图 3.65(b)所示;有序排列的 Au,Cu 原子占据晶格中的确定位置,散射因子不同,光程差为半波长整数倍的衍射波不能完全抵消,出现超结构线,如图 3.65(a)所示。

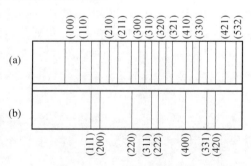

图 3.65 Cu₃Au 的德拜相示意图

3.7 中 间 相

A,B 两组元组成合金,可以形成以 A 为基或以 B 为基的固溶体,若某组元超过固溶体的固溶度,还可以形成与 A,B 两组元的晶体结构不同的新相。新相可以有多种类型,在二元相图上,它们总是在两个固溶体中间的位置,所以将它们总称为中间相。图 3.66 所示为 Cu – Zn 系二元合金相图,其中 β,γ,ε 相都是中间相。

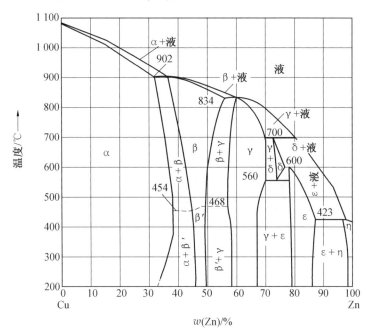

图 3.66 Cu – Zn 系二元合金相图

中间相的类型很多,主要有服从原子价规律的正常价化合物,决定于电子浓度的电子化合物,金属和金属元素形成的密排相,小尺寸原子和过渡族金属之间形成的间隙相和间隙化合物等。

中间相具有以下特点:按一定的原子比结合的中间相,可以用化学式表示,电负性差大的元素形成的具有离子键特征的化合物,就是按一定的原子比结合的正常价化合物;显示金属键特征的中间相,其组成在一定范围内变化,即所谓的电子化合物,不能用单一的化学式表示,这类中间相的形成主要受电子因素控制;间隙相、间隙化合物和拓扑密堆相等密排相主要受原子尺寸控制。中间相的晶体结构不同于构成它的固溶体组元的晶体结构。中间相化合物虽然按原子比结合,但往往不遵循化合价规律,例如 $CuZn_3$,Fe_3Ti,Fe_3C,TiB_2 等。

3.7.1 价化合物

价化合物是符合原子价规则的化合物,即正负离子通过电子的转移或电子的共用而形成稳定的 8 电子组态 ns^2np^6 的化合物。价化合物可以分为离子化合物、共价化合物和

离子 — 共价化合物。价化合物主要显示非金属性质和半导体性质。

按照价电子是否都是键合电子,价化合物又可分为正常价化合物和一般价化合物,前者的价电子都是键合电子,后者只有部分价电子是键合电子。正常价化合物的晶体结构包括在典型的离子化合物晶体结构中。

正常价化合物的形成规律是:

(1) 所有金属都倾向于和 ⅣB、ⅤB 族元素形成正常价化合物。

(2) 金属的正电性越强或 B 族元素的负电性越强,越易形成正常价化合物,形成的化合物越稳定。

3.7.2　电子化合物

电子化合物这类中间相的组成可以在一定浓度区间内变化,不同于化学意义上的化合物,所以也称电子相。电子化合物的电子浓度和晶体结构之间有明确的对应关系。例如,$Cu-Zn$ 系合金的三个电子相 $CuZn$,Cu_5Zn_8 和 $CuZn_3$ 对应的电子浓度(e/a)分别为 $3/2$,$21/13$ 和 $7/4$。电子相具有如下特点:

(1) 贵金属和铁族元素可以和某些 B 族元素形成电子相。

(2) 价电子浓度为 $3/2$ 的电子相有三种结构,即 BCC 结构(β 相)、复杂立方的 $\beta-Mn$ 结构(μ 相)和密排六方结构(ζ 相)。可见,即使对电子相,电子浓度也不是决定固溶体结构的唯一因素。

(3) 电子相出现在较宽的浓度范围内,是典型的金属间化合物。电子相的稳定范围和电子浓度有关。

(4) 电子相主要靠金属键结合,具有明显的金属特性。

3.7.3　密排相

密排相的晶体结构主要取决于组元原子的半径比。密排相中原子的排列需遵从以下原则:空间填充原则,原子尽可能致密地填满空间,或者说有尽可能高的配位数;对称原则,原子排列形成对称性高的结构;连接原则,具有密排结构的晶体原子间通常形成三维栅状连接。

原子采取几何密排和拓扑密排两种方式分别形成几何密排相(GCP 相)和拓扑密排相(TCP 相),可以满足上述三个原则。

几何密排相是由密排原子面(FCC 晶体中的{111}面或 CPH 晶体中的(0001)面)按一定次序堆垛而成的结构。堆垛次序可以有多种,例如 ABCABC…,ABAB…,ABCACB…。几何密排相 GCP 中紧邻原子彼此相切,配位数为 12,结构中有四面体和八面体两种间隙。

拓扑密排相是由密排四面体按一定次序堆垛而成的结构。每个四面体的 4 个顶点均被同一种原子占据,且彼此相切。不同种类原子所占据的四面体,其大小和形状均不相同,可以是规则的,也可以是不规则的。典型的拓扑密排相有拉弗斯(Laves)相($MgCu$,$MgZn_2$,$MgNi_2$ 等)、σ 相($FeCr$,FeV,FeW,$CrCo$ 等)和 Cr_3Si 型相(Cr_3Si,Nb_3Sn,Nb_3Sb 等)等。

由原子半径大的过渡族金属和原子半径小的 H,B,C,N,Si 等形成的化合物称为间隙化合物或间隙相。小的原子位于过渡族金属原子晶格的间隙中。间隙相的结构不同于纯组元的结构,而决定于小原子和过渡族金属原子的半径比。

$r_X/r_M < 0.59$,形成结构简单的间隙相,可表示为简单的化学式,MX,M_2X,M_4X 和 MX_2 等。氢原子半径为 0.46 nm、氮原子半径为 0.71 nm,都小,所以过渡族金属的氢化物、氮化物都满足 $r_X/r_M < 0.59$ 的条件,都是结构简单的间隙相,例如,TiN,VN,TiH 等。

$r_X/r_M > 0.59$,形成结构复杂的间隙相,可以表示为 M_3X,$M_{23}X_6$,M_6X 和 M_7X_3 等。硼原子半径为 0.97 nm,较大,所以过渡族金属硼化物都是复杂间隙相。例如,TiB_2,ZrB_2 等。

碳原子半径为 0.77 nm,中等大小,所以原子半径较大的过渡族元素(族数小或周期数大的过渡族元素)的碳化物是简单的间隙相。例如,VC,WC,TiC 等,而原子半径小的过渡族元素(族数大或周期数小的过渡族元素)的碳化物是复杂的间隙相。例如,Fe_3C,$Cr_{23}C_6$,$(FeMn)_3C$,$(FeCr)_3C$,$(CrFeMoW)_{23}C_6$ 等。后三种化合物是一种金属元素被其他金属元素置换而形成的以间隙化合物为基的固溶体。

$r_X/r_M = 0.23$,小原子占据过渡族金属晶体的四面体间隙;r_X/r_M 为 0.41 ~ 0.59,小原子占据过渡族金属晶体的八面体间隙。

间隙化合物具有以下特性:

(1)决定间隙化合物结构的主要因素是原子半径比,也是尺寸因素,但价电子浓度也对其有很大影响。研究发现,简单间隙结构和价电子浓度有很好的对应关系。

(2)间隙化合物虽然可以用一个化学式表示,但大多数间隙化合物的成分可以在一定的范围内变化。

(3)许多间隙化合物可以互溶,甚至完全互溶。例如,Ti,Zr,V,Nb,Ta 的碳化物之间以及其氮化物之间可以形成连续固溶体。间隙化合物是混合型键,金属原子之间通过 d 电子形成金属键,金属 d 电子与小原子的 p 电子形成共价键。金属键使间隙化合物具有金属性质,共价键使间隙化合物具有高熔点、高硬度和脆性。

(4)有些间隙化合物具有超导性,例如 $NbC_{0.3}N_{0.7}$ 和 Pd,Pd - Ag,Pd - Cu 的氢化物等。

(5)有些间隙相可以成为固态非晶体。

习 题

1. 什么是晶体的缺陷?举例说明各种缺陷。

2. 举例说明什么是非化学计量结构缺陷和"色心"。

3. 举例说明位错的种类和结构。

4. 什么是晶界?晶界和位错有什么区别?什么是小角度晶界?什么是大角度晶界?

5. 在氧化镁晶体中加1%(摩尔分数)的三氧化二铬,生成镁空位。在 1 600 ℃ 氧化镁晶体中哪种缺陷占优势?

6. 非化学计量化合物 Fe_xO 中 $n(Fe^{3+})/n(Fe^{2+}) = 0.1$,求 x 值及空位浓度。

7. 非化学计量化合物 Fe_xO 的缺陷浓度与温度和氧分压有关。在恒定温度下,增大氧分压,Fe_xO 的密度怎样变化?

8. 符号相同的两个刃型位错,在同一滑移面相遇,它们的相互作用是排斥还是吸引?

9. 在简单立方结构的同一滑移面上,画出两个伯格斯矢量相反的平行螺型位错,使这两个位错吸引在一起而相互抵消。可能形成什么新位错,新位错的方向与原位错有什么样的关系?

10. 大角度晶界能否用位错描述? 为什么?

11. 六方晶系的 ZnO,晶格常数为 $a = 0.324$ nm,$c = 0.519$ nm,每个晶胞中含两个 ZnO,测得其晶体密度为 5.74 g·cm^{-3} 和 5.606 g·cm^{-3}。求这两种密度各对应什么形式的固溶体。

12. 萤石结构的 CeO_2 中含 15%(摩尔分数)的 CaO,形成固溶体,密度为 0.45 g·cm^{-3},晶格常数 $a = 0.542$ nm,其中有什么形式的缺陷?

第4章　固态非晶体

结构基元的排布没有长程有序的固体称为固态非晶体,包括普通玻璃、非晶态金属、非晶态半导体和高分子聚合物等。

4.1　固态非晶体的结构

4.1.1　固态非晶体的结构特征

固态非晶体的微观结构与晶体的有序结构不同,是一种无序结构,不具有晶体的平移对称性。固态非晶体是由无规取向的小的有序畴构成。有序畴内的结构基元排列有序。所以,固态非晶体是短程有序而长程无序的结构。固态非晶体的短程有序范围是 $1.5 \sim 2$ nm,是由微粒间的相互作用决定的。气体、液体、固态非晶体和晶体的双体相关函数为

$$g(r) = \frac{\rho(r)}{\rho_0} \tag{4.1}$$

式中,$\rho(r)$ 表示以任意一个微粒为中心,距该微粒 r 处的微粒的密度统计平均值;ρ_0 为微粒的平均密度;$g(r)$ 为距该微粒 r 处的微粒分布概率,$g(r)$ 随 r 的变化表示距该微粒的不同位置,微粒分布状态的变化。

图 4.1(a)、(b)、(c) 和(d) 分别给出了气体、液体、固态非晶体和晶体的双体相关函数及其对应的某一时刻微粒分布状态。

气体的微粒分布完全无序。其组成微粒无规运动,平均自由程大,在小于平均微粒间距离 a_0 的范围,没有微粒,$g(r) = 0$。在大于 a_0 的范围,各处微粒的分布概率相等,$g(r) = 1$。

液体微粒也是无规运动,但其平均自由程短,微粒排列密集,最近邻微粒配位数为 $10 \sim 11$,接近最紧密堆积。在距中心微粒近的 r_1 处,$g(r)$ 有一明显的峰;随着 r 的增大,$g(r)$ 变得平缓,并很快趋近于1。这表明,液体中微粒无规运动强烈,运动范围大;中心微粒紧邻处,微粒的平均密度比整个液体的平均密度大。

固态非晶体的 $g(r)$ 曲线与液体基本相同。同一种物质的固态非晶体和液体的 $g(r)$ 曲线几乎完全一样,只是第一强峰更为尖锐,曲线不如液体光滑。这说明二者结构相似。但是固态非晶体短程有序更强,微粒只能在平衡位置做热振动,不如液体微粒的运动范围大,其微粒分布的各向同性也远不如液体。

晶体的 $g(r)$ 是不连续的。对应于晶格格点的位置 $g(r)$ 有尖锐的锋,其他位置 $g(r)$ 为零,这是由于晶体的长程有序所改。

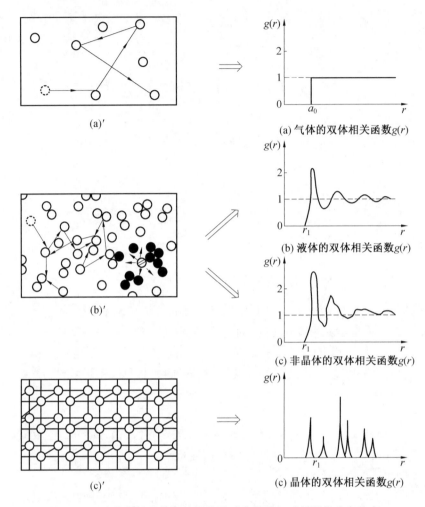

图 4.1 四种物质的双体相关函数及对应的某一时刻微粒分布状态

4.1.2 固态非晶体的表征

4.1.2.1 径向分布函数

分别以体系中每个微粒为中心,得到每个半径为 $r \sim r + \mathrm{d}r$ 的球壳内微粒数,对所有球壳内的微粒数取平均,得到 $4\pi r^2 \rho(r)\mathrm{d}r$。则径向分布函数为

$$\text{RDF} = 4\pi r^2 \rho(r) \tag{4.2}$$

式中,$\rho(r)$ 表示以体系中任一微粒为中心、半径为 r 的球面上的平均微粒密度。径向分布函数给出了体系中的任一微粒周围,其他微粒的径向统计平均分布。

除径向分布函数外,描述固态非晶体的微粒分布还有双体相关函数

$$g(r) = \frac{\rho(r)}{\rho_0}$$

和约化径向分布函数

$$G(r) = 4\pi r^2 [\rho(r) - \rho_0] \tag{4.3}$$

需更指出的是,这些分布函数只显示了微粒分布的径向部分,而没显示微粒分布的角度部分,即并未给出固态非晶体微粒分布的全貌。但是,目前仍是描述固态非晶体结构的最主要的物理量,是目前能由实验得到的固态非晶体的唯一的解析函数。

利用 XRD 测定 N 个同类微粒构成的固态非晶体,可得径向分布函数

$$\text{RDF} = 4\pi r^2 \rho(r) = 4\pi r^2 \rho_0 + \frac{2r}{\pi} \int_0^\infty Ki(K) \sin rK \mathrm{d}K \tag{4.4}$$

式中,$i(K)$ 为体系微粒同 X 射线间的干涉函数,可以通过测量固态非晶体对 X 射线的散射作用得到;K 为所测量的散射波的方向。

对于多元固态非晶体,径向分布函数为

$$\text{RDF} = 4\pi r^2 \rho(r) = 4\pi r^2 \rho_0 + \frac{2r}{\pi} \int_0^\infty K[i(K) - 1] \sin rK \mathrm{d}K \tag{4.5}$$

式中,$i(K)$ 为与多元系有关的全干涉函数。

4.1.2.2 结构参数

RDF 给出的是固态非晶体结构统计平均值,描述的是其结构的总体特征。而对于固态非晶体短程有序结构的描述,需要短程有序结构参数。

(1) 近邻微粒距离 —— 以任一微粒为中心,将其周围的微粒划分为不同的配位层 i,r_i 表示中心微粒与第 i 配位层上微粒之间的平均距离。

(2) 配位数 —— 第 i 个配位层上的微粒数,以 N_i 表示。

(3) 近邻微粒间的键角 —— 中心微粒与两个近邻微粒分别连线间的夹角,以 α 表示。

(4) 近邻微粒的类别 —— 指与中心微粒近邻的微粒种类。

4.1.3 固态非晶体的短程有序

固态非晶体的短程有序有两种,一种是几何短程有序,另一种是化学短程有序。几何短程有序表示近邻微粒在空间位置排列的规律。与其相关的结构参数用于确定微粒在空间的位置,如近邻微粒距离 r_i、配位数 N_i、近邻微粒间的键角 α 等。化学短程有序表示近邻微粒间的化学键分布的规律。在多元固态非晶体中,任一微粒近邻的化学组成与体系的平均组成不同,即任何一类微粒的近邻,不同类别的微粒分布不是随机的,而是由微粒间的相互作用决定。

4.1.3.1 几何短程有序和局域结构参数

(1) 几何短程有序。

固态非晶体的局域结构可以用瓦罗诺依(Voronoi)多面体描述。固态非晶体的任一微粒被由若干个面组成的一个最小封闭凸多面体所包围,该多面体的面是该微粒到其近邻微粒连线的垂直平分面。瓦罗诺依多面体用指数 F_i 表示。F_i 是指具有 i 个边的面。例如 $F_3, F_4, F_5, \cdots$ 分别表示三边形面、四边形面、五边形面……。通常将各种边数的面的个数写在一个括号里。例如 $(0、12)$ 表示 $F_3 = 0$,$F_4 = 12$;$(0,6,0,8)$ 表示 $F_3 = 0$,$F_4 = 6$,$F_5 = 0$,$F_6 = 8$。对 F_i 求和就是多面体的面的总数,也是多面体所包围的微粒的配位数。例如,上面例子的多面体对应的微粒的配位数分别为 12 和 14。瓦罗诺依多面体的体积就

是其所包围的微粒的体积。图 4.2 列出了常见的 7 种瓦罗诺依多面体。

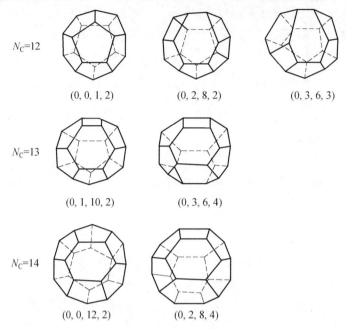

图 4.2　常见的 7 种瓦罗诺依多面体

（2）局域结构参数。

固态非晶体的微粒 i 所受的局域应力张量为

$$\sigma_i^{\alpha,\beta} = \frac{1}{2V_i} \sum_{\substack{i=1 \\ (j \neq i)}}^{n} \sum_{j=1}^{n} f_{ij}^{\alpha} r_{ij}^{\beta} \qquad (4.6)$$

式中，α,β 表示第 α、第 β 组元；f_{ij} 为第 i 个微粒和第 j 个微粒间的作用力；r_{ij} 为第 i 个微粒到第 j 个微粒的距离。

对于双体中心力场 $\varphi(r_{ij})$ 的体系，式（4.6）成为

$$\sigma_i^{\alpha,\beta} = \frac{1}{2V_i} \sum_{\substack{i=1 \\ (j \neq i)}}^{n} \sum_{j=1}^{n} \frac{1}{r_{ij}} \frac{d\varphi}{dr_{ij}} f_{ij}^{\alpha} r_{ij}^{\beta} \qquad (4.7)$$

利用应力张量可以给出静压力

$$p = \frac{\sqrt{4\pi}}{3} \sigma_i^{0,0} = \frac{1}{3}(\sigma_i^{XX} + \sigma_i^{YY} + \sigma_i^{ZZ}) \qquad (4.8)$$

$$\tau = \sqrt{\frac{4\pi}{15}\left[(\sigma^{2,m})^2\right]} = \left\{\frac{1}{6}\left[(\sigma^{XX} - \sigma^{YY})^2 + (\sigma^{YY} - \sigma^{ZZ})^2 + (\sigma^{ZZ} - \sigma^{XX})^2\right]\right\}^{1/2} \qquad (4.9)$$

与近邻微粒的球对称发生椭圆偏离的度量参数为

$$\beta = \frac{1}{\alpha_0}\left(\sum_{m=-2}^{2} |\varepsilon_2^{2,m}|^2\right)^{\frac{1}{2}} \qquad (4.10)$$

式中，XX, YY, ZZ 表示主方向；α_0 为第 i 个微粒谐振势能的曲率取向的平均值，对应局域弹性模量；$\varepsilon_N^{l,m}(i)$ 为第 i 个微粒的位置对称系数。

4.1.3.2 化学短程有序

在多元固态非晶体中,任一微粒近邻的化学组成与体系的平均组成不同,此即化学短程有序。这一现象,以最近邻微粒组成与体系平均组成的偏离为度量参数。对于 A – B 二元系,则有

$$\alpha_p = 1 - \frac{z_{AB}}{\langle z \rangle c_B} = \frac{z_{BA}}{\langle z \rangle c_A} \tag{4.11}$$

式中,α_p 为瓦伦 – 考利(Warren-Cowley)短程有序参数;z_{AB} 为 A 微粒的最近邻 B 微粒的配位数;z_{BA} 为 B 微粒的最近邻 A 微粒的配位数;c_A,c_B 分别为微粒 A 和 B 的浓度;$\langle z \rangle$ 为总配位数。

瓦伦 – 考利短程有序参数可以用来衡量化学亲和力。上式可以扩展为

$$I_n^{l,m}(A) = \frac{\sqrt{4\pi}}{c_A z_A N} \sum_{\substack{i=1 \\ (j \neq i)}}^{n} \sum_{j=1}^{n} \left(\frac{r_{ij} - \bar{\alpha}_A}{\bar{\alpha}_A} \right) \eta_i^A \left(\frac{c_B z_B}{\langle z \rangle} - \eta_i^B \right) Y_L^m \left(\frac{\bar{r}_{ij}}{r_{ij}} \right) \tag{4.12}$$

式中,z_A 为微粒 A 的总配位数;$\bar{\alpha}_A$ 为粒 A 与最近邻微粒的平均距离;N 为总微粒数;Y_L^m 是球谐函数;角标 l,m 和 n 分别为角量子数、磁量子数和主量子数。

式(4.11)和(4.12)有近似关系

$$\alpha_p \approx I_0^{0,0}(A) \frac{\langle z \rangle}{c_B z_B} = I_0^{0,0}(B) \frac{\langle z \rangle}{c_A z_A} \tag{4.13}$$

其中取量子数都为 0。

若所有 r 的方向都知道,就可以确定 $I_n^{l,m}$。因此,可以明确地定义化学短程有序。但是,这些参数的实验确定还是挺困难的。

4.2 非晶态固体 —— 玻璃的形成

4.2.1 玻璃化转变

玻璃的形成过程是液体由高温逐渐冷却,经过一个过渡温度区,在此区间内物质从典型的液体状态逐渐转变为具有固体的各种性质的物质 —— 玻璃。这一温度区间称为转变温度区。分别以 T_f 和 T_g 表示转变温度区的上限和下限。T_f 称为膨胀软化温度,T_g 称为玻璃化转变温度。这两个温度与试验条件有关,因此一般以黏度作为标志,T_f 相当于 $\eta = 10^8 \sim 10^{10}$ Pa·s 对应的温度,T_g 相当于 $\eta = 10^{12.4}$ Pa·s 对应的温度。

在转变温度范围内,微粒进行结构重排,其与结构有关的性质出现明显的连续变化,而与晶体熔化时的性质突变有本质的不同。图 4.3 给出了在转变温度范围内,玻璃的物性与温度的关系。其中 G 表示热焓、比容等

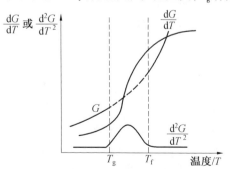

图 4.3 玻璃在转变温度范围的性质变化

性质,dG/dT 表示其对温度的导数,d^2G/dT 表示其对温度的二阶导数。每条曲线都分为三部分:低温段、中温段和高温段。其中 $T_g \sim T_f$ 温度区间的大小决定于玻璃的化学组成。这个温度区间的范围可以从几十度到几百度。

温度在 T_f 以上,熔体黏度较小,微粒流动和扩散较快,结构的改变能立即适应温度的变化。

温度在 T_g 以下,熔体已基本转变为具有弹性和脆性的固体,玻璃的结构已经稳定。但对其进行热处理,可以消除内应力和结构的不均匀性。因而,T_g 附近是退火温度。

温度在 $T_f \sim T_g$ 区间,微粒可以适当移动,体系的结构和性能由其所处的区间内的温度所决定。当体系冷却到室温时,形成的玻璃保持着与这一温度区间的某一温度相应的状态的结构和性质。

4.2.2 玻璃化的条件

4.2.2.1 热力学条件

玻璃态比同组成的结晶态具有高的能量,因此玻璃态具有降低能量向晶态转变的趋势。玻璃态是亚稳状态或不稳定状态。在一定条件下,玻璃态会向结晶态转变。熔体降温到 T_f 和 T_g,其吉布斯自由能变化可以表示为

$$\Delta G_f = \Delta H - T_f \Delta S = \Delta H - T_f \frac{\Delta H}{T_晶} \tag{4.14}$$

和

$$\Delta G_g = \Delta H - T_g \Delta S = \Delta H - T_g \frac{\Delta H}{T_晶} \tag{4.15}$$

式中,ΔH 因放热为负值;$T_晶$ 为结晶温度。

由于 $T_晶 < T_g < T_f$,所以

$$\Delta G_g - \Delta G_f = (T_f - T_g)\frac{\Delta H}{T_晶} < 0 \tag{4.16}$$

温度为 T_g 的熔体的吉布斯自由能比温度为 T_f 的熔体的吉布斯自由能小。相对来说,前者比后者稳定。而在液 - 晶转变状态有

$$\Delta G_晶 = \Delta H - T_晶 \frac{\Delta H}{T_晶} = 0$$

为热力学稳定状态。

$$\Delta G_晶 - \Delta G_g = (T_g - T_晶)\frac{\Delta H}{T_晶} < 0 \tag{4.17}$$

相比之下,结晶状态比玻璃转变状态吉布斯自由能小,因而玻璃态有自发地向结晶态转变的趋势。

4.2.2.2 动力学条件

液体结晶过程必须克服一定的能垒,包括形核所需建立新界面的界面能,晶核长大所需的微粒扩散的活化能等。如果这些能垒较大,尤其液体冷却速度快,黏度增加大,微粒来不及规则排列,晶核形成和长大都难以实现,则有利于形成玻璃。如果液体冷却速度缓

慢,最易生成玻璃的 SiO_2、B_2O_3 等也可以析晶;如果液体冷却速度快,大于微粒排列成晶体的速度,即使金属也能形成玻璃。

生成玻璃的关键是液体的冷却速度,即黏度增大速度。在研究物质生成玻璃的能力时,都必须指明液体的冷却速度与液体的数量(或体积)之间的关系。液体的数量大,冷却速度小;液体数量小,冷却速度大。可以通过建立表征液体冷却速度的方法,衡量玻璃的生成能力。至今已经提出多种方法,其中乌尔曼(Uhlmann)提出的3T图是现今用得最多的方法。

所谓3T图,就是采用 T – T – T 即温度 – 时间 – 转变曲线法,来判断物质形成玻璃的能力。在考虑冷却速度时,需要选定可测出的晶体大小。据估计,玻璃中能测出的最小晶体体积与液体体积之比约为 10^{-6},即容积分率 $V_L/V = 10^{-6}$。晶体的容积分率与熔体成核和晶体长大过程的动力学参数有关,在一定温度条件下,液体均相成核的单位体积内的结晶为

$$\frac{V_L}{V} \approx \frac{\pi}{3} I_t u^3 t^4 \tag{4.18}$$

式中,I_t 为单位时间内的成核数目,即晶核的形成速率;u 为晶体生长速率。其中

$$u = \frac{L_m(T_m - T)}{3\pi a^2 \eta T_m} \tag{4.19}$$

式中,T_m 为物质的熔点;L_m 为 T_m 温度的熔化热;a 为晶格常数;η 为 T_m 温度附近液体的黏度。

$$I_t = k \exp\left(\frac{\Delta G^*}{RT}\right) \tag{4.20}$$

式中,k 为与温度有关的系数;R 为气体常数;ΔG^* 为形成临界晶核的功,并有

$$\Delta G^* = -\frac{16\pi \sigma^3 V^2 T_m^2}{3L_m^2 (\Delta T)^2} \tag{4.21}$$

式中,V 为液体的分子体积;σ 为表面张力;ΔT 为实际温度和熔点之差。

为作 T – T – T 曲线,要选择一定的结晶容积分率,即 $V_L/V = 10^{-6}$,利用测得的动力学数据,由上面的公式可以确定物质在不同温度形成结晶容积分率所需要的时间。由于成核速率与温度的对应关系计算不准确,通常成核速率由实验确定。

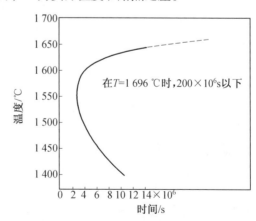

图 4.4 是 SiO_2 的 T – T – T 曲线。利用图 4.4 和式(4.18),就可以得出避免产生某一容积分率(例如,$V_L/V = 10^{-6}$)结晶的临界冷却速率。

图 4.4 SiO_2 的 T – T – T 曲线(结晶容积分率为 10^{-6})

由曲线左端凸出点可以大致得出物质形成玻璃的临界冷却速率为

$$\left(\frac{dT}{dt}\right)_c \approx \frac{\Delta T_n}{\tau_n} \tag{4.22}$$

式中

$$\Delta T_n = T_m - T_n \tag{4.23}$$

式中,T_n 为曲线左端凸出点的温度;τ_n 为曲线左端凸出点的时间。

形成的玻璃样品的厚度与冷却速度有关。因此,玻璃样品的厚度也是一个描述玻璃形成能力的参数。不考虑熔体表面的热传递,有

$$Y_c \approx (D_{Th}\tau_n)^{1/2} \tag{4.24}$$

式中,Y_c 为形成的玻璃样品的厚度;D_{Th} 为熔体的热扩散系数。

影响玻璃形成的动力学因素主要是在凝固点(即熔点 T_m)附近液体黏度的大小,这是决定熔体能否形成玻璃的主要标志。在具有相似的黏度 — 温度曲线的情况下,熔点较低,即 T_g/T_m 较大的物质容易形成玻璃。

表4.1列出一些物质的性质和玻璃形成性能。

表4.1 某些物质的性质和玻璃形成性能

性 能	化合物						
	SiO_2	GeO_2	B_2O_3	Al_2O_3	As_2O_3	Se	$BeFe$
$T_m/℃$	1 710	1 115	450	2 050	280	225	540
$\eta(T_m)/(Pa \cdot s)$	10^6	10^5	10^4	0.06	10^4	10^2	10^5
$E_n/(kcal \cdot mol^{-1})$	120	73	38	30	54	44	73
T_g/T_m	0.74	0.67	0.72	约0.5	0.75	0.65	0.67
$(dT/dt)/(℃ \cdot s^{-1})$	10^{-5}	10^{-2}	10^{-6}	10^3	10^{-5}	10^{-3}	10^{-5}
$K(T_m)/(\Omega^{-1} \cdot cm^{-1})$	10^{-5}	$< 10^{-5}$	$< 10^{-6}$	15	10^{-5}	$< 10^{-5}$	10^{-8}

4.2.2.3 结晶化学条件

物质由液相转变为固相,在降温过程中质点要移动、转动和重排。如果液相是由原子、离子等小的微粒构成的,则移动、转动、重排容易。只要冷却速率不特别快,很容易形成晶体,而不容易生成玻璃。如果液相是由高聚合的离子团等大的微粒构成,则移动、转动、重排困难,只要冷却速率不特别慢,就容易形成玻璃,而难以形成晶体。前者如 NaCl,金属等,后者如 SiO_2,B_2O_3 等。

化学键的类型和性质对形成玻璃有重要作用。

离子键没有方向性和饱和性,离子紧密排列,相对位置容易改变,组成晶格相对容易,析晶活化能不大,容易排列成为晶体。例如 NaCl,CaF_2 在熔化状态以简单离子存在,移动、重排容易,在凝固点很容易组成晶格。

金属键没有方向性和饱和性,原子紧密排列,相对位置容易改变,组成晶格容易,最不易形成玻璃。例如,碱金属、碱土金属、过渡族金属在熔化状态以简单原子存在,移动、重排容易,在凝固点极易组成晶格。

共价键有方向性和饱和性,作用范围小。单纯共价键化合物大都为分子结构,分子间作用力为范德瓦耳斯力。范德瓦耳斯力没有方向性,容易形成分子晶体,所以单纯的共价化合物也不易形成玻璃。

离子键和金属键向共价键过渡,形成由离子 – 共价、金属 – 共价的过渡键组成的大

阴离子,最容易形成玻璃。例如,由离子键向共价键过渡形成的极性共价键,既具有离子键易改变键角、易产生无对称变形的趋势,又具有共价键的方向性和饱和性,不易改变键长和键角。前者造成长程有序,后者造成短程有序,容易形成玻璃。SiO_2,B_2O_3 等就属于这种情况。

化学键的强度对形成玻璃也有重要影响。液相具有网络结构的物质析晶必须破坏原有的化学键,微粒才能容易移动,建立新键,排列为晶格结构。若网络结构的化学键强度大,不易破坏,难以排列为有序结构,则易于形成玻璃。

可以用单键强度衡量玻璃的形成能力。单键强度定义为氧化物 MeO_x 的解离能除以阳离子的配位数。各种氧化物的单键强度见表4.2。

表 4.2 各种氧化物的单键强度

类型	元素	原子价	每个 MO_x 的分解能 E_d/kcal	配位数	M—O 单键能/kcal	类型	元素	原子价	每个 MO_x 的分解能 E_d/kcal	配位数	M—O 单键能/kcal
玻璃生成体	B	3	356	3	119	网络外体	Th	4	588	12	49
	Si	4	423	4	106		Sn	4	278	6	46
	Ge	4	431	4	108		Ga	3	267	6	45
	Al	3	317~402	4	79~101		In	3	259	6	43
	B	3	356	4	89		Pb	4	232	6	39
	P	5	442	4	88~111		Mg	2	222	6	37
	V	5	449	4	90~112		Li	1	144	4	36
	As	5	349	4	70~87		Pb	2	145	4	36
	Sb	5	339	4	68~85		Zn	2	144	4	36
	Zr	4	485	6	81		Ba	2	260	8	33
中间体	Th	4	588	8	74		Ca	2	357	8	32
	Ti	4	435	6	73		Sr	2	256	8	32
	Zn	2	144	"2"	72		Cd	2	119	4	30
	Pb	2	145	"2"	73		Na	1	120	6	20
	Al	3	317~402	6	53~67		Cd	2	119	6	20
	Be	2	250	4	63		K	1	115	9	13
	Zr	4	485	8	61		Rb	1	115	10	12
	Cd	2	119	"2"	60		Hg	2	68	6	11
	Sc	3	362	6	60		Cs	1	114	12	10
	La	3	407	7	58						
	Y	3	399	8	50						

根据单键强度的大小,可以将氧化物分成三类。键强在 333.6 kJ·mol^{-1} 以上者称玻璃形成氧化物,它们本身能形成玻璃,如 SiO_2,B_2O,P_2O_5,GeO_2 等;键强在 250.2 kJ·mol^{-1} 以下者称玻璃调整氧化物,在通常条件下不能形成玻璃,但能改变玻璃的性能,使玻璃的结构变弱,例如 Na_2O,K_2O,CaO 等;键强在 250.2 ~ 333.6 kJ·mol^{-1} 之间者称中间体氧化物,其玻璃形成能力介于玻璃形成氧化物与玻璃调整氧化物之间,其本身不能单独形成玻璃,但能改变玻璃的性能,例如 Al_2O_3,BeO,ZnO,TiO_2 等。

还有另一种表示键强的方法,即阳离子场强 Z_c/a^2 作为衡量玻璃形成能力的标准。其中 Z_c 为正离子电荷,a 为两个离子的中心距离。场强大于 1.8 的阳离子如 Si^{4+},B^{3+},P^{5+} 等是网络形成体,能够形成玻璃;场强小于 0.8 的阳离子如碱金属离子、碱土金属离子等都是网络外体,又称网络修改物,其本身不能形成玻璃;场强介于 0.8 ~ 1.8 之间的阳离子是中间体,可以作为调整离子,也可以参加形成网络。

键强作为衡量玻璃形成能力的标准有一定的局限性,并不是很精确。

4.3 金属非晶体

金属非晶体材料具有高的强度和韧性,远超过普通的晶体材料。金属非晶体材料具有优异的耐腐蚀性能,是最耐腐蚀的不锈钢的好几百倍。电工用磁性非晶体材料的磁损耗比硅钢低 5 ~ 10 倍。

4.3.1 金属非晶体的结构模型

描述金属非晶体的结构模型主要有微晶模型、非晶团模型和硬球无规密堆积模型等。

4.3.1.1 微晶模型

微晶模型认为金属非晶体是由无序堆积的微晶组成的。微晶是不完整的晶粒,其内部是有序结构。但该模型不能确定微晶尺寸的大小,不能确定微晶间界区内原子的排布状况和状态,而微晶间界区内原子的数量和体积在非晶体中占有很大比例。对非晶体性质有重大影响。因此,用微晶模型计算的干涉函数、分布函数、密度等结果与实验符合得不好。

4.3.2.2 非晶团模型

非晶团模型认为金属非晶体是由无规则堆积的非晶团构成的。而非晶团是由高度有序的金属原子构成的低能量集团。即使多达 50 个原子其能量仍低于密排结构的晶粒。所有能量最低的原子团,基本上都是由畸变的四面体单元组成的,具有四、五、二十面体的对称性,但不能无限扩展,而始终保持其能量低于相应的晶体。

与微晶模型相似,该模型也存在各非晶团之间的连接区域原子排布不确定的问题。

4.3.2.3 硬球无规密堆积模型

硬球无规密堆积模型把原子看作不可压缩的刚性球 —— 硬球,硬球在空间尽可能紧密堆积,其间不存在可以容纳一个球的间隙;硬球排列是无规则的,不存在周期性排列的有序区,即不存在金属晶体那样的有序晶格,不能抽象出空间点阵,但是,存在局域短程有序。

有两种局域结构描述局域短程有序的特征,其一是博尔纳空隙结构:由相邻两个球的球心连线为棱所构成的多面体;其二是瓦罗诺依多面体:以某个球为中心与最近邻的球心连线的垂直平分面所构成的多面体。这里的球是指构成非晶的金属原子。两种多面体都可以表示任一原子周围最近邻原子分布的几何特征。博尔纳得出硬球无规密堆积有五种不同的多面体空隙。图 4.5 给出了这五种空隙结构模型。

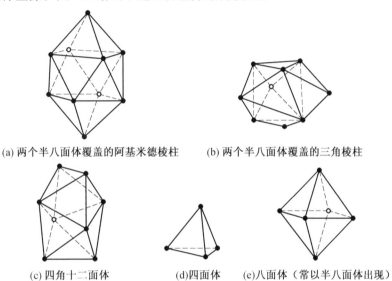

(a) 两个半八面体覆盖的阿基米德棱柱   (b) 两个半八面体覆盖的三角棱柱

(c) 四角十二面体   (d) 四面体   (e) 八面体(常以半八面体出现)

图 4.5   五种多面体空隙

由图可见,这五种多面体的每个面均为三角形,其边长可以有 ±20% 的浮动。这五种类型的多面体空隙在固态金属非晶体中按一定的概率出现。各种多面体空隙出现的概率见表 4.3。

表 4.3   博尔纳空隙尺寸及在无规密堆积中的比例

空隙类型	中心到角顶的最小距离(球径单位)	数目百分比 /%	体积百分比 /%
阿基米德反三角棱柱	0.82	0.4	2.1
三角棱柱	0.76	3.2	7.8
四角十二面体	0.62	3.1	14.8
四面体	0.61	73.0	48.4
八面体(通常为半八面体)	0.71(全八面体)	20.3	26.9

采用瓦罗诺依多面体描述固态金属非晶体,构成这些多面体的面数及各面的边数按照一定的概率出现。出现的多面体的平均面数为 14.251 ±0.015,各类面的平均边数为 5.158 ±0.003,其中五边形面占优势。图 4.6 给出了固态非晶金属中瓦罗诺依多面体的面数及各面的边数的分布概率。

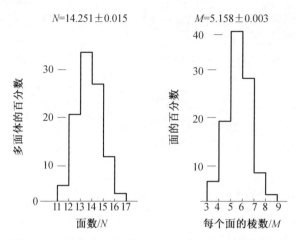

图 4.6 瓦罗诺依多面体的面数及各面的边数的分布概率

利用瓦罗诺依模型计算的 $Ni_{76}P_{24}$ 固态非晶合金的分布函数与由散射实验得到的结果如图 4.7 所示。由图可见,二者吻合较好。目前,只有该模型才能给出分裂的第二峰。

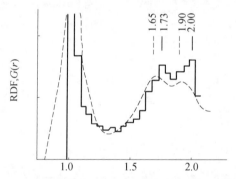

图 4.7 $Ni_{76}P_{24}$ 固态非晶合金的分布函数与由散射实验得到的结果

将固态金属非晶体的局域结构和晶体结构比较,可见二者的差别在密排结构的金属晶体中,由相邻的两个原子连线为棱构成的多面体空隙仅有正四面体空隙和正八面体空隙。在面心立方和密排六方晶体中的多面体的面为四边形;在体心立方晶体中的多面体的面为六边形和四边形。显然与固态金属非晶体局域结构的空隙和多面体的面不同。这反映了固态金属非晶体结构的长程无序。

4.3.2 固态金属非晶体的微结构

固态金属非晶体结构的长程无序应该使其宏观性质是连续的、均匀的和各向同性的。然而,实际固态金属非晶体的一些宏观性质表现出某种各向异性。这是由于实际的固态金属非晶体存在结构涨落和形貌起伏。这些情况基本上不影响其结构的长程无序的总特征,但是都能破坏局域环境的完全无规性,导致固态金属非晶体宏观的各向异性。这种结构涨落和形貌起伏就称为固态金属非晶体的微结构。

在固态金属非晶体中,每个原子(或离子)所在位置都存在着周围的其他原子(或离子)产生的不均匀的总电场,即所谓的局域晶体场。由于固体金属非晶体的原子(或离子)排布无规则,造成局域晶体场的大小和取向无规则分布,在宏观上表现不出局域晶体场的各向异性。但是如果固态金属非晶体中局域晶体场不是完全无规的,而是具有某种倾向,则在宏观上会表现出局域晶体场各向异性的影响。

4.3.2.1 几何微结构

固态金属非晶体的几何微结构主要有密度的涨落、形貌的起伏和应力场的分布。

气相沉积形成的固态金属非晶薄膜由各向异性的柱状微结构组成。此种柱状微结构的尺寸为 5 ~ 35 nm,遍布整个薄膜。柱状区周围为低密度的网状物,网状物互相联结。柱状微结构的高密度区和网状物的低密度区具有不同的磁化强度,因而,固态金属非晶体呈磁各向异性。

非晶态金属中存在内应力,内应力大小与制备工艺有关,一般为 10^8 ~ 10^{10} N·cm^{-2}。固体的内应力可以用张量场描述,固态金属非晶体一般是薄带或薄膜,内应力可以近似用二阶张量描述。即

$$\boldsymbol{\sigma} = \begin{vmatrix} \sigma_{11} & \sigma_{12} \\ \sigma_{21} & \sigma_{22} \end{vmatrix} \tag{4.25}$$

式中,$\boldsymbol{\sigma}$ 为内应力张量;σ_{11}、σ_{12}、σ_{21}、σ_{22} 为内应力张量的分量。

若取各处的主应力轴为坐标轴,则固态金属非晶体中各处的应力张量行列式对角化——除主对角之外,其他分量为零,即

$$\boldsymbol{\sigma} = \begin{vmatrix} \sigma_{11} & 0 \\ 0 & \sigma_{22} \end{vmatrix} \tag{4.26}$$

在固态金属非晶体中各处主应力轴的取向及相应主应力分量 σ_{11}、σ_{22} 的大小不同,是位置坐标的连续函数。在固态金属非晶体中各处的应力张量各向异性,形成各向异性的应力张量场分布。在应力场的作用下,固态金属非晶体的原子排布发生微小的各向异性的畸变,破坏了各处局域晶体场分布的完全无规性,导致宏观上磁各向异性。这种磁各向异性与固态金属非晶体本身的磁致伸缩性质和应力场密切相关。这种关系可以用磁弹耦合能表示。即

$$E_\sigma = -\frac{3}{2}\lambda \sum_{i=1}^{3} \sigma_i r_i^2 \tag{4.27}$$

式中,λ 为固态金属非晶体的磁致伸缩系数;σ_i 为主应力分量;r_i 为磁化强度 M 相对于第 j 个主应力轴的方向余弦。

4.3.2.2 化学微结构

固态金属非晶体化学微结构包括成分不均匀、原子(或离子)聚集和指向有序化所形成的微结构。

成分不均可以由气泡、偏析和氧化造成。例如,固态金属非晶体薄膜低密度网状区某些原子分布少,易氧化造成成分不均;有些薄膜垂直于表面的浓度分布存在偏析;这种成分涨落的尺度为 1 ~ 100 nm。

4.4 无机氧化物玻璃

玻璃是由硅酸盐矿物、氧化物等经加热、熔融、冷却形成的固态非晶体。

4.4.1 玻璃结构理论

描述玻璃结构的理论主要有无规网络学说和微晶学说两种。

4.4.1.1 无规网络学说

无规网络学说认为玻璃内部是由一个个的离子多面体(三面体或四面体)构成的网络。正离子在三面体(MO_3)或四面体(MO_4)($M = B, Si, P$ 等)的中心。氧在多面体的顶角。这种多面体不规则,其重复也没有规律性。网络中一个氧离子最多可以和两个正离子,如硼、硅、磷等正离子连接。正离子的配位数为 $3 \sim 4$。多面体通过顶角上共用氧依不规则方向连接,但不能以多面体的边或面相连。共用氧称为氧桥。多面体通过氧桥相连搭成三维空间无规连续网络。

图 4.8 是石英玻璃的三维网络结构示意图。如果玻璃中有 Me^+(碱金属 Na^+, K^+ 等)和 Me^{2+}(碱土金属 Ca^{2+}、Mg^{2+} 等)离子氧化物,造成网络中氧桥被切断,形成非氧桥,网络被破坏。例如,Na_2O 加入玻璃中,会有

$$\equiv Si—O—Si\equiv + Na_2O \longrightarrow \equiv Si—\underset{\underset{Na^+}{|}}{\overset{\overset{Na^+}{|}}{O^-}}—O^-—Si\equiv$$

即 Na^+ 位于被切断的桥氧离子附近网络外的间隙中。图 4.9 所示为加入 Na_2O 的玻璃结构示意图。Me^+ 和 Me^{2+} 在网络中呈统计分布,其周围也具有一定的配位数。

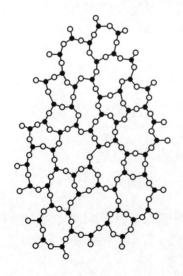

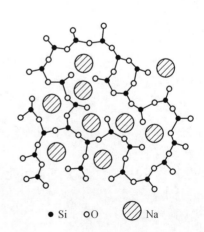

● Si ○ O ▨ Na

图 4.8 石英玻璃的三维网络结构示意图　　图 4.9 加入 Na_2O 的玻璃结构示意图

综上所述,氧化物玻璃要形成稳定的网络结构需要满足以下四条规则:

(1)每个氧离子不与超过两个正离子相连。

(2)正离子的配位数为 3 ~ 4,即包围中心正离子的氧离子的数目是 3 ~ 4。

(3)多面体相互共角,而不共棱、不共面。

(4)每个多面体至少有三个顶角与相邻多面体共用。

随着玻璃的组成不同,即 $n(O)/n(Si)$ 比不同,聚合程度也不同。玻璃可以是三维骨架、二维层状或一维链状结构,还可以是环状结构。也会有多种不同结构共存。

图 4.10 是瓦伦(Warren)等人测定的石英玻璃和钠玻璃的径向分布函数。如图 4.10 所示,径向分布曲线上的第一个极大值即为对应的 M—O 间的距离;极大值曲线下的面积,即为 M 的配位数。据此算出 Si—O 间距为 0.162 nm,Si 的平均配位的氧原子数为 4,O—O 间距是 0.165 nm。第二个极大值为 Na—O 间距,是 0.235 nm,Na 配位的氧原子数为 4.9 ~ 7.1。

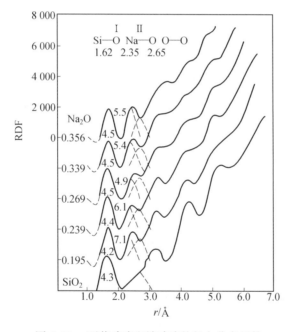

图 4.10 石英玻璃和钠玻璃的径向分布函数

钠离子自由地分布在 Si—O 网络间隙中。随着原子径向距离的增加,分布曲线的极大值逐渐模糊。玻璃中近程有序范围为 1 ~ 1.2 nm。

氧化物玻璃包含以下三类氧化物:

(1)网络形成剂。

SiO_2,B_2O_3,P_2O_5,V_2O_5,As_2O_3,Sb_2O_3 等氧化物能形成四面体,是形成网络的基本结构单元。

(2)网络改变剂。

Na_2O,K_2O,CaO,MgO,BaO 等氧化物本身不能构成网络,是作为网络改变剂参与玻璃结构。

（3）中间剂。

Al_2O_3，TiO_2 等氧化物在有的条件下是网络形成剂，在有的条件下是网络改变剂，因此称为中间剂。

4.4.1.2 微晶子与微晶学说

1921 年，列别捷夫提出玻璃结构的微晶子学说，微晶子是带有点阵变形的有序排列，分散在无定形的介质中，从微晶子到无定形区的过渡是逐渐变化的，没有明显的界线。波拉依－柯雪茨等人用 X 射线结构分析和玻璃物理性质的变化说明微晶子学说合理。他们认为原子近邻的第二、第三层配位具有高的有序性。

1930 年，兰德尔提出玻璃结构的微晶学说，玻璃是由微晶和无定形结构共同构成，微晶具有正规的原子排列，与无定形结构间有着明显的界限。微晶尺寸为 1.0 ~ 1.5 nm，其含量占玻璃的 80%（质量分数）以上。玻璃之所以长程无序是由于这些微晶的取向无序。由此可以解释为什么玻璃的衍射图形常是一些晕圈。有些玻璃的衍射花样与相同成分的晶体相似。

微晶是晶格极不完整、有序区域极微小的晶体，但不具备晶体的特征。微晶周围存在着无序中间层，由微晶向无序区逐渐过渡，不规则性逐渐增加。一种微晶通过中间层逐步过渡到另一种微晶，此即近程有序和微观不均匀性的体现。

无规网络学说和微晶学说都只强调玻璃结构的某一方面。无规网络学说着重于玻璃结构的无序、均匀和统计性；微晶学说则强调玻璃结构的微观不均匀性和有序性。随着理论的发展，无规网络学说指出近程配位范围原子堆积的有序性；微晶学说注意了微晶之间过渡层在玻璃中的作用。两者在玻璃具有近程有序、远程无序的结构上看法一致，但在有序和无序部分所占的比例以及有序和无序的结构仍有分歧。

4.4.2 几种氧化物玻璃

4.4.2.1 硅酸盐玻璃

硅酸盐玻璃中最简单的结构是单组元石英玻璃，它是其他硅酸盐玻璃的基础。图 4.11 所示为石英玻璃的双体分布函数曲线。

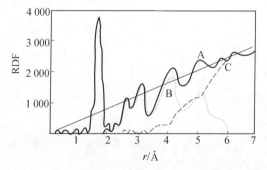

图 4.11　石英玻璃的双体分布函数曲线

A— 测量曲线；B— 最近邻六个峰；C—A－B

图中第一峰相应于 Si—O 间距 0.162 nm，第二峰近似 O—O 间距 0.265 nm，这两个峰和石英晶体十分相近,峰宽符合氧原子在硅原子周围呈四面体分布的结构。第三峰相应于 Si—Si 间距 0.312 nm,它比第一、第二峰宽,是 Si—O—Si 键角分布所致。第四峰相应于 Si 和第二个 O 间距为 0.415 nm。第五峰是相应于 O 和第二个 O,Si 和第二个 Si 峰的组合,峰宽为 0.51 nm。第六峰为 Si 和第三个 O 的峰,峰宽即其间距为 0.64 nm。此外,再无其他峰。

图 4.12 所示为 SiO_2 四面体 Si—O—Si 键角示意图。图 4.13 所示为石英玻璃和方石英晶体的键角分布曲线。

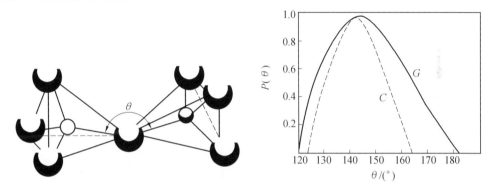

图 4.12 　SiO_2 四面体 Si—O—Si 键角示意图　　图 4.13 　石英玻璃和方石英晶体的键角分布曲线

由图 4.13 可见,分布曲线极大值为 144°,最小键角是 120°,最大键角是 180°。石英玻璃的键角分布范围比方石英晶体键角分布范围大,但和键角从 90° ~ 180° 完全无规的分布相比,角度分布范围还是小了许多。这说明石英玻璃近程有序。超过几个四面体的范围(2 ~ 3 nm) 就没有规律了。

除单组元的石英玻璃外,还有二元、三元和多元玻璃。二元和三元玻璃中最重要的是碱金属和碱土金属硅酸盐玻璃。其组成为 M_2O – SiO_2,MeO – SiO_2,M_2O – MeO – SiO_2 二元系和三元系。多元玻璃中还含有 Al_2O_3,B_2O_3 等。碱金属和碱土金属离子的加入会破坏硅氧网络,氧桥断裂,出现非桥氧原子。

在 $n(M_2O(MeO)) : n(SiO_2) < 1 : 1$ 的硅酸盐中每个硅氧四面体至少仍和另外三个硅氧四面体相连,硅氧网络依然存在,其和石英玻璃的网络相似。再增加 M_2O 或 MeO 的比例,硅氧网络被破坏得更严重。一些硅氧四面体仅和另外两个硅氧四面体相连。硅酸盐的组成在二硅酸盐($M_2O \cdot 2SiO_2$ 或 MeO·2SiO_2) 和偏硅酸盐($M_2O \cdot SiO_2$ 或 MeO·SiO_2) 之间,其结构为链状硅氧四面体;M_2O 或 MeO 再增加,其结构主要为岛状、环状和链状硅氧四面体。独立的硅氧四面体中的非桥氧以弱的离子键和 M^+(或 Me^{2+}) 相连,不能形成玻璃。

二元硅酸盐玻璃的形成界限:K_2O – SiO_2 体系 K_2O 含量不能大于 54.5/%(摩尔分数);BaO – SiO_2 体系 BaO 含量不能大于 40/%(摩尔分数);CaO – SiO_2 体系 CaO 含量不能大于 56.7/%(摩尔分数)。

三元常用的硅酸盐玻璃 Na_2O – CaO – SiO_2 组成为:SiO_2:65% ~ 75/%(摩尔分数),Na_2O:12% ~ 18/%(摩尔分数),CaO:6% ~ 9/%(摩尔分数)。

4.4.2.2 硼酸盐玻璃

B_2O_3是一种很好的网络形成剂,可以形成单组元的氧化硼玻璃。以BO_3平面三角形作为结构单元。三角形的顶角共用,B和O交替排列成平面六角环,这些六角环通过B—O—B链连成三维网络,如图4.14所示。

瓦伦等人测定了B—O玻璃的双体分布函数曲线,如图4.15所示,峰值对应不同的原子间距。第一峰为B—O间距0.137 nm,与硼酸盐晶体的三配位B—O间距相同,比硼酸盐晶体的四配位B—O间距0.148 nm小。第二峰为O—O间距0.240 nm。图4.15还给出了由B_2O_3玻璃双体分布函数曲线得到的原子间距与硼氧平面三角形中的原子间距相对应的关系。

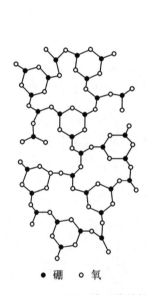

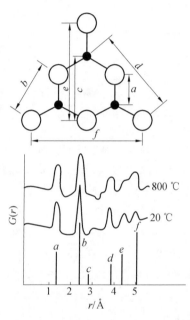

图4.14　B—O—B链三维网络结构模型　　图4.15　B-O玻璃的双体分布函数曲线和硼氧
　　　　　　　　　　　　　　　　　　　　　　　　三元环中的原子间距相对应的关系

B_2O_3玻璃的结构随温度而变化。在低温时是由桥氧连接的硼氧三角形和硼氧六角环构成的向两度空间发展的网络,为层状结构。六角环中B—O—B的键角是120°,环间B—O—B的键角是130°,连接环的键是不定向无规则的。由于键角变化范围较大,所以层可以卷曲、分裂,层和层之间可以交叠而构成复杂的形式。在温度较高时,转变为链状结构,它是由两个三角形在两个顶角上相连接,即以一个边相连接而形成的结构单元通过桥氧连接而成。温度更高,每对三角形共用三个氧原子,两个硼原子位于三个氧原子平面之外的平衡位置。这些双锥体通过氧原子的两个未耦合的电子和硼原子相互作用形成短链。

B_2O_3玻璃的连环结构和石英玻璃的硅氧四面体不规则网络结构不同。B—O三角形周围空间并没被邻接的三角形充满。

在B_2O_3玻璃中加入碱金属氧化物M_2O,碱金属氧化物给出"游离氧"。游离氧使一部分硼氧三角形变为四面体[BO₄],增加了硼的配位数。

瓦伦研究了 $Na_2O - B_2O_3$ 玻璃,发现 Na_2O 含量从 10.3%(质量分数)增加到 30.8%(质量分数),B—O 间距从 0.137 nm 增加到 0.148 nm,玻璃中的桥氧数增加到最大。再增加 Na_2O,不能增加四面体[BO₄]的数量,反而会破坏桥氧,打开网络,形成非桥氧,硼的配位数随 Na_2O 的增加而减少。

4.5　非晶态半导体材料

非晶态半导体材料有很多种,其中最主要的有四面体配置的非晶态半导体和硫系非晶态半导体,前者如硅、锗等半导体,后者如硫化砷、α - 硒等。

非晶态半导体材料的性能主要由其微结构和缺陷状态所决定。因而,研究非晶态半导体材料的结构和缺陷及其形成机理具有重要意义。

4.5.1　非晶态半导体的微结构

非晶态半导体的结构十分复杂,不同的半导体材料,结构不同。

对于四面体配置的非晶态半导体,例如硅、锗等,其结构可以描述如下:

每个原子最近邻仍保持四面体构型,配位数为4。但与晶态相比,最近邻原子间距离可以变化百分之几,键角变化 ±7° ~ ±10°。次相邻有 12 个原子,次相邻距为最近邻距的 $\sqrt{\dfrac{8}{3}}$。二面角在 0° ~ 60° 连续分布。非晶结构中存在多种原子环,其中最可能的是 6 原子环,其他依次为 5,7,8 原子环。

ⅢⅤ族一元或二元非晶态半导体最近邻的结构和相应的晶态基本相同。最近邻原子形成小四面体单元,但发生一些畸变,结构中存在原子环。小单元连接成无序网络。

硫系非晶态半导体是指Ⅵ族的硫、硒、碲及其化合物。硫系半导体有两配位或混合配位两种结构类型。两配位的如硫、硒、碲等元素非晶半导体;混合配位的如 α - As_2S_3 等二元化合物。两配位的非晶半导体形成链状或环状结构。混合配位的非晶半导体可以形成链状结构,也可以形成二维网络的层状结构,层与层之间为范德瓦耳斯引力结合。

非晶半导体存在结构缺陷,如悬挂键、断键等。例如在 α - Si:H 非晶半导体薄膜中,H 的空间分布不均匀。在贫氢区是以 Si—H 为主的键合结构,网络结构比较完整,悬挂键密度小,形状为圆柱形,称为"岛状结构",尺度为 6 ~ 10 nm。在富氢区,是以 Si—H_x($x = 2,3$)为主的键合结构,网络结构更为无序,含有大量的微观甚至宏观缺陷,处于岛状结构的中间区域,称为"结缔组织"。

4.5.2　非晶态半导体的结构模型

对于非晶态半导体结构的描述有很多种模型,其中主要的有微晶模型、非晶原子团模型和连续无规网络模型等。

微晶模型是对非晶态硅、锗半导体提出的结构模型。该模型认为每个微晶内部原子规则排列,晶格结构与相应的晶态相同,键长、键角不变。微晶比多晶体中的小晶粒还要小得多,其尺度仅为3 ~ 4个基本结构单元。因此,大部分原子处在微晶粒的边界及微晶粒的连接组织中。微晶在空间无规取向,形成整体的无序结构。原子连续分布,微晶粒之间是连接区,即微晶间界,间界中的原子无序排列。微晶晶格有多种类型,如金刚石型、纤锌矿型等及其间的组合。

计算 N 个原子体系的散射强度 $I_n(k)$ 的德拜方程为

$$I_n(k) = n \sum_{i=1}^{n'} \sum_{j=1}^{n} f_i f_j \frac{\sin Kr_{ij}}{Kr_{ij}} \tag{4.28}$$

式中,n 为微晶数;n' 为每个微晶中包含的原子数,$N = nn'$。

利用德拜方程计算原子体系的散射强度与实验结果相对比,可以检验微晶模型的合理性。结果表明在最近邻和次近邻原子的散射温度两者吻合较好,其他吻合不好。

非晶原子团模型认为非晶是由十二面体的原子团——"非晶子"组合而成,十二面体的每个面是由5个原子构成的五边形平面,键角为108°,由12个这样的五原子环平面组成包含有20个原子的十二面体。图4.16所示为非晶子模型。

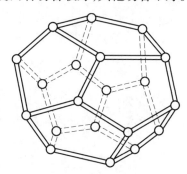

非晶子之间可以沿着任何一个五原子环连接起来,但是这种连接不能无限延续,因为在组合时键角的偏离进一步增大。因而形成无序结构。

图4.16 非晶子模型

连续无规网络模型假设每个原子在三维空间排列的短程有序只具有相同的化学键性质,而在几何上的排列则完全无序。因而,该种结构可以无限地堆积直至充满整个空间。该模型的结构单元是由5,6或7个原子组成的环,键长、键角、二面角在一定范围内变动。而结构单元的选取和结构参数的取值由模型设计者根据具体的非晶态半导体确定。

利用模型计算的结果表明,微晶模型和非晶子模型仅有最近邻和次近邻原子和实验数据吻合很好,无规网络模型计算结果和实验的值吻合很好。无规网络模型正成为非晶态半导体结构的主要依据。

描述非晶态半导体的结构需要两类参数,一是确定结构单元的短程有序参数;二是表征由结构单元相互连接形成网络的拓扑特征。例如,键长、键角、二面角的数值及分布,原子环类型,原子链的形状,原子环或原子链相互连接的特性等。

4.6　非晶态高分子

高分子的非晶态包括玻璃态、高弹态、黏流态以及结晶高分子中的非结晶部分。一些研究者提出了一些结构模型描述非晶态高分子的结构。由于非晶态高分子结构复杂和研究的困难,对于非晶态高分子结构的研究落后于晶态高分子。

4.6.1 结构模型

4.6.1.1 无规线团模型

1949 年,弗洛里(Flory)和克里格伯恩(Kringboun)基于统计热力学的理论和方法,提出非晶态高分子的无规线团模型。该模型认为无论在玻璃态、高弹态还是在熔融态中,非晶态高分子的分子链总是和在溶液状态中一样,呈无规线团状,线团之间是无规缠结。在分子链间存在着空隙,即所谓的自由体积。自由体积越大,分子排列得越疏松、密度越小。图 4.17 所示为无规线团模型的示意图。

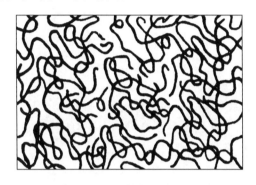

图 4.17 无规线团模型的示意图

无规线团模型能很好地解释橡胶的弹性,对橡胶弹性理论的建立与发展起了重要作用。

4.6.1.2 局部有序模型

许多实验事实无法用无规线团模型解释。例如,几乎制备不出完全非晶态的聚乙烯。如果聚乙烯高分子链在熔体中的排序是完全无序的,在快速冷却下就难以形成折叠链晶体。因此,研究者认为,高分子熔体中存在部分有序结构。1957 年,卡尔金(Kargin)等人提出链束学说。该学说认为高分子中存在两种结构单元,一种是链束,另一种是链球。如图 4.18 所示,链束是由许多分子链大致平衡排列而成,它可以比原分子链长,并且可以弯曲成规则的形状。高分子结晶是以链束为结晶起点。链球是由单分子链卷曲而成的。

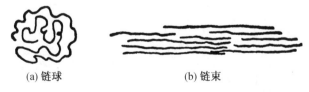

(a) 链球   (b) 链束

图 4.18 链球和链束模型

1972 年,叶叔西提出局部有序的折叠链缨状胶束粒子模型,也称为两相球粒模型。该模型认为高分子是由折叠链构象的"粒子相"和无规线团构象"粒间相"构成的,如图 4.19 所示。

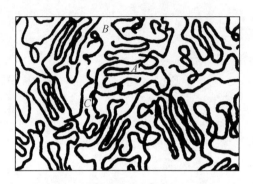

图4.19 折叠链缨状胶束粒子模型

粒子相包括链节规则排列的有序区和外面的粒间区;粒间相由穿越不同粒子相的分子链无规地缠绕在一起,加上一些低分子量物和链末端组成。粒子相的有序区为2 ~ 4 nm,其分子链大致平行排列,链段间有一定距离;粒间区围绕有序区形成,为1 ~ 2 nm,主要由折叠弯曲部分、链端和由有序区伸展到粒间相的分子链部分连接组成。由于粒间相有剩余的自由体积,因此非晶态高分子在玻璃态仍有塑性流动 —— 冷流以及延展性。

4.6.2 玻璃化转变

玻璃化转变是非晶态高分子由高弹态向玻璃态的转变,对应于含20 ~ 30个链节的链段的微布朗运动的“冻结”和“解冻”的临界状态。由于在高分子中普遍存在非晶态结构,因此玻璃化转变是高分子的普遍现象。在玻璃化转变前后,高分子的体积以及热力学性质、力学性质、电学性质等都发生显著变化。根据这些性质随温度的变化可以确定玻璃化转变温度T_g。图4.20(a)给出了高分子的体积与温度的关系曲线。高分子的体积随着温度升高而增加。高分子在玻璃态体积增加不如在高弹态大,因此高分子的体积 – 温度曲线出现转折。通常把曲线斜率变化大的位置(两端切线的交点)对应的温度作为玻璃化转变温度T_g。将体积对温度的导数与体积的比值定义为体积膨胀系数。把体积膨胀系数对温度作图,如图4.20(b)所示,曲线在玻璃化转变温度T_g处发生突变。

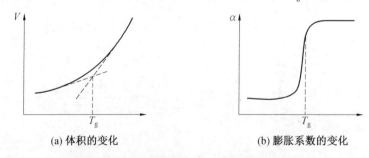

(a) 体积的变化　　　　　　　　　(b) 膨胀系数的变化

图4.20 玻璃化转变时体积和膨胀系数的变化

关于高分子的玻璃化转变,有许多理论解释,其中被广泛接受的是半定量的“自由体积”理论。该理论认为:高分子液体乃至固体的宏观体积可以分成两部分,一部分是分子实际占有的体积;另一部分是分子间的空隙,即“自由体积”。“自由体积”以大小不等的空穴无规地分散在高分子中,为分子提供了活动的空间,这样分子链就可以通过转动和移动来调整构象。图4.21所示为高分子链段和空穴的示意图。在非晶态高分子冷却时，自由体积逐渐减小，到达玻璃化转变温度，自由体积最小。在玻璃态，非晶态高分子的链段运动被冻结，因此"自由体积"也被冻结，并保持一定值。在此情况下，随着温度的升高，非晶态高分子体积膨胀仅是由于分子热运动造成的振幅、链长等变化所引起的热膨胀。这种膨胀相对较小。而在高于玻璃化转变温度，随着温度的升高，除键长、振幅变化引起的体积膨胀外，还有"自由体积"的膨胀。这种膨胀相对较大。

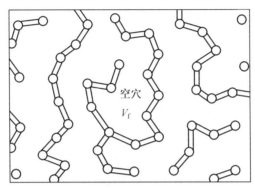

图4.21　高分子链段和空穴的示意图

在绝对零度，高分子的分子占有体积为V_0；在玻璃态，"自由体积"为V_f^g，高分子的膨胀率即分子占有体积的膨胀率为$(dV/dT)_g$，则玻璃态高分子的宏观体积V_g随温度的变化为

$$V_g = V_f^g + V_o + \left(\frac{dV}{dT}\right)_g T \quad (T \leqslant T_g) \tag{4.29}$$

在高弹态，高分子的体积膨胀率为$(dV/dT)_\tau$，是分子占有体积膨胀和自由体积膨胀的综合结果，则在高弹态高分子的宏观体积与温度的关系为

$$V_\tau = V_{T_{go}} + \left(\frac{dV}{dT}\right)_\tau (T - T_g) \quad (T > T_g) \tag{4.30}$$

在高弹态，高分子的"自由体积"为

$$V_f = V_f^g + \left[\left(\frac{dV}{dT}\right)_\tau - \left(\frac{dV}{dT}\right)_g\right](T - T_g) \tag{4.31}$$

图4.22所示为"自由体积"理论示意图。

在玻璃化温度附近，处于玻璃态和高弹态的高分子的膨胀系数分别为

$$\alpha_g = \frac{1}{V_{T_g}}\left(\frac{dV}{dT}\right)_g \tag{4.32}$$

$$\alpha_\tau = \frac{1}{V_\tau}\left(\frac{dV}{dT}\right)_\tau \tag{4.33}$$

"自由体积"膨胀系数为两者之差，即

$$\alpha_f = \alpha_\tau - \alpha_g = \Delta\alpha \tag{4.34}$$

在玻璃态"自由体积"分数为

$$f_g = \frac{V_f^g}{V_{T_g}} \tag{4.35}$$

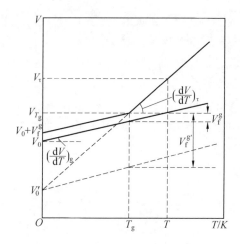

图 4.22 "自由体积" 理论示意图

在高弹态"自由体积"分数为

$$f_\tau = f_g - \alpha_f(T - T_g) \tag{4.36}$$

"自由体积"理论认为在玻璃态,自由体积不随温度变化,且对所有高分子的"自由体积"分数都相等。就是说在高弹态高分子的"自由体积"随温度的降低而减小,达到玻璃化转变温度 T_g,不同高分子的"自由体积"分数将下降到同一数值 f_g。实验证明,$f_g \approx 0.026, \alpha_f \approx 4.8 \times 10^{-4} \, \mathrm{K^{-1}}$。所以,非晶态高分子的玻璃态可以看作是等"自由体积"状态。

习　题

1. 什么是固态非晶体? 在结构上它和晶体有什么区别?
2. 什么是固态非晶体的短程有序? 它有几种短程有序? 如何描述短程有序?
3. 简述玻璃化的热力学、动力学和结晶化学条件。
4. 什么是金属非晶体? 概述金属非晶体的结构模型。
5. 概述非晶氧化物玻璃的结构理论。
6. 说明硅酸盐玻璃和硅酸盐晶体的异同。
7. 说明玻璃转化的条件。
8. 概述非晶态半导体的微结构。
9. 非晶体高分子的非晶态包括哪些内容?
10. 概述非晶体高分子的局域有序模型。

第5章　纳米材料

5.1　纳米材料的特征

5.1.1　纳米材料的分类

纳米材料品种繁多,非常丰富,从材料的组成和性能来看,几乎涵盖了所有已知的宏观材料类型。纳米材料的分类有多种方法。类似于宏观材料的分类方法,可以按照组成将其分为纳米金属材料、纳米无机非金属材料、纳米有机高分子材料、纳米复合材料;或按用途将其分为结构纳米材料、功能纳米材料等。

纳米材料的主要特征在于其外观尺寸,从三维外观尺度上对纳米材料进行分类是目前常用的纳米材料分类方法。据此,纳米材料可以分为零维纳米材料、一维纳米材料、二维纳米材料和三维纳米材料。其中零维纳米材料、一维纳米材料和二维纳米材料可以作为纳米结构单元组成纳米块体材料、纳米复合材料以及纳米多层结构。

零维纳米材料,三维尺度皆为纳米级,没有明显的取向性,近等轴状。例如,原子团簇、量子点、纳米微粒等。

一维纳米材料,二维尺度为纳米级、第三维尺度不限。例如,纳米棒、纳米晶须、纳米线、纳米纤维、纳米管、纳米带等。

二维纳米材料,一维尺度为纳米级,另两维尺度不限,呈片状。例如,纳米薄膜、纳米片、纳米涂层等。

三维纳米材料,由纳米尺度单元构成,三维尺度都大于纳米尺度的块体。例如,纳米晶体金属块体、纳米陶瓷块体,纳米孔材料、纳米结构阵列、气凝胶等。

5.1.2　纳米结构单元

5.1.2.1　原子团簇

原子团簇是20世纪80年代才发现的化学物种,原子团簇是由几个到数个原子构成的尺度小于1 nm的微粒,它是介于单个原子和块体之间的原子集合体。其键长、键能、对称性和电子结构等不同于分子,也不同于块体。其物理性质和化学性质随所包含的原子个数而变化,既不同于单个原子和分子,也不同于固体和液体,而是介于气态和固态之间的物质结构的新形态,常称为"物质的第五态"。

原子团簇可以分为一元原子团簇、二元原子团簇、多元原子团簇及原子簇化合物。一元金属原子团簇(如 Fe_n,Ni_n 等)、一元非金属团簇(如 B_n,P_n,Si_n 等) 和碳簇(如 C_{60},C_{70} 和富勒烯等);二元原子团簇如 Ag_nS_m,Cu_nS_m;多元原子团簇如 $V_n(C_6H_6)_m$ 等。原子团簇化合物是原子团簇与其他分子以配位键结合形成的化合物。

已知原子团簇有线状、层状、管状、球状等,如图5.1所示,但大分数原子团簇的结构尚不清楚。原子团簇有许多奇异的特性,例如高的化学活性、超导电性、光的非线性效应等。

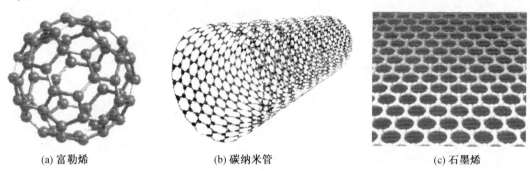

(a) 富勒烯 　　　　　　(b) 碳纳米管 　　　　　　(c) 石墨烯

图5.1　纳米团簇结构示意图

当前能大量制备的团簇 C_{60} 和富勒烯是尺度由一定数量的实际原子组成的,其尺寸小到 100 nm。

5.1.2.2　人造原子

人造原子也称为量子点,是由一定数量的原子组成的聚集体,尺寸小于 100 nm。人造原子与真正的原子相似之处是人造原子有离散的能级,其中的电子也以轨道方式运动。两者的差别是人造原子含有一定数量的真正原子,人造原子形状多样,对称性比真正原子低。

5.1.2.3　纳米管

纳米管是由一定数量的原子构成的管状物,有单壁、多壁纳米管,有的以单质构成,也有的以化合物构成。例如,碳纳米管、铜纳米管、二氧化钛纳米管、氮化硼纳米管等。利用模板法可以制成各种物质的纳米管。其中的碳纳米管是最早发现的纳米管,如图5.2所示。

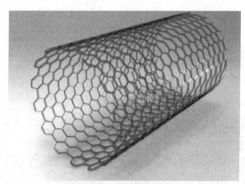

图5.2　碳纳米管

5.1.2.4　纳米棒、纳米丝和纳米线

纳米棒、纳米丝和纳米线都是由多个原子构成的实心的一维纳米材料,有单质的,也有化合物的,如图5.3所示。例如,碳纳米棒(实心纳米管)、金属碳化物纳米丝、硅纳米

线、氮化镓纳米丝等。

| (a) 纳米棒 | (b) 纳米丝 |

(c) 纳米线

图5.3 纳米棒、纳米丝和纳米线

5.1.2.5 纳米微粒

纳米微粒是指尺度为1 ~ 100 nm 的超细粉末,如图5.4所示。通常它的尺度大于原子团簇,小于普通的粉体。血液中的红血球的尺度为200 ~ 300 nm,细菌的尺度为200 ~ 600 nm,病毒的尺度为几十纳米。

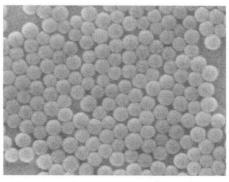

图5.4 纳米微粒

5.2 纳米微粒的理论和效应

纳米尺度的物质具有与宏观物质和微观物质不同的性质和运动规律,需要建立新的方法和理论进行描述。纳米微粒的理论是从金属超微微粒的基础上发展起来的。除纳米微粒外,也适合于亚微米超微微粒。

5.2.1 久保理论

1962 年,久保(Kubo)提出关于金属微粒的电子性质的理论。后来又经过其合作者的发展,建立起久保理论。金属超微微粒的费米面附近电子能级状态的分布与具有准连续能级状态的块体材料不同,是离散的能级。若把低温单个超微微粒的费米面在附近离散的电子能级看作是等间隔的,则单个超微微粒的比热为

$$C(T) = k_B \exp\left(-\frac{\delta}{k_B T}\right) \tag{5.1}$$

式中,δ 为能级间隔;k_B 为玻耳兹曼常数;T 为绝对温度。

在高温 $k_B T \gg \delta$,$C(T) \propto T$,超微微粒的比热与温度的关系与块体材料的比热与温度的关系相同;在低温 $k_B T \ll \delta$,$C(T)$ 与温度呈指数关系。

但是,上述结果无法实验验证,因为无法对单个超微微粒进行实验。为解决这个问题,久保对小微粒的大集合体的电子能级状态做了两点假设:

(1)简并费米能级假设。

超微微粒靠近费米能级面附近的电子状态是简并的电子气,它们的能级是准粒子态不连续能级,准粒子之间的交互作用可以忽略不计。当相邻两个能级的平均间隔 $\delta \gg k_B T$ 时,这种体系费米能级面附近的电子能级分布服从泊松分布,即

$$P_n(\Delta) = \frac{1}{n!} \frac{1}{\delta} \left(\frac{\Delta}{\delta}\right)^n \exp\left(-\frac{\Delta}{\delta}\right) \tag{5.2}$$

式中,Δ 为两个能级态之间的间隔;$P_n(\Delta)$ 为对应于 Δ 的概率密度;n 为两个能级态间的能级数。

若 Δ 为相邻能级间隔,则 $n = 0$,间隔为 Δ 的两个能级态的概率 $P_n(\Delta)$ 与哈密顿量的变换性质有关。在自旋 – 轨道相互作用弱和外磁场小的情况下,电子的哈密顿量具有时空反演的不变性,并在 Δ 比较小的情况下,$P_n(\Delta)$ 随 Δ 减小而减小。

(2)超微微粒电中性假设。

对于一个超微微粒,取走或放入一个电子都是十分困难的,久保提出:

$$k_B T \ll w \approx \frac{e^2}{d} \tag{5.3}$$

式中,w 为从一个超微微粒取走一个电子克服库仑力所做的功;d 为超微微粒的直径;e 为电子电荷。

随着 d 值的减小,w 增加,所以在低温条件下,热涨落难以改变超微微粒的电中性。在低温条件下,1 nm 尺度的微粒,w 比 δ 小两个数量级,$k_B T \ll \delta$,可见其量子尺寸效应会很

明显。

久保等人还提出：

$$\delta = \frac{4E_F}{3N} \propto V^{-1} \tag{5.4}$$

式中，N 为一个超微微粒的导电电子数；V 为超微微粒的体积；E_F 为费米能级。

5.2.2 纳米微粒的效应

纳米尺度的物质具有与宏观物质和微观物质完全不同的性质和效应。

5.2.2.1 量子尺寸效应

金属纳米微粒的费米能级附近的电子能级由准连续变为离散能级的现象，以及纳米半导体微粒中最高占有轨道和最低空轨道的能级间隙变宽的现象称为量子尺寸效应。

纳米微粒中电子的运动范围不像宏观物质那样大，又不像原子、分子等微观粒子运动范围那样小，因而其电子能级产生间隙，但又不像微观粒子分立能级间隙那样大。

量子尺寸效应导致纳米微粒的磁、光、声、电、热以及超导电性等物理性质都与相同组成的宏观物质不同。例如，直径小于 14 nm 的纳米 Ag 微粒在 1 K 成为绝缘体。半导体硒化镉的纳米微粒能带间隙变宽，发光由红光向蓝光移动。

5.2.2.2 小尺寸效应

纳米微粒的尺寸与光波波长、德布罗意波波长、超导态的相干长度或透射深度等物理特征尺寸相当或比它们更小，晶体周期性边界条件被破坏，成为非晶态纳米微粒，其表面层附近的原子密度减小，导致其声、光、电、磁、热、力学等物性发生变化。此即纳米微粒的小尺寸效应，又称为体积效应。例如，光吸收显著增加，并产生吸收峰的等离子共振频移；磁有序向无序转变；超导相向正常相转变；声子谱发生改变。用高倍率电子显微镜观察 2 nm 的金微粒发现，它可以在单晶与多晶、孪晶之间连续转变。这与宏观物质的熔化相变不同，称为准熔化相变。2 nm 的金微粒的熔点只有 600 K，而块体金的熔点为 1 327 K。铁钴合金，氧化铁等微粒的尺寸为单磁畴临界尺寸的矫顽力远远大于块体材料。

5.2.2.3 表面效应

表面效应又称为界面效应。纳米微粒的表面原子数与总原子数之比随粒径减小而急剧增大，引起表面积大幅增加，表面能显著增大。导致其与宏观块体性质完全不同。表 5.1 给出纳米微粒尺寸与表面原子数的关系。

表 5.1 纳米微粒尺寸与表面原子数的关系

粒径 /nm	包含的原子数 / 个	表面原子所占比例 /%	表面能量 /$(J \cdot mol^{-1})$	表面能量 / 总能量
10	30 000	20	4.08×10^4	7.6
5	4 000	40	8.16×10^4	14.3
2	250	80	2.04×10^5	35.3
1	30	99	9.23×10^5	82.2

由表 5.1 可见,纳米微粒尺寸越小,表面原子数所占比例越大、表面能越大。纳米微粒的表面原子所处环境与内部不同,缺少相邻原子,有许多不饱和的空键。因而很不稳定,具有很高的化学活性,并引起表面电子自旋构象和电子能谱变化。所以纳米微粒具有低密度、低流动速率和高混合性等特点。

5.2.2.4 宏观量子隧道效应

微观粒子贯穿势垒的能力称为隧道效应。纳米微粒的磁化强度等宏观物理量在量子相干器件中的隧道效应称为宏观量子隧道效应。

宏观量子隧道效应限定了磁带、磁盘存储的时间极限。半导体集成电路的尺寸接近电子波长,电子就会通过隧道效应溢出器件,造成器件无法正常工作。经典电路的极限尺寸约为 $0.25~\mu m$。

5.2.2.5 库仑堵塞与量子隧穿效应

纳米微粒的充放电过程不连续,是量子化的。充一个电子所需要的能量为

$$E_C = \frac{e^2}{2C} \tag{5.5}$$

式中,E_C 为库仑堵塞能;e 为一个电子电荷;C 为纳米微粒的电容。

微粒越小,E_C 越大。库仑堵塞能是前一个电子对后一个电子的库仑排斥能。这就意味着对于纳米体系的充放电过程,电子不能集体传输,而是一个一个的单电子传输。此即库仑堵塞效应,简称库仑堵塞。

通过一个"结"连接的两个量子点,其中一个量子点上的单个电子穿过能垒到另一个量子点上的现象称为量子隧穿效应。单个电子从一个量子点隧穿到另一个量子点所需施加的电压为

$$U > E_C$$

观察到库仑堵塞和量子隧穿效应的条件是

$$E_C = \frac{e^2}{2C} > k_B T \tag{5.6}$$

1 nm 的量子点,观察到上述效应的温度为室温;10 nm 的量子点,观察到上述效应的温度为液氮温度。这是因为微粒尺寸越小,其电容 C 越小,$e^2/2C$ 越大,所以 $k_B T$ 可以越大。由于库仑堵塞效应,电流和电压不是成正比的直线关系,$I-V$ 关系线呈锯齿形状的台阶。利用库仑堵塞效应和量子隧穿效应可以制作单电子晶体管和单电子开关。

5.2.2.6 介电限域效应

纳米微粒分散在异质介质中,形成很多界面,会造成微粒表面和内部局域场增强,从而引起体系的介电增强,称为介电限域效应。纳米微粒的介电限域效应对光吸收、光化学、光的非线性等产生重要影响。下式给出了介电限域效应对光吸收带移动(蓝移、红移)的影响

$$E(r) = E_g(r = \infty) + \frac{h^2 \pi^2}{2\mu r^2} - 1.786 \frac{e^2}{\varepsilon r} - 0.248 E_{Ry} \tag{5.7}$$

式中,$E(r)$ 为纳米微粒的吸收带隙;$E_g(r = \infty)$ 为体相的带隙;r 为微粒的半径;h 为普朗克

常数;ε 为介电常数;E_{Ry} 为有效的里德伯(Rydberg)能量;μ 为微粒的折合质量。

$$\mu = \frac{m_e m_h}{m_e + m_h} \tag{5.8}$$

式中,m_e 为电子的有效质量;m_h 为空穴的有效质量。

式(5.7)中的第一项为大晶粒体相的禁带宽度,第二项为量子尺寸效应产生的蓝移能,第三项是由于介电限域效应产生的介电常数 ε 增加所引起的红移能,第四项为有效里德伯能量。

例如,过渡金属氧化物 Fe_2O_3,CoO_3,Cr_2O_3 和 Mn_2O_3 等的纳米微粒分散到十二烷基苯磺酸钠中,会出现光学三阶非线性增强效应。这是介电限域效应引起的。

5.2.2.7　量子限域效应

若半导体纳米微粒的半径小于激子玻耳半径 a_B,其中电子的平均自由程被限制在纳米微粒尺寸的范围内,很容易和空穴形成激子,引起电子和空穴波函数的重叠而产生激子吸收带。纳米微粒的尺寸越小,重叠波函数越大,即在微粒内空间各点同时发现电子和空穴的概率越大。对于半径为 r 的球形纳米微粒,不考虑表面效应,则激子的振子强度为

$$f = \frac{2m_e}{\hbar^2} \Delta E \mid \mu \mid^2 \mid U(0) \mid^2 \tag{5.9}$$

式中,m_e 为电子质量;ΔE 为跃迁的能量;μ 为跃迁偶极距;$\mid U(0) \mid^2$ 为重叠因子即同时发现电子和空穴的概率。

若 $r < a_B$,则重叠因子 $\mid U(0) \mid^2$ 随粒径减小而增大,近似为 $(a_B/r)^3$;纳米微粒单位体积的振子强度 f/v 也越大,则激子带的吸收系数随粒径减小而增加,即出现激子增强吸收并蓝移。这就是量子限域效应。

5.3　纳米微粒的性质

纳米微粒和宏观物质及微观物质具有不同的结构和尺寸,因而具有许多不同的性质。

5.3.1　纳米微粒的热性质

纳米微粒具有高比例的内界面,而内界面原子的振动焓、振动熵和组态焓、组态熵等热力学量不同于晶格内原子的振动焓、振动熵和组态焓、组态熵等热力学量,因此其热性质不同于宏观物质。

5.3.1.1　纳米微粒的熔点

物质的热性质与构成物质的分子、原子、离子的运动行为密切相关。电子、声子和光子等热载子的特征尺寸与物质的粒径、膜厚等特征尺寸相当,则物质的熔化温度、热容等热性能数值就显现出明显的尺寸依赖性。尤其是低温更明显。

图 5.5 所示为金的纳米微粒熔点与其尺寸的关系曲线。由图可见,随着金的纳米微粒尺寸的减小,金的熔点降低。表 5.2 为几种物质的熔点与其尺寸的关系。

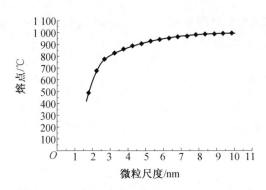

图 5.5 金的纳米微粒熔点与其尺寸的关系曲线

表 5.2 几种物质的熔点与其尺寸的关系

物质种类	微粒尺寸:直径(nm) 或总原子数(个)	熔点/K
金(Au)	常规块体	1 337
	300 nm	1336
	100 nm	1205
	20 nm	800
	2 nm	600
锡(Sn)	常规块体	500
	500 个	480
铅(Pb)	常规块体	600
	30 ~ 45 个	583
硫化镉(CdS)	常规块体	1 678
	2 nm	约910
	1.5 nm	约600
铜(Cu)	常规块体	1 358
	20 nm	约312

大尺寸晶体具有固定的熔点。纳米微粒尺寸小,比表面积大,表面原子近邻配位不全,表面能高,熔化所需能量少,因此,其熔点低。

5.3.1.2 纳米微粒的比热容

纳米微粒的比热容比块体物质大。表5.3列出一些纳米微粒晶体和大尺寸块体多晶物质比热容数据的比较。

比热容随微粒尺寸减小而增大的原因是由于一部分热能成为微粒的表面能。微粒越小,表面原子越多,升温吸收的热能一部分成为表面能,升高相同的温度,比块体材料需要能量越多。

表 5.3　某些纳米晶体和大尺寸块体多晶物质比热容数据的比较

材料	$C_p/(J \cdot mol^{-1} \cdot K^{-1})$		增加幅度/%	纳米晶粒尺寸/nm	温度/K
Pd	25	37	48	6	250
Cu	24	26	8.3	8	250
Ru	23	28	22	15	250
$Ni_{80}P_{20}$	23.2	23.4	0.9	6	250
Sc	24.1	24.5	1.7	10	245
钻石	7.1	8.2	15	20	323

5.3.1.3　纳米微粒的热膨胀

实验发现纳米晶物质的热膨胀与大晶粒尺寸物质的热膨胀相比有大有小,而其取值与纳米晶物质的制备方法和工艺条件有关。表 5.4 给出了用不同方法制备的纳米晶物质的热膨胀系数相对于粗晶物质的变化率:

$$\eta_e = \frac{\alpha_1^{nc} - \alpha_1^c}{\alpha_1^c} \tag{5.10}$$

式中,α_1^{nc},α_1^c 分别为纳米晶和粗晶的线膨胀系数。

表 5.4　不同方法制备的纳米晶物质的热膨胀系数相对于粗晶物质的变化率

样品	平均晶粒尺寸/nm	制备方法	$\Delta\alpha_1^{nc}/\%$
Cu	8	惰性气体冷凝	94
Cu	21	磁控溅射	0
Pd	8.3	惰性气体冷凝	0
Ni	20	电解沉积	-2.6
Ni	152	严重塑性变形	180
Fe	8	高能球磨	130
Au(超细粉末)	10	电子束蒸发沉积	0

5.3.2　纳米微粒的光性质

5.3.2.1　宽频带强吸收

纳米微粒对光反射率低,吸收强,所以纳米微粒呈黑色。这是由于纳米微粒尺寸小于可见光的波长,不能反射光,而将大部分光吸收。例如,铂纳米微粒对可见光的反射率为1%,而金纳米微粒对可见光的反射率小于 10%。

纳米 Si_3N_4,SiC 和 Al_2O_3 对红外光有一个宽频带吸收谱。这是由于纳米微粒表面原子多,平均配位数小,不饱和键和悬键多,没有单一的、择优的键振动模式,而存在一个宽的键振动模式的分布。因而,对红外光吸收频率变宽。

5.3.2.2 激子增强吸收并蓝移

纳米半导体的光学性质不同于常规半导体。半导体纳米微粒半径 r 小于激子的玻耳半径 a_B 时,电子的平均自由程受小尺寸限制,局限在很小的范围,空穴很容易和它产生激子,产生激子吸收带,并蓝移。

5.3.2.3 蓝移和红移现象

与块体材料相比,纳米粒子的光吸收带向短波方向移动,即所谓蓝移现象。例如,块体 SiC 的红外吸收峰为 794 cm^{-1},而纳米 SiC 微粒的红外吸收峰为 814 cm^{-1},蓝移了 20 cm^{-1}。

产生蓝移现象的原因是由于随着微粒尺寸的减少,已被电子占据的分子轨道和未被电子占据的分子轨道之间的能级宽度 ΔE 变大,即能隙变宽,$\Delta E = h\nu$,导致频率 ν 变大,波数变大。另外,纳米微粒原子间距变小,晶格畸变,键长缩短,导致键的本征振动频率增大,导致蓝移。

在有些情况下,纳米微粒会产生光吸收带红移,即向波长增大的方向移动。例如,单晶 NiO 有 8 个光吸收带,峰位分别为 3.52 eV,3.25 eV,2.95 eV,2.75 eV,2.15 eV,1.95 eV,1.75 eV 和 1.13 eV。而粒径为 54 ~ 84 nm 的 NiO 纳米微粒有 7 个光吸收带,峰位分别为 3.30 eV,2.98 eV,2.78 eV,2.25 eV,1.92 eV,1.72 eV 和 1.07 eV。两者相比可见,NiO 纳米微粒的前 4 个吸收带发生蓝移,后 3 个吸收带发生红移。量子尺寸效应会导致光吸收带蓝移。但是,随着粒径尺寸的减小,微粒内应力 $p = \sigma^2/r$ 增大,导致能带结构变化。能级间距变窄,即 ΔE 变小。$E = h\nu$,频率 ν 变小,波数 $\tilde{\nu}$ 变小,波长 λ 变大,红移因素大于蓝移因素,产生红移。

图 5.6 为不同尺寸的 CdS 的可见光 – 紫外吸收光谱。

5.3.2.4 纳米微粒的发光

当纳米微粒的尺寸小到一定尺度时,在一定波长的光激发下会发光。例如,粒径小于6 nm 的硅在室温经紫外光激发会发射可见光。图 5.7 给出不同粒径的硅在室温的发射光谱。

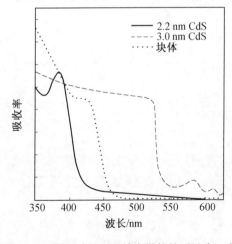

图 5.6 不同尺寸的 CdS 纳米微粒的可见光 – 紫外吸收光谱比较

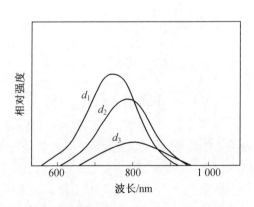

图 5.7 不同粒径的硅在室温的发射光谱 $(d_1 < d_2 < d_3)$

由图可见，随着粒径的减小，发射光的强度增强，并向短波方向移动。微粒大于 6 nm 的硅微粒不发光。纳米微粒的发射光谱与常规晶体有很大差别，出现新的光谱带。例如，纳米 TiO_2 微粒在室温下有光致发光现象，光谱带峰位在 540 nm。

纳米微粒的量子限域效应，界面的无序结构导致形成的激子特别是表面激子，界面的缺陷、空位和杂质等因素造成在能隙中产生许多附加能隙；晶体的点阵平移周期性在纳米微粒中已被破坏，造成在常规晶体中的电子跃迁选择定则对纳米微粒已不适用。这些因素导致纳米微粒的发光不同于常规晶体材料。

5.3.2.5 纳米微粒分散物系的丁达尔效应

纳米微粒分散于分散介质中形成分散物系即溶胶。一束聚集的光线通过这种分散物系，在入射光的垂直方向可以看到一个发光的圆锥体。这种现象称为丁达尔（Tyndall）效应。分散微粒的直径大于投射光波长，照到微粒的光被反射，不产生丁达尔效应。分散微粒的直径小于投射光波长，光波可以绕过微粒向各个方向传播，即发生散射，产生丁达尔效应。

5.3.3 纳米微粒的磁性质

5.3.3.1 超顺磁性

材料的磁化率服从居里 – 外斯定律。

$$\chi = \frac{c}{T - T_c} \tag{5.11}$$

式中，χ 为磁化率；c 为常数；T_c 为居里温度。

而纳米微粒尺寸小到某个值，进入超顺磁状态，不服从居里 – 外斯定律。例如，粒径为 5 nm 的 α–Fe 微粒就不服从居里 – 外斯定律，成为超顺磁物质。各种纳米微粒成为超顺磁物质的尺寸不同。例如，Fe_3O_4 微粒为 16 nm，α–Fe_2O_3 微粒为 20 nm，Ni 微粒为 15 nm。超顺磁态的产生是由于纳米微粒尺寸小到某个值，其各向异性能与热运动能相当，磁化方向就不再固定在一个易磁化的方向，易磁化方向无规律地变化，导致出现超顺磁性。

5.3.3.2 矫顽力

纳米微粒具有高的矫顽力。例如，16 nm 的铁微粒，如图 5.8 所示，在 5.5 K 矫顽力为 1.27×10^5 A/m，在 298 K 为 7.96×10^4 A/m，而普通铁的矫顽力在常温为 79.63 A/m。

纳米微粒具有高矫顽力的原因有两种解释：一是一致转动磁化模式。认为当微粒小到某一尺寸后，每个粒子就是一个单磁畴，每个单磁畴的微粒就是一个永久磁体。要去掉这个磁体的磁性，必须使每个微粒的整体磁矩反转。这需要很大的反向磁场，因此纳米微粒具有大的矫顽力。但是，

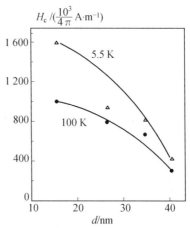

图 5.8 铁纳米微粒矫顽力与颗粒粒径和温度关系

实测的矫顽力值与纳米微粒的整体一致磁矩反转的理论值不符。实测值比理论值小很多。

二是球链反转磁化模式。由于静磁作用,球形纳米微粒形成链状,其矫顽力公式为

$$H_{cn} = \mu(6K_n - 4L_n)/d^3 \tag{5.12}$$

式中

$$K_n = \sum_{j=1}^{n} \frac{(n-j)}{nj^3} \tag{5.13}$$

$$L_n = \sum_{j=1}^{\frac{1}{2}(n-1)<j\leqslant\frac{1}{2}(n+1)} \frac{n-(2j-1)}{n(2j-1)^3} \tag{5.14}$$

式中,n 为球链中的微粒数;μ 为微粒磁矩;d 为微粒间距。采用此公式的计算值仍比实测值大。

5.3.3.3 居里温度

纳米微粒的居里温度降低。例如,85 nm 的镍微粒的居里温度为 623 K,9 nm 的镍微粒的居里温度为 573 K,而普通块体镍的居里温度为 631 K。居里温度降低是由于纳米微粒内的原子间距变小。根据铁磁性理论,原子间距减小会导致自旋交换积分 J_e 减小,从而使得居里温度降低。

5.3.3.4 磁化率

纳米微粒的磁性与其所含的总电子数的奇偶密切相关。每个微粒的电子可以看成一个体系。一价金属纳米微粒,传导电子数 N 一半为奇数,另一半为偶数。两价金属纳米微粒传导电子数 N 为偶数。N 为奇数时,磁化率 χ 与温度的关系服从居里 – 外斯定律,与粒径尺寸遵从 d^{-3} 关系。

电子数为偶数的微粒磁化率随温度升高而变大。

$$\chi \propto k_B T \tag{5.15}$$

式中,k_B 为玻耳兹曼常数。

磁化率与微粒尺寸遵从 d^2 关系。但当温度超过某一临界值 T_B 时,磁化率又开始变小。每一粒径的纳米微粒都有一个对应最大 χ 值的临界温度 T_B,称为"冻结"温度。图5.9 给出了纳米 $MgFe_2O_4$ 颗粒的磁化率与温度和粒径的关系。

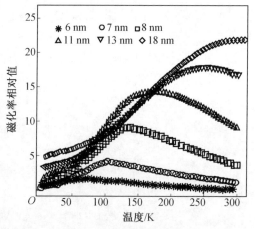

图5.9 $MgFe_2O_4$ 颗粒的磁化率与温度和粒径的关系

5.3.4 表面活性

由于纳米微粒具有大量的表面原子,因而具有高的表面活性。例如,粒径小于 5 nm 的镍纳米微粒,具有很高的表面活性和选择性。这些性质使纳米微粒比大尺寸材料具有更好的催化性能和吸附性能。不同的纳米微粒表面活性不同。同种纳米微粒对于不同的

反应物活性不同。例如,V,Fe,Co,Ni,Cu,Nb,Pt 团簇对 H_2 的活性不同。铝团簇对一些反应物质的活性顺序为 $O_2 > CH_3OH > CO > CH_4$。

5.3.5 催化和光催化

5.3.5.1 纳米微粒的催化

纳米贵金属和过渡金属微粒具有比一般贵金属材料和过渡金属材料更好的催化性能。可以用作有机物的加氢、选择性氧化等化学反应的催化剂。

5.3.5.2 纳米半导体微粒的光催化

所谓光催化,就是催化剂在光的照射下促进化学反应的进行。光催化的原理是半导体材料受到大于其禁带宽度的能量的光子照射后,电子从价带跃迁到导带,产生电子 - 空穴对。电子具有还原性,空穴具有氧化性。空穴与氧化物半导体材料表面的 OH^- 反应生成氧化性很强的 OH^* 自由基,活泼的自由基 OH^* 可以将有机物降解,氧化为 CO_2 和 H_2O。纳米半导体微粒具有独特的光催化性能。近年来,应用纳米半导体微粒光催化分解海水制氢。在纳米 TiO_2 半导体微粒表面光催化进行 N_2 和 CO_2 固化,降解有机物纳米 TiO_2 半导体微粒不仅具有高的光催化活性,而且耐酸、碱和光化学腐蚀,无毒。

5.3.6 纳米微粒的吸附

吸附是相接触的不同相之间产生的结合现象。吸附有物理吸附和化学吸附。物理吸附是吸附剂与被吸附物质之间的范德瓦耳斯的弱结合;化学吸附是吸附剂与被吸附物质之间以化学键的强结合。

纳米微粒由于具有大的比表面积,表面原子配位不足,与同等材质的普通块体材料相比具有更强的吸附性。纳米微粒的吸附性还与被吸附物质的性质、溶剂的性质和溶液的性质有关。

5.3.6.1 非电解质的吸附

非电解质溶液中的分子、原子,可以通过范德瓦耳斯、氢键吸附在纳米微粒的表面,两者中氢键更主要。例如二氧化硅纳米微粒对有机溶液甲醇、酰胺、醚的吸附。

在水溶液中吸附非电解质,pH 影响很大。pH 高,那些表面带负电的纳米微粒吸附能力降低。

5.3.6.2 电解质的吸附

由于纳米微粒表面带有电荷,会把电解质溶液中带有相反电荷的离子吸附到其表面,以平衡其表面电荷。这种吸附主要是库仑静电引力的作用。例如,带负电荷的纳米黏土微粒吸附带正电的钙离子 Ca^{2+}。这种吸附是分层次的。靠近纳米微粒表面的一层为紧密层,它平衡了钠米微粒表面的电荷;次一层为分散层,这两层被吸附物构成双电层。在紧密层中电势下降梯度很大,在分散层中电势下降梯度小。

5.4 一维纳米材料

5.4.1 一维纳米材料的结构

一维纳米材料的二维尺度为纳米级、第三维尺度不限,可以任意延伸。根据其空心、实心或形貌不同,可以分为纳米管、纳米棒、纳米线、纳米带和纳米同轴电缆等,如图5.10所示。

(a) 纳米棒 (b) 纳米管 (c) 纳米线

(d) 纳米带 (e) 纳米同轴电缆

图5.10 一维纳米材料的几种形式

纳米管有单层也有多层,是由物质按一定规则卷绕而成的无缝管状结构。例如,碳、TiO_2,WS_2,Au 等纳米管。

纳米棒和纳米线相比长度较短,纵向为直的圆柱棒状实心材料,横截面为圆或多角形。例如,C,SiC,ZnO 等纳米棒。

纳米线是长度较长,纵向为直的或弯曲的实心材料,横截面多为圆形。例如,Si,SnO_2,Si_3N_4,CdS 等纳米线。

纳米带的横截面为四边形,纵向可以是直的或弯曲的。例如,Ga_2O_3,ZnO,SnO_2 等纳米带。

纳米同轴电缆是径向为纳米尺度的核／壳结构,纵向为直的或弯曲的,尺度不限。例如,CBN/C,Si/SiO$_x$,SiC/SiO$_2$ 等纳米同轴电缆。

5.4.2 一维纳米材料的特性

一维纳米材料具有大的比表面积和量子尺寸效应,因而表现出特殊的电学、光学和化学性质。

5.4.2.1 热稳定性

一维纳米材料熔点降低。例如,表面包覆 1 ~ 5 nm 厚碳层直径为 10 ~ 100 nm 的锗纳米线熔点降低,且熔点与其直径成反比。纳米线长度尺寸越小,对温度的波动越敏感,甚至会破碎。

5.4.2.2 力学性质

一维纳米材料的强度比同类大尺寸材料的强度大很多。这是由于单位长度瑕疵减少。例如,一维 SiC 纳米棒的弹性模量为 610 ~ 660 GPa。实验表明,金属纳米线的键能大约是同材料金属块键能的 2 倍。

5.4.2.3 电子传递特性

当金属纳米线的长度减小到一定值后,有些金属纳米线会由导体变成半导体。例如,单晶铋纳米线在 52 nm 长会发生金属 - 半导体转变。这是由于单晶铋纳米线的导带和价带反向移动,逐渐形成能带隙。一维纳米线的传递现象与材料本身无关。

图 5.11 所示为 Te 掺杂和 Zn 掺杂的 InP 纳米线的电流 - 电压关系曲线。

5.4.2.4 光学特性

与硅块相比,硅纳米线的吸收峰有明显的蓝移,还有尖锐、分散的特征吸收光谱和较强的带边荧光光谱。与量子点不同,纳米线发的光向纵轴方向偏振。

贵金属金、银的一维纳米棒的表面等离子体共振特性不同于零维同物质微粒。具有横向和纵向两种激振的共振形式。金纳米棒的横向激振形式的波长基本固定在 520 nm 左右,银纳米棒的横向激振形式固定在 410 nm 左右。通过控制长径比,纵向形式可以从可见光区跨越到近红外区。长径比为 2.0 ~ 5.4 的金纳米棒可以发出荧光。

5.4.2.5 光电导性质

有些纳米线对光敏感,在光诱导下会发生绝缘 - 导体的转变。例如,ZnO 纳米线对紫外线敏感。ZnO 纳米线在黑暗中是绝缘体,电阻率大于 3.5 MΩ · cm^{-1}。而在波长低于 400 nm 的紫外光照射下,其电阻率降低 4 ~ 6 个数量级。纳米线对光敏感与光的波长有关,即对光的波长具有选择性。例如 ZnO 纳米线对绿光不敏感。ZnO 纳米线最大敏感波长为 385 nm,与 ZnO 的能带宽度相同。

ZnO 的光电敏感过程由两种原因造成:一是产生电子和空穴的固态过程,二是其表面吸附过程。在黑暗中,吸附在氧化物表面的氧捕捉 n 型氧化物半导体的自由电子形成氧离子:

$$O_2(g) + e \longrightarrow O^{2-}(ad)$$

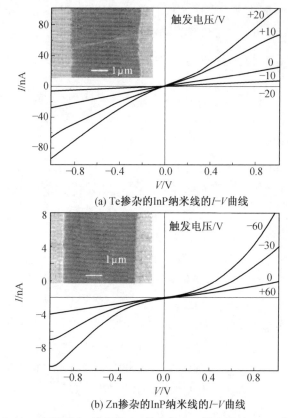

(a) Te掺杂的InP纳米线的$I-V$曲线

(b) Zn掺杂的InP纳米线的$I-V$曲线

图5.11 室温下Te掺杂和Zn掺杂的InP纳米线的$I-V$曲线

从而在纳米线表面产生一个电导率低的耗尽层。当其暴露在紫外光下,空穴迁移到表面,通过表面空穴重组释放所吸收的氧离子

$$O^{2-}(ad) + h\nu \longrightarrow O_2(g)$$

同时,光电子破坏了耗尽层。从而增加了纳米线的导电性。

纳米线的光电导性可以可逆地调换开和关两种状态,可以用来制作快速开关装置。

5.4.2.6 传感性能

一维纳米材料的电子输运性随其所处环境、吸附物质的变化而变化。一维纳米材料非常大的表面积与体积比使其对吸附在其表面的物质具有极为敏感的电学性能。通过对一维纳米材料电学输运性能的检测,就可以对其所处的化学环境做出检测。例如,铜纳米线吸附有机分子后,由于被吸附物质的传导电子散射,导致量子化电导率减少到很小的值。

5.4.2.7 场发射的性能

具有尖端的纳米管和纳米线具有强的电子场发射性能。例如,Si和SiC纳米棒都具有很强的场发射性能,二者的启动场强分别为15 V/μm和20 V/μm,电流密度为0.01 A/cm²。

5.5 纳米薄膜

5.5.1 纳米薄膜的结构

纳米薄膜是由尺寸在纳米量级的微粒（晶粒）构成的薄膜或者层厚在纳米量级的单层或多层薄膜。纳米薄膜的性能依赖于微粒（晶粒）的尺寸、膜的厚度、表面粗糙度和多层膜的结构。

5.5.2 纳米薄膜的分类

纳米薄膜有多种分类方法。按层数划分，可分为纳米单层膜和纳米多层膜，纳米多层膜的每层厚度应为纳米级。

按微结构划分，可分为含有纳米微粒与原子团簇的基质薄膜和纳米尺寸厚度的薄膜。纳米微粒基质薄膜厚度可以超出纳米尺寸。

按组成划分，可以分为有机纳米薄膜和无机纳米薄膜。

按用途划分，可以分为纳米功能薄膜和纳米结构薄膜。

图 5.12 是纳米结构的高分子的超分子多层膜。

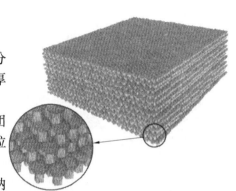

图 5.12　以蘑菇形状的高分子聚集体为结构单元自组装成纳米结构的超分子多层膜

5.5.3 纳米薄膜的性质

5.5.3.1 纳米薄膜的电化学性质

纳米薄膜的电学性质与普通材料不同，导电性发生显著变化。例如，纳米晶硅薄膜的电导大大增加，比常规非晶硅薄膜提高了 9 个数量级，纳米薄膜的电学性质与其厚度有关，还与其中的微粒（晶粒）的尺寸有关。

5.5.3.2 纳米薄膜的光学性能

纳米薄膜的吸收光谱蓝移并宽化。例如，纳米 TiO_2/SnO_2 薄膜的吸收光谱较同组成的块体发生了显著的蓝移与宽化。其原因也是小尺寸效应、量子尺寸效应和界面效应。

有些纳米薄膜的吸收光谱会发生"红移"。这是由于纳米薄膜的内应力增加、缺陷增多等因素造成。

纳米薄膜的光吸收系数和光强呈非线性关系。小尺寸效应、宏观量子尺寸效应、量子限域和激子效应是引起光学非线性的主要原因。

5.5.3.3 纳米薄膜的磁学性能

纳米磁性薄膜的易磁化方向是其法线方向，即纳米磁性薄膜具有垂直磁化的特性。

这可以使信息存储密度大大提高。纳米磁性薄膜的特殊磁性能是因为与磁相关联的特征物理尺寸处于纳米量级。例如,磁单畴临界尺寸、超顺磁性临界尺寸、交换作用长度以及电子平均自由程等都在 1 ~ 100 nm 量级。若纳米薄膜的尺寸与这些特征物理长度相当,就会出现反常的磁性能。

5.5.3.4 巨磁电阻效应

由磁场引起的材料电阻变化的现象称为磁电阻效应或磁阻效应,以 MR(Magnetoresistance) 表示,有

$$MR = \frac{\Delta R}{R(0)} = \frac{R(H) - R(0)}{R(0)} = \frac{\Delta \rho}{\rho(0)} = \frac{\rho(H) - \rho(0)}{\rho(0)} \tag{5.16}$$

式中,$R(H)$ 和 $R(0)$ 分别为磁场强度为 H 和 0 时材料的电阻;$\rho(H)$ 和 $\rho(0)$ 分别为磁场强度为 H 和零时,材料的电阻率。

普通材料的磁阻效应很小,工业上应用的坡莫合金的各向异性磁阻效应最大值也未达到 2.5% 。而由铁、铬交替沉积获得的纳米多层膜的磁阻效应超过 50% ,且各向同性。这种现象称为巨磁阻效应,以 GMR(Gant Magnetoresistance) 表示。

纳米磁性薄膜具有巨磁阻性质,即纳米磁性薄膜的电阻率因磁化状态的变化发生显著变化。

5.6 纳米块体材料

5.6.1 纳米块体的结构

纳米块体材料是由尺寸为 1 ~ 100 nm 的微粒(晶粒)凝聚而成的三维固体。

纳米块体材料是由纳米微粒及微粒之间的界面构成的。在纳米块体中,界面所在的体积分数与纳米微粒所占的体积分数相当。因此,不能把界面看成缺陷,它是纳米块体的基本结构之一,对纳米块体的性质具有重要作用。

纳米晶块体是由纳米晶粒和晶界构成的。纳米非晶块体是由纳米非晶粒和界面构成的。

纳米准晶块体是由纳米准晶粒和界面构成的。

晶粒、非晶粒和准晶粒统称为微粒组元,晶界和晶面统称为界面组元。界面组元和微粒组元的体积之比为

$$R = \frac{3\delta}{d} \tag{5.17}$$

式中,δ 为界面的平均厚度,通常包括 3 ~ 4 个原子层;d 为微粒组元的平均直径。

由此,可得界面原子所占的体积分数为

$$C_t = \frac{3\delta}{d + \delta} = \frac{3\delta}{D} \tag{5.18}$$

式中

$$D = d + \delta$$

界面处的原子平均密度比晶体少 10% ~ 30%，典型的非晶态密度为晶体密度的 96% ~ 98%。即界面密度的减少是非晶密度减少的 5 ~ 10 倍。界面原子间距比晶体内部原子间距大，造成最近邻原子配位数变化。

设微粒为立方体，则单位体积内的界面面积为

$$S_t = \frac{C_t}{\delta} \tag{5.19}$$

单位体积内包含的界面数为

$$N_f = \frac{\delta_t}{D^2} \tag{5.20}$$

设纳米块体的微粒组元的平均直径为 5 nm，界面的平均厚度为 1 nm，利用上面公式可得其界面体积分数约为 50%；单位体积内的界面面积约为 500 m²/cm³。这样大的界面对纳米块体的性质具有重大的作用。

纳米晶体界面的结构取决于相邻晶粒的相对取向。如果晶粒的取向是随机的，则晶界具有不同的结构。这些结构可由不同的原子间距加以区分。界面的微观结构与晶体的长程有序不同，也与非晶体的短程有序不同。

纳米非晶块体的微粒是短程有序的非晶态，界面原子排布更混乱。

5.6.2 纳米块体的界面结构模型

纳米块体界面的结构是决定其性质的重要因素，因此，对其进行了大量的研究。但是，由于纳米块体界面复杂，研究困难，至今看法还不一致，提出了多个纳米块体界面模型。下面介绍几个纳米块体界面结构的模型。

5.6.2.1 类气态模型

类气态模型认为纳米块体界面原子排布类似于气体，无序程度很高。这个模型很快就被后来的研究所否定。

5.6.2.2 有序模型

有序模型认为纳米块体的界面原子排布是有序的，但对于有序程度是完全有序，还是局域有序，看法还不一致。

5.6.2.3 结构特征分布模型

该模型认为纳米块体的界面结构不是单一的，是多种多样的，存在一个分布处于无序和有序的中间状态，有的是无序，有的是有序，有的是扩展有序，有的甚至是长程有序。

5.6.3 纳米块体的结构缺陷

纳米块体是缺陷密度高的材料。与普通晶体一样，纳米块体的缺陷也有三类，即点缺陷、线缺陷和面缺陷。下面介绍对其性质的影响较大的几种。

5.6.3.1 位错

纳米块体中存在位错。纳米块体的晶粒尺寸对位错组态有影响。俄罗斯的格瑞亚兹

纳夫（Грязнов）等人认为晶粒尺寸小于某一临界值，位错不稳定，趋向于离开晶粒；晶粒尺寸大于某一临界值，位错稳定地存在于晶粒中。对于单个小晶粒，临界尺寸也称特征长度，为

$$L_p \approx \frac{KGb}{\delta_p} \tag{5.21}$$

式中，K 为常数；G 为剪切模量；b 为伯格斯矢量的数值；δ_p 为点阵摩擦力。

同一种材料，微粒形状不同，其特征长度也不同。

5.6.3.2　纳米块体的三叉晶界

三叉晶界是三个或三个以上相邻晶粒之间的交叉区域。纳米块体的三叉晶界体积分数大于常规的多晶材料。图 5.13 所示为三叉晶界示意图。

帕路姆保（Palumbo）等人将界面分为两部分，一是三叉晶界区，二是晶界区。这两部分的体积总和为晶间区体积。前节介绍的计算界面体积分数的公式是指晶间区体积分数，而不是这里指的晶界区的体积分数。粒径为 D 的纳米块体的总晶间体积分数为

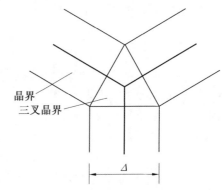

图5.13　三叉晶界示意图（三叉晶界为垂直于平面的三棱柱，Δ 为晶界厚度）

$$V_i^{ic} = 1 - \left(\frac{D-\delta}{D}\right)^3 \tag{5.22}$$

晶界区为厚度等于 $\delta/2$ 的六角棱柱，晶界体积分数为

$$V_i^{gb} = \frac{3\delta(D-\delta)^2}{D^3} \tag{5.23}$$

三叉晶界总体分数为

$$V_i^{tj} = V_i^{ic} - V_i^{gb} = 1 - \left(\frac{D-\delta}{D}\right)^3 - \frac{3\delta(D-\delta)^2}{D^3} \tag{5.24}$$

上述公式在 $D > \delta$ 时有效。

当粒径 d 从 100 nm 减小到 2 nm 时，三叉晶界体积分数增加三个数量级，而晶界体积分数仅增加一个数量级。可见，三叉晶界体积分数受晶粒尺寸影响远远大于晶界体积分数。

在三叉晶界处，原子易扩散、扩散快。这是由于三叉晶界实际是螺型位错。螺型位错的运动会导致界面区的转化，从而提高材料的延展性。图 5.14 是纳米晶 Pd 的晶界。

5.6.3.3　纳米块体的空位、空位团和孔洞

纳米块体的单空位主要存在于晶界上，是纳米微粒压制成块体时形成的。

空位团主要分布在三叉晶界上，一部分是空位的扩散聚集；另一部分是纳米微粒压制成块时形成。

孔洞主要存在于晶界上。图 5.15 所示为纳米晶 Pd 的孔洞。纳米块体难以用一般压制和烧结的方法获得高致密度，就是因为孔洞的存在。

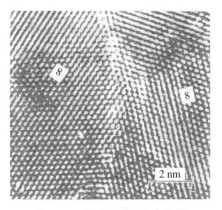

图 5.14　纳米晶 Pd 有序晶界　　　　图 5.15　纳米晶 Pd 的晶界

5.6.4　纳米块体的性质

5.6.4.1　纳米块体的力学性质

20 世纪 90 年代古奇(Coch)等人总结出以下四条纳米块体与常规晶体材料不同的性质:

(1)纳米块体的弹性模量较常规晶体材料低 30% ~ 50%。

(2)纳米金属块体的强度或硬度是常规金属晶体材料的 2 ~ 7 倍。

(2)纳米块体可以有负的哈尔－皮奇(Hall-Petch)关系,即随晶粒尺寸的减小,材料的强度降低。

(4)在室温附近,纳米陶瓷或金属间化合物晶体具有塑性或超塑性。

下面分别加以说明

(1)哈尔－皮奇关系。

常规多晶材料的屈服应力与晶粒尺寸的关系为

$$\sigma_y = \sigma_o + Kd^{-\frac{1}{2}} \tag{5.25}$$

式中,σ_y 为屈服应力;σ_o 为移动单个位错所需克服点阵摩擦的力;K 为常数;d 为平均晶粒尺寸。

对于硬度 H,则为

$$H = H_o + Kd^{-\frac{1}{2}} \tag{5.26}$$

式中,K 为正值。可见随着晶粒尺寸减小,屈服强度(或硬度)增加。

研究表明纳米块体的硬度和晶粒尺寸有三种关系:有的服从正哈尔－皮奇关系($K > 0$);有的服从反哈尔－皮奇关系($K < 0$);而有的服从正－反混合哈尔－皮奇关系,即晶粒尺寸大于某一临界尺寸时,服从正哈尔－皮奇关系,晶粒尺寸小于某一临界尺寸时,服从反哈尔－皮奇关系。图 5.16、图 5.17 和图 5.18 给出了几种纳米金属颗粒的硬度和晶粒尺寸的关系。

(2)强度和硬度。

材料的断裂强度与晶粒尺寸的关系为

$$\sigma_c = \sigma_o + K_c d^{-\frac{1}{2}} \tag{5.27}$$

式中,σ_c 为断裂强度;σ_o 和 K 为常数;d 为粒径。

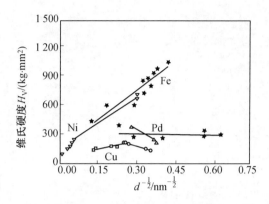

图 5.16　纳米晶体材料 Fe,Pd,Cu,Ni 的维氏硬度与 $d^{-1/2}$ 的关系

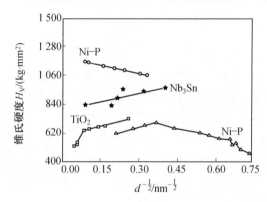

图 5.17　纳米晶体材料 Nb_3Sn,TiO_2 和 Ni – P 的维氏硬度与 $d^{1/2}$ 的关系

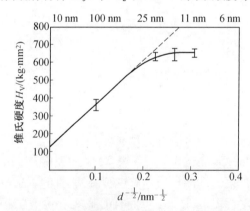

图 5.18　电沉积纳米晶 Ni 的硬度与 $d^{-1/2}$ 的关系

　　由上式可见,随着晶粒尺寸的减小,材料的强度应大幅度提高,但是实际上材料断裂强度的提高是有限度的,这是因为晶粒尺寸变小而材料界面大大增加,界面的强度比晶粒内部弱很多,因而影响了材料强度的提高。

　　弹性模量和原子间距的关系可近似为

$$E = \frac{k}{a^m} \tag{5.28}$$

式中,E 为弹性模量;a 为原子间距;k,m 为常数。

纳米晶块体的弹性模量比常规晶体材料小很多,主要是由于纳米块体界面组元的弹性模量比常规晶体材料小很多。表 5.5 为 Pb 和 CaF_2 纳米晶体与大晶粒多晶体的弹性模量比较。

表 5.5　Pb 和 CaF_2 纳米晶体与大晶粒多晶体的弹性模量比较

材料	性能	一般晶体	纳米晶体	增量的百分数
Pd	相氏模量	123	88	~ 28%
CaF_2	E/GPa	111	38	~ 66%
Pd 切变模量	G/GPa	43	32 ~ 25	~ 20%

（3）塑性和韧性。

纳米块体的塑性、冲击韧性和断裂韧性都优于常规的晶体材料,尤其是在低温情况,常规的晶体材料变脆,而纳米块体仍具有良好的塑性和韧性。例如 353 K,对 TiO_2 单晶样品进行弯曲实验,发生脆性断裂,而对 TiO_2 纳米晶样品进行弯曲实验,发生塑性变形,致使其裂纹张开,但裂纹并不扩展。

5.6.4.2　纳米块体的热性质

（1）比热容。

纳米块体的界面原子分布混乱,界面体积分数大。因此,熵对比热容的贡献比常规晶体材料大得多。纳米块体的比热容比常规晶体材料大得多。例如,实测表明,纳米钯的比热容比常规晶体钯大 29% ~ 54%。图 5.19 所示为纳米 α-Al_2O_3 块体的比热容和温度的关系。

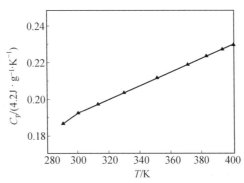

图 5.19　纳米 α-Al_2O_3 块体的比热容与测量温度的关系（d = 80 nm）

（2）热膨胀。

材料的热膨胀与晶格的非线性振动有关,晶格只做线性振动就不会发生膨胀。纳米晶块体的非线性振动分为两部分:一是晶粒内的非线性振动,二是晶界的非线性振动。而后者更为显著。例如,纳米铜块体热膨胀系数是单晶铜热膨胀系数的两倍。其贡献主要来自晶界。

纳米非晶块体的热膨胀系数比常规晶体大得多。例如纳米非晶氮化硅块体的热膨胀系数比常规晶体氮化硅大 1 ~ 26 倍,其原因也是由于界面比例大。

(3)热稳定性。

纳米晶粒尺寸在加热过程长大,温度高,长大得快,与时间的关系为

$$d = kt^n$$

式中,d 为晶粒直径;k 为常数;t 为加热时间;n 的大小决定着晶粒长大的速率快慢。

实验发现在相当宽的温度范围内纳米材料并不长大,而当温度超过某一临界温度 T_c 时,晶粒突然长大。例如,15 nm 的氮化硅从室温到 1 473 K 之间加热,微粒尺寸基本保持不变,在 1 573 K 开始长大,1 673 K 长到 30 nm,1 873 K 快速长大到 80 ~ 100 nm,如图 5.20 所示。

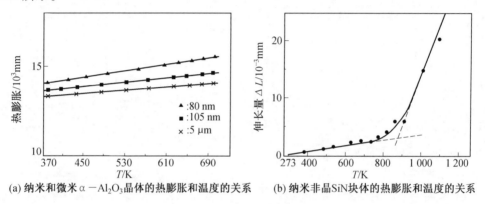

(a)纳米和微米 $\alpha-Al_2O_3$晶体的热膨胀和温度的关系   (b)纳米非晶SiN块体的热膨胀和温度的关系

图 5.20   热膨胀与温度的关系

纳米微粒长大速率在某一温度区间服从阿伦尼乌斯公式(图 5.21)。

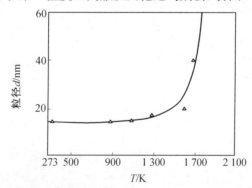

图 5.21   纳米非晶氮化硅颗粒粒径与退火温度的关系

5.6.4.3   纳米块体的电性质

(1)电阻和电导。

纳米晶块体的比电阻比常规晶体材料的大,且随晶粒尺寸减小而增大,随温度升高而增大。随晶粒尺寸减小,纳米晶块体的电阻温度系数减小。当晶粒小于某一临界尺寸(电子的平均自由程),电阻温度系数还可能由正变负。而常规多晶金属的电阻温度系数恒为正值。图5.22给出了不同晶粒尺寸的纳米 Pd 的块体和粗晶粒的 Pd 块体的比电阻与温度的关系。

图 5.23 给出了纳米 Pd 的块体直流电阻温度系数与晶粒尺寸的关系。

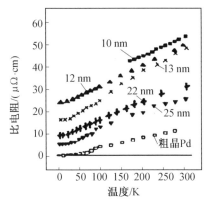

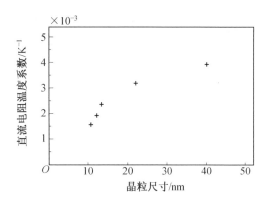

图 5.22 不同晶粒尺寸 Pd 块体的比电阻随温度 图 5.23 纳米晶 Pd 块体的直流电阻温度系数与
的变化　　　　　　　　　　　　　　　　　晶粒尺寸关系

电子在具有周期势场的导体中以波的形式传播,电子波函数可以看作是前进的平面波和各晶面的反射波的叠加。在一般情况下,各反射波的位相之间没有一定关系,彼此相互抵消。理论上可以认为周期势场对电子的传播没有障碍,但实际在晶体中存在原子的热振动、杂质、缺陷及晶界。这样,电子在晶体中运动就存在障碍,产生了电阻。

纳米晶块体中,存在大量界面,使大量电子的运动局限在小晶粒范围。晶界原子排布越混乱,晶界越厚,对电子散射能力越强。晶界这种高能垒是使电阻变大的主要原因。纳米晶块体对电子散射分为两部分:一是晶粒,二是晶面。当晶粒尺寸与电子平均自由程相当时,界面对电子的散射起主要作用。

纳米块体中存在的大量界面使其电阻率趋向饱和值。电阻随温度升高而增大的趋势变弱,电阻温度系数减小,甚至由正变负。再者,微粒小到一定值,量子尺寸效应会导致微粒内部电阻率增大,这也是导致电阻温度系数变负的原因。

纳米块体的交流电导 $\sigma(\omega)$ 随温度升高呈先降后升的非线性和可逆变化。比常规相同组成的导体交流电导高。电导随温度升高而下降是由于纳米块体大量的界面及微粒内部原子热运动增加,导致对电子散射作用增强所致。温度进一步升高,界面原子排布趋于有序化,对电子散射作用减弱,电导升高;另外,纳米块体能隙中存在的缺陷能级,有利于价电子进入导带成为导电电子,也增加电导。

图 5.24 给出了纳米氮化硅块体的不同频率的交流电导率与温度的关系。

(2) 介电性质。

纳米块体的介电常数或相对介电常数随电场频率减小而增大,比常规晶体材料大。在低频范围,纳米微粒尺寸很小时,介电常数较小;随着微粒尺寸增大,介电常数先增加后减小(图 5.25)。

纳米块体的介电常数随电场频率减小而增大,由下面几种极化造成的。

① 空间电荷极化。

在外电场作用下,纳米块体内的正负电荷分别向正负极移动,而聚集在界面的缺陷处,形成电偶极矩,即空间电荷极化;晶格畸变和微粒内部也会产生空间电荷极化。

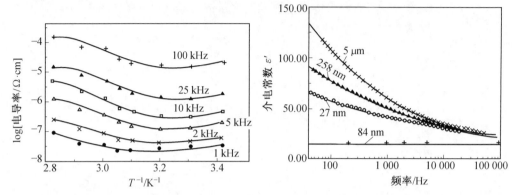

图 5.24　纳米非晶氮化硅块体的交流电导的温度谱

图 5.25　不同粒径纳米 $\alpha-Al_2O_3$ 块体和粗晶试样室温介电常数频率谱

② 转向极化。

纳米块体中存在大量空位。带负电的离子和带正电的空位形成固有电偶极矩。在外加电场作用下,电偶极矩改变方向,形成转向极化。

③ 松弛极化。

松弛极化包括电子松弛极化和离子松弛极化。在外电场作用下,弱束缚电子由一个阳离子结点向另一个阳离子结点转移,形成电子松弛极化;而弱束缚离子由一个平衡位置向另一个平衡位置转移,则形成离子松弛极化。在界面上,离子松弛极化起主要作用;在微粒中,电子松弛极化起主要作用。

纳米块体的介电常数在低频范围随微粒粒径的增加先增加后减小,在某一临界尺寸达到最大值。这是由于随着微粒尺寸的增加,微粒对介电常数贡献越来越大,而界面的贡献就越来越小,电子松弛极化的贡献越来越大,而离子松弛极化的贡献越来越小。因此,导致在某一临界尺寸出现介电常数的最大值。

（3）压电效应。

压电效应是指晶体受到机械作用（应力或应变）在其两端出现符号相反的束缚电荷的现象。压电效应是由于晶体极化造成的。按照固体理论,在晶体的32种点群中只有20种没有对称中心的点群才会产生压电效应。

常规非晶氮化硅的短程有序结构中硅原子具有对称中心,氮原子无规则取向,两者都不能产生压电效应。因此常规非晶氮化硅不产生压电效应。而在未经退火的纳米非晶氮化硅中,硅和氮的悬键总数比常规非晶氮化硅高 2 ~ 3 个数量级,因此,纳米非晶氮化硅的短程有序结构没有对称中心。大量的悬键导致界面中电荷分布形成局域电偶极矩。在外力作用下,电偶极矩取向分布发生变化,宏观上呈现压电效应。经烧结退火的非晶氮化硅,界面原子有序度提高,空位、孔洞减少,导致缺陷电偶极矩减少,不再有压电效应。

5.6.4.4　纳米块体的磁性质

常规磁性材料的磁结构由许多磁畴构成,畴间有畴壁隔开,磁化是通过畴壁运动实现的。而纳米晶中不存在这种磁畴结构,一个纳米晶粒即为一个单磁畴。

磁化由两个因素控制:一是晶粒的各向异性,每个晶粒的磁化都趋向于排列在本身易磁化的方向;二是相邻晶粒间的磁化交互作用,这种交互作用使得相邻晶粒朝向共同磁化的方向磁化。

纳米晶块体具有高的矫顽力、低的居里温度,微粒尺寸小到某一临界值,具有超顺磁性,磁化率与粒径的关系取决于微粒中电子数奇偶性。

(1)饱和磁化强度。

纳米晶铁的饱和磁化强度比常规非晶态铁和常规晶态铁的磁化强度低。这是由于纳米晶铁的大量界面造成原子间距比常规铁大的缘故。

(2)磁性转变。

纳米块体当其晶粒(微粒)尺寸小到某一临界值,会由抗磁体变为顺磁体。例如,常规锑具有抗磁性,而纳米晶锑则为顺磁体。而某些纳米晶顺磁性在温度低于某一特征温度 T_N,会转变成反铁磁体。

(3)超顺磁性。

有些纳米块体具有超顺磁性。例如,纳米 $\alpha-Fe_2O_3$ 块体具有超顺磁性。这是由于纳米块体界面体积分数大,界面的磁各向异性比晶粒内部弱,磁有序容易实现。

(4)居里温度。

纳米晶块体的居里温度比常规晶体低。例如,粒径 70 nm 镍块体的居里温度比常规镍低 40 ℃。这是由纳米晶块体大量的界面和小的晶粒共同造成的。

(5)巨磁阻效应。

纳米固体材料具有巨磁阻效应,开始具有巨磁阻效应的材料为嵌有纳米粒子的金属或非金属膜,后来也制出了具有巨磁阻效应的块体和带材。

5.6.4.5 纳米块体的光性质

(1)紫外 - 可见光吸收。

相对于常规晶体材料,纳米块体的光吸收带会发生蓝移或红移。蓝移是由于量子尺寸效应造成的。而引起红移的因素有电子限域作用;内应力引起的电子波函数重叠;缺陷等造成的附加能级;原子间距增大引起晶体场减弱以及外力使能隙减小等。

纳米块体还有一些比常规晶体强的或新的光吸收带。例如,粒径为 80 nm 的 $\alpha-Al_2O_3$ 纳米块体在波长 200 ~ 850 nm 范围内,有 6 个光吸收带,而常规 $\alpha-Al_2O_3$ 晶体只有两个光吸收带。

(2)红外吸收。

纳米块体的红外吸收宽化。例如,三氧化二铝单晶的红外吸收光谱在 400 ~ 1 000 cm^{-1} 波数范围内红外吸收带是由许多精细结构组成的,而纳米三氧化二铝块体的红外吸收带只是一个平台,精细结构消失,如图 5.26、图 5.27 所示。

(3)发射荧光。

纳米块体发射可见光范围内的荧光,例如,掺入 Cr^{3+} 的纳米 Al_2O_3 块体发射在可见光范围内的荧光(图 5.28)。

(4)发射紫外 - 可见光。

纳米块体经光照后会发射从紫外 - 可见光范围的光谱。图 5.29 所示为纳米氮化硅块体经光照后的发生光谱。

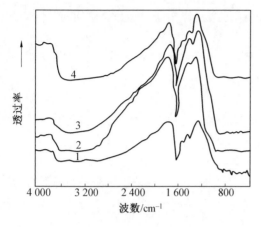

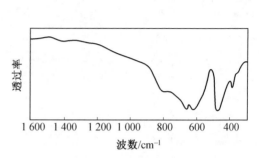

图 5.26 在不同温度退火的纳米 Al_2O_3 块体的红外吸收光谱(1,2,3,4 分别对应600 ℃, 800 ℃,1 000 ℃,1 200 ℃ 退火4 h)

图 5.27 Al_2O_3 单晶的红外吸收光谱

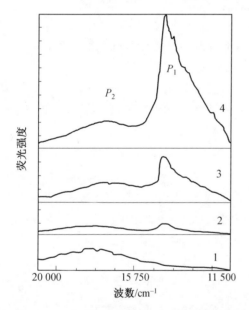

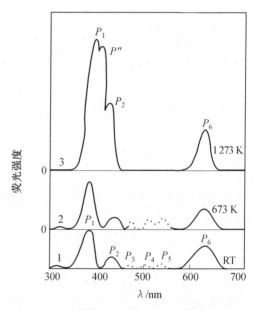

图 5.28 掺入 Cr^{3+} 的纳米 Al_2O_3 块体发射在可见光范围内的荧光

1— 原始试样,勃姆石;2—600 ℃,2 h,η 相, 15 nm + 勃姆石;3—800 ℃,2 h,η 相,15 nm; 4—1 000 ℃,2 h,α + γ 相,约 15 nm

图 5.29 纳米氮化硅块体经光照后的发生光谱(实线:激发 λ = 250 nm,虚线:激发 λ = 350 nm)

5.7 纳米结构

5.7.1 纳米结构的定义

纳米结构是以纳米尺度的物质单元为基础,按照一定的规律构建的物质体系。包括一维、二维、三维体系,纳米尺度的物质单元有纳米微粒、纳米管、纳米线、纳米棒、纳米丝和纳米尺寸的孔洞等。人们可以采用各种手段对纳米尺度的单元加以控制,实现预期的目的。

5.7.2 纳米结构的特征

5.7.2.1 纳米结构的分类

纳米结构类型很多,主要有纳米阵列、纳米薄膜和介孔材料,此外还有纳米笼、纳米纤维、纳米花、纳米泡沫、纳米网、纳米有序薄膜、纳米环、纳米壳、纳米线等,如图 5.30 所示。

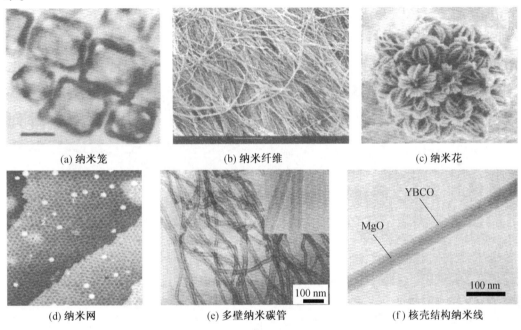

(a) 纳米笼 (b) 纳米纤维 (c) 纳米花

(d) 纳米网 (e) 多壁纳米碳管 (f) 核壳结构纳米线

图 5.30 几种纳米结构的 SEM 照片

按结构形式分类,可以分为一维纳米结构、二维纳米结构和三维纳米结构三类。按纳米结构构建的驱动力来源可以分为自组装纳米结构和人工组装纳米结构两类。

5.7.2.2 纳米结构介绍

（1）纳米结构薄膜。

纳米结构薄膜是以纳米微粒为单元,进行组装或者在材料表面直接进行刻印等方法形成的有序纳米薄膜,其在长程范围内具有一定的排布规律且稳定,可以是单层膜,也可以是多层膜。单分散纳米微粒薄膜 SEM 照片如图 5.31 所示。

（2）纳米阵列。

纳米阵列是以纳米微粒、纳米线、纳米管为基本单元,应用物理或化学方法在二维或三维空间构筑的高度取向的纳米体系。纳米阵列的三维表示如图 5.32 所示。纳米阵列的尺寸分布均匀、长径比可调制。金属纳米线阵列有 Fe,Co,Ni,Au,Pt,Pb,Cd,CoPt,

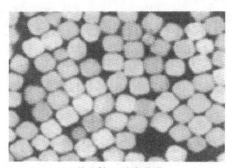

(a) 单分散Au纳米薄膜

(b) 单分散PS纳米薄膜

图 5.31 单分散纳米微粒薄膜 SEM 照片

FePt,FeNi,FeCo 等,无机化合物纳米阵列有 ZnO,SnO$_2$,TiO$_2$,SiO$_2$,MnO$_2$,WO$_3$,Fe$_2$O$_3$,PbTiO$_3$,CoFe$_2$O$_3$,Si$_3$N$_4$,SiC,MoS$_2$ 等,半导体纳米阵列有 Si,ZnS,InP,FeS,GaN,AlN,InN 等,聚合物纳米阵列有聚吡咯、聚苯酚、聚三甲基噻吩等。

纳米线阵列的性质与其形状有关。纳米阵列可以通过控制电、磁、光等实现对其外场的控制,从而使其成为设计纳米器件的基础。

(3) 介孔材料。

纳米孔材料按孔径大小可以分为微孔(孔径小于 2 nm)、介孔(孔径为 2 ~ 50 nm)

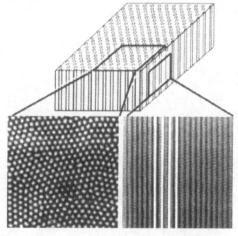

图 5.32 纳米阵列的三维表示

和大孔(孔径大于50 nm) 材料。介孔材料具有大的表面积和三维孔道结构。其孔径分布宽、介孔形状多样、孔径尺寸可调、孔壁组成和性质可调控,孔道结构有序程度高。图 5.33、图 5.34 是几种纳米介孔材材料的示意图。介孔材料纳米沸石有纳米 ZSM – 5 沸石、纳米 TS – 1 沸石、纳米 β 沸石、纳米 γ 沸石、纳米 A 沸石、纳米 HS 沸石等。

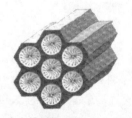

(a) 定向排列柱形孔(MCM-41)

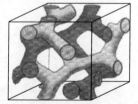

(b) 三维相互连通孔(MCM-48)

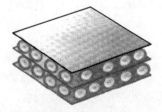

(c) 平行排列层状孔(MCM-50)

图 5.33 纳米介孔材料结构示意图

按化学组成可以将介孔材料分为硅系和非硅系两类。硅系介孔材料有 MCM 系列、SBA – n 系列等分子筛。非硅系介孔材料有过渡金属氧化物、磷酸盐和硫化物等。

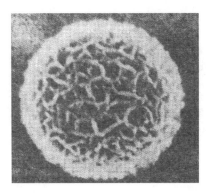

图 5.34 纳米介孔材料结构示意图

5.7.3 纳米结构的性质

5.7.3.1 纳米结构的电性质

纳米线阵列的电导远小于块体材料。这是因为:一是如果单个纳米线宽度小于块体材料电子平均自由程,载流子在边界上发生散射;二是电阻率多边界效应的影响,纳米线的大量表面原子未被键合,形成缺陷,使纳米线导电能力降低。

5.7.3.2 纳米结构的磁性质

纳米线阵列的线状结构相互平行排列,具有高度的取向性,在不同方向的退 磁能不同,产生极强的形状各向异性,具有不同于纳米微粒的磁性能。在形状各向异性的作用下,垂直于纳米线方向是难磁化轴,平行于纳米线方向为易磁化轴,纳米线之间还存在静磁耦合作用。纳米线的形状(长径比)、组成、晶体结构、缺陷等对其磁性质都有重要影响。

铁、钴、镍纳米线阵列具有非常好的磁各向异性,磁场平行于纳米线,纳米阵列易于磁化,矫顽力最大,矩形比最高;磁场垂直于纳米线,纳米线阵列难磁化,矫顽力小。由于纳米线直径与单磁畴尺寸相近,矫顽力增大。

室温下 Co 纳米线阵列的磁滞回线如图 5.35 所示。

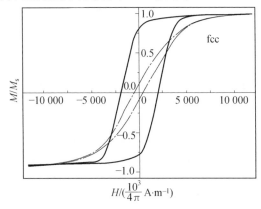

图 5.35 室温下 Co 纳米线阵列的磁滞回线

5.7.3.3 纳米结构的光学性质

纳米结构具有和常规晶体不同的光学性质。

（1）强吸收和发光特性。

例如，单晶氧化锌纳米线阵列受紫外光激发可以发射很强的绿光和较强的紫外光。单分散 8 – 羟基喹啉铝六方柱状纳米结构在紫外光照射下发 512 nm 的绿光。掺杂 Er^{3+}/Yb^{3+} 的稀土氟化物纳米阵列具有不同于同组成块体的多色转换荧光。

图 5.36 所示为 ZnO 纳米线阵列的光致发射光谱和吸收光谱图。

（2）荧光增强效应。

在介孔基体中掺入纳米粒子，会产生荧光增强现象，称为荧光增强效应。例如，在介孔 SiO_2 介孔中，加入稀土离子或 Al 离子，产生一系列荧光增强效应。

（3）光吸收边和光吸收带。

纳米微粒 – 介孔复合体产生光吸收边和光吸收带。而且，光吸收边和光吸收带的波谱随热处理温度或介孔中所含纳米微粒数量的变化而变化。

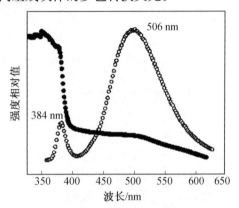

图 5.36 ZnO 纳米线阵列的室温光致发光光谱（空心）和吸收光谱（实心）

图 5.37、5.38 是几种纳米结构的发射光谱和吸收光谱图。

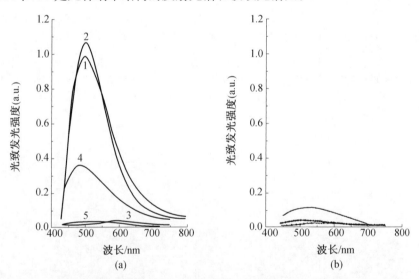

(a)

(b)

图 5.37 纳米 ZnO/SiO_2 气凝胶介孔复合体和纳米结构 ZnO 块体的光致发光光谱

（a）1,2,3,4 对于 200 ℃ × 4 h,200 ℃ × 4 h + 500 ℃ × 4 h,200 ℃ × 4 h + 500 ℃ × 4 h + 600 ℃ × 4 h,300 ℃ × 4 h 退火的四种介孔复合体，其中 1,2,3 为饱和硫酸锌水溶液浸泡制取,4 为经 50%（质量分数）硫酸锌溶液浸泡制取;5 为纯 SiO_2 介孔固体

（b）1,2,3,4 对应 200 ℃,300 ℃,400 ℃ 和 1 200 ℃ 退火 4h 的四种纳米结构 ZnO 块体试样

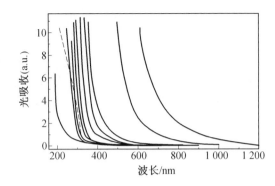

图 5.38 不同复合量的 Ag/SiO$_2$ 介孔复合体试样经 500 ℃ ,0.5 h 处理后的吸收光谱

实线从左至右对应的银复合量（质量分数,%）为:0,0.25,0.5,0.75,1.0,1.23,1,72,2.5,3.44,5.0;虚线:采用银的带间介电常数数据,根据有效介质理论计算的 Ag/SiO$_2$ 系统中 Ag 颗粒带间吸收光谱

5.8 纳米复合材料

5.8.1 纳米复合材料的定义

纳米复合材料是由两种或两种以上的固相至少在一个维数以纳米级复合而成的材料。这些固相可以是非晶质、半晶质、晶质或兼有;可以是无机、有机或兼有。纳米相与其他相通过化学与物理作用在纳米水平上复合,即相分离尺寸不能超过纳米数量级。

5.8.2 纳米复合材料的分类

纳米复合材料按其机体的化学成分可分为金属基纳米复合材料、陶瓷基纳米复合材料、聚合物基纳米复合材料等;按其用途可分为结构纳米复合材料、功能纳米复合材料和智能纳米复合材料。结构纳米复合材料主要用作承力结构;功能纳米复合材料具有特殊的电、磁、热、光、声等物理性能。智能纳米复合材料具有自检测、自判断、自修复、自协调和热解功能,对环境具有"反应能力"。

5.8.3 纳米复合材料的性质

制备纳米复合材料的目的就是把参加复合的各种纳米材料的优点集聚到一起,克服各自的缺点,得到具有多种优良性质的纳米材料。

5.8.3.1 力学性质

将纳米微粒在基体材料中合适地分散和排列,其强度会显著提高。在强度较弱的基体中添加硬度大的纳米微粒,制备的复合材料的硬度比基体材料的硬度有较大的提高。这种力学性能的提高依赖于基体与添加微粒之间应力的转移。若基体与微粒结合紧密（例如形成化学键）,基体所受到的应力就能有效地转移到纳米微粒上,从而使复合材料的整体强度增大。如果基体与纳米微粒结合弱,基体受到的应力不能转移到微粒上,复合材料整体强度还会减小。

分散纳米微粒的尺寸对复合材料的力学性能影响很大。当微粒尺寸小到某临界值,复合材料的力学性质有显著变化。纳米微粒尺寸越小,表面积越大,应力就会更有效地由基体转移到微粒。例如,21 nm碳酸钙/聚丙烯比311 nm碳酸钙/聚丙烯的弹性模量大。

纳米微粒与基体相容性越好,两者间的相互作用就越强,结合得就越好。复合材料所受的应力就能更多地转移到添加的纳米微粒上,复合材料的力学性能就会提高。

5.8.3.2 热性质

(1)导热性。

将导热性良好的碳纳米管分别与导热性差的环氧树脂、三氧化二铝等复合,制得导热性好的复合材料。而导热性提高的多少与碳纳米管的加入量、复合方式、界面结合情况有关。

(2)热稳定性。

将热稳定性好的纳米微粒添加到高分子基体中,提高高分子基体的热稳定性。例如,纳米蒙脱土/PMMA复合材料的热分解温度比纯PMMA提高40～50 ℃。质量分数为5%的黏土/PSF复合材料的热分解温度比纯PSF提高19 ℃。

5.8.3.3 阻燃性质

将不燃的纳米微粒添加到易燃的高分子基体中,可以起到阻燃作用。例如,纳米蒙脱土与PS、PAS构成的复合材料的最大释热率比纯PS、PAS减小50%～75%。这就意味着发生火灾时,火势向周围蔓延的概率减小。

纳米复合材料的阻燃机理为:当复合材料被点燃后,表面迅速生成一个炭与纳米微粒的混合层。坚硬的混合层阻止层内高分子裂解成可燃性小分子,从而终止燃烧。

5.8.3.4 阻隔性质

高分子聚合物的微结构中存在非晶区、结晶缺陷,即"自由体积"。小分子物质通过"自由体积"渗透到聚合物中。

在高分子聚合物中添加纳米微粒,制成复合材料,提高阻隔性能,阻止小分子的渗入。例如,将纳米黏土加到PA6/PE,PA6/PP中,可以增强对苯乙烯的阻隔性。

习　　题

1.什么是纳米材料?如何分类?

2.纳米微粒有哪些效应?

3.纳米微粒有哪些不同于宏观材料的性质?这些性质可能有什么用途?

4.一维纳米材料有什么特征?有什么用途?

5.简述纳米薄膜的性质和用途。

6.说明纳米块体的结构模型。

7.说明纳米块体的结构缺陷。

8. 概述纳米块体的力学特征。比较和宏观块体材料的异同。

9. 概述纳米块体的物理性质。

10. 什么是纳米结构？举例说明其类型。

11. 举例说明纳米结构的性质。

12. 什么是纳米复合材料？举例说明其性质和用途。

第6章 气 体

材料制备过程常涉及气体,例如,气 – 气相反应,气 – 固相反应,气 – 液相反应等。本章讨论理想气体和真实气体的热力学。

6.1 理想气体

6.1.1 纯组分理想气体的热力学性质

对于纯组分理想气体

$$dG_m = -S_m dT + V_m dp \tag{6.1}$$

在恒温条件下

$$dG_m = V_m dp \tag{6.2}$$

将理想气体状态方程

$$V_m = \frac{RT}{p}$$

代入式(6.2),并从压力 $p^\ominus$ 到 p 积分之,得

$$G_m(p) - G_m(p^\ominus) = RT\ln(p/p^\ominus) \tag{6.3}$$

式中,$G_m(p)$ 为压力为 p 的理想气体的摩尔吉布斯(Gibbs)自由能,即此压力的化学势 μ;$G_m(p^\ominus)$ 为理想气体在标准压力 $p^\ominus$(1 013.25 Pa)的摩尔吉布斯自由能,可用 μ^* 表示,它仅是温度 T 的函数。

于是,式(6.3)也可表示为

$$\mu = \mu^* + RT\ln(p/p^\ominus) \tag{6.4}$$

式(6.3)和(6.4)就是 1 mol 理想气体在一定温度一定压力的吉布斯自由能表达式。如果要表示恒温条件下压力变化所引起 μ 的变化,则可将式(6.2)在 p_1 和 p_2 之间做定积分,得

$$\Delta G_m = \Delta\mu = RT\ln(p_1/p_2) \tag{6.5}$$

若理想气体有 n mol,则

$$\Delta G = n\Delta\mu = nRT\ln(p_1/p_2) \tag{6.6}$$

6.1.2 混合理想气体的热力学性质

在混合理想气体体系中,每个气体组元的行为都与该气体单独占有混合气体总体积时的行为相同。在混合气体中,每个气体组元的化学势为

$$\mu_i = \mu_i^* + RT\ln(p_i/p^\ominus) \tag{6.7}$$

式中,p_i 为混合气体中组元 i 的分压;μ_i^* 为分压 $p_i = p^\ominus$ 时组元 i 的化学势,即纯气体组元 i 在 $p_i = p^\ominus$ 时的化学势,称为标准化学势,它仅是温度 T 的函数。

混合气体的总吉布斯自由能为

$$G = \sum_{i=1}^{n} n_i\mu_i = \sum_{i=1}^{n} n_i\mu^* + RT\sum_{i=1}^{n} n_i\ln(p_i/p^\ominus) \tag{6.8}$$

式中,n_i 为气体组元 i 的物质的量。

体系的总熵为

$$S = -\left(\frac{\partial G}{\partial T}\right)_{p,n_i} = \sum_{i=1}^{n} n_i S_{m,i}^* - RT\sum_{i=1}^{n} n_i\ln(p_i/p^\ominus) \tag{6.9}$$

气体组元 i 的偏摩尔熵为

$$\overline{S}_{m,i} = S_{m,i}^* - RT\ln(p_i/p^\ominus) \tag{6.10}$$

混合理想气体的总焓为

$$H = G + TS = \sum_{i=1}^{n} n_i\mu_i^* + T\sum_{i=1}^{n} n_i S_{m,i}^* = \sum_{i=1}^{n} n_i H_{m,i}^* \tag{6.11}$$

可见,体系的总焓与组元的分压无关。将式(6.11)与集合公式

$$H = \sum_{i=1}^{n} n_i\overline{H}_{m,i}$$

相比较,得

$$\overline{H}_{m,i} = H_{m,i}^* \tag{6.12}$$

可见,理想气体组元 i 的偏摩尔焓就等于标准焓,与组元 i 的分压无关。

由式(6.8)、(6.9)、(6.12)得 n 种纯气体混合的 $\Delta G_{混合}$,$\Delta S_{混合}$,$\Delta H_{混合}$ 分别为

$$\Delta G_{混合} = RT\sum_{i=1}^{n} n_i\ln(p_i/p^\ominus) \tag{6.13}$$

$$\Delta S_{混合} = -R\sum_{i=1}^{n} n_i\ln(p_i/p^\ominus) \tag{6.14}$$

$$\Delta H_{混合} = 0 \tag{6.15}$$

6.2　真实气体

6.2.1　真实气体的化学势

6.2.1.1　状态方程

真实气体只有当压力趋近于零时才服从理想气体的状态方程

$$pV = nRT$$

在通常压力下,描写真实气体的压力、温度和摩尔体积之间的关系有范德瓦耳斯(Van der Waals)方程

$$p = \frac{RT}{V_m - b} - \frac{a}{V_m^2} \tag{6.16}$$

式中，a，b 为常数；V_m 表示摩尔体积。

还有昂斯（Onnes）方程

$$\frac{p}{p^\ominus} V_m = RT\left[1 + B(p/p^\ominus) + C(p/p^\ominus)^2 + D(p/p^\ominus)^3 + \cdots\right] \tag{6.17}$$

式中，B，C，D，$\cdots$ 为经验常数，也称为第二、第三、第四、$\cdots$ 维利系数。方程(6.16)、(6.17)都是近似公式，式(6.17)更为精确。

6.2.1.2　真实气体的化学势和逸度

将式(6.17)代入式(6.2)后并积分，得

$$\mu = \mu^\ominus + RT\left[\ln(p/p^\ominus) + B(p/p^\ominus) + \frac{1}{2}C(p/p^\ominus)^2 + \frac{1}{3}D(p/p^\ominus)^3 + \cdots\right] \tag{6.18}$$

与理想气体化学势表达式(6.3)比较，式(6.18)又长又复杂，很不方便。为了保持式(6.3)的简便形式，又适用于真实气体，路易斯（Lewis）提出以逸度 f 代替压力。这样纯组分真实气体的化学势表达式可以写为

$$\mu = \mu^\ominus + RT\ln(f/f^\ominus) \tag{6.19}$$

式中，$\mu^\ominus$ 为 $f = 1$ 时的化学势，它仅是温度 T 的函数。

不同逸度化学势差为

$$\mu_2 - \mu_1 = RT\ln(f_2/f_1) \tag{6.20}$$

逸度 f 与真实气体压力 p 之比称为逸度系数，用 r 表示

$$r = \frac{f}{p} \tag{6.21}$$

其数值不仅与气体特性有关，还与气体所处的温度和压力有关。在温度一定时，若压力较小，逸度系数 $r < 1$；若压力很大，逸度系数 $r > 1$；当压力趋于零时，真实气体的行为就接近于理想气体，逸度的数值就趋近于压力的数值，即

$$\lim_{p \to 0} \frac{f}{p} = 1 \tag{6.22}$$

可以用 $(1 - r)$ 衡量气体的不理想程度。

若知道真实气体的化学势，必须知道在压力 p 时气体的逸度 f 值。下面介绍几种计算逸度的方法。

6.2.2　纯气体逸度的计算方法

6.2.2.1　解析法

在恒温条件下，微分式(6.19)得

$$d\mu = RTd\ln(f/p^\ominus) \tag{6.23}$$

将上式与式(6.2)比较，得

$$dln \frac{f}{p^\ominus} = \frac{V}{RT}dp \tag{6.24}$$

式(6.24)就是解析法计算逸度的基本公式。将真实气体的状态方程代入式(6.24)中,积分就可得到逸度与压力的关系,进而计算出不同压力的逸度。

例题1 0 ℃ 时 N_2 的状态方程为

$$\frac{p}{p^\ominus}V = RT - 22.405 \times \left[0.461\,44 \times 10^{-3} \frac{p}{p^\ominus} + 3.122\,5 \times 10^{-6} \left(\frac{p}{p^\ominus} \right)^2 \right]$$

求压力为标准压力 $p^\ominus$ 的 50,100,150,200,300,400,500 倍时气体的逸度。

解 将 N_2 的状态方程代入式

$$dln \frac{f}{p^\ominus} = \frac{V}{RT}dp$$

中积分,得

$$\ln \frac{f}{p^\ominus} = \ln \frac{p}{p^\ominus} - \frac{1}{T} \left[1.260\,8 \times 10^{-1} \frac{p}{p^\ominus} - 4.265\,8 \times 10^4 \times \left(\frac{p}{p^\ominus} \right)^2 \right]$$

计算结果为

$p/p^\ominus$	50	100	150	200	300	400
$f/p^\ominus$	49.05	96.99	144.91	194.12	300.63	426.00

6.2.2.2 图解法

在某一温度测试了某种气体的 p、V 数据,则可以利用这些数据求出气体的逸度。以 α 表示理想气体与真空气体的体积之差

$$\alpha = V_{m,理} - V_{m,实} = \frac{RT}{p} - V_{m,实} \tag{6.25}$$

即

$$V_{m,实} = \frac{RT}{p} - \alpha$$

代入式(6.24)并积分,得

$$\ln \frac{f}{p^\ominus} = \ln \frac{p}{p^\ominus} - \frac{1}{RT} \int_{p=0}^{p} \alpha dp \tag{6.26}$$

式中第二项可以用图解积分法求出,然后利用式(6.26)计算 f 值。

例题2 0 ℃ 时,测得 N_2 的压力 p 及摩尔体积 V_m 的数据如下,计算不同压力的逸度。

$p/p^\ominus$	50	100	200	400	800	1 000
$V_m/10^3 \ m^3$	0.440 8	0.220 4	0.116 0	0.070 27	0.050 25	0.046 21

解 按式(6.25)计算 α 值,再以 α 对 p 作图,得曲线如图6.1所示。用图解法求曲线与过原点的横轴间的面积。计算时须注意,在轴线上方的面积取正号,下方的面积取负号。因此,总面积不是算术和而是代数和。计算结果为

$p/p^\ominus$	50	100	200	400	800	1 000
$f/p^\ominus$	49.11	97.10	194.48	422.08	1 109.7	1 796.4

计算逸度还有近似计算法和对比状态法等,但都没有解析法和图解法精确。

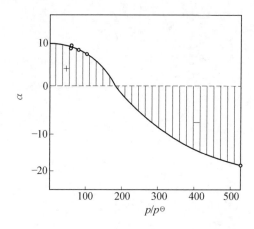

图 6.1 0 ℃ 时 N_2 的 α 和 p 的关系曲线

6.3 真实混合气体

6.3.1 真实混合气体中组元的化学势

真实混合气体中各组元的化学势与混合理想气体中各组元的化学势的表示式在形式上是一样的,只是以逸度代替分压,即

$$\mu_i = \mu_i^* + RT\ln(f_i/p^\ominus) \tag{6.27}$$

和

$$f_i = r_i p_i \tag{6.28}$$

式中,f_i 为组元 i 的逸度;r_i 为组元 i 的逸度系数;p_i 为组元 i 的分压。

还有

$$p \to 0, \frac{f_i}{p_i} \to 1 \tag{6.29}$$

注意这里的条件是总压 $p \to 0$,而不是分压 $p_i \to 0$。这是因为 μ_i 和 f_i 与体系中其他组元有关。

在恒温恒组成时,由式(6.27) 得

$$\mathrm{d}\mu_i = RT\mathrm{d}\ln(f_i/p^\ominus) \tag{6.30}$$

由式

$$\mathrm{d}\mu_i = -\bar{S}_{\mathrm{m},i}\mathrm{d}T + \bar{V}_{\mathrm{m},i}\mathrm{d}p + \sum_{j=1}^{n} \frac{\partial \mu_i}{\partial x_j}\mathrm{d}x_j$$

得

$$\mathrm{d}\mu_i = \bar{V}_{\mathrm{m},i}\mathrm{d}p \tag{6.31}$$

所以

$$RT\mathrm{d}\ln \frac{f_i}{p^\ominus} = V_i \mathrm{d}p$$

左右两边减去 $RT\mathrm{dln}(p_i/p^{\ominus})$，得

$$RT\mathrm{dln}\frac{f_i}{p_i} = \overline{V}_{\mathrm{m},i}\mathrm{d}p - RT\mathrm{dln}\frac{p_i}{p^{\ominus}}$$

$$= \overline{V}_{\mathrm{m},i}\mathrm{d}p - RT\mathrm{dln}\frac{p_i}{p^{\ominus}} - RT\mathrm{dln}\,x_i$$

$$= \left(\overline{V}_{\mathrm{m},i} - \frac{RT}{p}\right)\mathrm{d}p$$

后一步利用了恒组成的条件，x_i 是固定的。积分上式，得

$$\ln\frac{f_i}{p_i} = \int_0^p\left(\frac{\overline{V}_{\mathrm{m},i}}{RT} - \frac{1}{p}\right)\mathrm{d}p \tag{6.32}$$

欲利用式(6.32)求 f_i，须知 $\overline{V}_{\mathrm{m},i}$ 与 p 的关系或数据，应用上节的方法计算。

6.3.2　路易斯 - 兰德尔规则

对于理想气体

$$\mu_i = \mu_i^* + RT\ln(p_i/p^{\ominus})$$

$$= \mu_i^* + RT\ln p + RT\ln x_i$$

$$= \mu_i^*(T,p) + RT\ln x_i \tag{6.33}$$

而有些真实混合气体的化学势可表示为

$$\mu_i = \mu_i^{\ominus}(T,p) + RT\ln x_i \tag{6.34}$$

式中，μ_i 也是 T,p 的函数，但

$$\mu_i^{\ominus}(T,p) \neq \mu_i^*(T,p)$$

式(6.34)表示，在一定的温度和总压力下组分 i 的化学势只是由它自己的摩尔分数所决定，与其他组分的摩尔分数无关。自式(6.27)减去式(6.34)得

$$RT\ln\left(\frac{f_i/p^{\ominus}}{x_i}\right) = \mu_i^* - \mu_i^{\ominus}$$

等式右方与组成无关，所以 $\dfrac{f_i/p^{\ominus}}{x_i}$ 也不受组成影响，在 $x_i = 1$ 即纯组元 i 时此比值仍不变。

令 f_i^0 代表在温度 T、压力等于混合气体总压力时纯组元 i 的逸度，则

$$f_i = f_i^0 x_i \tag{6.35}$$

此即路易斯-兰德尔(Lewis-Randall)规则。虽说只适用符合式(6.34)的气体，但对于一般气体均可用式(6.35)做近似计算。

注意式(6.35)与道尔顿(Dalton)的分压公式

$$p_i = px_i$$

不同。道尔顿公式中的 p 是体系的总压，而式(6.35)中的 f_i^0 不是混合气体的总逸度，而是纯组元 i 的压力等于体系总压力时的逸度。

6.3.3　标准状态

对于纯组元理想气体，由式

$$\mu = \mu^* + RT\ln(p/p^{\ominus})$$

可知,标准状态为 $p/p^{\ominus} = 1$,即 $p = p^{\ominus}$ 的状态,吉布斯自由能为 μ^*。

对于混合理想气体,由式

$$\mu_i = \mu_i^* + RT\ln(p_i/p^{\ominus})$$

可知,标准状态为 $p_i/p^{\ominus} = 1$,即 $p_i = p^{\ominus}$ 的状态,吉布斯自由能为 μ_i^*。

对于纯组元真实气体,规定其标准状态为 $f = p^{\ominus}$,并表现为理想气体性质的状态。

由式

$$\mu = \mu^* + RT\ln(f/p^{\ominus})$$

可知,标准状态时吉布斯自由能为 μ^*。

对于混合真实气体,规定其标准状态为 $f = p^{\ominus}$ 并表现为理想气体性质的状态。由式

$$\mu_i = \mu_i^* + RT\ln(f_i/p^{\ominus})$$

可知,标准状态的吉布斯自由能为 μ_i^*。

由上述可见,不管是纯的还是混合物,气体的标准状态均为在标准压力下表现为理想气体性质的状态。对于理想气体是真实状态,对于真实气体则为假想状态。

习 题

1. 某气体的状态方程为 $pV_m = RT + \alpha p$,其中 α 为常数,求该气体的逸度表达式及吉布斯自由能表达式。

2. 某气体的状态方程为 $pV_m = RT + B/V_m$,其中 B 为常数,求该气体的逸度表达式及吉布斯自由能表达式。

第7章 溶 液

材料制备与使用过程涉及多种溶液。例如,材料制备过程中的金属溶液、熔融氧化物、各种水溶液、有机溶液等。这些溶液的化学组成可以在一定范围内连续变化,其热力学性质有许多共同规律。本章讨论各种溶液共同的基本热力学性质,许多结论对固溶体也适用。

7.1 溶液组成的表示方法

溶液的性质与其组成有密切的关系,是组成的函数。溶液组成的表示方法对溶液性质的描述有重要作用。下面介绍溶液组成常用的几种表示方法。

7.1.1 物质的量浓度

物质的量浓度定义为物质 i 的物质的量除以混合物的体积,即

$$c_i = \frac{n_i}{V} \tag{7.1}$$

式中,V 为混合物的体积;n_i 为 V 中所含 i 的物质的量;c_i 的国际单位(SI)为 $mol \cdot m^{-3}$,常用单位为 $mol \cdot dm^{-3}$。应用此种浓度单位,需指明物质 i 的基本单元的化学式。例如,$c(H_2SO_4) = 1\ mol \cdot dm^{-3}$。

7.1.2 质量摩尔浓度

溶质 i 的质量摩尔浓度(或溶质 i 的浓度)定义为溶液中溶质 i 的物质的量 n_i 除以溶剂 1 的质量 m_1。定义式为

$$b_i = \frac{n_i}{m_1} \tag{7.2}$$

式中,b_i 的国际单位为 $mol \cdot kg^{-1}$。应用此种浓度表示也需注明 n_i 的基本单元,例如,$b(H_2SO_4) = 0.8\ mol \cdot kg^{-1}$。

7.1.3 物质的量分数

物质 i 的物质的量分数定义为物质 i 的物质的量与混合物的物质的量之比,即

$$x_i = \frac{n_i}{\sum_{i=1}^{n} n_i} \tag{7.3}$$

式中,n_i 为组元 i 的物质的量;$\sum_{i=1}^{n} n_i$ 为混合物中多组元物质的量的总和。

x_i 为量纲一的量,其国际单位为1。用 x_i 表示浓度时也需注明基本单元。例如,$x(SiO_2) = 0.2$。由式(7.2)和(7.3)可知 b_i 与 x_i 的关系为

$$b_i = \frac{x_i}{M_1 x_1} = \frac{x_i}{M_1(1 - \sum\limits_{i=2}^{n} x_i)} \tag{7.4}$$

式中,M_1 为溶剂的摩尔质量;$\sum\limits_{i=2}^{n} x_i$ 表示对所有溶质的摩尔分数求和。

如果溶液足够稀,$n_i \ll n_1$,$\sum\limits_{i=2}^{n} x_i \ll 1$,则式(7.4)可写作

$$b_i \approx \frac{x_i}{M_1}$$

$$x_i \approx bM_1 \tag{7.5}$$

7.1.4 质量分数

物质 i 的质量分数定义为物质 i 的质量 m_i 除以混合物的总质量,即

$$w_i = \frac{m_i}{\sum\limits_{i=1}^{n} m_i} \tag{7.6}$$

w_i 为量纲一的量,国际单位为1。w_i 也可以写成分数,但不能写成 $i\%$ 或者 $w_i\%$,也不能称为 i 的"质量百分浓度"或 i 的"质量百分数"。例如,$w(H_2SO_4) = 0.06$ 可写成 $w(H_2SO_4) = 6\%$,但若写成 $(H_2SO_4)\% = 6\%$ 或 $(H_2SO_4)\% = 6$ 则是错误的。

7.1.5 质量浓度

物质 i 的质量浓度定义为物质 i 的质量 m_i 除以混合物的体积 V,即

$$\rho_i = \frac{m_i}{V} \tag{7.7}$$

ρ_i 为质量浓度,也称质量密度,其国际单位为 $kg \cdot m^{-3}$。

7.1.6 溶质 i 的摩尔比

溶质 i 的摩尔比定义为溶质 i 和溶剂 1 的物质的量之比,即

$$r_i = \frac{n_i}{n_1} \tag{7.8}$$

式中,n_i,n_1 分别为溶质 i 和溶剂 1 的物质的量;r_i 为量纲一的量,国际单位为1。

7.2 偏摩尔热力学性质

7.2.1 偏摩尔性质

溶液中由于各组元间的相互作用,体系的各种容量性质都不等于各纯组元同种性质

之和。这些容量性质与体系的温度、压力和各组元的含量有关,可以看作温度、压力和各组元的物质的量的函数。令 Φ 表示体系的某容量性质,则

$$\Phi = \Phi(T, p, n_1, n_2, n_3, \cdots, n_i, \cdots)$$

式中,$n_i(i = 1, 2, \cdots, n)$ 表示组元 i 的物质的量。组元 i 的偏摩尔性质的定义为

$$\overline{\Phi}_{m,i} = \left(\frac{\partial \Phi}{\partial n_i}\right)_{T, p, n_{j \neq i}} \tag{7.9}$$

式中,下角标 $n_{j \neq i}$ 表示除组元 i 外其他组元物质的量不变。

例如,体系的总吉布斯自由能有相应的表达式

$$G = G(T, p, n_1, n_2, n_3, \cdots n_i, \cdots)$$

和

$$\overline{G}_{m,i} = \left(\frac{\partial G}{\partial n_i}\right)_{T, p, n_{j \neq i}}$$

其他容量性质如体积 V、内能 U、焓 H 和熵 S。赫姆霍兹自由能 A 也有相应的偏摩尔性质定义式

$$\overline{V}_{m,i} = \left(\frac{\partial V}{\partial n_i}\right)_{T, p, n_{j \neq i}}$$

$$\overline{U}_{m,i} = \left(\frac{\partial U}{\partial n_i}\right)_{T, p, n_{j \neq i}}$$

$$\overline{H}_{m,i} = \left(\frac{\partial H}{\partial n_i}\right)_{T, p, n_{j \neq i}}$$

$$\overline{S}_{m,i} = \left(\frac{\partial S}{\partial n_i}\right)_{T, p, n_{j \neq i}}$$

$$\overline{A}_{m,i} = \left(\frac{\partial A}{\partial n_i}\right)_{T, p, n_{j \neq i}}$$

偏摩尔性质为强度性质,与物质的量无关,但与浓度有关,即偏摩尔性质不仅与物质的本性以及温度、压力有关,还与体系的组成有关。

令 Φ_m 代表 1 mol 溶液的某容量性质,则

$$\Phi_m = \Phi_m(T, p, x_1, x_2, x_3, \cdots, x_n) = \frac{\Phi}{\sum\limits_{i=1}^{n} n_i}$$

式中,$x_1, x_2, x_3, \cdots, x_n$ 为溶液等均相体系中组元 i 的摩尔分数,则

$$\Phi = \sum_{i=1}^{n} n_i \overline{\Phi}_{m,i} \tag{7.10}$$

$$\Phi_m = \sum_{i=1}^{n} x_i \overline{\Phi}_{m,i} \tag{7.11}$$

上两式称为集合公式。各组元的偏摩尔性质还有下列关系:

$$\begin{cases} \sum_{i=1}^{n} n_i \mathrm{d}\overline{\Phi}_{\mathrm{m},i} = 0 \\ \sum_{i=1}^{n} x_i \mathrm{d}\overline{\Phi}_{\mathrm{m},i} = 0 \\ \sum_{i=1}^{n} x_i \dfrac{\partial \overline{\Phi}_{\mathrm{m},i}}{\partial x_j} = 0 \quad (j = 1,2,\cdots,n, j \neq i) \end{cases} \tag{7.12}$$

上面各式都称吉布斯 – 杜核姆(Gibbs-Dnhem)方程。例如,对于吉布斯自由能则为

$$\begin{cases} \sum_{i=1}^{n} n_i \mathrm{d}\overline{G}_{\mathrm{m},i} = 0 \\ \sum_{i=1}^{n} x_i \mathrm{d}\overline{G}_{\mathrm{m},i} = 0 \\ \sum_{i=1}^{n} x_i \dfrac{\partial \overline{G}_{\mathrm{m},i}}{\partial x_j} = 0 \quad (j = 1,2,\cdots,n, ,j \neq i) \end{cases} \tag{7.13}$$

7.2.2 偏摩尔性质间的关系

对一定组成的溶液有

$$G = H - TS$$

恒温、恒压、其他组元含量不变的条件下,将其对 n_i 求偏导数得

$$\left(\frac{\partial G}{\partial n_i}\right)_{T,p,n_{j\neq i}} = \left(\frac{\partial H}{\partial n_i}\right)_{T,p,n_{j\neq i}} - T\left(\frac{\partial S}{\partial n_i}\right)_{T,p,n_{j\neq i}}$$

依偏摩尔性质定义,上式可以写为

$$\overline{G}_{\mathrm{m},i} = \overline{H}_{\mathrm{m},i} - T\overline{S}_{\mathrm{m},i} \tag{7.14}$$

同理可得

$$\overline{H}_{\mathrm{m},i} = \overline{U}_{\mathrm{m},i} - p\overline{V}_{\mathrm{m},i} \tag{7.15}$$

$$\overline{A}_{\mathrm{m},i} = \overline{U}_{\mathrm{m},i} - p\overline{S}_{\mathrm{m},i} \tag{7.16}$$

对任意数量的溶液有

$$G = G(T,p,n_1,n_2,\cdots)$$

当溶液各组元浓度不变,而体系的温度、压力发生微小变化,则有

$$\mathrm{d}G = -S\mathrm{d}T + V\mathrm{d}p$$

则

$$\left(\frac{\partial G}{\partial T}\right)_{p,n_j} = -S, \quad \left(\frac{\partial G}{\partial p}\right)_{T,n_j} = V$$

上式两边分别对 n_i 求偏导数,得

$$\left[\frac{\partial}{\partial n_i}\left(\frac{\partial G}{\partial p}\right)_{T,n_j}\right]_{T,p,n_{j\neq i}} = \left[\frac{\partial}{\partial T}\left(\frac{\partial S}{\partial n_i}\right)_{T,p,n_{j\neq i}}\right]_{p,n_j}$$

$$\left(\frac{\partial \overline{S}_{\mathrm{m},i}}{\partial T}\right)_{p,n_j} = \overline{S}_{\mathrm{m},i}$$

$$\left[\frac{\partial}{\partial n_i}\left(\frac{\partial G}{\partial p}\right)_{T,n_j}\right]_{T,p,n_{j\neq i}} = \left(\frac{\partial V}{\partial n_i}\right)_{T,p,n_{j\neq i}} = \overline{V}_{\mathrm{m},i} \tag{7.17}$$

注意到偏导数不随求偏导次序而变,有

$$\left[\frac{\partial}{\partial n_i}\left(\frac{\partial G}{\partial p}\right)_{T,n_j}\right]_{T,p,n_{j\neq i}} = \left[\frac{\partial}{\partial p}\left(\frac{\partial G}{\partial n_i}\right)_{T,p,n_{j\neq i}}\right]_{T,n_j} = \left(\frac{\partial \bar{G}_{m,i}}{\partial p}\right)_{T,n_j} \tag{7.18}$$

比较式(7.17)和(7.18)可得

$$\left(\frac{\partial \bar{G}_{m,i}}{\partial p}\right)_{T,n_j} = \bar{V}_{m,i} \tag{7.19}$$

同理可得

$$\left(\frac{\partial \bar{G}_{m,i}}{\partial T}\right)_{p,n_j} = -\bar{S}_{m,i} \tag{7.20}$$

溶液组成不变,$\bar{G}_{m,i}$ 仅为 T,p 的函数,所以

$$d\bar{G}_{m,i} = \left(\frac{\partial \bar{G}_{m,i}}{\partial T}\right)_{p,n_j}dT + \left(\frac{\partial \bar{G}_{m,i}}{\partial p}\right)_{T,n_j}dp$$

把式(7.19)、(7.20)代入上式,得

$$d\bar{G}_{m,i} = -\bar{S}_{m,i}dT + \bar{V}_{m,i}dp \tag{7.21}$$

同理可得

$$d\bar{U}_{m,i} = Td\bar{S}_{m,i} - pd\bar{V}_{m,i} \tag{7.22}$$

$$d\bar{H}_{m,i} = Td\bar{S}_{m,i} + \bar{V}_{m,i}dp \tag{7.23}$$

$$d\bar{A}_{m,i} = -S_i dT - pdV_i \tag{7.24}$$

并有

$$d\bar{G}_i = -\bar{S}_i dT + \bar{V}_i dp$$

$$d\bar{U}_i = Td\bar{S}_i - pd\bar{V}_i$$

$$d\bar{H}_i = Td\bar{S}_i + \bar{V}_i dp$$

$$d\bar{A}_i = -S_i dT - pdV_i$$

式中,$\bar{G}_{m,i},\bar{U}_{m,i},\bar{H}_{m,i},\bar{A}_{m,i},\bar{S}_{m,i},\bar{V}_{m,i}$ 是溶液中 1 mol 组元 i 的热力学量;$\bar{G}_i,\bar{V}_i,\bar{H}_i,\bar{A}_i,\bar{S}_i,\bar{V}_i$ 是整个溶液中组元 i 的总热力学量。

综上可见,溶液中各组元的偏摩尔性质间的关系与单组元体系的热力学公式形式相同,仅把公式中的摩尔性质换成相应的偏摩尔性质即可。再如,对于公式

$$\left(\frac{\partial(G/T)}{\partial T}\right)_p = -\frac{H}{T^2}$$

相应有

$$\left(\frac{\partial(\bar{G}_i/T)}{\partial T}\right)_{p,n_j} = -\frac{\bar{H}_i}{T^2} \tag{7.25}$$

对于其他单组元体系的热力学公式也有相应的偏摩尔热力学公式。

在组元的各种偏摩尔性质中,偏摩尔吉布斯自由能最为重要,它与化学势 μ_i 的定义相同。

$$\mu_i = \bar{G}_{m,i} = \left(\frac{\partial G}{\partial n_i}\right)_{T,p,n_{j\neq i}} \tag{7.26}$$

是经常用到的热力学量。此处应注意,化学势等于偏摩尔吉布斯自由能,但并不等于其他

偏摩尔性质,而是

$$\mu_i = \left(\frac{\partial U}{\partial n_i}\right)_{S,V,n_{j\neq i}} \neq \overline{U}_{m,i} = \left(\frac{\partial U}{\partial n_i}\right)_{T,p,n_{j\neq i}}$$

$$\mu_i = \left(\frac{\partial H}{\partial n_i}\right)_{S,p,n_{j\neq i}} \neq \overline{H}_{m,i} = \left(\frac{\partial H}{\partial n_i}\right)_{T,p,n_{j\neq i}}$$

$$\mu_i = \left(\frac{\partial A}{\partial n_i}\right)_{T,V,n_{j\neq i}} \neq \overline{A}_{m,i} = \left(\frac{\partial A}{\partial n_i}\right)_{T,p,n_{j\neq i}}$$

化学势表示某一组元在一定条件下从一相内逸出的能力,它是重要的热力学量。

7.2.3 热力学性质的计算

在溶液和其他多元均相体系中,若已知某一组元的偏摩尔性质,则可用它计算其余各组元的偏摩尔性质。这不仅可以减少实验的工作量,而且可以利用易于由实验测定的某个组元的偏摩尔性质计算实验难以测定或不易测准的另一些组元的偏摩尔性质。

7.2.3.1 二元系

对于二元系 1 - 2 有

$$\Phi_m = x_1 \overline{\Phi}_{m,1} + x_2 \overline{\Phi}_{m,2} \tag{7.27}$$

将上式对 x_1 求导,并利用吉布斯 - 杜亥姆方程

$$x_1 \frac{d\overline{\Phi}_{m,1}}{dx_1} + x_2 \frac{d\overline{\Phi}_{m,2}}{dx_2} = 0$$

得

$$\frac{d\Phi_m}{dx_1} = \overline{\Phi}_{m,1} + \frac{dx_2}{dx_1}\overline{\Phi}_{m,2} \tag{7.28}$$

由 $x_1 + x_2 = 1$,得

$$\frac{dx_2}{dx_1} = -1$$

代入式(7.28),得

$$\frac{d\Phi_m}{dx_1} = \overline{\Phi}_{m,1} - \overline{\Phi}_{m,2}$$

式(7.27) + 式(7.28) × 2,得

$$\Phi_m + x_2 \frac{d\Phi_m}{dx_1} = \overline{\Phi}_{m,1}$$

即

$$\overline{\Phi}_{m,1} = \Phi_m + (1 - x_1)\frac{d\Phi_m}{dx_1} = (1 - x_1)^2 \left[\frac{d}{dx_1}\left(\frac{\Phi_m}{1 - x_1}\right)\right] \tag{7.29}$$

同理

$$\overline{\Phi}_{m,2} = \Phi_m + (1 - x_2)\frac{d\Phi_m}{dx_2} = (1 - x_2)^2 \left[\frac{d}{dx_2}\left(\frac{\Phi_m}{1 - x_2}\right)\right] \tag{7.30}$$

两边除以 $(1 - x_1)^2$,并在 $0 \sim x_1$ 区间积分,得

$$\Phi_\mathrm{m} = (1 - x_1) \left[(\Phi_\mathrm{m})_{x_1=0} + \int_0^{x_1} \frac{\overline{\Phi}_{\mathrm{m},1}}{(1 - x_1)^2} \mathrm{d}x_1 \right] \qquad (7.31)$$

$$\Phi_\mathrm{m} = (1 - x_2) \left[(\Phi_\mathrm{m})_{x_2=0} + \int_0^{x_2} \frac{\overline{\Phi}_{\mathrm{m},2}}{(1 - x_2)^2} \mathrm{d}x_2 \right] \qquad (7.32)$$

式中,$(\Phi_\mathrm{m})_{x_1=0}$ 是 $x_2 = 1$ 的 Φ_m 值,对于二元系 $1 - 2$ 应是纯组元 2 的 Φ_m 值;$(\Phi_\mathrm{m})_{x_2=0}$ 是 $x_1 = 1$ 的 Φ_m 值,对于二元系 $1 - 2$ 是纯组元 1 的 Φ_m 值。

图 7.1 是利用截距法求 $\overline{\Phi}_{\mathrm{m},1}$,$\overline{\Phi}_{\mathrm{m},2}$ 的示意图。

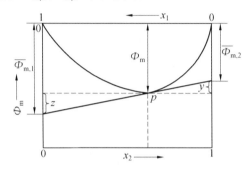

图 7.1　截距法求 $\overline{\Phi}_{\mathrm{m},1}$,$\overline{\Phi}_{\mathrm{m},2}\left(y = (1 - x_2) \dfrac{\mathrm{d}\Phi_\mathrm{m}}{\mathrm{d}x_2}, z = (1 - x_2) \dfrac{\mathrm{d}\Phi_\mathrm{m}}{\mathrm{d}x_1} \right)$

7.2.3.2　三元系

（1）达肯法（Darken）

1950 年,达肯（Darken）提出由三元系中一个组元的热力学性质计算其他组元热力学性质的方法。对于三元系 $1 - 2 - 3$ 有

$$\Phi_\mathrm{m} = x_1 \overline{\Phi}_{\mathrm{m},1} + x_2 \overline{\Phi}_{\mathrm{m},2} + x_3 \overline{\Phi}_{\mathrm{m},3} \qquad (7.33)$$

在 $x_2/x_3 = l$ 不变的条件下,将上式对 x_1 求导,并利用吉布斯 - 杜亥姆方程

$$x_1 \frac{\partial \overline{\Phi}_{\mathrm{m},1}}{\partial x_1} + x_2 \frac{\partial \overline{\Phi}_{\mathrm{m},2}}{\partial x_1} + x_3 \frac{\partial \overline{\Phi}_{\mathrm{m},3}}{\partial x_1} = 0$$

得

$$\frac{\partial \Phi_\mathrm{m}}{\partial x_1} = \overline{\Phi}_{\mathrm{m},1} + \frac{\partial x_2}{\partial x_1} \overline{\Phi}_{\mathrm{m},2} + \frac{\partial x_3}{\partial x_1} \overline{\Phi}_{\mathrm{m},3} \qquad (7.34)$$

由 $x_1 + x_2 + x_3 = 1, x_2/x_3 = l$,得

$$\frac{\mathrm{d}x_3}{\mathrm{d}x_1} = -\frac{1}{1 + l}$$

$$\frac{\mathrm{d}x_2}{\mathrm{d}x_1} = l \frac{\mathrm{d}x_3}{\mathrm{d}x_1} = -\frac{1}{1 + l}$$

代入式(7.32),得

$$\frac{\partial \Phi_\mathrm{m}}{\partial x_1} = \overline{\Phi}_{\mathrm{m},1} - \frac{1}{1 + l} (l \overline{\Phi}_{\mathrm{m},2} + \overline{\Phi}_{\mathrm{m},3}) \qquad (7.35)$$

将式(7.33)各项除以 x_3,并利用 $x_2/x_3 = l$,得

$$\frac{\varPhi_{\mathrm{m}}}{x_3} - \frac{x_1}{x_3}\overline{\varPhi}_{\mathrm{m},1} = l\overline{\varPhi}_{\mathrm{m},2} + \overline{\varPhi}_{\mathrm{m},3} \tag{7.36}$$

将式(7.34)代入(7.33)后,各项乘以 x_3,得

$$x_3\frac{\partial\varPhi_{\mathrm{m}}}{\partial x_1} = x_3\overline{\varPhi}_{\mathrm{m},1} - \frac{1}{1+l}(\varPhi_{\mathrm{m}} + x_1\overline{\varPhi}_{\mathrm{m},1})$$

再将 $x_2/x_3 = l$ 代入上式,整理得

$$\overline{\varPhi}_{\mathrm{m},1} = \varPhi_{\mathrm{m}} + (1 - x_1)\left(\frac{\partial\varPhi_{\mathrm{m}}}{\partial x_1}\right)_{\frac{x_2}{x_3}=l}$$

即

$$\overline{\varPhi}_{\mathrm{m},1} = (1 - x_1)^2\left[\frac{\partial}{\partial x_1}\left(\frac{\varPhi_{\mathrm{m}}}{1 - x_1}\right)\right]_{\frac{x_2}{x_3}=l} \tag{7.37}$$

同理可得

$$\overline{\varPhi}_{\mathrm{m},2} = (1 - x_2)^2\left[\frac{\partial}{\partial x_2}\left(\frac{\varPhi_{\mathrm{m}}}{1 - x_2}\right)\right]_{\frac{x_1}{x_3}=l} \tag{7.38}$$

和

$$\overline{\varPhi}_{\mathrm{m},3} = (1 - x_3)^2\left[\frac{\partial}{\partial x_3}\left(\frac{\varPhi_{\mathrm{m}}}{1 - x_3}\right)\right]_{\frac{x_1}{x_2}=l} \tag{7.39}$$

将式(7.36)两边除以 $(1 - x_1)^2$ 并在 $0 \sim x_1$ 区间积分,得

$$\varPhi_{\mathrm{m}} = (1 - x_1)\left[(\varPhi_{\mathrm{m}})_{x_1=0} + \int_0^{x_1}\frac{\overline{\varPhi}_{\mathrm{m},1}}{(1 - x_1)^2}\mathrm{d}x_1\right]_{\frac{x_2}{x_3}=l} \tag{7.40}$$

式中,$(\varPhi_{\mathrm{m}})_{x_1=0}$ 是二元系 $2 - 3$ 中 $x_2/x_3 = l$ 处的 $\varPhi_{\mathrm{m}}$ 值,即

$$(\varPhi_{\mathrm{m}})_{x_1=0} = x_2\overline{\varPhi}_{\mathrm{m},2} + x_3\overline{\varPhi}_{\mathrm{m},3} \tag{7.41}$$

7.2.3.3 瓦格纳方法

1962 年,瓦格纳(Wagner)提出另一种由三元系一个组元热力学性质计算另两个组元热力学性质的方法。对于三元系 $1 - 2 - 3$,令

$$y = \frac{x_3}{x_1 + x_3} = \frac{x_3}{1 - x_2}$$

$$1 - y = \frac{x_1}{x_1 + x_3} = \frac{x_1}{1 - x_2}$$

将 x_2 看作常数,将吉布斯 - 杜亥姆方程

$$x_1\mathrm{d}\overline{\varPhi}_{\mathrm{m},1} + x_2\mathrm{d}\overline{\varPhi}_{\mathrm{m},2} + x_3\mathrm{d}\overline{\varPhi}_{\mathrm{m},3} = 0$$

各项除以 $(1 - x_2)\mathrm{d}y$,得

$$(1 - y)\left(\frac{\partial\overline{\varPhi}_{\mathrm{m},1}}{\partial y}\right) + \frac{x_2}{1 - x_2}\left(\frac{\partial\overline{\varPhi}_{\mathrm{m},2}}{\partial y}\right) + y\left(\frac{\partial\overline{\varPhi}_{\mathrm{m},3}}{\partial y}\right) = 0 \tag{7.42}$$

将 y 看作常数,将上面的吉布斯 - 杜亥姆方程各项除以 $(1 - x_2)\mathrm{d}x_2$,得

$$(1 - y)\left(\frac{\partial\overline{\varPhi}_{\mathrm{m},1}}{\partial x_2}\right) + \frac{x_2}{1 - x_2}\left(\frac{\partial\overline{\varPhi}_{\mathrm{m},2}}{\partial x_2}\right) + y\left(\frac{\partial\overline{\varPhi}_{\mathrm{m},3}}{\partial x_2}\right) = 0 \tag{7.43}$$

将式(7.40)对 x_2 求导,式(7.41)对 y 求导,然后两者相减,得

$$\frac{\partial \overline{\Phi}_{m,1}}{\partial x_2} + \frac{1}{(1-x_2)^2}\frac{\partial \overline{\Phi}_{m,2}}{\partial y} - \frac{\partial \overline{\Phi}_{m,3}}{\partial x_2} = 0 \tag{7.44}$$

$(7.41) + (7.42) \times y$,对于确定的 y 值,得

$$d\overline{\Phi}_{m,1} = -\frac{x_2}{1-x_2}d\overline{\Phi}_{m,2} - \frac{y}{(1-x_2)^2}\frac{\partial \overline{\Phi}_{m,2}}{\partial y}dx_2 \tag{7.45}$$

$(7.41) - (7.42) \times (1-y)$,对于确定的 y 值得

$$d\overline{\Phi}_{m,3} = -\frac{x_2}{1-x_2}d\overline{\Phi}_{m,2} + \frac{1-y}{(1-x_2)^2}\frac{\partial \overline{\Phi}_{m,2}}{\partial y}dx \tag{7.46}$$

若已知 $\overline{\Phi}_{m,2}$,在区间 $0 \sim x_2$ 积分式(7.43)和(7.44)得

$$\overline{\Phi}_{m,1} = (\overline{\Phi}_{m,1})_{x_2=0} + \int_0^{x_2}\left\{\frac{\overline{\Phi}_{m,2}}{(1-x_2)^2} - y\frac{\partial}{\partial y}\left[\frac{\overline{\Phi}_{m,2}}{(1-x_2)^2}\right]\right\}dx_2 - \frac{x_2}{1-x_2}\overline{\Phi}_{m,2} \tag{7.47}$$

$$\overline{\Phi}_{m,3} = (\overline{\Phi}_{m,3})_{x_2=0} + \int_0^{x_2}\left\{\frac{\overline{\Phi}_{m,2}}{(1-x_2)^2} - (1-y)\frac{\partial}{\partial y}\left[\frac{\overline{\Phi}_{m,2}}{(1-x_2)^2}\right]\right\}dx_2 - \frac{x_2}{1-x_2}\overline{\Phi}_{m,2}$$

$$\tag{7.48}$$

若已知 $\overline{\Phi}_{m,2}$,则由以上两式可求得 $\overline{\Phi}_{m,1}$ 和 $\overline{\Phi}_{m,3}$。两式等号右边被积函数分别是以 $\dfrac{\overline{\Phi}_{m,2}}{(1-x_2)^2}$ 对 y 作图所得曲线的切线在左方和右方纵坐标轴上的截距。

7.2.3.4 $n(>3)$ 元系

达肯方法可以推广到 $n > 3$ 元系。

对于 n 元系 $1-2-3-\cdots-n$,有

$$\Phi_m = \sum_{i=1}^n x_i \overline{\Phi}_{m,i}$$

在 $\dfrac{x_2}{x_i} = l_i(i=3,4,\cdots,n)$ 恒定的条件下,将上式对 x_1 求导并利用吉布斯 - 杜亥姆方程,得

$$\sum_{i=1}^n x_i \frac{\partial \overline{\Phi}_{m,i}}{\partial x_1} = 0$$

得

$$\frac{\partial \Phi_m}{\partial x_1} = \overline{\Phi}_{m,1} + \sum_{i=2}^n \frac{\partial x_i}{\partial x_1}\overline{\Phi}_{m,i}$$

利用关系式 $\sum_{i=1}^n x_i = 1, \dfrac{x_2}{x_i} = l_i(i=3,4,\cdots,n)$ 可得

$$\overline{\Phi}_{m,1} = \Phi_m + (1-x_1)\frac{\partial \Phi_m}{\partial x_1}$$

即

$$\overline{\Phi}_{m,1} = (1-x_1)^2 \frac{\partial}{\partial x_1}\left(\frac{\Phi_m}{1-x_1}\right)_{\frac{x_2}{x_i}=l_i \ (i\neq 1,2)} \tag{7.49}$$

同理可得

$$\overline{\Phi}_{\mathrm{m},i} = (1 - x_i)^2 \frac{\partial}{\partial x_i}\left(\frac{\Phi_{\mathrm{m}}}{1 - x_i}\right)_{\frac{x_1}{x_j} = l_j \ (j \neq 1,2)} \qquad (i = 2,3,\cdots,n) \qquad (7.50)$$

将式(7.47)两边除以$(1 - x_1)^2$并做积分,得

$$\Phi_{\mathrm{m}} = (1 - x_1)\left[(\Phi_{\mathrm{m}})_{x_1=0} + \int_0^{x_1} \frac{\overline{\Phi}_{\mathrm{m},1}}{(1-x_1)^2}\mathrm{d}x_1\right]_{\frac{x_2}{x_i}=l_i \ (i \neq 1,2)} \qquad (7.51)$$

当$x_1 = 0$时,n元系变为$(n-1)$元系,所以$(\Phi_{\mathrm{m}})_{x_1=0}$是$(n-1)$元系$2,3,\cdots,n$中$\frac{x_2}{x_i} = l_i(i = 3,4,\cdots,n)$处的$\Phi_{\mathrm{m}}$值,积分是沿$n$元系中$\frac{x_2}{x_i} = l_i(i = 3,4,\cdots,n)$的线上进行的。

若$\overline{\Phi}_{\mathrm{m},1}$已知,则利用式(7.51)求得$\Phi_{\mathrm{m}}$,再利用式(7.50)求$\overline{\Phi}_{\mathrm{m},i}(i = 2,3,\cdots,n)$。

7.3 相对偏摩尔性质

7.3.1 相对偏摩尔性质

相对偏摩尔性质也称偏摩尔混合性质。

偏摩尔量$\overline{G}_{\mathrm{m},i}$,$\overline{U}_{\mathrm{m},i}$,$\overline{H}_{\mathrm{m},i}$,$\overline{A}_{\mathrm{m},i}$等的绝对值尚无法得到,通常采用相对值。在一定浓度的溶液中,组元i的相对偏摩尔性质是指组元i在溶液中的偏摩尔性质与其在纯状态时的摩尔性质的差值。依此定义:

$$\Delta\Phi_{\mathrm{m},i} = \overline{\Phi}_{\mathrm{m},i} - \Phi_{\mathrm{m},i}$$

式中,$\Delta\overline{\Phi}_{\mathrm{m},i}$为组元$i$的某一相对偏摩尔性质;$\Phi_i$是溶液中组元$i$的某一偏摩尔性质;$\Phi_{\mathrm{m},i}$是纯$i$的某一摩尔性质。

从物理意义上看,相对偏摩尔性质相当于在恒温恒压条件下,在给定浓度的大量溶液中,1 mol组元i溶解进去时,组元i摩尔性质的变化。所以,相对偏摩尔性质又称为组元i的偏摩尔溶解性质。所谓大量溶液是表示1 mol组元i溶解于其中并不改变溶液的浓度。在恒温恒压条件下,纯组元i溶解转入溶液,表示为

$$i = [i]$$

其摩尔吉布斯自由能变化

$$\Delta G_{\mathrm{m},i} = \overline{G}_{\mathrm{m},i} - G_{\mathrm{m},i} \qquad (7.52)$$

式中,$\Delta G_{\mathrm{m},i}$为组元i的偏摩尔溶解自由能,即1 mol i物质在一定浓度溶液中溶解过程的吉布斯自由能变化,也称偏摩尔混合自由能;$\overline{G}_{\mathrm{m},i}$为组元$i$溶解后,溶液中组元$i$的偏摩尔吉布斯自由能;$G_{\mathrm{m},i}$是纯组元$i$的摩尔吉布斯自由能。

除偏摩尔溶解自由能外,还有偏摩尔溶解热,或称为偏摩尔混合热,则

$$\Delta H_{\mathrm{m},i} = \overline{H}_{\mathrm{m},i} - H_{\mathrm{m},i}$$

及偏摩尔溶解熵,或称为偏摩尔混合熵

$$\Delta S_{\mathrm{m},i} = \overline{S}_{\mathrm{m},i} - S_{\mathrm{m},i}$$

式中,$\overline{H}_{\mathrm{m},i}$,$\overline{S}_{\mathrm{m},i}$分别为溶液中组元$i$的偏摩尔焓和偏摩尔熵。$H_{\mathrm{m},i}$,$S_{\mathrm{m},i}$分别为纯组元$i$的摩尔焓和摩尔熵。

在整个溶液中,组元 i 的相对热力学性质为

$$\Delta \Phi_i = \overline{\Phi}_i - \Phi_i$$

即

$$\Delta G_i = \overline{G}_i - G_i$$
$$\Delta U_i = \overline{U}_i - U_i$$
$$\Delta H_i = \overline{H}_i - H_i$$
$$\Delta A_i = \overline{A}_i - A_i$$
$$\Delta S_i = \overline{S}_i - S_i$$
$$\Delta V_i = \overline{V}_i - V_i$$

式中,$\overline{G}_i, \overline{U}_i, \overline{H}_i, \overline{A}_i, \overline{S}_i, \overline{V}_i$ 为整个溶液的组元 i 的吉布斯自由能、热焓和熵;$G_i, U_i, H_i, A_i, S_i,$ V_i 为相等于整个溶液中组元 i 的量的纯组元 i 的吉布斯自由能、热焓和熵。

7.3.2 混合热力学性质

由 n 个组元形成溶液。混合前,体系中各组元的容量性质之和为

$$\Phi^b = \sum_{i=1}^{n} n_i \Phi_{\mathrm{m},i}$$

混合后体系的容量性质为

$$\Phi^a = \sum_{i=1}^{n} n_i \Phi_{\mathrm{m},i}$$

混合前后体系的容量性质变化为

$$\Delta \Phi = \Phi^a - \Phi^b = \sum_{i=1}^{n} n_i (\overline{\Phi}_{\mathrm{m},i} - \Phi_{\mathrm{m},i}) = \sum_{i=1}^{n} n_i \Delta \Phi_{\mathrm{m},i} \tag{7.53}$$

式中

$$\Delta \Phi_{\mathrm{m},i} = \overline{\Phi}_{\mathrm{m},i} - \Phi_{\mathrm{m},i}$$

是组元 i 的偏摩尔热力学性质。

对于 1 mol 溶液则有

$$\Delta \Phi_{\mathrm{m}} = \frac{\Delta \Phi}{\sum\limits_{i=1}^{n} n_i} = \frac{\sum\limits_{i=1}^{n} n_i \Delta \overline{\Phi}_{\mathrm{m},i}}{\sum\limits_{i=1}^{n} n_i} = \sum_{i=1}^{n} x_i \Delta \Phi_{\mathrm{m},i} \tag{7.54}$$

式中,$\Delta \Phi_{\mathrm{m}}$ 是混合前后体系的摩尔热力学性质变化。

上面的公式对任何容量性质都适用。例如对于吉布斯自由能则有混合吉布斯自由能变化

$$\Delta G = \sum_{i=1}^{n} n_i \Delta G_{\mathrm{m},i}$$

摩尔混合吉布斯自由能变化

$$\Delta G_{\mathrm{m}} = \sum_{i=1}^{n} x_i \Delta G_{\mathrm{m},i}$$

还有混合焓、混合熵等,即

$$\Delta H = \sum_{i=1}^{n} n_i \Delta H_{m,i}$$

$$\Delta H_m = \sum_{i=1}^{n} x_i \Delta H_{m,i}$$

$$\Delta S = \sum_{i=1}^{n} n_i \Delta S_{m,i}$$

$$\Delta S_m = \sum_{i=1}^{n} x_i \Delta S_{m,i}$$

实际上不只是以上各式,凡是对偏摩尔性质成立的公式,对相对偏摩尔性质都成立,只需将热力学性质换成相应的混合热力学性质,偏摩尔性质换成相应的相对偏摩尔性质。例如

$$\Delta G_i = \Delta H_i - T\Delta S_i$$

$$\Delta H_i = \Delta U_i + p\Delta V_i$$

$$\left[\frac{\partial}{\partial T}\left(\frac{\Delta G_i}{T} \right) \right]_{p,n_i} = -\frac{\Delta H_i}{T^2}$$

$$\Delta G_{m,i} = \Delta H_{m,i} - T\Delta S_{m,i}$$

$$\Delta H_{m,i} = \Delta U_{m,i} + p\Delta V_{m,i}$$

$$\left[\frac{\partial}{\partial T}\left(\frac{\partial \Delta G_{m,i}}{T} \right) \right]_{p,n_i} = -\frac{\Delta H_{m,i}}{T^2}$$

$$\Delta \mu_i = \Delta G_{m,i} = \left(\frac{\partial \Delta G}{\partial n_i} \right)_{T,p,n_{j\neq i}} = \left(\frac{\partial \Delta G_m}{\partial x_i} \right)_{T,p,x_{j\neq i}}$$

$$\begin{cases} \sum_{i=1}^{n} x_i \mathrm{d}\Delta \Phi_{m,i} = 0 \\ \sum_{i=1}^{n} x_i \frac{\partial \Delta \Phi_{m,i}}{\partial x_j} = 0 \quad (j = 1,2,\cdots,n; j \neq i) \end{cases} \tag{7.55}$$

式(7.54)是相对偏摩尔性质的吉布斯 - 杜亥姆方程。

7.3.3 由已知组元的相对偏摩尔性质计算其他组元的相对偏摩尔性质

7.3.3.1 二元系

对于二元系 1 - 2 集合公式为

$$\Delta \Phi_m = x_1 \Delta \Phi_{m,1} + x_2 \Delta \Phi_{m,2}$$

将上式对 x_1 求导,利用 $\mathrm{d}x_1 = -\mathrm{d}x_2$ 和二元系吉布斯 - 杜亥姆方程,有

$$x_1 \frac{\mathrm{d}\Delta \Phi_{m,1}}{\mathrm{d}x_1} + x_2 \frac{\mathrm{d}\Delta \Phi_{m,2}}{\mathrm{d}x_1} = 0$$

可推得

$$\Delta \Phi_{m,1} = \Delta \Phi_m + (1 - x_1) \frac{\mathrm{d}\Delta \Phi_m}{\mathrm{d}x_1} \tag{7.56}$$

和

$$\Delta\Phi_{m,2} = \Delta\Phi_m + (1 - x_2)\frac{d\Delta\Phi_m}{dx_2} \qquad (7.57)$$

若已知某些浓度的 $\Delta\Phi_m$，以 $\Delta\Phi_m$ 对 x_1 作图，所得曲线过 p 点的切线斜率为 $\dfrac{d\Delta\Phi_m}{dx_1}$，在两边竖轴的截距分别为 $\Delta\Phi_{m,1}$，$\Delta\Phi_{m,2}$，如图 7.2 所示。

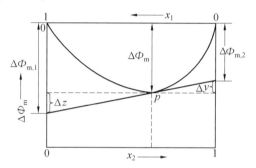

图 7.2　截距法求 $\Delta\Phi_{m,1}$ 和 $\Delta\Phi_{m,2}$

$$\left(\Delta y = (1 - x_2)\frac{d\Delta\Phi_m}{d\Delta x_2}, \Delta z = (1 - x_1)\frac{d\Delta\Phi_m}{d\Delta x_1} \right)$$

将式(7.55)写为

$$\Delta\Phi_{m,1} = (1 - x_1)^2 \frac{\partial}{\partial x_1}\left(\frac{\Delta\Phi_m}{1 - x_1}\right) \qquad (7.58)$$

两边除以 $(1 - x_1)^2$，并做积分，得

$$\Delta\Phi_m = (\Delta\Phi_m)_{x_1 = 0} + (1 - x_1)\int_0^{x_1} \frac{\Delta\Phi_{m,1}}{(1 - x_1)^2}dx_1$$

当 $x_1 = 0$ 时，为纯物质 2，所以 $(\Delta\Phi_m)_{x_1 = 0} = 0$，因而

$$\Delta\Phi_m = (1 - x_1)\int_0^{x_1} \frac{\Delta\Phi_{m,1}}{(1 - x_1)^2}dx_1 \qquad (7.59)$$

从上可见，此推导过程与第二节关于偏摩尔性质的计算完全一样，所得公式也具有相同形式，只是以 $\Delta\Phi$ 替换 Φ 即可。

7.3.3.2　三元系 $n(>3)$ 元系

按上述推导过程，对于三元系有达肯公式

$$\Delta\Phi_{m,1} = \Delta\Phi_m + (1 - x_1)\left[\frac{\partial(\Delta\Phi_m)}{\partial x_1}\right]_{\frac{x_2}{x_3} = l} \qquad (7.60)$$

$$\Delta\Phi_{m,1} = (1 - x_1)^2 \left[\frac{\partial}{\partial x_1}\left(\frac{\Delta\Phi_m}{1 - x_1}\right)\right]_{\frac{x_2}{x_3} = l} \qquad (7.61)$$

$$\Delta\Phi_m = (1 - x_1)\left[(\Delta\Phi_m)_{x_1 = 0} + \int_0^{x_1}\frac{\Delta\Phi_{m,1}}{(1 - x_1)^2}dx_1\right]_{\frac{x_2}{x_3} = l} \qquad (7.62)$$

式中，$(\Delta\Phi_m)_{x_1 = 0}$ 是二元系 $2 - 3$ 中 $x_2/x_3 = l$ 处的 $\Delta\Phi_m$ 值。

对于 $n(>3)$ 元系，上列三式则为

$$\Delta \Phi_{m,1} = \Delta \Phi_m + (1 - x_1) \left[\frac{\partial (\Delta \Phi_m)}{\partial x_1} \right]_{\frac{x_2}{x_i} = l_{i(i=3,4,\cdots,n)}} \tag{7.63}$$

$$\Delta \Phi_{m,1} = (1 - x_1)^2 \left[\frac{\partial}{\partial x_1} \left(\frac{\Delta \Phi_m}{1 - x_1} \right) \right]_{\frac{x_2}{x_i} = l_{i(i=3,4,\cdots,n)}} \tag{7.64}$$

$$\Delta \Phi_m = (1 - x_1) \left[(\Delta \Phi_m)_{x_1 = 0} + \int_0^{x_1} \frac{\Delta \Phi_{m,1}}{(1 - x_1)^2} dx_1 \right]_{\frac{x_2}{x_i} = l_{i(i=2,3,\cdots,n)}} \tag{7.65}$$

三元系还有瓦格纳法公式

$$\Delta \Phi_{m,1} = (\Delta \Phi_{m,1})_{x_2 = 0} + \int_0^{x_2} \left\{ \frac{\Delta \Phi_{m,2}}{(1 - x_2)^2} - y \frac{\partial}{\partial y} \left[\frac{\Delta \Phi_{m,2}}{(1 - x_2)^2} \right] \right\} dx_2 - \frac{x_2}{1 - x_2} \Delta \Phi_2 \tag{7.66}$$

$$\Delta \Phi_{m,3} = (\Delta \Phi_{m,3})_{x_2 = 0} + \int_0^{x_2} \left\{ \frac{\Delta \Phi_{m,2}}{(1 - x_2)^2} - (1 - y) \frac{\partial}{\partial y} \left[\frac{\Delta \Phi_{m,2}}{(1 - x_2)^2} \right] \right\} dx_2 - \frac{x_2}{1 - x_2} \Delta \Phi_2 \tag{7.67}$$

7.4 理想溶液和稀溶液

7.4.1 拉乌尔定律

拉乌尔(Raoult)在总结实验结果的基础上,于 1887 年提出:"在定温定压的稀溶液中,溶剂的蒸气压等于纯溶剂的蒸气压乘以溶剂的摩尔分数"。可以表示为

$$p_A = p_A^* x_A \tag{7.68}$$

式中,p_A^* 为纯溶剂 A 的蒸气压;x_A 为溶液中溶剂 A 的摩尔分数;p_A 为与溶液平衡的溶液上方溶剂的蒸气压。

7.4.2 亨利定律

1807 年,亨利(Herry)在研究气体在溶剂中的溶解度的实验中发现"在稀溶液中,挥发性溶质的平衡分压与其在溶液中的摩尔分数成正比"。可以表示为

$$p_B = k_x x_B \tag{7.69}$$

式中,p_B 为与溶液平衡的溶质的蒸气压;x_B 是溶质在溶液中的摩尔分数;k_x 是比例系数,其数值在一定温度下不仅与溶质的性质有关,还与溶剂的性质有关,其数值不等于纯溶质在该温度的饱和蒸气压,可以大于纯溶质的蒸气压 p_B^*,也可以小于纯溶质的蒸气压 p_B^*。

一般说来,只有在稀溶液中的溶质才能较准确地遵守亨利定律。亨利定律也可以表示为

$$p_B = k_w w_B \tag{7.70}$$

$$p_B = k_B b_B \tag{7.71}$$

$$p_B = k_c c_B \tag{7.72}$$

式中,w_B,b_B 和 c_B 分别表示质量分数、质量摩尔浓度和物质的量浓度;k_w,k_B 和 k_c 分别为相应浓度表示的亨利定律常数。

必须注意,亨利定律只能适用于溶质在气相和液相中基本单元相同的情况。

7.4.3 西华特定律

在一定温度,气体在金属中溶解达成平衡,以其质量分数表示的溶解度与该种气体分压的平方根成正比。此即西华特(Sivert)定律,也称为平方根定律。以 B_2 表示气体分子,西华特定律的数学表达式为

$$w[B] = k_S p_{B_2}^{1/2} \tag{7.73}$$

式中,$w_{[B]}$ 为金属中 B 的质量分数,也是 B 的溶解度;k_S 是西华特定理系数。

西华特定律是一些溶解在金属中解离为原子的同核双原子分子气体溶解达成平衡的必然结果。例如,H_2 在铁中的溶解反应为

$$\frac{1}{2}H_2(g) = [H]$$

平衡常数

$$K = \frac{w[H]}{(p_{H_2}/p^{\ominus})^{1/2}}$$

则有

$$w[H] = K\left(\frac{p_{H_2}}{p^{\ominus}}\right)^{1/2} = \frac{K}{(p^{\ominus})^{1/2}} p_{H_2}^{1/2} = k_S p_{H_2}^{1/2}$$

式中,K 为平衡常数,与西华特定律的系数相差一比例系数 $(p^{\ominus})^{1/2}$;$w[H]$ 为 H_2 在铁中的溶解度。

平衡常数 K 随温度变化,所以 $w[H]$ 也随温度变化。而且,铁若为固态,还与铁的晶型有关。例如,H_2 在 $\alpha-Fe$ 和 $\gamma-Fe$ 中的溶解度分别为

$$w_H \times 10^2 = -\frac{1\,418}{T} - 2.369$$

$$w_H \times 10^2 = -\frac{1\,182}{T} - 2.369$$

而 N_2 在 $\alpha-Fe$ 和 $\gamma-Fe$ 中的溶解度分别为

$$w_n \times 10^2 = -\frac{1\,592}{T} - 1.008$$

$$w_n \times 10^2 = -\frac{625}{T} - 2.093$$

对于不同的金属(溶剂),同一种气体的溶解度也不同。

7.4.4 理想溶液

在一定的温度和压力下,溶液中任一组元在全部浓度范围内都服从拉乌尔定律的溶液称为理想溶液,可以表示为

$$p_i = p_i^* x_i \tag{7.74}$$

式中，p_i 为溶液中组元 i 在摩尔分数为 x_i 时的蒸气压；p_i^* 为该温度纯组分 i 的蒸气压。

理想溶液体积有加和性且形成理想溶液时没有热效应，即

$$\Delta V = 0, \quad \Delta H = 0 \tag{7.75}$$

亦即

$$\overline{V}_{m,i} = V_{m,i}, \quad \overline{H}_{m,i} = H_{m,i} \tag{7.76}$$

理想溶液中组元 i 的化学势可以表示为

$$\mu_i = \mu_i^* + RT\ln x_i$$

$$x_i = \frac{p_i}{p_i^*} \tag{7.77}$$

式中，μ_i^* 为与 μ_i 处于同一温度的纯组元 i 的化学势，是温度和压力的函数，但受压力的影响很小。

7.4.5 稀溶液

在一定的温度和压力下，一定的浓度范围内，溶剂遵守拉乌尔定律，溶质遵守亨利定律的溶液称为稀溶液。对于稀溶液来说，溶剂 A 的化学势与理想溶液组元化学势的表达式相同，即

$$\mu_A = \mu_A^* + RT\ln x_A$$

而溶质 i 的浓度用 x_i 表示时，其化学势表达式为

$$\mu_i = \mu_{i(x)}^\ominus + RT\ln x_i \tag{7.78}$$

$$x_i = \frac{p_i}{k_x} \tag{7.79}$$

式中，k_x 为浓度以摩尔分数表示的亨利常数，其数值等于将亨利定律线延长至 $x_i = 1$ 处的假想状态的蒸气压；$\mu_{i(x)}^\ominus$ 为浓度以摩尔分数表示的组元 i 在标准状态的化学势，即亨利定律延长线上 $x_i = 1$ 的假想状态的化学势。

若浓度用质量分数表示，化学势为

$$\mu_i = \mu_{i(w)}^\ominus + RT\ln\frac{w_i}{w^\ominus} \tag{7.80}$$

$$\frac{w_i}{w^\ominus} = \frac{p_i}{k_w} \tag{7.81}$$

式中，k_w 为浓度以质量分数表示的亨利常数，其值等于将亨利定律线延长至 $w_i/w^\ominus = 1$ 处的假想状态的蒸气压；若组元 i 在 $w_i/w^\ominus$ 处偏离亨利定律，此点是假想状态，若组元 i 在 $w_i/w^\ominus$ 处服从亨利定律，此点是真实状态；$\mu_i^\ominus(w)$ 为标准状态即亨利定律线上 $w_i/w^\ominus = 1$ 处的化学势。

7.4.6 化学势的通用形式

由上可见，不论组元 i 遵守拉乌尔定律还是遵守亨利定律，其化学势都具有相同的形式，可概括为如下通式：

$$\mu_i = \mu_i^\ominus + RT\ln Y_i \tag{7.82}$$

$$Y_i = \frac{p_i}{p_i^{\ominus}} \tag{7.83}$$

式中,μ_i 为组元 i 的化学势;Y_i 为组元 i 的浓度;$\mu_i^{\ominus}$ 为标准状态的化学势;p_i 为组元 i 的实际压力;$p_i^{\ominus}$ 为标准状态(实际或假想状态)的压力。

需要注意的是如果真实气体偏离理想气体,则各定律的压力应该用逸度代替。

7.5 实际溶液

7.5.1 活度

由于形成溶液的粒子(分子、离子或原子)的结构、大小不同,致使溶液粒子间的相互作用力不等,性质千差万别。除少数特殊或极稀的溶液外,多数实际溶液不遵守拉乌尔定律或亨利定律。因而,理想溶液和稀溶液组元化学势的表达式就不适用于实际溶液。实际溶液中组元的化学势和浓度的关系非常复杂,而且因不同的溶液组成而异。那么如何表示实际溶液中物质的化学势才方便呢? 为了使实际溶液中组元的化学势与理想溶液和稀溶液中组元的化学势有同样简单的表达形式,路易斯(Lewis) 提出一种简便的办法,即在式(7.82) 中将浓度 Y_i 乘上一个校正因子 γ_i(对理想溶液) 或 f_i(对稀溶液),于是就可以用与式(7.82) 相同形式的公式来表示非理想溶液中组元 i 的化学势。即

$$\mu_i = \mu_i^{\ominus} + RT\ln \gamma_i Y_i$$

$$\mu_i = \mu_i^{\ominus} + RT\ln f_i Y_i$$

对于理想溶液的修正式为

$$\mu_i = \mu_i^{*} + RT\ln \gamma_i x_i = \mu_i^{*} + RT\ln a_i^{R} \tag{7.84}$$

$$a_i^{R} = \frac{p_i}{p_i^{*}} \tag{7.85}$$

若蒸气为非理想气体,则用逸度代替压力

$$a_i^{R} = \frac{f}{f_i^{*}} \tag{7.86}$$

其中

$$a_i^{R} = \gamma_i x_i \tag{7.87}$$

式中,a_i^{R} 为组元 i 的活度;γ_i 为组元 i 的活度系数,它表示实际溶液对拉乌尔定律的偏差;a_i,γ_i 都是量纲一的量,国际单位为1。

对于稀溶液的修正式为

$$\mu_i = \mu_i^{\ominus} + RT\ln f_i z_i = \mu_i^{\ominus} + RT\ln a_i^{H} \tag{7.88}$$

$$a_i^{H} = \frac{p_i}{k_z} \tag{7.89}$$

若蒸气为非理想气体,则为

$$a_i^{H} = \frac{f_i}{k_z} \tag{7.90}$$

其中

$$a_i^H = f_i z_i \tag{7.91}$$

式中,a_i^H 为组元 i 的活度;f_i 为组元 i 的活度系数,它表示实际溶液对亨利定律的偏差,f_i 也是量纲为一的量,国际单位为 1;k_z 为亨利定律常数,其值与浓度的表示有关,下角标 z 表示相应的浓度表示;z_i 为组元 i 的浓度,可以是摩尔分数,也可以是质量分数,还可以是其他的浓度表示。

经过这样的处理后,原有理想溶液和稀溶液的公式形式不变,但内容有所不同。式中 a_i 是修正了的浓度,也可以称为"有效浓度"。所谓"有效"指的是为适合拉乌尔定律或亨利定律及由其导出的各种公式的形式而对溶液的真实浓度加以修正的结果。对于理想溶液和稀溶液来说,$\gamma_i = 1$(或 $f_i = 1$),$a_i = Y_i$,又还原为原来的形式。这样,理想溶液和稀溶液的公式可看作是式(7.84) 和(7.88) 的特例。

7.5.2 标准状态

由式(7.84) 和(7.88) 可知,若求 μ_i,除需知道 a_i 外,还需知道 μ_i^* 和 $\mu_i^\ominus$。μ_i^* 是 $a_i^R = 1$,$\mu_i^\ominus$ 是 $a_i^H = 1$,即 $RT\ln a_i^R = 0$ 或 $RT\ln a_i^H = 0$ 的化学势值,称为标准状态的化学势,$a_i^R = 1$ 或 $a_i^H = 1$ 的状态称为标准状态。标准状态是人为规定的,根据浓度的不同表示,标准状态有多种选择。其唯一的选择原则就是方便。考虑到式(7.84) 和(7.88) 的通用性,选择的标准状态对于理想溶液和稀溶液其活度应当等于浓度,即 $a_i^R = Y_i$ 或 $a_i^H = Y_i$。

常用的标准状态有以下几种。

7.5.2.1 以拉乌尔定律形式表示的纯物质标准状态

采用此种规定,$\gamma_i = 1$,$x_i = 1$ 的状态就是标准状态,有

$$\mu_i = \mu_i^* + RT\ln \gamma_i x_i = \mu_i^* + RT\ln a_i^R \tag{7.92}$$

即

$$\mu_i^\ominus = \mu_i^*$$

$$p_i^\ominus = p_i^*, \quad a_i^R = p_i/p_i^* \quad \text{(理想气体)}$$

$$p_i^\ominus = f_i^*, \quad a_i^R = f_i/f_i^* \quad \text{(非理想气体)}$$

组元 i 的标准状态化学势 $\mu_i^\ominus$ 就是纯物质 i 的化学势 μ_i^*,即纯物质 i 的摩尔吉布斯自由能,而 γ_i 体现组元 i 对拉乌尔定律的偏差程度。

7.5.2.2 以亨利定律形式表示的各种标准状态

对于浓度较低的溶质,采用上述标准状态不方便,则以亨利定律形式表示活度,选择 $f_i = 1$,$z_i = 1$ 的状态为标准状态。在此种情况下,由于浓度表示方法不同,而有不同的标准状态。

(1) 符合亨利定律的假想纯物质标准状态,以摩尔分数 x_i 表示组元 i 的浓度,则

$$\mu_i = \mu_{i(x)}^\ominus + RT\ln f_{i(x)} x_i = \mu_{i(x)}^\ominus + RT\ln a_{i(x)}^H \tag{7.93}$$

式中,$\mu_{i(x)}^\ominus$ 为符合亨利定律的纯溶质 i 的化学势。

这意味着组元 i 的浓度 $x_i \to 1$,性质仍符合亨利定律,这显然是假想状态。

（2）符合亨利定律的 $w_i/w^{\ominus} = 1$ 标准状态，以 w_i 表示组元 i 的浓度，则

$$\mu_i = \mu_{i(w)}^{\ominus} + RT\ln\left(f_{i(w)}\,\frac{w_i}{w^{\ominus}}\right) = \mu_{i(w)}^{\ominus} + RT\ln a_{i(w)}^{H} \tag{7.94}$$

式中，$\mu_i^{\ominus}(w)$ 是浓度以质量分数 w_i 表示的标准状态的化学势，即亨利定律直线上 $w_i/w^{\ominus} = 1$ 处的状态（图 7.3 的 C 点）的化学势。

在此种标准状态，存在两种情况：一是 $w_i/w^{\ominus} = 1$，组元 i 服从亨利定律，此组元 i 的标准状态即为真实状态；二是 $w_i/w^{\ominus} = 1$，组元 i 偏离亨利定律，此组元 i 的标准状态为假想状态。

（3）符合亨利定律的 $b_i/b^{\ominus} = 1$ 标准状态，对于水溶液体系，常以质量摩尔浓度 b_i 表示溶质的浓度，则

$$\mu_i = \mu_{i(b)}^{\ominus} + RT\ln\left(f_{i(b)}\,\frac{b_i}{b^{\ominus}}\right) = \mu_{i(b)}^{\ominus} + RT\ln a_{i(b)}^{H} \tag{7.95}$$

式中，$\mu_{i(b)}^{\ominus}$ 为浓度以质量摩尔浓度 b_i 表示的标准状态的化学势，即亨利定律线上 $b_i/b^{\ominus} = 1$ 的状态的化学势，$b^{\ominus}$ 为标准浓度，$b^{\ominus} = 1$ mol·kg^{-1}（溶剂）。

此种标准状态也存在两种情况：一是 $b_i/b^{\ominus} = 1$，组元 i 服从亨利定律，此组元的标准状态即为真实状态；二是 $b_i/b^{\ominus} = 1$，组元 i 偏离亨利定律，此组元的标准状态为假想状态。

（4）符合亨利定律的 $\dfrac{c_i}{c^{\ominus}} = 1$ 标准状态，以物质的量浓度表示组元 i 的浓度，则

$$\mu_i = \mu_{i(c)}^{\ominus} + RT\ln\left(f_{i(c)}\,\frac{c_i}{c^{\ominus}}\right) = \mu_{i(c)}^{\ominus} + RT\ln a_{i(c)}^{H} \tag{7.96}$$

式中，$\mu_{i(c)}^{\ominus}$ 为浓度以物质的量浓度表示的标准状态的化学势，即亨利定律线上 $c_i/c^{\ominus} = 1$ 的状态的化学势，$c^{\ominus} = 1$ mol·dm^{-3}。

此种标准状态同样存在两种情况：一种是 $c_i/c^{\ominus} = 1$，组元 i 服从亨利定律，此组元的标准状态即为真实状态；另一种是 $c_i/c^{\ominus} = 1$ 时，组元 i 偏离亨利定律，此组元的标准状态为假想状态。

图 7.3 是浓度以摩尔分数表示的符合拉多尔定律、亨利定律以及实际溶液的浓度和压力的关系。图 7.4 是浓度以质量分数表示符合亨利定律以及实际溶液的浓度和压力的关系。

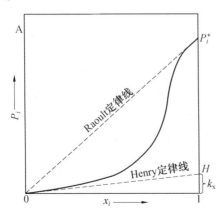

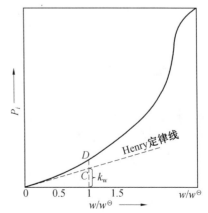

图 7.3　以摩尔分数表示的浓度与压力的关系　　图 7.4　以质量分数表示的浓度与压力的关系

综上可见,所谓标准状态是以拉乌尔定律或亨利定律形式表示的化学势公式中活度为1的状态。在此状态,化学势公式的后一项为零。由于浓度有多种表达方式,所以相应于不同的浓度表示有不同的标准状态。

7.5.3 活度与温度、压力的关系

7.5.3.1 活度与温度的关系

由式

$$\mu_i = \mu_i^* + RT\ln a_i^R$$

$$\ln a_i^R = \frac{\mu_i - \mu_i^*}{RT}$$

对温度求导,得

$$\left(\frac{\partial \ln a_i^R}{\partial T}\right)_p = \left(\frac{\partial \ln \gamma_i}{\partial T}\right)_p = \frac{1}{R}\left[\frac{\partial}{\partial T}\left(\frac{\mu_i}{T}\right)_p - \frac{\partial}{\partial T}\left(\frac{\mu_i^*}{T}\right)_p\right]$$

$$= -\frac{\bar{H}_{m,i} - H_i}{RT^2} = -\frac{\Delta H_{m,i}}{RT^2} \tag{7.97}$$

上式表明温度对活度的影响与组元 i 的溶解热有关。若溶解时放热,$\Delta H_{m,i}$ 为负值,$\dfrac{\partial \ln a_i^R}{\partial T}$ 为正值,温度升高使 a_i^R 增大;若溶解时吸热,$\Delta H_{m,i}$ 为正值,$\dfrac{\partial \ln a_i^R}{\partial T}$ 为负值,温度升高使 a_i^R 减小;若溶液 $\Delta H_{m,i}$ 为零,温度对活度没有影响。

7.5.3.2 活度与压力的关系

$$\left(\frac{\partial \ln a_i^R}{\partial p}\right)_T = \left(\frac{\partial \ln \gamma_i}{\partial p}\right)_T = \frac{1}{RT}\left[\left(\frac{\partial \mu_i}{\partial p}\right)_T + \left(\frac{\partial \mu_i^*}{\partial p}\right)_T\right]$$

$$= \frac{1}{RT}(\bar{V}_{m,i} - V_{m,i}) = \frac{\Delta V_{m,i}}{RT} \tag{7.98}$$

一般情况下,ΔV 很小,可以认为活度或活度系数与压力无关。与其他标准状态相应的活度有和上述相类似的公式。

7.5.4 计算活度的实例

体系的状态一定时,p_i 是定值,而标准状态是人为选定的,选不同的标准态,$p_i^\ominus$ 不同,活度值与所选的标准状态有关。采用不同的标准状态就会有不同的活度值。因此,在计算和应用活度时,必须注意所选取的标准状态。下面举例说明活度的计算。

例题1 1 200 ℃,液体 Cu – Zn 合金中锌的蒸气压与浓度关系如图 7.5 所示。求 $x_{Zn} = 0.5$ 时,不同标准状态下锌的活度及活度系数。

解 (1)以纯液态锌为标准状态。

由图 7.5 知,$x_{Zn} = 1$,$p_{Zn}^* = 31.75$ kPa;$x_{Zn} = 0.5$,$p_{Zn} = 10.64$ kPa。所以

$$a_{Zn}^R = p_{Zn}/p_{Zn}^* = 10.64/31.75 = 0.335$$

$\gamma_{Zn} = a_{Zn}^R / x_{Zn} = 0.335 / 0.5 = 0.67 < 1$

此溶液对拉乌尔定律呈负偏差。

（2）以亨利定律线上 $x_{Zn} = 1$ 的状态为标准状态。

由图 7.5 知，亨利定律线上 $x_{Zn} = 1$ 处，$p_{Zn} \approx 7.30\ kPa$，即 $k_{(x)} = 7.30\ kPa$，是假想状态锌的蒸气压。

$a_{Zn}^H = p_{Zn}/k_{(x)} = 10.64/7.30 = 1.46$

$f_{Zn(x)} = a_{Zn}^H / x_{Zn} = 1.46/0.5 = 2.91 > 1$

此溶液中锌对亨利定律呈正偏差。

（3）以亨利定律线上 $(w_{Zn}/w^{\ominus}) = 1$ 的状态为标准状态。

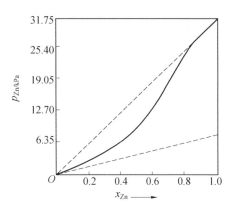

图 7.5　Cu－Zn 二元系 p_{Zn} 与浓度关系图

由图 7.5 知，亨利定律线上 $x_{Zn} = 0.01$，$p_{Zn} = 0.073\ kPa$，可近似认为 $(w_{Zn}/w^{\ominus}) \leqslant 1$ 的浓度范围内，以 x_{Zn} 表示浓度的亨利定律直线与以 w_{Zn} 表示浓度的亨利定律直线重合。两者 k 值相等。计算得，$(w_{Zn}/w^{\ominus}) = 1$ 时，$x_{Zn} = 0.009\ 72$，所以

$k_w = p_{Zn}/w_{Zn} = p_{Zn}/x_{Zn} = 0.073 \times (0.009\ 72/0.01)\ kPa = 0.073 \times 0.972 = 0.071\ kPa$

$a_{Zn(w)}^H = p_{Zn}/k_w = 10.64/0.071 = 149.86$

$f_{Zn}(w) = a_{Zn(w)}^H/(w_{Zn}/w^{\ominus}) = 49.86/(0.5 \times 65.39) = 149.86/51.3 = 2.92$

对亨利定律呈正偏差。

例题 2　1 600 ℃ 摩尔质量为 60 和 56 的两种物质形成 A－B 二元溶液。不同浓度溶液中组元 B 的蒸气压、活度及活度系数见表 7.1。试用三种活度标准状态求出组元 B 的活度和活度系数。

表 7.1　1 600 ℃ A－B 二元溶液中组元 B 的蒸气压、活度及活度系数

1	$w_B/w^{\ominus}$	0.1	0.2	0.5	1.0	2.0	3.0	100
2	$x_B \times 10^4$	9.334	18.70	46.700	93.400	187.000	281.000	10^4
3	$p_B/p_B^{\ominus}$	1	2	5	11	24	40	2 000
4	$a_B^R \times 10^4$	5.00	10.00	25.00	55.00	120.00	200.00	10^4
5	γ_B	0.535	0.535	0.535	0.589	0.642	0.712	1
6	$\dfrac{p_B}{x_B}/10^{-3}\ Pa$	1.07	1.07	1.07	1.18	1.28	1.42	2 000
7	$a_{B(x)}^H \times 10^4$	9.33	18.70	46.70	103.00	224.00	373.00	1.87×10^4
8	$f_{B(x)}$	1	1	1	1.10	1.20	1.33	1.87
9	$\dfrac{p_B}{\frac{w_B}{w^{\ominus}}}/Pa$	10.00	10.00	10.00	11.00	12.00	13.33	20.00
10	$a_{B(w)}^H$	0.1	0.2	0.5	1.1	2.4	4.0	200
11	$f_{B(w)}$	1	1	1	1.10	1.20	1.33	2

解 （1）以纯液态 B 为标准状态

$$a_B^R = p_B / p_B^*　　　　　　　　　　（7.99）$$

$$\gamma_B = a_B^R / x_B　　　　　　　　　　（7.100）$$

将此温度纯 B 的蒸气压 $p_B^* = 2\,000$ Pa 及各浓度溶液中 B 组元的蒸气压值代入式（7.99）和式（7.100），计算得到溶液中 B 组元在各浓度以纯液态 B 为标准状态的活度及活度系数，列于表7.1中的第4、5行中。由表可见，各浓度下 $\gamma_B < 1$，说明此二元溶液中组元 B 对拉乌尔定律呈负偏差。

（2）以符合亨利定律假想的纯 B 态为标准状态

$$a_{B(x)}^H = p_B / k_x　　　　　　　　　　（7.101）$$

$$f_{B(x)} = a_{B(x)}^H / x_B　　　　　　　　　　（7.102）$$

k_x 为亨利定律线上 $x_B = 1$ 处假想态的蒸气压。当 $x_B \rightarrow 0$ 时，p_B / x_B 守常，此即亨利常数 k_x。求出各浓度的 p_B / x_B 的比值，列入表7.1中。由计算结果可知，随着组元 B 浓度降低，p_B / x_B 比值变小。x_B 降至 4.67×10^{-3} 以后，p_B / x_B 守常，都等于 1 070 Pa，故 $k_x = 1\,070$ Pa。将此值及各浓度的 p_B 值代入式（7.101）和（7.102），计算出各浓度 B 组元的活度及活度系数值，列入表7.1中的第6、7、8行中。

（3）以亨利定律线上 $w_{Zn} / w^\ominus = 1$ 处的状态为标准状态

由

$$a_{B(w)}^H = p_B / k_w　　　　　　　　　　（7.103）$$

$$f_{B(w)} = a_{B(w)}^H / (w_{Zn} / w^\ominus)　　　　　　　　　　（7.104）$$

可知在此标准状态的所谓标准状态"压力"即以质量分数表示 B 组元浓度的亨利常数。同理，当 $w_B \rightarrow 0$ 时，$p_B / (w_B / w^\ominus) = k_w$，将各浓度下的 $p_B / (w_B / w^\ominus)$ 计算值列于表7.1。由表可见，当 $(w_B / w^\ominus) \leqslant 0.5$ 时，$p_B / (w_B / w^\ominus)$ 守常，都等于10，故 $k_w = 10$。按式（7.103）和（7.104）计算出各浓度 B 组元的活度及活度系数值，列于表7.1的第10、11行中。

7.6　活度标准状态的转换

组元 i 的气态如果为理想气体，由活度表达式可得

$$p_i = p_i a_i^R$$

$$p_i = k_x a_{i(x)}^H$$

$$p_i = k_w a_{i(w)}^H$$

对于确定的状态，溶液中组元 i 的蒸汽压 p_i 有确定值，但若取不同的标准状态，算得的组元 i 的活度值就会不同。由于上面三个公式左边相等，所以 a_i^R，$a_{i(x)}^H$，$a_{i(w)}^H$ 三个活度存在一定的关系。

7.6.1　a_i^R 与 $a_{i(x)}^H$ 的关系

将 a_i^R 比 $a_{i(x)}^H$ 得

$$\frac{a_i^{\rm R}}{a_{i(x)}^{\rm H}} = \frac{p_i/p_i^*}{p_i/k_x} = \frac{k_x}{p_i^*} \tag{7.105}$$

和

$$\frac{a_i^{\rm R}}{a_{i(x)}^{\rm H}} = \frac{\gamma_i x_i}{f_{i(x)} x_i} = \frac{\gamma_i}{f_{i(x)}} \tag{7.106}$$

即

$$\frac{a_i^{\rm R}}{a_{i(x)}^{\rm H}} = \frac{k_x}{p_i^*} = \frac{\gamma_i}{f_{i(x)}} \tag{7.107}$$

对于一个确定的体系,k_x、p_i^* 都是确定的常数,所以式(7.107) 的比值等于一个确定的常数。当组元 i 遵从亨利定律时

$$f_{i(x)} = 1, \frac{\gamma_i}{f_{i(x)}} = \gamma_i = \gamma_i^0$$

即为此常数。可见,当组元 i 遵守亨利定律时,以纯组元 i 为标准状态,体系中以拉乌尔定律形式表示的组元 i 的活度系数 γ_i 为确定的常数,并以 γ_i^0 表示。据此有

$$\frac{a_i^{\rm R}}{a_{i(x)}^{\rm H}} = \frac{k_x}{p_x^*} = \frac{\gamma_i}{f_{i(x)}} = \gamma_i^0 \tag{7.108}$$

一般情况下,组元 i 在浓度很稀时遵从亨利定律,即 $x_i \to 0$ 时,$f_{i(x)} \to 1$,所以

$$\lim_{x_i \to 0} \gamma_i = \gamma_i^0 \tag{7.109}$$

可见,γ_i^0 为组元 i 在遵守亨利定律的浓度区间内,以纯组元 i 为标准状态,以拉乌尔定律形式表示的组元 i 的活度系数。其物理意义是以纯组元 i 为标准状态,组元 i 无限稀,以拉乌尔定律形式表示的组元 i 的活度系数。

γ_i^0 是一个重要的热力学量,可以由实验测定。一般是由实验得到 $\lg \gamma_i \sim x_i$ 关系曲线,再将曲线延长至 $x_i \to 0$ 处,所对应的 $\lg \gamma_i$ 值就是 $\lg \gamma_i^0$,进而求得 γ_i^0 的值。一些元素在铁、铜、铝溶液中的 γ_i^0 已经被测定,在热力学数据表中可以查到。

7.6.2 $a_{i(x)}^{\rm H}$ 与 $a_{i(w)}^{\rm H}$ 的关系

$$\frac{a_{i(x)}^{\rm H}}{a_{i(w)}^{\rm H}} = \frac{p_i/k_x}{p_i/k_w} = \frac{k_w}{k_x} \tag{7.110}$$

由图7.3 可看出,压力 p_i 随浓度的变化率 $\mathrm{d}p_i/\mathrm{d}x_i$ 在 $x_i \to 0$ 时守常,在数值上等于 k_x,即

$$k_x = \left(\frac{\mathrm{d}p_i}{\mathrm{d}x_i}\right)_{x_i \to 0} \tag{7.111}$$

同理,由图7.4 可看出

$$k_w = \left[\frac{\mathrm{d}p_i}{\mathrm{d}(w_i/w^\ominus)}\right]_{w_i \to 0} \tag{7.112}$$

以组元1代表溶剂,上两式的角标 $x_i \to 0$ 和 $w_i \to 0$ 均可换成 $x_1 \to 1$,再将式(7.112) 除以式(7.111) 可得

$$\frac{k_w}{k_x} = \left[\frac{\mathrm{d}x_i}{\mathrm{d}(w_i/w^\ominus)}\right]_{x_1 \to 1} \tag{7.113}$$

要得到 k_w/k_x 的值,需找出两种浓度 x_i 和 w_i 的关系,为此将 x_i 用 $(w_i/w^\ominus)$ 表示,即

$$x_i = \frac{w_i/M_i}{\sum_{i=1}^{n} w_i/M_i + (1 - \sum_{i=1}^{n} w_i)/M_1} \tag{7.114}$$

若溶液很稀,可以近似表示为

$$x_i = \frac{w_i/M_i}{w_i/M_i + (1 - w_i)/M_1} = \frac{w_i/M_1}{w_i(M_1 - M_i) + M_i} \tag{7.115}$$

式中,M_i 和 M_1 分别表示组元 i 和溶剂 1 的摩尔质量。

式(7.114) 表明,x_i 与 $(w_i/w^\ominus)$ 并非线性关系。所以图 7.3 和图 7.4 中亨利定律直线并不完全一致。而在 $x_1 \to 1$ 时,即组元 i 无限稀 $w_i \to 0$ 或 $M_i \approx M_1$ 时,式(7.115) 可简化为

$$x_i = \frac{M_1}{M_i}w_i \tag{7.116}$$

或

$$x_i = \frac{M_1}{100M_i}(w_i/w^\ominus)$$

这样,x_i 与 w_i 或 $w_i/w^\ominus$ 则呈线性关系。注意,严格说来式(7.115) 和(7.116) 仅适用于二元系或很稀的多元系溶液,并且式(7.116) 需满足 $w_i \to 0$ 或 $M_i \approx M_1$ 的条件。

将式(7.116) 微分,得

$$\frac{\mathrm{d}x_i}{\mathrm{d}w_i} = \frac{M_1}{M_i}$$

或

$$\frac{\mathrm{d}x_i}{\mathrm{d}(w_i/w^\ominus)} = \frac{M_1}{100M_i}$$

将其代入式(7.113),得

$$\frac{k_w}{k_x} = \frac{M_1}{100M_i} \tag{7.117}$$

与式(7.110) 比较,可得

$$\frac{a_{i(x)}^{\mathrm{H}}}{a_{i(w)}^{\mathrm{H}}} = \frac{k_w}{k_x} = \frac{M_1}{100M_i} \tag{7.118}$$

式(7.118) 表明,任何条件下,以亨利定律形式表示的两个活度比 $(a_{i(x)}^{\mathrm{H}}/a_{i(w)}^{\mathrm{H}})$ 都等于两个标准状态的"压力"(即两种浓度下组元的亨利常数) 的反比,其比值在数值上等于 $M_1/100M_i$。由此,就可以方便地进行两个标准状态的活度间换算。

7.6.3 $f_{i(x)}$ 与 $f_{i(w)}$ 的关系

$$\frac{f_{i(x)}}{f_{i(w)}} = \frac{a_{i(x)}^{\mathrm{H}}/x_i}{a_{i(w)}^{\mathrm{H}}/(w_i/w^\ominus)} = \frac{a_{i(x)}^{\mathrm{H}}}{a_{i(w)}^{\mathrm{H}}} \frac{(w_i/w^\ominus)}{x_i} = \frac{M_1(w_i/w^\ominus)}{100M_ix_i} \tag{7.119}$$

后一步利用了式(7.118)。式(7.119) 适用于任何浓度范围。当 $w_i \to 0$ 或 $M_i \approx M_1$ 时,将

式(7.117) 代入式(7.119) 得

$$\frac{f_{i(x)}^{H}}{f_{i(w)}^{H}} = 1 \tag{7.120}$$

即当 $w_i \to 0$ 时, $f_{i(x)}^{H} = f_{i(w)}^{H}$。也可表示为

$$\lim_{w \to 0} \frac{f_{i(x)}^{H}}{f_{i(w)}^{H}} = 1$$

因此,组元浓度很低时, $f_{i(x)}^{H} = f_{i(w)}^{H}$。对以亨利定律形式表示的两种标准状态的活度系数 $f_{i(x)}^{H}$ 和 $f_{i(w)}^{H}$ 不再加以区别,而统一用 f_i 表示。

7.6.4 a_i^{R} 与 $a_{i(w)}^{H}$ 的关系

利用式(7.118) 和(7.108) 很容易得到 a_i^{R} 与 $a_{i(w)}^{H}$ 之比为

$$\frac{a_i^{R}}{a_{i(w)}^{H}} = \frac{a_i^{R}}{a_{i(x)}^{H}} \cdot \frac{a_{i(x)}^{H}}{a_{i(w)}^{H}} = \frac{M_1}{100 M_i} \gamma_i^0 \tag{7.121}$$

7.6.5 $a_{i(x)}^{H}$ 与 $a_{i(b)}^{H}$ 和 $a_{i(c)}^{H}$ 的关系

$$\frac{a_{i(x)}^{H}}{a_{i(b)}^{H}} = \frac{p_i/k_x}{p_i/k_b} = \frac{k_b}{k_x} \tag{7.122}$$

由图 7.6 得

$$\left(\frac{\mathrm{d}p_i}{\mathrm{d}b_i}\right)_{b_i \to 0} = \frac{k_b}{1}$$

$$k_B = \left(\frac{\mathrm{d}p_i}{\mathrm{d}b_i}\right)_{b_i \to 0} = \left(\frac{\mathrm{d}p_i}{\mathrm{d}b_i}\right)_{x_1 \to 1} \tag{7.123}$$

$$\frac{k_B}{k_x} = \left(\frac{\mathrm{d}x_i}{\mathrm{d}b_i}\right)_{x_i \to 1} \tag{7.124}$$

$$x_i = \frac{\sum_{i=2}^{n} b_i}{\dfrac{1\,000}{M_1} + \sum_{i=2}^{n} b_i}$$

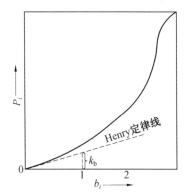

图 7.6 浓度和压力的关系

若溶液很稀时,可以近似表示为

$$x_i = \frac{b_i}{1\,000/M_1 + b_i} = \frac{M_1 b_i}{1\,000 + M_1 b_i} \tag{7.125}$$

当 $x_1 \to 1$ 时, $b_i \to 0$,式(7.125) 可化为

$$x_i = \frac{M_1 b_i}{1\,000} \tag{7.126}$$

故

$$\left(\frac{\mathrm{d}x_i}{\mathrm{d}b_i}\right)_{x_1 \to 1} = \frac{M_1}{1\,000} \tag{7.127}$$

比较式(7.127)、(7.124) 与式(7.122) 可得

$$\frac{a_{i(x)}^{H}}{a_{i(b)}^{H}} = \frac{k_{b}}{k_{x}} = \frac{M_1}{1\ 000} \tag{7.128}$$

同理可得

$$\frac{a_{i(x)}^{H}}{a_{i(c)}^{H}} = \frac{k_{c}}{k_{x}} = \frac{M_1}{1\ 000\rho_1} \tag{7.129}$$

式中，M_1 为溶剂的摩尔质量；ρ_1 为溶剂的密度。推导过程中利用了当 $x_1 \to 1$ 时 $b_i \to 0$

$$x_i = \frac{b_i}{\dfrac{1\ 000\rho_1}{M_1} + b_i} \approx \frac{M_1 b_i}{1\ 000\rho_1 + M_1 b_i} \tag{7.130}$$

利用式（7.129）、（7.130）及前面得到的标准状态间相互转换的关系式，还可以推得其他任何两个标准状态间相互转换的公式，这里就不一一推导了。

有了上面这些关系式，就可以进行不同标准状态间活度的换算。下面举例说明。

例题3 例题1中已求出 $x_{Zn} = 0.5$，Cu – Zn 合金在不同标准状态 Zn 的活度和活度系数，其中 $a_{Zn}^{R} = 0.335$，$\gamma_{Zn} = 0.67$，$f_{Zn(x)}^{H} = 2.91$，求 $\alpha_{Zn(w)}^{H}$。

解 在例1中我们是做了某种近似才求出 $\alpha_{Zn(w)}^{H}$，而此处就不用进行近似计算了。
由

$$\gamma_{Zn}^{0} = \frac{\gamma_{Zn}}{f_{Zn(w)}} = \frac{0.67}{2.91} = 0.23$$

和

$$\frac{\alpha_{Zn}^{R}}{\alpha_{Zn(w)}^{H}} = \frac{M_{Cu}}{100 M_{Zn}} \cdot \gamma_{Zn}^{0}$$

得

$$\alpha_{Zn(w)}^{H} = \frac{100 M_{Zn} \alpha_{Zn}^{R}}{M_{Cu} \gamma_{Zn}^{0}} = \frac{100 \times 65.38}{63.55 \times 0.23} \times 0.335 = 149.85$$

7.7 超额热力学性质

活度系数 γ_i 体现了实际溶液对理想溶液的偏差程度。此外，还可以用"超额"热力学性质来表示实际溶液对理想溶液的偏差。所谓超额热力学性质即实际溶液与相同浓度的理想溶液的摩尔热力学性质的差值。超额热力学性质也称为过剩热力函数或过剩热力学性质，依此定义，超额摩尔吉布斯自由能为

$$G_{m}^{E} = G_{m} - G_{m}^{id}$$

或

$$G_{m} = G_{m}^{id} + G_{m}^{E} \tag{7.131}$$

式中，G_{m}^{E} 为溶液的超额摩尔吉布斯自由能；G_{m} 为实际溶液的摩尔吉布斯自由能；G_{m}^{id} 是与实际溶液相同浓度的理想溶液的摩尔吉布斯自由能。

超额热力学性质表示实际溶液对理想溶液的偏差程度，它也是描述实际溶液的热力学函数。

将式(7.131) 两边减去形成 1 mol 溶液前各纯组元的吉布斯自由能,得

$$G_m - \sum_{i=1}^{n} x_i G_{m,i} = G_m^{id} - \sum_{i=1}^{n} x_i G_{m,i} + G_m^E$$

即

$$\Delta G_m = \Delta G_m^{id} + G_m^E$$

或

$$G_m^E = \Delta G_m^{id} - \Delta G_m \qquad (7.132)$$

式中,ΔG_m 为实际溶液的混合摩尔吉布斯自由能,$G_m = \Delta G_m^{id} - \sum_{i=1}^{n} x_i G_{m,i}$,$\Delta G_m^{id} = G_m^{id} - \sum_{i=1}^{m} x_i G_{m,i}$;$\Delta G_m^{id}$ 为理想溶液的混合摩尔吉布斯自由能。两者都可以得到,故由上式可算出超额摩尔吉布斯自由能。

对溶液中的组元 有相应的偏摩尔超额热力学性质。

$$G_{m,i}^E = \overline{G}_{m,i} - G_{m,i}^{id}$$

或

$$\overline{G}_{m,i} = G_{m,i}^{id} + G_{m,i}^E \qquad (7.133)$$

式中,$\overline{G}_{m,i}^E$ 为组元 i 的偏摩尔超额吉布斯自由能;$G_{m,i}$ 为溶液中组元 i 的偏摩尔吉布斯自由能,$G_{m,i}^{id}$ 是理想溶液中组元 i 的偏摩尔吉布斯自由能。

$$\Delta G_{m,i} = \Delta G_{m,i}^{id} + G_{m,i}^E$$

或

$$G_{m,i}^E = \Delta G_{m,i} - \Delta G_{m,i}^{id} \qquad (7.134)$$

由式(7.133) 看出,组元 i 的偏摩尔超额吉布斯自由能是恒温恒压条件下,1 mol 组元 i 由理想溶液向同浓度的实际溶液迁移时所引起的吉布斯自由能变化。

活度系数和超额热力学性质都反映实际溶液对理想溶液的偏差情况,两者必存在联系。对理想溶液

$$G_{m,i}^{id} = G_{m,i} + RT\ln x_i$$

形成理想溶液时组元 i 的偏摩尔溶解自由能变化为

$$\Delta G_{m,i}^{id} = G_{m,i}^{id} - G_{m,i} = RT\ln x_i \qquad (7.135)$$

而对实际溶液,以液态纯组元 i 为标准状态,有

$$\overline{G}_{m,i} = G_{m,i} + RT\ln a_i^R$$

$$\Delta G_{m,i} = \overline{G}_{m,i} - G_{m,i} = RT\ln a_i^R \qquad (7.136)$$

将式(7.134) 和式(7.135) 带入式(7.133),得

$$G_{m,i}^E = RT\ln \gamma_i \qquad (7.137)$$

由式(7.136) 可知 $\gamma_i > 1$,则 $G_{m,i}^E > 0$,实际溶液对理想溶液为正偏差;$\gamma_i < 1$,则 $G_{m,i}^E < 0$,实际溶液对理想溶液为负偏差;$\gamma_i = 1$,$G_{m,i}^E = 0$,为理想溶液。

$G_{m,i}^E$ 是溶液中组元 i 的基本热力学性质之一,温度、压力恒定,$G_{m,i}^E$ 是浓度的函数。只要知道某浓度的 $G_{m,i}^E$,其他超额热力学性质都可以计算出来。例如:

$$S_{m,i}^E = -\left(\frac{\partial G_{m,i}^E}{\partial T}\right)_{p,x_i} \tag{7.138}$$

$$V_{m,i}^E = \left(\frac{\partial G_{m,i}^E}{\partial p}\right)_{T,x_i} \tag{7.139}$$

$$H_{m,i}^E = G_i^E - T\left(\frac{\partial G_{m,i}^E}{\partial T}\right)_{p,x_i} \tag{7.140}$$

$$U_{m,i}^E = G_{m,i}^E - T\left(\frac{\partial G_{m,i}^E}{\partial T}\right)_{p,x_j} - p\left(\frac{\partial G_{m,i}^E}{\partial P}\right)_{T,x_i} \tag{7.141}$$

$$\ln \gamma_i = \frac{G_{m,i}^E}{RT} \tag{7.142}$$

7.8 正规溶液

溶液的性质是由溶液的组成和结构决定的。人们希望由溶液的组成和结构的知识得到溶液的性质。溶液的组成容易测定,而溶液的结构却难以测定。为了得到溶液的性质,除实验测定外,人们还通过建立溶液模型计算溶液的性质。

溶液模型可以分为两类,即物理模型和数学模型。溶液的物理模型是建立溶液的微观结构图像,依据结构图像从溶液组元的性质和其间的相互作用计算溶液的性质。溶液的数学模型是从力学量间的数学关系入手,不考虑微观结构图像,构造力学量间的公式计算溶液的性质。

溶液模型有很多种,这里仅介绍常用的正规溶液模型。

7.8.1 定义

1927 年,海尔德布元德(Hildebrand)提出了正规溶液的概念和正规溶液模型。正规溶液的定义为:当极少量的一个组元从理想溶液迁移到具有相同组成的溶液时,如果没有熵的变化,并且总的体积不变,后者就称为正规溶液。这个定义的含意是,正规溶液的混合熵和理理溶液的混合熵相同,都是来源于随机混合,但混合焓不同,正规溶液的混合焓不为零。正规溶液理论的关键是计算混合焓。斯凯特查尔德(Scatchard)和海尔德布元德应用统计力学的方法推导了正规溶液理论的热力学关系式。

7.8.2 正规溶液的性质

正规溶液的混合熵为

$$\Delta S_{m,i} = \Delta S_{m,i}^{id} = -R\ln x_i \tag{7.143}$$

(1)超额熵为零,即

$$S_{m,i}^E = 0$$

或

$$\Delta S_{m,i}^E = 0$$

(2)超额自由能与温度无关,即

$$\left(\frac{\partial G_{m,i}^{E}}{\partial T}\right)_{p} = -S_{m,i}^{E} = 0$$

$$\left(\frac{\partial G_{m}^{E}}{\partial T}\right)_{p} = \left(\frac{\partial}{\partial T}\sum_{i=1}^{n}x_{i}\Delta G_{m,i}^{E}\right)_{p} = \sum_{i=1}^{n}x_{i}\left(\frac{\partial \Delta G_{m,i}^{E}}{\partial T}\right)_{p} = \sum_{i=1}^{n}x_{i}\Delta S_{m,i}^{E} = 0 \tag{7.144}$$

(3) $\ln \gamma_{i}$ 与 $1/T$ 成正比。

由 $G_{m,i}^{E} = RT\ln \gamma_{i}$ 和性质(2)可知 $RT\ln \gamma_{i}$ 不随温度变化,而 $RT\ln \gamma_{i}$ 中又含有 T,所以 $\ln \gamma_{i}$ 应与 $1/T$ 成正比,即

$$\ln \gamma_{i} \propto \frac{1}{T} \tag{7.145}$$

(4) ΔH_{i} 与温度无关。

由

$$H_{m,i}^{E} = G_{m,i}^{E} + TS_{m,i}^{E} \tag{7.146}$$

得

$$\Delta H_{m,i} = \overline{H}_{m,i}^{E} = \overline{G}_{m,i}^{E} = RT\ln \gamma_{i} \tag{7.147}$$

可见 ΔH_{i} 也与温度无关。

习　　题

1. 什么是活度? 什么是活度系数?

2. 什么是活度的标准状态? 为什么要引入活度的标准状态? 如何选择标准状态?

3. 推导截距法求偏摩尔热力学量的公式。

4. 解释 γ_{i}^{0} 的物理意义。

5. 什么是超额热力学性质?

6. 什么是正规溶液? 有什么性质?

第8章 吉布斯自由能变化

8.1 吉布斯自由能变化的概念

在恒温恒压条件下,一过程由始态变化到末态。该过程末态与始态的吉布斯自由能之差称为吉布斯自由能变化,用 ΔG 表示。该过程可以是物理过程、化学过程也可以是物理化学过程。

如果始态和末态都处于标准状态,则末态和始态的吉布斯自由能之差称为标准吉布斯自由能变化,用 $\Delta G^{\ominus}$ 表示。

对于化学反应

$$a\mathrm{A} + b\mathrm{B} =\!=\!= c\mathrm{C} + d\mathrm{D} \tag{8.1}$$

其摩尔吉布斯自由能变化为

$$\Delta G_{\mathrm{m}} = c\mu_{\mathrm{C}} + \mathrm{d}\mu_{\mathrm{D}} - a\mu_{\mathrm{A}} - b\mu_{\mathrm{B}} \tag{8.2}$$

标准摩尔吉布斯自由能变化为

$$\Delta G_{\mathrm{m}}^{\ominus} = c\mu_{\mathrm{C}}^{\ominus} + \mathrm{d}\mu_{\mathrm{D}}^{\ominus} - a\mu_{\mathrm{A}}^{\ominus} - b\mu_{\mathrm{B}}^{\ominus} \tag{8.3}$$

写成一般式

$$\Delta G_{\mathrm{m}} = \sum_{i=1}^{n} \nu_i \mu_i \tag{8.4}$$

$$\Delta G_{\mathrm{m}}^{\ominus} = \sum_{i=1}^{n} \nu_i \mu_i^{\ominus} \tag{8.5}$$

式中,ν_i 为化学反应方程式的计量系数,产物取正值,反应物取负值。

在恒温恒压条件下,摩尔吉布斯自由能变化 ΔG_{m} 的正负可以决定化学反应的方向。而一般来说标准摩尔吉布斯自由能变化 $\Delta G_{\mathrm{m}}^{\ominus}$ 的正负不能决定化学反应的方向。由于平衡常数 $k^{\ominus}$ 可以指示化学反应的限度,根据式

$$\Delta G_{\mathrm{m}}^{\ominus} = - RT\ln k^{\ominus}$$

可知,$\Delta G_{\mathrm{m}}^{\ominus}$ 为表示化学反应限度的热力学量。

但是,在下面两种情况下,$\Delta G_{\mathrm{m}}^{\ominus}$ 可以决定化学反应的方向:一是,反应物和产物都是为标准状态。例如,反应物和产物都为纯凝聚态物质;二是,在常温下的化学反应,若 $\Delta G_{\mathrm{m}}^{\ominus}$ 的绝对值很大,$\Delta G_{\mathrm{m}}^{\ominus}$ 的正负就能决定 ΔG_{m} 的正负,就可以用 $\Delta G_{\mathrm{m}}^{\ominus}$ 判断化学反应的方向。通常以 $40~\mathrm{kJ \cdot mol^{-1}}$ 为界限,当 $|\Delta G_{\mathrm{m}}^{\ominus}| \geqslant 40~\mathrm{kJ \cdot mol^{-1}}$ 时,$\Delta G_{\mathrm{m}}^{\ominus}$ 的正负可以决定 ΔG_{m} 的符号。这一界限,对高温反应不适用。因为温度高,T 值对 ΔG_{m} 的影响大。ΔG_{m} 的正负不能仅由 $\Delta G_{\mathrm{m}}^{\ominus}$ 决定。

8.2 标准吉布斯自由能变化的计算

化学反应的标准摩尔吉布斯自由能变化 $\Delta G_m^{\ominus}$ 是化学反应方程式中各组元处在标准状态时,产物与反应物的标准吉布斯自由能的代数和,即产物的标准吉布斯自由能之和减去反应物的标准吉布斯自由能之和,即

$$\Delta G_m^{\ominus} = \sum_{i=1}^{n} \nu_i \mu_i^{\ominus} \tag{8.6}$$

在温度和压力确定的条件下,只要物质的标准状态确定,标准摩尔吉布斯自由能是常数。而要计算摩尔吉布斯自由能变化的 ΔG,就需要知道标准摩尔吉布斯自由能变化 $\Delta G_m^{\ominus}$。可见,标准吉布斯自由能变化是十分重要的热力学量。下面介绍计算标准摩尔吉布斯自由能的几种方法。

8.2.1 利用物质的标准生成吉布斯自由能计算

在标准状态,由稳定单质生成单位物质的量的某物质的标准吉布斯自由能变化就是该物质的标准摩尔生成吉布斯自由能 $\Delta_f G_{m,i}^{\ominus}$。任意化学反应的标准摩尔吉布斯自由能变化可以表示为

$$\Delta G_m^{\ominus} = \sum_{i=1}^{n} \nu_i \Delta_f G_{m,i}^{\ominus} \tag{8.7}$$

物质的标准摩尔生成吉布斯自由能可以从物理化学数据手册中查到。

例题 1 计算化学反应

$$3Fe_2O_3(s) + C(s) \Longrightarrow 2Fe_3O_4(s) + CO(g)$$

的标准吉布斯自由能的变化。

解 查热力学数据手册,在 298 K、一个标准压力条件下,有

$$\Delta_f G_m^{\ominus}(Fe_2O_3, s) = -743.72 \text{ kJ} \cdot \text{mol}^{-1}$$

$$\Delta_f G_m^{\ominus}(Fe_3O_4, s) = -1\,015.53 \text{ kJ} \cdot \text{mol}^{-1}$$

$$\Delta_f G_m^{\ominus}(C, 石墨) = 0$$

$$\Delta_f G_m^{\ominus}(CO, g) = -137.27 \text{ kJ} \cdot \text{mol}^{-1}$$

将上列数据代入式(8.7),得

$$\begin{aligned}
\Delta G_m^{\ominus} &= 2\Delta_f G_m^{\ominus}(Fe_3O_4, s) + \Delta_f G_m^{\ominus}(CO, g) - 3\Delta_f G_m^{\ominus}(Fe_2O_3, s) \\
&= [2 \times (-1015.53) + (-137.27) - 3 \times (-743.72)] \text{ kJ} \cdot \text{mol}^{-1} \\
&= 62.83 \text{ kJ} \cdot \text{mol}^{-1}
\end{aligned}$$

8.2.2 利用化学反应的 $\Delta H_m^{\ominus}$ 和 $\Delta S_m^{\ominus}$ 计算

由公式

$$\Delta G_m^{\ominus} = \Delta H_m^{\ominus} - T\Delta S_m^{\ominus} \tag{8.8}$$

可见,若知道化学反应的 $\Delta H_m^{\ominus}$ 和 $\Delta S_m^{\ominus}$ 就可以计算该化学反应的 $\Delta G_m^{\ominus}$。

例题 2 计算在 298 K,化学反应

$$H_2(g) + \frac{1}{2}O_2(g) \Longrightarrow H_2O(l)$$

的标准吉布斯自由能变化。

解 查热力学数据手册,在 298 K,一个标准压力条件下,有

$$\Delta_f H_m^{\ominus}(H_2O,l) = -285.8 \text{ kJ} \cdot \text{mol}^{-1}$$

$$S_m^{\ominus}(H_2,g) = 130.6 \text{ J} \cdot \text{K}^{-1} \cdot \text{mol}^{-1}$$

$$S_m^{\ominus}(O_2,g) = 205.0 \text{ J} \cdot \text{K}^{-1} \cdot \text{mol}^{-1}$$

$$S_m^{\ominus}(H_2O,l) = 69.9 \text{ J} \cdot \text{K}^{-1} \cdot \text{mol}^{-1}$$

该化学反应的

$$\Delta H_m^{\ominus} = \Delta_f H_m^{\ominus}(H_2O,l) = -285.8 \text{ kJ} \cdot \text{mol}^{-1}$$

$$\Delta S_m^{\ominus} = S_m^{\ominus}(H_2O,l) - S_m^{\ominus}(H_2O,g) - \frac{1}{2}S_m^{\ominus}(O_2,g)$$

$$= (69.9 - 13.06 - \frac{1}{2} \times 205.0) \text{ J} \cdot \text{K}^{-1} \cdot \text{mol}^{-1}$$

$$= -163.2 \text{ J} \cdot \text{K}^{-1} \cdot \text{mol}^{-1}$$

$$\Delta G_m^{\ominus} = \Delta H_m^{\ominus} - T\Delta S_m^{\ominus} = [-285.8 - 298 \times (-0.163\,2)] \text{ kJ} \cdot \text{mol}^{-1} = -237.2 \text{ kJ} \cdot \text{mol}^{-1}$$

8.2.3 利用吉布斯 – 亥姆霍兹公式计算

吉布斯 – 亥姆霍兹(Gibbs-Helmholtz)公式为

$$\left[\frac{\partial}{\partial T}\left(\frac{\Delta G_m^{\ominus}}{T}\right)\right]_p = -\frac{\Delta H_m^{\ominus}}{T^2} \tag{8.9}$$

如果知道 $\Delta H_m^{\ominus}$ 与 T 的关系,利用积分式(8.9)就可以得到 $\Delta G_m^{\ominus}$ 与 T 的关系。积分式(8.9)计算 $\Delta G_m^{\ominus}$ 有不定积分法和定积分法。

8.2.3.1 不定积分法

将式(8.9)做不定积分,得

$$-\frac{\Delta G_m^{\ominus}}{T} = \int \frac{\Delta H_m^{\ominus}}{T^2}dT + I \tag{8.10}$$

式中,I 为积分常数。将

$$\Delta H_m^{\ominus} = \Delta H_0 + (\Delta a)T + \frac{1}{2}(\Delta b)T^2 + \frac{1}{3}(\Delta c)T^3 + \cdots \tag{8.11}$$

代入式(8.10),得

$$\Delta G_m^{\ominus} = \Delta H_0 - (\Delta a)T\ln T - \frac{1}{2}(\Delta b)T - \frac{2}{3}(\Delta c)T^2 - IT \tag{8.12}$$

式中,ΔH_0,(Δa),(Δb),(Δc) 为化学反应的特征常数,与参加化学反应的物质有关。(Δa),(Δb),(Δc) 可以由反应物和产物的热容数据求得。ΔH_0 需由确定温度的反应热计算。积分常数 I 可以利用已知温度的 $\Delta G_m^{\ominus}$(例如 $\Delta G_{m,298}^{\ominus}$)代入公式(8.12)计算。

8.2.3.2 定积分法

将吉布斯 - 亥姆霍兹公式做定积分,得

$$\Delta G_{m,T}^{\ominus} = \Delta H_{m,298}^{\ominus} + \int_{298}^{T} \Delta C_p dT - T\left(\Delta S_{m,298}^{\ominus} + \int_{298}^{T} \frac{\Delta C_p}{T} dT\right) \tag{8.13}$$

利用分部积分公式,得

$$\Delta G_{m,T}^{\ominus} = \Delta H_{m,298}^{\ominus} - T\Delta S_{m,298}^{\ominus} - T\int_{298}^{T} T\Delta C_p dT \tag{8.14}$$

若在积分的温度区间内有相变发生,则要分段积分,并将相变吉布斯自由能计算进去。

8.2.4 二项式法

将 $\Delta H_m^{\ominus}$ 看作常数,积分式(8.10)得

$$\Delta G_m^{\ominus} = \Delta H_m^{\ominus} - IT \tag{8.15}$$

式(8.15)可以看作式(8.12)的简化式,即把 $\Delta G_m^{\ominus}$ 与 T 的复杂关系简化为线性关系,成为经验公式,并写为

$$\Delta G_m^{\ominus} = A + BT \tag{8.16}$$

式(8.16)与式(8.8)

$$\Delta G_m^{\ominus} = \Delta H_m^{\ominus} - T\Delta S_m^{\ominus}$$

形式一样,所以有些热力学数据手册就将式(8.16)写成

$$\Delta G_m^{\ominus} = \Delta H_m^{\ominus} - T\Delta S_m^{\ominus}$$

应该注意的是,此处的 $\Delta H_m^{\ominus}$ 即为 A,$\Delta S_m^{\ominus}$ 即为 $-B$,并不是真正的标准焓变和标准熵变,而是相当于在式(8.8)适用的温度范围内,化学反应的标准焓变和标准熵变的平均近似值,即

$$A = \overline{\Delta H_m^{\ominus}}, \quad -B = \overline{\Delta S_m^{\ominus}} \tag{8.17}$$

例题3 利用二项式公式 $\Delta G_m^{\ominus} = A + BT$ 计算化学反应

$$2Fe(s) + O_2(g) \Longrightarrow 2FeO(s)$$

在 1 000 K 的标准吉布斯自由能变化。

解 查热力学数据手册得该化学反应的

$$A = -519.20 \text{ kJ} \cdot \text{mol}^{-1}$$
$$B = 125.10 \text{ kJ} \cdot \text{mol}^{-1} \cdot \text{K}^{-1}$$

将 A,B 数据代入式(8.16)中,得

$$\Delta G_m^{\ominus} = A + BT = (-519.20 + 125.10) \text{ kJ} \cdot \text{mol}^{-1} = -394.10 \text{ kJ} \cdot \text{mol}^{-1}$$

8.2.5 利用已知化学反应的 $\Delta G_m^{\ominus}$ 计算

如果某化学反应可以表示为其他几个化学反应的代数和,而其他几个化学反应的标准吉布斯自由能变化 $\Delta G_m^{\ominus}$ 已知,则可以利用这些已知的 $\Delta G_m^{\ominus}$ 计算该化学反应的 $\Delta G_m^{\ominus}$。

例题4 已知在 298 K 化学反应

$$H_2(g) + \frac{1}{2}O_2(g) \Longrightarrow H_2O(l) \tag{a}$$

$$\Delta G_{m,a}^{\ominus} = -237.25 \text{ kJ} \cdot \text{mol}^{-1}$$

$$C(s) + \frac{1}{2}O_2(g) \rule[0.5ex]{2em}{0.4pt} CO(g) \tag{b}$$

$$\Delta G_{m,b}^{\ominus} = -137.12 \text{ kJ} \cdot \text{mol}^{-1}$$

$$C(s) + O_2(g) \rule[0.5ex]{2em}{0.4pt} CO_2(g) \tag{c}$$

$$\Delta G_{m,c}^{\ominus} = -394.38 \text{ kJ} \cdot \text{mol}^{-1}$$

计算化学反应

$$CO_2(g) + H_2(g) \rule[0.5ex]{2em}{0.4pt} CO(g) + H_2O(l) \tag{d}$$

的 $G_{m,d}^{\ominus}$。

解 由化学反应方程式(a) + (b) - (c)可得化学反应(d),则

$$\begin{aligned}\Delta G_{m,d}^{\ominus} &= G_{m,a}^{\ominus} + G_{m,b}^{\ominus} - G_{m,c}^{\ominus}\\ &= [-237.25 + (-137.12) - (-394.38)] \text{ kJ} \cdot \text{mol}^{-1}\\ &= 20.01 \text{ kJ} \cdot \text{mol}^{-1}\end{aligned}$$

8.2.6 自由能函数法

定义焓函数为

$$\frac{H_m^{\ominus} - H_{m,Tref}^{\ominus}}{T} \tag{8.18}$$

式中,T_{Tref} 为参考温度,对于气态物质,T_{Tref} 取 0 K;对于凝聚态(固态或液态)物质,T_{Tref} 取 298.15 K。

由吉布斯自由能定义式

$$G_m^{\ominus} = H_m^{\ominus} - TS_m^{\ominus}$$

得

$$\frac{G_m^{\ominus} - H_m^{\ominus}}{T} = -S_m^{\ominus} \tag{8.19}$$

将式(8.19)等号两边加上焓函数,得

$$\frac{G_m^{\ominus} - H_{m,Tref}^{\ominus}}{T} = \frac{H_m^{\ominus} - H_{m,Tref}^{\ominus}}{T} - S_m^{\ominus} \tag{8.20}$$

令

$$fef = \frac{G_m^{\ominus} - H_{m,Tref}^{\ominus}}{T} \tag{8.21}$$

称为自由能函数。

对于气态物质参考温度 $T_{Tref} = 0$ K,所以

$$fef = \frac{G_m^{\ominus} - H_{m,0}^{\ominus}}{T} = \frac{H_m^{\ominus} - H_{m,0}^{\ominus}}{T} - S_m^{\ominus}$$

$$= \frac{3}{2}R\ln M - \frac{5}{2}R\ln T - R\ln Q + 30.464 \tag{8.22}$$

式(8.22)是由统计力学方法得到的,式中,M 为气体的相对摩尔质量;Q 为气体的配分函

数,且有

$$Q = Q_{Tr}Q_R Q_V \tag{8.23}$$

式中,Q_{Tr},Q_R,Q_V 分别为气体分子的平动、转动和振动配分函数。

由光谱数据可算出配分函数。由于光谱数据比较准确,因此气体的自由能函数数据准确度高。

对于凝聚态物质,参考温度 T_{Tref} 取 298.15 K,自由能函数可以利用恒压热容 C_p 和标准熵 $S_{298}^{\ominus}$ 的数据计算:

$$fef = \frac{G_m^{\ominus} - H_{m,Tref}^{\ominus}}{T} = \frac{H_m^{\ominus} - H_{m,Tref}^{\ominus}}{T} - S_m^{\ominus} = \frac{1}{T}\int_{298}^{T} C_p dT - \left(S_{m,298}^{\ominus} + \int_{298}^{T}\frac{C_p}{T}dT\right) \tag{8.24}$$

热力学数据手册有各种物质不同温度的自由能函数表。由式(8.21)得

$$\Delta fef = \Delta\left(\frac{G_m^{\ominus} - H_{m,Tref}^{\ominus}}{T}\right) = \frac{\Delta G_m^{\ominus} - \Delta H_{m,Tref}^{\ominus}}{T}$$

所以

$$\Delta G_m^{\ominus} = \Delta H_{m,Tref}^{\ominus} + T\Delta fef \tag{8.25}$$

$$\Delta fef = \sum_{i=1}^{n} \nu_i fef_i$$

式中,fef_i 为产物和反应物的自由能函数。

由于气态物质和凝聚态物质的参考温度不同,因此在具体计算时,若体系中既有气态又有凝聚态的物质,每种物质必须取相同的参考温度。换算公式为

$$\left(\frac{G_m^{\ominus} - H_{m,298}^{\ominus}}{T}\right) + \left(\frac{H_{m,298}^{\ominus} - H_{m,0}^{\ominus}}{T}\right) = \frac{G_m^{\ominus} - H_{m,0}^{\ominus}}{T} \tag{8.26}$$

例题 5 计算化学反应

$$SiC(s) + 2O_2(g) \Longrightarrow SiO_2(l) + CO_2(g)$$

在 2 000 K 的 $\Delta G_m^{\ominus}$。

解 由热力学数据手册查得数据见表 8.1。

表 8.1 相关数据

	$\left(\dfrac{G_m^{\ominus} - H_{m,298}^{\ominus}}{T}\right)$ /($J \cdot mol^{-1} \cdot K^{-1}$)	$\left(\dfrac{G_m^{\ominus} - H_{m,0}^{\ominus}}{T}\right)$ /($J \cdot mol^{-1} \cdot K^{-1}$)	$\Delta_f H_{m,298}^{\ominus}$ /($kJ \cdot mol^{-1}$)	$(H_{m,298}^{\ominus} - H_{m,0}^{\ominus})$ /($J \cdot mol^{-1}$)
SiC(s)	-58.58		-111.71	3 251
SiO$_2$(l)	-108.78		-878.22	6 983
O$_2$(g)		-234.74	0	8 660
CO$_2$(g)		-258.78	-393.51	9 364

该化学反应中既有气体又有凝聚态物质,两者参考温度不一致,所以要统一参考温度 $T_{Tref} = 298$ K。

对于 O_2,有

$$fef_{O_2} = \frac{G_m^{\ominus} - H_{m,298}^{\ominus}}{T} = \left(\frac{G_m^{\ominus} - H_{m,0}^{\ominus}}{T} \right) - \left(\frac{H_{m,298}^{\ominus} - H_{m,0}^{\ominus}}{T} \right)$$

$$= \left(-234.74 - \frac{8\ 660}{2\ 000} \right) \ \text{J} \cdot \text{mol}^{-1} = -239.6 \ \text{J} \cdot \text{mol}^{-1}$$

对于 CO_2，有

$$fef_{CO_2} = \frac{G_m^{\ominus} - H_{m,298}^{\ominus}}{T} = \left(-258.78 - \frac{9\ 364}{2\ 000} \right) \ \text{J} \cdot \text{mol}^{-1} = -263.07 \ \text{J} \cdot \text{mol}^{-1}$$

$$\Delta H_{m,298}^{\ominus} = \Delta_f H_{m,298,(CO_2,g)}^{\ominus} + \Delta_f H_{m,298,(SiO_2,s)}^{\ominus} - \Delta_f H_{m,298,(SiC,s)}^{\ominus} + 2\Delta_f H_{m,298,(O_2,s)}^{\ominus}$$

$$= (-393.51 - 878.22 + 111.71) \ \text{kJ} \cdot \text{mol}^{-1} = -1\ 160.02 \ \text{kJ} \cdot \text{mol}^{-1}$$

$$\Delta fef = fef_{CO_2} + fef_{SiO_2} - fef_{SiC} - fef_{O_2}$$

$$= -263.46 - 108.78 + 58.58 - 2 \times (-239.06) \ \text{J} \cdot \text{mol}^{-1} \cdot \text{K}^{-1}$$

$$= 164.48 \ \text{J} \cdot \text{mol}^{-1} \cdot \text{K}^{-1}$$

所以

$$\Delta G_m^{\ominus} = \Delta H_{m,298}^{\ominus} + T\Delta fef = (-1\ 160\ 020 + 2\ 000 \times 164.48) \ \text{J} \cdot \text{mol}^{-1} = -831\ 060 \ \text{J} \cdot \text{mol}^{-1}$$

8.3　溶解自由能

8.3.1　固体溶入液体

8.3.1.1　纯固体溶入液体

在恒温恒压条件下，固体物质溶入液体称固体在液体中的溶解。写为

$$i(s) = (i)_1$$

式中，$i(s)$ 表示固态物质 i；$(i)_1$ 表示溶液中的组元 i。

（1）以纯固态组元 i 为标准状态。

固相和液相中的组元 i 都以纯固态物质为标准状态，浓度以摩尔分数表示，溶解自由能为

$$\Delta G_m = \mu_{(i)_1} - \mu_{i(s)} = \Delta G_m^{\ominus} + RT\ln a_{(i)_1}^R \tag{8.27}$$

式中

$$\mu_{(i)_1} = \mu_{i(s)}^* + RT\ln a_{(i)_1}^R$$

$$\mu_{i(s)} = \mu_{i(s)}^*$$

标准溶解自由能

$$\Delta G_m^{\ominus} = \mu_{i(s)}^* - \mu_{i(s)}^* = 0 \tag{8.28}$$

溶解自由能

$$\Delta G_m = RT\ln a_{(i)_1}^R \tag{8.29}$$

（2）以纯液体为标准状态。

固相和液相中的组元都以纯液态物质为标准状态，浓度以摩尔分数表示，溶解自由能为

$$\Delta G_{\mathrm{m}} = \mu_{(i)_1} - \mu_{i(\mathrm{s})} = \Delta G_{\mathrm{m}}^{\ominus} + RT\ln a_{(i)_1}^{\mathrm{R}} \tag{8.30}$$

式中

$$\mu_{(i)_1} = \mu_{(i)_1}^* + RT\ln a_{(i)_1}^{\mathrm{R}}$$

$$\mu_{i(\mathrm{s})} = \mu_{i(\mathrm{l})}^* - \Delta_{\mathrm{fus}} G_{\mathrm{m},i}^{\ominus}$$

标准溶解自由能

$$\Delta G_{\mathrm{m}}^{\ominus} = \Delta_{\mathrm{fus}} G_{\mathrm{m},i}^{\ominus} \tag{8.31}$$

溶解自由能

$$\Delta G_{\mathrm{m}} = \Delta_{\mathrm{fus}} G_{\mathrm{m},i}^{\ominus} + RT\ln a_{(i)_1}^{\mathrm{R}} \tag{8.32}$$

式中，$\Delta_{\mathrm{fus}} G_i^{\ominus}$ 为组元 i 的标准熔化自用能，即在标准状态下，组元 i 由固态变为液态，液固两相摩尔吉布斯自由能之差。

（3）以符合亨利定律的假想的纯物质为标准状态。

固相组元 i 以纯固态为标准状态，溶液中的组元 i 以符合亨利定律的假想的纯物质为标准状态。浓度以摩尔分数表示，溶解自由能为

$$\Delta G_{\mathrm{m}} = \mu_{(i)_1} - \mu_{i(\mathrm{s})} = \Delta G_{\mathrm{m}}^{\ominus} + RT\ln a_{(i)_{1x}}^{\mathrm{H}} \tag{8.33}$$

标准溶解自由能为

$$\Delta G_{\mathrm{m}}^{\ominus} = \mu_{i(\mathrm{l}x)}^{\ominus} - \mu_{i(\mathrm{s})}^* \tag{8.34}$$

由于化学势与标准状态的选择无关，所以

$$\mu_{(i)_1} = \mu_{i(\mathrm{l}x)}^{\ominus} + RT\ln a_{(i)_1}^{\mathrm{H}} = \mu_{i(\mathrm{s})}^* + RT\ln a_{(i)_{1x}}^{\mathrm{R}} \tag{8.35}$$

得

$$\mu_{i(\mathrm{l}x)}^{\ominus} - \mu_{i(\mathrm{s})}^* = RT\ln \frac{a_{(i)_1}^{\mathrm{R}}}{a_{(i)_{1x}}^{\mathrm{H}}} = RT\ln \gamma_{i(\mathrm{s})}^0 \tag{8.36}$$

即

$$\Delta G_{\mathrm{m}}^{\ominus} = RT\ln \gamma_i^0$$

溶解自由能为

$$\Delta G_{\mathrm{m}} = RT\ln \gamma_{i(\mathrm{s})}^0 + RT\ln a_{(i)_{1x}}^{\mathrm{H}} \tag{8.37}$$

（4）以符合亨利定律的假想的质量分数为1% i 的溶液为标准状态。

固体组元 i 以纯固态为标准状态，溶液中的组元 i 以符合亨利定律的假想的质量分数为1% i 的溶液为标准状态，浓度以质量分数表示，溶解自由能为

$$\Delta G_{\mathrm{m}} = \mu_{(i)_1} - \mu_{i(\mathrm{s})} = \Delta G_{\mathrm{m}}^{\ominus} + RT\ln a_{(i)_{1w}}^{\mathrm{H}} \tag{8.38}$$

式中

$$\mu_{i(\mathrm{s})} = \mu_{i(\mathrm{s})}^*$$

$$\Delta G_{\mathrm{m}}^{\ominus} = \mu_{i(\mathrm{l}w)}^{\ominus} - \mu_{(i)_1}^{\mathrm{R}}$$

$$\mu_{(i)_1} = \mu_{i(\mathrm{l}w)}^{\ominus} + RT\ln a_{(i)_{1w}}^{\mathrm{H}} = \mu_{i(\mathrm{s})}^* + RT\ln a_{(i)_1}^{\mathrm{R}}$$

$$\mu_{i(\mathrm{l}w)}^{\ominus} - \mu_{i(\mathrm{s})}^* = RT\ln \frac{a_{(i)_1}^{\mathrm{R}}}{a_{(i)_{1w}}^{\mathrm{H}}} = RT\ln \frac{M_1}{100M_i}\gamma_i^0$$

标准溶解自由能

$$\Delta G_{\mathrm{m}}^{\ominus} = RT\ln \frac{M_1}{100M_i}\gamma_i^0 \tag{8.39}$$

溶解自由能

$$\Delta G_{m} = RT\ln\frac{M_{1}}{100M_{i}}\gamma_{i(s)}^{0} + RT\ln a_{(i)_{1w}}^{H} \tag{8.40}$$

式中,M_1 为溶剂的摩尔质量;M_i 为组元 i 的摩尔质量。

8.3.1.2 固溶体溶入液体

固溶体中的组元 i 溶入液体,表示为

$$(i)_{s} = (i)_{1}$$

固溶体和溶液中的组元 i 都以纯固态为标准状态,浓度以摩尔分数表示,溶解自由能为

$$\Delta G_{m} = \mu_{(i)_{1}} - \mu_{(i)_{s}} = \Delta G_{m}^{\ominus} + RT\ln\frac{a_{(i)_{1}}^{R}}{a_{(i)_{s}}^{R}} \tag{8.41}$$

式中

$$\mu_{(i)_{1}} = \mu_{i(s)}^{*} + RT\ln a_{(i)_{1}}^{R}$$
$$\mu_{(i)_{s}} = \mu_{i(s)}^{*} + RT\ln a_{(i)_{s}}^{R}$$
$$\Delta G_{m}^{\ominus} = \mu_{i(s)}^{*} - \mu_{i(s)}^{*} = 0$$

溶解自由能为

$$\Delta G_{m} = RT\ln\frac{a_{(i)_{1}}^{R}}{a_{(i)_{s}}^{R}} \tag{8.42}$$

固溶体中的组元 i 以纯固态为标准状态,溶液中的组元 i 以纯液态为标准状态,浓度以摩尔分数表示,溶液自由能为

$$\Delta G_{m} = \mu_{(i)_{1}} - \mu_{(i)_{s}} = \Delta G_{m}^{\ominus} + RT\ln\frac{a_{(i)_{1}}^{R}}{a_{(i)_{s}}^{R}} \tag{8.43}$$

式中

$$\mu_{(i)_{1}} = \mu_{i(1)}^{*} + RT\ln a_{(i)_{1}}^{R}$$
$$\mu_{(i)_{s}} = \mu_{i(s)}^{*} + RT\ln a_{(i)_{s}}^{R}$$
$$\Delta G_{m}^{\ominus} = \mu_{i(1)}^{*} - \mu_{i(s)}^{*} = \Delta_{fus}G_{m}^{\ominus}$$

溶解自由能

$$\Delta G_{m} = \Delta_{fus}G_{m}^{\ominus} + RT\ln\frac{a_{(i)_{1}}^{R}}{a_{(i)_{s}}^{R}} \tag{8.44}$$

固溶体中的组元 i 以符合亨利定律的假想的纯物质为标准状态,浓度以摩尔分数表示;溶液中的组元 i 以符合亨利定律的假想的1% 浓度 i 的溶液为标准状态,浓度以质量分数表示,摩尔溶解自由能为

$$\Delta G_{m} = \mu_{(i)_{1}} - \mu_{(i)_{s}} = \Delta G_{m}^{\ominus} + RT\ln\frac{a_{(i)_{1w}}^{H}}{a_{(i)_{sx}}^{H}} \tag{8.45}$$

式中

$$\mu_{(i)_{1}} = \mu_{(i)_{1w}}^{\ominus} + RT\ln a_{(i)_{1w}}^{H}$$
$$\mu_{(i)_{s}} = \mu_{(i)_{sx}}^{\ominus} + RT\ln a_{(i)_{sx}}^{H}$$

$$\Delta G_{\mathrm{m}}^{\ominus} = \mu_{(i)_{\mathrm{lw}}}^{\ominus} - \mu_{i(sx)}^{\ominus}$$

$$\mu_{(i)_1} = \mu_{(i)_{\mathrm{lw}}}^{\ominus} + RT\ln a_{(i)_{\mathrm{lw}}}^{\mathrm{H}} = \mu_{i(s)}^{*} + RT\ln a_{(i)_1}^{\mathrm{R}}$$

两式相减,得

$$\mu_{(i)_{\mathrm{lw}}}^{\ominus} - \mu_{i(s)}^{*} = RT\ln \frac{a_{(i)_1}^{\mathrm{R}}}{a_{(i)_{\mathrm{lw}}}^{\mathrm{H}}} \tag{8.46}$$

$$\begin{aligned}
\mu_{(i)_{\mathrm{lw}}}^{\ominus} - \mu_{i(sx)}^{\ominus} &= (\mu_{(i)_{\mathrm{lw}}} - \mu_{i(s)}^{*}) - (\mu_{i(sx)}^{\ominus} - \mu_{i(s)}^{*}) \\
&= RT\ln \frac{a_{(i)_s}^{\mathrm{R}}}{a_{(i)_{\mathrm{lw}}}^{\mathrm{H}}} - RT\ln \frac{a_{(i)_s}^{\mathrm{R}}}{a_{(i)_{\mathrm{lx}}}^{\mathrm{H}}} \\
&= RT\ln \frac{M_1}{100M_i}\gamma_i^0 - RT\ln \gamma_{i(s)}^0 \\
&= RT\ln \frac{M_1}{100M_i}
\end{aligned} \tag{8.47}$$

标准摩尔溶解自由能为

$$\Delta G_{\mathrm{m}}^{\ominus} = RT\ln \frac{M_1}{100M_i} \tag{8.48}$$

溶解自由能为

$$\Delta G_{\mathrm{m}} = RT\ln \frac{M_1}{100M_i} + RT\ln \frac{a_{(i)_{\mathrm{lw}}}^{\mathrm{H}}}{a_{(i)_{sx}}^{\mathrm{H}}} \tag{8.49}$$

8.3.2 液体溶入液体

8.3.2.1 纯液体溶入液体

在恒温恒压条件下,纯液体组元 i 溶解于液体。可以表示为

$$i(1) = (i)_1$$

(1) 以纯液态为标准液态。

纯液体和溶液中的组元 i 都以纯液态为标准状态,溶液中的组元 i 的浓度以摩尔分数表示。溶解自由能为

$$\Delta G_{\mathrm{m}} = \Delta G_{\mathrm{m}}^{\ominus} + RT\ln a_{(i)_1}^{\mathrm{R}} \tag{8.50}$$

式中

$$\mu_{(i)_1} = \mu_{i(1)}^{*} + RT\ln a_{(i)_1}^{\mathrm{R}}$$

$$\mu_{i(1)} = \mu_{i(1)}^{*}$$

标准溶解自由能为

$$\Delta G_{\mathrm{m}}^{\ominus} = \mu_{i(1)}^{*} - \mu_{i(1)}^{*} = 0 \tag{8.51}$$

溶解自由能为

$$\Delta G_{\mathrm{m}} = RT\ln a_{(i)_1}^{\mathrm{R}} \tag{8.52}$$

(2) 纯液体组元 i 以纯液态为标准状态,溶液中的组元 i 以纯固态为标准状态。

纯液体组元 i 以纯液态为标准状态,溶液中的组元 i 以纯固态为标准状态,浓度以摩尔分数表示,溶解自由能为

$$\Delta G_{\mathrm{m}} = \mu_{(i)_1} - \mu_{i(1)} = \Delta G_{\mathrm{m}}^{\ominus} + RT\ln a_{(i)_1}^{\mathrm{R}} \qquad (8.53)$$

式中

$$\mu_{(i)_1} = \mu_{i(\mathrm{s})}^{*} + RT\ln a_{(i)_1}^{\mathrm{R}}$$

$$\mu_{i(1)} = \mu_{i(1)}^{*}$$

标准溶解自由能为

$$\Delta G_{\mathrm{m}}^{\ominus} = \mu_{i(\mathrm{s})}^{*} - \mu_{i(1)}^{*} = - \Delta_{\mathrm{fus}} G_{\mathrm{m},i}^{\ominus} \qquad (8.54)$$

溶解自由能为

$$\Delta G_{\mathrm{m}} = - \Delta_{\mathrm{fus}} G_{\mathrm{m},i}^{\ominus} + RT\ln a_{(i)_1}^{\mathrm{R}} \qquad (8.55)$$

（3）纯液体组元 i 以纯液态为标准状态，溶液中的组元 i 以符合亨利定律的假想的纯物质为标准状态，浓度以摩尔分数表示，溶解自由能为

$$\Delta G_{\mathrm{m}} = \mu_{(i)_1} - \mu_{i(1)} = \Delta G_{\mathrm{m}}^{\ominus} + RT\ln a_{(i)_{1x}}^{\mathrm{H}} \qquad (8.56)$$

式中

$$\mu_{(i)_1} = \mu_{i(1x)}^{\ominus} + RT\ln a_{(i)_{1x}}^{\mathrm{H}}$$

$$\mu_{i(1)} = \mu_{i(1)}^{*}$$

$$\Delta G_{\mathrm{m}}^{\ominus} = \mu_{i(1x)}^{\ominus} - \mu_{i(1)}^{*}$$

由

$$\mu_{(i)_1} = \mu_{i(1x)}^{\ominus} + RT\ln a_{(i)_{1x}}^{\mathrm{H}} = \mu_{i(1)}^{*} + RT\ln a_{(i)_1}^{\mathrm{R}}$$

得

$$\mu_{i(1x)}^{\ominus} - \mu_{i(1)}^{*} = RT\ln \frac{a_{(i)_1}^{\mathrm{R}}}{a_{(i)_{1x}}^{\mathrm{H}}} = RT\ln \gamma_i^0 \qquad (8.57)$$

标准溶解自由能为

$$\Delta G_{\mathrm{m}}^{\ominus} = (\mu_{i(1x)}^{\ominus} - \mu_{i(1)}^{*}) - (\mu_{i(1)}^{*} - \mu_{i(1)}^{*}) = RT\ln \gamma_i^0 \qquad (8.58)$$

式（8.58）中右边第一个和第三个 $\mu_{i(1)}^{*}$ 是纯液体组元 i 的标准状态化学势，第二个 $\mu_{i(1)}^{*}$ 是溶液中组元 i 的标准状态化学势。

溶解自由能为

$$\Delta G_{\mathrm{m}} = RT\ln \gamma_{i(1)}^0 + RT\ln a_{(i)_{1x}}^{\mathrm{H}} \qquad (8.59)$$

（4）纯液体组元 i 以纯液态为标准状态，溶液中的组元 i 以符合亨利定律的假想的质量分数为 $1\% \ i$ 的溶液为标准状态，浓度以质量分数表示，溶解自由能为

$$\Delta G_{\mathrm{m}} = \mu_{(i)_1} - \mu_{i(1)} = \Delta G_{\mathrm{m}}^{\ominus} + RT\ln a_{(i)_{1w}}^{\mathrm{H}} \qquad (8.60)$$

式中

$$\mu_{(i)_1} = \mu_{(i)_{1w}}^{\ominus} + RT\ln a_{(i)_{1x}}^{\mathrm{H}}$$

$$\mu^{i(1)} = \mu_{i(1)}^{*}$$

$$\Delta G_{\mathrm{m}}^{\ominus} = \mu_{(i)_{1w}}^{\ominus} - \mu_{i(1)}^{*}$$

由

$$\mu_{(i)_1} = \mu_{(i)_{1w}}^{\ominus} + RT\ln a_{(i)_{1w}}^{\mathrm{H}} = \mu_{i(1)}^{*} + RT\ln a_{(i)_1}^{\mathrm{R}}$$

得

$$\Delta G_{\mathrm{m}}^{\ominus} = \mu^{(i)_1} - \mu_{i(1)}^* = (\mu^{(i)_1} - \mu_{i(1)}^*) - (\mu_{i(1)}^* - \mu_{i(1)}^*)$$

$$= RT\ln \frac{a_{(i)_1}^{\mathrm{R}}}{a_{(i)_{1w}}^{\mathrm{H}}} = RT\ln \frac{M_1}{100M_i}\gamma_i^0 \tag{8.61}$$

式(8.64)等号右边第一个和第三个 $\mu_{i(1)}^*$ 是纯液体组元 i 的标准状态化学势,等二个 $\mu_{i(1)}^*$ 是溶液中组元 i 的标准状态化学势。

溶解自由能为

$$\Delta G_{\mathrm{m}} = RT\ln \frac{M_1}{100M_i}\gamma_i^0 + RT\ln a_{(i)_{1w}}^{\mathrm{H}} \tag{8.62}$$

8.3.2.2 溶液的组元溶入另一溶液

在恒温恒压条件下,溶液中组元 i 溶入液体,表示为

$$(i)_{1_1} = (i)_{1_2}$$

(1)两个溶液中的组元 i 都以纯液态组元 i 为标准状态,浓度以摩尔分数表示,溶解自由能为

$$\Delta G_{\mathrm{m}} = \mu_{(i)_{1_2}} - \mu_{(i)_{1_1}} = \Delta G_{\mathrm{m}}^{\ominus} + RT\ln \frac{a_{(i)_{1_2}}^{\mathrm{R}}}{a_{(i)_{1_1}}^{\mathrm{R}}} \tag{8.63}$$

式中

$$\mu_{(i)_{1_2}} = \mu_{i(1)}^* + RT\ln a_{(i)_{1_2}}^{\mathrm{R}}$$

$$\mu_{(i)_{1_1}} = \mu_{i(1)}^* + RT\ln a_{(i)_{1_1}}^{\mathrm{R}}$$

标准溶解自由能为

$$\Delta G_{\mathrm{m}}^{\ominus} = \mu_{i(1)}^* - \mu_{i(1)}^* = 0 \tag{8.64}$$

溶解自由能为

$$\Delta G_{\mathrm{m}} = RT\ln \frac{a_{(i)_{1_2}}^{\mathrm{R}}}{a_{(i)_{1_1}}^{\mathrm{R}}} \tag{8.65}$$

(2)溶液1中的组元 i 以符合亨利定律的假想的纯液态为标准状态,浓度以摩尔分数表示。溶液2中的组元 i 以符合亨利定律的假想的1%浓度 i 的溶液为标准状态,浓度以质量分数表示,溶解自由能为

$$\Delta G_{\mathrm{m}} = \mu_{(i)_{1_2}} - \mu_{(i)_{1_1}} = \Delta G_{\mathrm{m}}^{\ominus} + RT\ln \frac{a_{(i)_{1w}}^{\mathrm{H}}}{a_{(i)_{1x}}^{\mathrm{H}}} \tag{8.66}$$

式中

$$\mu_{(i)_{1_2}} = \mu_{(i)_{1w}}^{\ominus} + RT\ln a_{(i)_{1w}}^{\mathrm{H}}$$

$$\mu_{(i)_{1_1}} = \mu_{i(1x)}^{\ominus} + RT\ln a_{(i)_{1x}}^{\mathrm{H}}$$

$$\Delta G_{\mathrm{m}}^{\ominus} = \mu_{(i)_{1w}}^{\ominus} - \mu_{i(1x)}^{\ominus}$$

由

$$\mu_{(i)_{1_2}} = \mu_{(i)_{1w}}^{\ominus} + RT\ln a_{(i)_{1w}}^{\mathrm{H}} = \mu_{i(1)}^* + RT\ln a_{(i)_1}^{\mathrm{R}}$$

得

$$\mu_{(i)_w}^{\ominus} - \mu_{i(1)}^* = RT\ln \frac{a_{(i)_1}^{R}}{a_{(i)_{1w}}^{R}} = RT\ln \frac{M_1}{100M_i}\gamma_i^0 \tag{8.67}$$

由

$$\mu_{(i)_1} = \mu_{i(1x)}^* + RT\ln a_{(i)_{1x}}^{H} = \mu_{i(1)}^* + RT\ln a_{(i)_1}^{R}$$

得

$$\mu_{i(1x)}^{\ominus} - \mu_{i(1)}^* = RT\ln \frac{a_{(i)_1}^{R}}{a_{(i)_{1x}}^{H}} = RT\ln \gamma_i^0 \tag{8.68}$$

$$\Delta G_m^{\ominus} = \mu_{(i)_{1w}}^{\ominus} - \mu_{i(1x)}^{\ominus} = (\mu_{(i)_{1w}}^{\ominus} - \mu_{i(1)}^*) - (\mu_{i(1x)}^{\ominus} - \mu_{i(1)}^*)$$
$$= RT\ln \frac{M_1}{100M_i}\gamma_i^0 - RT\ln \gamma_i^0 = RT\ln \frac{M_1}{100M_i} \tag{8.69}$$

8.3.3 气体溶入液体

8.3.3.1 气体在液体中溶解,溶解后气体分子不分解

在恒温恒压条件下,气体分子溶入液体,溶解后气体分子不分解,可表示为

$$(i_2)_g = (i_2)_1$$

（1）气体和液体中的组元 i_2 都以一个标准压力的气体为标准状态,溶解自由能为

$$\Delta G_m = \mu_{(i_2)1} - \mu_{(i_2)g} = \Delta G_m^{\ominus} - RT\ln \frac{a_{(i_2)_1}^{R}}{p_{i_2}/p^{\ominus}} \tag{8.70}$$

式中

$$\mu_{(i_2)1} = \mu_{i_2(g)}^* + RT\ln a_{(i_2)_1}^{R}$$
$$\mu_{(i)g} = \mu_{i_2(g)}^* + RT\ln p_{i_2}/p^{\ominus}$$

标准溶解自由能为

$$\Delta G_m^* = \mu_{i_2(g)}^* - \mu_{i_2(g)}^* = 0 \tag{8.71}$$

溶解自由能为

$$\Delta G_m = RT\ln \frac{a_{(i_2)_1}^{R}}{p_{i_2}/p^{\ominus}} \tag{8.72}$$

式中,p_{i_2} 为气体 i_2 的分压。

（2）气体组元 i_2 以一个标准压力为标准状态,溶液中的组元 i_2 以纯液态为标准状态,浓度以摩尔分数表示,溶解自由能为

$$\Delta G_m = \mu_{(i_2)1} - \mu_{(i_2)g} = \Delta G_m^{\ominus} + RT\ln \frac{a_{(i_2)_1}^{R}}{p_{i_2}/p^{\ominus}} \tag{8.73}$$

式中

$$\mu_{(i_2)1} = \mu_{i_2(1)}^* + RT\ln a_{(i_2)_1}^{R}$$
$$\mu_{(i_2)g} = \mu_{i_2(g)}^{\ominus} + RT\ln (p_{i_2}/p^{\ominus})$$

标准溶解自由能为

$$\Delta G_m = \mu_{i_2(1)}^{\ominus} - \mu_{i_2(g)}^{*} = \Delta_{\text{冷凝}} G_{m,i_2}^{\ominus} = -\Delta_{\text{汽化}} G_{m,i_2}^{\ominus} \tag{8.74}$$

溶解自由能为

$$\Delta G_m = \Delta_{\text{冷凝}} G_{m,i_2}^{\ominus} + RT\ln \frac{a_{(i_2)_1}^R}{p_{i_2}/p^{\ominus}} = -\Delta_{\text{汽化}} G_{m,i_2}^{\ominus} + RT\ln \frac{a_{(i_2)_1}^R}{p_{i_2}/p^{\ominus}} \tag{8.75}$$

（3）气体组元 i_2 以一个标准压力为标准状态,溶液中的组元 i_2 以符合亨利定律的假想的纯物质为标准状态,浓度以摩尔分数表示,溶解自由能为

$$\Delta G_m = \mu_{(i_2)1} - \mu_{(i_2)g} = \Delta G_m^{\ominus} + RT\ln \frac{a_{(i_2)_{lx}}^H}{p_{i_2}/p^{\ominus}} \tag{8.76}$$

式中

$$\mu_{(i_2)1} = \mu_{i_2(lx)}^{\ominus} + RT\ln a_{(i_2)_{lx}}^H$$
$$\mu_{(i_2)g} = \mu_{i_2(g)}^{\ominus} + RT\ln (p_{i_2}/p^{\ominus})$$
$$\Delta G_m^{\ominus} = \mu_{i_2(lx)}^{\ominus} - \mu_{i_2(g)}^{\ominus}$$

由

$$\mu_{(i_2)_1} = \mu_{i_2(lx)}^{\ominus} + RT\ln a_{(i_2)_{lx}}^H = \mu_{i_2(g)}^{\ominus} + RT\ln a_{(i_2)_1}^R$$

得

$$\mu_{i(lx)}^{\ominus} - \mu_{i_2(g)}^{*} = RT\ln \frac{a_{(i_2)_1}^R}{a_{(i_2)_{lx}}^H} \tag{8.77}$$

标准溶解自由能为

$$\Delta G_m^{\ominus} = \mu_{i_2(lx)}^{\ominus} - \mu_{i_2(g)}^{\ominus} = (\mu_{i_2(lx)}^{\ominus} - \mu_{i_2(g)}^{\ominus}) - (\mu_{i_2(g)}^{\ominus} - \mu_{i_2(g)}^{\ominus}) = RT\ln \gamma_{i_2}^0 \tag{8.78}$$

式(8.82)第一个等号右边的 $\mu_{i_2(g)}^{\ominus}$ 为气体中组元 i_2 的标准状态化学势;第二个等号右边的第一个和第三个 $\mu_{i_2(g)}^{\ominus}$ 为溶液中组元的标准状态化学势,第二个 $\mu_{i_2(g)}^{\ominus}$ 为气体中组元 i_2 的标准状态化学势。

溶解自由能为

$$\Delta G_m = RT\ln \gamma_{i_2}^0 + RT\ln \frac{a_{(i_2)_{lx}}^H}{p_{i_2}/p^{\ominus}} \tag{8.79}$$

（4）气体组元 i_2 以一个标准压力为标准状态,溶液中的组元 i 以符合亨利定律的假想的 1% 浓度 i_2 为标准状态,浓度以摩尔分数表示,溶解自由能为

$$\Delta G_m = \mu_{(i_2)1} - \mu_{i_2(g)}^{\ominus} = \Delta G_m^{\ominus} + RT\ln \frac{a_{(i_2)_{lw}}^H}{p_{i_2}/p^{\ominus}} \tag{8.80}$$

式中

$$\mu_{(i_2)1} = \mu_{(i_2)_{lw}}^{\ominus} + RT\ln a_{(i_2)_{lw}}^H$$
$$\mu_{(i_2)g} = \mu_{i_2(g)}^{*} + RT\ln (p_{i_2}/p^{\ominus})$$
$$\Delta G_m^{\ominus} = \mu_{(i_2)_{lw}}^{\ominus} - \mu_{i_2(g)}^{\ominus}$$

由

$$\mu_{(i_2)1} = \mu_{(i_2)_{\mathrm{lw}}}^{\ominus} + RT\ln a_{(i_2)_{\mathrm{lw}}}^{\mathrm{H}} = \mu_{i_2(\mathrm{g})}^{\ominus} + RT\ln a_{(i_2)_1}^{\mathrm{R}}$$

得

$$\mu_{(i_2)_{\mathrm{lw}}}^{\ominus} - \mu_{i_2(\mathrm{g})}^{\ominus} = \mu_{(i_2)_{\mathrm{lw}}}^{\ominus} - \mu_{i_2(\mathrm{g})}^{\ominus} = RT\ln\frac{a_{(i_2)_1}^{\mathrm{R}}}{a_{(i_2)_{\mathrm{lw}}}^{\mathrm{R}}} = RT\ln\frac{M_1}{100M_i}\gamma_{i_2}^0 \tag{8.81}$$

标准溶解自由能为

$$\Delta G_{\mathrm{m}}^{\ominus} = \mu_{(i_2)_{\mathrm{lw}}}^{\ominus} - \mu_{i_2(\mathrm{g})}^{\ominus} = (\mu_{(i_2)_{\mathrm{lw}}}^{\ominus} - \mu_{i_2(\mathrm{g})}^{\ominus}) - (\mu_{i_2(\mathrm{g})}^{\ominus} - \mu_{i_2(\mathrm{g})}^{\ominus}) = RT\ln\frac{M_1}{100M_i}\gamma_{i_2}^0 \tag{8.82}$$

式(8.82)中第一个等号右边的 $\mu_{i_2(\mathrm{g})}^*$ 为气体中组元 i_2 的标准状态化学势;第二个等号右边第一个和第三个 $\mu_{i_2(\mathrm{g})}^*$ 为气体中组元 i_2 的标准状态化学势,第二个 $\mu_{i_2(\mathrm{g})}^*$ 为溶液中组元 i_2 的标准状态化学势。

溶解自由能为

$$\Delta G_{\mathrm{m}} = RT\ln\frac{M_1}{100M_i}\gamma_{i_2}^0 + RT\ln\frac{a_{(i_2)_{\mathrm{lw}}}^{\mathrm{H}}}{p_{i_2}/p^{\ominus}} \tag{8.83}$$

8.3.3.2 气体在液体中溶解,溶解后气体分解

在恒温恒压条件下,气体溶解进入液体后分解。例如,H_2,N_2 溶解到金属、熔渣、熔盐中,其溶解过程可以表示为

$$\frac{1}{2}i_2(\mathrm{g}) = (i)_1$$

对于同种原子的双原子气体,气相中的组元 i_2 以一个标准压力为标准状态,溶液中的组元 i_1 以符合西华特定律,浓度以质量分数表示,溶解自由能为

$$\Delta G_{\mathrm{m}} = \mu_{(i)_1} - \frac{1}{2}\mu_{i_2(\mathrm{g})} = \Delta G_{\mathrm{m}}^{\ominus} + RT\ln\frac{w[i]}{(p_{i_2}/p^{\ominus})^{\frac{1}{2}}} \tag{8.84}$$

式中

$$\mu_{i_2(\mathrm{g})} = \mu_{i_2(\mathrm{g})}^{\ominus} + RT\ln(p_{i_2}/p^{\ominus})^{\frac{1}{2}}$$

$$\Delta G_{\mathrm{m}}^{\ominus} = -RT\ln k = -RT\ln\frac{w'[i]}{(p'_i/p^{\ominus})^{\frac{1}{2}}} \tag{8.85}$$

式中,p'_i 为平衡状态值。

根据西华特定律,有

$$w'[i] = k_s p'^{\frac{1}{2}}_{i_2} \tag{8.86}$$

将式(8.86)代入式(8.85)得标准溶解自由能为

$$\Delta G_{\mathrm{m}}^{\ominus} = -RT\ln k_s(p^{\ominus})^{\frac{1}{2}} \tag{8.87}$$

将式(8.87)代入式(8.84)得

$$\Delta G_{\mathrm{m}}^{\ominus} = -RT\ln k_s(p^{\ominus})^{\frac{1}{2}} + RT\ln\frac{w[i]}{(p_{i_2}/p^{\ominus})^{\frac{1}{2}}} \tag{8.88}$$

8.3.4 气体在固体中溶解

8.3.4.1 气体在固体中溶解,溶解后气体分子不分解

在恒温恒压条件下,气体溶解到固体里,气体分子不分解,可以表示为

$$B_2(g) = (B_2)_s \tag{8.89}$$

(1) 气体和溶入固体中的组元 B_2 都以一个标准压力为标准状态,浓度以摩尔分数表示,溶解自由能为

$$\Delta G_m = \mu_{(B_2)_s} - \mu_{B_2(g)} = \Delta G_m^\ominus + RT\ln \frac{a_{(B_2)_s}^R}{p_{B_2}/p^\ominus} \tag{8.90}$$

式中

$$\mu_{(B_2)_s} = \mu_{B_2(q)}^\ominus + RT\ln a_{(B_2)_s}^R$$

$$\mu_{B_2(g)} = \mu_{B_2(g)}^\ominus + RT\ln (p_{B_2}/p^\ominus)$$

标准溶解自由能为

$$\Delta G_m^\ominus = \mu_{B_2(g)}^\ominus - \mu_{(B_2)_s}^* = 0 \tag{8.91}$$

所以溶解自由能为

$$\Delta G_m = RT\ln \frac{a_{(B_2)_s}^R}{p_{B_2}/p^\ominus} \tag{8.92}$$

(2) 气体组元以一个标准压力为标准状态,溶入固体中的气体组元以符合亨利定律的假想的纯物质为标准状态,浓度以摩尔分数表示,溶解自由能为

$$\Delta G_m = \mu_{(B_2)_s} - \mu_{B_2(g)} = \Delta G_m^\ominus + RT\ln \frac{a_{(B_2)_{sx}}^H}{p_{B_2}/p^\ominus} \tag{8.93}$$

式中

$$\mu_{(B_2)_s} = \mu_{B_2(sx)}^\ominus + RT\ln a_{(B_2)_{sx}}^H$$

$$\mu_{B_2(g)} = \mu_{B_2(g)}^\ominus + RT\ln (p_{B_2}/p^\ominus)$$

$$\Delta G_m^\ominus = \mu_{B_2(sx)}^\ominus - \mu_{B_2(g)}^\ominus$$

由

$$\mu_{B_2(sx)} = \mu_{B_2(sx)}^\ominus + RT\ln a_{(B_2)_{sx}}^H = \mu_{B_2(g)}^\ominus + RT\ln a_{(B_2)_s}^R$$

得

$$\mu_{B_2(sx)}^\ominus - \mu_{B_2(g)}^* = RT\ln \frac{a_{(B_2)_s}^R}{a_{(B_2)_{sx}}^H} = RT\ln \gamma_{B_2(s)}^0 \tag{8.94}$$

式中,$\gamma_{B_2(s)}^0$ 为固溶体中组元 B_2 在遵守亨利定律的浓度范围内,以纯组元 B_2 为标准状态时的活度系数。为与溶液中的 $\gamma_{B_2}^0$ 相区别,写为 $\gamma_{B_2(s)}^0$。

标准溶解自由能为

$$\Delta G_m^\ominus = \mu_{B_2(sx)}^\ominus - \mu_{B_2(g)}^\ominus = (\mu_{B_2(sx)}^\ominus - \mu_{B_2(g)}^\ominus) - (\mu_{B_2(g)}^\ominus - \mu_{B_2(g)}^\ominus) = RT\ln \gamma_{B_2(s)}^0 \tag{8.95}$$

溶解自由能为

$$\Delta G_m = RT\ln \gamma_{B_2(s)}^0 + RT\ln \frac{a_{(B_2)_s}^R}{p_{B_2}/p^\ominus} = RT\ln \frac{\gamma_{B_2(s)}^0 a_{(B_2)_s}^R}{p_{B_2}/p^\ominus} \tag{8.96}$$

（3）气体组元以一个标准压力为标准状态，溶入固体中的组元以符合亨利定律的假想的 1% 浓度 B_2 的溶液为标准状态，浓度以质量分数表示，溶解自由能为

$$\Delta G_m = \mu_{(B_2)_s} - \mu_{B_2(g)} = \Delta G_m^{\ominus} + RT\ln \frac{a^R_{(B_2)_{lw}}}{p_{B_2}/p^{\ominus}} \tag{8.97}$$

式中

$$\mu_{(B_2)_s} = \mu^{\ominus}_{(B_2)_{sw}} + RT\ln a^H_{(B_2)_{sw}}$$

$$\mu_{B_2(g)} = \mu^{\ominus}_{B_2(g)} + RT\ln \left(p_{B_2}/p^{\ominus}\right)$$

$$\Delta G_m^{\ominus} = \mu^{\ominus}_{(B_2)_{sw}} - \mu^{\ominus}_{B_2(g)}$$

由

$$\mu_{(B_2)_s} = \mu^{\ominus}_{(B_2)_{sw}} + RT\ln a^H_{(B_2)_{sw}} = \mu^{\ominus}_{B_2(g)} + RT\ln a^R_{(B_2)_s}$$

得

$$\mu^{\ominus}_{(B_2)_{sw}} - \mu^{\ominus}_{B_2(g)} = RT\ln \frac{a^R_{(B_2)_s}}{a^H_{(B_2)_{sw}}} = RT\ln \frac{M_1}{100M_{B_2}}\gamma^0_{B_2(s)} \tag{8.98}$$

标准溶解自由能为

$$\Delta G_m^{\ominus} = RT\ln \frac{M_1}{100M_{B_2}}\gamma^0_{B_2(s)} \tag{8.99}$$

溶解自由能为

$$\Delta G_m = RT\ln \frac{M_1}{100M_{B_2}}\gamma^0_{B_2(s)} + RT\ln \frac{a^R_{(B_2)_s}}{p_{B_2}/p^{\ominus}} \tag{8.100}$$

8.3.4.2 气体在固体中溶解，溶解后气体分子分解

在恒温恒压条件下，气体溶解在固体里，溶解后气体分子分解，可以表示为

$$\frac{1}{2}B_2(g) = [B]_s \tag{8.101}$$

（1）气体中的组元 B_2 以一个标准压力为标准状态，固溶体中的组元 B 符合西华特定律，浓度以质量分数表示，溶解自由能为

$$\Delta G_m = \mu_{(B)_s} - \frac{1}{2}\mu_{B_2}(g) = \Delta G_m \Delta G_m^{\ominus} + RT\ln \frac{w[B]_s}{(p_{B_2}/p^{\ominus})^{\frac{1}{2}}} \tag{8.102}$$

$$\Delta G_m^{\ominus} + = - RT\ln k \tag{8.103}$$

$$k = \frac{w'[B]_s}{(p'_{B_2}/p^{\ominus})^{\frac{1}{2}}} \tag{8.104}$$

根据西华特定律，有

$$w'[B]_s = k_s p'^{\frac{1}{2}}_{B_2} \tag{8.105}$$

将式（8.105）代入式（8.104），得

$$k = k_s(p^{\ominus})^{\frac{1}{2}} \tag{8.106}$$

将式（8.106）代入式（8.103）得标准溶解自由能

$$\Delta G_m^{\ominus} = - RT\ln k_s(p^{\ominus})^{\frac{1}{2}} \tag{8.107}$$

将式(8.107)代入式(8.102),得溶解自由能

$$\Delta G_m = - RT\ln k_s (p^{\ominus})^{\frac{1}{2}} + RT\ln \frac{w[B]_s}{(p_{B_2}/p^{\ominus})^{\frac{1}{2}}} = RT\ln \frac{w[B]_s}{k_s p_{B_2}^{\frac{1}{2}}} \tag{8.108}$$

8.3.5 液体在固体中的溶解

8.3.5.1 纯液体溶解到固体里

在恒温恒压条件下,纯液体溶解到固体里,可以表示为

$$B_{(l)} = (B)_s \tag{8.109}$$

(1) 液体组元 B 以纯液态为标准状态,固溶体里的组元 B 以纯固态为标准状态,浓度以摩尔分数表示,溶解自由能为

$$\Delta G_m = \mu_{(B)_s} - \mu_{B(l)} = \Delta G_m^* + RT\ln a_{(B)_s}^R \tag{8.110}$$

式中

$$\mu_{(B)_s} = \mu_{(B)_s}^* + RT\ln a_{(B)_s}^R$$

$$\mu_{B(l)} = \mu_{B(l)}^*$$

标准溶解自由能为

$$\Delta G_m^{\ominus} = \mu_{(B)_s}^* - \mu_{B(l)}^* = - \Delta_{fus} G_{m,B}^{\ominus} \tag{8.111}$$

溶解自由能为

$$\Delta G_m = - \Delta_{fus} G_{m,B}^{\ominus} + RT\ln a_{(B)_s}^R \tag{8.112}$$

(2) 液体组元 B 以纯液态为标准状态,固溶体里的组元 B 以符合亨利定律的假想的纯物质为标准状态,浓度以摩尔分数表示,溶解自由能为

$$\Delta G_m = \mu_{(B)_s} - \mu_{B(l)} = \Delta G_m^{\ominus} + RT\ln a_{(B)_{sx}}^H \tag{8.113}$$

式中

$$\mu_{(B)_s} = \mu_{B(sx)}^{\ominus} + RT\ln a_{(B)_{sx}}^H$$

$$\mu_{B(l)} = \mu_{B(l)}^*$$

$$\Delta G_m^{\ominus} = \mu_{B(sx)}^{\ominus} - \mu_{B(l)}^*$$

由

$$\mu_{(B)_s} = \mu_{B(sx)}^{\ominus} + RT\ln a_{(B)_{sx}}^H = \mu_{B(s)}^* + RT\ln a_{(B)_s}^R$$

得

$$\mu_{B(sx)}^{\ominus} - \mu_{B(s)}^* = RT\ln \frac{a_{(B)_s}^R}{a_{(B)_{sx}}^H} = RT\ln \gamma_{B(s)}^0 \tag{8.114}$$

标准溶解自由能为

$$\Delta G_m^{\ominus} = \mu_{B(sw)}^{\ominus} - \mu_{B(l)}^* = (\mu_{B(sw)}^{\ominus} - \mu_{B(s)}^*) - (\mu_{B(l)}^* - \mu_{B(s)}^*) = - \Delta_{fus} G_{m,B}^{\ominus} + RT\ln \gamma_{B(s)}^0$$

$$\tag{8.115}$$

溶解自由能为

$$\Delta G_m = - \Delta_{fus} G_{m,B}^{\ominus} + RT\ln \gamma_{B(s)}^0 + RT\ln a_{(B)_{sx}}^H \tag{8.116}$$

(3) 液体组元 B 以纯液态为标准状态,固溶体里的组元 B 以符合亨利定律的假想的 1% 浓度 B 的溶液为标准状态,浓度以质量分数表示,溶解自由能为

$$\Delta G_{\mathrm{m}} = \mu_{(\mathrm{B})_{\mathrm{s}}} - \mu_{\mathrm{B}(1)} = \Delta G_{\mathrm{m}}^{\ominus} + RT\ln a_{(\mathrm{B})_{\mathit{sw}}}^{\mathrm{H}} \qquad (8.117)$$

式中

$$\mu_{(\mathrm{B})_{\mathrm{s}}} = \mu_{(\mathrm{B})_{\mathit{sw}}}^{\ominus} + RT\ln a_{(\mathrm{B})_{\mathit{sw}}}^{\mathrm{H}}$$

$$\mu_{\mathrm{B}(1)} = \mu_{\mathrm{B}(1)}^{*}$$

$$\Delta G_{\mathrm{m}}^{\ominus} = \mu_{(\mathrm{B})_{\mathit{sw}}}^{\ominus} - \mu_{\mathrm{B}(1)}^{*}$$

由

$$\mu_{(\mathrm{B})_{\mathrm{s}}} = \mu_{\mathrm{B}_{(\mathit{sw})}}^{\ominus} + RT\ln a_{(\mathrm{B})_{\mathit{sw}}}^{\mathrm{H}} = \mu_{(\mathrm{B})_{\mathrm{s}}}^{*} + RT\ln a_{(\mathrm{B})_{\mathrm{s}}}^{\mathrm{R}}$$

得

$$\mu_{(\mathrm{B})_{\mathit{sw}}}^{\ominus} - \mu_{(\mathrm{B})_{\mathrm{s}}}^{*} = RT\ln \frac{a_{(\mathrm{B})_{\mathrm{s}}}^{\mathrm{R}}}{\ln a_{(\mathrm{B})_{\mathit{sw}}}^{\mathrm{H}}} = RT\ln \frac{M_1}{100 M_{\mathrm{B}}}\gamma_{\mathrm{B}(\mathrm{s})}^{0} \qquad (8.118)$$

$$(\mu_{(\mathrm{B})_{\mathit{sw}}}^{\ominus} - \mu_{\mathrm{B}(1)}^{*}) - (\mu_{(\mathrm{B})_{\mathrm{s}}}^{*} - \mu_{\mathrm{B}(1)}^{*}) = RT\ln \frac{M_1}{100 M_{\mathrm{B}}}\gamma_{\mathrm{B}(\mathrm{s})}^{0} \qquad (8.119)$$

将上式左边第二项移到等号右边,得标准溶解自由能为

$$\Delta G_{\mathrm{m}}^{\ominus} = \mu_{(\mathrm{B})_{\mathit{sw}}}^{\ominus} - \mu_{\mathrm{B}(1)}^{*} = -\Delta_{\mathrm{fus}} G_{\mathrm{m,B}}^{\ominus} + RT\ln \frac{M_1}{100 M_{\mathrm{B}}}\gamma_{\mathrm{B}(\mathrm{s})}^{0} \qquad (8.120)$$

溶解自由能为

$$\Delta G_{\mathrm{m}} = -\Delta_{\mathrm{fus}} G_{\mathrm{m,B}}^{\ominus} + RT\ln \frac{M_1}{100 M_{\mathrm{B}}}\gamma_{\mathrm{B}(\mathrm{s})}^{0} + RT\ln a_{(\mathrm{B})_{\mathit{sw}}}^{\mathrm{H}} \qquad (8.121)$$

8.3.5.2 溶液中的组元在固体中溶解

在恒温恒压条件下,溶液中的组元溶解到固体里,可以表示为

$$(\mathrm{B})_1 = (\mathrm{B})_{\mathrm{s}} \qquad (8.122)$$

① 液体和固体中的组元都以纯固态为标准状态,浓度以摩尔分数表示,溶解自由能为

$$\Delta G_{\mathrm{m}} = \mu_{(\mathrm{B})_{\mathrm{s}}} - \mu_{\mathrm{B}(1)} = \Delta G_{\mathrm{m}}^{*} + RT\ln \frac{a_{(\mathrm{B})_{\mathrm{s}}}^{\mathrm{R}}}{a_{(\mathrm{B})_{1}}^{\mathrm{R}}} \qquad (8.123)$$

式中

$$\mu_{(\mathrm{B})_{\mathrm{s}}} = \mu_{(\mathrm{B})_{\mathrm{s}}}^{*} + RT\ln a_{(\mathrm{B})_{\mathrm{s}}}^{\mathrm{R}}$$

$$\mu_{(\mathrm{B})_{1}} = \mu_{\mathrm{B}(\mathrm{s})}^{*} + RT\ln a_{(\mathrm{B})_{1}}^{\mathrm{R}}$$

标准溶解自由能为

$$\Delta G_{\mathrm{m}}^{\ominus} = \mu_{(\mathrm{B})_{\mathrm{s}}}^{*} - \mu_{(\mathrm{B})_{\mathrm{s}}}^{*} = 0 \qquad (8.124)$$

溶解自由能为

$$\Delta G_{\mathrm{m}} = RT\ln \frac{a_{(\mathrm{B})_{\mathrm{s}}}^{\mathrm{R}}}{a_{(\mathrm{B})_{1}}^{\mathrm{R}}} \qquad (8.125)$$

② 溶液中的组元 B 以纯液态为标准状态,固溶体中的组元 B 以纯固态为标准状态,浓度以摩尔分数表示,溶解自由能为

$$\Delta G_{\mathrm{m}} = \mu_{(\mathrm{B})_{\mathrm{s}}} - \mu_{\mathrm{B}(1)} = \Delta G_{\mathrm{m}}^{*} + RT\ln \frac{a_{(\mathrm{B})_{\mathrm{s}}}^{\mathrm{R}}}{a_{(\mathrm{B})_{1}}^{\mathrm{R}}} \qquad (8.126)$$

式中

$$\mu_{(B)_s} = \mu_{B(s)}^* + RT\ln a_{(B)_s}^R$$

$$\mu_{(B)_1} = \mu_{B(1)}^* + RT\ln a_{(B)_1}^R$$

标准溶解自由能为

$$\Delta G_m^\ominus = \mu_{B(s)}^* - \mu_{B(1)}^* = -\Delta_{fus}G_{m,B}^\ominus \tag{8.127}$$

溶解自由能为

$$\Delta G_m = -\Delta_{fus}G_{m,B}^\ominus + RT\ln\frac{a_{(B)_s}^R}{a_{(B)_1}^R} \tag{8.1281}$$

（3）溶液中的组元 B 以符合亨利定律的假想的纯物质为标准状态,浓度以质量分数表示,固溶体中的组元 B 以符合亨利定律的假想的质量分数为 1%B 的溶液为标准状态,浓度以质量分数表示,溶解自由能为

$$\Delta G_m = \mu_{(B)_s} - \mu_{B(1)} = \Delta G_m^\ominus + RT\ln\frac{a_{(B)_{sw}}^H}{a_{(B)_{lx}}^H} \tag{8.129}$$

式中

$$\mu_{(B)_s} = \mu_{(B)_{sw}}^\ominus + RT\ln a_{(B)_{sw}}^H$$

$$\mu_{(B)_1} = \mu_{B(lx)}^\ominus = RT\ln a_{(B)_{lw}}^H$$

$$\Delta G_m^\ominus = \mu_{(B)_{sw}}^\ominus - \mu_{B(lx)}^\ominus$$

由

$$\mu_{(B)_s} = \mu_{B(sw)}^\ominus + RT\ln a_{(B)_{sw}}^H = \mu_{(B)_s}^* + RT\ln a_{(B)_s}^R$$

得

$$\mu_{(B)_{sw}}^\ominus - \mu_{B(s)}^* = RT\ln\frac{a_{(B)_s}^R}{a_{(B)_{sw}}^H} = RT\ln\frac{M_1}{100M_B}\gamma_{B(s)}^0 \tag{8.130}$$

移相,得

$$\mu_{(B)_{sw}}^\ominus = \mu_{B(s)}^* + RT\ln\frac{M_1}{100M_B}\gamma_{B(s)}^0 \tag{8.131}$$

由

$$\mu_{(B)_1} = \mu_{B(lx)}^\ominus + RT\ln a_{(B)_{lx}}^H = \mu_{(B)_1}^* + RT\ln a_{(B)_1}^R$$

得

$$\mu_{B(lx)}^\ominus - \mu_{B(1)}^* = RT\ln\frac{a_{(B)_1}^R}{a_{(B)_{lx}}^H} = RT\ln\gamma_{B(s)}^0 \tag{8.132}$$

$$\mu_{B(lx)}^\ominus = \mu_{B(1)}^* + RT\ln\gamma_{B(s)}^0$$

将式(8.131)和式(8.132)代入式(8.129),得标准溶解自由能为

$$\Delta G_m^\ominus = \mu_{B(s)}^* - \mu_{B(1)}^* + RT\ln\frac{M_1}{100M_B}\gamma_{B(s)}^0 - RT\ln\gamma_{B(s)}^0$$

$$= -\Delta_{fus}G_{m,B}^\ominus + RT\ln\frac{M_1}{100M_B} \tag{8.133}$$

溶解自由能为

$$\Delta G_{\mathrm{m}} = - \Delta_{\mathrm{fus}} G_{\mathrm{m,B}}^{\ominus} + RT\ln \frac{M_1}{100 M_{\mathrm{B}}} + RT\ln \frac{a_{\mathrm{(B)}sw}^{\mathrm{H}}}{a_{\mathrm{(B)}lx}^{\mathrm{H}}} \tag{8.134}$$

8.3.6　固体在固体中溶解

8.3.6.1　纯固体溶解到固体中

在恒温恒压条件下,纯固体溶解到固体里,形成固溶体,可以表示为

$$\mathrm{B_{(s)}} = \mathrm{(B)_s} \tag{8.135}$$

(1) 固体中的组元都以纯固态组元 B 为标准状态,浓度以摩尔分数表示,溶解自由能为

$$\begin{aligned}\Delta G_{\mathrm{m}} &= \mu_{\mathrm{(B)_s}} - \mu_{\mathrm{B(s)}} \\ &= \Delta G_{\mathrm{m}}^{\ominus} + RT\ln a_{\mathrm{(B)_s}}^{\mathrm{R}}\end{aligned} \tag{8.136}$$

式中

$$\mu_{\mathrm{(B)_s}} = \mu_{\mathrm{(B)_s}}^{*} + RT\ln a_{\mathrm{(B)_s}}^{\mathrm{R}}$$

$$\mu_{\mathrm{B}}(\mathrm{s}) = \mu_{\mathrm{B(s)}}^{*}$$

标准溶解自由能为

$$\Delta G_{\mathrm{m}}^{\ominus} = \mu_{\mathrm{(B)_s}}^{*} - \mu_{\mathrm{(B)_s}}^{*} = 0 \tag{8.137}$$

溶解自由能为

$$\Delta G_{\mathrm{m}} = RT\ln a_{\mathrm{(B)_s}}^{\mathrm{R}} \tag{8.138}$$

(2) 固体组元 B 以固态纯物质为标准状态,固溶体中的组元 B 以符合亨利定律的假想的纯物质为标准状态,浓度以摩尔分数表示,溶解自由能为

$$\Delta G_{\mathrm{m}} = \mu_{\mathrm{(B)_s}} - \mu_{\mathrm{B(s)}} = \Delta G_{\mathrm{m}}^{\ominus} + RT\ln a_{\mathrm{(B)}sx}^{\mathrm{H}} \tag{8.139}$$

式中

$$\mu_{\mathrm{(B)_s}} = \mu_{\mathrm{B(sx)}}^{\ominus} + RT\ln a_{\mathrm{(B)}sx}^{\mathrm{H}}$$

$$\mu_{\mathrm{B(l)}} = \mu_{\mathrm{B(s)}}^{*}$$

$$\Delta G_{\mathrm{m}}^{\ominus} = \mu_{\mathrm{B(sx)}}^{\ominus} - \mu_{\mathrm{B(s)}}^{*}$$

由

$$\mu_{\mathrm{(B)_s}} = \mu_{\mathrm{B(sx)}}^{\ominus} + RT\ln a_{\mathrm{(B)}sx}^{\mathrm{H}} = \mu_{\mathrm{B(s)}}^{*} + RT\ln a_{\mathrm{(B)_s}}^{\mathrm{R}}$$

得

$$\mu_{\mathrm{B(sx)}}^{\ominus} - \mu_{\mathrm{B(s)}}^{*} = RT\ln \frac{a_{\mathrm{(B)_s}}^{\mathrm{R}}}{a_{\mathrm{(B)}sx}^{\mathrm{H}}} = RT\ln \gamma_{\mathrm{B(s)}}^{0} \tag{8.140}$$

标准溶解自由能为

$$\Delta G_{\mathrm{m}}^{\ominus} = (\mu_{\mathrm{B(sx)}}^{\ominus} - \mu_{\mathrm{B(s)}}^{*}) - (\mu_{\mathrm{B(s)}}^{*} - \mu_{\mathrm{B(s)}}^{*}) = RT\ln \gamma_{\mathrm{B(s)}}^{0} \tag{8.141}$$

溶解自由能为

$$\Delta G_{\mathrm{m}} = RT\ln \gamma_{\mathrm{B(s)}}^{0} + RT\ln a_{\mathrm{(B)}sx}^{\mathrm{H}} \tag{8.142}$$

(3) 固体组元 B 以固态纯物质为标准状态,固溶体里的组元 B 以符合亨利定律的假想的质量分数 1% B 的固溶体为标准状态,浓度以质量分数表示,溶解自由能为

$$\Delta G_{\mathrm{m}} = \mu_{(\mathrm{B})_{\mathrm{s}}} - \mu_{\mathrm{B}(\mathrm{s})} = \Delta G_{\mathrm{m}}^{\ominus} + RT\ln a_{(\mathrm{B})_{\mathrm{sw}}}^{\mathrm{H}} \tag{8.143}$$

式中

$$\mu_{(\mathrm{B})_{\mathrm{s}}} = \mu_{(\mathrm{B})_{\mathrm{sw}}}^{\ominus} + RT\ln a_{(\mathrm{B})_{\mathrm{sw}}}^{\mathrm{H}}$$

$$\mu_{\mathrm{B}(\mathrm{s})} = \mu_{\mathrm{B}(\mathrm{s})}^{*}$$

$$\Delta G_{\mathrm{m}}^{\ominus} = \mu_{(\mathrm{B})_{\mathrm{sw}}}^{\ominus} - \mu_{\mathrm{B}(\mathrm{s})}^{*}$$

由

$$\mu_{(\mathrm{B})_{\mathrm{sw}}} = \mu_{(\mathrm{B})_{\mathrm{sw}}}^{\ominus} + RT\ln a_{(\mathrm{B})_{\mathrm{sw}}}^{\mathrm{H}} = \mu_{\mathrm{B}(\mathrm{s})}^{*} + RT\ln a_{(\mathrm{B})_{\mathrm{s}}}^{\mathrm{R}}$$

得

$$\mu_{(\mathrm{B})_{\mathrm{sw}}}^{\ominus} - \mu_{(\mathrm{B})_{\mathrm{s}}}^{*} = RT\ln \frac{a_{(\mathrm{B})_{\mathrm{s}}}^{\mathrm{R}}}{a_{(\mathrm{B})_{\mathrm{sw}}}^{\mathrm{H}}} = RT\ln \frac{M_1}{100 M_{\mathrm{B}}} \gamma_{\mathrm{B}(\mathrm{s})}^0 \tag{8.144}$$

$$\mu_{(\mathrm{B})_{\mathrm{sw}}}^{\ominus} - \mu_{\mathrm{B}(\mathrm{s})}^{*} = RT\ln \frac{M_1}{100 M_{\mathrm{B}}} \gamma_{\mathrm{B}(\mathrm{s})}^0 \tag{8.145}$$

代入式(8.176),得标准溶解自由能为

$$\Delta G_{\mathrm{m}}^{\ominus} = (\mu_{(\mathrm{B})_{\mathrm{sw}}}^{\ominus} - \mu_{\mathrm{B}(\mathrm{s})}^{*}) - (\mu_{\mathrm{B}(\mathrm{s})}^{*} - \mu_{\mathrm{B}(\mathrm{s})}^{*}) = RT\ln \frac{M_1}{100 M_{\mathrm{B}}} \gamma_{\mathrm{B}(\mathrm{s})}^0 \tag{8.146}$$

溶解自由能为

$$\Delta G_{\mathrm{m}} = RT\ln \frac{M_1}{100 M_{\mathrm{B}}} \gamma_{\mathrm{B}(\mathrm{s})}^0 + RT\ln a_{(\mathrm{B})_{\mathrm{sw}}}^{\mathrm{H}} \tag{8.147}$$

8.3.6.2 固溶体中的组元溶解到固体里

在恒温恒压条件下,固溶体中的组元溶解到另一个固溶体中,可以表示为

$$(\mathrm{B})_{\mathrm{s}_1} = (\mathrm{B})_{\mathrm{s}_2} \tag{8.148}$$

(1)两个固溶体中的组元 B 都以纯固态为标准状态,浓度以摩尔分数表示,溶解自由能为

$$\Delta G_{\mathrm{m}} = \mu_{(\mathrm{B})_{\mathrm{s}_2}} - \mu_{\mathrm{B}(\mathrm{s}_1)} = \Delta G_{\mathrm{m}}^{\ominus} + RT\ln \frac{a_{(\mathrm{B})_{\mathrm{s}_2}}^{\mathrm{R}}}{a_{(\mathrm{B})_{\mathrm{s}_1}}^{\mathrm{R}}} \tag{8.149}$$

式中

$$\mu_{(\mathrm{B})_{\mathrm{s}_2}} = \mu_{\mathrm{B}(\mathrm{s})}^{*} + RT\ln a_{(\mathrm{B})_{\mathrm{s}_2}}^{\mathrm{R}}$$

$$\mu_{(\mathrm{B})_{\mathrm{s}_1}} = \mu_{\mathrm{B}(\mathrm{s})}^{*} + RT\ln a_{(\mathrm{B})_{\mathrm{s}_1}}^{\mathrm{R}}$$

标准溶解自由能为

$$\Delta G_{\mathrm{m}}^{\ominus} = \mu_{(\mathrm{B})_{\mathrm{s}}}^{*} - \mu_{(\mathrm{B})_{\mathrm{s}}}^{*} = 0 \tag{8.150}$$

溶解自由能为

$$\Delta G_{\mathrm{m}} = RT\ln \frac{a_{(\mathrm{B})_{\mathrm{s}_2}}^{\mathrm{R}}}{a_{(\mathrm{B})_{\mathrm{s}_1}}^{\mathrm{R}}} \tag{8.151}$$

(2)固溶体 1 和 2 中的组元 B 都以符合亨利定律的假想的纯物质为标准状态,浓度以摩尔分数表示,溶解自由能为

$$\Delta G_m = \mu_{(B)_{s_2}} - \mu_{(B)_{s_1}} = \Delta G_m^{\ominus} + RT\ln \frac{a_{(B)_{s_2^x}}^{H}}{a_{(B)_{s_1^x}}^{H}} \tag{8.152}$$

式中

$$\mu_{(B)_{s_2}} = \mu_{B(sx)}^{\ominus} + RT\ln a_{(B)_{s_2^x}}^{H}$$

$$\mu_{(B)_{s_1}} = \mu_{B(sx)}^{\ominus} + RT\ln a_{(B)_{s_1^x}}^{H}$$

标准溶解自由能为

$$\Delta G_m^{\ominus} = \mu_{(B)_{s_2}}^{\ominus} - \mu_{(B)_{s_1}}^{\ominus} = 0 \tag{8.183}$$

溶解自由能为

$$\Delta G_m = RT\ln \frac{a_{(B)_{s_2^x}}^{H}}{a_{(B)_{s_1^x}}^{H}} \tag{8.154}$$

（3）固溶体 1 组元以符合亨利定律的假想的纯物质为标准状态，浓度以质量分数表示；固溶体 2 中的组元以符合亨利定律的假想的质量分数为 1%B 的溶液为标准状态，浓度以质量分数表示，溶解自由能为

$$\Delta G_m = \mu_{(B)_{s_2}} - \mu_{(B)_{s_1}} = \Delta G_m^{\ominus} + RT\ln \frac{a_{(B)_{s_2^w}}^{H}}{a_{(B)_{s_1^x}}^{H}} \tag{8.155}$$

式中

$$\mu_{(B)_{s_2}} = \mu_{(B)_{s_2^w}}^{\ominus} + RT\ln a_{(B)_{s_2^w}}^{H}$$

$$\mu_{(B)_{s_1}} = \mu_{B(s_1^x)}^{\ominus} + RT\ln a_{(B)_{s_1^x}}^{H}$$

$$\Delta G_m^{\ominus} = \mu_{(B)_{s_2^w}}^{\ominus} - \mu_{B(s_1)}^{\ominus}$$

由

$$\mu_{(B)_{s_2}} = \mu_{(B)_{s_2^w}}^{\ominus} + RT\ln a_{(B)_{s_2^w}}^{H} = \mu_{(B)_s}^{*} + RT\ln a_{(B)_{s_2}}^{R}$$

得

$$\mu_{(B)_{s_2^w}}^{\ominus} - \mu_{(B)_s}^{*} = RT\ln \frac{a_{(B)_{s_2}}^{R}}{a_{(B)_{s_2^w}}^{H}} = RT\ln \frac{M_1}{100M_B}\gamma_{B(s)}^{0} \tag{8.156}$$

由

$$\mu_{(B)_{s_1}} = \mu_{B(s_1^x)}^{\ominus} + RT\ln a_{(B)_{s_1^x}}^{H} = \mu_{B(s)}^{*} + RT\ln a_{(B)_{s_1}}^{R}$$

得

$$\mu_{B(s_1^x)}^{\ominus} - \mu_{B(s)}^{*} = RT\ln \frac{a_{(B)_{s_1}}^{R}}{a_{(B)_{s_1^x}}^{H}} = RT\ln \gamma_{B(s)}^{0} \tag{8.157}$$

由式(8.156) ~ (8.157)，得标准溶解自由能为

$$\Delta G_m^{\ominus} = \mu_{(B)_{s_2^w}}^{\ominus} - \mu_{B(s_1^x)}^{\ominus} = RT\ln \frac{M_1}{100M_B} \tag{8.158}$$

溶解自由能为

$$\Delta G_\mathrm{m} = RT\ln\frac{M_1}{100M_\mathrm{B}} + RT\ln\frac{a^\mathrm{H}_{(\mathrm{B})_{s_2 w}}}{a^\mathrm{H}_{(\mathrm{B})_{s_1 w}}} \tag{8.159}$$

8.4 溶液中的组元参加的化学反应的吉布斯自由能变化

计算化学反应的吉布斯自由能变化,对溶液中的组元和纯组元要做不同的考虑。这是由于纯物质的标准状态的选择是唯一的,而溶液中的组元的标准状态可以有多种选择。下面通过一个具体例子,加以讨论。

在高炉炼铁过程中,炉渣中的二氧化硅被还原成硅溶于铁液中,化学反应方程式可以写为

$$2\mathrm{C(s)} + (\mathrm{SiO_2}) =\!=\!= [\mathrm{Si}] + 2\mathrm{CO(g)} \tag{e}$$

其中$(\mathrm{SiO_2})$表示溶解在炉渣中的二氧化硅;$[\mathrm{Si}]$表示溶解在铁液中的硅。反应温度为 $1\,500\,℃$,CO 压力为 1 个标准压力;铁液中硅含量为 $w[\mathrm{Si}] = 0.409$,以假想符合亨利定律 $\dfrac{w_\mathrm{Si}}{w^\ominus} = 1$ 的铁液为标准状态,铁液中硅的活度系数为 $f_\mathrm{Si} = 8.3$。以纯固态二氧化硅为标准状态,炉渣中二氧化硅的活度为 $a^\mathrm{R}_{\mathrm{SiO_2}} = 0.1$。铁液中 γ^0_Si 与温度的关系为

$$\lg\gamma^0_\mathrm{Si} = -\frac{6\,870}{T} + 0.8$$

计算式该化学反应(e)的吉布斯自由能变化 ΔG 和平衡常数 K。

8.4.1 计算方法一

该化学反应(e)的吉布斯自由能变化为

$$\Delta G_{\mathrm{m,a}} = \Delta G^\ominus_{\mathrm{m,a}} + RT\ln\frac{a^\mathrm{R}_\mathrm{Si}\,(p_\mathrm{CO}/p^\ominus)^2}{(a^\mathrm{R})^2 a^\mathrm{R}_{\mathrm{SiO_2}}}$$

其中 CO 以 $p_\mathrm{CO}/p^\ominus = 1$ 的纯 CO 为标准状态,其余组元均以纯物质为标准状态,C 以纯固体碳为标准状态,Si 以纯液态硅为标准状态,$\mathrm{SiO_2}$ 以纯固态二氧化硅为标准状态。则

$$\Delta G^\ominus_{\mathrm{m,a}} = \Delta_\mathrm{f} G^\ominus_\mathrm{m}(\mathrm{Si,l}) + 2\Delta_\mathrm{f} G^\ominus_\mathrm{m}(\mathrm{CO,g}) - \Delta_\mathrm{f} G^\ominus_\mathrm{m}(\mathrm{C,s}) - \Delta_\mathrm{f} G^\ominus_\mathrm{m}(\mathrm{SiO_2,s}) \tag{8.160}$$

其中

$$\Delta_\mathrm{f} G^\ominus_\mathrm{m}(\mathrm{Si,l}) = 0 \tag{8.161}$$

$$\Delta_\mathrm{f} G^\ominus_\mathrm{m}(\mathrm{CO,g}) = \frac{1}{2} \times (-232\,600 - 167.8T)\ \mathrm{J\cdot mol^{-1}} \tag{8.162}$$

$$\Delta_\mathrm{f} G^\ominus_\mathrm{m}(\mathrm{C,s}) = 0 \tag{8.163}$$

$$\Delta_\mathrm{f} G^\ominus_\mathrm{m}(\mathrm{SiO_2,s}) = (-960\,200 + 209.3T)\ \mathrm{J\cdot mol^{-1}} \tag{8.164}$$

将式(8.161)、(8.162)、(8.163)、(8.164)代入式(8.160),得

$$\Delta G^\ominus_{\mathrm{m,a}} = (727\,600 - 377.10T)\ \mathrm{J\cdot mol^{-1}} \tag{8.165}$$

将 $T = 1\,773\ \mathrm{K}$ 代入式(8.165),得

$$\Delta G^\ominus_{\mathrm{m,1}} = 59\,000\ \mathrm{J\cdot mol^{-1}}$$

$$\ln K^{\ominus} = -\frac{\Delta G^{\ominus}_{\mathrm{m,1}}}{RT} = -\frac{59\ 000}{8.\ 314 \times 1\ 773} = -4.\ 002\ 5$$

$$K^{\ominus} = 0.\ 018\ 3$$

由于 $a_{\mathrm{C}} = 1, p_{\mathrm{CO}}/p^{\ominus} = 1$,所以

$$\Delta G_{\mathrm{m,a}} = \Delta G^{\ominus}_{\mathrm{m,1}} + RT\ln\frac{\gamma_{\mathrm{Si}} x_{\mathrm{Si}}}{a^{\mathrm{R}}_{\mathrm{SiO_2}}} \tag{8.166}$$

$$x_{\mathrm{Si}} = \frac{M_{\mathrm{Fe}}}{100 M_{\mathrm{Si}}}\left(\frac{w_{\mathrm{Si}}}{w^{\ominus}}\right) = \frac{0.\ 558\ 5}{28.\ 09} \times 0.\ 409 = 7.\ 95 \times 10^{-3}$$

$$\gamma_{\mathrm{Si}} = \gamma^{0}_{\mathrm{Si,l}} f_{\mathrm{Si}}$$

$$T = 1\ 773\ \mathrm{K}$$

$$\lg \gamma^{0}_{\mathrm{Si,l}} = -\frac{6\ 870}{1\ 773} + 0.\ 8 = -3.\ 074\ 8$$

$$\gamma^{0}_{\mathrm{Si,l}} = 8.\ 42 \times 10^{-4}$$

$$\gamma_{\mathrm{Si}} = 8.\ 42 \times 10^{-4} \times 8.\ 3$$

将以上数据代入式(8.199),得

$$\Delta G_{\mathrm{m,a}} = \left(59\ 000 + 8.\ 314 \times 1\ 773 \times \ln\frac{8.\ 3 \times 8.\ 42 \times 10^{-4} \times 7.\ 95 \times 10^{-3}}{0.\ 1}\right)\ \mathrm{kJ \cdot mol^{-1}}$$

$$= -51.\ 50\ \mathrm{kJ \cdot mol^{-1}}$$

8.4.2 计算方法二

其他不变,硅以假想符合亨利定律的 1% 浓度溶液为标准状态,其标准自由能变化为

$$\Delta G^{\ominus}_{\mathrm{m,Si}(w)} = \Delta_{\mathrm{f}} G^{\ominus}_{\mathrm{m}}(\mathrm{Si,l}) + \Delta G^{\ominus}_{\mathrm{m,Si(l)}_w} = \Delta G_{\mathrm{m,Si(l)}_w}$$

就是纯液态硅溶入纯铁液中变成质量分数为 1% 的铁基溶液的摩尔吉布斯自由能变化,即以假想的符合亨利定律的 1% 浓度溶液为标准状态的标准溶解自由能。

$$\mathrm{Si(l)} = [\mathrm{Si}] \tag{f}$$

$$\Delta G^{\ominus}_{\mathrm{m,Si(l)}} = RT\ln\frac{M_{\mathrm{Fe}}}{100 M_{\mathrm{Si}}}\gamma^{0}_{\mathrm{Si}} = RT\ln\frac{0.\ 558\ 5}{28.\ 09} + RT\ln\gamma^{0}_{\mathrm{Si}}$$

$$= RT\ln\frac{0.\ 558\ 5}{28.\ 09} + 2.\ 303 RT\left[-\frac{6\ 870}{T} + 0.\ 80\right]$$

$$= (-131\ 500 - 17.\ 24T)\mathrm{J \cdot mol^{-1}} \tag{8.167}$$

$$\Delta G^{\ominus}_{\mathrm{m,a}} = 2\Delta_{\mathrm{f}} G^{\ominus}_{\mathrm{m}}(\mathrm{CO,g}) + \Delta_{\mathrm{f}} G^{\ominus}_{\mathrm{m}}\mathrm{Si(l)} - \Delta_{\mathrm{f}} G^{\ominus}_{\mathrm{m}}(\mathrm{SiO_2,s}) - \Delta_{\mathrm{f}} G^{\ominus}_{\mathrm{m}}(\mathrm{C,s}) \tag{8.168}$$

将式(8.162)、(8.163)、(8.164)、(8.167)代入式(8.168),得

$$\Delta G^{\ominus}_{\mathrm{m,a}} = (596\ 100 - 394.\ 34T)\mathrm{J \cdot mol^{-1}} \tag{8.169}$$

取 $T = 1\ 773\ \mathrm{K}$,代入式(8.169),得

$$\Delta G^{\ominus}_{\mathrm{m,a}} = -103\ 100\ \mathrm{J \cdot mol^{-1}}$$

$$\ln K^{\ominus} = -\frac{\Delta G^{\ominus}_{\mathrm{m}}}{RT} = \frac{103\ 100}{8.\ 314 \times 1\ 773} = 6.\ 994\ 2$$

$$K^{\ominus} = 1\ 090$$

$$\Delta G_{m,a} = \Delta G_{m,a}^{\ominus} + RT\ln\frac{f_{Si}(w_{Si}/w^{\ominus})}{a_{SiO_2}^{R}}$$

$$= 103\,100 + 8.314 \times 1\,773 \times \ln\frac{8.3 \times 0.4}{0.1}\ kJ \cdot mol^{-1}$$

$$= -51.50\ kJ \cdot mol^{-1}$$

比较计算方法一和二的计算结果可见 ΔG_m 的值与标准状态的选择无关。

8.5 化学反应吉布斯自由能变化的应用

在材料制备和应用过程中,通常会发生化学反应。应用化学反应等温方程可以计算化学反应的吉布斯自由能变化 ΔG_m。据此可以预测化学反应的方向和限度,判断改变哪些条件可以使化学反应向人们所希望的方向进行。这就可以为与化学反应相关的生产过程制定合理的工艺条件提供依据。在有些情况下,也可以利用标准吉布斯自由能变化进行判断。

8.5.1 确定初始反应温度和体系内的压力

确定一个化学反应的初始反应温度和反应体系的压力对确定生产工艺条件具有重要意义。

火法炼镁以硅还原氧化镁制取金属镁。若以 MgO 为原料,则

$$Si(s) + MgO(s) \Longrightarrow SiO_2(s) + 2Mg(g) \tag{g}$$

$$\Delta G_{m,e}^{\ominus} = (523\,000 - 211.7T)\,J \cdot mol^{-1}$$

$$\Delta G_{m,e} = \Delta G_{m,e}^{\ominus} + RT\ln\frac{a_{SiO_2}^{R}\,(p_{Mg}/p^{\ominus})^2}{a_{Si}^{R}a_{MgO}^{R}} \tag{8.170}$$

当 $\Delta G < 0$ 时,反应可以进行,$\Delta G = 0$ 的温度为初始反应温度或最低反应温度。由于

$$a_{SiO_2}^{R} = 1, p_{Mg}/p^{\ominus} = 1, a_{Si}^{R} = 1, a_{MgO}^{R} = 1$$

代入式(8.170),得

$$\Delta G_{m,e} = \Delta G_{m,e}^{\ominus} = 52\,300 - 211.7T = 0$$

$$T = 2\,470\ K$$

为降低反应温度,可以考虑降低产物的活度。这可以通过加入 CaO,使之与 SiO_2 反应生成 $2CaO \cdot SiO_2$ 来实现。化学反应方程式为

$$2CaO(s) + SiO_2(s) \Longrightarrow 2CaO \cdot SiO_2(s) \tag{h}$$

$$\Delta G_{m,f}^{\ominus} = (-126\,400 - 5.0T)\,J \cdot mol^{-1}$$

反应式(g) + (h),得

$$Si(s) + 2MgO(s) + 2CaO(s) \Longrightarrow 2CaO \cdot SiO_2(s) + 2Mg(g) \tag{i}$$

$$\Delta G_{m,g}^{\ominus} = \Delta G_{m,e}^{\ominus} + \Delta G_{m,f}^{\ominus} = (396\,600 - 216.7T)\,J \cdot mol^{-1}$$

$$\Delta G_{m,g} = \Delta G_{m,g}^{\ominus} + RT\ln\frac{a_{2CaO \cdot SiO_2}^{R}\,(p_{Mg}/p^{\ominus})^2}{a_{Si}^{R}\,(a_{MgO}^{R})^2\,(a_{CaO}^{R})^2}$$

$$= \Delta G_{m,g}^{\ominus} = (396\,600 - 216.7T)\,J \cdot mol^{-1} = 0$$

$$T = 1\ 830\ \text{K}$$

温度降低了很多,但仍然偏高,为此可以考虑降低金属镁的蒸气压。

$$\Delta G_{\text{m,g}} = \Delta G_{\text{m,g}}^{\ominus} + RT\ln\left(\frac{p_{\text{Mg}}}{p^{\ominus}}\right)^2 = (396\ 600 - 216.7T) + RT\ln(p_{\text{Mg}}/p^{\ominus})^2 \quad (8.171)$$

取 $T = 1\ 473\ \text{K}$,代入式(8.171),令

$$\Delta G_{\text{m,g}} \leqslant 0$$

解得

$$\ln(p_{\text{Mg}}/p^{\ominus})^2 = -3.160\ 1$$

$$p_{\text{Mg}} \leqslant 4\ 298\ \text{Pa}$$

火法炼镁通常以白云石为原料,白云石的主要成分为 $\text{CaO} \cdot \text{MgO}$。为降低成本不用纯硅,而用硅铁合金。相应的化学反应为

$$[\text{Si}] + 2\text{CaO} \cdot \text{MgO}(\text{s}) \Longrightarrow 2\text{CaO} \cdot \text{SiO}_2(\text{s}) + 2\text{Mg}(\text{g}) \quad (\text{j})$$

仍以纯物质为标准状态,则

$$\Delta G_{\text{m,h}} = \Delta G_{\text{m,h}}^{\ominus} + RT\ln\frac{a_{2\text{CaO} \cdot \text{SiO}_2}^{\text{R}}\ (p_{\text{Mg}}/p^{\ominus})^2}{a_{\text{Si}}^{\text{R}}\ (a_{\text{CaO} \cdot \text{MgO}}^{\text{R}})^2} \quad (8.172)$$

反应式(j)可由反应式(i)与

$$\text{CaO}(\text{s}) + \text{MgO}(\text{s}) \Longrightarrow \text{CaO} \cdot \text{MgO}(\text{s}) \quad (\text{k})$$

及

$$\text{Si}(\text{s}) = [\text{Si}] \quad (\text{l})$$

的组合得到,即式(j)等于式(i) $- 2 \times$(k) $+$ (l)。式(k)的标准吉布斯自由能变化可近似取作

$$\Delta G_{\text{m,i}}^{\ominus} = -7\ 200\ \text{J} \cdot \text{mol}^{-1}$$

$\Delta G_{\text{m,i}}^{\ominus}$ 也称为复合氧化物 $\text{CaO} \cdot \text{MgO}$ 的标准生成自由能。以纯固态硅为标准状态,则式(l)的标准溶解自由能为

$$\Delta G_{\text{m,j}}^{\ominus} = 0$$

因此

$$\Delta G_{\text{m,h}}^{\ominus} = \Delta G_{\text{m,g}}^{\ominus} - 2\Delta G_{\text{m,i}}^{\ominus} + \Delta G_{\text{m,j}}^{\ominus} = (411\ 000 - 216.7T)\text{J} \cdot \text{mol}^{-1}$$

取硅质量分数为 70% ~ 80% 的硅铁的硅的物质的量分数 x_{Si} 的平均值为 0.87,$a_{\text{Si}}^{\text{R}} = 0.98$。镁的蒸气压为 13 Pa,$a_{2\text{CaO} \cdot \text{SiO}_2}^{\text{R}} = 1$,$a_{\text{CaO} \cdot \text{MgO}}^{\text{R}} = 1$,$T = 1\ 473\ \text{K}$。

将以上数据代入式(8.205),得

$$\Delta G_{\text{m,h}} = 411\ 000 - 216.7 \times 1\ 473 + 8.314 \times 1\ 473 \times \ln\left[\left(\frac{13}{101\ 325}\right)^2 \times \frac{1}{0.98}\right]$$

$$= -127.44\ \text{J} \cdot \text{mol}^{-1} < 0$$

可见,在此条件下,化学反应(j)可以由左向右进行,这是反应刚开始时的情况。随着还原反应的进行,硅铁中的硅不断消耗,a_{Si} 不断降低,$\Delta G_{\text{m,h}}$ 不断增大。当 $\Delta G_{\text{m,h}} = 0$ 时,化学反应(j)达成平衡。由

$$\Delta G_{\text{m,h}} = 411\ 000 - 216.7 \times 1\ 473 + 8.314 \times 1\ 473 \times \ln\left[\left(\frac{13}{101\ 325}\right)^2 \times \frac{1}{a_{\text{Si}}^{\text{R}}}\right] = 0$$

$$a_{Si}^R = 9.25 \times 10^{-5}$$

可得

$$x_{Si} = 0.25$$

因此,实际生产中硅铁需过量。

8.5.2 判断化合物的稳定性

化合物的稳定性,尤其是高温的稳定性是化合物的重要性质。应用热力学原理可以判断化合物在不同条件下的稳定性。

8.5.2.1 比较两个化合物的稳定性

把要比较的两个化合物构成一个化学反应,其中一个是反应物,另一个是产物。计算此化学反应的吉布斯自由能变化 ΔG。若 $\Delta G < 0$,则产物稳定;若 $\Delta G > 0$,则反应物稳定。

例题 7 比较 Al_2O_3 和 CaO 在 1 000 K 的相对稳定性。

解 将 Al_2O_3 和 CaO 构成以下化学反应

$$Al_2O_3(s) + 3Ca(s) = 2Al(l) + 3CaO(s)$$

其吉布斯自由能变化为

$$\Delta G_m = \Delta G_m^{\ominus} + RT\ln \frac{(a_{Al(l)}^R)^2 (a_{CaO}^R)^3}{a_{Al_2O_3}^R (a_{Ca}^R)^3}$$

以符合拉乌尔定律的纯物质为标准状态,则

$$\Delta G_m = 3\Delta_f G_m^{\ominus}(CaO,s) - \Delta_f G_m^{\ominus}(Al_2O_3,s) = (-233\ 400 - 1.10T) J \cdot mol^{-1}$$

各组元活度均取做1,则

$$\Delta G_m = \Delta G_m^{\ominus} = -233\ 400 - 1.10T = (-233\ 400 - 1.10 \times 1\ 000)\ kJ \cdot mol^{-1}$$
$$= -234.58\ kJ \cdot mol^{-1} < 0$$

因此,CaO 比 Al_2O_3 稳定。

8.5.2.2 判断一个化合物的稳定性

将欲确定稳定性的物质与环境气氛构成一个化学反应。计算此化学反应的吉布斯自由能变化,据此判断该化合物的稳定性。

例题 8 空气中 Ag_2CO_3 在 110 ℃ 是否稳定?

解 将 Ag_2CO_3 与气氛构成一个化学反应:

$$Ag_2CO_3(s) = Ag_2O(s) + CO_2(g)$$
$$\Delta G_m = \Delta G_m^{\ominus} + RT\ln (p_{CO_2}/p^{\ominus})$$

$$\Delta G_m^{\ominus} = \Delta_f G_m^{\ominus}(CO_2,g) + \Delta_f G_m^{\ominus}(Ag_2O,s) - \Delta_f G_m^{\ominus}(Ag_2CO_3,s) = 14\ 824.5\ J \cdot mol^{-1}$$

空气中 CO_2 含量为 $w(CO_2) = 0.028\%$,折算成摩尔分数为 $x_{CO_2} = 1.845 \times 10^{-4}$,根据道尔顿(Dolton)分压定律:

$$p_{CO_2} = x_{CO_2} \cdot p^{\ominus}$$

得

$$p_{CO_2}/p^{\ominus} = x_{CO_2}$$

$$\Delta G_m = \Delta G_m^{\ominus} + RT\ln \frac{(p_{CO_2}/p^{\ominus}) \cdot a_{Ag_2O}^R}{a_{Ag_2CO_3}^R}$$

$$= \left(14.825 + 8.314 \times 383.15 \times \ln \frac{1.845 \times 10^{-4} \times 1}{1}\right) \text{ kJ} \cdot \text{mol}^{-1}$$

$$= -11.23 \text{ kJ} \cdot \text{mol}^{-1} < 0$$

结果表明,空气中 Ag_2CO_3 在 110 ℃ 不能稳定存在,会分解为 AgO 和 CO_2。

上述方法适用于任何情况,但比较麻烦,下面几种方法比较简便。

8.5.2.3 用生成反应的 $\Delta G_m^{\ominus}$ 进行比较

用生成反应的 $\Delta G_m^{\ominus}$ 比较化合物的稳定性,首先必须统一比较基准。所谓统一比较基准,即参加生成反应的某一"元素"物质的量相等。在此标准下,计算各生成反应的 $\Delta G_m^{\ominus}$, $\Delta G_m^{\ominus}$ 越负的化合物越稳定。

例题 9 比较 1 000 ℃ 时 TiO_2 和 MnO 哪个稳定。

解 以 1 mol O_2 为比较基准,计算 1 000 ℃ 生成 TiO_2 和 MnO 反应的标准吉布斯自由能。

$$Ti(s) + O_2(g) == TiO_2(s)$$
$$\Delta G_m^{\ominus} = -674.11 \text{ kJ} \cdot \text{mol}^{-1}$$
$$2Mn(s) + O_2(g) == 2MnO(s)$$
$$\Delta G_m^{\ominus} = -586.18 \text{ kJ} \cdot \text{mol}^{-1}$$

因为生成 $TiO_2(s)$ 的 $\Delta G_m^{\ominus}$ 比生成 MnO(s) 的 $\Delta G_m^{\ominus}$ 负,所以 $TiO_2(s)$ 比 MnO(s) 稳定。

将上面的两个反应方程式相减,得

$$Ti(s) + 2MnO(s) == 2Mn(s) + TiO_2(s)$$
$$\Delta G_m^{\ominus} = \Delta G_{m,1}^{\ominus} - \Delta G_{m,2}^{\ominus} = -87.93 \text{ kJ} \cdot \text{mol}^{-1} < 0$$

此反应可以由左向右自发进行,也表明 $TiO_2(s)$ 比 MnO(s) 稳定。这与前面的结果是一致的。

8.5.2.4 用化合物的分解压进行比较

一个化合物分解产生气体,在一定温度下,该分解反应达成平衡时,所产生的气体的压力称为该温度下该化合物的分解压,例如,氧化物分解反应

$$M_xO_y(s) == xM(s) + \frac{y}{2}O_2(g)$$

当其达成平衡时的氧分压 p_{O_2} 称为 $M_xO_y(s)$ 的分解压。并有

$$\Delta G_m^{\ominus} = -RT\ln (p_{O_2}/p^{\ominus})^{\frac{y}{2}} \tag{8.173}$$

分解压 p_{O_2} 越低,$\Delta G_m^{\ominus}$ 越正,该化合物越稳定。

例题 10 用分解压比较 1 000 ℃ 时 $TiO_2(s)$ 和 MnO(s) 哪个稳定。

解

$$TiO_2(s) == Ti(s) + O_2(g)$$
$$\Delta G_m^{\ominus} = -RT\ln (p_{O_2}/p^{\ominus}) = 674.11 \text{ kJ} \cdot \text{mol}^{-1}$$

$$p_{O_2} = e^{-\frac{\Delta G_m^\ominus}{RT}} p^\ominus = 0.938\ 3p^\ominus$$

$$2MnO(s) \Longrightarrow 2Mn(s) + O_2(g)$$

$$\Delta G_m^\ominus = -RT\ln(p_{O_2}/p^\ominus) = 580.18\ kJ \cdot mol^{-1}$$

$$p_{O_2} = e^{-\frac{\Delta G_m^\ominus}{RT}} p^\ominus = 0.946\ 7p^\ominus$$

可见,$TiO_2(s)$ 的分解压比 $MnO(s)$ 为分解压低,$TiO_2(s)$ 比 $MnO(s)$ 稳定。其比较标准是生成 1 mol O_2。

8.5.2.5 用化学势比较

气相中氧分压为 p_{O_2},氧的化学势为

$$\mu_{O_2} = \mu_{O_2}^\ominus + RT\ln(p_{O_2}/p^\ominus)$$

则有

$$\Delta\mu_{O_2} = \mu_{O_2} - \mu_{O_2}^\ominus = RT\ln(p_{O_2}/p^\ominus) \tag{8.174}$$

式中,$RT\ln(p_{O_2}/p^\ominus)$ 称为氧势。

若气相中的氧分压就是与氧化物达成平衡的氧分压,则 $RT\ln(p_{O_2}/p^\ominus)$ 称为该氧化物的氧势。氧势越低,即与该氧化物平衡的氧分压越低,该化合物越稳定。与式(8.206)相比

$$\Delta\mu_{O_2} = -\Delta G_m^\ominus$$

两者判定的结果是一致的。

同样,可以定义氮化物、硫化物、氯化物等物质的氮势、硫势、氯势等,并可以用其判断同类化合物的相对稳定性。根据热力学数据可以作出氧势图、硫势图等各种势图。从这些势图可以知道相应的势与温度的关系。由各化合物的势线在图中的位置可以知道在某一温度该类化合物的相对稳定性。

显然,上述判断化合物稳定性的各种方法其本质是一致的。

8.5.3 氧势图及其应用

图 8.1 所示是氧势图,也称埃林汉(Eillingham)图,是埃林汉最先提出的。

8.5.3.1 氧势图

氧势图是化学反应

$$\frac{2x}{y}M(p) + O_2(g) \Longrightarrow \frac{2}{y}M_xO_y(p) \tag{8.175}$$

的 $\Delta G_m^\ominus$ 与温度 T 的关系图,式中 p 表示物质的相。由于该化学反应的

$$\Delta G_m^\ominus = -RT\ln K = RT\ln(p_{O_2}/p^\ominus) = \Delta\mu_{O_2}^\ominus$$

所以,也是

$$RT\ln(p_{O_2}/p^\ominus) = \Delta\mu_{O_2}^\ominus$$

与温度的关系图。

$\Delta G_m^\ominus$ 是温度的函数,其准确表达式是温度的多项式,在热力学允许的范围内,可以将其简化为二项式。因此,氧势与温度的关系式为

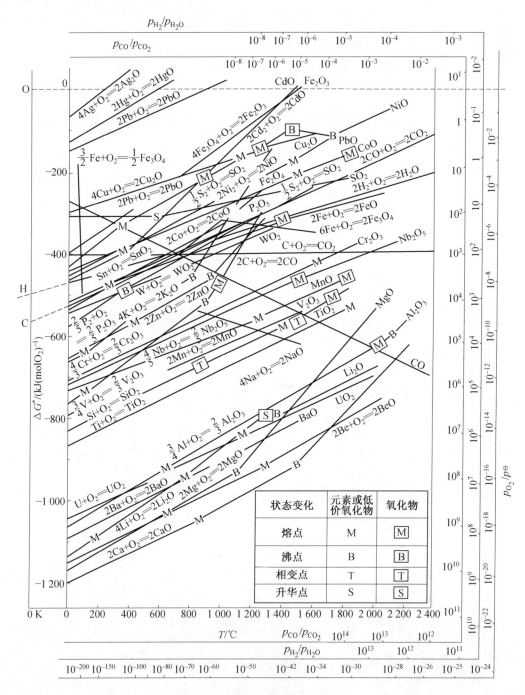

图 8.1　氧势图

$$\Delta\mu_{O_2}^{\ominus} = RT\ln\left(p_{O_2}/p^{\ominus}\right) = A + BT$$

是直线方程。其截距为

$$A = \Delta\overline{H^{\ominus}}$$

斜率为

$$B = \Delta \overline{S_{\mathrm{m}}^{\ominus}}$$

即 A 和 B 分别是平均标准焓变和平均标准熵变。这是根据 $\Delta G = \Delta H - T\Delta S$ 联想的。

由(8.173) 可知

$$\Delta G_{\mathrm{m}}^{\ominus} = \frac{2}{y}\Delta_{\mathrm{f}}G_{\mathrm{m}}^{\ominus}(\mathrm{M}_x\mathrm{O}_y,\mathrm{p})$$

所以,氧势图也称标准生成吉布斯自由能与温度的关系图。

图中纵坐标是氧势,单位为 $\mathrm{kJ \cdot mol^{-1}}$,横坐标为温度,单位为 ℃。在各条直线上注明了其所代表的化学反应。

8.5.3.2　氧势线的斜率

(1) 金属氧化氧势线的斜率,由式(8.207) 可知

$$\Delta S^{\ominus} = \frac{2}{y}S_{\mathrm{m},\mathrm{M}_x\mathrm{O}_y(\mathrm{p})}^{\ominus} - \frac{2x}{y}S_{\mathrm{m},M(\mathrm{p})}^{\ominus} - S_{\mathrm{m},\mathrm{O}_2(\mathrm{g})}^{\ominus}$$

气体的熵比固体和液体的熵大很多。对于技术金属而言, $S_{\mathrm{m},\mathrm{O}_2}^{\ominus}$ 远远大于 $S_{\mathrm{m},\mathrm{M}_x\mathrm{O}_y(\mathrm{s},\mathrm{l})}^{\ominus}$ 和 $S_{\mathrm{m},\mathrm{M}(\mathrm{s},\mathrm{l})}^{\ominus}$,因而

$$S_{\mathrm{m}}^{\ominus} \approx - S_{\mathrm{m},\mathrm{O}_2(\mathrm{g})}^{\ominus}$$

由于 $S_{\mathrm{m},\mathrm{O}_2(\mathrm{g})}^{\ominus}$ 恒为正值,所以 $- S_{\mathrm{m}}^{\ominus}$ 恒为正值,即金属氧化物的斜率为正。

(2) CO_2 氧势线的斜率化学反应。

$$\mathrm{C(s)} + \mathrm{O}_2(\mathrm{g}) =\!=\!= \mathrm{CO}_2(\mathrm{g})$$

反应前后气体物质的摩尔量不变,即 $\Delta n(\mathrm{g}) = 0$,反应熵变

$$\Delta S_{\mathrm{m}}^{\ominus} = 0.27 \ \mathrm{J \cdot mol^{-1} \cdot K^{-1}}$$

很小。因此, CO_2 的氧势线斜率很小,几乎与横坐标平行。

(3) CO 氧势线的斜率。

化学反应

$$2\mathrm{C(s)} + \mathrm{O}_2(\mathrm{g}) =\!=\!= 2\mathrm{CO(g)}$$

反应前后气体的摩尔量有变化, $\Delta n(\mathrm{g}) > 0$,反应的熵变

$$\Delta S_{\mathrm{m}}^{\ominus} > 0, \ - \Delta S_{\mathrm{m}}^{\ominus} < 0$$

所以,CO 的氧势线斜率为负。

(4) 氧势线斜率的变化。

温度变化,反应物和产物有的会发生相变。在相变过程中,反应物和产物的熵会发生变化,所以相应的氧势线的斜率会改变,出现转折点。对于熔化,蒸发或升华等吸热反应

$$\Delta H_{\mathrm{m},i}^{\ominus} > 0$$

所以

$$\Delta S_{\mathrm{m},i}^{\ominus} > 0$$

如果反应物发生相变

$$\Delta S_{\mathrm{m},反}^{\ominus} > 0$$

即反应物的熵增加,而

$$\Delta S_{\mathrm{m}} = \sum_{产} \Delta S_{\mathrm{m}}^{\ominus} - \sum_{反} \Delta S_{\mathrm{m}}^{\ominus} \qquad (8.176)$$

所以,该反应的熵变减小,斜率增大。

如果产物发生相变

$$\Delta S_{\mathrm{m,产}}^{\ominus} > 0$$

即产物的熵增加,据式(8.174)该反应的熵变增加,斜率减小。

8.5.3.3 氧势图的应用

(1)判断氧化物的稳定性。

金属的氧化反应

$$\frac{2x}{y}\mathrm{Me(p)} + \mathrm{O_2(g)} =\!=\!= \frac{2}{y}\mathrm{Me}_x\mathrm{O}_y(\mathrm{p})$$

$$\Delta G_{\mathrm{m},i}^{\ominus} = RT\ln\,(p_{\mathrm{O_2}}/p^{\ominus})$$

可以作为氧化物 $\mathrm{Me}_x\mathrm{O}_y$ 稳定性的量度,也就是金属对氧亲和力的量度。$\Delta G_{\mathrm{m},i}^{\ominus}$ 越负,金属对氧的亲和力越大,相应的氧化物越稳定。不同氧化物的氧势线在图中的位置上下不同。位置越往下,$\Delta G_{\mathrm{m},i}^{\ominus}$ 越负,在标准状态下,氧化物越稳定。同一种元素不同价态的氧化物,低价态的氧化物高温稳定,高价态的氧化物低温稳定。例如在高温低价态的 FeO,$\mathrm{MnO,Cu_2O,CO}$ 比相应的高价态的 $\mathrm{Fe_2O_3,MnO_2,CuO,CO_2}$ 稳定。

(2)确定物质的氧化还原次序。

在同一温度,几种元素的单质同时与氧相遇,则氧势线位置在下的先氧化。例如,从图中氧势线的位置确定单质 Al、Si、Mn 同时与氧相遇,氧化次序为 Al、Si、Mn。

在标准状态,氧势线位置在下的单质可以还原其上面氧势线相应氧化物。例如,Al 可以还原 $\mathrm{Cr_2O_3,WO_2,Fe_2O_3}$ 等生成金属。这是铝热还原法制备金属和合金的依据。

CO 氧势直线的斜率特殊,与其他直线的斜率不同。在 CO 线以上的氧势线相应的氧化物,例如 $\mathrm{FeO,Fe_2O_3,NiO,CoO,P_2O_5,CuO}$ 等能被 C 还原;在 CO 线以下的氧势线相应的氧化物,例如 $\mathrm{Al_2O_3,CaO,MgO}$ 等不能被 C 还原;与 CO 线相交的氧势线相应的氧化物,例如,$\mathrm{Cr_2O_3,Nb_2O_5,MnO_2,SiO_2}$ 等在温度低于交点温度,C 能将它们还原,在温度高于交点温度,$\mathrm{CO_2}$ 被金属还原,成为氧化剂。交点温度是碳还原金属氧化物的最低还原温度。

氧势图还有许多其他应用,这里就不一一讨论。

8.5.3.4 同种元素不同价态的化合物的稳定性

同种元素不同价态的化合物的稳定性与其存在的条件有关,这在比较其稳定性时应予以注意。下面以 VO 和 $\mathrm{V_2O_3}$ 为例说明。

例题 11 温度为 2 000 K,比较 VO 和 $\mathrm{V_2O_3}$ 的稳定性。

解 以 1 mol $\mathrm{O_2}$ 为基准进行比较。

$$2\mathrm{V(s)} + \mathrm{O_2(g)} =\!=\!= 2\mathrm{VO(s)} \qquad (\mathrm{m})$$

$$\Delta G_{\mathrm{m}}^{\ominus} = (-849\,400 + 160.1T)\mathrm{J \cdot mol^{-1}}$$

$T = 2\,000\ \mathrm{K}$

$$\Delta G_{\mathrm{m}}^{\ominus} = -529.20\ \mathrm{kJ \cdot mol^{-1}}$$

$$\frac{4}{3}V(s) + O_2(g) \xrightarrow{\hspace{1cm}} \frac{2}{3}V_2O_3(s) \tag{n}$$

$$\Delta G_m^{\ominus} = (-802\,000 + 158.4T)\,J \cdot mol^{-1}$$

$T = 2\,000\ K$

$$\Delta G_m^{\ominus} = -485.20\ kJ \cdot mol^{-1}$$

可见,VO 比 V_2O_3 稳定。

式(m) – 式(n),得

$$\frac{2}{3}V_2O_3(s) + \frac{2}{3}V(s) \xrightarrow{\hspace{1cm}} 2VO(s)$$

$$\Delta G_m^{\ominus} = (-474\,000 + 17.7T)\,J \cdot mol^{-1}$$

$$\Delta G_m = \Delta G_m^{\ominus} + RT\ln J = \Delta G_m^{\ominus} = (-474\,000 + 17.7T)\,J \cdot mol^{-1}$$

$T = 2\,000\ K$

$$\Delta G_m = -470.60\ kJ \cdot mol^{-1} < 0$$

反应可以自动从左向右进行。

以 1 mol V 为基准进行比较。

$$V(s) + \frac{1}{2}O_2(g) \xrightarrow{\hspace{1cm}} VO(s) \tag{m'}$$

$$\Delta G_m^{\ominus} = (-424\,700 + 80.05T)\,J \cdot mol^{-1}$$

$$V(s) + \frac{3}{4}O_2(g) \xrightarrow{\hspace{1cm}} \frac{1}{2}V_2O_3(s) \tag{n'}$$

$$\Delta G_m^{\ominus} = (-601\,500 + 118.8T)\,J \cdot mol^{-1}$$

式(m') – 式(n'),得

$$VO(s) + \frac{1}{4}O_2(g) \xrightarrow{\hspace{1cm}} \frac{1}{2}V_2O_3(s)$$

$$\Delta G_m^{\ominus} = (-176\,800 + 38.75T)\,J \cdot mol^{-1}$$

$$\Delta G_m = \Delta G_m^{\ominus} + RT\ln(p_{O_2}/p^{\ominus})^{\frac{1}{4}}$$

ΔG_m 的正负与气相中的氧分压有关。

$T = 2\,000\ K$

$$\Delta G_m = \Delta G_m^{\ominus} + RT\ln(p_{O_2}/p^{\ominus})^{\frac{1}{4}} = 0$$

$$\Delta G_m^{\ominus} = -RT\ln(p_{O_2}/p^{\ominus})^{\frac{1}{4}}$$

由 $\Delta G_m^{\ominus}$ 计算平衡氧分压为

$$p_{O_2} = 4.08 \times 10^{-6}\ Pa$$

所以气相中实际氧分压

$$p'_{O_2} > 4.08 \times 10^{-6}\ Pa, \quad V_2O_3\ 比\ VO\ 稳定$$

$$p'_{O_2} < 4.08 \times 10^{-6}\ Pa, \quad VO\ 比\ V_2O_3\ 稳定$$

$$p'_{O_2} = 4.08 \times 10^{-6}\ Pa, \quad VO\ 和\ V_2O_3\ 平衡共存$$

综上可见,若没有金属钒存在,钒氧化物的相对稳定性取决于气相中氧分压;若有金属钒存在,气相中的氧分压就保持在低价钒氧化物的平衡氧分压水平。因为高价钒氧化物的平衡氧分压比低价钒氧化物高。

8.5.4 化学平衡与相平衡的关系

8.5.4.1 $\Delta G_m^\ominus$ 与 $K^\ominus$ 的关系

由式(8.2)

$$\Delta G_m^\ominus = - RT\ln K^\ominus$$

可知,由化学反应的 $\Delta G_m^\ominus$ 可以求得化学反应的平衡常数 $K^\ominus$。平衡常数表示化学反应进行的限度。因此,可以认为 $\Delta G^\ominus$ 是表示化学反应限度的量。

$\Delta G_m^\ominus$ 是产物和反应物都处在标准状态下,按化学反应方程式计量的产物的标准化学势之和与反应物的化学势之和的差,并不是化学反应达到平衡时的 ΔG_m。化学反应达到平衡时 $\Delta G_m = 0$;未达到平衡时,ΔG_m 随化学反应进行的程度而变化。不论化学反应平衡与否,$\Delta G_m^\ominus$ 值都存在,且不随化学反应的进行而变化,是由反应物和产物在标准状态下的化学势决定的。

由式(8.2)可知,$\Delta G_m^\ominus$ 越负,$K^\ominus$ 越大,化学反应进行得越彻底。可见,一个化学反应的限度是由反应物和产物的性质决定的,与化学反应进程无关。

式(8.2)给出了 $\Delta G_m^\ominus$ 与 $K^\ominus$ 之间的关系。但并不是每一个 $\Delta G_m^\ominus$ 都有一个对应的 $K^\ominus$。由 $\Delta G_m^\ominus$ 计算 $K^\ominus$ 时必须注意:产物和反应物之间必须平衡共存,才能由式(8.2)计算平衡常数。如果产物和反应物之间不能平衡共存,就没有平衡常数,利用式(8.2)计算平衡常数就没有意义。因此,在写化学反应方程式前,要先判断该体系中哪些物质可以平衡共存。这就需要查阅相图。

例如,由 Cr – C 二元相图(图8.2)可见,C 和 Cr 不能在固相平衡共存。因此,不能利用化学反应

$$2C(s) + \frac{2}{3}CrO_3(s) = \frac{4}{3}Cr(s) + 2CO(g)$$

制备纯的金属 Cr。

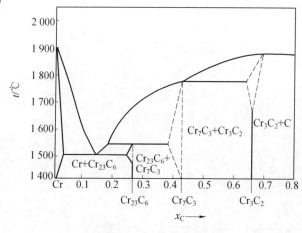

图 8.2 Cr – C 相图

从相图可见,在不同温度,与 Cr 平衡共存的物质是不同的。在液相区,得到是溶解 C 的液态 Cr。在 1 500 ℃,得到的是 Cr + Cr$_{23}$C$_6$。

8.5.4.2 逐级转化规则

过渡元素等可以生成不同价的化合物。这些元素及其化合物所参加的化学反应遵从逐级转化原则,即这些化合物在变化过程中按价态顺序逐级转化。下面列出几种氧化物的转化顺序。

铁的氧化物转化顺序为

$T > 570$ ℃

$$Fe_2O_3(s) \rightleftharpoons Fe_3O_4(s) \rightleftharpoons FeO(s) \rightleftharpoons Fe(s)$$

$T < 570$ ℃

$$Fe_2O_3(s) \rightleftharpoons Fe_3O_4(s) \rightleftharpoons Fe(s)$$

钛的氧化物转化顺序为

$$TiO_2(s) \rightleftharpoons Ti_3O_5(s) \rightleftharpoons Ti_2O_3(s) \rightleftharpoons TiO(s) \rightleftharpoons Ti(s)$$

钒的氧化物的转化顺序为

$$V_2O_5(s) \rightleftharpoons VO_2(s) \rightleftharpoons V_2O_3(s) \rightleftharpoons VO(s) \rightleftharpoons V(s)$$

铬的氧化物转化顺序为

$T > 1 050$ ℃

$$CrO_3(s) \rightleftharpoons Cr_2O_3(s) \rightleftharpoons CrO(s) \rightleftharpoons Cr(s)$$

$T < 1 050$ ℃

$$CrO_3(s) \rightleftharpoons Cr_2O_3(s) \rightleftharpoons Cr(s)$$

下面以铁氧化物为例进行讨论。

由 Fe - O 相图可见,在 $T > 570$ ℃,与不同晶型的 Fe 平衡的是 FeO(浮士体) 或液态氧化铁(组成相当于浮士体),与 Fe(l) 平衡的是液态铁氧化物(组成相当于浮士体);与浮士体平衡的是磁铁矿(Fe$_3$O$_4$),与液态铁氧化物(组成相当于浮士体) 平衡的也是磁铁矿,在温度接近 1 400 ℃ 时,可以视为 FeO 和 Fe$_3$O$_4$ 构成的溶液;与磁铁矿平衡的是赤铁矿(Fe$_2$O$_3$),1 450 ℃ 以上 Fe$_2$O$_3$ 分解,相组成为 R - Fe$_3$O$_4$ 与氧共存,1 580 ℃ 为液态铁氧化物(相当于 Fe$_3$O$_4$ 的组成) 与氧共存。

在 $T < 570$ ℃,与 α-Fe 平衡共存的是磁铁矿(Fe$_3$O$_4$),与 Fe$_3$O$_4$ 平衡共存的是 Fe$_2$O$_3$,与 Fe$_2$O$_3$ 平衡共存的是 O$_2$。

铁氧化物的逐级转化顺序是与相图相符的,其转化过程必须符合相平衡,即氧化物之间的相互转化只能在相邻的稳定相之间进行。因此,在讨论与化学平衡有关的问题和计算平衡常数时,所写的化学反应方程式中的物质必须能够平衡共存。例如,对铁的氧化过程或铁氧化物的分解过程,化学反应方程式为

$T > 570$ ℃

$$2Fe(s) + O_2(g) \Longrightarrow 2FeO(s)$$
$$6FeO(s) + O_2(g) \Longrightarrow 2Fe_3O_4(s)$$
$$4Fe_3O_4(s) + O_2(s) \Longrightarrow 6Fe_2O_3(s)$$

$T < 570$ ℃

$$3Fe(s) + 2O_2(g) = Fe_3O_4(s)$$
$$4Fe_3O_4(s) + O_2(g) = 6Fe_2O_3(s)$$

铁氧化物的还原过程也遵循此规则,例如,用 CO 还原铁的氧化物,化学反应方程式为

$T > 570\ ℃$

$$3Fe_2O_3(s) + CO(g) = 2Fe_3O_4(s) + CO_2(g)$$
$$Fe_3O_4(s) + CO(g) = 3FeO(s) + CO_2(g)$$
$$FeO(s) + CO = Fe(s) + CO_2(g)$$

$T < 570\ ℃$

$$3Fe_2O_3(s) + CO(g) = 2Fe_3O_4(s) + CO_2(g)$$
$$Fe_3O_4(s) + 4CO(g) = 3Fe(s) + 4CO_2(g)$$

多价态物质的逐级转化顺序是由各价态的氧化物的稳定性决定的。下面以铁的氧化物为例说明此问题。

在 1 200 K,以 1 mol O_2 为基准讨论铁的氧化物的稳定性。

$$\frac{4}{3}Fe(s) + O_2(g) = \frac{2}{3}Fe_2O_3(s)$$

$$\Delta G_m^{\ominus} = -543\ 350 + 167.40T = (-543\ 350 + 167.40 \times 1\ 200)\ kJ \cdot mol^{-1}$$
$$= -342.46\ kJ \cdot mol^{-1}$$

$$\frac{3}{2}Fe(s) + O_2(g) = \frac{1}{2}Fe_3O_4(s)$$

$$\Delta G_m^{\ominus} = -551\ 560 + 153.67T = (-551\ 560 + 153.67 \times 1\ 200)\ kJ \cdot mol^{-1}$$
$$= -367.13\ kJ \cdot mol^{-1}$$

$$2Fe(s) + O_2(g) = 2FeO(s)$$

$$\Delta G_m^{\ominus} = -528\ 000 + 129.18T = (-528\ 000 + 129.18 \times 1\ 200)\ kJ \cdot mol^{-1}$$
$$= -372.98\ kJ \cdot mol^{-1}$$

由计算结果可知,在铁存在时,随价态降低,铁氧化物的稳定性逐级增强。因此,在铁的氧化物分解或还原过程中,最不稳定的高价氧化物先被分解或还原,然后按其稳定顺序依次被分解或还原,不能越级。

逐级转化原则只适用于同一元素各价态的物质都是凝聚相的情况。若这些物质中有气态或溶解态者,其化学势就会依分压或活度而变化,从而导致吉布斯自由能变化,氧化物的稳定性也会随之而变化,也就不遵从逐级转化原则了。

例如,溶于铁液中的钒和溶于炉渣的钒氧化物,可以写出如下化学反应

$$(V_2O_3) + [V] = 3(VO)$$

其标准摩尔吉布斯自由能变化为

$$\Delta G_m^{\ominus} = (-70\ 950 + 2.58T)J \cdot mol^{-1}$$

摩尔吉布斯自由能变化为

$$\Delta G_m = \Delta G_m^{\ominus} + RT\ln\frac{a_{VO}^3}{a_{V_2O_3}a_v}$$

对于一定的 a_{VO}、$a_{V_2O_3}$ 和 a_v 都有一个使 $\Delta G_m = 0$ 的温度。因此,可以通过调节体系中组元的活度而使铁液中的钒与渣中的钒氧化物的平衡共存。

例题 12 用碳还原五氧化二铌,制备金属铌,确定起始反应温度。

解 用碳还原五氧化二钒得到金属铌的化学反应为

$$Nb_2O_5(s) + 5C(s) == 2Nb(s) + 5CO(g) \qquad (o)$$

该化学反应的吉布斯自由能变化为

$$\Delta G_{m,a} = \Delta G_{m,a}^{\ominus} + RT\ln(p_{CO}/p^{\ominus})^5 \qquad (8.177)$$

标准吉布斯自由能变化为

$$\Delta G_m^{\ominus} = (1\ 317\ 000 - 848.7T)\,J \cdot mol^{-1}$$

取 $p_{CO} = p^{\ominus}$,则

$$\Delta G_{m,a} = \Delta G_{m,a}^{\ominus}$$

为计算起始反应温度,令

$$\Delta G_{m,a} = 0$$

得

$$T = 1\ 552\ K$$

即在 1 552 K,化学反应(o)可以进行,而生成金属铌。

此结果是否正确,需看 Nb 能否与 Nb_2O_5 平衡共存。为判断 Nb 能否与 Nb_2O_5 平衡共存,考虑化学反应

$$2Nb_2O_5(s) + Nb(s) == 5NbO_2(s) \qquad (p)$$

$$\Delta G_{m,b} = \Delta G_{m,b}^{\ominus} = (-142\ 000 - 5.0T)\,J \cdot mol^{-1} \qquad (8.178)$$

化学反应(p)达成平衡,必须 $\Delta G_{m,b} = 0$,而由上式可见,不论 T 为何值,都有

$$\Delta G_{m,b} = \Delta G_{m,b}^{\ominus} < 0 \qquad (8.179)$$

即 ΔG_m 永远是负值,这表明 Nb 与 Nb_2O_5 不能平衡共存。若反应(o)生成金属铌它也会与 Nb_2O_5 反应生成 NbO_2。

还要看 Nb 能否与 C 平衡共存。为此考虑化学反应

$$Nb(s) + C(s) == NbC(s) \qquad (q)$$

$$\Delta G_{m,c} = \Delta G_{m,c}^{\ominus} = (-193\ 700 - 11.71T)\,J \cdot mol^{-1}$$

化学反应(q)达成平衡,必须

$$\Delta G_{m,c} = \Delta G_{m,c}^{\ominus} = 0$$

而由式(8.179)可见,无论 T 取任何值,$\Delta G_{m,c}$ 总是小于零,说明,Nb 和 C 也不能平衡共存。有碳存在,铌一定和碳反应,生成 NbC,而不会有金属铌存在。

综上可见,并不存在化学反应方程式(o)的平衡,因此由式(8.177)计算的起始反应温度是不对的。这种情况应该如何确定起始反应温度呢? 根据多价态氧化物的逐级还原原则,应先找出最难还原的氧化物;再考虑能否生成碳化物并找出最稳定的碳化物;再考虑最难还原的氧化物能否与最稳定的碳化物反应。若能反应,利用此反应计算起始反应温度。

对于铌而言,最稳定的氧化物是 NbO(s),最稳定的碳化物是 $Ni_2C(s)$,其间可以进行如下化学反应

$$NbO(s) + Nb_2C(s) \Longrightarrow 3Nb(s) + CO(g) \quad\quad (r)$$

标准生成自由能为

$$\Delta G_m^\ominus = (493\ 600 - 184.1T)\,J \cdot mol^{-1} \quad\quad (8.180)$$

由

$$\Delta G_{m,d} = \Delta G_m^\ominus = 0$$

得

$$T = 2\ 681\ K$$

此即起始反应温度。低于此温度只能得到碳化铌,而得不到金属铌。

8.6 同时平衡

在多个化学反应同时进行的体系中,各化学反应之间相互影响。这种情况下,必须统一考虑所有的化学反应。

8.6.1 化学反应的进度

化学反应

$$aA + bB \Longrightarrow cC + dD \quad\quad (s)$$

有

$$-\frac{dn_A}{a} = -\frac{dn_B}{b} = \frac{dn_C}{c} = \frac{dn_D}{d} \quad\quad (8.181)$$

令

$$dn_A = -ad\lambda, \quad dn_B = -bd\lambda, \quad dn_C = cd\lambda, \quad dn_D = dd\lambda \quad\quad (8.182)$$

可以统一写为

$$dn_i = \nu_i d\lambda \quad\quad (8.183)$$

式中,λ 为表示化学反应进展程度的参数,称为化学反应进度;ν_i 为化学反应方程式的计量系数,产物取正号,反应物取负号。

将式(8.183)代入吉布斯自由能公式

$$dG_m = -SdT + Vdp + \sum_{i=1}^{n} \mu_i dn_i$$

得

$$dG_m = -SdT + Vdp + \sum_{i=1}^{n} \nu_i \mu_i d\lambda \qu\quad (8.184)$$

在恒温恒压条件下,有

$$dG_m = \sum_{i=1}^{n} \nu_i \mu_i d\lambda = \Delta G_m d\lambda \qu\quad (8.185)$$

$$\Delta G_m = \left(\frac{\partial G_m}{\partial \lambda}\right)_{T,p} \qu\quad (8.186)$$

8.6.2 多个化学反应同时共存的体系

8.6.2.1 化学反应相互影响

在恒温恒压条件下,多个化学反应同时共存的体系,吉布斯自由能变化为

$$dG = \sum_{j=1}^{r} dG_{m,j} = \sum_{j=1}^{r} \Delta G_{m,j} d\lambda_j$$

$$\Delta G_{m,k} = \left(\frac{\partial G}{\partial \lambda_k}\right)_{T,p,\lambda_{j\neq k}} \qquad (k = 1,2,\cdots,r)$$

$$\left[\frac{\partial \Delta G_{m,k}}{\partial \lambda_l}\right]_{T,p,\lambda_{j\neq l}} = \left[\frac{\partial}{\partial \lambda_l}\left(\frac{\partial G}{\partial \lambda_k}\right)_{T,p,\lambda_{j\neq k}}\right]_{T,p,\lambda_{j\neq l}} = \left(\frac{\partial^2 G}{\partial \lambda_l \partial \lambda_k}\right)_{T,p,\lambda_{j\neq k,l}} \qquad (8.187)$$

$$\Delta G_{m,l} = \left(\frac{\partial G}{\partial \lambda_l}\right)_{T,p,\lambda_{j\neq l}} \qquad (l = 1,2,\cdots,r)$$

$$\left[\frac{\partial \Delta G_{m,l}}{\partial \lambda_k}\right]_{T,p,\lambda_{j\neq k}} = \left[\frac{\partial}{\partial \lambda_k}\left(\frac{\partial G}{\partial \lambda_l}\right)_{T,p,\lambda_{j\neq l}}\right]_{T,p,\lambda_{j\neq k}} = \left(\frac{\partial^2 G}{\partial \lambda_k \partial \lambda_l}\right)_{T,p,\lambda_{j\neq l,k}} \qquad (8.188)$$

比较式(8.186)和式(8.187)可见

$$\left[\frac{\partial \Delta G_{m,k}}{\partial \lambda_l}\right]_{T,p,\lambda_{j\neq l}} = \left[\frac{\partial \Delta G_{m,l}}{\partial \lambda_k}\right]_{T,p,\lambda_{j\neq k}} \qquad (k,l = 1,2,\cdots,r;k \neq l) \qquad (8.189)$$

式(8.189)表明,在多个化学反应同时共存的体系中,一个化学反应的吉布斯自由能变化与其他所有化学反应的进度有关。就是说在多个反应同时进行的体系中,各反应的平衡常数虽然不变,但其平衡组成与只有一个反应的情况不同。

8.6.2.2 化学反应方向的判断

对于有多个化学反应同时共存的体系,无论均相体系还是非均相体系其变化方向由体系的总吉布斯自由能变化决定,即

$$dG_\lambda = \sum_{j=1}^{r} \Delta G_{m,j} d\lambda_j < 0 \quad 自发 \qquad (8.190)$$

$$dG_\lambda = \sum_{j=1}^{r} \Delta G_{m,j} d\lambda_j = 0 \quad 平衡 \qquad (8.191)$$

$$dG_\lambda = \sum_{j=1}^{r} \Delta G_{m,j} d\lambda_j > 0 \quad 不能自发 \qquad (8.192)$$

上述情况也可以表示为

$$\Delta G_\lambda = \sum_{j=1}^{r} \Delta G_{m,j} \lambda_j \qquad (8.193)$$

即体系总吉布斯自由能变化是各独立化学反应的吉布斯自由变化与其反应进度的乘积之和。体系的变化方向由体系的总吉布斯自由能变化决定,即

$$\Delta G_\lambda = \sum_{j=1}^{r} \Delta G_{m,j} \lambda_j < 0 \quad 自发 \qquad (8.194)$$

$$\Delta G_\lambda = \sum_{j=1}^{r} \Delta G_{m,j} \lambda_j = 0 \quad 平衡 \qquad (8.195)$$

$$\Delta G_\lambda = \sum_{j=1}^{r} \Delta G_{m,j} \lambda_j > 0 \quad 不能自发 \tag{8.196}$$

由上可见,对于多个化学反应同时共存的体系,反应的方向由体系的总吉布斯自由能变化决定。只有各个化学反应的吉布斯自由能变化 $\Delta G_{m,j}$ 都为零时,体系才处于完全平衡的状态。若某个化学反应的 $\Delta G_{m,j}$ 为零,只是局部平衡,此平衡状态并不稳定,会被其他的反应打破。只要总的吉布斯自由能变化是负的,则吉布斯自由能负的多的反应就能拉着吉布斯自由能负的少的反应多进行,甚至可以使吉布斯自由能为正的反应进行。

当 $\lambda_j = 1 (j = 1, 2, \cdots, r)$ 时,有

$$\Delta G_\lambda = \sum_{j=1}^{r} \Delta G_{m,j}$$

例题 13 四氯化钛是生产钛白或海绵钛的重要中间产品。二氯化钛和氯气在 3 000 K 以上才能反应。但若加入碳,则在较低的温度就能发生反应。该体系的化学反应为

$$TiO_2(s) + 2Cl_2(g) \Longrightarrow TiCl_4(g) + O_2(g) \tag{t}$$

$$\Delta G_{m,a}^{\ominus} = (184\ 500 - 57.7T)J \cdot mol^{-1}$$

$$2C(s) + O_2(g) \Longrightarrow 2CO(g) \tag{u}$$

$$\Delta G_{m,b}^{\ominus} = (-232\ 600 - 167.8T)J \cdot mol^{-1}$$

总反应为

$$TiO_2(s) + 2Cl_2(g) + 2C(s) \Longrightarrow TiCl_4(g) + 2CO(g) \tag{v}$$

体系总吉布斯自由能变化为

$$\Delta G_{m,c}^{\ominus} = \Delta G_{m,a}^{\ominus} + \Delta G_{m,b}^{\ominus} = (-48\ 100 - 255.5T)J \cdot mol^{-1}$$

$$\Delta G_{m,c} = \Delta G_{m,c}^{\ominus} + RT\ln \frac{(p_{TiCl}/p^{\ominus})(p_{CO}/p^{\ominus})^2}{(p_{Cl_2}/p^{\ominus})}$$

由于 $\Delta G_m^{\ominus}$ 很负,即使产物量很大,反应也可以自发进行。

可见,由于反应(u)的吉布斯自由能很负,拉动了吉布斯自由能正的反应(v)向右进行。

8.7 平衡移动原理的应用

可逆化学反应,随着反应的进行,产物不断增加,反应物不断减少,最终达成化学平衡。平衡时,化学反应等温方程

$$\Delta G_m = \Delta G_m^{\ominus} + RT\ln J = -RT\ln K^{\ominus} + RT\ln J$$

中

$$\Delta G_m = 0, J = K$$

这是正向反应、逆向反应速率相等的动态平衡,是相对的、有条件的平衡。一旦条件发生变化,平衡就会被打破,化学反应在新的条件下进行,直到建立与新条件相应的新平衡。这种平衡随条件而改变的现象称为平衡移动。

当条件发生改变时,平衡如何移动呢? 理查德(Le Chalelier) 提出的平衡移动原理指

出"如果改变平衡体系的条件(例如,温度、压力、浓度等),平衡就向着减弱这个改变的方向移动。"依据平衡移动原理,利用化学反应等温方程,改变化学反应的条件,调整 J 与 $K^{\ominus}$ 的关系,就能控制化学反应的方向,使其按照人们所希望的方向进行。

8.7.1 改变温度

当 J 一定时,可以通过改变温度来增加 $K^{\ominus}$。究竟是增加温度还是降低温度,这取决于化学反应的热效应。下面根据等压方程:

$$\left(\frac{\partial \ln K^{\ominus}}{\partial T}\right)_p = \frac{\Delta H_m^{\ominus}}{RT^2} \tag{8.197}$$

进行讨论。

(1) 若 $\Delta H_m^{\ominus} > 0$,为吸热反应,升高温度,$K^{\ominus}$ 增大,加宽了反应限度,从而使 $J > K^{\ominus}$ 的化学反应变成 $J < K^{\ominus}$,从而改变了化学反应的方向。

(2) 若 $\Delta H_m^{\ominus} < 0$,为放热反应,升高温度,对正反应不利。而降低温度对正反应有利,$K^{\ominus}$ 增大,加宽了反应限度。当温度降低到一定程度时,可以使 $J > K^{\ominus}$ 变成 $J < K^{\ominus}$,从而改变了化学反应的方向。

综上可见,通过改变温度,既可以改变化学反应的方向,又可以改变化学反应的程度。当然,温度的改变也不是无止境的,对于实际体系还要看其他条件是否允许。温度过高,设备条件不允许;温度过低,动力学条件不行,反应速率太慢,生产效率太低。所以,需要根据实际情况,综合多方面的因素,统一考虑。

8.7.2 改变压力

改变压力可以对化学平衡产生影响。但是对于凝聚态物质,压力不达到上万个标准压力,对化学平衡影响不大。而对于有气体参与的化学反应,且 $\sum_i \nu_{i(g)} \neq 0$,即气体产物和气体反应物的物质的量不相等的化学反应,则对化学平衡影响很大。对于此类反应,改变压力可以改变化学反应的方向。

对于 $\sum_i \nu_{i(g)} > 0$ 的增容反应,减小体系的压力,对正向反应有利;增加体系的压力,对逆向反应有利。对于 $\sum_i \nu_{i(g)} < 0$ 的减容反应,增加体系的压力对正向反应有利;减小体系的压力,对逆向反应有利。

例题 14 以 CO 和 CO_2 混合气体为碳源,在 1 300 K,向固体钢中渗碳。气体总压力为 $p^{\ominus}$,按摩尔分数计,气体组成为 $x_{CO} = 0.8, x_{CO_2} = 0.2$。钢中碳以石墨为标准状态,活度为 0.02。若使渗碳反应正向进行,气体总压力应为多少?

解 钢的渗碳反应为

$$2CO(g) \Longrightarrow CO_2(g) + [\,C\,]$$

查热力学数据手册,计算得

$$\Delta G_m^{\ominus} = (-170\ 710 + 174.47T)\,J \cdot mol^{-1}$$

将数据代入化学反应等温方程,得

$$\Delta G_m = \Delta G_m^{\ominus} + RT\ln\frac{a_C(p_{O_2}/p^{\ominus})}{(p_{CO}/p^{\ominus})^2}$$

$$= -170\,710 + 174.47 \times 1\,300 + 8.314 \times 1\,300\ln\frac{0.02 \times (0.2p_{O_2}^{\ominus}/p^{\ominus})}{(0.8p_{CO}^{\ominus}/p^{\ominus})^2} > 0$$

该反应为减容反应,若使反应正向进行,可以通过增加体系压力实现。设气体总压力由 $p^{\ominus}$ 增至 $xp^{\ominus}$。令

$$\Delta G_m = -170\,710 + 174.47 \times 1\,300 + 8.314 \times 1\,300\ln\frac{0.02 \times (0.2xp_{O_2}^{\ominus}/p^{\ominus})}{(0.8xp_{CO}^{\ominus}/p^{\ominus})^2} = 0$$

$$8.314 \times 1\,300\ln\frac{1}{160x} = -56\,101$$

$$160x = 179.575$$

$$x = 1.12$$

只要气体总压力大于 $1.12p^{\ominus}$,渗碳反应就可以正向进行。

8.7.3 改变活度

改变产物或反应物的活度,实质是改变产物或反应物的化学势。对于已达成平衡的反应 $J = K^{\ominus}$,$\Delta G_m = 0$。如果增加反应物的活度或降低产物的活度,会使反应物的化学势增大,产物的化学势减小,使 J 变小,小到 $J < K^{\ominus}$,即 $\Delta G_m < 0$,则打破了原来的平衡。根据理查德原理,平衡将向着减弱活度改变的方向移动,即正向反应进行,以使反应物的活度降低,产物的活度增大。反之,如果增大产物的活度或降低反应物的活度,会使反应物的化学势减小或产物的化学势增大,使 J 变大,大到 $J > K^{\ominus}$,即 $\Delta G_m > 0$,则打破了原来的平衡,化学反应就会逆向进行减弱这种改变。如果产物或反应物的活度都改变,那就要看总的效果是 $J > K^{\ominus}$,还是 $J < K^{\ominus}$,判断平衡如何移动。

习　题

1. 说明吉布斯自由能变化和标准吉布斯自由能变化的物理意义、用途及差别。
2. 应用标准吉布斯自由能变化的计算方法计算 1 000 ℃ 时,下列反应的 $\Delta G_m^{\ominus}$。

$$2C(s) + O_2(g) \Longrightarrow 2CO(g)$$
$$CO_2(g) + C(s) \Longrightarrow 2CO(g)$$
$$CaO(s) + SiO_2(s) \Longrightarrow CaSiO_3(s)$$
$$2CaO(s) + SiO_2(s) \Longrightarrow Ca_2SiO_4(s)$$

3. 举例说明吉布斯自由能变化和标准吉布斯自由能变化的用途。
4. 举例说明氧势图的应用。
5. 说明注意还原的规则。
6. 什么是同时平衡? 在一个体系中同时发生多个化学反应,相互间有什么影响?
7. 在 25 ℃ 空气中纯铁能否氧化? 在水中能否生成 $Fe(OH)_2$?
8. 计算说明 CaO 和 MgO 在 25 ℃ 的空气中哪个更稳定。

第9章 相 图

相图是描述多相平衡体系相的状态与温度、压力、组成间关系的几何图形。

物理化学教科书中已经对相平衡、相律和相图的基本原理进行了讨论。因此,本章主要对二元、三元相图加以总结,并对一些典型相图进行分析,介绍几个利用相图解决实际问题的例子。

9.1 二元相图的基本类型

9.1.1 概述

在恒温、恒压条件下,相律表达式为

$$f = K - \Phi + 2 \tag{9.1}$$

式中,f 为独立变量数,也称自由度数;K 为独立组分数;Φ 为相数。

对于二元系有

$$f = K - \Phi + 2 = 2 - \Phi + 2 = 4 - \Phi \tag{9.2}$$

可见,若 $f=0$,则 $\Phi=4$,即二元体系最多可以有四相平衡共存;$\Phi=1$,则 $f=3$,即二元系最多可以有三个自由度:温度、压力和浓度。因此,要完整地作出二元系的相图,需要用三个坐标的立体模型。为方便计,常指定某个变量固定不变,考察另外两个自由度的关系,这样就可以用平面图表示二元系的状态。例如,指定压力不变,考察温度和组成的关系;或指定温度不变,考察压力和组成的关系。在这种情况下,相律成为

$$f = 2 - \Phi + 1 = 3 - \Phi \tag{9.3}$$

本章主要介绍温度和组成关系的相图,而保持压力不变,这是通常应用得多的相图。

9.1.2 二元相图的类型

二元系的相图有很多种,归纳起来,主要有以下 12 种基本的相图类型。

① 具有最低共熔点或称简单共晶。

② 具有稳定化合物或称同分熔点化合物。

③ 具有异分熔点化合物。

④ 具有固相分解的化合物。

⑤ 固相晶型转变。

⑥ 液相分层。

⑦ 形成连续固溶体。

⑧ 具有最低点或最高点的连续固溶体。

⑨ 具有低共熔点并形成不连续固溶体。

⑩ 具有转熔反应并形成有限固溶体。

⑪ 具有共析反应。

⑫具有包析反应。

图9.1所示为12种类型二元相图的示意图。由图9.1可见,二元相图是由曲线、水平线、垂直线和斜线组成,这些线把整个图面分成若干个区域,形成若干个交点。这就组成了二元相图(实际上也是所有的相图)的基本几何元素点、线、面。

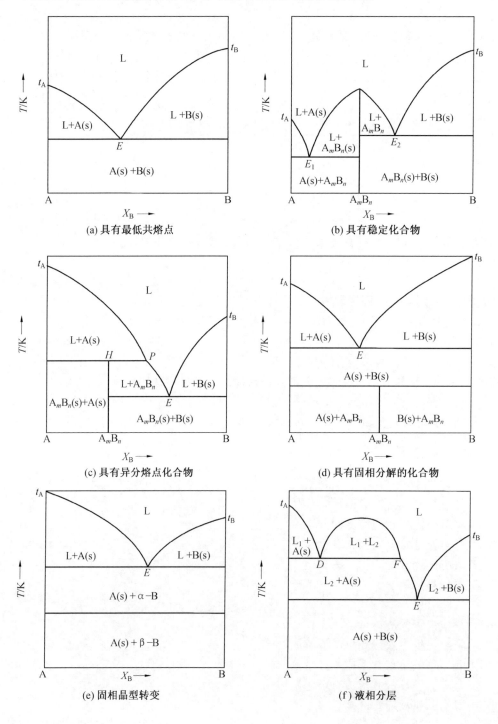

(a) 具有最低共熔点

(b) 具有稳定化合物

(c) 具有异分熔点化合物

(d) 具有固相分解的化合物

(e) 固相晶型转变

(f) 液相分层

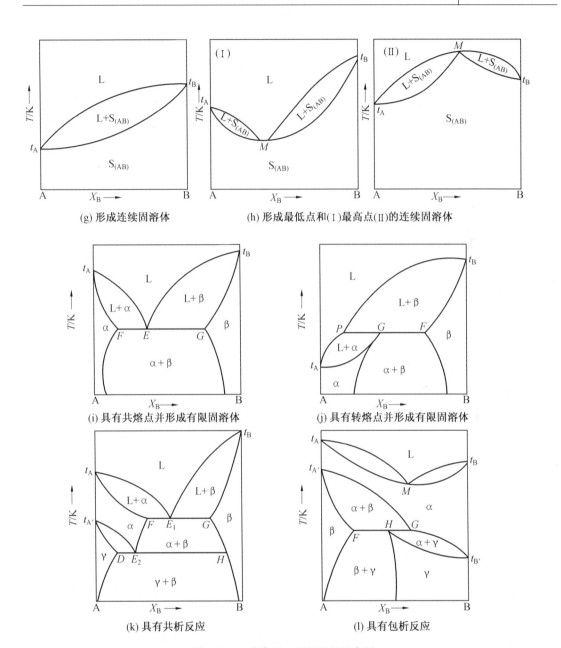

(g) 形成连续固溶体　　　　(h) 形成最低点和(Ⅰ)最高点(Ⅱ)的连续固溶体

(i) 具有共熔点并形成有限固溶体　　　　(j) 具有转熔点并形成有限固溶体

(k) 具有共析反应　　　　(l) 具有包析反应

图 9.1　12 种类型二元相图的示意图

二元相图的面表示相区——单相区或两相区。单相区表示的是稳定存在的液相或固相。两相区表示的是平衡共存的两个固相、两个液相或固液两相。

二元相图的曲线是单相区和两相区的分界线,也是饱和溶解度线;若曲线为液相线,也是熔点线或称初晶线,即晶体刚开始析出的温度线;也可以表示液相分层线。

二元相图的垂直线表示两组元形成化合物,可以是稳定化合物也可以是不稳定化合物。在化合物的熔点温度,液相与固相化合物有相同的组成,此种化合物即为稳定化合物,又称同分熔点化合物;若化合物没有固定熔点仅有分解温度,作为分解产物的固相和液相与原固相化合物的组成都不相同,此化合物即为不稳定化合物,也称异分熔点化合物。利用表示稳定化合物的垂直线,可以将复杂二元相图分解成几个分二元相图,其中每个分二元相图都可以单独分析。

水平线表示发生晶型转变或相变反应。发生晶型转变时,相的变化不引起化学组成的改变。而发生相变反应时,发生旧相的分解或化合,产生新相。水平线也是相区的分界线。

二元相图中的点表示其相邻的三相共存,称为三相点。若曲线是液相钱,则曲线与水平线的交点可以是共晶点、偏晶点或包晶点。若曲线两侧是固相,则曲线与水平线的交点为共析点或包析点。水平线与垂直线的交点可以是包析点。

二元相图中各点、线、面上平衡共存的相数和自由度数见表9.1。

表9.1 二元相图中平衡共存的相数与自由度数

几何元素 \ 平衡	曲 线	水平线	单相区	两相区	三相点
相 数	2	3	1	2	3
自由度数	1	0	2	1	0

9.1.3 相变反应的类型

从冷却过程来看,相变反应包括下面两种类型。

9.1.3.1 分解反应类型

(1) 共晶反应,即液相同时析出两个固相。两个固相可以是纯固态物质、固溶体或固态化合物。以 L 表示液相,S 表示固相,共晶反应可以写为

$$L \Longleftrightarrow S_1 + S_2$$

例如,图9.1(a) 中的 E 点就是液相 L_E 发生共晶反应,同时析出纯固态物质 A 和 B。图9.1(i) 中的 E 点就是液相 L_E 发生共晶反应,同时析出组成为 F 点、G 点的固溶体。

(2) 共析反应,即由固溶体或固态化合物分解为两个固相。共析反应可写为

$$S_3 \Longleftrightarrow S_1 + S_2$$

例如,图9.1(k) 中 E_2 点就是固溶体 α 分解为两个固相 β 和 γ。

(3) 偏晶反应,即一种溶液分解为一个固相和另外一种组成的溶液。偏晶反应可以写为

$$L_F \Longleftrightarrow S_1 + L_2$$

例如图9.1(f) 的中的 F 点就是液相 L_1 发生偏晶反应生成 A(s) 和 L_2。

9.1.3.2 化合反应类型

(1) 包晶反应也称转熔反应,即液相与固相化合生成另一固相。可写为

$$L_1 + S_1 \Longleftrightarrow S_3$$

例如,图9.1(d) 中的 H 点,就是组成为 P 的液相和固相 A 化合生成固相 A_mB_n,即

(2) 包析反应,即两个固相化合成另一个固相。可以写为

$$S_1 + S_2 \Longrightarrow S_3$$

例如,图 9.1(1) 中的 H 点就发生固溶体 α 和固溶体 β 化合成固溶体 γ 的反应。

在以上各式中,S_1,S_2 可以是纯组元、固溶体或化合物,而 S_3 仅代表固溶体或化合物。

上述的相变反应,都是三相共存,即都是零变量反应。在相变反应点,反应温度和各相组成为定值。

9.2 几个典型的二元相图

实际的二元相图很多,本节介绍几个在冶金和材料领域应用较多的二元相图。

9.2.1 Fe – O 二元相图

铁氧状态图如图 9.2 所示,它给出了在标准压力下,平衡状态铁氧二元系的相与温度、组成的关系。Fe – O 二元相图是分析铁的氧化和铁氧化物的分解与还原的基础。

在图 9.2 中,纵向四条相区界限依次为:

纵坐标代表的纯铁线 $w(O) = 0\%$ 的线;

JQ:浮士体含氧量最少的组成线,也是浮士体含铁量最多的组成线。也可以看作浮士体中 γ – Fe 饱和的溶解度曲线;

HQ:浮士体含氧量最多的线,也可以看作 FeO 溶解 Fe_3O_4 量达饱和的组成线;

VT:Fe_3O_4 的组成线;

ZZ':Fe_2O_3 的组成线;

图中有两个特殊相区,其一为 $BB'C'C$ 液相分层区,即 1 524 ℃ 以上氧在液态铁中的溶解区。由于氧仅能有限溶于铁液中,在 1 524 ℃ 饱和溶解量为 0.16%(B 点),超过此量,则形成含氧 22.6% 的氧化铁液相(C 点),与前者分层平衡共存。温度升高,二共轭溶液的组成分别沿 BB' 和 CC' 变化。其二为 JHQ 浮士体区,以 Fe_xO 表示,式中 $x < 1$。它是溶解氧的 FeO 相,温度不同其含氧量不同,在 22.6% ~ 25.6% 变化。化学计量的 FeO 是不存在的,当其中溶解氧时,就形成铁离子缺位的氧在 FeO 中的固溶体,所以用 Fe_xO 表示。在 1 100 ℃ 以上,Fe_3O_4 中溶解氧,$JHQJ$ 区和 $VSYRV$ 都是溶解氧的铁氧化物固溶体单相区。实验发现,当位于 Fe_xO 区内的体系冷却时析出 Fe_3O_4,故认为浮士体相的氧是以 Fe_3O_4 的形式溶解的。同理,认为 Fe_3O_4 相的氧是以 Fe_2O_3 形式溶解的。

图中只有 Fe_xO,Fe_3O_4 和液态铁氧化物 3 个单相区,其余均为由边界线相邻的相构成的二相区。

从图中可以看出,随氧量增加,570 ℃ 以下的转变是 $Fe \to Fe_3O_4 \to Fe_2O_3$;570 ℃ 以上则为 $Fe \to Fe_xO \to Fe_3O_4 \to Fe_2O_3$。可见,浮士体只能在 570 ℃ 以上稳定存在,570 ℃ 以下,则分解为 Fe 和 Fe_3O_4,即

$$4FeO(s) \Longrightarrow Fe_3O_4(s) + Fe(s)$$

这就是前面所讲的铁氧化物分解或生成的逐级转化规则。

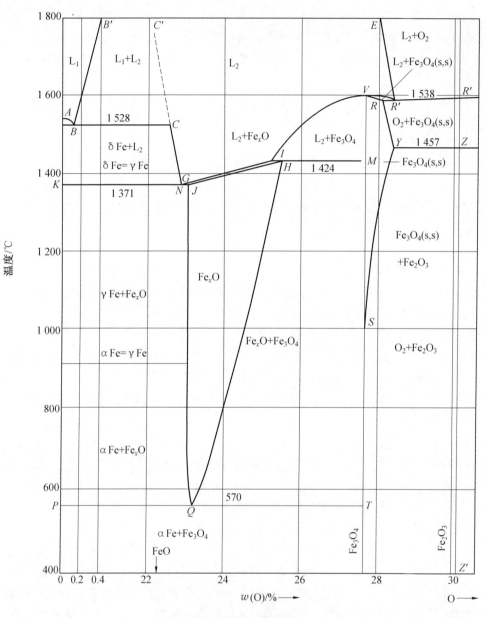

图 9.2 铁氧状态图

9.2.2 Fe - C 二元相图

铁与碳可形成 Fe_3C,Fe_2C,FeC 三种化合物。因此铁碳相固有 $Fe - Fe_3C$,$Fe_3C - Fe_2C$,$Fe_2C - FeC$,$FeC - Fe$ 等形式的二元相图,都是 Fe - C 二元相图的一部分。应用最广的钢和铁的含碳量都不超过 5%(质量分数),属于 $Fe - Fe_3C$ 范围。因此,常用的是 $Fe - Fe_3C$ 二元相图,它是钢铁热处理工艺的理论基础。图 9.3 所示为 $Fe - Fe_3C$ 二元合金相图。

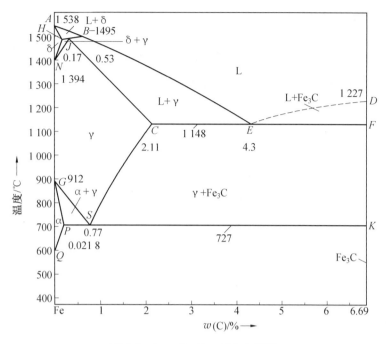

图 9.3　Fe – Fe$_3$C 二元合金相图

根据相区边界线,可确定各区稳定存在的相,右垂直线是 Fe$_3$C(碳质量分数为 6.69%)的相组成线,曲线 *JC*,*NJ*,*AH*,*GP* 是固溶体析出的边界线。

纯铁从液态结晶为固态后,冷却到 1 394 ℃ 和 912 ℃,先后发生两次晶型转变,图中 *N* 点和 *G* 点即为纯铁的晶型转变点。

$$\delta - Fe \xrightleftharpoons{1\,394\ ℃} \gamma - Fe \xrightleftharpoons{912\ ℃} \alpha - Fe$$

$$(体心立方) \rightarrow (面心立方) \leftarrow (体心立方)$$

铁的三种晶型对碳有不同的溶解能力,形成三种固溶体。

9.2.2.1　Fe – Fe$_3$C 相图中存在 5 个基本相,相应有 4 个单相区

(1)液相。

液相 L 是碳溶解在铁中形成的溶液,即 *AED* 以上的液相区。

(2)δ 相。

δ 相又称高温铁素体,是碳在 δ – Fe 中的间隙固溶体,呈体心立方晶格。δ – Fe 在 1 495 ℃ 时溶碳量最大,质量分数为 0.09%。*AHNA* 为 δ 固溶体相区。

(3)α 相。

α 相也称铁素体,是碳在 α – Fe 中的间隙固溶体,也呈体心立方晶格。碳在其中的固溶度极小,室温时约为 0.000 8%,600 ℃ 时为 0.005 7%,727 ℃ 溶碳量最大,为 0.021 8%。铁素体的特点是塑性好,但强度、硬度低,机械性能与工业纯铁大致相同。*GPQG* 区为其稳定存在相区。

(4)γ 相。

γ 相通常称为奥氏体,是碳在 γ – Fe 中的间隙固溶体,呈面心立方晶格。碳在奥氏体

中的固溶度较大,1 148 ℃ 时溶解碳量最大,达 2.11%(质量分数)。$NJCSGN$ 为奥氏体区。

(5)Fe_3C 相。

在较高温度经长时间保温,Fe_3C 分解为 Fe 和石墨:

$$Fe_3C \Longrightarrow Fe + 3C(石墨)$$

所以 Fe_3C 是一个亚稳相。

9.2.2.2 铁碳相图有 3 个主要相变反应

(1)包晶点 B(碳质量分数为 0.53%)和包晶反应线 HJB。

含碳质量分数在 0.09% ~ 0.53% 范围内的铁碳合金冷却至 1 495 ℃ 时,发生包晶反应(又称转熔反应),包晶反应产物为含碳质量分数为 0.17% 的奥氏体。反应式如下:

$$L_B + \delta_H \Longrightarrow \gamma_J$$

(2)共晶点 E(碳质量分数为 4.3%)和共晶反应线 CEF。

含碳量(质量分数)在 2.11% ~ 6.69% 的铁碳熔体在平衡结晶过程中温度达 1 148 ℃ 时发生共晶反应:

$$L_E \Longrightarrow \gamma_C + Fe_3C(s)$$

反应产物是组成为 C 点的奥氏体 γ_C 和渗碳体 F_3C 的共晶混合物,称为莱氏体。莱氏体中的渗碳体称为共晶渗碳体。

(3)共析点 S(碳质量分数为 0.77%)和共析反应线 PSK。

含碳量(质量分数)为 0.021 8% ~ 6.69% 的铁碳合金在平衡结晶过程中温度降至 727 ℃ 发生共析反应:

$$\gamma_S \Longrightarrow \alpha_P + Fe_3C(s)$$

反应产物是铁素体与渗碳体的共析混合物,称为珠光体,珠光体中的渗碳体称为共析渗碳体。

9.2.2.3 Fe $-$ F_3C 相图中有三条重要的固相转变线

(1)GS 线,是奥氏体开始析出铁素体或铁素体全部溶入奥氏体的转变线。

(2)CS 线,是碳在奥氏体中的溶解度线。低于此线对应的温度,奥氏体将析出渗碳体,也称二次渗碳体(F_3C_{II}),以区别从熔体中析出的一次渗碳体。在 1 148 ℃,铁素体中碳溶解度最大,为 2.11%,而在 727 ℃ 时,溶碳量仅为 0.77%。

(3)PQ 线,是碳在铁素体中的溶解度线。在 727 ℃,碳在碳素体中的最大溶解度为 0.021 8%,600 ℃ 降为 0.005 7% 在室温,仅能溶解 0.000 8%。因此,铁素体从 727 ℃ 冷却便析出渗碳体,称为三次渗碳体(F_3C_{III})。

Fe $-$ F_3C 相图有很多应用。例如,工业生产中,铁的铸造可以依据 Fe $-$ F_3C 相图确定合金的浇注温度,浇注温度一般在液相线以上 50 ~ 100 ℃。从相图可见,纯铁和共晶白口铁(碳质量分数为 4.3%)的铸造性能最好。因为它们的凝固温度区间最小(为零),因而流动性好,分散缩孔少,可以获得致密的铸件,所以生产上铸铁的成分总是选在共晶点附近。

9.2.3 CaO - SiO₂ 二元系

CaO - SiO₂ 二元相图如图9.4所示。图中四条垂直线表示四种化合物。其中两种为异分熔点化合物，即 C_3S_2 ($3CaO \cdot 2SiO_2$，硅钙石) 和 C_3S ($3CaO \cdot SiO_2$，硅酸三钙)，另两种是同分熔点化合物 CS ($CaO \cdot 2SiO_2$ 硅灰石) 和 C_2S ($2CaO \cdot 2SiO_2$，硅酸二钙)。利用同分熔点化合物 CS 和 C_2S 的垂直线可以把整个相图分成三个分二元系。SiO_2 - CS 系，属共晶类型，温度高于 1 705 ℃，出现液相分层区；CS - C_2S 系，含有一个异分熔点化合物 C_3S_2；C_2S - CaO 系含一个异分熔点化合物 C_3S，温度低于 1 250 ℃，C_3S 不稳定，发生固相分解，

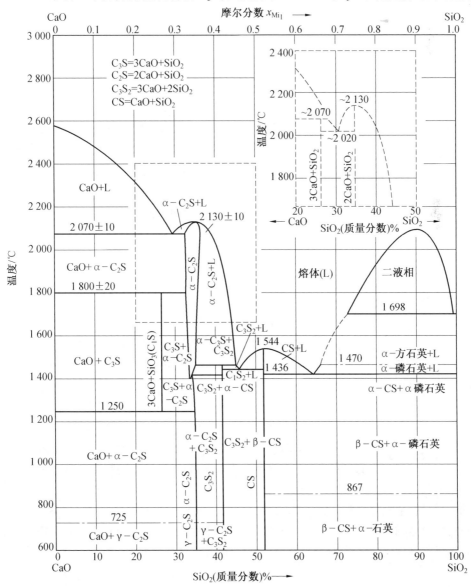

图 9.4 CaO - SiO₂ 二元相图

可写为

$$C_3S(s) \Longrightarrow 3CaO(s) + C_2S(s)$$

图9.4中12条水平线中有一条偏晶线(1);三条共晶线(3)(6)(9);二条包晶线(8)(10)和一条固相分解线(11);而(2)(4)(5)(7)(12)则为晶型转变线,有下列晶型转变:

$$SiO_2:石英 \underset{+2.4\%}{\overset{575\ ℃}{\rightleftharpoons}} \alpha - 石英 \underset{+12.7\%}{\overset{870\ ℃}{\rightleftharpoons}} \alpha - 磷石英 \underset{+4.7\%}{\overset{1\ 470\ ℃}{\rightleftharpoons}} \alpha - 方石英$$

$$CS:\beta - CS \overset{1\ 150\ ℃}{\rightleftharpoons} \alpha - CS$$

$$C_2S:\gamma - C_2S \overset{675\ ℃}{\rightleftharpoons} \beta - C_2S \overset{1\ 420\ ℃}{\rightleftharpoons} \alpha - C_2S$$

以 % 表示的是伴随晶型转变产生的体积膨胀,例如 β 石英转变为 α 石英时体积膨胀2.4%。因此,含 SiO_2 较高的硅砖使用前要烘烤,以避免使用过程中体积突变而导致砖的破裂。硅酸二钙冷却时由 β - C_2S 转变为 γ - C_2S,体积膨胀约10%,会自发粉碎,这就导致含 C_2S 较多的熔渣和烧结矿冷却后长期放置产生粉化现象。C_2S 也是水泥中的重要矿物,在三种 C_2S 中,仅 β - C_2S 才具有水硬性,所以烧成的水泥要急冷以迅速越过 β - C_2S 的晶型转变温度,保住 β - C_2S 相,在低温下以介稳态保存下来。介稳态是一种高能量状态,有较强的反应能力,这是 β - C_2S 具有较高水硬性的热力学原因。

9.3 三元相图的一般原理

9.3.1 概述

实际体系如合金、熔渣、熔盐、熔锍、耐火材料、水泥等都是多元系,但就这些体系的主要成分来说,许多情况下可以归为三元系或变通地处理成伪三元系,这些体系的热力学性质主要由三个组元来决定,其他次要成分则可以作为影响因素来考虑。

冶金及材料制备所涉的体系通常是凝聚体系,压力对其相平衡影响甚微,常忽略不计。因此相律可以写为

$$f = K - \Phi + 1 = 4 - \Phi$$

相数 Φ 至少为1,故体系最大自由度为3,所以凝聚体系三元相图是三维空间立体图。其外形是正三棱柱体,其顶面是固液共存的曲面。三个侧面是三个二元相图。底面正三角形的三条边用以表示三个组元的浓度,称为浓度三角形。垂直于底面的高表示温度。这种组成 - 温度图又称三元立体熔度图。

图9.5所示是一个具有三元最低共熔点的三元系相图。整个图形由一个底面、三个侧面及三个曲面围成。底面为浓度三角形,三个侧面是具有最低共熔点的二元相图,三个曲面的最高点分别为三个纯组元的熔点。曲面上固液平衡共存,自由度为2。三个曲面彼此相交,得到三条交线为共熔线,共熔线上两固相与液相三相平衡共存,自由度为1。三条共熔线交汇于一最低点 —— 三元最低共熔点。在三元最低共熔点,三个固相和液相四相平衡共存,自由度为零,称为零变点。

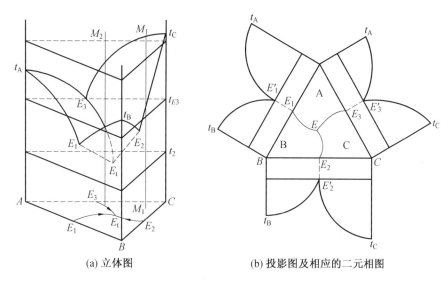

(a) 立体图　　　　　(b) 投影图及相应的二元相图

图 9.5　具有三元最低共熔点的三元系相图

在平面上画立体图，面、线、点的关系难以清楚表达，因此实际采用的是将立体图投影到平面上所得到的投影平面图。就是把立体图中所有的面、线、点等几何元素垂直投影到等边三角形的底面上，使立体相图简化为平面相图。两者之间的面、线、点有着确定的对应关系。这种投影图就是通常的三元相图。

投影图上没有温度轴，利用箭头表示温度下降的方向，投影图上以大写字母表示初晶区，还常画出等温线，等温线是由等温面截割立体相图得到的。

还有一种等温截面图，是用等温面截三元立体相图所得到的平面三角形。图中的面、线、点不是投影，而是等温面与立体相图相截所得的。合金相图常用等温截面图。

等温截面图可利用三元相图的等温线画出来，具体做法如下：

图 9.6(a) 是某三元系相图，利用其绘制 150 ℃ 等温截面图时，首先将高于 150 ℃ 的等温线和部分二元结晶线 fe_1 去掉，再连接 Bf,Cf。线 af,bf 上各点分别与 B,C 的一系列连线称为结线，结线两端代表处于平衡的二个相的组成。三角形 BfC 由结线 Bf,fC 和 BC 边构成，称为结线三角形。最后去掉剩余的二元结晶线 Ee_1,Ee_2,Ee_3，依要求再画出一系列结线。一个如图 9.6(b) 所示的 150 ℃ 等温截面图就画成了。

因为等温截面图温度已固定，少了一个自由度，所以相律表达式 $f = 3 - \varPhi$。全图分 5 个区。其中 $afbdc$ 区为单相区，液相在此区内稳定存在。Acd,Baf 和 Cbf 三个区为两相区，是固－液共存区，自由度 $f = 1$。所以，在两相区内，只要知道液相中一个组元的浓度，其余两个组元的浓度就随之确定。af,bf,cd 三条等温线能反映二相区平衡液相成分的变化情况。结线三角形 BfC 为三相区，$f = 0$，即 150 ℃，只有组成为 f 点的液相才能与纯 A、纯 C 固相平衡共存。f 点是二元结晶线 Ee_1 上的一点，所以在此点发生液相同时析出 B,C 的二元共晶反应：

$$L_f \longrightarrow B(s) + C(s)$$

三相共存，$f = 0$。

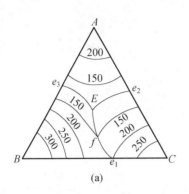 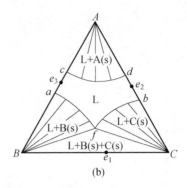

(a)   (b)

图9.6　等温截面图

9.3.2　浓度三角形

如图9.7所示,浓度三角形 ABC 是一等边三角形。它的三个顶点分别代表 A,B,C 三个组元。三个边分别代表 A – B,B – C,C – A 二元系。三角形内任意一点 M,代表一个三元系的组成。过 M 点作三个边的平行线交三边于 DE,FG,HI,由几何知识可知:线 ME,MG,MH 之和等于此三角形边长,即

$$ME + MG + MH = AB = BC = CA$$

把三角形每一边划分为100等份,每一等份代表1% 浓度,则三线段长度(即相当于多少等分)可分别代表三个组元的含量。例如

$$ME = w(A), \quad MG = w(B), \quad MH = w(C)$$

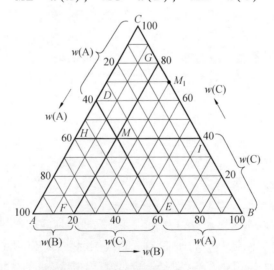

图9.7　等边三角形的组成表示法

M 点的组成也可用双线法确定,即从 M 点引三角形两条边的平行线交第三边于 E,F 两点,即可方便地读出 M 点所代表的三元系的三个组元的含量。反之,若已知三元系的组成,利用双线法也很容易确定其在浓度三角形内的位置。依上述浓度表示方法不难看出,体系点越靠近浓度三角形的哪个顶点,则该顶点所代表的组元在此三元系中的相对含

量就越高。

9.3.3 浓度三角形中各组元浓度关系

9.3.3.1 等含量规则

在与浓度三角形某一边平行的直线上，任意点含对应顶点组元的量都相等。如图 9.8 中，过 M 点的 NN′ 线平行于 BC，则 NN′ 线上各点含 A 量相等，变化的仅是 B，C 的含量；同理，OD′ 线上各点含 B 量相等，A，C 含量可变；EE′ 线上含 C 量相等，A，B 含量可变。

9.3.3.2 定比例规则

在过浓度三角形某顶点向对边所作的任一直线上，与各点相应的另外两个顶点组元含量的比例一定。在图 9.9 中，AD 直线上各点 B，C 含量的比值都相等，即

$$\frac{w(B_1)}{w(C_1)} = \frac{w(B_2)}{w(C_2)} = \frac{w(B_3)}{w(C_3)} = \cdots = \frac{BD}{DC}$$

这一关系由相似三角形性质很容易证明。

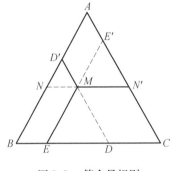

图 9.8　等含量规则

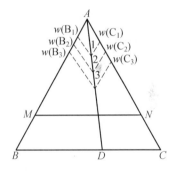

图 9.9　等量规则及定比例规则

9.3.3.3 直线规则

在浓度三角形 ABC 内，由 D，E 两个体系点所组成的新体系点 O 必落在 DE 连线上，且新体系点 O 与原体系点间的距离和原体系点的量成反比，如图 9.10 所示。

$$\frac{DO}{OE} = \frac{W_E}{W_D}$$

9.3.3.4 背向规则

如图 9.10 所示，在浓度三角形 ABC 中，某体系点 M 冷却至液相面温度，开始析出固相纯 A。继续冷却，剩余液相沿 AM 延长线方向背向 A 变化。并不断析出固相 A。析出什么，液相组成的变化方向就背向什么。液相组成变到 b 点，已经析出的纯固态 A 的量与剩余液相量之比等于 Mb 与 AM 线长度之比。背向规则是直线规则的推论。

9.3.3.5 重心规则

如图 9.11 所示，在浓度三角形 ABC 内，三元系 D，E，F 混合成一个新三元系 M，或 M 分解成 D，E，F 三相，则成分点 M 必位于 △DEF 重心处。该重心乃物理重心，而非三角形的几何重心，即 M 的位置取决于 D，E，F 三体系的质量。重心位置用作图法确定。

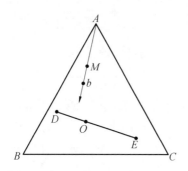

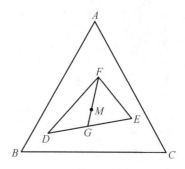

图 9.10 直线规则、背向规则示意图 　　图 9.11 重心规则示意图

作图法的实质是两次应用杠杆规则。设 D,E,F 三个体系的质量分别为 3 kg,2 kg, 2.5 kg,应用杠杆规则先确定出 G 点。依直线规则,G 点在 DE 的连线上,且 $DG:GE = 2:3$,$W_G = W_D + W_E = 5$ kg。连接 GF 再次应用杠杆规则确定 M 点,M 点应在 GF 的连线上,且 $GM:MF = 2.5:5$。M 点即 D,E,F 的重心位置,新物系点 M 的组成可以在浓度三角形中读出。

9.3.3.6 相对位规则

如图 9.12 所示,三体系 D,E,F 混合,得到新体系 M。若 M 点落在原体系点组成的三角形 DEF 之外,且居于 DF,EF 延长线范围之内,M 点与原体系点的关系必定为 $D + E = F + M$ 或 $D + E - F = M$。D,E,F,M 四个组成点构成的这种关系称为相对位规则或交叉关系。

这种关系从直线规则不难理解:$D + E = G$,中间相与 F 混合得到的新体系必定在 GF 的直线上,欲使 M

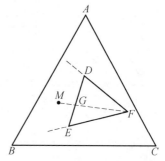

图 9.12 相对位规则示意图

点落在 DEF 之外,即使 M 点处于 GF 连线的延长线上,则必须从中间相 G 中取出 F,$G - F = M$,即 $D + E - F = M$ 或 $D + E = M + F$。

依三元凝聚体系相律表达式(9.1),$f = 0$,则 $\Phi = 4$,即三元系相图中,最多为四相平衡共存。设处于平衡的四个相组成为 D,F,E,P。这 4 个相点的相对位置可能出现下面三种情况。

①P 点在 $\triangle DEF$ 内部,如图9.13(a)所示,若 P 相组成点落在 D,E,F 三相所组成的三角形内部,那么 P 点必为 D,E,F 三相的物理重心。P 点所处的这种位置称为重心位置。三元共晶点即三个固相点的重心位置。

②P 点在 $\triangle DEF$ 之外,并且在 DE、EF 延长线范围之内,如图9.13(b)所示。此四个相点的位置必遵从相对位规则。此 P 点所处位置称为交叉位。三元包晶点即处于这种位置。

③P 点在 $\triangle DEF$ 某顶角的外侧,且在构成此角的两边的延长线范围内,如图 9.13(c)所示。二次运用杠杆规则可得到 $P + D + F = E$。P 点的这种位置称为共轭位置。

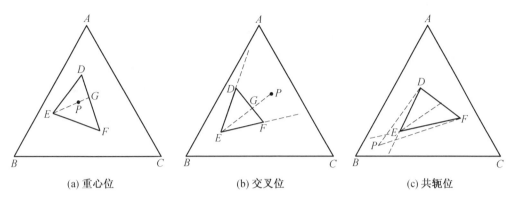

(a) 重心位　　　　　　　(b) 交叉位　　　　　　　(c) 共轭位

图 9.13　平衡共存的四个相点的相对位置

9.4　三元相图的基本类型

9.4.1　三元相图的类型

三元相图比二元相图更多更复杂。归纳起来,三元相图主要有以下 10 种类型。

① 具有三元最低共熔点或称三元共晶的三元系。

② 具有同分熔点的二元化合物的三元系。

③ 具有异分熔点二元化合物的三元系。

④ 具有高温稳定、低温分解的二元化合物的三元系。

⑤ 具有低温稳定、高温分解的二元化合物的三元系。

⑥ 具有同分熔点三元化合物的三元系。

⑦ 具有异分熔点三元化合物的三元系。

⑧ 具有晶型转变的三元系。

⑨ 液相分层的三元系。

⑩ 具有连续固溶体的三元系。

9.4.2　基本类型相图分析

下面就三元相图几种基本类型进行讨论。

9.4.2.1　具有三元最低共熔点的三元系

图 9.14 所示为具有三元最低共熔点的三元系相图。面 AE_1EE_3,BE_2EE_1,CE_3EE_2 分别为组元 A,B,C 的初晶区,分别以 A,B,C 表示。如果物质组成点位于初晶区 A 内,最初析出的是固相 A,如果组成点位于初晶区 B 内,最初析出的是固相 B,如果组成区 C 内,最初析出的是固相 C。线 E_1E,E_2E,E_3E 为共熔线。由于每条线都是两个固相初晶区的分界线,称为界线。例如,E_1E 界线是初晶区 A 和初晶区 B 的分界线。如果液相组成点位于 E_1E 界线上,则同时析出固相 A 和 B。E_1,E_2,E_3 分别是二元系 A – B,B – C 和 C – A 的最低共熔点。E 点是三元系 A – B – C 的最低共熔点。如果液相组成点位于 E 点,

则同时析出三个固相 A,B,C。 三元系 A – B – C中,任一组成物质的冷却进程都结束于 E 点。

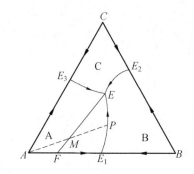

图 9.14 具有三元最低共熔点的三元系相图

下面以物质组成点 M 为例,讨论其冷却过程。

(1) 温度高于三元系 A – B – C 的最高熔化温度,物质 M 为液相,物质组成点与液相组成点一致。随着温度下降,物质组成点沿垂直于浓度三角形 ABC 平面的等组成线自上而下移动。由于等组成线的垂直投影为一个点,因此在投影图上看不出物质组成点的实际移动。随着温度的降低,物质组成点移动到碰着液相面 AE_1EE_3,开始析出固相 A。有

$$L \longrightarrow A(s)$$

(2) 温度继续下降,固相 A 不断析出,固相组成全都是 A。由于固相 A 的析出,液相组成发生变化。液相组成点在液相面上移动,其移动方向由背向规则决定,即液相中析出固相 A,则液相组成从 M 点沿着 AM 连线,背离 A 点的方向向共熔线 E_1E 移动。

(3) 温度继续下降,液相组成到达共熔线 E_1E 线上的 P 点。固相 B 开始析出,液相 P 同时析出固相 A 和固相 B。

(4) 温度继续下降,液相组成从 P 点沿着共熔线 E_1E 线向 E 点移动,不断地析出固相 A 和 B。固相组成从 A 点沿着直线 AB 向 F 点移动。有

$$L \longrightarrow A(s) + B(s)$$

(5) 温度降至 T_E,液相组成为 E 点,固相 C 开始出现。发生如下相变:

$$E \longrightarrow A(s) + B(s) + C(s)$$

随着相变的进行,液相 E 不断减少,固相 A,B,C 不断增多,固相组成从 F 点沿着 FM 线逐步移向 M 点。E 为零变点,在恒压和温度 T_E,液相 E 和固相 A,B,C 四相平衡共存。直到液相 E 完全变成固相 A,B 和 C,固相组成回到原始的物质组成点 M。

需要指出的是,无论在怎样的情况下,物质组成点、总的固相组成点、总的液相组成点三者总是在一条直线上,而且物质组成点一定在其他两点之间。

利用杠杆规则可以计算出各相之间的相对数量比例。例如,在温度 t_P,物质 M 由液相 P 和固相 A 组成,两者的相对数量为

$$液相 \ w(P) = \frac{AM}{AP}$$

$$固相 \ w(A) = \frac{MP}{AP}$$

9.4.2.2 具有同组成熔融二元化合物的三元系

图 9.15 所示为具有同组成熔融二元化合物 A_mB_n 的三元系相图。化合物 A_mB_n 的组成点用 D 表示,化合物初晶区为 A_mB_n。

该相图有四个初晶区,化合物 A_mB_n 在自己的初晶区内,有五条共熔线,分别为 E_1E_5,

E_2E_6, E_3E_6, E_4E_5 和 E_5E_6。E_1, E_2, E_3, E_4 分别是二元系 A – D,D – B,B – C,C – A 的最低共熔点。三元系 A – B – C 有两个最低共熔点 E_5 和 E_6。

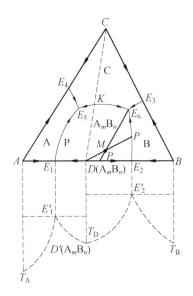

由于有化合物,这个相图较前一个相图复杂。利用三角形划分法可以将复杂的相图简化。连接 CD 的直线将三角形 ABC 划分为两个三角形 ADC 和 BCD,直线 CD 称为连线。这样,复杂的三元系 A – B – C 可以看作由两个简单的三元系 A – D – C 和 B – C – D 合并而成,两者以 CD 连线划分开。每个三元系都是一个具有最低共熔点的三元系。物质组成点 M 位于哪个简单的三角形内,则冷却过程即结束于该三角形的三元最低共熔点,冷却结束后得到的固相即为该简单三元系的三个顶点物质。

图 9.15　具有同组成熔融二元化合物的三元系相图

从图 9.15 可见,共熔线 E_5E_6 与其他线不同,线上有两个箭头,一个指向点 E_5,一个指向 E_6 点。利用温度最高点规则,可以确定界线上温度最高点的位置和温度下降的方向,即箭头的指向。

温度最高点规则为:在三元系内,两个固相的界线或其延长线与此两个固相的连线或连线的延长线相交,则交点即为界线上的温度最高点,温度向两侧下降。

例如,共熔线 E_5E_6 是两个固相 A_mB_n 和 C 的界线,与两个固相 A_mB_n 和 C 的连线 CD 相交于 K 点,K 点即为界线 E_5E_6 上的温度最高点,温度从 K 点向两侧下降,箭头的指向表示温度下降的方向。

又如,共熔线 E_4E_5 是两个固相 A 和 C 的界线,AC 为其连线,两线相交于 E_4 点,因此,E_4 点为界线 E_4E_5 上的温度最高点,以箭头指向 E_5 点表示温度下降的方向。

(1) 物质组成点 M 为液相,物质组成点和液相组成点一致。随着温度下降,物质组成点沿着与浓度三角形 ABC 垂直的等组成线自上而下移动。随着温度的降低,物质组成点移动到碰着液相面 $E_1E_2E_6E_5$,开始析出固相 A_mB_n。有

$$L \longrightarrow A_mB_n(s)$$

(2) 温度继续下降,固相 A_mB_n 不断析出,固相组成全都是 A_mB_n。由于固相 A_mB_n 的析出,液相组成发生变化。液相组成点沿着液相面移动,即沿着 DM 连线的延长线向共熔线 E_2E_6 移动。

(3) 温度继续下降,液相组成到达共熔线 E_2E_6 线上的 P 点。固相 B 开始出现。液相 P 同时析出固相 A_mB_n 和固相 B。

(4) 温度继续下降,液相组成从 P 点沿着共熔线 E_2E_6 向 E_6 点移动。不断的析出固相 A_mB_n 和 B。固相组成从 D 点向 F 点移动。有

$$L \longrightarrow A_mB_n(s) + B(s)$$

（5）温度降至 T_{E_6}，液相组成为 E_6 点，发生如下相变

$$\text{E} \longrightarrow \text{A}_m\text{B}_n(\text{s}) + \text{B}(\text{s}) + \text{C}(\text{s})$$

固相C开始出现，随着相变的进行，液相 E_6 不断减少，固相 A_mB_n，B，C不断增多，固相组成从 F 点沿着 FM 线向 M 点移动。在温度 T_{E_6}，液相 E 和固相 A_mB_n，B，C 四相平衡共存。直到液相 E 完全变成固相 A_mB_n，B 和 C，固相组成回到原始的物质组成点 M。

9.4.2.3 具有异组成熔融二元化合物的三元系

图 9.16 所示为具有异组成熔融二元化合物 A_mB_n 的三元系相图。化合物 A_mB_n 的组成点 D 在它的初晶区外。

界线 JE 与图 9.15 中的界线 E_5E_6 不同，虽然都是固相 A_mB_n 和 C 的分界线，但它们的箭头记号不同。因为固相 A_mB_n 和 C 的界线 JE 的延长线与连线 CD 相交于 K 点，所以 J 点不是温度最高点，也不是最低共熔点。温度降低的方向是沿着共熔线 JE 的延长线从 K 到 E，箭头指向 E。K 点是虚的温度最高点。

三元相图中的 AB 线是二元相图的垂直投影。由于组元 C 的加入，因此二元相图的最低共熔点 E 延伸成共熔线 E_1E，I 点延伸成共熔线 IJ。

在二元相图 A – B 中，I 点为转熔点，当温度到达 T_1 时，进行如下反应

$$\text{A}(\text{s}) + \text{I}(\text{l}) \longrightarrow \text{A}_m\text{B}_n(\text{s})$$

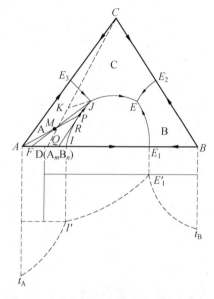

图 9.16　具有异组成熔融二元化合物的三元系相图（一）

在温度 T_1，固相 A，A_mB_n 与液相 I 三相平衡共存，自由度为零，I 点为无变点。而对于三元相图 A – B – C 来说，共熔线 IJ 为转熔线（或称不一致熔融线），位于 IJ 线上的液相组成点进行如下反应

$$\text{A}(\text{s}) + \text{I}(\text{l}) \longrightarrow \text{A}_m\text{B}_n(\text{s})$$

固相A，A_mB_n 与液相I三相平衡共存，自由度为1。随着温度下降，液相组成沿着 IJ 线向 J 点移动。

从图 9.16 可见，共熔线 IJ 上带有双箭头，这与界线上带有单箭头含义不同。

什么样的界线带有单箭头？什么样的界线带双箭头？这由切线规则决定。

通过两个固相的界线上的一点作切线，如果切线与该两个固相的连线的交点在连线上，则液相组成在此切点上同时析出该两个固相。这种界线称为一致熔融界线，以单箭头表示。如果切线与该两个固相连线的延长线相交，则可判定液相组成在此切点上为已析出的一个固相转入液相，而析出另一个固相。这种界线称为不一致熔融线，并以双箭头表示。此即切线规则。

共熔线 IJ 是固相 A 与 A_mB_n 的界线，AD 线是它们的连线。根据切线规则，在界线 IJ 上

任取一点 R,通过 R 点做切线,与连线 AD 的延长线相交,交点在连线 AD 的延长线上的 Q 点。因此,界线 IJ 为不一致熔融界线,用双箭头表示。

连接 CD,将三角形 ABC 划分为两个三角形 ADC 和 DBC。物质组成点 M 位于三角形 ADC 内,冷却过程结束于 J 点,最后得到固相 A,A_mB_n 和 C。

(1)液相 M 降温冷却,随着温度的降低,物质组成点移动到碰着液相面 $AIJE_3$,析出固相 A。随着温度继续下降,固相 A 不断析出,液相组成沿着 AM 连线的延长线向 P 点移动。

(2)随着温度的降低,液相组成到达共熔线 IJ 上的 P 点,发生如下反应
$$A(s) + P \longrightarrow A_mB_n(s)$$
固相 A_mB_n 开始出现。

(3)随着温度的降低,液相组成从 P 点沿着 IJ 线向 J 点移动。到达 J 点,固相 C 开始出现,在 J 点发生如下反应:
$$A(s) + J \longrightarrow A_mB_n(s) + C(s)$$
直到液相 J 完全消失,冷却过程结束。

在图 9.17 中,物质组成点 M 位于三角形 DBC 内。

物质组成点位于三角形 DBC 内,冷却过程结束于 E 点,冷却最后得到固相 A_mB_n,B 和 C。

(1)随着温度的降低,熔融物质 M 的组成点移动到碰着液相面 $AIJE_3A$,析出固相 A。随着温度继续下降,固相 A 不断析出,液相组成沿着 AM 连线的延长线向 P 点移动。

(2)随着温度的降低,液相组成到达共熔线 IJ 上的 P 点,发生如下反应

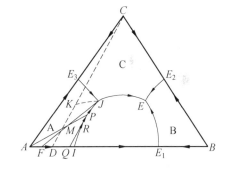

图 9.17 具异组成熔融二元化合物的三元系相图(二)

$$A(s) + P \longrightarrow A_mB_n(s)$$
固相 A_mB_n 开始出现。

(3)随着温度的降低,液相组成从 P 点沿着 IJ 线向 J 点移动。在 J 点发生如下反应
$$A(s) + J \longrightarrow A_mB_n(s) + C(s)$$
固相 C 开始出现,直到固相 A 完全消失。

(4)然后,液相组成从 J 点沿共熔线 JE 向 E 点移动。到达 E 点,发生如下相变:
$$E \longrightarrow A_mB_n(s) + C(s) + B(s)$$
固相 B 出现。在恒压和 T_E 温度四相平衡共存,液相 E 直到液相消失,完全转变为固相。

9.4.2.4 具有高温稳定、低温分解的二元化合物的三元系

图 9.18 所示为具有高温稳定、低温分解的二元化合物的三元系相图。该三元系有一个二元化合物 A_mB_n,在高温稳定存在,在低温分解。

相图中有两个无变点,E 点和 T_D 点。T_D 点为分解点,在 T_D 点温度,二元化合物分解

$$A_mB_n(s) \longrightarrow mA(s) + nB(s)$$

液相与固相 A_mB_n,A,B 四相共存。由于 T_D 所对应的三个组元 A,A_mB_n,B 在一条直线上,所以 T_D 点不是三元系 A,B,C 的析晶终点。T_D 点有两个箭头指向该点,一个箭头背向该点,这种点通称为双升点。

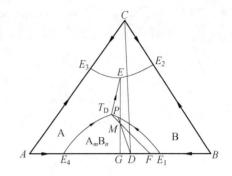

图9.18 具有高温稳定、低温分解的二元化合物的三元系相图

(1) 物质组成点为 M 的液相降温冷却,物质组成点沿着等组成线自上而下移动。随着温度的降低,物质组成点移动到碰着液相面 $E_4E_1T_D$,析出固相 A_mB_n。

$$L \longrightarrow A_mB_n(s)$$

(2) 随着温度的降低,固相 A_mB_n 不断析出。由于固相 A_mB_n 的析出,液相组成发生变化。液相组成点沿着液相面移动,即沿着 DM 连线的延长线向 P 点移动。

(3) 温度继续下降,液相组成到达共熔线 E_1T_D 上的 P 点。固相 B 开始出现,液相 P 同时析出固相 A_mB_n 和 B。

(4) 温度继续下降,液相组成沿着共熔线 E_1T_D 从 P 点向 T_D 点移动。由于不断地析出固相 A_mB_n 和 B,固相组成从 D 点 F 点移动。发生如下反应:

$$L \longrightarrow A_mB_n(s) + B(s)$$

(5) 温度降到 T_D,液相组成为 T_D,发生如下反应

$$A_mB_n(s) \longrightarrow mA(s) + nB(s)$$

固相 B 出现,固相组成为 F 点。

(6) 温度继续下降,液相组成沿着共熔线 T_DE 从 T_D 点向 E 点移动。液相不断析出固相 A 和 B。

$$L \longrightarrow A(s) + B(s)$$

固相组成点由 F 点向 G 点移动。

(7) 温度降至 T_E,液相组成为 E 点,发生如下相变

$$E \longrightarrow A(s) + B(s) + C(s)$$

固相 C 出现。

E 点为零变点,四相平衡共存,在恒压和 T_E 温度,四相平衡共存,直至液相完全转变为固相。固相组成由 G 移动到 M。

9.4.2.5 具有低温稳定、高温分解的二元化合物的三元系

图9.19 所示为具有低温稳定、高温分解的二元化合物的三元系相图。相图中有三个无变点 T_C,E_5,E_6。T_C 称形成点,温度高于 T_C 点的温度,二元化合物不能存在。

图中物质组成点 M 位于三角形 ADC 内,因此,冷却过程结束于 E_6 点,得到的固相为 A,A_mB_n 和 C。

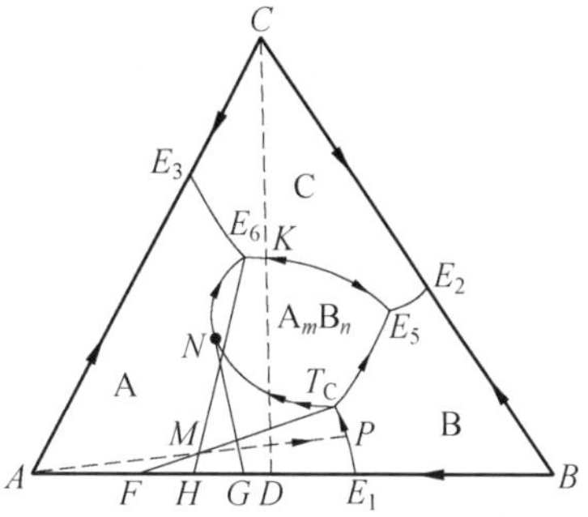

（1）随着温度的降低,物质组成点 M 沿着等组成线自上而下移动。当其碰着液相面 $AE_1T_CE_6E_3$,开始析出固相 A。

（2）温度继续下降,固相 A 不断析出。液相组成在液相面上,按 AM 连线的延长线向共熔线 E_1T_C 上的 P 点移动。

（3）温度继续下降,液相组成到达共熔线 E_1T_C 上的 P 点。固相 B 开始析出,液相 P 同时析出固相 A 和 B。

图9.19 具有低温稳定、高温分解的二元化合物的三元系相图

（4）温度继续下降,液相组成从 P 点沿着共熔线 PT_C 向 T_C 点移动。不断地析出固相 A 和 B,固相组成从 A 点沿着 AB 线向 F 点移动。有

$$L \longrightarrow A(s) + B(s)$$

（5）温度降到 T_C,发生如下反应

$$mA(s) + nB(s) \longrightarrow A_mB_n(s)$$

液相和固相 A,B,A_mB_n 四相平衡共存。T_C 点为双降点,其特点是一个箭头指向该点,两个箭头背离该点。

（6）温度继续下降,液相组成沿着共熔线 T_CE_6 从 T_C 向 E_6 移动。共熔线 T_CE_6 的析晶情况特殊,过 N 点作一切线正好交连线 AD 与 D 点。N 点把共熔线 T_CE_6 分为 T_CN 和 NE_6 两段。T_CN 为不一致熔融线,发生如下反应:

$$A(s) + L \longrightarrow A_mB_n(s)$$

固相组成由 F 点向 G 点移动。

NE_6 线为一致熔融线,发生如下反应:

$$L \longrightarrow A(s) + A_mB_n(s)$$

固相组成由 G 点向 H 点移动。

（7）温度降至 T_{E_6},固相 C 开始出现,发生如下相变:

$$E_6 \longrightarrow A(s) + A_mB_n(s) + C(s)$$

四相平衡共存。直至液相 E_6 完全消失。液相 E_6 完全转变为固相 A,A_mB_n 和 C。

9.4.2.6 具有同组成熔融三元化合物的三元系

图 9.20 所示为具有同组成熔融三元化合物的三元系相图。三元化合物的组成点位于自己的初晶区内。

从 D 点连接 DA,DB,DC 得到三条连线。根据温度最高法则,可以得到界线 E_4E_6,E_5E_6,E_6E_4 上箭头的方向。按照三角形划分法,三条连线把相图 ABC 划分为三个简单相图,三角形 ABD,BCD,CAD。每个三角形相当于一个具有三元最低共熔点的三元系,物质的冷却过程与具有三元最低共熔点的三元系相似。

9.4.2.7 具有异组成熔融三元化合物的三元系

图 9.21 所示是为有异组成熔融三元化合物的三元系相图。三元化合物组成点 D 位

于自己的初晶区之外。

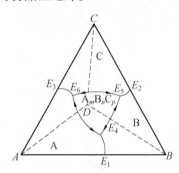

图 9.20 具有同组成熔融三元化合物的三元系相图

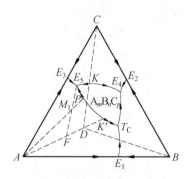

图 9.21 具有异组成熔融三元化合物的三元系相图

从 D 点连接 DA,DB,DC 得到三条连线。根据温度最高法则,可以得到界线 E_4E_5,E_5T_C 上箭头的方向。K 点是界线 E_4E_5 和连线 CD 的交点,因此 K 点是共熔线 E_4E_5 上的温度最高点,在其两侧箭头指向温度下降的方向 KE_4 和 KE_5;K' 点是界线 E_5T_C 和连线 AD 的延长线的交点,在其两侧箭头指向温度下降的方向 $K'T_C$ 和 $K'E_5$。由于在界线 E_5T_C 上任一点作切线,都与连线 AD 的延长线相交,说明 E_5T_C 线为不一致熔融界线,应以双箭头表示。

物质组成点 M 在三角形 ADC 内,冷却过程结束于 E_5 点,最后得到的固相为 A,$A_mB_nC_p$ 和 C。

(1)物质组成点为 M 的液相降温冷却,随着温度的降低,物质组成点 M 沿垂直于三角形 ABC 的等组成线自上而下移动。物质组成点碰着液相面 $AE_1T_CE_5E_3$,开始析出固相 A。

(2)温度继续下降,固相 A 不断析出。液相组成在液相面上沿 AM 连线的延长线向共熔线 T_CE_5 移动。

(3)温度继续下降,液相组成到达共熔线 E_5T_C 上的 P 点。固相 $A_mB_nC_p$ 开始析出,发生如下相变:

$$L \longrightarrow A(s) + A_mB_nC_p(s)$$

(4)温度继续下降,液相组成沿着共熔线 E_5T_C 向 E_5 点移动。固相 A 和 $A_mB_nC_p$ 不断析出,有

$$L \longrightarrow A(s) + A_mB_nC_p(s)$$

固相组成沿着连线 AD 从 A 向 F 移动。

(5)温度降到 T_{E_5},液相组成为 E_5 点,固相组元 C 开始析出。发生如下相变:

$$E_5 \longrightarrow A(s) + A_mB_nC_p(s) + C(s)$$

E_5 点为零变点。在恒压和 T_{E_5} 温度,液相和固相 A,$A_mB_nC_p$,C 四相平衡共存。直至液相 E_5 完全转变为固相 A,$A_mB_nC_p$ 和 C。

9.4.2.8 具有晶型转变的三元系

图 9.22 所示为具有晶型转变的三元系相图。由图可见,固相 B 有 α,β,γ 三种晶型,

固相 C 有 α，β 两种晶型。在三元相图上，用晶型转变温度的等温线把各个晶型的稳定区分隔开。图中 t_1t_1'，t_2t_2' 和 t_3t_3' 即为晶型转变温度的等温线。

（1）物质组成点为 M 的液相降温冷却，随着温度的降低，物质组成点 M 沿垂直于三角形 ABC 的等组成线自上而下移动。物质组成点碰着液相面 Bt_1t_1'，开始析出固相 $\alpha-$B。

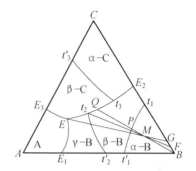

图 9.22 具有晶型转变的三元系相图

（2）随着温度的降低，液相中不断析出固相 $\alpha-$B。液相组成沿着 BM 的连线的延长线向等温线 t_1t_1' 移动。

（3）温度继续下降，液相组成到达等温线 t_1t_1' 上的 P 点。固相 $\alpha-$B 转变为 $\beta-$B。发生如下相变：

$$\alpha-B(s) \longrightarrow \beta-B(s)$$

（4）温度继续下降，液相组成沿着 BM 的延长线向共熔线 E_2E 移动，不断析出固相 $\beta-$B，有

$$L \longrightarrow \beta-B(s)$$

（5）温度继续下降，液相组成到达共熔线 E_2E 上的 Q 点。固相 $\beta-$C 出现，液相同时析出 $\beta-$B 和 $\beta-$C，有

$$L_Q \longrightarrow \beta-B(s) + \beta-C(s)$$

（6）温度继续下降，液相组成沿着共熔线 E_2E 从 Q 点向 t_2 点移动。不断析出固相 $\beta-$B 和 $\beta-$C。当温度到达 t_2 时，发生如下相变：

$$\beta-B(s) \longrightarrow \gamma-B(s)$$

固相组成沿着 BA 线从 B 点向 F 点移动。

（7）温度继续下降，液相组成沿着共熔线 E_2E 从 t_2 点向 E 点移动。不断析出固相 $\gamma-$B 和 $\beta-$C。有

$$L \longrightarrow \gamma-B(s) + \beta-C(s)$$

固相组成沿着连线 BC 从 F 点向 G 点移动。

（8）温度继续下降到 T_E，液相组成为 E 点，发生如下相变：

$$E \longrightarrow A(s) + \gamma-B(s) + \beta-C(s)$$

E 点为零变点。在恒压和 T_E 温度，液相 E 和固相 A、$\gamma-$B 和 $\beta-$C 四相平衡共存。直至液相 E 完全转变为固相 A，$\gamma-$B 和 $\beta-$C。

9.4.2.9 具有液相分层的三元系

图 9.23 所示为具有液相分层的三元系相图。三元相图中的 AB 线是二元相图 A－B 的垂直投影。

对于二元相图 A－B，曲线 IGJ 为汇熔线，G 点为临界点。物质组成点位于 IGJ 区内，产生分层现象。

对于三元相图 A－B－C，由于组元 C 的加入，二元相图的汇熔线扩展成汇熔曲面

IHJG。*H* 点也是临界点,若温度低于 *H* 点的温度 T_H,液相分层就不存在。可以看作是 *G* 点沿汇熔面逐渐下降后退缩的最低点。

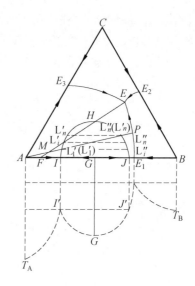

图 9.23 具有液相分层的三元系相图

(1) 物质组成点为 *M* 的液相降温冷却,随着温度的降低,物质组成点沿着垂直于三角形 *ABC* 的等组成线自上而下移动。物质组成点碰着液相面 AE_1EE_3,开始析出固相 *A*。

(2) 液相组成沿 *AM* 的连线的延长线向汇熔面移动,不断析出固相 *A*。当到达汇熔面上的 L_1 点时,开始产生液相分层,即

$$L' \Longleftrightarrow L'' + A(s)$$

固相 A 与液相 L′ 和 L″ 达成平衡,L″组成点在 *JH* 上。

(3) 温度继续下降,固相 *A* 不断析出,两个液相组成点沿 *IH* 和 *JH* 移动。例如,在温度 T_{L_i},液相总组成为 L_i,而两个分层液相组成分别为 L_i' 和 L_i''。

$$L_i \longrightarrow L_1' + L_1''$$
$$L_i' \Longleftrightarrow L_i''$$

(4) 温度降到 T_{L_n},连线 *AM* 的延长线与汇熔面相交于 L_n,表明液相 L′ 已用完,分层消失,仍析出固相 A。有

$$L_n \longrightarrow L_n' + L_n''$$
$$L_n' \Longleftrightarrow L_n''$$

实际上 L_n' 即 L_n'',L_n' 已少到不明显存在。

(5) 温度继续下降,液相组成离开分层区,向共熔线 E_1E 移动,同时不断析出固相 A。有

$$L \longrightarrow A(s)$$

(6) 温度降到 T_P,液相组成点到达共熔线 E_1E 的 *P* 点。固相 B 开始析出,发生如下相变

$$L \longrightarrow A(s) + B(s)$$

(7) 温度继续下降,液相组成沿着共熔线 E_1E 向 *E* 点移动。同时析出固相 A 和 B。有

$$L \longrightarrow A(s) + B(s)$$

固相组成沿着 *AB* 线向 *F* 点移动。

(8) 温度继续下降到 T_E,液相组成点到达最低共熔点 *E*,固相 C 开始析出,发生如下相变

$$E \longrightarrow A(s) + B(s) + C(s)$$

E 点为零变点。在恒压和 T_E 温度,四相平衡共存。直到液相 E 完全转变成固相 A,B 和 C。

9.4.2.10 具有连续固溶体的三元系

图 9.24 所示为是具有连续固溶体的三元系相图。t_A,t_B,t_C 分别为组元 A,B,C 的熔点。上部凸出的曲面为液相面,下部凹入的曲面为固相面。在液相面以上是液相,在固相面以下是固相;在液相面和固相面之间,是液相与固溶体平衡共存。图 9.25 为具有连续固溶体的三元相图的等温截面图。

(1)液相 M 降温冷却,温度降到物质组成点 M 碰到液相面,开始析出固溶体 α_1,即

$$L \longrightarrow \alpha_1$$

(2)温度继续下降,不断析出固溶体 α。液相组成在液相面上从 L_1 向 L_n 移动,得到固溶体 α_1 到 α_n,组成不断变化。

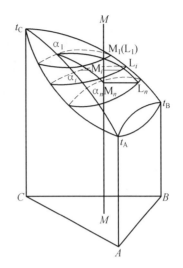

图 9.24　具有连续固溶体的三元系

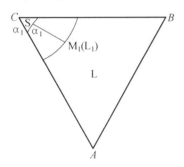
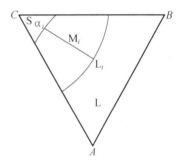

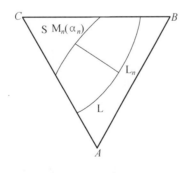

图 9.25　等温截面图

(3)温度继续下降到 T_{M_n},物质组成点 M 到达固相面的 M_n 点,析出固溶体,液相完全消失,最后得到固溶体 α_n。

在降温过程中,液相的组成点总是在液相面上移动,固溶体组成点总是在固相面上移动,两者相互对应,两者的连线通过物质组成点。

9.5 实际相图及其应用

9.5.1 复杂相图的分析方法

实际的三元相图都比较复杂。对于复杂的三元相图,可以将其划分为若干个基本类型,复杂相图就变简单了,再按照基本原则进行分析。基本步骤如下:

(1) 首先看相图中有多少种化合物,并找出它们相应的初晶区,根据化合物组成点与其初晶区的位置关系,判断化合物的性质(同分熔点化合物或异分熔点化合物)。

(2) 把相邻初晶区化合物的组成点用直线连起来,然后用连接线规则(最高温度规则)确定各界线温度下降方向,并用箭头标出,并依切线规则判断其类型,以单箭头表示低共熔线双箭头表示转熔线。

(3) 依零变量点($f=0$)与相应分三角形的位置关系,确定各无变量点的性质(三元共熔点或三元转熔点)。

经上述处理后,再分析每个分三角形中的相图类型,复杂相图就简单化了。下面按照前面阐述的方法,对实际相图进行分析,并加以应用。

9.5.2 $CaO - Al_2O_3 - SiO_2$ 相图

9.5.2.1 $CaO - Al_2O_3 - SiO_2$ 三元相图

$CaO - Al_2O_3 - SiO_2$ 三元相图如图 9.26 所示。

9.5.2.2 $CaO - Al_2O_3 - SiO_2$ 三元相图的分析

由图 9.26(b) 可见,$CaO - Al_2O_3 - SiO_2$ 三元相图中有 12 种化合物,每种化合物都有一个初晶区,再加上三个组元,在 SiO_2 角存在液相分层和方石英与鳞石英的晶型转变。整个相图有 17 个相区。根据化合物组成点与其初晶区的位置关系可知各化合物性质。表 9.2 列出 $CaO - Al_2O_3 - SiO_2$ 三元系中化合物的熔点或分解温度。

根据连接线规则和切线规则可以判断二次结晶线上温度下降方向及线的类型,共晶线(低共熔线)用单箭头表示,包晶线(转熔线)以双箭头表示(图 9.26(b))。一般情况下,有多少个四相点,就可以将体系分成多少个分三角形,由图 9.26(b) 可见,连接相邻初晶区化合物组成点的连线,把整个相图划分成 15 个分三角形,对应 15 个四相点。分析四相点与其对应分三角形的位置可知,有 8 个四相点在其对应分三角形之内,为三元共晶点(低共熔点),而另 7 个四相点在其对应分三角形之外,为三元包晶点(转熔点),每个四相点所发生的反应见表 9.3。

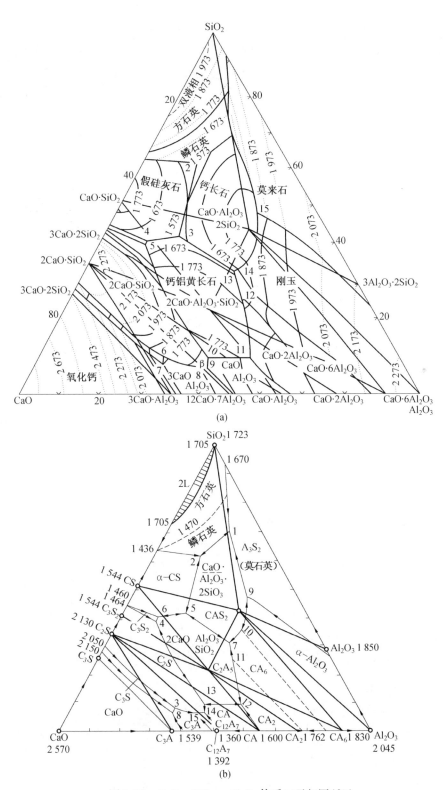

图 9.26　CaO－SiO₂－Al₂O₃ 体系三元相图(℃)

表 9.2　$CaO - Al_2O_3 - SiO_2$ 三元系中化合物的熔点或分解温度

图中编号	化合物	简略表示	名称	性质	熔点或分解温度 /K
1	$CaO \cdot SiO_2$	CS	硅灰石	同分熔点	1 821
2	$2CaO \cdot SiO_2$	C_2S	硅酸二钙	同分熔点	2 403
3	$12CaO \cdot 7SiO_2$	$C_{12}A_7$		同分熔点	1 665
4	$3Al_2O_3 \cdot 2SiO_2$	A_3S_2	莫来石	同分熔点	2 123
5	$CaO \cdot Al_2O_3$	CA	铝酸钙	同分熔点	1 873
6	$CaO \cdot Al_2O_3 \cdot 2SiO_2$	CAS_2	钙长石	同分熔点	1 830
7	$2CaO \cdot Al_2O_3 \cdot SiO_2$	C_2AS	钙铝黄长石	同分熔点	1 869
8	$3CaO \cdot 2SiO_2$	C_3S_2	硅钙石	异分熔点	1 737
9	$3CaO \cdot SiO_2$	C_3S	硅酸三钙	异分熔点	2 423
10	$3CaO \cdot Al_2O_3$	C_3A	铝酸三钙	异分熔点	1 812
11	$CaO \cdot 6Al_2O_3$	CA_6	六铝酸钙	异分熔点	2 103
12	$CaO \cdot 2Al_2O_3$	CA_2	二铝酸钙	异分熔点	1 752

表 9.3　$CaO - Al_2O_3 - SiO_2$ 三元系中四相点

图中编号	相平衡关系	性质	平衡温度 /℃	质量分数 /%		
				CaO	Al_2O_3	SiO_2
1	液 $\rightleftharpoons$ 鳞石英 + CAS_2 + A_3S_2	共晶点	1 345	9.8	19.8	70.4
2	液 $\rightleftharpoons$ 鳞石英 + CAS_2 + $\alpha - CS$	共晶点	1 170	23.3	14.7	62.0
3	C_3S + 液 $\rightleftharpoons$ C_3A + $\alpha - C_2S$	包晶点	1 455	58.3	33.0	8.7
4	$\alpha' - C_2S$ + 液 $\rightleftharpoons$ C_3S_2 + C_2AS	包晶点	1 315	48.2	11.9	39.9
5	液 $\rightleftharpoons$ CAS_2 + C_2AS + $\alpha - CS$	共晶点	1 265	38.0	20.0	42.0
6	液 $\rightleftharpoons$ C_2AS + C_3S_2 + $\alpha - CS$	共晶点	1 310	47.2	11.8	41.0
7	液 $\rightleftharpoons$ CAS_2 + C_2AS + CA_6	共晶点	1 380	29.2	39.0	31.8
8	CaO + 液 $\rightleftharpoons$ C_3S + C_3A	包晶点	1 470	59.7	32.8	7.5
9	Al_2O_3 + 液 $\rightleftharpoons$ CAS_2 + A_3S_2	包晶点	1 512	15.6	36.5	47.9
10	Al_2O_3 + 液 $\rightleftharpoons$ CA_6 + CAS_2	包晶点	1 495	23.0	41.0	36.0
11	CA_2 + 液 $\rightleftharpoons$ C_2AS + CA_6	包晶点	1 475	31.2	44.5	24.3
12	液 $\rightleftharpoons$ C_2AS + CA + CA_2	共晶点	1 500	37.5	53.2	9.3
13	C_2AS + 液 $\rightleftharpoons$ $\alpha' - C_2S$ + CA	包晶点	1 380	48.3	42.0	9.7
14	液 $\rightleftharpoons$ $\alpha' - C_2S$ + CA + $C_{12}A_7$	共晶点	1 335	49.5	43.7	6.8
15	液 $\rightleftharpoons$ $\alpha' - C_2S$ + C_3A + $C_{12}A_7$	共晶点	1 335	52.0	41.2	6.8

9.5.2.3 CaO – Al$_2$O$_3$ – SiO$_2$ 三元相图的应用

CaO – Al$_2$O$_3$ – SiO$_2$ 三元相图在冶金、材料等领域有着广泛的应用。炼铁炉渣、耐火材料、陶瓷、玻璃及水泥等工业产品的主要成分都是由 CaO,Al$_2$O$_3$,SiO$_2$ 三组元组成。因此,在这些领域的生产中,无论是产品成分的设计、配料计算及工艺制度的制定,此相图都起着重要的作用。图 9.27 给出了一些工业产品在浓度三角形中的成分区间。下面讨论几种硅铝酸盐材料。

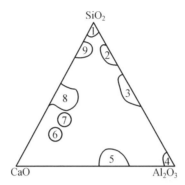

图 9.27　一些工业产品在浓度三角形中的成分区间

1— 硅砖成分区;2— 普通酸性耐火材料 3— 普通中性耐火材料;
4— 刚玉质高级耐火材料;5— 铝酸盐水泥;6— 硅酸盐水泥;
7— 碱性渣成分;8— 高炉渣成分;9— 硅酸盐玻璃

（1）耐火水泥成分的选择。

CaO – Al$_2$O$_3$ – SiO$_2$ 系水泥主要有铝酸盐耐火水泥和硅酸盐耐火水泥两种,下面分别予以介绍。

① 铝酸盐水泥。

铝酸盐水泥以低铁铝土矿和石灰石为原料,经配料、煅烧、冷却、磨细成水泥熟料。铝酸盐水泥具有快硬、高强、耐高温及抗硫酸盐腐蚀等特性。用其筑炉,成型后只经烘干而不须煅烧就可使用,因此具有工艺简单、施工方便、任意造型、整体性强、气密性好等优点。在冶金、石油、化工、水电等领域有广泛应用。

铝酸盐水泥主要依靠成品中 CA,CA$_2$,C$_{12}$A$_7$ 等矿相物质的水硬性,使制品具有机械强度。其中 CA 水硬性强,CA$_2$ 较弱。C$_{17}$A$_7$ 水硬性也较弱,但具有速凝性,初凝仅需 3 ~ 5 min,终凝时间为 15 ~ 30 min。三种矿相适当配合,才能使制品既有较好的机械强度,又有合乎要求的凝固速率。从以上分析看出,该水泥配方必在 CA 相区附近,可以在 CA – CA$_2$ – C$_2$AS 分三角形内,也可以在 C$_2$S – C$_2$AS – CA 或 CA – C$_2$S – C$_{12}$A$_7$ 分三角形内。不同配料成分对产品性能有很大影响。

如图 9.28 所示,如配料成分点 N 在 CA – CA$_2$ – C$_2$AS 分三角形内,最终产物为 CA,CA$_2$ 和 C$_2$AS 三相。若增加配料中 SiO$_2$ 含量,成分点由 N 移至 N'。由杠杆规则知,产品中 CA 相减少,CA$_2$ 相及 C$_2$AS 增加。而 C$_2$AS 相在低温下无水硬性、高温下又易熔化,故 C$_2$AS 增加必降低了低温强度,也降低了水泥在高温下的耐火度。可见,增加配料中的 SiO$_2$ 含量没有好处。

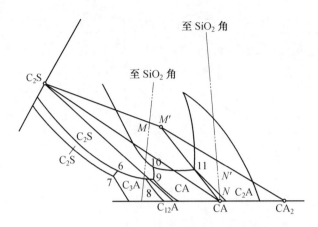

图 9.28　与铝酸盐水泥有关局部相图

同样配料成分点 M 位于 C_2S - C_2AS - CA 分三角形内,若增加配料中 SiO_2 含量,则成分点由 M 移到 M',最终产物中 CA 减少,C_2AS 和 C_2S 增加,其中 C_2S 增加得更多,也是有害的。

综上可见,铝酸盐水泥配料中应限制 SiO_2 加入量,通常 $w(SiO_2)$ 不超过 7%。

若增加配料中 CaO 含量,降低 Al_2O_3 含量,水泥成分点就进入 CA - C_2S - $C_{12}A$ 分三角形内。应用杠杆规则可知,随着 CaO 含量增加,最终产物中 $C_{12}A_7$ 增加,CA 减少。由于 $C_{12}A_7$ 有速凝性且降低水泥荷重软化点,对施工和成品质量都不利。从相图等温线的分布也可看出,随着 Al_2O_3 含量降低,水泥耐火度也随之降低。因此,应限制铝酸盐水泥中 CaO 配入量,$w(CaO)$ 一般在 20% ~ 40% 范围内为宜。

② 硅酸盐水泥。

硅酸盐水泥以矾土和石灰石为主要原料,在 1 573 ~ 1 723 K 温度下烧结而成。根据水泥水化的研究,硅酸盐水泥主要靠 C_3S 矿相的水硬性,使水泥制品具有低温强度。而游离 CaO 的增加,会使水泥稳定性不良,故硅酸盐水泥的配方不应在 CaO - C_3A - C_3S 的分三角形内,而应在 C_3A - C_2S - C_3S 的分三角形内。最后产物除 C_3S 外还有 C_2S 和 C_3A。C_2S 水硬性较弱且凝固较慢,但熔点高。C_3A 水硬性也较弱,但凝固较快。为保证水泥的综合性能,三者需要适当搭配,通常 C_3S 的质量分数不低于 60%,C_2S 约为 20%(质量分数),C_3A 为 10% ~ 15%(质量分数)。在图 9.29 中,P 点是硅酸盐水泥熟料的组成点之一,降温时,发生下列析晶过程:

液相路径

$$P \xrightarrow{L \to CaO(s)} G \xrightarrow{L + CaO(s) \to C_3S(s)} Z \xrightarrow{L \to C_3S(s)} W \xrightarrow{L + C_3S(s) \to C_2S(s)}$$

$$y \xrightarrow{L + C_2S(s) \to C_3S(s)} E \begin{cases} f = 0 \\ L + C_3S(s) \longrightarrow C_2S + C_3A \\ 至液相消失 \end{cases}$$

固相路径

$$CaO \to C_3S \to C_2S \xrightarrow{C_2S + C_3S} j \to P$$

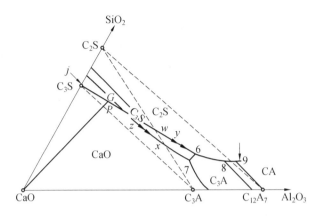

图 9.29　P 点析晶过程

注:图中 ①C_3S、P、z、w 在一条线上;②j、P、6 在一条直线上;
③过 C_3S 组成点向 C_3S 与 C_2S 界线作切线得切点 y;向 C_3S 与
CAO 界线作切线得切点 x。

由以上分析看出,直至组成点 E 前,各相变化都对产生 C_3S 矿相有利,而在四相点 E 发生的三元包晶反应 C_3S 要回熔,在该点停留时间越久,C_3S 消耗的越多。所以,当体系冷却到点 E 对应的温度时,应进行快速降温,使三元包晶反应(转熔反应)来不及进行,产品中 C_3S 的质量分数可达70% 以上,有利于提高硅酸盐水泥的品质。

从相图上看,上述硅酸盐水泥成分区间烧成温度应该很高,但实际生产中并非如此。这是由于焙烧时并不将其烧至完全熔融。而仅部分熔融,再加上矾土中带入一定量的 Fe_2O_3,也使硅酸盐水泥的烧成温度降低。故在制定硅酸盐水泥的烧成制度时,应参考 $CaO - SiO_2 - Al_2O_3 - Fe_2O_3$ 四元系相图。

(2)Al_2O_3 对硅砖质量的影响。

应用 $CaO - Al_2O_3 - SiO_2$ 相图可以分析硅砖中 Al_2O_3 对硅砖质量的影响。在与图9.30 的 B 点和 B' 点组成相对应的两种硅砖中,虽然 CaO 的质量分数相同,都是2% ,但 B 点对应的硅砖中 $w(Al_2O_3)$ 为 0.5% ,而 B' 点对应的硅砖 $w(Al_2O_3)$ 为 1% 。

由图9.30 可见,若两种砖都在 1 500 ℃ 长时间使用时,依杠杆规则,点 B 和 B' 组成相对应的两种硅砖中的液相质量 m_B,$m_{B'}$ 分别为

$$m_B = \frac{BA}{AC_1}, \quad m_{B'} = \frac{B'A}{AC_2'}$$

若都在 1 600 ℃ 长时间使用,则砖中液相质量分别为

$$m_B = \frac{BA}{CA_2}, \quad m_{B'} = \frac{B'A}{AC_2'}$$

由此可见,虽然砖中 Al_2O_3 含量仅相差了 0.5% ,但在高温使用时砖中出现的液相量却有显著差别。使用温度越高差别越大。因此,降低 Al_2O_3 在硅砖中的含量,对于提高硅砖的耐火度具有重要作用,这已在生产实践中得到充分验证。

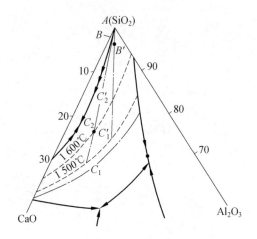

图 9.30 Al₂O₃ 对硅砖质量的影响

习 题

1. 说明相图上的点、线、面的意义。
2. 二元相图有哪些类型? 各有什么特点?
3. 三元相图有哪些类型? 各有什么特点?
4. 说明具有异分熔点化合物的二元相图降温析晶过程。
5. 说明具有固溶体和最低共熔点的二元相图降温过程的变化。
6. 说明具有共析反应的二元相图的降温冷却过程的变化。
7. 说明具有最低共熔点的三元相图的降温冷却过程的变化。
8. 说明具有液相分层的三元相图的降温冷却过程的变化。
9. 分析一个实际的二元相图和三元相图,说明降温冷却过程的变化。

第10章　相　　变

相是物质体系中具有相同的化学组成、相同的聚集状态,并以界面彼此分开、物理化学性质均匀的部分。所谓均匀是指组成、结构和性能相同。在微观上,同一相内允许存在某种差异。但是,这种差异必须连续变化,不能有突变。

外界条件发生变化,体系中相的性质和数目发生变化。这种变化称为相变。相变前相的状态称为旧相或母相,相变后相的状态称为新相。

相变总是朝能量降低的方向进行。体系中存在的高能量状态是诱发相变的内因。一切因发生相变而引起体系的能量增加,都是新相形成的阻力。

相变发生的热力学条件,即必要条件是

$$(\mathrm{d}G)_{T,p} \leqslant 0$$
$$(\mathrm{d}F)_{T,V} \leqslant 0$$
$$(\mathrm{d}U)_{S,V} \leqslant 0$$
$$(\mathrm{d}H)_{S,p} \leqslant 0$$

相变发生的内因是能量起伏、成分起伏和结构起伏。这是相变发生的充分条件。

10.1　熔　　化

10.1.1　纯物质的熔化

10.1.1.1　纯物质熔化过程的热力学

物质由固态变成液态的过程称为熔化。在恒温恒压条件下,纯物质由固态变成液态的温度称为熔点。在熔点温度,纯固态物质由固态变成液态的过程是在平衡状态下进行的,可以表示为

$$\mathrm{A(s)} \rightleftharpoons \mathrm{A(l)}$$

该过程的摩尔吉布斯自由能变化为

$$
\begin{aligned}
\Delta G_{\mathrm{m,A}}(T_{\mathrm{m}}) &= G_{\mathrm{m,A(l)}}(T_{\mathrm{m}}) - G_{\mathrm{m,A(s)}}(T_{\mathrm{m}}) \\
&= \left[H_{\mathrm{m,A(l)}}(T_{\mathrm{m}}) - T_{\mathrm{m}} H_{\mathrm{m,A(l)}}(T_{\mathrm{m}}) \right] - \left[H_{\mathrm{m,A(s)}}(T_{\mathrm{m}}) - T_{\mathrm{m}} S_{\mathrm{m,A(s)}}(T_{\mathrm{m}}) \right] \\
&= \Delta_{\mathrm{fus}} H_{\mathrm{m,A}}(T_{\mathrm{m}}) - T_{\mathrm{m}} \Delta_{\mathrm{fus}} S_{\mathrm{m,B}}(T_{\mathrm{m}}) \\
&= \Delta_{\mathrm{fus}} H_{\mathrm{m,A}}(T_{\mathrm{m}}) - T_{\mathrm{m}} \frac{\Delta_{\mathrm{fus}} H_{\mathrm{m,A}}(T_{\mathrm{m}})}{T_{\mathrm{m}}} \\
&= 0
\end{aligned}
\tag{10.1}
$$

式中,$\Delta_{\mathrm{fus}} H_{\mathrm{m,A}}$ 为熔化焓,为正值;$\Delta_{\mathrm{fus}} S_{\mathrm{m,A}}(T_{\mathrm{m}})$ 为熔化熵。在纯物质的熔点,纯物质熔化过程的摩尔吉布斯自由能变化为零。

将温度提高到熔点以上,熔化就在非平衡条件下进行,可以表示为

$$A(s) \Longrightarrow A(l)$$

在温度 T，熔化过程的摩尔吉布斯自由能变化为

$$
\begin{aligned}
\Delta G_{m,A}(T) &= G_{m,A(l)}(T) - G_{m,A(s)}(T) \\
&= [H_{m,A(l)}(T) - T_m H_{m,A(l)}(T)] - [H_{m,A(s)}(T) - T_m S_{m,A(s)}(T)] \\
&= \Delta H_{m,A}(T) - T\Delta S_{m,A}(T) \\
&= \frac{\Delta H_{m,A}(T_m)\Delta T}{T_m}
\end{aligned}
\tag{10.2}
$$

式中

$$T > T_m$$
$$\Delta T > T_m - T < 0$$
$$\Delta H_{m,A}(T) \approx \Delta H_{m,A}(T_m) > 0$$
$$\Delta S_{m,A}(T) \approx \Delta S_{m,A}(T_m) = \frac{\Delta H_{m,A}(T_m)}{T_m}$$

如果温度 T 和 T_m 相差大，则

$$\Delta H_{m,A}(T) = \Delta H_{m,A}(T_m) + \int_{T_m}^{T} \Delta C_{p,A}\mathrm{d}T$$

$$\Delta S_{m,A}(T) = \Delta S_{m,A}(T_m) + \int_{T_m}^{T} \frac{\Delta C_{p,A}}{T}\mathrm{d}T$$

10.1.1.2 纯物质液固两相的吉布斯自由能与温度和压力的关系

（1）纯物质液固两相的吉布斯自由能与温度的关系。

由

$$\mathrm{d}G = V\mathrm{d}p - S\mathrm{d}T \tag{10.3}$$

在恒压条件下，有

$$\mathrm{d}G = -S\mathrm{d}T \tag{10.4}$$

得

$$\frac{\mathrm{d}G}{\mathrm{d}T} = -S \tag{10.5}$$

S 恒为正值，吉布斯自由能对温度的导数为负数，即吉布斯自由能随温度的升高而减小。液态原子、分子等的排列秩序比固态差，因此，物质液态的熵比固态大，即物质液态的吉布斯自由能与温度关系的曲线斜率比同物质固态的吉布斯自由能与温度关系的曲线斜率绝对值大。如图10.1所示，两条曲线斜率不同，必然相交于某一点，该点对应的固液两相吉布斯自由能相等，液固两相平衡共存。在一个标准压力条件下，该点所对应的温度 T_m 为该固体的熔点。

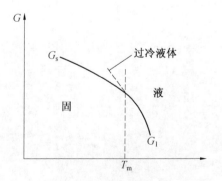

图10.1 在恒压条件下吉布斯自由能与温度的关系

（2）纯物质液固两相的吉布斯自由能与压力的关系。

在恒温条件下,有

$$dG = Vdp \tag{10.6}$$

得

$$\frac{dG}{dp} = V \tag{10.7}$$

体积恒为正值,吉布斯自由能对压力的导数为正数,即在恒温条件下,吉布斯自由能随压力增加而增大。大多数情况下,同一物质的液体体积比固态体积大一些,即物质液态的吉布斯自由能与压力关系的曲线斜率比同物质固态的吉布斯自由能与压力关系的曲线斜率大。如图 10.2 所示,两条曲线斜率不同,会相交于一点 $p_{临}$。$p_{临}$ 是在恒定温度条件下的固液转化压力,称为临界压力。同一物质,在压力大于临界压力时,液态的吉布斯自由能大于固态的吉布斯自由能,固态比液态稳定,随着压力的增加,熔化温度升高。而在压力低于临界压力,同一物质的固态吉布斯自由能比液态吉布斯自由能大,随着压力减小,熔点降低。

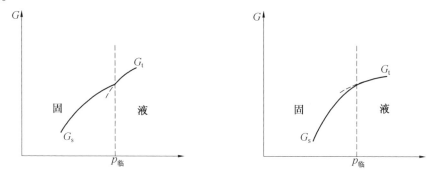

图 10.2　在恒温条件下吉布斯自由能与压力的关系

对于液态体积比固态体积小的物质,其液态的吉布斯自由能与压力关系的曲线斜率比固态的吉布斯自由能与压力关系的曲线斜率小。两条曲线也会相交于一点 $p_{临}$。$p_{临}$ 是在恒定温度条件下的固液转化压力,即临界压力。同一物质在压力大于临界压力,液态的吉布斯自由能小于固态的吉布斯自由能,液态比固态稳定,随着压力增加,熔化温度降低;而压力小于临界压力,固态的吉布斯自由能小于液态的吉布斯自由能,固态稳定,随着压力增加,熔化温度升高。在 1 个标准压力下,液固两相平衡的温度即为该物质的熔点,压力大于 1 个标准压力,随着压力的增加,物质液态的吉布斯自由能小于其固态的吉布斯自由能,即压力增加,物质的熔点降低。例如,水结冰体积增大。在一个标准大气压,冰的熔化温度是 0 ℃,而在 10 个标准压力,冰的熔化温度为 – 0.01 ℃。

10.1.2　具有最低共熔点的二元系熔化过程热力学

图 10.3 是具有最低共熔点组成的二元系相图。在恒压条件下,组成点为 P 的物质升温熔化。温度升到 T_E,物质组成点为 P_E。在组成为 P_E 的物质中,有共熔点组成的 E 和多于其熔点组成的组元 B。

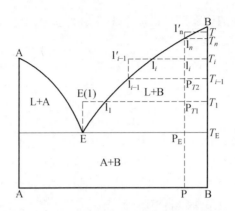

图 10.3　具有最低共熔点组成的二元系相图

在温度 T_E，组成为 E 的均匀固相的熔化过程可以表示为

$$E(s) \rightleftharpoons E(l)$$

即

$$x_A A(s) + x_B B(s) \rightleftharpoons x_A(A)_{E(l)} + x_B(B)_{E(l)} \equiv x_A(A)_{饱和} + x_B(B)_{饱和}$$

或

$$A(s) \rightleftharpoons (A)_{E(l)}$$
$$B(s) \rightleftharpoons (B)_{E(l)}$$

式中，x_A, x_B 为组成为 E 的组元 A，B 的摩尔分数。

熔化过程的摩尔吉布斯自由能变化为

$$\begin{aligned}
\Delta G_{m,E}(T_E) &= G_{m,E(l)}(T_E) - G_{m,E(s)}(T_E) \\
&= [H_{m,E(l)}(T_E) - T_E H_{m,E(l)}(T_E)] - [H_{m,E(s)}(T_E) - T_m S_{m,E(s)}(T_E)] \\
&= \Delta_{fus} H_{m,E}(T_E) - T_m \Delta_{fus} S_{m,E}(T_E) \\
&= \Delta_{fus} H_{m,E}(T_E) - T_E \frac{\Delta_{fus} H_{m,E}(T_E)}{T_E} = 0
\end{aligned} \tag{10.8}$$

式中，$\Delta_{fus} H_{m,E}, \Delta_{fus} S_{m,E}$ 分别是组成为 E 的物质的熔化焓、熔化熵。并有

$$M_E = x_A M_A + x_B M_B$$

式中，M_E, M_A, M_B 分别为 E，A，B 的摩尔量。

或者如下计算：

$$\begin{aligned}
\Delta G_{m,A}(T_E) &= \bar{G}_{m,(A)_{E(l)}}(T_E) - G_{m,A(s)}(T_E) = \Delta_{sol} H_{m,A}(T_E) - T_E \Delta_{sol} S_{m,A}(T_E) \\
&= \Delta_{sol} H_{m,A}(T_E) - T_E \frac{\Delta_{sol} H_{m,A}(T_E)}{T_E} = 0
\end{aligned} \tag{10.9}$$

$$\begin{aligned}
\Delta G_{m,B}(T_E) &= \bar{G}_{m,(B)_{E(l)}}(T_E) - G_{m,B(s)}(T_E) = \Delta_{sol} H_{m,B}(T_E) - T_E \Delta_{sol} S_{m,B}(T_E) \\
&= \Delta_{sol} H_{m,B}(T_E) - T_E \frac{\Delta_{sol} H_{m,B}(T_E)}{T_E} = 0
\end{aligned} \tag{10.10}$$

$$\begin{aligned}
\Delta G_{m,E}(T_E) &= x_A \Delta G_{m,A}(T_E) - x_B \Delta G_{m,B}(T_E) \\
&= \frac{(x_A \Delta_{sol} H_{m,A}(T_E) + x_B \Delta_{sol} H_{m,B}(T_E)) \Delta T}{T_E} = 0
\end{aligned} \tag{10.11}$$

式中

$$\Delta T = T_E - T_E = 0$$

或如下计算。

固相和液相中的组元 A、B 都以其纯固态为标准状态，浓度以摩尔分数表示，该过程的摩尔吉布斯自由能变化为

$$\Delta G_{m,A} = \mu_{(A)_{E(l)}} - \mu_{A(s)} = RT\ln a^R_{(A)_{E(l)}} = RT\ln a^R_{(A)_{饱和}} = 0 \qquad (10.12)$$

式中

$$\mu_{(A)_{E(l)}} = \mu^*_{A(s)} + RT\ln a^R_{(A)_{E(l)}} = \mu^*_{A(s)} + RT\ln a^R_{(A)_{饱和}}$$

$$\mu_{A(s)} = \mu^*_{A(s)}$$

$$\Delta G_{m,B} = \mu_{(B)_{E(l)}} - \mu_{B(s)} = RT\ln a^R_{(B)_{E(l)}} = RT\ln a^R_{(B)_{饱和}} = 0 \qquad (10.13)$$

式中

$$\mu_{(B)_{E(l)}} = \mu^*_{B(s)} + RT\ln a^R_{(A)_{E(l)}}$$

$$\mu_{B(s)} = \mu^*_{B(s)}$$

$$\Delta G_{m,E} = x_A \Delta G_{m,A} + x_B \Delta G_{m,B} = RT(x_A\ln a^R_{(A)_{E(l)}} + x_B\ln a^R_{(B)_{E(l)}}) = 0 \qquad (10.15)$$

在温度 T_E，组成为 E(s) 的固相和 E(l) 平衡，熔化在平衡状态下进行，吉布斯自由能变化为零。

升高温度到 T_1。液相组成未变，由于温度升高，E(l) 成为 E(l′)。固相 E(s) 溶化为液相 E(l′)，在非平衡条件下进行，有

$$E(s) \Longrightarrow E(l')$$

即

$$x_A A(s) + x_B B(s) \Longrightarrow x_A (A)_{E(l')} + x_B (B)_{E(l')}$$

或

$$A(s) \Longrightarrow (A)_{E(l')}$$
$$B(s) \Longrightarrow (B)_{E(l')}$$

该过程的摩尔吉布斯自由能变化为

$$\begin{aligned}\Delta G_{m,E}(T_1) &= \bar{G}_{mE(l')}(T_1) - G_{m,E(s)}(T_1)\\ &= \Delta_{fus}H_{m,E}(T_1) - T_1\Delta_{fus}S_{m,E}(T_1)\\ &\approx \Delta_{fus}H_{m,E}(T_E) - T_1\Delta_{fus}S_{m,E}(T_E)\\ &= \Delta_{fus}H_{m,E}(T_E) - T_1\frac{\Delta_{fus}H_{m,E}(T_E)}{T_E}\\ &= \frac{\Delta_{fus}H_{m,E}(T_E)\Delta T}{T_1} < 0\end{aligned} \qquad (10.16)$$

式中，$\Delta_{fus}H_{m,E}(T_E)$ 为 E 在温度 T_E 的熔化焓，$\Delta_{fus}S_{m,E}(T_1)$ 为 E 在温度 T_E 的熔化熵。

或如下计算。

$$\begin{aligned}\Delta G_{m,A}(T_1) &= \bar{G}_{m,(A)_{E(l)}}(T_1) - G_{m,A(s)}(T_1)\\ &= \Delta_{sol}H_{m,A}(T_1) - T_1\Delta_{sol}S_{m,A}(T_1)\\ &\approx \Delta_{sol}H_{m,A}(T_E) - T_1\frac{\Delta_{sol}S_{m,A}(T_E)}{T_E}\end{aligned}$$

$$= \Delta_{sol}H_{m,A}(T_E) - T_1 \frac{\Delta_{sol}H_{m,A}(T_E)}{T_E}$$

$$= \frac{\Delta_{sol}H_{m,A}(T_E)\Delta T}{T_E} \tag{10.17}$$

$$\Delta G_{m,B}(T_1) = \bar{G}_{m,(B)_{E(l)}}(T_1) - G_{m,B(s)}(T_1)$$

$$= \Delta_{sol}H_{m,B}(T_1) - T_1\Delta_{sol}S_{m,B}(T_1)$$

$$\approx \Delta_{sol}H_{m,B}(T_E) - \frac{T_1\Delta_{sol}\Delta S_{m,B}(T_E)}{T_E}$$

$$= \Delta_{sol}H_{m,B}(T_E) - T_1 \frac{\Delta_{sol}S_{m,B}(T_E)\Delta T}{T_E}$$

$$= \frac{\Delta_{sol}H_{m,E}(T_E)\Delta T}{T_E} \tag{10.18}$$

式中,$\Delta_{sol}H_{m,A}$,$\Delta_{sol}H_{m,B}$ 分别为组元 A,B 在温度 T_E 的溶解焓;$\Delta_{sol}S_{m,A}$,$\Delta_{sol}S_{m,B}$ 分别为组元 A,B 在温度 T_E 的溶解熵。

总摩尔吉布斯自由能变化为

$$\Delta G_{m,E}(T_1) = x_A G_{m,A}(T_1) - x_B G_{m,B}(T_1) = \frac{(x_A\Delta_{sol}H_{m,A}(T_E) + x_B\Delta_{sol}H_{m,B}(T_E))\Delta T}{T_E}$$

$$\tag{10.19}$$

式中

$$\Delta T = T_E - T_1 < 0$$

或者如下计算。

固相和液相中的组元 A、B 都以其纯固态为标准状态,浓度以摩尔分数表示,该过程的摩尔吉布斯自由能变化为

$$\Delta G_{m,A} = \mu_{(A)_{E(l')}} - \mu_{A(s)} = RT\ln a^R_{(A)_{E(l')}} \tag{10.20}$$

式中

$$\mu_{(A)_{E(l')}} = \mu^*_{A(s)} + RT\ln a^R_{(A)_{E(l')}}$$

$$\mu_{A(s)} = \mu^*_{A(s)}$$

$$\Delta G_{m,B} = \mu_{(B)_{E(l')}} - \mu_{B(s)} = RT\ln a^R_{(B)_{E(l)}} \tag{10.21}$$

式中

$$\mu_{(B)_{E(l')}} = \mu^*_{B(s)} + RT\ln a^R_{(B)_{E(l')}}$$

$$\mu_{B(s)} = \mu^*_{B(s)}$$

总摩尔吉布斯自由能变化为

$$\Delta G_{m,E} = x_A\Delta G_{m,A} + x_B\Delta G_{m,B} = RT(x_A\ln a^R_{(A)_{E(l')}} + x_B\ln a^R_{(B)_{E(l')}}) \tag{10.22}$$

直到组成为 E(s) 的固相完全消失,同时固相组元 A 也消失,剩余的固相组元 B 继续向溶液 E(l′) 中溶解,有

$$B(s) \Longrightarrow (B)_{E(l')}$$

该过程的摩尔吉布斯自由能变化为

$$\Delta G_{m,B}(T_1) = \bar{G}_{m,(B)_{E(l')}}(T_1) - G_{m,B(s)}(T_1)$$

$$= (\overline{H}_{\mathrm{m,(B)E(l')}}(T_1) - T_1\overline{S}_{\mathrm{m,(B)E(l')}}(T_1)) - (H_{\mathrm{m,B(s)}}(T_1) - T_1 S_{\mathrm{m,B(s)}}(T_1))$$

$$= \Delta_{\mathrm{sol}}H_{\mathrm{m,B}}(T_1) - T_1\Delta_{\mathrm{sol}}S_{\mathrm{m,B}}(T_1)$$

$$\approx \Delta_{\mathrm{sol}}H_{\mathrm{m,B}}(T_{\mathrm{E}}) - T_1\Delta_{\mathrm{sol}}S_{\mathrm{m,B}}(T_{\mathrm{E}})$$

$$= \Delta_{\mathrm{sol}}H_{\mathrm{m,B}}(T_{\mathrm{E}}) - T_1 \frac{\Delta_{\mathrm{sol}}H_{\mathrm{m,B}}(T_{\mathrm{E}})}{T_{\mathrm{E}}}$$

$$= \frac{\Delta_{\mathrm{sol}}H_{\mathrm{m,B}}(T_{\mathrm{E}})\Delta T}{T_{\mathrm{E}}} \tag{10.23}$$

式中

$$\Delta_{\mathrm{sol}}H_{\mathrm{m,B}}(T_1) \approx \Delta_{\mathrm{sol}}H_{\mathrm{m,B}}(T_{\mathrm{E}}) > 0$$

$$\Delta_{\mathrm{sol}}S_{\mathrm{m,B}}(T_1) \approx \Delta_{\mathrm{sol}}S_{\mathrm{m,B}}(T_{\mathrm{E}}) = \frac{\Delta_{\mathrm{sol}}H_{\mathrm{m,B}}(T_{\mathrm{E}})}{T_{\mathrm{E}}} > 0$$

$$\Delta T = T_{\mathrm{E}} - T_1 < 0$$

式中，$\Delta_{\mathrm{sol}}H_{\mathrm{m,B}}(T_1)$ 和 $\Delta_{\mathrm{sol}}S_{\mathrm{m,B}}(T_1)$ 分别为固体组元 B 在温度 T_1 的溶解焓和溶解熵。

或如下计算。

固相和液相中的组元 B 以纯固态为标准状态，浓度以摩尔分数表示，该过程的摩尔吉布斯自由能变化为

$$\Delta G_{\mathrm{m,B}} = \mu_{\mathrm{(B)E(l')}} - \mu_{\mathrm{B(s)}} = RT\ln a^{\mathrm{R}}_{\mathrm{(B)E(l')}} \tag{10.24}$$

式中

$$\mu_{\mathrm{(B)E(l')}} = \mu^*_{\mathrm{B(s)}} + RT\ln a^{\mathrm{R}}_{\mathrm{(B)E(l')}}$$

$$\mu_{\mathrm{B(s)}} = \mu^*_{\mathrm{B(s)}}$$

直到固相组元 B 溶解达到饱和，固液两相达成平衡。平衡液相组成为液相线 ET_{B} 上的 l_1 点。有

$$\mathrm{B(s)} \rightleftharpoons (\mathrm{B})_{l_i} \equiv (\mathrm{B})_{饱和}$$

从温度 T_1 到温度 T_n，随着温度的升高，固相组元 B 不断地向溶液中溶解，该过程可以统一描写如下。

在温度 T_{i-1}，固液两相达成平衡，组元 B 溶解达到饱和，平衡液相组成为 l_{i-1}。有

$$\mathrm{B(s)} \rightleftharpoons (\mathrm{B})_{l_i} \equiv (\mathrm{B})_{饱和} \quad (i = 1,2,\cdots,n)$$

继续升高温度到 T_i。温度刚升到 T_i，固相组元 B 还未来得及溶解进入液相时，溶液组成仍与 l_{i-1} 相同。但是已经由组元 B 饱和的溶液 l_{i-1} 变成其不饱和的溶液 l'_{i-1}。因此，固相组元 B 向溶液 l'_{i-1} 中溶解。液相组成由 l'_{i-1} 向该温度的平衡液相组成 l_i 转变，物质组成由 P_{i-1} 向 P_i 转变。该过程可以表示为

$$\mathrm{B(s)} = (\mathrm{B})_{l'} \quad (i = 1,2,\cdots,n)$$

该过程的摩尔吉布斯自由能变化为

$$\Delta G_{\mathrm{m,B}}(T_i) = \overline{G}_{\mathrm{m,(B)E(l')}}(T_i) - G_{\mathrm{m,B(s)}}(T_i)$$

$$= (\overline{H}_{\mathrm{m,(B)E(l')}}(T_i) - T_i\overline{S}_{\mathrm{m,(B)E(l')}}(T_i)) - (H_{\mathrm{m,B(s)}}(T_i) - T_i S_{\mathrm{m,B(s)}}(T_i))$$

$$= \Delta_{\mathrm{sol}}H_{\mathrm{m,B}}(T_i) - T_i\Delta_{\mathrm{sol}}S_{\mathrm{m,B}}(T_i)$$

$$\approx \Delta_{\mathrm{sol}}H_{\mathrm{m,B}}(T_{i-1}) - T_i\Delta_{\mathrm{sol}}S_{\mathrm{m,B}}(T_{i-1})$$

$$= \frac{\Delta_{sol}H_{m,B}(T_{i-1})\Delta T}{T_{i-1}} \qquad (10.25)$$

式中

$$\Delta T = T_{i-1} - T_i < 0$$

$$\Delta_{sol}H_{m,B}(T_i) \approx \Delta_{sol}H_{m,B}(T_{i-1})$$

$$\Delta_{sol}S_{m,B}(T_i) \approx \Delta_{sol}S_{m,B}(T_{i-1}) = \frac{\Delta_{sol}H_{m,B}(T_{i-1})}{T_{i-1}}$$

或如下计算。

固相和液相中的组元 B 都以其纯固态为标准状态,浓度以摩尔分数表示。有

$$\Delta G_{m,B} = \mu_{(B)_{l'}} - \mu_{B(s)} = RT\ln a^R_{(B)_{l'}} \qquad (10.26)$$

式中

$$\mu_{(B)_{l'}} = \mu^*_{B(s)} + RT\ln a^R_{(B)_{l'}}$$

$$\mu_{B(s)} = \mu^*_{B(s)}$$

直到固相组元 B 溶解达到饱和,固液两相达成新的平衡。平衡液相组成为液相线 ET_B 上的 l_i 点。有

$$B(s) \rightleftharpoons (B)_{l_i} \rightleftharpoons (B)_{饱和}$$

在温度 T_n,固液两相达成平衡,组元 B 的溶解达到饱和。平衡液相组成为液相线 ET_B 上的 l_n 点,有

$$B(s) \rightleftharpoons (B)_{l_n} \rightleftharpoons (B)_{饱和}$$

温度升到高于 T_n 的温度 T。在温度刚升到 T,固相组元 B 还未来得及溶解进入溶液时,溶液组成仍与 l_n 相同。但是已经由组元 B 饱和的溶液 l_n 变成其不饱和的溶液 l'_n。固相组元 B 向其中溶解。有

$$B(s) \rightleftharpoons (B)_{l'_n}$$

该过程的摩尔吉布斯自由能变化为

$$\Delta G_{m,B}(T) = \bar{G}_{m,(B)_{l'_n}}(T) - G_{m,B(s)}(T)$$

$$= \Delta_{sol}H_{m,B}(T) - T\Delta_{sol}S_{m,B}(T)$$

$$\approx \Delta_{sol}H_{m,B}(T_n) - T\Delta_{sol}S_{m,B}(T_n)$$

$$= \frac{\Delta_{sol}H_{m,B}(T_n)\Delta T}{T_n} \qquad (10.27)$$

式中

$$\Delta_{sol}H_{m,B}(T) \approx \Delta_{sol}H_{m,B}(T_n)$$

$$\Delta_{sol}S_{m,B}(T) \approx \Delta_{sol}S_{m,B}(T_n) = \frac{\Delta_{sol}H_{m,B}(T_n)}{T_n}$$

$$\Delta T = T_n - T < 0 \qquad (10.28)$$

或者如下计算。

固相和液相中的组元 B 和 A 都以其纯固态为标准状态,浓度以摩尔分数表示,有

$$\Delta G_{m,B} = \mu_{(B)_{l'}} - \mu_{B(s)} = RT\ln a^R_{(B)_{l'}} \qquad (10.29)$$

式中

$$\mu_{(B)_{1'}} = \mu^*_{B(s)} + RT\ln a^R_{(B)_{1'}}$$

$$\mu_{B(s)} = \mu^*_{B(s)}$$

10.1.3 具有最低共熔点的三元系熔化过程的热力学

图 10.4 是具有最低共熔点的三元系相图。在恒压条件下,物质组成点为 M 的固相升温熔化。温度升到 T_E,物质组成点达到最低共熔点 E 所在的平行于底面的等温平面。组成为 E 的均匀固相熔化为液相 E(1)。可以表示为

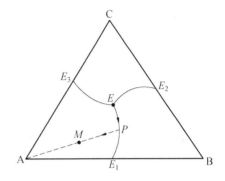

图 10.4 具有最低共熔点的三元系相图

$$E(s) \Longrightarrow E(1)$$

即

$$x_A A(s) + x_B B(s) + x_C C(s) \rightleftharpoons$$
$$x_A (A)_{E(1)} + x_B (B)_{E(1)} + x_C (C)_{E(1)}$$

或

$$A(s) \Longrightarrow (A)_{E(1)}$$
$$B(s) \Longrightarrow (B)_{E(1)}$$
$$C(s) \Longrightarrow (C)_{E(1)}$$

式中,x_A、x_B、x_C 为组成 E 的组元 A、B、C 的摩尔分数。并有

$$M_E = x_A M_A + x_B M_B + x_C M_C$$

式中,M_E、M_A、M_B、M_C 分别为组元 E、A、B、C 的摩尔量。

熔化过程的摩尔吉布斯自由能变化为

$$\begin{aligned}
\Delta G_{m,E}(T_E) &= G_{m,E(1)}(T_E) - G_{m,E(s)}(T_E)\\
&= [H_{m,E(1)}(T_E) - T_E S_{m,E(1)}(T_E)] - [H_{m,E(s)}(T_E) - T_1 S_{m,E(s)}(T_E)]\\
&= \Delta_{fus} H_{m,E}(T_E) - T_E \Delta_{fus} S_{m,E}(T_E)\\
&= \Delta_{fus} H_{m,E}(T_E) - T_E \frac{\Delta_{fus} H_{m,E}(T_E)}{T_E}\\
&= 0
\end{aligned} \tag{10.30}$$

或

$$\begin{aligned}
\Delta G_{m,A}(T_E) &= \overline{G}_{m,A_{E(1)}}(T_E) - G_{m,A(s)}(T_E)\\
&= [\overline{H}_{m,A_{E(1)}}(T_E) - T_E \overline{S}_{m,A_{E(1)}}(T_E)] - [H_{m,A(s)}(T_E) - T_1 S_{m,A(s)}(T_E)]\\
&= \Delta_{sol} H_{m,A}(T_E) - T_E \Delta_{sol} S_{m,A}(T_E)\\
&= \Delta_{sol} H_{m,A}(T_E) - T_E \frac{\Delta_{sol} H_{m,A}(T_E)}{T_E}\\
&= 0
\end{aligned} \tag{10.31}$$

同理

$$\Delta G_{m,B}(T_E) = \overline{G}_{m,(B)_{E(1)}}(T_E) - G_{m,B(s)}(T_E) = \Delta_{sol} H_{m,B}(T_E) - T_E \frac{\Delta_{sol} H_{m,B}(T_E)}{T_E} = 0$$

$$\tag{10.32}$$

$$\Delta G_{m,C}(T_E) = \overline{G}_{m,(C)E(l)}(T_E) - G_{m,C(s)}(T_E) = \Delta_{sol}H_{m,C}(T_E) - T_E\frac{\Delta_{sol}H_{m,C}(T_E)}{T_E} = 0$$

$$(10.33)$$

式中，$\Delta_{sol}H_{m,A}$，$\Delta_{sol}S_{m,A}$，$\Delta_{sol}H_{m,B}$，$\Delta_{sol}S_{m,B}$，$\Delta_{sol}H_{m,C}$，$\Delta_{sol}S_{m,C}$ 分别为组元 A，B，C 的溶解焓、溶解熵，通常为正值。

或如下计算。

固相和液相中的组元 A，B，C 都以其纯固态物质为标准状态，浓度以摩尔分数表示，摩尔吉布斯自由能变化为

$$\begin{aligned}\Delta G_{m,E} &= \mu_{E(l)} - \mu_{E(s)}\\&= (x_A\mu_{(A)E(l)} + x_B\mu_{(B)E(l)} + x_C\mu_{(C)E(l)}) - (x_A\mu_{(A)(s)} + x_B\mu_{(B)(s)} + x_C\mu_{C(s)}\\&= x_ART\ln a^R_{(A)E(l)} + x_BRT\ln a^R_{(B)E(l)} + x_CRT\ln a^R_{(C)E(l)}\end{aligned}$$

$$(10.34)$$

在温度 T_E，最低共熔组成的液相 E(l) 中，组元 A，B 和 C 都是饱和的，所以

$$a^R_{(A)E(l)} = a^R_{(B)E(l)} = a^R_{(C)E(l)} = 1 \tag{10.35}$$

$$\Delta G_{m,E} = 0 \tag{10.36}$$

升高温度到 T_1。在温度刚升到 T_1，固相组元 A，B，C 还未来得及溶解进入溶液时，液相组成仍与 E(l) 相同，只是由组元 A，B，C 饱和的溶液 E(l) 变为不饱和的溶液 E(l′)。固体组元 A、B、C 向其中溶解。有

$$E(s) \Longrightarrow E(l')$$

即

$$x_AA(s) + x_BB(s) + x_CC(s) \Longrightarrow x_A(A)_{E(l')} + x_B(B)_{E(l')} + x_C(C)_{E(l')}$$

或

$$A(s) \Longrightarrow (A)_{E(l')}$$
$$B(s) \Longrightarrow (B)_{E(l')}$$
$$C(s) \Longrightarrow (C)_{E(l')}$$

该过程的摩尔吉布斯自由能变化为

$$\begin{aligned}\Delta G_{m,E}(T_1) &= G_{m,E(l')}(T_1) - G_{m,E(s)}(T_1)\\&= \Delta_{fus}H_{m,E}(T_1) - T_1\Delta_{fus}S_{m,E}(T_1)\\&\approx \Delta_{fus}H_{m,E}(T_E) - T_1\Delta_{fus}S_{m,E}(T_E)\\&= \Delta_{fus}H_{m,E}(T_E) - T_1\frac{\Delta_{fus}H_{m,B}(T_E)}{T_E}\\&= \frac{\Delta_{fus}H_{m,B}(T_E)\Delta T}{T_E}\end{aligned}$$

$$(10.37)$$

式中

$$\Delta_{fus}H_{m,E}(T_1) \approx \Delta_{fus}H_{m,E}(T_E)$$

$$\Delta_{fus}S_{m,E}(T_1) \approx \Delta_{fus}S_{m,E}(T_E) = \frac{\Delta_{fus}H_{m,E}(T_E)}{T_E}$$

$$\Delta T = T_E - T_1 < 0$$

或

$$\Delta G_{m,A}(T_1) = \overline{G}_{m,(A)_{E(l')}}(T_1) - G_{m,A(s)}(T_1)$$

$$= \left[\overline{H}_{m,(A)_{E(l')}}(T_1) - T_E \overline{S}_{m,(A)_{E(l')}}(T_1) \right] - \left[H_{m,A(s)}(T_1) - T_1 S_{m,A(s)}(T_1) \right]$$

$$= \Delta_{sol} H_{m,A}(T_1) - T_E \Delta_{sol} S_{m,A}(T_1)$$

$$\approx \Delta_{sol} H_{m,A}(T_E) - T_1 \Delta_{sol} S_{m,A}(T_E)$$

$$= \frac{\Delta_{sol} H_{m,A}(T_E) \Delta T}{T_E} \tag{10.38}$$

同理可得

$$\Delta G_{m,B}(T_E) = \overline{G}_{m,(B)_{E(l')}}(T_E) - G_{m,B(s)}(T_E) = \frac{\Delta_{sol} H_{m,B}(T_E) \Delta T}{T_E} \tag{10.39}$$

$$\Delta G_{m,C}(T_E) = \overline{G}_{m,(C)_{E(l')}}(T_E) - G_{m,C(s)}(T_E) = \frac{\Delta_{sol} H_{m,C}(T_E) \Delta T}{T_E} \tag{10.40}$$

式中

$$\Delta T = T_E - T_1 < 0$$

总摩尔吉布斯自由能变化为

$$\Delta G_m(T_1) = x_A \Delta G_{m,A}(T_1) + x_B \Delta G_{m,B}(T_1) + x_C \Delta G_{m,B}(T_1)$$

$$= \frac{X_A \Delta_{sol} H_{m,A}(T_E) \Delta T}{T_E} + \frac{X_B \Delta_{sol} H_{m,B}(T_E) \Delta T}{T_E} + \frac{X_C \Delta_{sol} H_{m,C}(T_E) \Delta T}{T_E} < 0 \tag{10.41}$$

或如下计算。

固相和液相中的组元 E、A、B、C 都以纯物质为标准状态,浓度以摩尔分数表示,摩尔吉布斯自由能变化为

$$\Delta G_{m,E} = \mu_{E(l')} - \mu_{E(s)}$$

$$= (x_A \mu_{(A)_{E(l')}} + x_B \mu_{(B)_{E(l')}} + x_C \mu_{(C)_{E(l')}}) - (x_A \mu_{A(s)} + x_B \mu_{B(s)} + x_C \mu_{C(s)})$$

$$= x_A \Delta G_{m,A} + x_B \Delta G_{m,B} + x_C \Delta G_{m,B}$$

$$= x_A RT \ln a_{(A)_{E(l')}}^R + x_B RT \ln a_{(B)_{E(l')}}^R + x_C RT \ln a_{(C)_{E(l')}}^R < 0 \tag{10.42}$$

式中

$$\mu_{(A)_{E(l')}} = \mu_{A(s)}^* + RT \ln a_{(A)_{E(l')}}^R$$

$$\mu_{A(s)} = \mu_{A(s)}^*$$

$$\mu_{(B)_{E(l')}} = \mu_{B(s)}^* + RT \ln a_{(B)_{E(l')}}^R$$

$$\mu_{B(s)} = \mu_{B(s)}^*$$

$$\mu_{(AC_{E(l')}} = \mu_{C(s)}^* + RT \ln a_{(C)_{E(l')}}^R$$

$$\mu_{C(s)} = \mu_{C(s)}^*$$

$$\Delta G_{m,A} = \mu_{(A)_{E(l')}} - \mu_{A(s)} = RT \ln a_{(A)_{E(l')}}^R < 0$$

$$\Delta G_{m,B} = \mu_{(B)_{E(l')}} - \mu_{B(s)} = RT \ln a_{(B)_{E(l')}}^R < 0$$

$$\Delta G_{m,C} = \mu_{(C)_{E(l')}} - \mu_{C(s)} = RT \ln a_{(C)_{E(l')}}^R < 0$$

直到固相组元 C 消失,剩余的固相组元 A 和 B 继续向溶液 E(l') 中溶解,有

$$A(s) = (A)_{E(l')}$$

$$B(s) \Longrightarrow (B)_{E(l')}$$

该过程的摩尔吉布斯自由能变化为

$$\begin{aligned}
\Delta G_{m,A}(T_1) &= \overline{G}_{m,(A)_{E(l')}}(T_1) - G_{m,A(s)}(T_1) \\
&= \left[\overline{H}_{m,(A)_{E(l')}}(T_1) - T_1 \overline{S}_{m,(A)_{E(l')}}(T_1) \right] - \left[H_{m,A(s)}(T_1) - T_1 S_{m,A(s)}(T_1) \right] \\
&= \Delta_{sol} H_{m,A}(T_1) - T_1 \Delta_{sol} S_{m,A}(T_1) \\
&\approx \Delta_{sol} H_{m,A}(T_E) - T_1 \Delta_{sol} S_{m,A}(T_E) \\
&= \frac{\Delta_{sol} H_{m,A}(T_E) \Delta T}{T_E}
\end{aligned} \tag{10.43}$$

$$\begin{aligned}
\Delta G_{m,B}(T_1) &= \overline{G}_{m,(B)_{E(l')}}(T_1) - G_{m,B(s)}(T_1) \\
&= \left[\overline{H}_{m,(B)_{E(l')}}(T_1) - T_1 \overline{S}_{m,(B)_{E(l')}}(T_1) \right] - \left[H_{m,B(s)}(T_1) - T_1 S_{m,B(s)}(T_1) \right] \\
&= \Delta_{sol} H_{m,B}(T_1) - T_1 \Delta_{sol} S_{m,B}(T_1) \\
&\approx \Delta_{sol} H_{m,B}(T_E) - T_1 \Delta_{sol} S_{m,B}(T_E) \\
&= \frac{\Delta_{sol} H_{m,B}(T_E) \Delta T}{T_E}
\end{aligned} \tag{10.44}$$

式中

$$\Delta T = T_E - T_1 < 0$$

总摩尔吉布斯自由能变化为

$$\begin{aligned}
\Delta G_m(T_1) &= x_A \Delta G_{m,A}(T_1) + x_B \Delta G_{m,B}(T_1) \\
&= \frac{\left[x_A \Delta_{sol} H_{m,A}(T_E) + x_B \Delta_{sol} H_{m,B}(T_E) \right] \Delta T}{T_E}
\end{aligned} \tag{10.45}$$

或如下计算。

固相和液相中的组元 A 和 B 都以纯固态为标准状态,浓度以摩尔分数表示,该过程的摩尔吉布斯自由能变为

$$\Delta G_{m,A} = \mu_{(A)_{E(l')}} - \mu_{A(s)} = RT \ln a_{(A)_{E(l')}}^R \tag{10.46}$$

$$\Delta G_{m,B} = \mu_{(B)_{E(l')}} - \mu_{B(s)} = RT \ln a_{(B)_{E(l')}}^R \tag{10.47}$$

$$\Delta G_m = x_A \Delta G_{m,A} + x_B \Delta G_{m,B} = x_A RT \ln a_{(A)_{E(l')}}^R + x_B RT \ln a_{(B)_{E(l')}}^R \tag{10.48}$$

直到固相组元 A 和 B 溶解达到饱和,固相组元 A 和 B 与液相达成平衡,平衡液相为共熔线 EE_1 上的 l_1 点。有

$$A(s) \rightleftharpoons (A)_{l_1} \equiv (A)_{饱和}$$

$$B(s) \rightleftharpoons (B)_{l_1} \equiv (B)_{饱和}$$

温度从 T_1 升到 T_p,重复上述过程,可以统一描述如下。

继续升高温度,温度从 T_1 到 T_p,溶解过程沿着共熔线 EE_1,从 E 点移动到 P 点。该过程描述如下。

在温度 T_{i-1},液固两相达成平衡,平衡液相组成为共熔线 EE_1 上的 l_{i-1} 点。有

$$A(s) \rightleftharpoons (A)_{l_{i-1}} \equiv (A)_{饱和}$$

$$B(s) \rightleftharpoons (B)_{l_{i-1}} \equiv (B)_{饱和}$$

$$(i = 1, 2, \cdots, n)$$

继续升高温度到 T_i。在温度刚升到 T_i，固相组元 A、B 还未来得及溶入液相时，溶液组成未变。但已由组元 A 和 B 的饱和溶液 l_{i-1} 变成为不饱和溶液 l'_{i-1}。而在温度 T_i，与固相组元 A、B 平衡的液相为共熔线 EE_1 上的 l_i 点，是组元 A 和 B 的饱和溶液。因此，固相组元 A 和 B 会向液相 l'_{i-1} 中溶解，可以表示为

$$A(s) = (A)_{l'_{i-1}}$$
$$B(s) = (B)_{l'_{i-1}}$$

该过程的摩尔吉布斯自由能变化为

$$
\begin{aligned}
\Delta G_{m,A}(T_i) &= \bar{G}_{m,(A)_{l'_{i-1}}}(T_i) - G_{m,A(s)}(T_i) \\
&= \left[\bar{H}_{m,(A)_{l'_{i-1}}}(T_i) - T_i \bar{S}_{m,(A)_{l'_{i-1}}}(T_i) \right] - \left[H_{m,A(s)}(T_i) - T_i S_{m,A(s)}(T_i) \right] \\
&= \Delta_{sol} H_{m,A}(T_i) - T_i \Delta_{sol} S_{m,A}(T_i) \\
&\approx \Delta_{sol} H_{m,A}(T_{i-1}) - T_i \frac{\Delta_{sol} H_{m,A}(T_{i-1})}{T_{i-1}} \\
&= \frac{\Delta_{sol} H_{m,A}(T_{i-1}) \Delta T}{T_{i-1}} < 0
\end{aligned}
\tag{10.49}
$$

同理

$$
\begin{aligned}
\Delta G_{m,B}(T_i) &= \bar{G}_{m,(B)_{l'_{i-1}}}(T_i) - G_{m,B(s)}(T_i) \\
&\approx \Delta_{sol} H_{m,B}(T_{i-1}) - T_i \Delta_{sol} S_{m,B}(T_{i-1}) \\
&= \frac{\Delta_{sol} H_{m,B}(T_{i-1}) \Delta T}{T_{i-1}} < 0
\end{aligned}
\tag{10.50}
$$

总摩尔吉布斯自由能变化为

$$
\begin{aligned}
\Delta G_m(T_i) &= x_A \Delta G_{m,A}(T_i) + x_B \Delta G_{m,B}(T_i) \\
&= \frac{\left[x_A \Delta_{sol} H_{m,A}(T_{i-1}) + x_B \Delta_{sol} H_{m,B}(T_{i-1}) \right] \Delta T}{T_{i-1}}
\end{aligned}
$$

式中

$$\Delta_{sol} H_{m,A}(T_i) \approx \Delta_{sol} H_{m,A}(T_{i-1})$$

$$\Delta_{sol} S_{m,A}(T_i) \approx \Delta_{sol} S_{m,A}(T_{i-1}) = \frac{\Delta_{sol} H_{m,A}(T_{i-1})}{T_{i-1}}$$

$$\Delta_{sol} H_{m,B}(T_i) \approx \Delta_{sol} H_{m,B}(T_{i-1})$$

$$\Delta_{sol} S_{m,B}(T_i) \approx \Delta_{sol} S_{m,B}(T_{i-1}) = \frac{\Delta_{sol} H_{m,B}(T_{i-1})}{T_{i-1}}$$

$$\Delta T = T_{i-1} - T_i < 0$$

式如下计算。

固液两相的组元 A、B 都以纯固态组元 A、B 为标准状态，浓度以摩尔分数表示，该过程的摩尔吉布斯自由能变化为

$$\Delta G_{m,A} = \mu_{(A)_{l'_{i-1}}} - \mu_{A(s)} = RT \ln a^R_{(A)_{l'_{i-1}}} \tag{10.51}$$

式中

$$\mu_{(A)_{l'_{i-1}}} = \mu_{A(s)}^* + RT\ln a_{(A)_{l'_{i-1}}}^R$$

$$\mu_{A(s)} = \mu_{A(s)}^*$$

同理

$$\Delta G_{m,B} = \mu_{(B)_{l'_{i-1}}} - \mu_{B(s)} = RT\ln a_{(B)_{l'_{i-1}}}^R \qquad (10.52)$$

式中

$$\mu_{(B)_{l'_{i-1}}} = \mu_{B(s)}^* + RT\ln a_{(B)_{l'_{i-1}}}^R$$

$$\mu_{B(s)} = \mu_{B(s)}^*$$

$$\Delta G_m = x_A \Delta G_{m,A} + x_B \Delta G_{m,B} = x_A RT\ln a_{(A)_{l'_{i-1}}}^R + x_B RT\ln a_{(B)_{l'_{i-1}}}^R \qquad (10.53)$$

直到达成平衡,平衡液相组成为共熔线 EE_1 上的 l_i 点。有

$$A(s) \rightleftharpoons (A)_{l_i} \equiv (A)_{饱和}$$

$$B(s) \rightleftharpoons (B)_{l_i} \equiv (B)_{饱和}$$

继续升高温度,在温度 T_p,溶解达成平衡,有

$$A(s) \rightleftharpoons (A)_{l_p} \equiv (A)_{饱和}$$

$$B(s) \rightleftharpoons (B)_{l_p} \equiv (B)_{饱和}$$

继续升高温度到 T_{M_1}。温度刚升到 T_{M_1},固相组元 A、B 还未来得及溶解进入液相时。溶液组成仍与 l_p 相同,但已由组元 A、B 的饱和溶液 l_p 变为不饱和溶液 l'_p。固相组元 A、B 向其中溶解,有

$$A(s) \rightleftharpoons (A)_{l'_p}$$

$$B(s) \rightleftharpoons (B)_{l'_p}$$

该过程的摩尔吉布斯自由能变化为

$$\begin{aligned}
\Delta G_{m,A}(T_{M_1}) &= \bar{G}_{m,(A)_{l'_p}}(T_{M_1}) - G_{m,A(s)}(T_{M_1}) \\
&= \Delta_{sol}H_{m,A}(T_{M_1}) - T_{M_1}\Delta_{sol}S_{m,A}(T_{M_1}) \\
&= \Delta_{sol}H_{m,A}(T_p) - T_{M_1}\Delta_{sol}S_{m,A}(T_p) \\
&\approx \frac{\Delta_{sol}H_{m,A}(T_p)\Delta T}{T_p}
\end{aligned} \qquad (10.54)$$

$$\begin{aligned}
\Delta G_{m,B}(T_{M_1}) &= \bar{G}_{m,(B)_{l'_p}}(T_{M_1}) - G_{m,B(s)}(T_{M_1}) \\
&= \Delta_{sol}H_{m,B}(T_{M_1}) - T_{M_1}\Delta_{sol}S_{m,B}(T_{M_1}) \\
&\approx \Delta_{sol}H_{m,B}(T_p) - T_{M_1}\Delta_{sol}S_{m,B}(T_p) \\
&= \frac{\Delta_{sol}H_{m,B}(T_p)\Delta T}{T_p}
\end{aligned} \qquad (10.55)$$

总摩尔吉布斯自由能变化为

$$\begin{aligned}
\Delta G_m(T_{M_1}) &= x_A \Delta G_{m,A}(T_{M_1}) + x_B \Delta G_{m,B}(T_{M_1}) \\
&= \frac{[x_A \Delta_{sol}H_{m,A}(T_p) + x_B \Delta_{sol}H_{m,B}(T_p)]\Delta T}{T_p}
\end{aligned}$$

式中

$$\Delta T = T_p - T_{M_1} < 0$$

或如下计算。

固相和液相中的组元 A 、B 都以其纯固态为标准状态,浓度以摩尔分数表示,有

$$\Delta G_{m,A} = \mu_{(A)_{l'_p}} - \mu_{A(s)} = RT\ln a^R_{(A)_{l'_p}} \tag{10.56}$$

式中

$$\mu_{(A)_{l'_p}} = \mu^*_{A(s)} + RT\ln a^R_{(A)_{l'_p}}$$

$$\mu_{A(s)} = \mu^*_{A(s)}$$

同理

$$\Delta G_{m,B} = \mu_{(B)_{l'_p}} - \mu_{B(s)} = RT\ln a^R_{(B)_{l'_p}} \tag{10.57}$$

式中

$$\mu_{(B)_{l'_p}} = \mu^*_{B(s)} + RT\ln a^R_{(B)_{l'_p}}$$

$$\mu_{B(s)} = \mu^*_{B(s)}$$

总摩尔吉布斯自由能变化为

$$\Delta G_m = x_A \Delta G_{m,A} + x_B \Delta G_{m,B} = x_A RT\ln a^R_{(A)_{l'_p}} + x_B RT\ln a^R_{(B)_{l'_p}}$$

直到固相组元 B 消失,固相组元 A 继续溶解,有

$$A(s) \Longrightarrow (A)_{l'_p}$$

该过程的摩尔吉布斯自由能变化为

$$\begin{aligned}
\Delta G_{m,A}(T_{M_1}) &= \bar{G}_{m,(A)_{l'_p}}(T_{M_1}) - G_{m,A(s)}(T_{M_1}) \\
&= [\bar{H}_{m,(A)_{l'_p}}(T_{M_1}) - T_{M_1}\bar{S}_{m,(A)_{l'_p}}(T_{M_1})] - [H_{m,A(s)}(T_{M_1}) - TS_{m,A(s)}(T_{M_1})] \\
&= \Delta_{sol}H_{m,A}(T_{M_1}) - T_{M_1}\Delta_{sol}S_{m,A}(T_{M_1}) \\
&\approx \frac{\Delta_{sol}H_{m,A}(T_p)\Delta T}{T_p}
\end{aligned} \tag{10.58}$$

式中

$$\Delta T = T_p - T_{M_1} < 0$$

或者如下计算。

固相或液相中的组元 A 都以纯固态为标准状态,浓度以摩尔分数表示,有

$$\Delta G_{m,A} = \mu_{(A)_{l'_p}} - G_{A(s)} = RT\ln a^R_{(A)_{l'_p}} \tag{10.59}$$

式中

$$\mu_{(A)_{l'_p}} = \mu^*_{A(s)} + RT\ln a^R_{(A)_{l'_p}}$$

$$G_{A(s)} = \mu_{A(s)} = \mu^*_{A(s)}$$

直到固相组元 A 溶解达到饱和,溶液组成为 PA 线上的 l_{M_1} 点,是固态组元 A 的平衡液相组成点。有

$$A(s) \Longrightarrow (A)_{l_{M_1}} \equiv (A)_{饱和}$$

继续升高温度。温度 T_{M_1} 从升高到 T_M，固态组元 A 的平衡液相组成从 P 点沿 PA 连线向 M 点移动。固相组元 A 的溶解过程可以统一描写如下。

在温度 T_{k-1}，固相组元 A 溶解达到饱和，平衡液相组成为 l_{k-1}，有

$$A(s) \rightleftharpoons (A)_{l_{k-1}} \equiv (A)_{\text{饱和}}$$

温度升高到 T_k。在温度刚升到 T_k，固相组元 A 还未来得及溶解时，溶液组成仍然和 l_{k-1} 相同。只是由组元 A 饱和的溶液 l_{k-1} 变成不饱和的 l'_{k-1}。固相组元 A 向其中溶解，有

$$A(s) = (A)_{l'_{k-1}}$$

该过程的摩尔吉布斯自由能变化为

$$\Delta G_{m,A}(T_k) = \bar{G}_{m,(A)_{l'_{k-1}}}(T_k) - G_{m,A(s)}(T_k) \approx \frac{\Delta_{sol}H_{m,A}(T_{k-1})\Delta T}{T_{k-1}} \tag{10.60}$$

式中

$$\Delta T = T_{k-1} - T_k < 0$$

或者如下计算。

固相和液相中的组元 A 都以纯固态为标准状态，浓度以摩尔分数表示，有

$$\Delta G_{m,A} = \mu_{(A)_{l'_{k-1}}} - \mu_{A(s)} = RT\ln a^R_{(A)_{l'_{k-1}}} \tag{10.61}$$

式中

$$\mu_{(A)_{l'_{k-1}}} = \mu^*_{A(s)} + RT\ln a^R_{(A)_{l'_{k-1}}}$$

$$\mu_{A(s)} = \mu^*_{A(s)}$$

直到固相组元 A 溶解达到饱和，溶液组成为 PA 线上的 l_k 点，是固态组元 A 的平衡液相组成点。有

$$A(s) \rightleftharpoons (A)_{l_k} \equiv (A)_{\text{饱和}}$$

在温度 T_M，固相组元 A 溶解达到饱和，平衡液相组成为 l_M 点。有

$$A(s) \rightleftharpoons (A)_{l_M} \equiv (A)_{\text{饱和}}$$

升高温度到 T_{M+1}，饱和溶液 l_M 变为不饱和溶液 l'_M，固相组元 A 向其中溶解，有

$$A(s) = (A)_{l'_M}$$

该过程的摩尔吉布斯自由能变化为

$$\Delta G_{m,A}(T_{M+1}) = \bar{G}_{m,(A)_{l'_M}}(T_{M+1}) - G_{m,A(s)}(T_{M+1}) = \frac{\Delta_{sol}H_{m,A}(T_M)\Delta T}{T_M} \tag{10.62}$$

式中

$$\Delta T = T_M - T_{M+1} < 0$$

或者如下计算。

固相和液相中的组元 A 都以纯固态为标准状态，浓度以摩尔分数表示，有

$$\Delta G_{m,A} = \mu_{(A)_{l'_M}} - \mu_{A(s)} = RT\ln a^R_{(A)_{l'_M}} \tag{10.63}$$

式中

$$\mu_{(A)_{l'_M}} = \mu^*_{A(s)} + RT\ln a^R_{(A)_{l'_M}}$$

$$\mu_{A(s)} = \mu^*_{A(s)}$$

10.2 凝 固

10.2.1 纯物质的结晶

10.2.1.1 液体凝固的形核过程

在恒温、恒压条件下，由液体凝聚成固体的过程称为凝固。由液体凝聚成的固体有晶体和非晶体。非晶体也称玻璃体，实际是过冷溶液。我们这里讨论由溶液凝聚成晶体的凝固过程。

（1）纯液体凝固的热力学条件。

纯物质都有确定的凝固温度，也就是它的熔点。在凝固温度时液、固两相平衡共存，体系处于热力学平衡状态。此温度称为理论凝固温度，以 T_M 表示。对于实际液体，温度低于其熔点 T_M，才能发生凝固。

在一定温度，由液相转变为固相的自由能变化为

$$\Delta G = G_S - G_L = (H_S - H_L) - T(S_S - S_L) = \Delta H - T\Delta S \tag{10.64}$$

由液相转变为固相的单位体积吉布斯自由能变化为

$$\Delta G_V = \Delta H_V - T\Delta S_V \tag{10.65}$$

其中

$$\Delta H_V = H_{V,S} - H_{V,L} = L_{V,r} = - L_{V,m} \tag{10.66}$$

$$\Delta S_V = S_{V,S} - S_{V,L} = \frac{L_{V,r}}{T_M} = - \frac{L_{V,m}}{T_M} \tag{10.67}$$

将式（10.66）和式（10.67）代入式（10.65），得

$$\Delta G_V = - L_{V,m} + T\frac{L_{V,m}}{T_M} = \frac{L_{V,m}\Delta T}{T_M} \tag{10.68}$$

式中，$L_{V,r}$ 为单位体积的结晶潜热，取负值；$L_{V,m}$ 为单位体积的熔化热，取正值；T_M 为熔点；$\Delta T = T - T_M$ 为过冷度。

若使 $\Delta G_V < 0$，必须 $\Delta T < 0$，即 $T < T_M$，液体的温度低于其熔点。凝固的推动力是固液两相的自由能差。

纯物质实际凝固的温度低于理论凝固温度的现象称为过冷。其温度差 ΔT 即过冷度，不是一个恒定值，它与冷却速率有关。对于不同的物质，其值也不同。

液体凝固过程如果有足够的时间使其内部原子呈规则排列，则形成晶体。如果冷却速度足够快，内部原子来不及规则排列，则形成非晶体。形成非晶体的转变温度称为玻璃化温度。玻璃化温度以 T_g 表示。物质的玻璃化温度 T_g 与其熔点 T_M 差值 $T_g - T_M$ 越小，凝固时越容易形成非晶态结构。例如玻璃和有机聚合物的 $T_g - T_M$ 差值小，容易形成非晶态固体。而金属的 $T_g - T_M$ 差值大，难以形成非晶态固体。只有在快速冷却条件下，才能形成非晶态金属。

（2）均匀形核。

液体凝固成晶体的过程是形成晶核和晶核长大的过程。有两种形核机理，即均匀形

核和非均匀形核。均匀形核是新相晶核在母相基体中无择优地任意均匀分布;非均匀形核是新相晶核在某些特殊位置择优形核,例如器壁、固相杂质等。

均匀形核是新相晶核在均相体系中由液相中的一些原子团直接形成,不受杂质微粒或外表面影响。非均匀形核是新相晶核在液相中依附于固相杂质或固相表面形成。

① 均匀形核的热力学。

当温度降到熔点以下,液体中时聚时散的短程有序的原子、离子或分子等微粒集团形成晶胚。晶胚内部质点呈晶态的规则排列,其外层质点与液体中不规则排列的微粒相接触构成界面。当过冷液体中形成晶胚时,由于原子由液态的聚集状态转变为固态的排列状态,其自由能降低,即

$$\Delta G_V = G_{VS} - G_{VL} < 0 \tag{10.69}$$

式中,ΔG_V 为固液相之间的体积自由能之差。

再者由于晶胚产生新的表面,增加了表面自由能,单位表面自由能为 σ。假设晶胚是半径为 r 的球形,则产生一个晶胚的自由能变化为

$$\Delta G = V\Delta G_V + V\Delta G_S = \frac{4}{3}\pi r^3 \Delta G_V + 4\pi r^2 \sigma \tag{10.70}$$

式中,ΔG_S 为产生一个晶胚所引起的表面自由能变化,$\Delta G_S = 4\pi r^2 \sigma$,为正值。

由式(10.70)可见,ΔG 是 r 的函数。以 ΔG 对 r 作图,得图 10.5 所示的曲线。

ΔG 在半径为 $r_{临}$ 时达到最大值。可见,即使过冷液体,也不是所有晶胚都稳定而形成晶核。如果晶胚的半径小于临界半径,即 $r < r_{临}$,则形成晶胚将导致体系的吉布斯自由能增加。因此,这样晶胚不稳定,会熔化而消失。若 r 等于或大于 $r_{临}$ 值,晶胚就能稳定存在,并继续长大成为晶核。体系的吉布斯自由能随 r 的增大而减少。

将式(10.70)对 r 求导,并令

$$\frac{\mathrm{d}\Delta G}{\mathrm{d}r} = 0$$

得

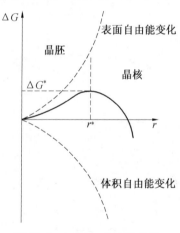

图 10.5 ΔG 随 r 的变化曲线

$$r_{临} = -\frac{2\sigma}{\Delta G_V} \tag{10.71}$$

将式(10.68)代入式(10.71),得

$$r_{临} = -\frac{2\sigma T_M}{L_{V,m}\Delta T} \tag{10.72}$$

可见,临界半径 $r_{临}$ 值由 σ 和 ΔG_V 两个因素决定,而 ΔG_V 由过冷度 ΔT 所决定。过冷度 ΔT 越大,ΔG_V 的绝对值越大,而随温度变化小。因此,ΔT 变大,$r_{临}$ 变小,能形核的晶胚尺寸变小,这意味着液体形核的概率增大,形核的数量增多。

当温度等于熔点时,$\Delta T = 0$,$\Delta G_V = 0$,由式(10.71)和(10.72)可得 $r_{临} = \infty$,即任何晶胚都不能成为晶核,凝固不能进行。

将式(10.71)代入式(10.70),得

$$\Delta G_{临} = \frac{16\pi\sigma^3}{3(\Delta G_V)^2} \tag{10.73}$$

将式(10.68)代入式(10.70),得

$$\Delta G_{临} = \frac{16\pi\sigma^3 T_M^2}{3(L_{V,m}\Delta T)^2} \tag{10.74}$$

式中,$\Delta G_{临}$为临界自由能,也称为临界晶核形成功,简称形核功,即形成临界晶核时要有$\Delta G_{临}$值的自由能增加。

由上式可见,$\Delta G_{临}$与$(\Delta T)^2$成反比,过冷度增大,形核功减小。临界晶核的表面积为

$$\Omega_{临} = 4\pi r_{临}^2 = \frac{16\pi\sigma^2}{(\Delta G_V)^2} \tag{10.75}$$

因而

$$\Delta G_{临} = \frac{1}{3}A_{临}\sigma \tag{10.76}$$

即形成临界晶核增加的自由能等于其表面能的$\frac{1}{3}$。这意味着形成临界晶核产生的新表面积所增加的表面能有$\frac{2}{3}$是由形成临界晶核时液相变成固相所减少的自由能提供的。而其余的$\frac{1}{3}$是靠液体中存在的能量起伏提供的,即那些高于过冷温度的粒子集团提供了其余$\frac{1}{3}$能量。

② 均匀形核的速率。

液体形成晶核的速率以单位时间、单位体积所形成的晶核数目表示,单位是晶核数目$\cdot s^{-1}\cdot cm^{-3}$。

形核速率受两个因素制约。一方面随着过冷度增大,晶核的临界半径及形核功减小,因而需要的能量起伏小,容易形成稳定的晶核。另一方面,随着过冷度的增大,原子的活动能力降低,它从液相转移到固相的概率降低,不利于晶粒形成。因此,形核速率可表示为

$$J = k\exp\left(-\frac{\Delta G_{临}}{k_B T}\right)\exp\left(-\frac{Q}{k_B T}\right) \tag{10.77}$$

式中,J为形核速率;k为比例常数;$\Delta G_{临}$为形核功;Q为原子越过液固相界面的扩散活化能,即原子由液相转入固相所需要的能量;k_B为玻耳兹曼常数;T为绝对温度。式(10.77)右边前一个指数表示的是形核功对形核速率的影响,后一个指数表示的是原子扩散对形核速率的影响。

Q的数值随温度变化很小,可近似看作常数,所以$\exp\left(-\frac{Q}{k_B T}\right)$随过冷度增加(即温度降低)而减小,如图10.6中曲线b所示。由于$\Delta G_{临}$与$(\Delta T)^2$成反比,所以$\exp\left(-\frac{\Delta G_{临}}{k_B T}\right)$随

过冷度增大而上升,ΔT 趋近于零时,$\exp\left(-\dfrac{\Delta G_{临}}{k_B T}\right)$ 也趋近于零。可见,在过冷度较小时,

形核速率主要受 $\exp\left(-\dfrac{\Delta G_{临}}{k_B T}\right)$ 控制,随着过冷度的增大而增加;当过冷度很大时,形核速

率受 $\exp\left(-\dfrac{Q}{k_B T}\right)$ 控制而降低。

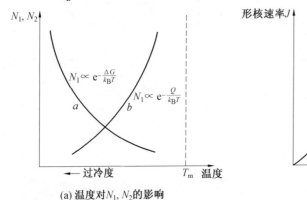

(a) 温度对 N_1, N_2 的影响 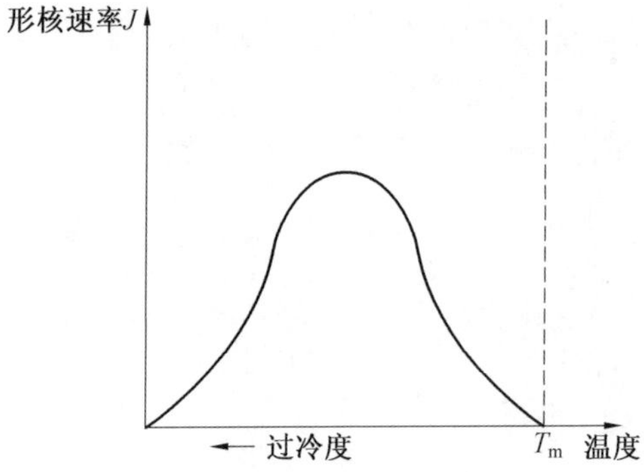   (b) 形核速率与温度的关系

图 10.6　形核速率与温度的关系

　　金属液体的结晶倾向极大,形核速率与过冷度的关系如图 10.7 所示。由图可见,在体系达到某一过冷度之前,形核速率很小,几乎为零。液体不发生结晶。而当温度降低到某一过冷度时,形核速率突然增大。形核速率突然增大的温度称为有效形核温度。

　　特恩布尔(Turnbull) 和费歇(Fisher) 应用绝对反应速度理论求得式(10.77) 中的 k 值,得形核速率方程为

$$J = \frac{nKT}{h}\exp\left(-\frac{\Delta G_{临}}{k_B T}\right)\exp\left(-\frac{Q}{k_B T}\right)$$

(10.78)

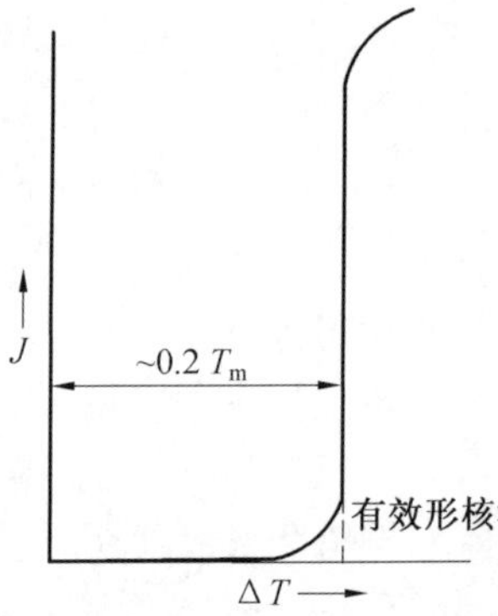

图 10.7　金属液体的形核速率 J 与过冷度 ΔT 的关系

式中,n 是单位体积中的原子总数;h 是普朗克常数;K 为常数。

　　由上式可算得金属的均匀形核过冷度约为 $0.2T_m$(T_m 用绝对温度表示)。这与许多金属的试验结果相符。在这样的过冷度下,所形成的晶核临界半径 $r_{临} \approx 10$ nm,约包含 200 个原子。

　　表 10.1 是试验测得的一些金属液滴形匀形核时的过冷度,其数值近似为 $0.2T_m$。

　　(3) 非均匀形核。

　　① 非均匀形核的热力学。

　　实际上,均匀形核的情况很难看到,因为绝对纯净的液体是没有的。再者,即使是纯净的液体也与盛装的容器壁接触。液体中的杂质和容器壁都会成为液体形成晶核的活性

中心,造成非均匀形核。

表 10.1　一些金属液滴均匀形核时的过冷度数值

金属	熔点 T_m/K	过冷度 ΔT/ ℃	$\Delta T/T_m$	金属	熔点 T_m/K	过冷度 ΔT/ ℃	$\Delta T/T_m$
Hg	234.2	58	0.287	Ag	1 233.7	227	0.184
Ga	303	76	0.250	Au	1 336	230	0.172
Sn	505.7	105	0.208	Cu	1 356	236	0.174
Bi	544	90	0.166	Mn	1 493	308	0.206
Pb	600.7	80	0.133	Ni	1 725	319	0.185
Sb	903	135	0.150	Co	1 763	330	0.187
Al	931.7	130	0.140	Fe	1 803	295	0.164
Ge	1 231.7	227	0.184	Pt	2 043	370	0.181

过冷的均相液体不能立即形核的主要原因是形成晶核需产生新的表面 —— 液固界面,具有界面能,使体系能量升高。如果晶核依附于已存在的界面上形成,就可以使界面能降低。因而,可以在较小的过冷度下形核。

假设晶核 α 在容器壁的平面 W 上形成,其形状是半径为 r 的球的球冠,其俯视图是一半径为 R 的圆,如图 10.8 所示,图中的 L 表示液相。

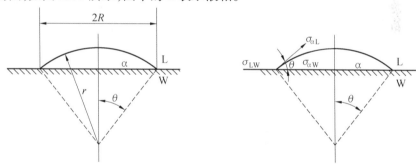

图 10.8　在平面器壁上形核

若形成晶核使体系增加的表面能为 $\Delta_t G_S$,则

$$\Delta_t G_S = S_{\alpha L}\sigma_{\alpha L} + S_{\alpha W}\sigma_{\alpha W} - S_{\alpha W}\sigma_{LW} \tag{10.79}$$

式中,$S_{\alpha L}$、$S_{\alpha W}$ 分别为晶核 α 与液相 L 及壁 W 之间的界面积;$\sigma_{\alpha L}$、$\sigma_{\alpha W}$、σ_{LW} 分别为 α - L、α - W 和 L - W 的界面的界面能。

由图 10.8 可见,在三相交点处,表面张力应达成平衡,即

$$\sigma_{LW} = \alpha_{\alpha L}\cos\theta + \sigma_{\alpha W} \tag{10.80}$$

式中,θ 为晶核 α 与壁 W 的接触角。

由几何知识可得

$$S_{\alpha W} = \pi R^2 \tag{10.81}$$

$$S_{\alpha L} = 2\pi r^2(1 - \cos\theta) \tag{10.82}$$

$$V_\alpha = \pi r^3 \left(\frac{2 - 3\cos\theta + \cos^3\theta}{3} \right) \tag{10.83}$$

$$R = r\sin\theta \tag{10.84}$$

式中,V_α 为晶核 α 的体积。

将式(10.80)和(10.81)代入式(10.79),得

$$\Delta G_S = S_{\alpha L}\sigma_{\alpha L} - \pi R^2(\sigma_{\alpha L}\cos\theta) \tag{10.85}$$

形成晶核引起体系总自由能变化为

$$\Delta G = V_\alpha \Delta G_V + \Delta_t G_S = V_\alpha \Delta G_V + (S_{\alpha L} - \pi R^2 \cos\theta)\sigma_{\alpha L} \tag{10.86}$$

将式(10.82)、(10.83)和(10.84)代入式(10.86),得

$$\Delta G = \left(\frac{4}{3}\pi r^3 \Delta G_V + 4\pi r^2 \sigma_{\alpha L} \right) \left(\frac{2 - 3\cos\theta + \cos^3\theta}{4} \right) \tag{10.87}$$

将上式与均匀形核的式(10.70)相比较,可见两者仅差一系数项 $\dfrac{2 - 3\cos\theta + \cos^3\theta}{4}$。

类似于均匀形核的方法,可以求出非均匀形核的临界晶核半径,即球冠半径为

$$r_{临} = -\frac{2\sigma_{\alpha L}}{\Delta G_V} \tag{10.88}$$

可见,非均匀形核所成球冠形晶核的球冠半径与均匀形核所成球形晶核的半径相等。

将式(10.88)代入式(10.87),得

$$\Delta G_{临界} = \frac{16\pi\sigma_{\alpha L}^3}{3(\Delta G_V)^2} \left(\frac{2 - 3\cos\theta + \cos^3\theta}{4} \right) \tag{10.89}$$

与均匀形核的式(10.75)相比,两者也仅差一系数项 $\dfrac{2 - 3\cos\theta + \cos^3\theta}{4}$。

从图10.8可见,θ 的变化范围是 $0 \sim \pi$,则 $\cos\theta$ 的取值范围是 $1 \sim -1$。当 $\theta = 0$ 时,$\cos\theta = 1$,得

$$\frac{2 - 3\cos\theta + \cos^3\theta}{4} = 0 \tag{10.90}$$

$$\Delta G_{临界} = 0 \tag{10.91}$$

当 $\theta = \pi$ 时,$\cos\theta = -1$,得

$$\frac{2 - 3\cos\theta + \cos^3\theta}{4} = 1 \tag{10.92}$$

$$\Delta G_{临界} = \frac{16\pi\sigma_{\alpha L}3}{3(\Delta G_V)^2} \tag{10.93}$$

当 $\theta > \pi$ 时,$\cos\theta < 1$,得

$$\frac{2 - 3\cos\theta + \cos^3\theta}{4} < 1 \tag{10.94}$$

$$\Delta G_{临界} < \frac{16\pi\sigma_{\alpha L}^3}{3(\Delta G_V)^2} \tag{10.95}$$

与均匀形核的式(10.75)相比,可见非均匀形核的临界晶核形成功小于均匀形核的临界晶核形成功。除非 $\theta = \pi$,而这时球冠形晶核已成为球形晶核,壁平面对形核已不起作用,非均匀形核已相当于均匀形核。上述分析也适用于非球冠形晶核。

② 非均匀形核的速率。

非均匀形核的速率表达式同式(10.77),由于非均匀形核功小于均匀形核功,所以非均匀形核在小的过冷度下就可以有高的形核速率。

将非均匀形核速率对过冷度 ΔT 作图,所得曲线如图10.9所示。由图可见,随着过冷度增大,形核速率由小到大过渡较为平稳,不像均匀形核那样突然;随着过冷度增加,形核速率达到最大值后,曲线就下降并中断。这是因为形核速率达到最大值时新相晶核已将大部分固相形核中心使用,已少有形核中心了。

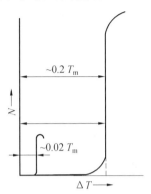

图10.9　均匀形核速率和非均匀形核速率随过冷度变化的对比

10.2.1.2　纯物质晶体生长

形成稳定的晶核后,晶体逐渐长大的过程就是晶体生长。对于晶体生长可以从宏观和微观两个方面进行考察。宏观生长是指液体和晶体的界面形态;微观生长是指原子(或离子)进入晶面的方式。下面讨论纯物质(主要是纯金属)的生长情况。

(1)晶体的宏观生长。

在晶体生长过程中,液固相界面的形态取决于界面前沿液体中的温度分布。通常有两种情况,一是正温度梯度,即液固相界面前沿的温度比液体本体温度低。液固相界面前沿液体的过冷度比液体本体过冷度大,有关系式

$$\frac{dT}{dx} > 0 \tag{10.96}$$

及

$$\frac{d\Delta T}{dx} < 0 \tag{10.97}$$

式中,x 是液固相界面到液相本体某点的距离;ΔT 是过冷度。

这种情况是由于液固界面处散热速度快,结晶潜热能很快散失。二是负温度梯度,即液固相界面前沿温度比液体本体温度高,液固相界面前沿过冷度比液体本体过冷度小,有关系式

$$\frac{dT}{dx} > 0 \tag{10.98}$$

及

$$\frac{d\Delta T}{dx} > 0 \tag{10.99}$$

这种情况是由于液固界面处散热速度慢,结晶潜热不能及时散去,而使界面附近温度升高。图 10.10 给出了两种情况的示意图。

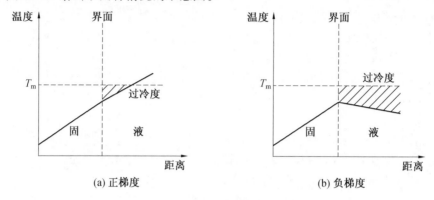

图 10.10 液固界面两侧的温度分布

在液体具有正温度梯度分布的情况下,晶体以界面方式推移长大,如图 10.11 所示。在晶体生长过程中,界面上任何超过界面的小凸起,其过冷度都会比平的界面的过冷度小,因而其生长速率会降低,而被其他部分赶上。

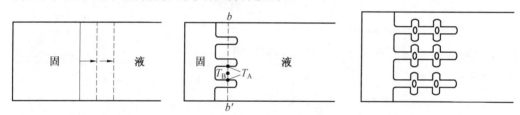

图 10.11 晶体的生长

在液体具有负温度梯度的条件下,界面上偶然的突起会具有更大的过冷度,使其更快地生长,形成枝晶的一级轴。一个枝晶生长过程中放出的潜热使其周围邻近的液体温度升高,过冷度降低,不利于晶体生长,其邻近部分界面生长变慢。所以,枝晶只能在相邻一定距离的界面上生长,相互平行分布。在一次枝晶生长处的温度比周围液体温度高,形成负温度梯度。这又促使枝晶的一级轴上又长出分枝,称为二级轴。依此类推,可以长出多级分枝。在枝晶生长的最后阶段,由于凝固潜热的积累,可使枝晶周围的液体温度升至熔点以上,变成正温度梯度。此时晶体生长变成平面生长方式向液体中推进,直到枝晶间隙全部被填满。

晶体生长的宏观推动力是体系的吉布斯自由能随着晶体体积的增大而减小。

（2）晶体的微观生长。

晶体长大在微观上是液体原子转移到固体界面上的过程。这种转移的微观方式取决于液-固界面的结构。

液-固界面可按微观结构的不同分为光滑界面和粗糙界面。光滑界面液固两相是截然分开的。固相的表面为基本完整的原子密排晶面,从微观来看界面是光滑的。由于界面上各处晶面取向不同,从宏观来看界面是曲折的,由锯齿形小平面构成,所以也称小平面界面,如图 10.12 所示。一般有机物凝固时形成光滑界面。

粗糙界面从微观来看是凸凹不平的,界面由几个原子厚的过渡层组成,过渡层上有一半位置为原子占据,一半为空位。过渡层很薄,从宏观上看界面反而是平直的,没有曲折的小平面。一般金属凝固时形成粗糙界面,因而粗糙界面也称金属界面。粗糙液 – 固界面示意图如图 10.13 所示。

图 10.12 光滑液 – 固界面示意图　　　　图 10.13 粗糙液 – 固界面示意图

此外,类金属(Bi、Sb、Te、Ga、Si) 则形成小台阶式的混合界面。

杰克逊(Jackson) 研究了界面的平衡结构,指出界面的平衡结构是界面能最低的结构。假设界面上有 N 个原子位置,其中 n 个被固相原子占据,其占据分数为 $x = \dfrac{n}{N}$,空位分数为 $1 - x$,空位数为 $N(1 - x)$。形成空位会引起内能和结构熵的变化,即引起表面吉布斯自由能的变化,可表示为

$$\frac{\Delta G_{S}}{RT_{m}} = \alpha x(1 - x) + x\ln x + (1 - x)\ln(1 - x) \tag{10.100}$$

式中,$R = Nk_B$,N 是一摩尔数量的界面原子位置;k_B 是玻耳兹曼常数;T_m 是熔点。

$$\alpha = \frac{\Delta S_{m}}{R}\frac{Z'}{Z} \tag{10.101}$$

式中,ΔS_m 为摩尔熔化熵,$\Delta S_m = \dfrac{L_m}{T_m}$,这里也是一摩尔界面原子形成空位所引起的结构熵的变化;L_m 为摩尔熔化潜热;Z 为晶体的配位数;Z' 为晶体表面配位数。

对于不同的 α 值,将 $\dfrac{\Delta G_S}{RT}$ 对 x 作图,如图 10.14 所示。由图可见,对于 $\alpha \leqslant 2$ 的曲线,在 $x = 0.5$ 处界面能具有极小值,即界面的平衡结构应是有一半的原子位置被固相原子占据,而另一半的原子位置空着。这种界面为粗糙界面。金属凝固时的界面就是这种情况。

对于 $\alpha \geqslant 5$ 的曲线,在 x 取值为 0 时,附

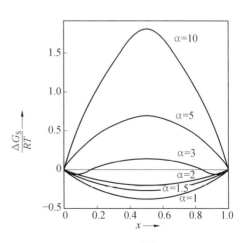

图 10.14 α 取值不同时 $\dfrac{\Delta G_S}{RT}$ 与 x 关系曲线图

近界面能取极小值。这表明界面的平衡结构应该是只有几个原子的位置都被固相原子占据。这种界面为基本完整的界面,即光滑界面。

(3)晶体微观生长方式和长大速率。

晶体的微观生长方式与界面结构有关。

粗糙界面上约有50%的原子空位,这些位置都可以接受原子。液体的原子可以单独进入空位与晶体相连接,界面沿其法线方向垂直向前推移。晶体连续向液相中生长,这种生长方式称连续生长。其生长线速率与过冷度成正比,有以下关系

$$J_g = k_1 \Delta T \qquad (10.102)$$

式中,J_g 为晶体生长的线速率,即晶面向液相中推移的速率;k_1 为比例常数,单位是 cm/s · K。

大多数金属取这种生长方式。有人估计 $k_1 \approx 1$ cm/s · K,故在较小的过冷度下,就可以有较大的生长速率。晶体的生长速率还受凝固时释放的潜热和热量传导速率控制。

光滑界面上晶体生长以均匀形核的方式在小平面上形成一个原子层厚的二维晶核,如图10.15所示。若二维晶核是边长为 a 的正方形,厚为 b,则形成二维晶核时体系的吉布斯自由能变化为

$$\Delta G = a^2 b \Delta G_V + 4ab\sigma \qquad (10.103)$$

将式(10.103)对 a 求导,并令

$$\frac{d(\Delta G)}{da} = 0$$

得临界二维晶核的尺寸为

$$a_临 = -\frac{2\sigma}{\Delta G_V} \qquad (10.104)$$

将式(10.68)代入式(10.104),得

$$a_临 = \frac{2\sigma T_m}{L_{V,m}\Delta T} \qquad (10.105)$$

将式(10.104)代入式(10.103),得

$$\Delta G_临 = a_临^2 b \Delta G_V + 4a_临 b\sigma = -\frac{4\sigma^2 b}{\Delta G_V} \qquad (10.106)$$

将式(10.168)代入式(10.106),得

$$\Delta G_临 = -\frac{4\sigma^2 b T_m}{L_{V,m}\Delta T} \qquad (10.107)$$

临界表面自由能为

$$\Delta G_{表临} = 4ab\sigma = -\frac{8\sigma^2 b T_m}{L_{V,m}\Delta T} \qquad (10.108)$$

比较式(10.107)与式(10.108),得

$$\Delta G_临 = \frac{1}{2}\Delta G_{表临} \qquad (10.109)$$

即二维晶核形核功为表面能的 $\frac{1}{2}$,所以二维晶核需要在有能量起伏的界面微观区域

形成。界面上形成二维晶核后,与原界面间形成台阶,个别原子可在台阶上填充,使二维晶核侧向生长,当该层填满后,再在新的界面上生成二维晶核,继续填满,如此反复,晶体逐渐长大。这种晶体生长是不连续的,其生长速率取决于二维晶核的形核率,故有

$$J_{g2} = k_2 \exp\left(-\frac{b}{\Delta T}\right) \tag{10.110}$$

式中,k_2 和 b 都是常数。

由式(10.110)可见,随过冷度 ΔT 增大,晶体生长速率增加。

若在液 – 固界面上存在晶体缺陷,它常可作为向界面上添加原子的台阶,使晶体连续生长,最简单的台阶就是光滑界面上的螺旋位错露头,使该界面成为螺旋面,形成不会消失的台阶,原子附着在台阶上使晶体长大。其生长速率为

$$J_{g3} = k_3 \left(\Delta T\right)^2 \tag{10.111}$$

式中,k_3 为比例常数。其长大速率低于连续生长的情况。

上述三种长大方式长大速率与过冷度的关系如图 10.15 所示。

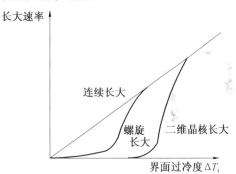

图10.15　三种长大方式长大速率与过冷度的关系

10.2.2　具有最低共熔点的二元系凝固过程的热力学

图 10.16 是具有最低共熔点的二元系相图。在恒压条件下,物质组成为 P 的液体降温凝固。温度降到 T_1,物质组成点到达液相线上的 P_1 点,也是平衡液相组成的 l_1 点,两者重合。有

$$l_1 \rightleftharpoons B(s)$$

即

$$(B)_{l_1} \equiv (B)_{饱} \rightleftharpoons B(s)$$

l_1 是组元 B 的饱和溶液。液固两相平衡,相变在平衡状态下进行。固相和液相中的组元 B 都以纯固态为标准状态,摩尔吉布斯自由能变化为

$$\Delta G_{m,B}(T_1) = \mu_{B(s)} - \mu_{(B)l_1} = \mu^*_{B(s)} - \mu^*_{B(s)} - RT\ln a^R_{(B)_{l_1}}$$
$$= -RT\ln a^R_{(B)_饱} = 0$$

或如下计算。

$$\Delta G_{m,B}(T_1) = G_{m,B(s)}(T_1) - \overline{G}_{m,(B)l_1}(T_1)$$
$$= (H_{m,B(s)}(T_1) - T_1 S_{m,B(s)}(T_1)) - (\overline{H}_{m,(B)l_1}(T_1) - T_1 \overline{S}_{m,(B)l_1}(T_1))$$
$$= \Delta_{ref}H_{m,B}(T_1) - T_1 \Delta_{ref}S_{m,B}(T_1)$$
$$= \Delta_{ref}H_{m,B}(T_1) - T_1 \frac{\Delta_{ref}H_{m,A}(T_1)}{T_1}$$
$$= 0$$

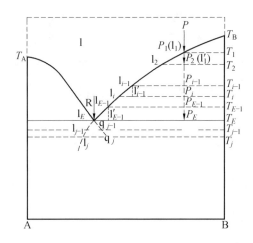

图 10.16 具有最低共熔点的二元系相图

继续降温到 T_2，平衡液相组成为 l_2 点。温度刚降到 T_2，尚未来得及析出固相组元 B 时，在温度 T_1 时组元 B 的饱和溶液 l_1 成为过饱和溶液 l_1'。析出固相组元 B，有

$$(B)_{l_1} \equiv (B)_{\text{过饱和}} = B(s)$$

以纯固态组元 B 为标准状态，析晶过程的摩尔吉布斯自由能变化为

$$
\begin{aligned}
\Delta G_{\mathrm{m,B}(T_2)} &= \mu_{\mathrm{B(s)}} - \mu_{(\mathrm{B})_{l_1}} \\
&= \mu_{\mathrm{B(s)}} - \mu_{(\mathrm{B})_{\text{过饱和}}} \\
&= - RT\ln a^{\mathrm{R}}_{(\mathrm{B})_{l_1'}} \\
&= - RT\ln a^{\mathrm{R}}_{(\mathrm{B})_{\text{过饱和}}}
\end{aligned}
\tag{10.112}
$$

式中

$$\mu_{\mathrm{B(s)}} = \mu^*_{\mathrm{B(s)}}$$

$$\mu_{(\mathrm{B})_{l_1'}} = \mu_{(\mathrm{B})_{\text{过饱和}}} = \mu^*_{\mathrm{B(s)}} + RT\ln a^{\mathrm{R}}_{(\mathrm{B})_{l_1'}} = \mu^*_{\mathrm{B(s)}} + RT\ln a^{\mathrm{R}}_{(\mathrm{B})_{\text{过饱和}}}$$

$a^{\mathrm{R}}_{(\mathrm{B})_{l_1'}}$ 和 $a^{\mathrm{R}}_{(\mathrm{B})_{\text{过饱和}}}$ 分别是在温度 T_2，液相 l_1' 即组元 B 过饱和的溶液中组元 B 的活度。

或者如下计算。

$$
\begin{aligned}
\Delta G_{\mathrm{m,B}}(T_2) &= \left(H_{\mathrm{m,B(s)}}(T_2) - S_{\mathrm{m,B(s)}}(T_2) \right) - \left(\overline{H}_{\mathrm{m,(B)}_{l_1}}(T_2) - T_2 \overline{S}_{\mathrm{m,B(s)}_{l_1'}}(T_2) \right) \\
&\approx \Delta_{\mathrm{ref}} H_{\mathrm{m,B}}(T_1) - T_2 \Delta_{\mathrm{ref}} S_{\mathrm{m,B}}(T_1) \\
&= \Delta_{\mathrm{ref}} H_{\mathrm{m,B}}(T_2) - T_2 \frac{\Delta_{\mathrm{ref}} H_{\mathrm{m,B}}(T_1)}{T_1} \\
&= \Delta_{\mathrm{ref}} H_{\mathrm{m,B}}(T_2) - T_2 \Delta_{\mathrm{ref}} S_{\mathrm{m,B}}(T_2) \\
&= \frac{\theta_{\mathrm{B},T_2} \Delta_{\mathrm{ref}} H_{\mathrm{m,B}}(T_1)}{T_1} \\
&= \eta_{\mathrm{B},T_2} \Delta_{\mathrm{ref}} H_{\mathrm{m,B}}(T_1)
\end{aligned}
\tag{10.113}
$$

式中

$$\Delta_{\mathrm{ref}} H_{\mathrm{m,B}}(T_2) \approx \Delta_{\mathrm{ref}} H_{\mathrm{m,B}}(T_1)$$

$$\Delta_{\mathrm{ref}} S_{\mathrm{m,B}}(T_2) \approx \Delta_{\mathrm{ref}} S_{\mathrm{m,B}}(T_1) = \frac{\Delta_{\mathrm{ref}} H_{\mathrm{m,B}}(T_1)}{T_1}$$

$$T_1 > T_2$$

式中，$\Delta_{\text{ref}}H_{m,B}$、$\Delta_{\text{ref}}S_{m,B}$ 为析晶焓、析晶熵，是溶解焓、溶解熵的负值。

$$\theta_{B,T_M} = T_1 - T_2 > 0$$

是组元 B 在温度 T_2 的绝对饱和过冷度。

$$\eta_{B,T_M} = \frac{T_1 - T_2}{T} > 0$$

是组元 B 在温度 T_2 的相对饱和过冷度。

直到固相组元 B 与液相达到平衡，液相成为饱和溶液，平衡液相组成为组元 B 的饱和溶解度线 ET_B 上的 l_2 点。有

$$(B)_{l_2} \equiv (B)_{\text{过饱和}} \rightleftharpoons B(s)$$

继续降温，从 T_1 到 T_E，析晶过程同上。可以统一表述如下：在温度 T_{i-1}，析出的固相组元 B 与液相平衡，有

$$(B)_{l_{i-1}} \equiv (B)_{\text{过饱和}} \rightleftharpoons B(s)$$

在温度刚降至 T_i，还未来得及析出固相组元 B 时，在温度 T_{i-1} 的饱和溶液 l_{i-1} 成为过饱和溶液 l'_{i-1}，析出固相组元 B，即

$$(B)_{l_{i-1}} \equiv (B)_{\text{过饱和}} = B(s)$$

以纯固态组元 B 为标准状态，在温度 T_i，析晶过程的摩尔吉布斯自由能变化为

$$\begin{aligned}\Delta G_{m,B} &= \mu_{B(s)} - \mu_{(B)l'_{i-1}} = \mu_{B(s)} - \mu_{(B)l'_{i-1}} \\ &= -RT\ln a^R_{(B)\text{过饱和}} = -RT\ln a^R_{(B)l'_{i-1}}\end{aligned} \quad (10.114)$$

$$(i = 1,2,\cdots,n)$$

式中

$$\mu_{B(s)} = \mu^*_{B(s)}$$
$$\mu_{(B)} = \mu^*_{B(s)} + RT\ln a^R_{(B)\text{过饱和}} = \mu^*_{B(s)} + RT\ln a^R_{(B)l'_{i-1}}$$

式中，$a^R_{(B)\text{过饱和}}$ 和 $a^R_{(B)l'_{i-1}}$ 分别是在温度 T_i，液相 l'_{i-1} 即组元 B 的过饱和溶液中组元 B 的活度。

也可以如下计算。

$$\begin{aligned}\Delta G_{m,B}(T_i) &= \Delta G_{m,B(s)}(T_i) - \Delta G_{m,B_{l'_{i-1}}}(T_i) \\ &\approx \frac{\theta_{B,T_i}\Delta H_{m,B}(T_{i-1})}{T_{i-1}} \\ &\approx \eta_{B,T_i}\Delta_{\text{ref}}H_{m,B}(T_{i-1})\end{aligned} \quad (10.115)$$

式中

$$T_{i-1} > T_i$$
$$\theta_{B,T_i} = T_{i-1} - T_i > 0$$

为组元 B 在温度 T_i 的绝对饱和过冷度，即

$$\eta_{B,T_i} = \frac{T_{i-1} - T_i}{T} > 0$$

为组元 B 在温度 T_i 的相对饱和过冷度。

直到过饱和液相析出固相组元 B 达到饱和,固液两相平衡,平衡液相组成为 l_i,有

$$(B)_{l_i} \equiv (B)_{饱和} \rightleftharpoons B(s)$$

在温度 T_{E-1},固相组元 B 与液相平衡,有

$$(B)_{l_{E-1}} \equiv (B)_{饱和} \rightleftharpoons B(s)$$

继续降温到 T_E。在温度刚降到 T_E,固相组元 B 还未来得及析出时,在温度 T_{E-1} 时组元 B 的饱和溶液 l_{E-1} 成为组元 B 的过饱和溶液 l'_{E-1},析出固相组元 B,即

$$(B)_{l'_{E-1}} \equiv (B)_{过饱和} = B(s)$$

以纯固态组元 B 为标准状态,析晶过程的摩尔吉布斯自由能变化为

$$
\begin{aligned}
\Delta G_{m,B} &= \mu_{B(s)} - \mu_{(B)_{过饱和}} \\
&= \mu_{B(s)} - \mu_{(B)_{l'_{E-1}}} \\
&= -RT\ln a^R_{(B)_{过饱和}} \\
&= -RT\ln a^R_{(B)_{l'_{E-1}}}
\end{aligned}
\tag{10.116}
$$

式中

$$\mu_{B(s)} = \mu^*_{B(s)} + RT\ln a^R_{(B)_{过饱和}} = \mu^*_{B(s)} + RT\ln a^R_{(B)_{l'_{E-1}}}$$

式中,$a^R_{(B)_{过饱}}$ 和 $a^R_{(B)_{l'_{E-1}}}$ 是在温度 T_E 时的液相 l'_{E-1} 中组元 B 的活度。

或如下计算。

$$\Delta G_{m,B}(T_E) \approx \frac{\theta_{B,T_E}\Delta_{ref}H_{m,B}(T_{E-1})}{T_{E-1}} \approx \eta_{B,T_E}\Delta H_{m,B}(T_{E-1}) \tag{10.117}$$

式中

$$T_{E-1} > T_E$$
$$\theta_{B,T_E} = T_{E-1} - T_E > 0$$
$$\eta_{B,T_E} = \frac{T_{E-1} - T_E}{T_{E-1}} > 0$$

直到溶液成为组元 B 和 A 的饱和溶液。有

$$(B)_{l_E} \equiv (B)_{饱和} \rightleftharpoons B(s)$$
$$(A)_{l_E} \equiv (A)_{饱和} \rightleftharpoons A(s)$$

在温度 T_E,液相 l_E 和固相组元 A、B 三相平衡,有

$$l_E \rightleftharpoons A(s) + B(s)$$

即

$$(A)_{l_E} \equiv (A)_{饱和} \rightleftharpoons A(s)$$
$$(B)_{l_E} \equiv (B)_{饱和} \rightleftharpoons B(s)$$

析晶是在恒温恒压平衡状态进行的,液相和固相中的组元 A 和 B 都以纯固态为标准状态,该过程的摩尔吉布斯自由能变化为

$$\Delta G_{m,A} = \mu_{A(s)} - \mu_{(A)_{饱和}} = \mu_{A(s)} - \mu_{(A)_{l_E}} = \mu^*_{A(s)} - \mu^*_{A(s)} = 0$$
$$\Delta G_{m,B} = \mu_{B(s)} - \mu_{(B)_{饱和}} = \mu_{B(s)} - \mu_{(B)_{l_E}} = \mu^*_{B(s)} - \mu^*_{B(s)} = 0$$

总摩尔吉布斯自由能变化为

$$\Delta G_m = x_A \Delta G_{m,A} + x_B \Delta G_{m,B} = 0$$

继续降温至 T_E 以下,在低于 T_E 的温度 T_{j-1},组元 A 和 B 的平衡液相组成分别为组元 A 和 B 的饱和溶液 q_{j-1} 和 l_{j-1}。有

$$(A)_{q_{j-1}} \equiv (A)_{饱和} \Longleftrightarrow A(s)$$

$$(B)_{l_{j-1}} \equiv (B)_{饱和} \Longleftrightarrow B(s)$$

温度刚降到 T_i,还未来得及析出固体组元 A 和 B 时,在温度 T_{j-1} 时的组元 A 和 B 饱和溶液 q_{j-1} 和 l_{j-1} 成为组元 A 和 B 的过饱和溶液 q'_{j-1} 和 l'_{j-1},析出固相组元 A 和 B,可以表示为

$$(A)_{q'_{j-1}} \equiv (A)_{过饱和} = A(s)$$

$$(B)_{l'_{j-1}} \equiv (B)_{过饱和} = B(s)$$

在温度 T_i,组元 A 和 B 的平衡液相组成为 q_j 和 l_j,是组元 A 和 B 的饱和溶液,有

$$(A)_{q_j} \equiv (A) \Longleftrightarrow A(s)$$

$$(B)_{l_j} \equiv (B) \Longleftrightarrow B(s)$$

以纯固态组元 A 和 B 为标准状态,在温度 T_j,析晶过程的摩尔吉布斯自由能变化为

$$\begin{aligned}
\Delta G_{m,A} &= \mu_{A(s)} - \mu_{(A)_{过饱和}} \\
&= \mu_{A(s)} - \mu_{(A)_{q'_{j-1}}} \\
&= -RT\ln a^R_{(A)_{过饱和}} \\
&= -RT\ln a^R_{(A)_{q'_{j-1}}}
\end{aligned} \tag{10.118}$$

$$\begin{aligned}
\Delta G_{m,B} &= \mu_{B(s)} - \mu_{(B)_{过饱和}} \\
&= \mu_{B(s)} - \mu_{(B)_{l'_{j-1}}} \\
&= -RT\ln a^R_{(B)_{过饱和}} \\
&= -RT\ln a^R_{(B)_{l'_{j-1}}}
\end{aligned} \tag{10.119}$$

总摩尔吉布斯自由能变化为

$$\Delta G_m = x_A \Delta G_{m,A} + x_B \Delta G_{m,B} = -x_A RT\ln a^R_{(A)_{q_{j-1}}} - x_B RT\ln a^R_{(B)_{l_{j-1}}}$$

或者如下计算。

$$\Delta G_{m,A}(T_j) \approx \frac{\theta_{A,T_j} \Delta_{ref} H_{m,A}(T_{j-1})}{T_{j-1}} \approx \eta_{A,T_j} \Delta_{ref} H_{m,A}(T_{j-1}) \tag{10.120}$$

$$\Delta G_{m,B}(T_j) \approx \frac{\theta_{B,T_j} \Delta_{ref} H_{m,B}(T_{j-1})}{T_{j-1}} \approx \eta_{B,T_j} \Delta_{ref} H_{m,B}(T_{j-1}) \tag{10.121}$$

式中

$$T_{j-1} > T_j$$

$$\theta_{I,T_i} = T_{j-1} - T_j$$

$$\eta_{I,T_i} = \frac{T_{j-1} - T_j}{T}$$

$$(I = A、B)$$

总摩尔吉布斯自由能变化为

$$\Delta G_{\mathrm{m}}(T_j) = x_{\mathrm{A}}\Delta G_{\mathrm{m,A}}(T_j) + x_{\mathrm{B}}\Delta G_{\mathrm{m,B}}(T_j)$$

$$= \frac{x_{\mathrm{A}}\theta_{\mathrm{A},T_j}\Delta_{\mathrm{ref}}H_{\mathrm{m,A}}(T_{j-1}) + x_{\mathrm{B}}\theta_{\mathrm{B},T_j}\Delta_{\mathrm{ref}}H_{\mathrm{m,B}}(T_{j-1})}{T_{j-1}}$$

$$= x_{\mathrm{A}}\eta_{\mathrm{A},T_j}\Delta_{\mathrm{ref}}H_{\mathrm{m,A}}(T_{j-1}) + x_{\mathrm{B}}\eta_{\mathrm{B},T_j}\Delta_{\mathrm{ref}}H_{\mathrm{m,B}}(T_{j-1})$$

直到液相组元 A、B 消失,液相完全转变为固相。物相组成点为 P_j。

10.2.3　具有最低共熔点的三元系凝固过程的热力学

图 10.17 所示为具有最低共熔
系相图。物质组成为 M 点的液体降温冷却。
温度降到 T_1,物质组成为液相面 A 上的 M_1
点,平衡液相组成为 l_1 点(两点重合),l_1 是组
元 A 的饱和溶液。有

$$(\mathrm{A})_{l_1} \equiv (\mathrm{A})_{饱和} \rightleftharpoons \mathrm{A}(\mathrm{s})$$

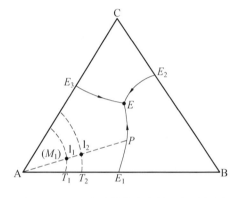

图 10.17　具有最低共熔点的三元系相图

液固两相平衡共存,相变在平衡状态下
进行。固相和液相中的组元 A 都以纯固态为
标准状态,浓度以摩尔分数表示,摩尔吉布斯
自由能变化为

$$\Delta G_{\mathrm{m,A}} = \mu_{\mathrm{A(s)}} - \mu_{(\mathrm{A})_{l_1}}$$

$$= \mu^*_{\mathrm{A(s)}} - \mu^*_{\mathrm{A(s)}} - RT\ln a^{\mathrm{R}}_{(\mathrm{A})_{l_1}}$$

$$= -RT\ln a^{\mathrm{R}}_{(\mathrm{A})_{饱和}} = 0$$

或如下计算。

$$\Delta G_{\mathrm{m,A}}(T_1) = G_{\mathrm{m,A(s)}}(T_1) - \bar{G}_{\mathrm{m,(A)}_{l_1}}(T_1)$$

$$= [H_{\mathrm{m,A(s)}}(T_1) - T_1 S_{\mathrm{m,A(s)}}(T_1)] - [\bar{H}_{\mathrm{m,(A)}_{l_1}}(T_1) - T_1 \bar{S}_{\mathrm{m,A(s)}_{l_1}}(T_1)]$$

$$= \Delta_{\mathrm{ref}}H_{\mathrm{m,A}}(T_1) - T_1\Delta_{\mathrm{ref}}S_{\mathrm{m,A}}(T_1)$$

$$= \Delta_{\mathrm{ref}}H_{\mathrm{m,A}}(T_1) - T_1\frac{\Delta_{\mathrm{ref}}S_{\mathrm{m,A}}(T_1)}{T_1} = 0$$

继续降温到 T_2,物质组成为 M_2 点。温度刚降到 T_2,固体组元 A 还未来得及析出时,
固相组成仍为 l_1,但已由组元 A 的饱和溶液 l_1 变成组元 A 的过饱和溶液 l_1',析出固相组元
A,即

$$(\mathrm{A})_{l_1'} \equiv (\mathrm{A})_{过饱和} \Longrightarrow \mathrm{A}(\mathrm{s})$$

以纯固态组元 A 为标准状态,浓度以摩尔分数表示,析晶过程的摩尔吉布斯自由能变
化为

$$\Delta G_{\mathrm{m,A}} = \mu_{\mathrm{A(s)}} - \mu_{(\mathrm{A})_{过饱和}} = \mu_{\mathrm{A(s)}} - \mu_{(\mathrm{A})_{l_1'}} = RT\ln a^{\mathrm{R}}_{(\mathrm{A})_{l_1'}} = -RT\ln a^{\mathrm{R}}_{(\mathrm{A})_{过饱和}}$$

$$(10.122)$$

式中

$$\mu_{A(s)} = \mu_{A(s)}^*$$

$$\mu_{(A)过饱和} = \mu_{(A)l_1'} = \mu_{A(s)}^* + RT\ln a_{(A)过饱和}^R = \mu_{A(s)}^* + RT\ln a_{(A)l_1'}^R$$

式中，$a_{(A)l_1'}^R$ 和 $a_{(A)过饱和}^R$ 是温度为 T_2 时，在组成为 l_1' 的溶液中组元 A 的活度。

或如下计算。

$$\Delta G_{m,A}(T_2) = \Delta_{ref}H_{m,A}(T_2) - T_2\Delta_{ref}S_{m,A}(T_2) \tag{10.123}$$

式中

$$\Delta_{ref}H_{m,A}(T_2) \approx \Delta_{ref}H_{m,A}(T_1) \tag{10.124}$$

$$\Delta_{ref}S_{m,A}(T_2) \approx \frac{\Delta_{ref}H_{m,A}(T_1)}{T_1} \tag{10.125}$$

式中，$\Delta_{ref}H_{m,A}(T_2)$ 和 $\Delta_{ref}S_{m,A}(T_2)$ 分别为在温度 T_2，固相组元 A 和过饱和溶液 l_1' 中的组元 A 的热焓差值和熵的差值；$\Delta_{ref}H_{m,A}(T_1)$ 为在温度 T_1 平衡状态，固相组元 A 与饱和溶液中组元 $(A)_{饱和}$ 热焓的差值，即 A 的析晶潜热。

将式（10.124）和（10.125）代入式（10.123），得

$$\Delta G_{m,A}(T_2) \approx \Delta_{ref}H_{m,A}(T_1) - T_2\frac{\Delta_{ref}H_{m,A}(T_1)}{T_1}$$

$$\approx \frac{\theta_{A,T_2}\Delta_{ref}H_{m,A}(T_1)}{T_1}$$

$$\approx \eta_{A,T_2}\Delta_{ref}H_{m,A}(T_1) \tag{10.126}$$

式中

$$\theta_{A,T_2} = T_1 - T_2 > 0$$

为组元 A 在温度 T_2 的绝对饱和过冷度

$$\eta_{A,T_2} = \frac{\theta_1}{T_1} = \frac{T_1 - T_2}{T_1}$$

为组元 A 在温度 T_2 的相对饱和过冷度。

直到过饱和溶液 l_1' 成为饱和溶液 l_2，固液两相达成新的平衡。有

$$(A)_{l_2} \equiv (A)_{过饱和} \rightleftharpoons A(s)$$

继续降温，从温度 T_1 到 T_p，平衡液相组成沿着 AM_1 连线的延长线向共熔线 EE_1 移动，并交于共熔线上的 P 点。析晶过程同上，可以统一表述如下：

在温度 T_{i-1}，固相组元 A 与液相平衡，有

$$(A)_{l_{i-1}} \equiv (A) \rightleftharpoons A(s)$$

继续降温，温度刚降至 T_i，溶液 l_{i-1} 还未来得及析出固相组元 A 时，在温度 T_{i-1} 时的饱和溶液 l_{i-1} 成为过饱和溶液 l_{i-1}'。析出固相组元 A 的过程可以表示为

$$(A)_{l_{i-1}'} \equiv (A)_{过饱和} = A(s)$$

以纯固态组元 A 为标准状态，析晶过程的摩尔吉布斯自由能变化为

$$\Delta G_{m,A} = \mu_{A(s)} - \mu_{(A)过饱和} = \mu_{A(s)} - \mu_{(A)l_{i-1}'} = -RT\ln a_{(A)l_{i-1}'}^R = -RT\ln a_{(A)过饱和}^R$$

$$\tag{10.127}$$

式中

$$\mu_{A(s)} = \mu_{A(s)}^*$$

$$\mu_{(A)过饱和} = \mu_{(A)l'_{i-1}} = \mu_{A(s)}^* + RT\ln a_{(A)过饱和}^R = \mu_{A(s)}^* + RT\ln a_{(A)l'_{i-1}}^R$$

式中，$a_{(A)l'_{i-1}}^R$，$a_{(A)过饱和}^R$ 为在温度 T_i，过饱和溶液 l'_{i-1} 中组元 A 的活度。

或者如下计算。

$$\Delta G_{m,A}(T_i) = \frac{\theta_{A,T_i}\Delta_{ref}H_{m,A}(T_{i-1})}{T_{i-1}} = \eta_{A,T_i}\Delta_{ref}H_{m,A}(T_{i-1}) \tag{10.128}$$

式中

$$\theta_{A,T_i} = T_{i-1} - T_i$$

为在温度 T_i 时，组元 A 的绝对过饱和过冷度

$$\eta_{A,T_i} = \frac{T_{i-1} - T_i}{T_{i-1}}$$

为在温度 T_i 时，组元 A 的相对过饱和过冷度。

直到液相成为组元 A 的饱和溶液 l_i，液固两相平衡，有

$$(A)_{l_i} \equiv (A)_{饱和} = A(s)$$

在温度 T_{p-1}，析出的固相组元 A 和液相 l_{p-1} 达成平衡，有

$$(A)_{l_{p-1}} \equiv (A)_{饱和} \rightleftharpoons A(s)$$

温度降到 T_p，平衡液相组成为共熔线上的 P 点，以 l_p 表示。温度刚降到 T_p，固相组元 A 还未来得及析出时，在温度 T_{p-1} 时的平衡液相组成为 l_{p-1} 的组元 A 的饱和溶液成为组元 A 的过饱和溶液 l'_{p-1}。固相组元 A 析出，有

$$(A)_{l'_{p-1}} \equiv (A)_{过饱和} \overline{\quad\quad} A(s)$$

以纯态组元 A 为标准状态，浓度以摩尔分数表示，析晶过程的摩尔吉布斯自由能变化为

$$\Delta G_{m,A} = \mu_{A(s)} - \mu_{(A)过饱和} = \mu_{A(s)} - \mu_{(A)l'_{p-1}} = -RT\ln a_{(A)l'_{p-1}}^R = -RT\ln a_{(A)过饱和}^R$$

$$\tag{10.129}$$

式中

$$\mu_{A(s)} = \mu_{A(s)}^*$$

$$\mu_{(A)过饱和} = \mu_{A(s)}^* + RT\ln a_{(A)过饱和}^R = \mu_{A(s)}^* + RT\ln a_{(A)l'_{p-1}}^R$$

或如下计算。

$$\Delta G_{m,A}(T_p) = \frac{\theta_{A,T_p}\Delta_{ref}H_{m,A}(T_{p-1})}{T_{p-1}} = \eta_{A,T_p}\Delta_{ref}H_{m,A}(T_{p-1}) \tag{10.130}$$

式中

$$\theta_{A,T_p} = T_{p-1} - T_p$$

为组元 A 在温度 T_p 的绝对饱和过冷度

$$\eta_{A,T_p} = \frac{T_{p-1} - T_p}{T_{p-1}}$$

为组元 A 在温度 T_p 的相对饱和过冷度。

直到液相成为组元 A 和 B 的饱和溶液 l_p，液固相达成新的平衡，有

$$(A)_{l_p} \equiv (A)_{\text{饱和}} \rightleftharpoons A(s)$$

$$(B)_{l_p} \equiv (B)_{\text{饱和}} \rightleftharpoons B(s)$$

继续降温,从温度 T_p 到 T_B,平衡液相组成沿共熔线 EE_1 移动。同时析出固相组元 A 和 B。析晶过程可以统一表示为:在温度 T_{j-1},析晶过程达成平衡,即固相组元 A 和 B 与液相 l_{j-1} 平衡,有

$$(A)_{l_{j-1}} \equiv (A)_{\text{饱和}} \rightleftharpoons A(s)$$

$$(B)_{l_{j-1}} \equiv (B)_{\text{饱和}} \rightleftharpoons B(s)$$

温度降至 T_j,在温度刚降至 T_j,液相 l_{j-1} 还未来得及析出固相组元 A 和 B 时,液相 l_{j-1} 组成未变,但已由温度 T_j 时组元 A、B 的饱和溶液 l_{j-1} 变成组元 A 和 B 的过饱和溶液 l'_{j-1},同时,析出固相组元 A、B 可以表示为

$$(A)_{l'_{j-1}} \equiv (A)_{\text{过饱和}} \rightleftharpoons A(s)$$

$$(B)_{l'_{j-1}} \equiv (B)_{\text{过饱和}} \rightleftharpoons B(s)$$

以纯固态组元 A 和 B 为标准状态,析晶过程的摩尔吉布斯自由能变化为

$$\Delta G_{m,A} = \mu_{A(s)} - \mu_{(A)_{\text{过饱和}}} = \mu_{A(s)} - \mu_{(A)_{l'_{j-1}}}$$

$$= -RT\ln a^R_{(A)_{l'_{j-1}}} = -RT\ln a^R_{(A)_{\text{过饱和}}} \tag{10.131}$$

式中

$$\mu_{A(s)} = \mu^*_{A(s)}$$

$$\mu_{(A)_{\text{过饱和}}} = \mu^*_{A(s)} + RT\ln a^R_{(A)_{\text{过饱和}}} = \mu^*_{A(s)} + RT\ln a^R_{(A)_{l'_{j-1}}}$$

和

$$\Delta G_{m,B} = \mu_{B(s)} - \mu_{(B)_{\text{过饱和}}} = \mu_{B(s)} - \mu_{(B)_{l'_{j-1}}}$$

$$= -RT\ln a^R_{(B)_{l'_{j-1}}} = -RT\ln a^R_{(B)_{\text{过饱和}}} \tag{10.132}$$

式中

$$\mu_{B(s)} = \mu^*_{B(s)}$$

$$\mu_{(B)_{\text{过饱和}}} = \mu^*_{B(s)} + RT\ln a^R_{(B)_{\text{过饱和}}} = \mu^*_{B(s)} + RT\ln a^R_{(B)_{l'_{j-1}}}$$

总摩尔吉布斯自由能变化为

$$\Delta G_m = x_A \Delta G_{m,A} + x_B \Delta G_{m,B} = RT\left(x_A \ln \frac{1}{a^R_{(A)_{l'_{j-1}}}} + x_B \ln \frac{1}{a^R_{(B)_{l'_{j-1}}}}\right)$$

或如下计算。

$$\Delta G_{m,A}(T_j) = \frac{\theta_{A,T_j}\Delta_{\text{ref}}H_{m,A}(T_{j-1})}{T_{j-1}} = \eta_{A,T_j}\Delta_{\text{ref}}H_{m,A}(T_{j-1}) \tag{10.133}$$

$$\Delta G_{m,B}(T_j) = \frac{\theta_{B,T_j}\Delta_{\text{ref}}H_{m,B}(T_{j-1})}{T_{j-1}} = \eta_{B,T_j}\Delta_{\text{ref}}H_{m,B}(T_{j-1}) \tag{10.134}$$

式中

$$\theta_{A,T_j} = T_{j-1} - T_j$$

$$\eta_{A,T_j} = \frac{T_{j-1} - T_j}{T_{j-1}}$$

$$\theta_{B,T_j} = T_{j-1} - T_j$$

$$\eta_{B,T_j} = \frac{T_{j-1} - T_j}{T_{j-1}}$$

总摩尔吉布斯自由能变化为

$$\Delta G_m(T_j) = x_A \Delta G_{m,A}(T_j) + x_B \Delta G_{m,B}(T_j)$$

$$= \frac{1}{T_{j-1}} \left[x_A \theta_{A,T_j} \Delta_{ref} H_{m,A}(T_{j-1}) + x_B \theta_{B,T_j} \Delta_{ref} H_{m,B}(T_{j-1}) \right]$$

$$= x_A \eta_{A,T_j} \Delta_{ref} H_{m,A}(T_{j-1}) + x_B \eta_{B,T_j} \Delta_{ref} H_{m,B}(T_{j-1})$$

在温度 T_{E-1}，析晶过程达成平衡，固相组元 A 和 B 与液相 l_{E-1} 平衡，有

$$(A)_{l_{E-1}} \equiv (A)_{饱和} \rightleftharpoons A(s)$$

$$(B)_{l_{E-1}} \equiv (B)_{饱和} \rightleftharpoons B(s)$$

温度降到 T_E。当温度刚降到 T_E，在温度 T_{E-1} 的平衡液相 l_{E-1} 还未来得及析出固相组元 A 和 B 时，虽然其组成未变，但已由组元 A、B 的饱和溶液 l_{E-1} 变成为组元 A 和 B 的过饱和溶液 l'_{E-1}。析出组元 A 和 B 的晶体。析晶过程为

$$(A)_{l_{E-1}} \equiv (A)_{过饱和} \equiv A(s)$$

$$(B)_{l_{E-1}} \equiv (B)_{过饱和} \equiv B(s)$$

以纯固态组元 A、B 和 C 为标准状态，浓度以摩尔分数表示，析晶过程的摩尔吉布斯自由能变化为

$$\Delta G_{m,A} = \mu_{A(s)} - \mu_{(A)_{过饱和}} = \mu_{A(s)} - \mu_{(A)_{l'_{E-1}}}$$

$$= -RT\ln a^R_{(A)_{过饱和}} = -RT\ln a^R_{(A)_{l'_{E-1}}} \tag{10.135}$$

式中

$$\mu_{A(s)} = \mu^*_{A(s)}$$

$$\mu_{(A)_{过饱和}} = \mu^*_{A(s)} + RT\ln a^R_{(A)_{过饱和}} = \mu^*_{A(s)} + RT\ln a^R_{(A)_{l'_{E-1}}}$$

$$\Delta G_{m,B} = \mu_{B(s)} - \mu_{(B)_{过饱和}} = -RT\ln a^R_{(B)_{过饱和}} = -RT\ln a^R_{(B)_{l'_{E-1}}} \tag{10.136}$$

式中

$$\mu_{B(s)} = \mu^*_{B(s)}$$

$$\mu_{(B)_{过饱和}} = \mu^*_{B(s)} + RT\ln a^R_{(B)_{过饱和}} = \mu^*_{B(s)} + RT\ln a^R_{(B)_{l'_{E-1}}}$$

总摩尔吉布斯自由能变化为

$$\Delta G_m = x_A \Delta G_{m,A} + x_B \Delta G_{m,B} = RT \left(x_A \ln \frac{1}{a^R_{(A)_{l'_{E-1}}}} + x_B \ln \frac{1}{a^R_{(A)_{l'_{E-1}}}} \right)$$

或如下计算。

$$\Delta G_{m,A}(T_E) \approx \frac{\theta_{A,T_E} \Delta_{ref} H_{m,A}(T_{E-1})}{T'_E} = \eta_{A,T_E} \Delta_{ref} H_{m,A}(T_{E-1}) \tag{10.137}$$

$$\Delta G_{m,B}(T_E) \approx \frac{\theta_{B,T_E} \Delta_{ref} H_{m,B}(T_{E-1})}{T'_E} = \eta_{B,T_E} \Delta_{ref} H_{m,B}(T_{E-1}) \tag{10.138}$$

式中

$$T_{E-1} > T_E$$

$$\theta_{J,T_E} = T_{E-1} - T_E$$

$$\eta_{J,T_E} = \frac{T_{E-1} - T_E}{T_{E-1}}$$

$$J = A, B$$

总摩尔吉布斯自由能变化为

$$\Delta G_m(T_E) = x_A \Delta G_{m,A}(T_E) + x_B \Delta G_{m,B}(T_E)$$

$$= \frac{1}{T_E} \left[x_A \theta_{A,T_E} \Delta_{ref} H_{m,A}(T_{E-1}) + x_B \theta_{B,T_E} \Delta_{ref} H_{m,B}(T_{E-1}) \right]$$

$$= x_A \eta_{A,T_E} \Delta_{ref} H_{m,A}(T_{E-1}) + x_B \eta_{B,T_E} \Delta_{ref} H_{m,B}(T_{E-1})$$

直到液相成为组元 A, B 和 C 的饱和溶液 E(l), 液固相达成新的平衡, 有

$$(A)_{E(1)} \equiv (A)_{饱和} \rightleftharpoons A(s)$$

$$(B)_{E(1)} \equiv (B)_{饱和} \rightleftharpoons B(s)$$

$$(C)_{E(1)} \equiv (C)_{饱和} \rightleftharpoons C(s)$$

在温度 T_E, 液相 E(l) 是组元 A、B 和 C 的饱和溶液。液相 E(l) 和固相 A、B、C 四相平衡共存, 析晶在平衡状态下进行。摩尔吉布斯自由能变化为零

$$\Delta G_{m,A} = 0$$

$$\Delta G_{m,B} = 0$$

$$\Delta G_{m,C} = 0$$

总摩尔吉布斯自由能变化为

$$\Delta G_m = x_A \Delta G_{m,A} + x_B \Delta G_{m,B} + x_C \Delta G_{m,C} = 0$$

在温度 T_E, 恒压条件下, 四相平衡共存, 即

$$E(l) \rightleftharpoons A(s) + B(s) + C(s)$$

温度降到 T_E 以下, 在温度刚降到 T_E 以下, 还未来得及析出固相组元 A、B 和 C。液相 E(l) 就成为组元 A、B 和 C 的过饱和溶液。析出固相组元 A、B 和 C, 直到液相消失。具体描述如下:

在 T_E 以下的温度 T_{k-1}, 组元 A、B、C 的平衡液相组成为 l_{k-1}; 在温度 T_k, 组元 A、B、C 的平衡液相组成为 l_k。在温度刚降到 T_k 还未来得及析出固相组元 A、B 和 C 时, 在温度 T_{k-1} 时的平衡液相 l_{k-1} 成为组元 A、B、C 的过饱和溶液 l'_{k-1}, 析出固相组元 A、B、C, 表示为

$$(A)_{l'_{k-1}} \equiv (A)_{过饱和} = A(s)$$

$$(B)_{l'_{k-1}} \equiv (B)_{过饱和} = B(s)$$

$$(C)_{l'_{k-1}} \equiv (C)_{过饱和} = C(s)$$

以纯固态组元 A、B 和 C 为标准状态, 析晶过程的摩尔吉布斯自由能变化为

$$\Delta G_{m,A} = \mu_{A(s)} - \mu_{(A)_{过饱和}} = \mu_{A(s)} - \mu_{(A)_{l'_{k-1}}}$$

$$= -RT\ln a^R_{(A)_{过饱和}} = -RT\ln a^R_{(A)_{l'_{k-1}}} \tag{10.139}$$

式中

$$\mu_{A(s)} = \mu_{A(s)}^*$$

$$\mu_{(A)过饱和} = \mu_{A(s)}^* + RT\ln a_{(A)过饱和}^R = \mu_{A(s)}^* + RT\ln a_{(A)l'_{k-1}}^R$$

$$\Delta G_{m,B} = \mu_{B(s)} - \mu_{(B)过饱和} = \mu_{B(s)} - \mu_{(B)l'_{k-1}}$$

$$= -RT\ln a_{(B)过饱和}^R = -RT\ln a_{(B)l'_{k-1}}^R \qquad (10.140)$$

式中

$$\mu_{B(s)} = \mu_{B(s)}^*$$

$$\mu_{(B)过饱和} = \mu_{B(s)}^* + RT\ln a_{(B)过饱和}^R = \mu_{B(s)}^* + RT\ln a_{(B)l'_{k-1}}^R$$

$$\Delta G_{m,C} = \mu_{C(s)} - \mu_{(C)过饱和} = \mu_{C(s)} - \mu_{(C)l'_{k-1}}$$

$$= -RT\ln a_{(C)过饱和}^R = -RT\ln a_{(C)l'_{k-1}}^R \qquad (10.141)$$

式中

$$\mu_{C(s)} = \mu_{C(s)}^*$$

$$\mu_{(C)过饱和} = \mu_{C(s)}^* + RT\ln a_{(C)过饱和}^R = \mu_{C(s)}^* + RT\ln a_{(C)l'_{k-1}}^R$$

总摩尔吉布斯自由能变化为

$$\Delta G_m = x_A\Delta G_{m,A} + x_B\Delta G_{m,B} + x_C\Delta G_{m,C}$$

$$= RT\left(x_A\ln\frac{1}{a_{(A)l'_{k-1}}^R} + x_B\ln\frac{1}{a_{(B)l'_{k-1}}^R} + x_C\ln\frac{1}{a_{(C)l'_{k-1}}^R}\right)$$

或如下计算。

$$\Delta G_{m,A}(T_k) \approx \frac{\theta_{A,T_k}\Delta_{ref}H_{m,A}(T_{k-1})}{T_{k-1}} = \eta_{A,T_k}\Delta_{ref}H_{m,A}(T_{k-1}) \qquad (10.142)$$

$$\Delta G_{m,B}(T_k) \approx \frac{\theta_{B,T_k}\Delta_{ref}H_{m,B}(T_{k-1})}{T_{k-1}} = \eta_{B,T_k}\Delta_{ref}H_{m,B}(T_{k-1}) \qquad (10.143)$$

$$\Delta G_{m,C}(T_k) \approx \frac{\theta_{C,T_k}\Delta_{ref}H_{m,C}(T_{k-1})}{T_{k-1}} = \eta_{C,T_k}\Delta_{ref}H_{m,C}(T_{k-1}) \qquad (10.144)$$

式中

$$T_{k-1} > T_k$$

$$\theta_{J,T_k} = T_{k-1} - T_k > 0$$

$$\eta_{J,T_k} = \frac{T_{k-1} - T_k}{T_{k-1}} > 0$$

$$J = A, B, C$$

总摩尔吉布斯自由能变化为

$$\Delta G_m(T_k) = x_A\Delta G_{m,A}(T_k) + x_B\Delta G_{m,B}(T_k) + x_C\Delta G_{m,C}(T_k)$$

$$= \frac{1}{T_{k-1}}[x_A\theta_{A,T_k}\Delta_{ref}H_{m,A}(T_{k-1}) + x_B\theta_{B,T_k}\Delta_{ref}H_{m,B}(T_{k-1}) + x_C\theta_{C,T_k}\Delta_{ref}H_{m,C}(T_{k-1})]$$

$$= x_A\eta_{A,T_k}\Delta_{ref}H_{m,A}(T_{k-1}) + x_B\eta_{B,T_k}\Delta_{ref}H_{m,B}(T_{k-1}) + x_C\eta_{C,T_k}\Delta_{ref}H_{m,C}(T_{k-1})$$

直到组元 A,B,C 完全析出,液相消失。

10.3　固态相变

10.3.1　相变的类型

10.3.1.1　固态相变的变化内容

固态相变包括三种变化:晶体结构的变化、化学成分的变化和有序程度的变化。

有些相变只包括其中一种变化,有些相变包括其中两种变化或三种变化。例如,晶体的同素异构转变,只是晶体结构的变化;调幅分解只是晶体的化学成分的变化;合金的有序化转变,只是晶格中原子的配位发生变化;脱溶(沉淀)既有晶体结构转变又有化学成分变化。

10.3.1.2　固态相变的类型

固态相变有多种类型,可以按照不同的方法进行分类。通常有按热力学分类和按原子迁移情况分类。

按热力学分类是根据相变前后热力学函数的变化,即按化学势的变化将相变分为一级相变、二级相变和 n 级相变。新、旧两相的化学势相等,但化学势的一阶偏导数不等,为一级相变;新、旧两相的化学势相等,化学势的一阶偏导数也相等,但化学势的二阶偏导数不等,为二级相变;新、旧两相的化学势相等,化学势的一阶偏导数相等、二阶偏导数也相等,但化学势的三阶偏导数不等,称为三级相变。依次类推,自由能的 $(n-1)$ 阶导数相等, n 阶导数不等,称为 n 级相变。一级固态相变如脱溶转变、共析转变、调幅分解等;二级相变如材料的磁性转变、合金中的无序 - 有序转变等。

按动力学分类,即按原子迁移情况分类,根据相变过程中原子迁移情况将固态相变分为扩散型相变和非扩散型相变。扩散型相变是指相变过程由原子迁移来实现;非扩散型相变是指相变过程中没有原子的迁移。扩散型相变的例子,如纯物质的同素异构转变、固溶体的脱溶转变、共析转变、调幅分解等;非扩散型相变如铁碳合金中的马氏体转变,低温条件下纯金属锆、钛、锂、钴的同素异构转变等。

此外,还有一些相变既可以划分为扩散型,又可以划分为非扩散型,例如贝氏体转变等。

10.3.2　固态相变的热力学性质

10.3.2.1　一级相变

相变时,新、旧两相的化学势相等,但化学势的一阶偏导数不等,称为一级相变。有

$$\mu^{\alpha} = \mu^{\beta}$$

$$\left(\frac{\partial \mu^{\alpha}}{\partial T}\right)_p \neq \left(\frac{\partial \mu^{\beta}}{\partial T}\right)_p$$

$$\left(\frac{\partial \mu^{\alpha}}{\partial p}\right)_T \neq \left(\frac{\partial \mu^{\beta}}{\partial p}\right)_T$$

由

$$\left(\frac{\partial \mu}{\partial p}\right)_T = V$$

和

$$\left(\frac{\partial \mu}{\partial T}\right)_p = -S$$

可得

$$S^{\alpha} \neq S^{\beta}$$
$$V^{\alpha} \neq V^{\beta}$$

因此,一级相变的熵和体积呈不连续变化,即伴随相变有热量和体积突变。

10.3.2.2 二级相变

相变时,新、旧两相的化学势相等,一阶偏导数也相等,但二阶偏导数不等,称为二级相变。有

$$\mu^{\alpha} = \mu^{\beta}$$
$$\left(\frac{\partial \mu^{\alpha}}{\partial T}\right)_p = \left(\frac{\partial \mu^{\beta}}{\partial T}\right)_p$$
$$\left(\frac{\partial \mu^{\alpha}}{\partial p}\right)_T = \left(\frac{\partial \mu^{\beta}}{\partial p}\right)_T$$
$$\left(\frac{\partial^2 \mu^{\alpha}}{\partial T^2}\right)_p \neq \left(\frac{\partial^2 \mu^{\beta}}{\partial T^2}\right)_p$$
$$\left(\frac{\partial^2 \mu^{\alpha}}{\partial p^2}\right)_T \neq \left(\frac{\partial^2 \mu^{\beta}}{\partial p^2}\right)_T$$
$$\frac{\partial^2 \mu^{\alpha}}{\partial p \partial T} \neq \frac{\partial^2 \mu^{\beta}}{\partial T \partial p}$$

由

$$\left(\frac{\partial^2 \mu^{\alpha}}{\partial T^2}\right)_p = -\left(\frac{\partial S}{\partial T}\right)_p = -\frac{c_p}{T}$$
$$\left(\frac{\partial^2 \mu^{\alpha}}{\partial p^2}\right)_T = -\left(\frac{\partial V}{\partial p}\right)_T = kV$$
$$k = \frac{1}{V}\left(\frac{\partial V}{\partial p}\right)_T$$

和

$$\frac{\partial^2 \mu}{\partial T \partial p} = \left(\frac{\partial V}{\partial T}\right)_p = \alpha V$$
$$\alpha = \frac{1}{V}\left(\frac{\partial V}{\partial T}\right)_p$$

可得

$$S^\alpha = S^\beta$$
$$V^\alpha = V^\beta$$
$$c_p^\alpha \neq c_p^\beta$$
$$k^\alpha \neq k^\beta$$
$$\alpha^\alpha = \alpha^\beta$$

式中,k 为压缩系数;α 为膨胀系数;c_p 为恒压热容。可见,二级相变的熵和体积不发生变化,恒压热容、压缩系数、膨胀系数发生变化。

10.3.2.3 一级相变和二级相变的相图特征

一级相变和二级相变在相图上也有区别。例如,如图 10.18 所示,在二元系相图中,一级相变的 α 和 β 两个单相区被一个两相区隔开,只有在相图的极大点或极小点两相区相遇,仅在此点两相的化学成分相同。而二级相变的 α 和 β 两个单相区只被一条线隔开,在任一平衡点,α 和 β 两相的化学成分都相同。

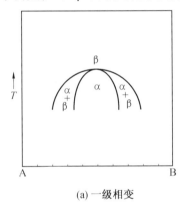
(a) 一级相变

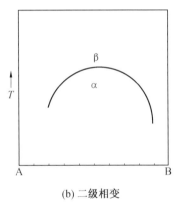
(b) 二级相变

图 10.18　一级相变和二级相变的相图

10.3.3　固态相变的热力学

大多数固态相变都是由形成晶核和晶核长大实现。晶核由晶胚长成。晶胚能否长成晶核,由相变驱动力和相变阻力共同决定。相变过程体系能量降低。在相变过程中使体系能量降低的因素都是相变的驱动力。固态相变的驱动力有体积自由能差、母相晶体中的缺陷。在相变过程中使体系能量升高的因素都是相变的阻力。固态相变的阻力有形成新相时产生的新、旧两相的界面能、应变能。

在恒温恒压条件下,固态相变的吉布斯自由能变化为

$$dG = -SdT + Vdp$$

通常认为固态相变发生前后的新相和旧相体积相等,即相变过程体积不变,所以

$$\left(\frac{\partial G}{\partial T}\right)_V = -S$$

$$\left(\frac{\partial^2 G}{\partial T^2}\right)_V = -\left(\frac{\partial S}{\partial T}\right)_V$$

熵总是正值,且随温度升高而增加,所以吉布斯自由能对温度的一阶和二阶导数都是负值。这表明任何固相的吉布斯自由能与温度关系的曲线。吉布斯自由能随着温度的升高而下降,且曲线向下弯曲,如图10.19所示。两个相的吉布斯自由能与温度的关系曲线在 T_0 相交。T_0 就是理论相变温度。

$$T > T_0, G_\gamma < G_\alpha, \alpha \longrightarrow \gamma$$

$$T = T_0, G_\gamma = G_\alpha, \alpha \rightleftharpoons \gamma$$

$$T < T_0, G_\gamma > G_\alpha, \alpha \longleftarrow \gamma$$

因此,相变进行的热力学条件是过冷 $\Delta T = T_0 - T > 0$ 或过热 $\Delta T = T_0 - T < 0$。

在恒温恒压条件下,吉布斯自由能变化

$$\Delta G = G_{末态} - G_{始态} < 0$$

是相变的必要条件,而不是充分条件。因此,即使 $\Delta G < 0$,相变也不一定发生。因为发生相变还要克服阻力,即相变能垒。相变能垒

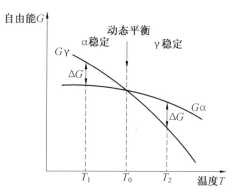

图 10.19 各相自由能与温度的关系曲线

是指相变时,晶格重组需要克服的原子、离子等微粒间的引力。晶体中的微粒克服相变能垒所需要的能量来自热振动和机械应力。

晶体中的微粒热振动不均匀,有些热振动能量高的微粒会克服微粒间的引力离开平衡位置,为晶格重组创造了条件。相变能垒与原子、离子等微粒的激活能相对应。激活能大,表明原子、离子等微粒要被激活需要的能量大;激活能小,表明原子、离子等微粒被激活需要的能量小。因此,激活能小就有更多的原子被激活,而离开原来的平衡位置,进行晶格重组。激活能与温度有关,温度越高,原子、离子等微粒的能量越高,被激活需要的能量越少,就有更多的原子、容易被激活,相变更易进行。而自扩散系数的大小可以反映原子、离子等微粒能量的高低,所以相变能垒也可以用自扩散系数表示。

弹塑性变形破坏了晶体局部排列的规律性,产生的内应力强制某些原子、离子等微粒离开平衡位置,实现晶格改组。

10.3.4 固相形核

(1) 均匀形核。

在恒温恒压条件下,固体相变均匀形核的吉布斯自由能变化为

$$\Delta G = - V\Delta G_V + S\sigma + V\Delta G_\varepsilon \tag{10.145}$$

式中,V 为新相晶核体积;ΔG_V 为新相与母相单位体积吉布斯自由能差;S 为新相的表面积;σ 为新相与母相间的单位面积的界面能;ΔG_ε 为形成新相引起的单位体积弹性应变能。

如果晶核是半径为 r 的球形,则上式成为

$$\Delta G = - \frac{4}{3} \pi r^3 (\Delta G_V - \Delta G_\varepsilon) + 4\pi r^2 \sigma \tag{10.146}$$

以 ΔG 对 r 作图,得图 10.20。

由图可见,由于应变能的存在,相变的有效驱动力从 ΔG_V 减小到 $\Delta G_V - \Delta G_\varepsilon$。$\Delta G - r$ 的曲线在 $r = r^*$ 处有一极大值 ΔG^*,将式 (10.146) 对 r 求导,并令

$$\frac{\partial \Delta G}{\partial r} = 0 \qquad (10.147)$$

得

$$r^* = -\frac{2\sigma}{\Delta G_V - \Delta G_\varepsilon} \qquad (10.148)$$

将式(10.147) 代入式(10.148),得

$$\Delta G^* = \frac{16}{3}\pi\sigma^3 (\Delta G_V - \Delta G_\varepsilon)^2$$

$$(10.149)$$

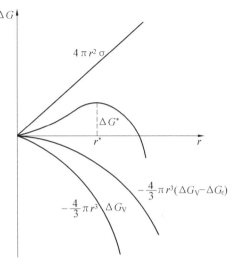

图 10.20 ΔG 与 r 的关系曲线

式中,r^* 为晶核的临界尺寸;ΔG^* 为临界吉布斯自由能,是晶胚形成晶核要越过的最大能量障碍。

晶胚的尺寸 $r \geqslant r^*$,随着晶胚长大,体系吉布斯自由能降低,晶胚能够长成晶核;晶胚的尺寸 $r \leqslant r^*$,随着晶胚长大,体系吉布斯自由能增大,晶胚不能长成晶核。由于弹性应变能 ΔG_ε 的存在,固相形核的临界形核功增大,与液相形核相比,固相形核更难。

(2) 非均匀形核。

固相非均匀形核是在各种晶体缺陷的位置,例如晶界、位错等处,晶体缺陷所造成的能量升高使形成晶核的能量降低。因此,非均匀形核比均匀形核容易。

非均匀形核的吉布斯自由能变化为

$$\Delta G = -V\Delta G_V + S\sigma + V\Delta G_\varepsilon - \Delta G_d \qquad (10.150)$$

式中,ΔG_d 为形核时由于晶体缺陷消失而释放出的能量。

(3) 形核速率。

均匀形核的形核速率为

$$J = Nv\exp\left(-\frac{Q + \Delta G^*}{k_B T}\right) = k\exp\left(-\frac{Q + \Delta G^*}{k_B T}\right) \qquad (10.151)$$

式中,N 为单位体积母相的原子数;v 为原子振动频率,有时可以写为 $k_B T/h$。

在晶界处,非均匀形核的形核速率为

$$J = Nv\left(\frac{\delta}{L}\right)^{3-i}\exp\left(-\frac{Q}{k_B T}\right)\exp\left(\frac{-A_i \Delta G^*}{k_B T}\right) \qquad (10.152)$$

式中,δ 为晶界厚度;L 为构成晶界的晶粒的平均直径;$i = 0, 1, 2$,分别表示在界隅、界面和界线三种晶界上形核 i 的取值;$\left(\frac{\delta}{L}\right)^{3-i}$ 为晶界提供的形核的原子分数;A_i 为三种晶界形核的形核功与均匀形核的形核功 ΔG^* 的比值。

图 10.21 所示为三种晶界形状的示意图。位错和空位对形核都有促进作用,可以减少形核功。

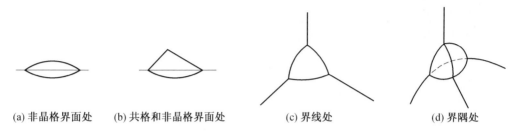

(a) 非晶格界面处　　(b) 共格和非晶格界面处　　　(c) 界线处　　　　(d) 界隅处

图 10.21　晶界形核时晶核的形状

10.3.5　纯固态物质相变的热力学

一般固态物质有多个相。在一定条件下,其中某个相稳定。条件变化,相之间会发生转变。

在恒温恒压条件下,纯物质的两相平衡,可以表示为

$$\alpha - A \rightleftharpoons \beta - A$$

该过程的摩尔吉布斯自由能变化为

$$
\begin{aligned}
\Delta G_{m,A(\alpha\to\beta)}(T_平) &= \Delta G_{m,\beta-A}(T_平) - \Delta G_{m,\alpha-A}(T_平) \\
&= \big[H_{m,\beta-A}(T_平) - T_平 S_{m,\beta-A}(T_平) \big] - \big[H_{m,\alpha-A}(T_平) - T_平 S_{m,\alpha-A}(T_平) \big] \\
&= \big[H_{m,\beta-A}(T_平) - H_{m,\alpha-A}(T_平) \big) - T_平(S_{m,\beta-A}(T_平) - S_{m,\alpha-A}(T_平) \big] \\
&= \Delta H_{m,A(\alpha\to\beta)}(T_平) - T_平 \Delta S_{m,A(\alpha\to\beta)}(T_平) \\
&= \Delta H_{m,A(\alpha\to\beta)}(T_平) - T_平 \frac{\Delta H_{m,A(\alpha\to\beta)}(T_平)}{T_平} = 0
\end{aligned}
$$

改变温度到 T。在温度 T,纯物质 A 的相变继续进行,有

$$\alpha - A = \beta - A$$

该过程的摩尔吉布斯自由能变化为

$$
\begin{aligned}
\Delta G_{m,A(\alpha\to\beta)}(T) &= \Delta G_{m,\beta-A}(T) - \Delta G_{m,\alpha-A}(T) \\
&= \big[H_{m,\beta-A}(T) - T S_{m,\beta-A}(T) \big] - \big[H_{m,\alpha-A}(T) - T S_{m,\alpha-A}(T) \big] \\
&= \big[H_{m,\beta-A}(T) - H_{m,\alpha-A}(T) \big] - T\big[S_{m,\beta-A}(T) - S_{m,\alpha-A}(T) \big] \\
&= \Delta H_{m,A(\alpha\to\beta)}(T) - T\Delta S_{m,A(\alpha\to\beta)}(T) \\
&\approx \Delta H_{m,A(\alpha\to\beta)}(T_平) - T\frac{\Delta H_{m,A(\alpha\to\beta)}(T_平)}{T_平} \\
&= \frac{\Delta H_{m,A(\alpha\to\beta)}(T_平)\Delta T}{T_平}
\end{aligned}
$$

式中

$$\Delta T = T_平 - T$$

升温相变,相变过程吸热

$$\Delta H_{m,A(\alpha\to\beta)} > 0$$
$$T > T_平$$

$$\Delta T < 0$$
$$\Delta G_{m,A(\alpha\rightarrow\beta)} < 0$$

降温相变,相变过程放热

$$\Delta H_{m,A(\alpha\rightarrow\beta)} < 0$$
$$T_{平} > T$$
$$\Delta T > 0$$
$$\Delta G_{m,A(\alpha\rightarrow\beta)} < 0$$

10.3.6 具有低共晶点的二元系降温过程相变的热力学

图 10.22 是具有低共晶点的二元系相图。物质组成点为 P 的固相 γ 降温冷却。温度降到 T_1,物质组成点到达共晶线上的 P_1 点,也是平衡相组成的 q_1 点,两点重合。组元 B 在固相 γ 中溶解达到饱和,两相平衡,有

$$(B)_{q_1} \equiv (B)_{饱和} \rightleftharpoons B(s)$$

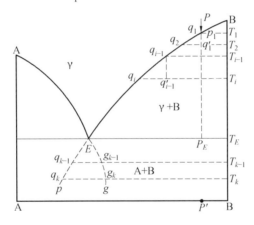

图 10.22　具有低共晶点的二元系相图

摩尔吉布斯自由能变化为

$$
\begin{aligned}
\Delta G_{m,B}(T_1) &= G_{m,B(S)}(T_1) - G_{m,(B)_{饱和}}(T_1) \\
&= [H_{m,B(S)}(T_1) - T_1 S_{m,B(S)}(T_1)] - [\overline{H}_{m,(B)_{饱和}}(T_1) - T_1 \overline{S}_{m,(B)_{饱和}}(T_1)] \\
&= [H_{m,B(S)}(T_1) - \overline{H}_{m,(B)_{饱和}}(T_1)] - T_1[S_{m,B(S)} - \overline{S}_{m,(B)_{饱和}}(T_1)] \\
&= \Delta H_{m,B}(T_1) - T_1\frac{\Delta H_{m,B}(T_1)}{T_1} = 0
\end{aligned}
$$

或者如下计算。

纯固相组元 B 和组元 B 饱和的 γ 相中的组元 B 都以纯固相为标准状态,浓度以摩尔分数表示,则摩尔吉布斯自由能变化为

$$\Delta G_{m,B} = \mu_{B(S)} - \mu_{(B)_{饱和}} = \mu_{B(S)}^* - (\mu_{B(S)}^* + RT\ln a_{(B)_{饱和}}^R) = 0 \qquad (10.153)$$

式中

$$\ln a_{(B)_{饱和}}^R = 1$$

继续降温到 T_2。当温度刚降到 T_2,组元 B 还未来得及析出时,γ 相组成未变,但已由

组元 B 的饱和相 q_1 变成组元 B 的过饱和的 q'_1，析出组元 B 的晶体，有

$$(B)_{q_1} \equiv (B)_{过饱和} = B(s)$$

以纯固态组元 B 为标准状态，浓度以摩尔分数表示，析出组元 B 过程的摩尔吉布斯自由能变化为

$$
\begin{aligned}
\Delta G_{m,B} &= \mu_{B(S)} - \mu_{(B)_{过饱和}} = \mu_{B(S)} - \mu_{(B)q'_1} \\
&= -RT\ln a^R_{(B)_{过饱和}} = -RT\ln a^R_{(B)q'_1}
\end{aligned}
\tag{10.154}
$$

式中

$$\mu_{B(S)} = \mu^*_{B(S)}$$

$$\mu_{(B)_{过饱和}} = \mu_{(B)q'_1} = \mu^*_{B(S)} + RT\ln a^R_{(B)_{过饱和}} = \mu^*_{B(S)} + RT\ln a^R_{(B)q'_1}$$

或如下计算。

$$
\begin{aligned}
\Delta G_{m,B}(T_2) &= G_{m,B}(T_2) - \bar{G}_{m,(B)_{过饱和}}(T_2) \\
&= [H_{m,B}(T_2) - T_2 S_{m,B}(T_2)] - [\bar{H}_{m,(B)_{过饱和}}(T_2) - T_2 \bar{S}_{m,(B)_{过饱和}}(T_2)] \\
&= \Delta H_{m,B}(T_2) - T_2 \Delta S_{m,B}(T_2) \\
&\approx \Delta H_{m,B}(T_1) - T_2 \frac{\Delta H_{m,B}(T_1)}{T_1} \\
&= \frac{\theta_{B,T_2} \Delta H_{m,B}(T_1)}{T_1} \\
&= \eta_{B,T_2} \Delta H_{m,B}(T_1)
\end{aligned}
\tag{10.155}
$$

式中，$\Delta H_{m,B}$ 和 $\Delta S_{m,B}$ 分别为从 γ 相中析出组元 B 的焓变和熵变。

$$T_1 > T_2$$

$$\theta_{B,T_2} = T_1 - T_2 > 0$$

是组元 B 在温度 T_2 的绝对饱和过冷度。

$$\eta_{B,T_2} = \frac{T_1 - T_2}{T_1} > 0$$

是组元 B 在温度 T_2 的相对饱和过冷度。

$$\Delta H_{m,B}(T_2) \approx \Delta H_{m,B}(T_1) < 0$$

$$\Delta S_{m,B}(T_2) \approx \Delta S_{m,B}(T_1) = \frac{\Delta H_{m,B}(T_1)}{T_1} < 0$$

如果温度 T_1 和 T_2 相差大，则

$$\Delta H_{m,B}(T_2) = \Delta H_{m,B}(T_1) + \int_{T_1}^{T_2} \Delta c_{p,B} dT$$

$$\Delta S_{m,B}(T_1) = \Delta S_{m,B}(T_1) + \int_{T_1}^{T_2} \frac{\Delta c_{p,B}}{T} dT$$

式中，$\Delta c_{p,B}$ 为纯固态组元 B 和 γ 相中组元 B 的热容差，即

$$\Delta c_{p,B} = c_{p,B(s)} - c_{p,(B)_{过饱和}}$$

随着组元 B 的析出，组元 B 的过饱和程度逐渐减小，直到达到饱和。达到新的平衡相 q_2 点，有

$$(B)_{q_2} \equiv (B)_{饱和} \rightleftharpoons B(s)$$

继续降温。从温度 T_1 到 T_E，析晶过程可以描述如下：

在温度 T_{i-1}，组元 B 达到饱和，平衡相为 q_{i-1}，有

$$(B)_{q_{i-1}} \equiv (B)_{\text{饱和}} \rightleftharpoons B(s)$$

温度降到 T_i。在温度 T_i，平衡相为 q_i。当温度刚降到 T_i，组元 B 还未来得及从 q_{i-1} 相中析出时，在温度 T_{i-1} 的平衡相 q_{i-1} 的组成未变，但已由组元 B 的饱和相 q_{i-1} 变成为组元 B 的过饱和相 q'_{i-1}，析出组元 B。有

$$(B)_{q'_{i-1}} \equiv (B)_{\text{过饱和}} = B$$

以纯固态组元 B 为标准状态，组成以摩尔分数表示，析出组元 B 的摩尔吉布斯自由能变化为

$$\begin{aligned}
\Delta G_{\text{m,B}} &= \mu_{B(S)} - \mu_{(B)\text{过饱和}} = \mu_{B(S)} - \mu_{(B)q'_{i-1}} \\
&= -RT\ln a^{\text{R}}_{(B)\text{过饱和}} = -RT\ln a^{\text{R}}_{(B)q'_{i-1}}
\end{aligned} \tag{10.156}$$

式中

$$\mu_{B(S)} = \mu^*_{B(S)}$$

$$\mu_{(B)\text{过饱和}} = \mu_{(B)q'_{i-1}} = \mu^*_{B(S)} + RT\ln a^{\text{R}}_{(B)\text{过饱和}} = \mu^*_{B(S)} + RT\ln a^{\text{R}}_{(B)q'_{i-1}}$$

或如下计算。

$$\begin{aligned}
\Delta G_{\text{m,B}}(T_i) &= G_{\text{m,B}}(T_i) - \bar{G}_{\text{m,(B)}\text{过饱和}}(T_i) \\
&= \left[H_{\text{m,B}}(T_i) - T_i S_{\text{m,B}}(T_i) \right] - \left[\bar{H}_{\text{m,(B)}\text{过饱和}}(T_i) - T_i \bar{S}_{\text{m,(B)}\text{过饱和}}(T_i) \right] \\
&= \left[H_{\text{m,B}}(T_i) - H_{\text{m,(B)}\text{过饱和}}(T_i) \right] - T_i \left[S_{\text{m,B}}(T_i) - S_{\text{m,(B)}\text{过饱和}}(T_i) \right] \\
&= \Delta H_{\text{m,B}}(T_i) - T_i \Delta S_{\text{m,B}}(T_i) \\
&\approx \Delta H_{\text{m,B}}(T_{i-1}) - T_i \Delta S_{\text{m,B}}(T_{i-1}) \\
&= \frac{\theta_{B,T_2} \Delta H_{\text{m,B}}(T_{i-1})}{T_{i-1}} \\
&= \eta_{B,T_{i-1}} \Delta H_{\text{m,B}}(T_{i-1})
\end{aligned}$$

式中

$$T_{i-1} > T_i$$

$$\theta_{B,T_1} = T_{i-1} - T_i > 0$$

是组元 B 在温度 T_i 的绝对饱和过冷度

$$\eta_{B,T_i} = \frac{T_{i-1} - T_i}{T_{i-1}} > 0$$

是组元 B 在温度 T_i 的相对饱和过冷度。

$$\Delta H_{\text{m,B}}(T_i) \approx \Delta H_{\text{m,B}}(T_{i-1}) < 0$$

$$\Delta S_{\text{m,B}}(T_i) \approx \Delta S_{\text{m,B}}(T_{i-1}) = \frac{\Delta H_{\text{m,B}}(T_{i-1})}{T_{i-1}}$$

如果温度 T_1 和 T_{i-1} 相差大，则

$$\Delta H_{\text{m,B}}(T_i) = \Delta H_{\text{m,B}}(T_{i-1}) + \int_{T_{i-1}}^{T_i} \Delta c_{\text{p,B}} \mathrm{d}T$$

$$\Delta S_{\text{m,B}}(T_i) = \Delta S_{\text{m,B}}(T_{i-1}) + \int_{T_{i-1}}^{T_i} \frac{\Delta c_{\text{p,B}}}{T} \mathrm{d}T$$

随着组元 B 的析出,组元 B 的过饱和程度逐渐减小,直到达到饱和,与 γ 相达成平衡,成为饱和相。有

$$(B)_{q_i} \equiv (B)_{饱和} \rightleftharpoons B(s)$$

继续降温。在温度 T_{E-1},组元 B 达到饱和,平衡相为 q_{E-1},有

$$(B)_{Q_{E-1}} \equiv (B)_{饱和} \rightleftharpoons B(s)$$

继续降温到 T_E。当温度刚降到 T_E,组元 B 还未来得到析出时,在温度 T_{E-1} 的平衡相 q_{E-1} 成为组元 B 的过饱和相 q'_{E-1},析出组元 B。有

$$(B)_{q'_{E-1}} \equiv (B)_{过饱和} \rightleftharpoons B(s)$$

以纯固态组元 B 为标准状态,组成以摩尔分数表示,析出组元 B 的摩尔吉布斯自由能变化为

$$
\begin{aligned}
\Delta\mu_{m,B} &= \mu_{B(S)} - \mu_{(B)过饱和} = \mu_{B(S)} - \mu_{(B)q'_{E-1}} \\
&= -RT\ln a^R_{(B)过饱和} = -RT\ln a^R_{(B)q'_{E-1}}
\end{aligned}
\tag{10.157}
$$

式中

$$\mu_{B(S)} = \mu^*_{B(S)}$$

$$\mu_{(B)过饱和} = \mu_{(B)q'_{E-1}} = \mu^*_{B(S)} + RT\ln a^R_{(B)过饱和} = \mu^*_{B(S)} + RT\ln a^R_{(B)q'_{E-1}}$$

或者如下计算。

$$
\begin{aligned}
\Delta G_{m,B}(T_E) &= G_{m,B}(T_E) - G_{m,(B)过饱和}(T_E) \\
&= [H_{m,B}(T_E) - T_E S_{m,B}(T_E)] - [\overline{H}_{m,(B)过饱和} - T_E \overline{S}_{m,(B)过饱和}(T_E)] \\
&= [H_{m,B}(T_E) - \overline{H}_{m,(B)过饱和}] - T_E[S_{m,B}(T_E) - S_{m,(B)过饱和}(T_E)] \\
&\approx \Delta H_{m,B}(T_{E-1}) - T_E \Delta S_{m,B}(T_{E-1}) \\
&= \frac{\theta_{m,T_E} \Delta H_{m,B}(T_{E-1})}{T_{E-1}} \\
&= \eta_{m,T_E} \Delta H_{m,B}(T_{E-1})
\end{aligned}
$$

式中

$$T_{E-1} > T_E$$

$$\theta_{B,T_E} = T_{E-1} - T_E$$

是组元 B 在温度 T_E 的绝对饱和过冷度

$$\eta_{B,T_E} = \frac{T_{E-1} - T_E}{T_{E-1}}$$

是组元 B 在温度 T_E 的相对饱和过冷度。

$$\Delta H_{m,B}(T_E) \approx \Delta H_{m,B}(T_{E-1})$$

$$\Delta S_{m,B}(T_E) \approx \Delta S_{m,B}(T_{E-1}) = \frac{\Delta H_{m,B}(T_{E-1})}{T_{E-1}}$$

如果温度 T_{E-1} 和 T_E 相差大,则

$$\Delta H_{m,B}(T_E) = \Delta H_{m,B}(T_{E-1}) + \int_{T_{E-1}}^{T_E} \Delta c_{p,B} \mathrm{d}T$$

$$\Delta S_{m,B}(T_E) = \Delta S_{m,B}(T_{E-1}) + \int_{T_{E-1}}^{T_E} \frac{\Delta c_{p,B}}{T} dT$$

随着组元 B 的析出,组元 B 的过饱和程度逐渐减小,直到达到饱和,与 γ 相达成平衡。组元 B 饱和,同时组元 A 也达到饱和,有

$$(B)_E \equiv (B)_{饱和} \Longleftrightarrow B(s)$$

$$(A)_E \equiv (A)_{饱和} \Longleftrightarrow A(s)$$

在温度 T_E,三相平衡共存,有

$$E \Longleftrightarrow A(s) + B(s)$$

即

$$x_A (A)_E + x_B (B)_E \Longleftrightarrow x_A A(s) + x_B B(s)$$

在恒温恒压条件下,在平衡状态,相 E 转变为固相组元 A 和 B,摩尔吉布斯自由能变化为

$$\begin{aligned} \Delta G_{m,B}(T_E) &= G_{m,B(s)}(T_E) - \overline{G}_{m,(B)_{饱和}}(T_E) \\ &= \left[H_{m,B(s)}(T_E) - T_E S_{m,B(s)}(T_E) \right] - \left[\overline{H}_{m,(B)_{饱和}} - T_E \overline{S}_{m,(B)_{饱和}}(T_E) \right] \\ &= \left[H_{m,B(s)}(T_E) - \overline{H}_{m,(B)_{饱和}}(T_E) \right] - T_E \left[S_{m,B(s)}(T_E) - \overline{S}_{m,(B)_{饱和}}(T_E) \right] \\ &= \Delta H_{m,B}(T_E) - T_E \Delta S_{m,B}(T_E) \\ &= \Delta H_{m,B}(T_E) - T_E \frac{\Delta H_{m,B}(T_E)}{T_E} = 0 \end{aligned}$$

$$\begin{aligned} \Delta G_{m,A}(T_E) &= G_{m,A(s)}(T_E) - \overline{G}_{m,(A)_{饱和}}(T_E) \\ &= \left[H_{m,A(s)}(T_E) - T_E S_{m,A(s)}(T_E) \right] - \left[\overline{H}_{m,(A)_{饱和}} - T_E \overline{S}_{m,(A)_{饱和}}(T_E) \right] \\ &= \left[H_{m,A(s)}(T_E) - \overline{H}_{m,(A)_{饱和}}(T_E) \right] - T_E \left[S_{m,A(s)}(T_E) - \overline{S}_{m,(A)_{饱和}}(T_E) \right] \\ &= \Delta H_{m,A}(T_E) - T_E \Delta S_{m,A}(T_E) \\ &= \Delta H_{m,A}(T_E) - T_E \frac{\Delta H_{m,A}(T_E)}{T_E} = 0 \end{aligned}$$

$$\begin{aligned} \Delta G_m(T_E) &= \left[x_A G_{m,A(s)}(T_E) + x_B G_{m,B(s)}(T_E) \right] - \left[x_A \overline{G}_{m,(A)_E}(T_E) + x_B \overline{G}_{m,(B)_E}(T_E) \right] \\ &= x_A \left[G_{m,A(s)}(T_E) - \overline{G}_{m,(A)_E}(T_E) \right] + x_B \left[G_{m,B(s)}(T_E) - \overline{G}_{m,(B)_E}(T_E) \right] \\ &= x_A \left[\Delta H_{m,A}(T_E) - T_E S_{m,A}(T_E) \right] + x_B \left[\Delta H_{m,B}(T_E) - T_E \Delta S_{m,B}(T_E) \right] = 0 \end{aligned}$$

或如下计算。

以纯固态组元 A 和 B 为标准状态,组成以摩尔分数表示,摩尔吉布斯自由能变化为

$$\begin{aligned} \Delta G_{m,t} &= (x_A \mu_{A(s)} + x_B \mu_{B(s)}) - (x_A \mu_{(A)_E} + x_B \mu_{(B)_E}) \\ &= x_A(\mu_{A(s)} - \mu_{(A)_E}) + x_B(\mu_{B(s)} - \mu_{(B)_E}) = 0 \end{aligned} \tag{10.158}$$

式中

$$\mu_{A(S)} = \mu_{A(S)}^*$$

$$\mu_{(A)_E} = \mu_{A(S)}^* + RT \ln a_{(A)_{饱和}}^R = \mu_{A(S)}^*$$

$$\mu_{B(S)} = \mu_{B(S)}^*$$

$$\mu_{(B)_E} = \mu_{B(S)}^* + RT \ln a_{(B)_{饱和}}^R = \mu_{B(S)}^*$$

继续降温到 T。固溶体 $E_{(\gamma)}$ 完全转变为共晶相 A 和 B。从温度 T_E 到 T,析晶过程描述如下:

在温度 T_{j-1} 固溶体与析出的固相组元 A 和 B 达成平衡,组元 A 和 B 在固溶体中溶解达到饱和,有

$$(A)_{E_{j-1}} \equiv (A)_{q_{j-1}} \equiv (A)_{饱和} \rightleftharpoons A(s)$$
$$(B)_{E_{j-1}} \equiv (B)_{q_{j-1}} \equiv (B)_{饱和} \rightleftharpoons B(s)$$

式中,g_{j-1} 和 q_{j-1} 分别是在温度 T_{j-1},组元 A 和 B 共晶线 T_{AE} 和 T_{BE} 延长线上的点,即组元 A 和 B 的饱和组成点;E_{j-1} 是在 g_{j-1} 和 q_{j-1} 连线上,符合杠杆规则的点,即实际组成点。

温度降到 T_j。在温度刚降到 T_j,固相组元 A 和 B 还未来得及析出时,固体组成未变,但在温度 T_{j-1} 时组元 A 和 B 的饱和相 E_{j-1} 成为过饱和相 E'_{j-1},析出固相组元 A 和 B,可以表示为

$$(A)_{g'_{j-1}} \equiv (A)_{过饱和} = A(s)$$
$$(B)_{q'_{j-1}} \equiv (B)_{过饱和} = B(s)$$

以固态组元 A 和 B 为标准状态,浓度以摩尔分数表示,析晶过程的摩尔吉布斯自由能变化为

$$
\begin{aligned}
\Delta G_{m,A} &= \mu_{A(S)} - \mu_{(A)过饱和} = \mu_{A(S)} - \mu_{(A)g'_{j-1}} \\
&= -RT\ln a^R_{(A)过饱和} = -RT\ln a^R_{(A)g'_{j-1}}
\end{aligned}
\tag{10.159}
$$

式中

$$\mu_{A(S)} = \mu^*_{A(S)}$$
$$\mu_{(A)过饱和} = \mu_{(A)g'_{j-1}} = \mu^*_{A(S)} + RT\ln a^R_{(A)过饱和} = \mu^*_{A(S)} + RT\ln a^R_{(A)g'_{j-1}}$$
$$
\begin{aligned}
\Delta G_{m,B} &= \mu_{B(S)} - \mu_{(B)过饱和} = \mu_{B(S)} - \mu_{(B)q'_{j-1}} \\
&= -RT\ln a^R_{(B)过饱和} = -RT\ln a^R_{(B)q'_{j-1}}
\end{aligned}
\tag{10.160}
$$

式中

$$\mu_{B(S)} = \mu^*_{B(S)}$$
$$\mu_{(B)过饱和} = \mu^*_{B(S)} + RT\ln a^R_{(B)过饱和} = \mu^*_{B(S)} + RT\ln a^R_{(B)q'_{j-1}}$$

总摩尔吉布斯自由能变化为

$$\Delta G_m = x_A G_{m,A(s)} + x_B G_{m,B(s)} = -RT(x_A\ln a^R_{(A)过饱和} + x_B\ln a^R_{(B)过饱和})$$

或如下计算。

$$
\begin{aligned}
\Delta G_{m,A}(T_j) &= G_{m,A(s)}(T_j) - \bar{G}_{m,(A)过饱和}(T_j) \\
&= [H_{m,A(s)}(T_j) - T_j S_{m,A(s)}(T_j)] - [\bar{H}_{m,(A)过饱和}(T_j) - T_j\bar{S}_{m,(A)过饱和}(T_j)] \\
&= [H_{m,A(s)}(T_j) - \bar{H}_{m,(A)过饱和}(T_j)] - T_j[S_{m,A(s)}(T_j) - \bar{S}_{m,(A)过饱和}(T_j)] \\
&= \Delta H_{m,A}(T_j) - T_j\Delta S_{m,A}(T_j) \\
&\approx \Delta H_{m,A}(T_{j-1}) - T_j\Delta S_{m,A}(T_{j-1}) \\
&= \Delta H_{m,A}(T_{j-1}) - T_j\frac{\Delta H_{m,A}(T_{j-1})}{T_{j-1}} \\
&= \frac{\theta_{A,T_j}\Delta H_{m,A}(T_{j-1})}{T_{j-1}} \\
&= \eta_{A,T_j}\Delta H_{m,A}(T_{j-1})
\end{aligned}
$$

式中

$$T_{j-1} > T_j$$

$$\theta_{A,T_j} = T_{j-1} - T_j$$

是组元 A 在 T_j 温度的绝对饱和过冷度。

$$\eta_{A,T_j} = \frac{T_{j-1} - T_j}{T_{j-1}}$$

是组元 A 在 T_j 温度的相对饱和过冷度。

如果温度 T_j 和 T_{j-1} 相差大,则

$$\Delta H_{m,A}(T_j) = \Delta H_{m,A}(T_{j-1}) + \int_{T_{j-1}}^{T_j} \Delta c_{p,A} dT$$

$$\Delta S_{m,A}(T_j) = \Delta S_{m,A}(T_{j-1}) + \int_{T_{j-1}}^{T_j} \frac{\Delta c_{p,A}}{T} dT$$

$$
\begin{aligned}
\Delta G_{m,B}(T_j) &= G_{m,B(s)}(T_j) - \overline{G}_{m,(B)过饱和}(T_j) \\
&= \left[H_{m,B(s)}(T_j) - T_j S_{m,B(s)}(T_j) \right] - \left[\overline{H}_{m,(B)过饱和}(T_j) - T_j \overline{S}_{m,(B)过饱和}(T_j) \right] \\
&= \left[H_{m,B(s)}(T_j) - \overline{H}_{m,(B)过饱和}(T_j) \right] - T_j \left[S_{m,B(s)}(T_j) - \overline{S}_{m,(B)过饱和}(T_j) \right] \\
&\approx \Delta H_{m,B}(T_{j-1}) - T_j \Delta S_{m,B}(T_{j-1}) \\
&= \Delta H_{m,B}(T_j) - T_j \Delta S_{m,B}(T_j) \\
&= \Delta H_{m,B}(T_{j-1}) - T_j \frac{\Delta H_{m,B}(T_{j-1})}{T_{j-1}} \\
&= \frac{\theta_{B,T_j} \Delta H_{m,B}(T_{j-1})}{T_{j-1}} \\
&= \eta_{B,T_j} \Delta H_{m,B}(T_{j-1})
\end{aligned}
$$

式中

$$T_{j-1} > T_j$$

$$\theta_{B,T_j} = T_{j-1} - T_j$$

是组元 B 在 T_j 温度的绝对饱和过冷度。

$$\eta_{B,T_j} = \frac{T_{j-1} - T_j}{T_{j-1}}$$

是组元 B 在 T_j 温度的相对饱和过冷度。

$$\Delta H_{m,B}(T_j) \approx \Delta H_{m,B}(T_{j-1}) < 0$$

$$\Delta S_{m,B}(T_j) \approx \Delta S_{m,B}(T_{j-1}) = \frac{\Delta H_{m,B}(T_{j-1})}{T_{j-1}} < 0$$

如果温度 T_j 和 T_{j-1} 相差大,则

$$\Delta H_{m,B}(T_j) = \Delta H_{m,B}(T_{j-1}) + \int_{T_{j-1}}^{T_j} \Delta c_{p,B} dT$$

$$\Delta S_{m,B}(T_j) = \Delta S_{m,B}(T_{j-1}) + \int_{T_{j-1}}^{T_j} \frac{\Delta c_{p,B}}{T} dT$$

总摩尔吉布斯自由能变化为

$$\Delta G_m = x_A G_{m,A(s)} + x_B G_{m,B(s)}$$

$$= \frac{x_A \theta_{A, T_j} \Delta H_{m, A}(T_{j-1})}{T_{j-1}} + \frac{x_B \theta_{B, T_j} \Delta H_{m, B}(T_{j-1})}{T_{j-1}}$$

$$= x_A \eta_{A, T_j} \Delta H_{m, A}(T_{j-1}) + x_B \eta_{B, T_j} \Delta H_{m, B}(T_{j-1})$$

也可以如下计算。

以纯固态组元 A 和 B 为标准状态,组成以摩尔分数表示,析晶过程的摩尔吉布斯自由能变化为

$$\Delta G_{m, A} = \mu_{A(S)} - \mu_{(A)过饱和} = \mu_{A(S)} - \mu_{(A)g'_{j-1}}$$

$$= -RT\ln a^R_{(A)过饱和} = -RT\ln a^R_{(A)g'_{j-1}} \qquad (10.161)$$

式中

$$\mu_{A(S)} = \mu^*_{A(S)}$$

$$\mu_{(A)过饱和} = \mu_{(A)g'_{j-1}} = \mu^*_{A(S)} + RT\ln a^R_{(A)过饱和} = \mu^*_{A(S)} + RT\ln a^R_{(A)g'_{j-1}}$$

$$\Delta G_{m, B} = \mu_{B(S)} - \mu_{(B)过饱和} = \mu_{B(S)} - \mu_{(B)q'_{j-1}}$$

$$= -RT\ln a^R_{(B)过饱和} = -RT\ln a^R_{(B)q'_{j-1}} \qquad (10.162)$$

$$\mu_{B(S)} = \mu^*_{B(S)}$$

$$\mu_{(B)过饱和} = \mu_{(B)q'_{j-11}} = \mu^*_{B(S)} + RT\ln a^R_{(B)过饱和} = \mu^*_{B(S)} + RT\ln a^R_{(B)q'_{j-1}}$$

总摩尔吉布斯自由能变化为

$$\Delta G_m = x_A G_{m, A(s)} + x_B G_{m, B(s)} = -RTx_A\ln a^R_{(A)过饱和} - RTx_B\ln a^R_{(B)过饱和}$$

$$= -RTx_A\ln a^R_{(A)g'_{j-1}} - RTx_B\ln a^R_{(B)g'_{j-1}}$$

直到相 E 完全转变为组元 A 和 B。

10.3.7 具有最低共晶点的三元系降温过程相变的热力学

图 10.23 为具有最低共晶点的三元系相图。物质组成点为 M 的固相 γ 降温冷却。温度降到 T_1,物质组成为相 A 面上的 M_1 点,平衡相组成为 q_1 点,两点重合,是组元 A 的饱和相,有

$$(A)_{q_1} \equiv (A)_{饱和} \rightleftharpoons A(s)$$

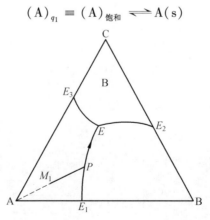

图 10.23　具有低共晶点的三元系相图

摩尔吉布斯自由能变化为

$$\begin{aligned}
\Delta G_{m,A}(T_1) &= G_{m,A(S)}(T_1) - \bar{G}_{m,(A)_{饱和}}(T_1) \\
&= \left[H_{m,A(S)}(T_1) - T_1 S_{m,A(S)}(T_1) \right] - \left[\bar{H}_{m,(A)_{饱和}}(T_1) - T_1 \bar{S}_{m,(A)_{饱和}} \right] \\
&= \left[H_{m,A(S)}(T_1) - \bar{H}_{m,(A)_{饱和}}(T_1) \right] - T_1 \left[S_{m,A(S)}(T_1) - \bar{S}_{m,(A)_{饱和}}(T_1) \right] \\
&= \Delta H_{m,A}(T_1) - T_1 \Delta S_{m,A}(T_1) \\
&= \Delta H_{m,A}(T_1) - T_1 \frac{\Delta H_{m,A}(T_1)}{T_1} = 0
\end{aligned}$$

或者如下计算。

以纯固态 A 为标准状态,组成以摩尔分数表示,摩尔吉布斯自由能变化为

$$\Delta G_{m,A} = \mu_{A(S)} - \mu_{(A)_{饱和}} = \mu_{A(S)} - \mu_{(A)_{q_1}} = - RT\ln a_{(A)_{饱和}}^{R} = 0 \qquad (10.163)$$

$$\mu_{A(S)} = \mu_{A(S)}^{*}$$

$$\mu_{(A)_{饱和}} = \mu_{A(S)}^{*} + RT\ln a_{(A)_{饱和}}^{R} = \mu_{A(S)}^{*} + RT\ln a_{(A)_{q_1}}^{R}$$

继续降低温度到 T_2。物质组成点为 M_2 点。温度刚降到 T_2,组元 A 还未来得及析出时,物相组成未变,但已由组元 A 的饱和相 q_1 变成组元 A 的过饱和相 q_1',析出固相组元 A,即

$$(A)_{q_1'} \equiv (A)_{过饱和} =\!\!=\!\!= A(s)$$

摩尔吉布斯自由能变化为

$$\begin{aligned}
\Delta G_{m,A}(T_2) &= G_{m,A(s)}(T_2) - \bar{G}_{m,(A)_{过饱和}}(T_2) \\
&= \left[H_{m,A(s)}(T_2) - T_j S_{m,A(s)}(T_2) \right] - \left[\bar{H}_{m,(A)_{过饱和}}(T_2) - T_2 \bar{S}_{m,(A)_{过饱和}}(T_2) \right] \\
&= \left[H_{m,A(s)}(T_2) - \bar{H}_{m,(A)_{过饱和}}(T_2) \right] - T_2 \left[S_{m,A(s)}(T_2 - \bar{S}_{m,(A)_{过饱和}}(T_2) \right] \\
&= \Delta H_{m,A}(T_2) - T_2 \Delta S_{m,A}(T_2) \\
&\approx \Delta H_{m,A}(T_1) - T_2 \Delta S_{m,A}(T_1) \\
&= \Delta H_{m,A}(T_1) - T_2 \frac{\Delta H_{m,A}(T_1)}{T_1} \\
&= \frac{\theta_{A,T_2} \Delta H_{m,A}(T_1)}{T_{E-1}} \\
&= \eta_{A,T_2} \Delta H_{m,A}(T_1)
\end{aligned}$$

式中,$\Delta H_{m,B}$ 和 $\Delta S_{m,B}$ 分别为组元 A 的焓变和熵变。

$$T_1 > T_2$$

$$\theta_{A,T_2} = T_1 - T_2 > 0$$

为组元 A 在温度 T_2 的绝对饱和过冷度。

$$\eta_{A,T_2} = \frac{T_1 - T_2}{T_1} > 0$$

为组元 A 在温度 T_2 的相对饱和过冷度。

或者如下计算。

以纯固态组元 A 为标准状态,组成以摩尔分数表示,摩尔吉布斯自由能变化为

$$\begin{aligned}
\Delta G_{m,A} &= \mu_{A(S)} - \mu_{(A)_{过饱和}} = \mu_{A(S)} - \mu_{(A)_{q_1'}} \\
&= - RT\ln a_{(A)_{过饱和}}^{R} = - RT\ln a_{(A)_{q_1'}}^{R} \qquad (10.164)
\end{aligned}$$

式中

$$\mu_{A(S)} = \mu_{A(S)}^*$$

$$\mu_{(A)过饱和} = \mu_{(A)q'_1} = -RT\ln a_{(A)过饱和}^R = -RT\ln a_{(A)q'_1}^R$$

式中，$a_{(A)过饱和}^R = a_{(A)q'_1}^R$ 为在温度 T_2，过饱和相 q'_1 中组元 A 的活度。

随着组元 A 的析出，组元 A 的过饱和程度降低，直到达到平衡相组成 q_2 点，达到新的平衡，有

$$(A)_{q_2} \equiv (A)_{饱和} \rightleftharpoons A(s)$$

继续降温，平衡相组成沿着 AM_1 连线的延长线向共晶线 EE_1 移动，并交于共晶线上的 P 点。从温度 T_1 到 T_p，析出固相组元 A 的过程可以描述如下：

在温度 T_{i-1}，析出组元 A 达到平衡，平衡相组成为 q_{i-1} 点，有

$$(A)_{q'_{i-1}} \equiv (A)_{过饱和} = A(s)$$

温度降到 T_i，在温度刚降到 T_i，组元 A 还未来得及析出时，物相组成未变，但已由组元 A 的饱和相 q_{i-1} 变成组元 A 的过饱和相 q'_{i-1}，析出固相组元 A，即

$$(A)_{q'_{i-1}} \equiv (A)_{过饱和} \Longrightarrow A(s)$$

摩尔吉布斯自由能变化为

$$
\begin{aligned}
\Delta G_{m,A}(T_i) &= G_{m,A(s)}(T_i) - \bar{G}_{m,(A)过饱和}(T_i) \\
&= \left[H_{m,A(s)}(T_i) - T_j S_{m,A(s)}(T_2) \right] - \left[\bar{H}_{m,(A)过饱和}(T_i) - T_2 \bar{S}_{m,(A)过饱和}(T_i) \right] \\
&= \left[H_{m,A(s)}(T_i) - \bar{H}_{m,(A)过饱和}(T_i) \right] - T_2 \left[S_{m,A(s)}(T_i) - \bar{S}_{m,(A)过饱和}(T_i) \right] \\
&= \Delta H_{m,A}(T_i) - T_2 \Delta S_{m,A}(T_i) \\
&\approx \Delta H_{m,A}(T_{i-1}) - T_2 \Delta S_{m,A}(T_{i-1}) \\
&= \Delta H_{m,A}(T_{i-1}) - T_2 \frac{\Delta H_{m,A}(T_{i-1})}{T_{i-1}} \\
&= \frac{\theta_{A,T_i} \Delta H_{m,A}(T_{i-1})}{T_{E-1}} \\
&= \eta_{A,T_i} \Delta H_{m,A}(T_{i-1})
\end{aligned}
$$

式中

$$T_{i-1} > T_i$$

$$\theta_{A,T_i} = T_{i-1} - T_i$$

为组元 A 在温度 T_i 的绝对饱和过冷度。

$$\eta_{A,T_i} = \frac{T_{i-1} - T_i}{T_{i-1}} > 0$$

为组元 A 在温度 T_i 的相对饱和过冷度。

或者如下计算。

以纯固态组元 A 为标准状态，浓度以摩尔分数表示，摩尔吉布斯自由能变化为

$$
\begin{aligned}
\Delta G_{m,A} &= \mu_{A(S)} - \mu_{(A)过饱和} = \mu_{A(S)} - \mu_{(A)q'_{i-1}} \\
&= -RT\ln a_{(A)过饱和}^R = -RT\ln a_{(A)q'_{i-1}}^R
\end{aligned}
\qquad (10.165)
$$

式中

$$\mu_{A(S)} = \mu^*_{A(S)}$$

$$\mu_{(A)过饱和} = \mu_{(A)q'_{i-1}} = \mu^*_{A(S)} + RT\ln a^R_{(A)过饱和} = \mu^*_{A(S)} + RT\ln a^R_{(A)q'_{i-1}}$$

$a^R_{(A)过饱和} = a^R_{(A)q'_{i-1}}$ 为过饱和相 q'_{i-1} 中组元 A 的活度。

随着组元 A 的析出,组元 A 的过饱和程度降低,直到达到新的平衡组成 q_i 点,成为饱和相有

$$(A)_{q_i} \equiv (A)_{饱和} \rightleftharpoons A(s)$$

在温度 T_{p-1},析出组元 A 达到平衡,平衡相组成为 q_{p-1} 点,有

$$(A)_{q_{p-1}} \equiv (A)_{过饱和} \rightleftharpoons A(s)$$

继续降低温度到 T_p,温度刚降到共晶线上的 p 点,还未来得析出组元 A 时,物相组成未变,但已由组元 A 的饱和相 q_{p-1} 变成组元 A 的过饱和相 q'_{p-1},析出固相组元 A,即

$$(A)_{q'_{p-1}} \equiv (A)_{过饱和} \rightleftharpoons A(s)$$

摩尔吉布斯自由能变化为

$$\begin{aligned}
\Delta G_{m,A}(T_p) &= G_{m,A(s)}(T_p) - \bar{G}_{m,(A)过饱和}(T_p) \\
&= \left[H_{m,A(s)}(T_p) - T_p S_{m,A(s)}(T_p)\right] - \left[\bar{H}_{m,(A)过饱和}(T_p) - T_p\bar{S}_{m,(A)过饱和}(T_p)\right] \\
&= \left[H_{m,A(s)}(T_p) - \bar{H}_{m,(A)过饱和}(T_p)\right] - T_p\left[S_{m,A(s)}(T_p) - \bar{S}_{m,(A)过饱和}(T_p)\right] \\
&= \Delta H_{m,A}(T_p) - T_p\Delta S_{m,A}(T_p) \\
&\approx \Delta H_{m,A}(T_{p-1}) - T_p\Delta S_{m,A}(T_{p-1}) \\
&= \Delta H_{m,A}(T_{p-1}) - T_p\frac{\Delta H_{m,A}(T_{p-1})}{T_{p-1}} \\
&= \frac{\theta_{A,T_p}\Delta H_{m,A}(T_{p-1})}{T_{E-1}} \\
&= \eta_{A,T_p}\Delta H_{m,A}(T_{p-1})
\end{aligned}$$

或者如下计算。

以纯固态组元 A 为标准状态,组成以摩尔分数表示,摩尔吉布斯自由能变化为

$$\begin{aligned}
\Delta G_{m,A} &= \mu_{A(S)} - \mu_{(A)过饱和} = \mu_{A(S)} - \mu_{(A)q'_{p-1}} \\
&= -RT\ln a^R_{(A)过饱和} = -RT\ln a^R_{(A)q'_{p-1}}
\end{aligned} \tag{10.166}$$

式中

$$\mu_{A(S)} = \mu^*_{A(S)}$$

$$\mu_{(A)过饱和} = \mu_{(A)q'_{p-1}} = \mu^*_{A(S)} + RT\ln a^R_{(A)过饱和} = \mu^*_{A(S)} + RT\ln a^R_{(A)q'_{p-1}}$$

$a^R_{(A)过饱和} = a^R_{(A)q'_{p-1}}$ 为在温度 T_p,过饱和相 q'_{p-1} 中组元 A 的活度。

随着组元 A 的析出,组元 A 的过饱和程度降低,直到达到新的平衡相组成 q_p 点,达到新的平衡,成为组元 A 的饱和相,此时,组元 B 也达到饱和,有

$$(A)_{q_p} \equiv (A)_{饱和} \rightleftharpoons A(s)$$

$$(B)_{q_p} \equiv (B)_{饱和} \rightleftharpoons B(s)$$

继续降温,从温度 T_p 到 T_E,平衡相组成沿着共晶线 EE_1 移动。析出晶体过程可以描述如下:

在温度 T_{j-1},析出固相组元 A 和 B 达到平衡,平衡相组成点为 q_{j-1} 点,是组元 A 和 B 的

饱和相,有

$$(A)_{q_{j-1}} \equiv (A)_{饱和} \rightleftharpoons A(s)$$

$$(B)_{q_{j-1}} \equiv (B)_{饱和} \rightleftharpoons B(s)$$

继续降低温度到 T_j。温度刚降到 T_j,还未来得及析出固相组元 A 和 B 时,物相组成未变,但已由组元 A 和 B 的饱和相 q_{j-1} 变成组元 A 和 B 的过饱和相 q'_{j-1},析出固相组元 A 和 B,有

$$(A)_{q'_{j-1}} \equiv (A)_{过饱和} =\!=\!= A(s)$$

$$(B)_{q'_{j-1}} \equiv (B)_{过饱和} =\!=\!= B(s)$$

摩尔吉布斯自由能变化为

$$
\begin{aligned}
\Delta G_{m,A}(T_j) &= G_{m,A(s)}(T_j) - \overline{G}_{m,(A)过饱和}(T_j) \\
&= \left[H_{m,A(s)}(T_j) - T_j S_{m,A(s)}(T_j) \right] - \left[\overline{H}_{m,(A)过饱和}(T_j) - T_j \overline{S}_{m,(A)过饱和}(T_j) \right] \\
&= \left[H_{m,A(s)}(T_j) - \overline{H}_{m,(A)过饱和}(T_j) \right] - T_j \left[S_{m,A(s)}(T_j) - \overline{S}_{m,(A)过饱和}(T_j) \right] \\
&= \Delta H_{m,A}(T_j) - T_j \Delta S_{m,A}(T_j) \\
&\approx \Delta H_{m,A}(T_{j-1}) - T_j \Delta S_{m,A}(T_{j-1}) \\
&= \Delta H_{m,A}(T_{j-1}) - T_j \frac{\Delta H_{m,A}(T_{j-1})}{T_{j-1}} \\
&= \frac{\theta_{A,T_j} \Delta H_{m,A}(T_{j-1})}{T_{j-1}} \\
&= \eta_{A,T_j} \Delta H_{m,A}(T_{j-1})
\end{aligned}
$$

式中

$$T_{j-1} > T_j$$

$$\theta_{A,T_j} = T_{j-1} - T_j$$

是组元 A 在 T_j 温度的绝对饱和过冷度。

$$\eta_{A,T_j} = \frac{T_{j-1} - T_j}{T_{j-1}}$$

是组元 A 在 T_j 温度的相对饱和过冷度。

同理

$$
\begin{aligned}
\Delta G_{m,B}(T_j) &= G_{m,B(s)}(T_j) - G_{m,(B)过饱和}(T_j) = \Delta H_{m,B}(T_j) - T_j \Delta S_{m,B}(T_j) \\
&\approx \Delta H_{m,B}(T_{j-1}) - T_j \frac{\Delta H_{m,B}(T_{j-1})}{T_{j-1}} \\
&= \frac{\theta_{B,T_j} \Delta H_{m,B}(T_{j-1})}{T_{j-1}} \\
&= \eta_{B,T_j} \Delta H_{m,B}(T_{j-1})
\end{aligned}
\tag{10.167}
$$

式中

$$\theta_{B,T_j} = T_{j-1} - T_j$$

是组元 B 在温度 T_j 的绝对饱和过冷度。

$$\eta_{B,T_j} = \frac{T_{j-1} - T_j}{T_{j-1}}$$

是组元 B 在温度 T_j 的相对饱和过冷度。

或者如下计算

以纯固态组元 A 和 B 为标准状态,浓度以摩尔分数表示,析晶过程的摩尔吉布斯自由能变化为

$$\Delta G_{m,A} = \mu_{A(S)} - \mu_{(A)过饱和} = \mu_{A(S)} - \mu_{(A)q'_{j-1}}$$
$$= - RT\ln a^R_{(A)过饱和} = - RT\ln a^R_{(A)q'_{j-1}} \qquad (10.168)$$

式中

$$\mu_{A(S)} = \mu^*_{A(S)}$$
$$\mu_{(A)过饱和} = \mu_{(A)q'_{j-1}} = \mu^*_{A(S)} + RT\ln a^R_{(A)过饱和} = \mu^*_{A(S)} + RT\ln a^R_{(A)q'_{j-1}}$$
$$\Delta G_{m,B} = \mu_{B(S)} - \mu_{(B)过饱和} = \mu_{B(S)} - \mu_{(B)q'_{j-1}}$$
$$= - RT\ln a^R_{(B)过饱和} = - RT\ln a^R_{(B)q'_{j-1}} \qquad (10.169)$$
$$\mu_{B(S)} = \mu^*_{B(S)}$$
$$\mu_{(B)过饱和} = \mu_{(B)q'_{j-1}} = \mu^*_{B(S)} + RT\ln a^R_{(B)过饱和} = \mu^*_{B(S)} + RT\ln a^R_{(B)q'_{j-1}}$$

总摩尔吉布斯自由能变化为

$$\Delta G_m(T_j) = x_A G_{m,A(s)}(T_j) + x_B G_{m,B(s)}(T_j)$$
$$= \frac{x_A \theta_{A,T_j} \Delta H_{m,A}(T_{j-1})}{T_{j-1}} + \frac{x_B \theta_{B,T_j} \Delta H_{m,B}(T_{j-1})}{T_{j-1}}$$
$$= x_A \eta_{A,T_j} \Delta H_{m,A}(T_{j-1}) + x_B \eta_{B,T_j} \Delta H_{m,B}(T_{j-1})$$

或

$$\Delta G_m = - RTx_A\ln a^R_{(A)过饱和} - RTx_B\ln a^R_{(B)过饱和}$$
$$= - RTx_A\ln a^R_{(A)q'_{j-1}} - RTx_B\ln a^R_{(B)q'_{j-1}}$$

随着组元 A 和 B 的析出,组元 A 和 B 的过饱和程度降低。直到达到新的平衡,成为组元 A 和 B 的饱和相,组成为共晶线上的 q_j 点,有

$$(A)_{q_j} \equiv (A)_{饱和} \rightleftharpoons A(s)$$
$$(B)_{q_j} \equiv (B)_{饱和} \longrightarrow B(s)$$

在温度 T_{E-1},析出组元 A 和 B 达到平衡,平衡相组成点为 q_{E-1},有

$$(A)_{q_{E-1}} \equiv (A)_{过饱和} \longrightarrow A(s)$$
$$(B)_{q_{E-1}} \equiv (B)_{过饱和} \longrightarrow B(s)$$

继续降低温度到 T_E,温度刚降到三元共晶点 E,还未来得析出组元 A 和 B 时,物相组成仍为在温度 T_{E-1} 时的组成 q_{E-1},但已由组元 A 和 B 的饱和相 q_{E-1} 变成组元 A 和 B 的过饱和相 q'_{E-1},析出固相组元 A 和 B,即

$$(A)_{q'_{E-1}} \equiv (A)_{过饱和} \longrightarrow A(s)$$
$$(B)_{q'_{E-1}} \equiv (B)_{过饱和} \longrightarrow B(s)$$

摩尔吉布斯自由能变化为

$$\Delta G_{m,A}(T_E) = G_{m,A(s)}(T_E) - \bar{G}_{m,(A)过饱和}(T_E)$$
$$= [H_{m,A(s)}(T_E) - T_E S_{m,A(s)}(T_E)] - [\bar{H}_{m,(A)过饱和}(T_E) - T_E \bar{S}_{m,(A)过饱和}(T_E)]$$

$$
\begin{aligned}
&= \left[H_{m,A(s)}(T_E) - \overline{H}_{m,(A)过饱和}(T_E) \right] - T_E \left[S_{m,A(s)}(T_E) - \overline{S}_{m,(A)过饱和}(T_E) \right] \\
&= \Delta H_{m,A}(T_E) - T_j \Delta S_{m,A}(T_E) \\
&\approx \Delta H_{m,A}(T_{E-1}) - T_j \Delta S_{m,A}(T_{E-1}) \\
&= \Delta H_{m,A}(T_{E-1}) - T_E \frac{\Delta H_{m,A}(T_{E-1})}{T_{E-1}} \\
&= \frac{\theta_{A,T_E} \Delta H_{m,A}(T_{E-1})}{T_{E-1}} \\
&= \eta_{A,T_E} \Delta H_{m,A}(T_{E-1})
\end{aligned}
$$

式中

$$
T_{E-1} > T_E
$$
$$
\theta_{A,T_E} = T_{E-1} - T_E
$$

是组元 A 在 T_E 温度的绝对饱和过冷度。

$$
\eta_{A,T_E} = \frac{T_{E-1} - T_E}{T_{E-1}}
$$

是组元 A 在 T_E 温度的相对饱和过冷度。

同理

$$
\begin{aligned}
\Delta G_{m,B}(T_E) &= G_{m,B}(T_E) - G_{m,(B)过饱和}(T_E) = \Delta H_{m,B}(T_E) - T_E \Delta S_{m,B}(T_E) \\
&\approx \Delta H_{m,B}(T_{E-1}) - T_E \frac{\Delta H_{m,B}(T_{E-1})}{T_{E-1}} \\
&= \frac{\theta_{A,T_E} \Delta H_{m,B}(T_{E-1})}{T_{E-1}} \\
&= \eta_{A,T_E} \Delta H_{m,B}(T_{E-1})
\end{aligned} \tag{10.170}
$$

式中

$$
T_{E-1} > T_E
$$
$$
\theta_{B,T_E} = T_{E-1} - T_E
$$

是组元 B 在温度 T_E 的绝对饱和过冷度。

$$
\eta_{B,T_E} = \frac{T_{E-1} - T_E}{T_{E-1}}
$$

是组元 B 在温度 T_E 的相对饱和过冷度。

或者如下计算。

$$
\begin{aligned}
\Delta G_{m,A} &= \mu_{A(S)} - \mu_{(A)过饱和} = \mu_{A(S)} - \mu_{(A)q'_{E-1}} \\
&= -RT\ln a^R_{(A)过饱和} = -RT\ln a^R_{(A)q'_{E-1}}
\end{aligned} \tag{10.171}
$$

$$
\begin{aligned}
\Delta G_{m,B} &= \mu_{B(S)} - \mu_{(B)过饱和} = \mu_{B(S)} - \mu_{(B)q'_{E-1}} \\
&= -RT\ln a^R_{(B)过饱和} = -RT\ln a^R_{(B)q'_{E-1}}
\end{aligned} \tag{10.172}
$$

总摩尔吉布斯自由能变化为

$$
\begin{aligned}
\Delta G_m(T_E) &= x_A \Delta G_{m,A(s)}(T_E) + x_B \Delta G_{m,B(s)}(T_E) \\
&= \frac{x_A \theta_{A,T_E} \Delta H_{m,A}(T_{E-1})}{T_{j-1}} + \frac{x_B \theta_{B,T_E} \Delta H_{m,B}(T_{E-1})}{T_{j-1}}
\end{aligned}
$$

$$= x_A \eta_{A,T_E} \Delta H_{m,A}(T_{E-1}) + x_B \eta_{B,T_E} \Delta H_{m,B}(T_{E-1})$$

或

$$\Delta G_m = x_A \Delta G_{m,A} + x_B \Delta G_{m,B} = -RTx_A \ln a^R_{(A)过饱和} - RTx_B \ln a^R_{(B)过饱和}$$
$$= -RTx_A \ln a^R_{(A)q'_{E-1}} - RTx_B \ln a^R_{(B)q'_{E-1}}$$

随着组元 A 和 B 的析出,组元 A 和 B 的过饱和程度降低。直到达到新的平衡,成为组元 A 和 B 的饱和相,同时,组元 C 也达到饱和,有

$$(A)_{q_E} \equiv (A)_{饱和} \Longleftrightarrow A(s)$$
$$(B)_{q_E} \equiv (B)_{饱和} \Longleftrightarrow B(s)$$
$$(C)_{q_E} \equiv (C)_{饱和} \Longleftrightarrow C(s)$$

在温度 T_E,三相平衡共存,有

$$q_E \Longleftrightarrow x_A A(s) + x_B B(s) + x_C C(s)$$

即

$$x_A (A)_{q_E} + x_B (B)_{q_E} + X_C (C)_{q_E} \Longleftrightarrow x_A A(s) + x_B B(s) + x_C C(s)$$

摩尔吉布斯自由能变化为零。有

$$\begin{aligned}\Delta G_{m,A}(T_E) &= G_{m,A(S)}(T_E) - G_{m,(A)_{饱和}}(T_E) \\ &= [H_{m,A(S)}(T_E) - T_E S_{m,A(S)}(T_E)] - [\overline{H}_{m,(A)过饱和}(T_E) - T_E \overline{S}_{m,(A)过饱和}(T_E)] \\ &= [H_{m,A(S)}(T_E) - \overline{H}_{m,(A)_{饱和}}(T_E)] - T_E[S_{m,A(S)}(T_E) - \overline{S}_{m,(A)_{饱和}}(T_E)] \\ &= \Delta H_{m,A}(T_E) - T_E \Delta S_{m,A}(T_E) \\ &= \Delta H_{m,A}(T_E) - T_E \frac{\Delta H_{m,A}(T_E)}{T_E} = 0\end{aligned}$$

同理

$$\Delta G_{m,B}(T_E) = \Delta H_{m,B}(T_E) - T_E \frac{\Delta H_{m,B}(T_E)}{T_E} = 0$$

$$\Delta G_{m,C}(T_E) = \Delta H_{m,C}(T_E) - T_E \frac{\Delta H_{m,C}(T_E)}{T_E} = 0$$

或者如下计算。

$$\Delta G_{m,A} = \mu_{A(S)} - \mu_{(A)_{饱和}} = \mu_{A(S)} - \mu_{(A)q_E} = 0 \tag{10.173}$$

$$\Delta G_{m,B} = \mu_{B(S)} - \mu_{(B)_{饱和}} = \mu_{B(S)} - \mu_{(B)q_E} = 0 \tag{10.174}$$

$$\Delta G_{m,C} = \mu_{C(S)} - \mu_{(C)_{饱和}} = \mu_{C(S)} - \mu_{(C)q_E} = 0 \tag{10.175}$$

式中

$$\mu_{A(S)} = \mu^*_{A(S)}$$
$$\mu_{(A)_{饱和}} = \mu_{(A)q_E} = \mu^*_{A(S)} + RT\ln a^R_{(A)_{饱和}}$$
$$a^R_{(A)_{饱和}} = 1$$
$$\mu_{B(S)} = \mu^*_{B(S)}$$
$$\mu_{(B)_{饱和}} = \mu_{(B)q_E} = \mu^*_{B(S)} + RT\ln a^R_{(B)_{饱和}}$$

$$a^R_{(B)\text{饱和}} = 1$$

$$\mu_{C(S)} = \mu^*_{C(S)}$$

$$\mu_{(C)\text{饱和}} = \mu_{(C)q_E} = \mu^*_{C(S)} + RT\ln a^R_{(C)\text{饱和}}$$

$$a^R_{(C)\text{饱和}} = 1$$

总摩尔吉布斯自由能变化为

$$\Delta G_m = x_A\Delta G_{m,A} + x_B\Delta G_{m,B} + x_C\Delta G_{m,C} = 0$$

继续降低温度到 T_E 以下,从温度 T_E 到温度 T,组元 A、B、C 全部从 q_E 中析出,过程可以描述如下:

在温度 T_{k-1},析出组元 A、B 和 C 达到平衡,组元 A、B 和 C 的平衡组成分别为 q_{k-1}、g_{k-1} 和 r_{k-1}。实际组成为符合杠杆定则的 E_{k-1},是组元 A、B 和 C 的饱和相,有

$$(A)_{E_{k-1}} \equiv (A)_{q_{k-1}} \equiv (A)_{\text{饱和}} \rightleftharpoons A(s)$$

$$(B)_{E_{k-1}} \equiv (B)_{g_{k-1}} \equiv (B)_{\text{饱和}} \rightleftharpoons B(s)$$

$$(C)_{E_{k-1}} \equiv (C)_{r_{k-1}} \equiv (C)_{\text{饱和}} \rightleftharpoons C(s)$$

降低温度到 T_k。在温度刚降到 T_k,还未来得及析出固相组元 A、B 和 C 时,物相组成未变,但已由组元 A、B 和 C 的饱和相 E_{k-1} 变成过饱相 E'_{k-1},析出组元 A、B 和 C。有

$$(A)_{E'_{k-1}} \equiv (A)_{\text{过饱和}} = A(s)$$

$$(B)_{E'_{k-1}} \equiv (B)_{\text{过饱和}} = B(s)$$

$$(C)_{E'_{k-1}} \equiv (C)_{\text{过饱和}} = C(s)$$

摩尔吉布斯自由能变化为

$$\begin{aligned}
\Delta G_{m,A}(T_k) &= G_{m,A(s)}(T_k) - \overline{G}_{m,(A)\text{过饱和}}(T_k)\\
&= \Delta H_{m,A}(T_k) - T_k\Delta S_{m,A}(T_k)\\
&\approx \Delta H_{m,A}(T_{k-1}) - T_k\Delta S_{m,A}(T_{k-1})\\
&= \Delta H_{m,A}(T_{k-1}) - T_k\frac{\Delta H_{m,A}(T_{k-1})}{T_{k-1}}\\
&= \frac{\theta_{A,T_k}\Delta H_{m,A}(T_{k-1})}{T_{k-1}}\\
&= \eta_{A,T_k}\Delta H_{m,A}(T_{k-1})
\end{aligned}$$

同理

$$\begin{aligned}
\Delta G_{m,B}(T_k) &= G_{m,B(s)}(T_k) - \overline{G}_{m,(B)\text{过饱和}}(T_k)\\
&= \Delta H_{m,B}(T_k) - T_k\Delta S_{m,B}(T_k)\\
&\approx \Delta H_{m,B}(T_{k-1}) - T_k\Delta S_{m,B}(T_{k-1})\\
&= \Delta H_{m,B}(T_{k-1}) - T_k\frac{\Delta H_{m,B}(T_{k-1})}{T_{k-1}}\\
&= \frac{\theta_{B,T_k}\Delta H_{m,B}(T_{k-1})}{T_{k-1}}\\
&= \eta_{B,T_k}\Delta H_{m,B}(T_{k-1})
\end{aligned}$$

$$\Delta G_{m,C}(T_k) = G_{m,C(s)}(T_k) - \overline{G}_{m,(C)\text{过饱和}}(T_k)$$

$$= \Delta H_{m,C}(T_k) - T_k \Delta S_{m,C}(T_k)$$

$$\approx \Delta H_{m,C}(T_{k-1}) - T_k \Delta S_{m,C}(T_{k-1})$$

$$= \Delta H_{m,C}(T_{k-1}) - T_k \frac{\Delta H_{m,C}(T_{k-1})}{T_{k-1}}$$

$$= \frac{\theta_{C,T_k} \Delta H_{m,C}(T_{k-1})}{T_{k-1}}$$

$$= \eta_{C,T_k} \Delta H_{m,C}(T_{k-1})$$

式中

$$T_{k-1} > T_k$$

$$\theta_{1,T_k} = T_{k-1} - T_k$$

$$\eta_{i,T_k} = \frac{T_{k-1} - T_k}{T_{k-1}}$$

$$I = A, B, C$$

或者如下计算。

以纯固态组元 A 和 B 为标准状态,浓度以摩尔分数表示,摩尔吉布斯自由能变化为

$$\Delta G_{m,A} = \mu_{A(S)} - \mu_{(A)过饱和} = \mu_{A(S)} - \mu_{(A)E'_{k-1}}$$
$$= -RT\ln a^R_{(A)过饱和} = -RT\ln a^R_{(A)E'_{k-1}} \qquad (10.176)$$

式中

$$\mu_{A(S)} = \mu^*_{A(S)}$$

$$\mu_{(A)过饱和} = \mu_{(A)E'_{k-1}} = \mu^*_{A(S)} + RT\ln a^R_{(A)过饱和} = \mu^*_{A(S)} + RT\ln a^R_{(A)E'_{k-1}}$$

$$\Delta G_{m,B} = \mu_{B(S)} - \mu_{(B)过饱和} = \mu_{B(S)} - \mu_{(B)E'_{k-1}}$$
$$= -RT\ln a^R_{(B)过饱和} = -RT\ln a^R_{(B)E'_{k-1}} \qquad (10.177)$$

式中

$$\mu_{B(S)} = \mu^*_{B(S)}$$

$$\mu_{(B)过饱和} = \mu_{(B)E'_{k-1}} = \mu^*_{B(S)} + RT\ln a^R_{(B)过饱和} = \mu^*_{B(S)} + RT\ln a^R_{(B)E'_{k-1}}$$

$$\Delta G_{m,C} = \mu_{C(S)} - \mu_{(C)过饱和} = \mu_{C(S)} - \mu_{(C)E'_{k-1}}$$
$$= -RT\ln a^R_{(C)过饱和} = -RT\ln a^R_{(C)E'_{k-1}} \qquad (10.178)$$

式中

$$\mu_{C(S)} = \mu^*_{C(S)}$$

$$\mu_{(C)过饱和} = \mu_{(C)E'_{k-1}} = \mu^*_{C(S)} + RT\ln a^R_{(C)过饱和} = \mu^*_{C(S)} + RT\ln a^R_{(C)E'_{k-1}}$$

总摩尔吉布斯自由能变化为

$$\Delta G_m = x_A \Delta G_{m,A} + x_B \Delta G_{m,B} + x_C \Delta G_{m,C}$$

$$= \frac{1}{T_{k-1}} [x_A \theta_{A,T_k} \Delta H_{m,A}(T_{k-1}) + x_B \theta_{B,T_k} \Delta H_{m,B}(T_{k-1}) + x_C \theta_{C,T_k} \Delta H_{m,C}(T_{k-1})]$$

$$= x_A \eta_{A,T_k} \Delta H_{m,A}(T_{k-1}) + x_B \eta_{B,T_k} \Delta H_{m,B}(T_{k-1}) + x_C \eta_{C,T_k} \Delta H_{m,C}(T_{k-1})$$

或

$$\Delta G_m = x_A \Delta G_{m,A} + x_B \Delta G_{m,B} + x_C \Delta G_{m,C}$$

$$= - x_A RT\ln a^R_{(A)过饱和} - x_B RT\ln a^R_{(B)过饱和} - x_C RT\ln a^R_{(C)过饱和}$$
$$= - x_A RT\ln a^R_{(A)E'_{k-1}} - x_B RTx_B\ln a^R_{(B)E'_{k-1}} - x_C RTx_C\ln a^R_{(C)E'_{k-1}}$$

直到相 E 完全转变为组元 A、B、C。

10.3.8 具有最低共晶点的二元系升温过程相变的热力学

图 10.24 是具有最低共晶点的二元系相图。在恒压条件下,组成点 P 为物质升温。温度升到 T_E,物质组成点为 P_E 点。在相组成为 P_E 的物质中,有共晶点组成的 E 和过量的组元 B。

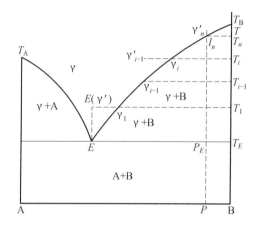

图 10.24 具有低共晶点的二元系相图

温度升到 T_E。组成为 E 的固相发生相变,可以表示为

$$E(A + B) \rightleftharpoons E(\gamma)$$

即

$$x_A A(s) + x_B B(s) \rightleftharpoons x_A (A)_{E(\gamma)} + x_B (B)_{E(\gamma)}$$

或

$$A(s) \rightleftharpoons (A)_{E(\gamma)} \equiv (A)_{饱和}$$
$$B(s) \rightleftharpoons (B)_{E(\gamma)} \equiv (B)_{饱和}$$

式中,x_A 和 x_B 是组成 E 的组元 A 和 B 的摩尔分数。

相变过程的摩尔吉布斯自由能变化为

$$\begin{aligned}
\Delta G_{m,E}(T_E) &= G_{m,E(\gamma)}(T_E) - G_{m,E(A+B)}(T_E) \\
&= [H_{m,E(\gamma)}(T_E) - T_E S_{m,E(\gamma)}(T_E)] - [H_{m,E(A+B)}(T_E) - T_E S_{m,E(A+B)}(T_E)] \\
&= [H_{m,E(\gamma)}(T_E) - H_{m,E(A+B)}(T_E)] - T_E[S_{m,E(\gamma)}(T_E) - S_{m,E(A+B)}(T_E)] \\
&= \Delta H_{m,E}(T_E) - T_E \Delta S_{m,E}(T_E) \\
&= \Delta H_{m,E}(T_E) - T_E \frac{\Delta H_{m,E}(T_E)}{T_E} = 0
\end{aligned}$$

或者

$$\begin{aligned}
\Delta G_{m,A}(T_E) &= \overline{G}_{m,(A)_{E(\gamma)}}(T_E) - G_{m,A(s)}(T_E) \\
&= [\overline{H}_{m,(A)_{E(\gamma)}}(T_E) - T_E \overline{S}_{m,(A)_{E(\gamma)}}(T_E)] - [H_{m,A(s)}(T_E) - T_E S_{m,A(s)}(T_E)]
\end{aligned}$$

$$= \left[\bar{H}_{m,(A)_{E(\gamma)}}(T_E) - H_{m,A(s)}(T_E)\right] - T_E\left[\bar{S}_{m,(A)_{E(\gamma)}}(T_E) - S_{m,A(s)}(T_E)\right]$$
$$= \Delta H_{m,A}(T_E) - T_E\Delta S_{m,A}(T_E)$$
$$= \Delta H_{m,A}(T_E) - T_E\frac{\Delta H_{m,A}(T_E)}{T_E} = 0$$

同理
$$\Delta G_{m,B}(T_E) = \bar{G}_{m,(B)_{E(\gamma)}}(T_E) - G_{m,B(s)}(T_E) = 0$$
$$\Delta G_{m,C}(T_E) = \bar{G}_{m,(C)_{E(\gamma)}}(T_E) - G_{m,C(s)}(T_E) = 0$$

总摩尔吉布斯自由能变化
$$\Delta G_m(T_E) = x_A G_{m,A}(T_E) + x_B G_{m,B}(T_E) + x_C G_{m,C}(T_E) = 0$$

也可以如下计算。

以纯固态组元 A 和 B 为标准状态,组成以摩尔分数表示,摩尔吉布斯自由能变化为
$$\Delta G_{m,A} = \mu_{(A)_{E(\gamma)}} - \mu_{A(S)} = \mu_{(A)_{饱和}} - \mu_{A(S)} = 0 \tag{10.179}$$

式中
$$\mu_{(A)_{饱和}} = \mu_{(A)_{E(\gamma)}} = \mu_{A(S)}^* + RT\ln a_{(A)_{E(\gamma)}}^R = \mu_{A(S)}^* + RT\ln a_{(A)_{饱和}}^R$$
$$\mu_{A(S)} = \mu_{A(S)}^*$$
$$a_{(A)_{饱和}}^R = a_{(A)_{E(\gamma)}}^R = 1$$
$$\Delta G_{m,B} = \mu_{(B)_{E(\gamma)}} - \mu_{B(S)} = \mu_{(B)_{饱和}} - \mu_{B(S)} = 0 \tag{10.180}$$

式中
$$\mu_{(B)_{饱和}} = \mu_{(B)_{E(\gamma)}} = \mu_{B(S)}^* + RT\ln a_{(B)_{E(\gamma)}}^R = \mu_{B(S)}^* + RT\ln a_{(B)_{饱和}}^R$$
$$\mu_{B(S)} = \mu_{B(S)}^*$$
$$a_{(B)_{饱和}}^R = a_{(B)_{E(\gamma)}}^R = 1$$

升高温度到 T_1。组成为 E 的组元 A 和 B 如果在温度 T_E 还没完全转变为 $E(\gamma)$,则会继续转变为 $E(\gamma)$,这时的 $E(\gamma)$ 已由组元 A、B 的饱和相变成组元 A、B 的不饱和相 $E'(\gamma)$,有
$$E(A + B) =\!\!=\!\!= E'(\gamma)$$

即
$$x_A A(s) + x_B B(s) =\!\!=\!\!= x_A (A)_{E'(\gamma)} + x_B (B)_{E'(\gamma)}$$

或
$$A(s) =\!\!=\!\!= (A)_{E'(\gamma)} \equiv (A)_{未饱}$$
$$B(s) =\!\!=\!\!= (B)_{E'(\gamma)} \equiv (B)_{未饱}$$

转变过程在非平衡状态下进行,摩尔吉布斯自由能变化为
$$\Delta G_{m,A}(T_1) = \bar{G}_{m,(A)_{E'(\gamma)}}(T_1) - G_{m,A(s)}(T_1)$$
$$= \left[\bar{H}_{m,(A)_{E'(\gamma)}}(T_1) - T_1\bar{S}_{m,(A)_{E'(\gamma)}}(T_1)\right] - \left[H_{m,A(s)}(T_1) - T_1 S_{m,A(s)}(T_1)\right]$$
$$= \left[\bar{H}_{m,(A)_{E'(\gamma)}}(T_1) - H_{m,A(s)}(T_1)\right] - T_1\left[\bar{S}_{m,(A)_{E'(\gamma)}}(T_1) - S_{m,A(s)}(T_1)\right]$$
$$= \Delta H_{m,A}(T_1) - T_1\Delta S_{m,A}(T_1)$$
$$\approx \Delta H_{m,A}(T_E) - T_1\Delta S_{m,A}(T_E)$$

$$= \frac{\Delta H_{m,A}(T_E) \Delta T}{T_E}$$

同理

$$\Delta G_{m,B}(T_1) = \overline{G}_{m,(B)_{E'(\gamma)}}(T_1) - G_{m,B(s)}(T_1) = \Delta H_{m,B}(T_1) - T_1 \Delta S_{m,B}(T_1)$$

$$\approx \Delta H_{m,B}(T_E) - T_1 \Delta S_{m,B}(T_E) = \frac{\Delta H_{m,B}(T_E) \Delta T}{T_E}$$

式中

$$T_1 > T_E$$

$$\Delta T = T_E - T_1 < 0$$

$$\Delta H_{m,A} > 0, \Delta H_{m,B} > 0$$

$\Delta H_{m,A}$ 和 $\Delta S_{m,A}$ 为组元 A(s) 和 B(s) 溶解到 γ 相中的焓变和熵变。

总摩尔吉布斯自由能变化为

$$\Delta G_m(T_1) = x_A \Delta G_{m,A}(T_1) + x_B \Delta G_{m,B}(T_1)$$

$$= \frac{x_A \Delta H_{m,A}(T_E) \Delta T}{T_E} + \frac{x_B \Delta H_{m,B}(T_E) \Delta T}{T_E}$$

也可以如下计算。

组元 A 和 B 都以纯固态为标准状态,浓度以摩尔分数表示,摩尔吉布斯自由能变化为

$$\Delta G_{m,A} = \mu_{(A)_{E'(\gamma)}} - \mu_{A(S)} = \mu_{(A)_{未饱}} - \mu_{A(S)}$$

$$= - RT \ln a^R_{(A)_{E'(\gamma)}} = - RT \ln a^R_{(A)_{未饱}} \tag{10.181}$$

式中

$$\mu_{(A)_{E(\gamma)}} = \mu_{(A)_{未饱和}} = \mu^*_{A(S)} + RT \ln a^R_{(A)_{未饱和}} = \mu^*_{A(S)} + RT \ln a^R_{(A)_{E'(\gamma)}}$$

$$\mu_{A(S)} = \mu^*_{A(S)}$$

$$a^R_{(A)_{未饱和}} = a^R_{(A)_{E'(\gamma)}} < 1$$

为 $E_{(\gamma)}$ 相中组元 A 的活度。

$$\Delta G_{m,B} = \mu_{(B)_{E'(\gamma)}} - \mu_{B(S)} = \mu_{(B)_{未饱和}} - \mu_{B(S)}$$

$$= - RT \ln a^R_{(B)_{E'(\gamma)}} = - RT \ln a^R_{(B)_{未饱和}} \tag{10.182}$$

式中

$$\mu_{(B)_{E(\gamma)}} = \mu_{(B)_{未饱和}} = \mu^*_{B(S)} + RT \ln a^R_{(B)_{未饱和}} = \mu^*_{B(S)} + RT \ln a^R_{(B)_{E'(\gamma)}}$$

$$\mu_{B(S)} = \mu^*_{B(S)}$$

$$a^R_{(B)_{未饱和}} = a^R_{(B)_{E'(\gamma)}} < 1$$

为 $E_{(\gamma)}$ 相中组元 B 的活度。

总摩尔吉布斯自由能变化为

$$\Delta G_m(T_1) = x_A \Delta G_{m,A} + x_B \Delta G_{m,B} = x_A RT \ln a^R_{(A)_{E'(\gamma)}} + x_B RT \ln a^R_{(B)_{E'(\gamma)}}$$

组成为 E 的组元 A 和 B 完全转变为 $E'(\gamma)$ 后,在温度 T_1,$E'(\gamma)$ 仍是不饱和相,按照组成为 E 而过量的组元 B 继续向 $E'(\gamma)$ 相中溶解,有

$$B(s) = (B)_{E'(\gamma)}$$

摩尔吉布斯自由能变化为

$$\Delta G_{\mathrm{m,B}}(T_1) = \overline{G}_{\mathrm{m,(B)}_{E'(\gamma)}}(T_1) - G_{\mathrm{m,B(s)}}(T_1)$$

$$= \left[\overline{H}_{\mathrm{m,(B)}_{E'(\gamma)}}(T_1) - T_1 \overline{S}_{\mathrm{m,(B)}_{E'(\gamma)}}(T_1) \right] - \left[H_{\mathrm{m,B(s)}}(T_1) - T_1 S_{\mathrm{m,B(s)}}(T_1) \right]$$

$$= \left(\overline{H}_{\mathrm{m,(B)}_{E'(\gamma)}}(T_1) - H_{\mathrm{m,B(s)}}(T_1) \right) - T_1 \left(\overline{S}_{\mathrm{m,(B)}_{E'(\gamma)}}(T_1) - S_{\mathrm{m,B(s)}}(T_1) \right)$$

$$= \Delta H_{\mathrm{m,B}}(T_1) - T_1 \Delta S_{\mathrm{m,B}}(T_1)$$

$$\approx \Delta H_{\mathrm{m,B}}(T_E) - T_1 \Delta S_{\mathrm{m,B}}(T_E)$$

$$= \frac{\Delta H_{\mathrm{m,B}}(T_E)\Delta T}{T_E}$$

式中

$$T_1 > T_E$$
$$\Delta T = T_E - T_1 < 0$$

或者如下计算。

以纯固态组元 B 为标准状态,浓度以摩尔分数表示,有

$$\Delta G_{\mathrm{m,B}} = \mu_{\mathrm{(B)}_{E'(\gamma)}} - \mu_{\mathrm{B(S)}} = \mu_{\mathrm{(B)}\text{未饱和}} - \mu_{\mathrm{B(S)}}$$
$$= -RT\ln a^{\mathrm{R}}_{\mathrm{(B)}_{E(\gamma)}} = -RT\ln a^{\mathrm{R}}_{\mathrm{(B)}\text{未饱和}} \tag{10.183}$$

式中

$$\mu_{\mathrm{(B)}_{E'(\gamma)}} = \mu_{\mathrm{(B)}\text{未饱和}} = \mu^*_{\mathrm{B(S)}} + RT\ln a^{\mathrm{R}}_{\mathrm{(B)}\text{未饱和}} = \mu^*_{\mathrm{B(S)}} + RT\ln a^{\mathrm{R}}_{\mathrm{(B)}_{E'(\gamma)}}$$
$$\mu_{\mathrm{B(S)}} = \mu^*_{\mathrm{B(S)}}$$

组元 B 向 $E'(\gamma)$ 中溶解,直到组元 B 达到饱和,与 γ 相达到平衡,组成为饱和相线 ET_{B} 上的 γ_1 点。有

$$\mathrm{B(s)} \rightleftharpoons (\mathrm{B})_{\gamma_1} \equiv (\mathrm{B})_\text{饱和}$$

从温度 T_1 到温度 T_n,随着温度的升高,组元 B 在 γ 相中的溶解度增大,γ 相成为不饱和相。因此,组元 B 向 γ 相中溶解。该过程可以统一描述如下:

在温度 T_{i-1},组元 B 在 γ 相中的溶解达到饱和,平衡组成为饱和线 ET_{B} 上的 γ_{i-1} 点,有

$$\mathrm{B(s)} \rightleftharpoons (\mathrm{B})_{\gamma_{i-1}} \equiv (\mathrm{B})_\text{饱和} \qquad (i = 1, 2, \cdots, n)$$

升高温度到 T_i。在温度刚升到 T_i,组元 B 还未来得及向 γ_{i-1} 相中溶解,γ_{i-1} 相组成未变,但已由组元 B 饱和的相 γ_{i-1} 变成组元 B 不饱和的相 γ'_{i-1},组元 B 向其中溶解,有

$$\mathrm{B(s)} \rightleftharpoons (\mathrm{B})_{\gamma'_{i-1}} \equiv (\mathrm{B})\text{未饱和} \qquad (i = 1, 2, \cdots n)$$

摩尔吉布斯自由能变化为

$$\Delta G_{\mathrm{m,B}}(T_i) = \overline{G}_{\mathrm{m,(B)}_{\gamma'_{i-1}}}(T_i) - G_{\mathrm{m,B(s)}}(T_i)$$

$$= \left[\overline{H}_{\mathrm{m,(B)}_{\gamma'_{i-1}}}(T_i) - T_i \overline{S}_{\mathrm{m,(B)}_{\gamma'_{i-1}}}(T_i) \right] - \left[H_{\mathrm{m,B(s)}}(T_i) - T_i S_{\mathrm{m,B(s)}}(T_i) \right]$$

$$= \left[\overline{H}_{\mathrm{m,(B)}_{\gamma'_{i-1}}}(T_i) - H_{\mathrm{m,B(s)}}(T_i) \right] - T_i \left[\overline{S}_{\mathrm{m,(B)}_{\gamma'_{i-1}}}(T_i) - S_{\mathrm{m,B(s)}}(T_i) \right]$$

$$= \Delta H_{\mathrm{m,B}}(T_i) - T_i \Delta S_{\mathrm{m,B}}(T_i)$$

$$\approx \Delta H_{\mathrm{m,B}}(T_{i-1}) - T_i \Delta S_{\mathrm{m,B}}(T_{i-1})$$

$$= \Delta H_{\mathrm{m,B}}(T_{i-1}) - T_i \frac{\Delta H_{\mathrm{m,B}}(T_{i-1})}{T_{i-1}}$$

$$= \frac{\Delta H_{\mathrm{m,B}}(T_{i-1})\Delta T}{T_{i-1}}$$

式中

$$T_i > T_{i-1}$$
$$\Delta T = T_{i-1} - T_i < 0$$
$$\Delta H_{m,B} > 0$$

或者如下计算。

以纯固态组元 B 为标准状态，浓度以摩尔分数表示，摩尔吉布斯自由能变化为

$$\Delta G_{m,B} = \mu_{(B)_{\gamma'_{i-1}}} - \mu_{B(S)} = \mu_{(B)_{未饱和}} - \mu_{B(S)}$$

$$= - RT\ln a^R_{(B)_{\gamma'_{i-1}}} = - RT\ln a^R_{(B)_{未饱和}} \tag{10.184}$$

式中

$$\mu_{(B)_{\gamma'_{i-1}}} = \mu_{(B)_{未饱和}} = \mu^*_{B(S)} + RT\ln a^R_{(B)_{\gamma'_{i-1}}} = \mu^*_{B(S)} + RT\ln a^R_{(B)_{未饱和}}$$

$$\mu_{B(S)} = \mu^*_{B(S)}$$

随着组元 B 向 γ'_{i-1} 相中溶解，相 γ'_{i-1} 的未饱和程度降低，直到组元 B 溶解达到饱和，组元 B 和 γ 相达到新的平衡，平衡相组成为共晶线 ET_B 上的 γ_i 点。有

$$B(s) \rightleftharpoons (B)_{\gamma_i} \equiv (B)_{饱和}$$

在温度 T_n，组元 B 在 γ 相中的溶解达到饱和，组元 B 和 γ 相达成平衡，组成为饱和相线上的 γ_n 点，有

$$B(s) \rightleftharpoons (B)_{\gamma_n} \equiv (B)_{饱和}$$

升高温度到 T。在温度刚升到 T，γ_n 相组成未变，但已由组元 B 饱和的相 γ_n 变成不饱和相 γ'_n，组元 B 向其中溶解，有

$$B(s) \rightleftharpoons (B)_{\gamma'_n} \equiv (B)_{未饱和}$$

摩尔吉布斯自由能变化为

$$\Delta G_{m,B}(T) = \bar{G}_{m,(B)_{\gamma'_n}}(T) - G_{m,B(s)}(T)$$

$$= [\bar{H}_{m,(B)_{\gamma'_n}}(T) - T\bar{S}_{m,(B)_{\gamma'_n}}(T)] - [H_{m,B(s)}(T) - TS_{m,B(s)}(T)]$$

$$= [\bar{H}_{m,(B)_{\gamma'_n}}(T) - H_{m,B(s)}(T)] - T[\bar{S}_{m,(B)_{\gamma'_n}}(T) - S_{m,B(s)}(T)]$$

$$= \Delta H_{m,B}(T) - T\Delta S_{m,B}(T)$$

$$\approx \Delta H_{m,B}(T_n) - T\Delta S_{m,B}(T_n)$$

$$= \Delta H_{m,B}(T_n) - T\frac{\Delta H_{m,B}(T_n)}{T_n}$$

$$= \frac{\Delta H_{m,B}(T_n)\Delta T}{T_n}$$

式中

$$T > T_n$$
$$\Delta T = T - T_n < 0$$

也可以如下计算。

以纯固态组元 B 为标准状态，组成以摩尔分数表示，摩尔吉布斯自由能变化为

$$\Delta G_{m,B} = \mu_{(B)_{\gamma'_n}} - \mu_{B(S)} = \mu_{(B)_{未饱和}} - \mu_{B(S)}$$

$$= - RT\ln a_{(B)_{\gamma'_n}}^{R} = - RT\ln a_{(B)_{\text{未饱和}}}^{R} \qquad (10.185)$$

直到组元 B 完全溶解进入 γ 相中。

10.3.9 具有最低共晶点的三元系升温过程相变的热力学

图 10.25 是具有最低共晶点的三元系相图。在恒压条件下，物质组成点为 M 的固相升温。温度升到 T_E，物质组成点到达最低共晶点 E 所在的平行于底面的等温平面。在相组成为 M 的物质中，有共晶点组成的 E 和过量的组元 A 和 B。

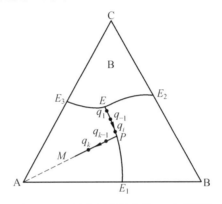

图 10.25 具有低共晶点的三元系相图

温度升到 T_E，组成为 E 的组元相变过程可表示为

$$E(\text{A} + \text{B} + \text{C}) \rightleftharpoons E(\gamma)$$

即

$$x_\text{A}\text{A}(s) + x_\text{B}\text{B}(s) + x_\text{C}\text{C}(s) \rightleftharpoons x_\text{A}\ (\text{A})_{E(\gamma)} + x_\text{B}\ (\text{B})_{E(\gamma)} + x_\text{C}\ (\text{C})_{E(\gamma)}$$

或

$$\text{A}(s) \rightleftharpoons (\text{A})_{E(\gamma)} \equiv (\text{A})_{\text{饱和}}$$
$$\text{B}(s) \rightleftharpoons (\text{B})_{E(\gamma)} \equiv (\text{B})_{\text{饱和}}$$
$$\text{C}(s) \rightleftharpoons (\text{C})_{E(\gamma)} \equiv (\text{C})_{\text{饱和}}$$

式中，x_A，x_B 和 x_C 是组成 E 的组元 A、B 和 C 的摩尔分数。

摩尔吉布斯自由能变化为

$$\begin{aligned}
\Delta G_{\text{m},E}(T_E) &= G_{\text{m},E(\gamma)}(T_E) - G_{\text{m},E(\text{A}+\text{B}+\text{C})}(T_E) \\
&= \left[H_{\text{m},E(\gamma)}(T_E) - T_E S_{\text{m},E(\gamma)}(T_E) \right] - \left[H_{\text{m},E(\text{A}+\text{B}+\text{C})}(T_E) - T_E S_{\text{m},E(\text{A}+\text{B}+\text{C})}(T_E) \right] \\
&= \Delta H_{\text{m},E}(T_E) - T_E \Delta S_{\text{m},E}(T_E) \\
&= \Delta H_{\text{m},E}(T_E) - T_E \frac{\Delta H_{\text{m},E}(T_E)}{T_E} = 0
\end{aligned}$$

或者

$$\begin{aligned}
\Delta G_{\text{m},\text{A}}(T_E) &= \overline{G}_{\text{m},(\text{A})_{E(\gamma)}}(T_E) - G_{\text{m},\text{A}(s)}(T_E) \\
&= \left[\overline{H}_{\text{m},(\text{A})_{E(\gamma)}}(T_E) - T_E \overline{S}_{\text{m},(\text{A})_{E(\gamma)}}(T_E) \right] - \left[H_{\text{m},\text{A}(s)}(T_E) - T_E S_{\text{m},\text{A}(s)}(T_E) \right] \\
&= \Delta H_{\text{m},\text{A}}(T_E) - T_E \Delta S_{\text{m},\text{A}}(T_E) \\
&= \Delta H_{\text{m},\text{A}}(T_E) - T_E \frac{\Delta H_{\text{m},\text{A}}(T_E)}{T_E} = 0
\end{aligned}$$

同理

$$\Delta G_{m,B}(T_E) = \bar{G}_{m,(B)_{E(\gamma)}}(T_E) - G_{m,B(s)}(T_E) = 0$$

$$\Delta G_{m,C}(T_E) = \bar{G}_{m,(C)_{E(\gamma)}}(T_E) - G_{m,C(s)}(T_E) = 0$$

总摩尔吉布斯自由能变化为

$$\Delta G_m(T_E) = x_A \Delta G_{m,A}(T_E) + x_B \Delta G_{m,B}(T_E) + x_C \Delta G_{m,C}(T_E) = 0$$

也可以如下计算。

以纯固态组元 A、B 和 C 为标准状态,组成以摩尔分数表示,有

$$\Delta G_{m,A} = \mu_{(A)_{E(\gamma)}} - \mu_{A(s)} = \mu_{(A)_{饱和}} - \mu_{A(s)} = 0 \tag{10.186}$$

式中

$$\mu_{(A)_{饱和}} = \mu_{(A)_{E(\gamma)}} = \mu_{A(s)}^* + RT\ln a_{(A)_{E(\gamma)}}^R = \mu_{A(s)}^* + RT\ln a_{(A)_{饱和}}^R$$

$$\mu_{A(s)} = \mu_{A(s)}^*$$

$$a_{(A)_{饱和}}^R = a_{(A)_{E(\gamma)}}^R = 1$$

$$\Delta G_{m,B} = \mu_{(B)_{E(\gamma)}} - \mu_{B(s)} = \mu_{(B)_{饱和}} - \mu_{B(s)} = 0 \tag{10.187}$$

式中

$$\mu_{(B)_{饱和}} = \mu_{(B)_{E(\gamma)}} = \mu_{B(s)}^* + RT\ln a_{(B)_{E(\gamma)}}^R = \mu_{B(s)}^* + RT\ln a_{(B)_{饱和}}^R$$

$$\mu_{B(s)} = \mu_{B(s)}^*$$

$$a_{(B)_{饱和}}^R = a_{(B)_{E(\gamma)}}^R = 1$$

$$\Delta G_{m,C} = \mu_{(C)_{E(\gamma)}} - \mu_{C(s)} = \mu_{(C)_{饱和}} - \mu_{C(s)} = 0$$

式中

$$\mu_{(C)_{饱和}} = \mu_{(C)_{E(\gamma)}} = \mu_{A(s)}^* + RT\ln a_{(C)_{E(\gamma)}}^R = \mu_{C(s)}^* + RT\ln a_{(C)_{饱和}}^R$$

总摩尔吉布斯自由能变化为

$$\Delta G_m = x_A \Delta G_{m,A} + x_B \Delta G_{m,B} + x_C \Delta G_{m,C} = 0$$

升高温度到 T_1。$E(\gamma)$ 由组元 A、B、C 的饱和相变成不饱和相 $E'(\gamma)$。组成为 E 的组元 A、B 和 C 如果在温度 T_E 还没完全转变为 $E(\gamma)$,则会继续向 $E'(\gamma)$ 中溶解,有

$$E(A + B + C) \Longrightarrow E(\gamma)$$

即

$$x_A A(s) + x_B B(s) + x_C C(s) = x_A (A)_{E'(\gamma)} + x_B (B)_{E'(\gamma)} + x_C (C)_{E'(\gamma)}$$

或

$$A(s) \Longrightarrow (A)_{E'(\gamma)} \equiv (A)_{未饱和}$$

$$B(s) \Longrightarrow (B)_{E'(\gamma)} \equiv (B)_{未饱和}$$

$$C(s) \Longrightarrow (C)_{E'(\gamma)} \equiv (C)_{未饱和}$$

摩尔吉布斯自由能变化为

$$\begin{aligned}
\Delta G_{m,A}(T_1) &= \bar{G}_{m,(A)_{E(\gamma)}}(T_1) - G_{m,A(s)}(T_1) \\
&= [\bar{H}_{m,(A)_{E'(\gamma)}}(T_1) - T_1 \bar{S}_{m,(A)_{E'(\gamma)}}(T_1)] - [H_{m,A(s)}(T_1) - T_1 S_{m,A(s)}(T_1)] \\
&= (\bar{H}_{m,(A)_{E'(\gamma)}}(T_1) - H_{m,A(s)}(T_1)) - T_1(\bar{S}_{m,(A)_{E'(\gamma)}}(T_1) - S_{m,A(s)}(T_1)) \\
&= \Delta H_{m,A}(T_1) - T_1 \Delta S_{m,A}(T_1)
\end{aligned}$$

$$\approx \Delta H_{m,A}(T_E) - T_1 \Delta S_{m,A}(T_E)$$

$$= \frac{\Delta H_{m,A}(T_E) \Delta T}{T_E}$$

同理

$$\Delta G_{m,B}(T_1) = \bar{G}_{m,(B)_{E'(\gamma)}}(T_1) - G_{m,B(s)}(T_1) = \Delta H_{m,B}(T_1) - T_1 \Delta S_{m,B}(T_1)$$

$$\approx \Delta H_{m,B}(T_E) - T_1 \Delta S_{m,B}(T_E) = \frac{\Delta H_{m,B}(T_E) \Delta T}{T_E} < 0$$

$$\Delta G_{m,C}(T_1) = \bar{G}_{m,(C)_{E'(\gamma)}}(T_1) - G_{m,C(s)}(T_1) = \Delta H_{m,C}(T_1) - T_1 \Delta S_{m,C}(T_1)$$

$$\approx \Delta H_{m,C}(T_E) - T_1 \Delta S_{m,C}(T_E) = \frac{\Delta H_{m,C}(T_E) \Delta T}{T_E} < 0$$

式中

$$T > T_E$$
$$\Delta T = T_E - T_1 < 0$$
$$\Delta H_{m,I} > 0, \Delta S_{m,I} > 0$$
$$(I = A, B, C)$$

是组元 A(s)、B(s) 和 C(s) 溶解到 γ 相中的焓变和熵变。

总摩尔吉布斯自由能变化为

$$\Delta G_m(T_1) = x_A \Delta G_{m,A}(T_1) + x_B \Delta G_{m,B}(T_1) + x_C \Delta G_{m,c}(T_1)$$

$$= \frac{x_A \Delta H_{m,A}(T_1) \Delta T}{T_1} + \frac{x_B \Delta H_{m,B}(T_1) \Delta T}{T_1} + \frac{x_C \Delta H_{m,C}(T_1) \Delta T}{T_1}$$

也可以如下计算。

以纯固态组元 A、B、C 为标准状态,组成以摩尔分数表示,摩尔吉布斯自由能变化为

$$\Delta G_{m,A} = \mu_{(A)_{E'(\gamma)}} - \mu_{A(S)} = \mu_{(A)_{未饱和}} - \mu_{A(S)}$$

$$= -RT\ln a^R_{(A)_{E'(\gamma)}} = -RT\ln a^R_{(A)_{未饱和}} \qquad (10.188)$$

式中

$$\mu_{(A)_{E'(\gamma)}} = \mu_{(A)_{未饱和}} = \mu^*_{A(S)} + RT\ln a^R_{(A)_{E'(\gamma)}} = \mu^*_{A(S)} + RT\ln a^R_{(A)_{未饱和}}$$

$$\mu_{A(S)} = \mu^*_{A(S)}$$

$$a^R_{(A)_{E'(\gamma)}} = a^R_{(A)_{未饱和}} < 1$$

为 $E'(\gamma)$ 相中组元 A 的活度。

$$\Delta G_{m,B} = \mu_{(B)_{E'(\gamma)}} - \mu_{B(S)} = \mu_{(B)_{未饱和}} - \mu_{B(S)}$$

$$= -RT\ln a^R_{(B)_{E'(\gamma)}} = -RT\ln a^R_{(B)_{未饱和}} \qquad (10.189)$$

式中

$$\mu_{(B)_{E'(\gamma)}} = \mu_{(B)_{未饱和}} = \mu^*_{B(S)} + RT\ln a^R_{(B)_{E'(\gamma)}} = \mu^*_{B(S)} + RT\ln a^R_{(B)_{未饱和}}$$

$$\mu_{B(S)} = \mu^*_{B(S)}$$

$$a^R_{(B)_{E'(\gamma)}} = a^R_{(B)_{未饱和}} < 1$$

为 $E'(\gamma)$ 相中组元 B 的活度。

$$\Delta G_{m,C} = \mu_{(C)_{E'(\gamma)}} - \mu_{BC(S)} = \mu_{(C)_{未饱和}} - \mu_{C(S)}$$

$$= - RT \ln a^R_{(C)_{E'(\gamma)}} = - RT \ln a^R_{(C)_{未饱和}} \qquad (10.190)$$

式中

$$\mu_{(C)_{E'(\gamma)}} = \mu_{(C)_{未饱和}} = \mu^*_{C(S)} + RT \ln a^R_{(C)_{E'(\gamma)}} = \mu^*_{C(S)} + RT \ln a^R_{(C)_{未饱和}}$$

$$\mu_{C(S)} = \mu^*_{C(S)}$$

$$a^R_{(C)_{E'(\gamma)}} = a^R_{(C)_{未饱和}} < 1$$

为 $E'(\gamma)$ 相中组元 C 的活度。

总摩尔吉布斯自由能变化为

$$\Delta G_m(T_1) = x_A \Delta G_{m,A} + x_B \Delta G_{m,B} + x_C \Delta G_{m,C}$$
$$= x_A RT \ln a^R_{(A)_{E'(\gamma)}} + x_B RT \ln a^R_{(B)_{E'(\gamma)}} + x_C RT \ln a^R_{(C)_{E'(\gamma)}}$$

组成为 E 的组元 A、B 和 C 完全转变为 $E'(\gamma)$ 后,在温度 T_1,$E(\gamma)$ 仍是不饱和相,按照组成为 E 而过量的组元 A 和 B 继续向 $E'(\gamma)$ 相中溶解,有

$$A(s) \Longrightarrow (A)_{E'(\gamma)}$$
$$B(s) \Longrightarrow (B)_{E'(\gamma)}$$

摩尔吉布斯自由能变化为

$$\Delta G_{m,A}(T_1) = \bar{G}_{m,(A)_{E'(\gamma)}}(T_1) - G_{m,A(s)}(T_1)$$
$$= [\bar{H}_{m,(A)_{E'(\gamma)}}(T_1) - T_1 \bar{S}_{m,(A)_{E'(\gamma)}}(T_1)] - [H_{m,A(s)}(T_1) - T_1 S_{m,A(s)}(T_1)]$$
$$= [\bar{H}_{m,(A)_{E'(\gamma)}}(T_1) - H_{m,A(s)}(T_1)] - T_1 [\bar{S}_{m,(A)_{E'(\gamma)}}(T_1) - S_{m,A(s)}(T_1)]$$
$$= \Delta H_{m,A}(T_1) - T_1 \Delta S_{m,A}(T_1)$$
$$= \frac{\Delta H_{m,A}(T_E) \Delta T}{T_E}$$

同理

$$\Delta G_{m,B}(T_1) = \bar{G}_{m,(B)_{E'(\gamma)}}(T_1) - G_{m,B(s)}(T_1)$$
$$= \Delta H_{m,B}(T_1) - T_1 \Delta S_{m,B}(T_1)$$
$$= \frac{\Delta H_{m,B}(T_E) \Delta T}{T_E}$$

式中

$$T_1 > T_E$$
$$\Delta T = T_E - T_1 < 0$$
$$\Delta G_m(T_1) = x_A \Delta G_{m,A}(T_1) + x_B \Delta G_{m,B}(T_1)$$
$$\approx \frac{x_A \Delta H_{m,A}(T_E) \Delta T}{T_E} + \frac{x_B \Delta H_{m,B}(T_E) \Delta T}{T_E}$$

也可以如下计算。

以纯固态组元 A 和 B 为标准状态,浓度以摩尔分数表示,有

$$\Delta G_{m,A} = \mu_{(A)_{E'(\gamma)}} - \mu_{A(S)} = \mu_{(A)_{未饱和}} - \mu_{A(S)}$$
$$= - RT \ln a^R_{(A)_{E'(\gamma)}} = - RT \ln a^R_{(A)_{未饱和}} \qquad (10.191)$$

式中

$$\mu_{(A)_{E'(\gamma)}} = \mu_{(A)_{未饱和}} = \mu^*_{A(S)} + RT \ln a^R_{(A)_{E'(\gamma)}} = \mu^*_{A(S)} + RT \ln a^R_{(A)_{未饱和}}$$

$$\mu_{A(S)} = \mu_{A(S)}^*$$

$$a_{(A)_{E'(\gamma)}}^R = a_{(A)_{未饱和}}^R < 1$$

$$\Delta G_{m,B} = \mu_{(B)_{E'(\gamma)}} - \mu_{B(S)} = \mu_{(B)_{未饱和}} - \mu_{B(S)}$$

$$= -RT\ln a_{(B)_{E'(\gamma)}}^R = -RT\ln a_{(B)_{未饱和}}^R \qquad (10.192)$$

式中

$$\mu_{(B)_{E'(\gamma)}} = \mu_{(B)_{未饱和}} = \mu_{B(S)}^* + RT\ln a_{(B)_{E'(\gamma)}}^R = \mu_{B(S)}^* + RT\ln a_{(B)_{未饱和}}^R$$

$$\mu_{B(S)} = \mu_{B(S)}^*$$

$$a_{(B)_{E'(\gamma)}}^R = a_{(B)_{未饱和}}^R < 1$$

组元 A 和 B 向 $E'(\gamma)$ 中溶解,直到组元 A 和 B 达到饱和,与 γ 相达到平衡,组成为共晶线 EE_1 上的 q_1 点。有

$$A(s) \rightleftharpoons (A)_{q_1} \equiv (A)_{饱和}$$

$$B(s) \rightleftharpoons (B)_{q_1} \equiv (B)_{饱和}$$

从温度 T_1 到 T_p,随着温度的升高,平衡组成沿共晶线 EP 移动到 P 点。组元 A、B 在 γ 相中的溶解度增大。因此,组元 A、B 向相 γ 中溶解。该过程可以统一描述如下:

在温度 T_{i-1},组元 A、B 在 γ 相中的溶解达到饱和,与 γ 相达成平衡,平衡组成为共晶线 EP 上的 γ_{i-1} 点。有

$$A(s) \rightleftharpoons (A)_{\gamma_{i-1}} \equiv (A)_{饱和}$$

$$B(s) \rightleftharpoons (B)_{\gamma_{i-1}} \equiv (B)_{饱和}$$

$$(i = 1,2,\cdots,p)$$

升高温度到 T_i。在温度刚升到 T_i,组元 A 和 B 还未来得及向 γ_{i-1} 中溶解,其组成未变,但已由组元 A 和 B 饱和的相 γ_{i-1} 变成组元 A 和 B 不饱和的相 γ'_{i-1},组元 A 和 B 向其中溶解,有

$$A(s) \rightleftharpoons (A)_{\gamma'_{i-1}} \equiv (A)_{未饱和}$$

$$B(s) \rightleftharpoons (B)_{\gamma'_{i-1}} \equiv (B)_{未饱和}$$

摩尔吉布斯自由能变化为

$$\begin{aligned}
\Delta G_{m,A}(T_i) &= \bar{G}_{m,(A)_{\gamma'_{i-1}}}(T_i) - G_{m,A(s)}(T_i)\\
&= \Delta H_{m,A}(T_i) - T_i\Delta S_{m,A}(T_i)\\
&\approx \Delta H_{m,A}(T_{i-1}) - T_i\Delta S_{m,A}(T_{i-1})\\
&= \Delta H_{m,A}(T_{i-1}) - T_i\frac{\Delta H_{m,A}(T_{i-1})}{T_{i-1}}\\
&= \frac{\Delta H_{m,A}(T_{i-1})\Delta T}{T_{i-1}}
\end{aligned}$$

同理

$$\begin{aligned}
\Delta G_{m,B}(T_i) &= \bar{G}_{m,(B)_{\gamma'_{i-1}}}(T_i) - G_{m,B(s)}(T_i)\\
&\approx \Delta H_{m,B}(T_{i-1}) - T_i S_{m,B}(T_{i-1})\\
&= \frac{\Delta H_{m,B}(T_{i-1})\Delta T}{T_{i-1}}
\end{aligned}$$

式中

$$T_i > T_{i-1}$$
$$\Delta T = T_{i-1} - T_i < 0$$

也可以如下计算。

以纯固态组元 A 和 B 为标准状态,组成以摩尔分数表示,摩尔吉布斯自由能变化为

$$\Delta G_{m,A} = \mu_{(A)_{q'_{i-1}}} - \mu_{A(S)} = RT\ln a^R_{(A)_{q'_{i-1}}} \tag{10.193}$$

式中

$$\mu_{(A)_{q'_{i-1}}} = \mu^*_{A(S)} + RT\ln a^R_{(A)_{q'_{i-1}}}$$

$$\mu_{A(S)} = \mu^*_{A(S)}$$

$$\Delta G_{m,B} = \mu_{(B)_{q'_{i-1}}} - \mu_{B(S)} = -RT\ln a^R_{(B)_{q'_{i-1}}}$$

式中

$$\mu_{(B)_{q'_{i-1}}} = \mu_{(B)_{未饱和}} = \mu^*_{B(S)} + RT\ln a^R_{(B)_{q'_{i-1}}}$$

$$\mu_{B(S)} = \mu^*_{B(S)}$$

总摩尔吉布斯自由能变化为

$$\Delta G_m = x_A \Delta G_{m,A} + x_B \Delta G_{m,B} = x_A RT\ln a^R_{(A)_{q'_{i-1}}} + x_B RT\ln a^R_{(B)_{q'_{i-1}}}$$

随着组元 A 和 B 向 q'_{i-1} 相中溶解,相 q'_{i-1} 的未饱和程度降低,直到组元 A 和 B 溶解达到饱和,组元 A、B 和 γ 相达到新的平衡,平衡相组成为共晶线 EE_1 上的 q_i 点。有

$$A(s) \rightleftharpoons (A)_{q_i} \equiv (A)_{饱和}$$
$$B(s) \rightleftharpoons (B)_{q_i} \equiv (B)_{饱和}$$

继续升高温度,在温度 T_p,组元 A、B 在 γ 相中的溶解达到饱和,有

$$A(s) \rightleftharpoons (A)_{q_p} \equiv (A)_{饱和}$$
$$B(s) \rightleftharpoons (B)_{q_p} \equiv (B)_{饱和}$$

继续升高温度到 T_{M_1}。温度刚升到 T_{M_1},组元 A 和 B 还未来得及溶解进入 q_p 相中,其组成未变,但已由组元 A、B 的饱和相 q_p 变成组元 A、B 不饱和相 q'_p。因此,组元 A、B 向其中溶解,有

$$A(s) \Longrightarrow (A)_{q'_p} \equiv (A)_{未饱和}$$
$$B(s) \Longrightarrow (B)_{q'_p} \equiv (B)_{未饱和}$$

该过程摩尔吉布斯自由能变化为

$$\begin{aligned}
\Delta G_{m,A}(T_{M_1}) &= \bar{G}_{m,(A)_{q'_p}}(T_{M_1}) - G_{m,A(s)}(T_{M_1}) \\
&= \Delta H_{m,A}(T_{M_1}) - T_{M_1}\Delta S_{m,A}(T_{M_1}) \\
&\approx \Delta H_{m,A}(T_p) - T_{M_1}\Delta S_{m,A}(T_p) \\
&= \frac{\Delta H_{m,A}(T_p)\Delta T}{T_p}
\end{aligned}$$

同理

$$\Delta G_{m,B}(T_{M_1}) = \bar{G}_{m,(B)_{q'_p}}(T_{M_1}) - G_{m,B(s)}(T_{M_1})$$

$$
\begin{aligned}
&= \Delta H_{m,B}(T_{M_1}) - T_{M_1}\Delta S_{m,B}(T_{M_1}) \\
&\approx \Delta H_{m,B}(T_p) - T_{M_1}\Delta S_{m,B}(T_p) \\
&= \frac{\Delta H_{m,B}(T_p)\Delta T}{T_p}
\end{aligned}
$$

式中

$$
T_{M_1} > T_p
$$
$$
\Delta T = T_p - T_{M_1} < 0
$$

总摩尔吉布斯自由能变化为

$$
\begin{aligned}
\Delta G_m(T_{M_1}) &= x_A\Delta G_{m,A}(T_{M_1}) + x_B\Delta G_{m,B}(T_{M_1}) \\
&\approx \frac{x_A\Delta H_{m,A}(T_p)\Delta T}{T_p} + \frac{x_B\Delta H_{m,B}(T_p)\Delta T}{T_p}
\end{aligned}
$$

也可以如下计算。

以纯固态组元 A 和 B 为标准状态,浓度以摩尔分数表示,摩尔吉布斯自由能变化为

$$
\Delta G_{m,A} = \mu_{(A)_{q_p'}} - \mu_{A(S)} = RT\ln a^R_{(A)_{q_p'}} \tag{10.194}
$$

式中

$$
\mu_{(A)_{q_p'}} = \mu^*_{A(S)} + RT\ln a^R_{(A)_{q_p'}}
$$
$$
\mu_{A(S)} = \mu^*_{A(S)}
$$
$$
\Delta G_{m,B} = \mu_{(B)_{q_p'}} - \mu_{B(S)} = -RT\ln a^R_{(B)_{q_p'}} \tag{10.195}
$$

式中

$$
\mu_{(B)_{q_p'}} = \mu^*_{B(S)} + RT\ln a^R_{(B)_{q_p'}}
$$
$$
\mu_{B(S)} = \mu^*_{B(S)}
$$

直到组元 B 消失,完全溶解到 q_p' 中,组元 A 溶解达到饱和,组元 A 的平衡组成为 PM 连线上的 q_{M_1} 点。有

$$
A(s) \Longleftrightarrow (A)_{q_{M_1}} \equiv (A)_{饱和}
$$

继续升高温度。从温度 T_{M_1} 到 T_M,组元 A 的平衡组成沿 PM 连线从 P 点向 M 点移动。组元 A 在 γ 相中的溶解度增大。因此,组元 A 向 γ 相中溶解。组元 A 的溶解过程可以统一描写如下:

在温度 T_{k-1},组元 A 溶解达到饱和,平衡组成为 q_{k-1} 点,有

$$
A(s) \Longleftrightarrow (A)_{q_{k-1}} \equiv (A)_{饱和}
$$

升高温度到 T_k。在温度刚升到 T_k,组元 A 还未来得及溶解时,其组成仍为 q_{k-1},但已由组元 A 饱和的相 q_{k-1} 变成不饱和的相 q'_{k-1},组元 A 向其中溶解,有

$$
A(s) \Longrightarrow (A)_{q'_{k-1}}
$$

摩尔吉布斯自由能变化为

$$
\begin{aligned}
\Delta G_{m,A}(T_k) &= \bar{G}_{m,(A)_{q'_{k-1}}}(T_k) - G_{m,A(s)}(T_k) \\
&= \left[\bar{H}_{m,(A)_{q'_{k-1}}}(T_k) - T_1\bar{S}_{m,(A)_{q'_{k-1}}}(T_k)\right] - \left[H_{m,A(s)}(T_k) - T_kS_{m,A(s)}(T_k)\right]
\end{aligned}
$$

$$= \Delta H_{m,A}(T_k) - T_k \Delta S_{m,A}(T_k)$$

$$= \frac{\Delta H_{m,A}(T_{k-1}) \Delta T}{T_{k-1}}$$

式中

$$T_k > T_{k-1}$$
$$\Delta T = T_{k-1} - T_k < 0$$

（6）也可以如下计算。

以纯固态组元 A 为标准状态，浓度以摩尔分数表示，摩尔吉布斯自由能变化为

$$\Delta G_{m,A} = \mu_{(A)_{q'_{k-1}}} - \mu_{A(S)} = RT\ln a^R_{(A)_{q'_{k-1}}} \tag{10.196}$$

式中

$$\mu_{(A)_{q'_{k-1}}} = \mu^*_{A(S)} + RT\ln a^R_{(A)_{q'_{k-1}}}$$

$$\mu_{A(S)} = \mu^*_{A(S)}$$

组元 A 向 q'_{k-1} 相中溶解达到饱和，两相达到平衡，平衡组成为 PM 连线上的 q_k 点。有

$$A(s) \rightleftharpoons (A)_{q_k} \equiv (A)_{饱和}$$

在温度 T_M，组元 A 溶解达到饱和，平衡组成为 q_M 点，有

$$A(s) \rightleftharpoons (A)_{q_M} \equiv (A)_{饱和}$$

在温度刚升到 T，组元 A 还未来得及向 q_M 中溶解时，其组成未变，但已由组元 A 饱和的相 q_M 变成不饱和的 q'_M，组元 A 向其中溶解，有

$$A(s) = (A)_{q'_M}$$

摩尔吉布斯自由能变化为

$$\Delta G_{m,A}(T) = \overline{G}_{m,(A)_{q'_M}}(T) - G_{m,A(s)}(T_kT)$$

$$= \Delta H_{m,A}(T) - T\Delta S_{m,A}(T)$$

$$\approx \Delta H_{m,A}(T_M) - T\Delta S_{m,A}(T_M)$$

$$= \frac{\Delta H_{m,A}(T_M) \Delta T}{T_M}$$

式中

$$T > T_M$$
$$\Delta T = T_M - T < 0$$

也可以如下计算。

$$\Delta G_{m,A} = \mu_{(A)_{q'_M}} - \mu_{A(S)} = RT\ln a^R_{(A)_{q'_M}} \tag{10.197}$$

式中

$$\mu_{(A)_{q'_M}} = \mu^*_{A(S)} + RT\ln a^R_{(A)_{q'_M}}$$

$$\mu_{A(S)} = \mu^*_{A(S)}$$

直到组元 A 消失，完全溶解到 γ 相中。

10.3.10　几种典型固态相变的热力学

固态相变有多种类型。本节讨论几种典型的固态相变的热力学。

10.3.10.1　脱溶过程的热力学

从过饱和固溶体中析出第二相或形成溶质原子富集的亚稳区等过渡相的过程称为沉淀,或称为脱溶。

图 10.26 是具有最低共晶点的二元系相图。其中 γ、A、B 均为固相,曲线 ET_B 是组元 B 在 γ 相中的饱和溶解度线。在恒压条件下,物质组成点为 P 的 γ 相降温冷却。温度降至 T_1,物质组成点为 P_1,也是组元 B 在 γ 相的饱和溶解度线上的 q_1 点,两点重合。组元 B 在 γ 相中的溶解达到饱和,有

$$q_1 \rightleftharpoons B(s)$$

即

$$(B)_{q_1} = (B)_{饱和} \rightleftharpoons B(s)$$

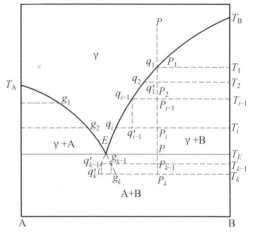

图 10.26　具有最低共晶点的二元系相图

T_1 为 P 组成的 γ 固溶体的平衡相变温度。在温度 T_1,相变在平衡状态下进行,摩尔吉布斯自由能变化为零。即两相中的组元 B 都以纯固态为标准状态,有

$$\Delta G_{m,B} = \mu_{B(s)} - \mu_{(B)_{饱和}} = \mu_{B(s)}^* - \mu_{B(s)}^* - RT\ln a_{(B)_{饱和}}^R \tag{10.198}$$

式中

$$\mu_{B(s)} = \mu_{B(s)}^*$$
$$\mu_{B饱和} = \mu_{B(s)}^* + RT\ln a_{(B)_{q_1}}^R = \mu_{B(s)}^* + RT\ln a_{(B)_{饱和}}^R$$
$$a_{(B)_{q_1}}^R a_{(B)_{饱和}}^R = 1$$

或

$$\begin{aligned}\Delta G_{m,B}(T_1) &= G_{m,B(s)}(T_1) - \bar{G}_{m,(B)_{饱和}}(T_1)\\ &= [H_{m,B(s)}(T_1) - T_1 S_{m,B(s)}(T_1)] - [\bar{H}_{m,(B)_{饱和}}(T_1) - T_1\bar{S}_{m,(B)_{饱和}}(T_1)]\\ &= \Delta H_{m,B}(T_1) - T_1\Delta S_{m,B}(T_1)\\ &= \Delta H_{m,B}(T_1) - T_1\frac{\Delta H_{m,B}(T_1)}{T_1} = 0\end{aligned} \tag{10.199}$$

温度由 T_1 降到 T_2,物质组成点从 P_1 移到 P_2。当温度刚降到 T_2,组元 B 还未来得及析出时,γ 相组成仍为 q_1。由于温度降低,组元 B 在 γ 相中的溶解度变小,平衡相组成应为 q_2,q_1 已变为组元 B 过饱和的相 q_1'。析出晶体 B,进行脱溶反应。可以表示为

$$(B)_{q_1'} \equiv (B)_{过饱和} = B(s)$$

该过程的摩尔吉布斯自由能变化为

$$\Delta G_{m,B} = \mu_{B(s)} - \mu_{(B)_{过饱和}} = \mu_{B(s)} - \mu_{(B)_{q_1'}} \tag{10.200}$$

以纯固态组元 B 为标准状态,式中

$$\mu_{B(s)} = \mu_{B(s)}^* \tag{10.201}$$
$$\mu_{(B)_{q_1'}} = \mu_{B(s)}^* + RT\ln a_{(B)_{过饱和}}^R = \mu_{B(s)}^* + RT\ln a_{(B)_{q_1'}}^R \tag{10.202}$$

将式(10.201)和(10.202)带入式(10.200),得

$$\Delta G_{m,B} = -RT\ln a_{(B)_{q'_1}}^{R} = -RT\ln a_{(B)过饱和}^{R} < 0 \qquad (10.203)$$

在温度 T_2,脱溶过程可以自发进行。

也可以如下计算。

$$\Delta G_{m,B}(T_2) = \Delta G_{m,B}(T_2) - \bar{G}_{m,(B)_{q'_1}}(T_2)$$

$$= \left[H_{m,B}(T_2) - T_2 S_{m,B}(T_2) \right] - \left[\bar{H}_{m,(B)_{q'_1}}(T_2) - T_2 \bar{S}_{m,(B)_{q'_1}}(T_2) \right]$$

$$= \Delta_{ref}H_{m,B}(T_2) - T_2\Delta_{ref}S_{m,B}(T_2)$$

$$\approx \Delta_{ref}H_{m,B}(T_1) - T_2\Delta_{ref}S_{m,B}(T_1)$$

$$= \frac{\theta_{B,T_2}\Delta_{ref}H_{m,B}(T_1)}{T_1}$$

$$= \eta_{B,T_2}\Delta_{ref}H_{m,B}(T_1) \qquad (10.204)$$

式中

$$\Delta_{ref}S_{m,B}(T_2) \approx \Delta_{ref}S_{m,B}(T_1) = \frac{\Delta_{ref}H_{m,B}(T_1)}{T_1}$$

$$\Delta_{ref}H_{m,B}(T_2) \approx \Delta_{ref}H_{m,B}(T_1)$$

式中

$$T_1 > T_2$$

$$\theta_{B,T_2} = T_1 - T_2$$

为组元 B 的绝对饱和过冷度。

$$\eta_{B,T_2} = \frac{T_1 - T_2}{T_1} \qquad (10.205)$$

为组元 B 的相对饱和过冷度。

直到达成新的平衡,q 相成为 T_2 温度组元 B 的饱和相 q_2,有

$$(B)_{q_2} \equiv (B)_{饱和} \rightleftharpoons B(s)$$

继续降温,从 T_1 到 T_E,脱溶过程同上,可以统一描述如下:

在温度 T_{i-1},析出的固相组元 B 与 q 相平衡,即

$$(B)_{q_{i-1}} \equiv (B)_{饱和} \rightleftharpoons B(s)$$

温度降到 T_i。在温度刚将至 T_i,还未来得及析出组元 B 时,在温度 T_{i-1} 的饱和相 q_{i-1} 成为过饱和相 q'_{i-1},析出组元 B,即

$$(B)_{q'_{i-1}} \equiv (B)_{过饱和} \rightleftharpoons B(s)$$

以纯固态组元 B 为标准状态,在温度 T_i,脱溶过程的摩尔吉布斯自由能变化为

$$\Delta G_{m,B} = \mu_{B(s)} - \mu_{(B)过饱和} = \mu_B - \mu_{(B)_{q'_{i-1}}} = -RT\ln a_{(B)过饱和}$$

$$= -RT\ln a_{(B)_{q'_{i-1}}} \qquad (i = 1,2,3,\cdots) \qquad (10.206)$$

式中

$$\mu_{B(s)} = \mu_{B(s)}^*$$

$$\mu_{(B)_{q'_{i-1}}} = \mu_{B(s)}^* + RT\ln a_{(B)过饱和} = \mu_{B(s)}^* + RT\ln a_{(B)_{q'_{i-1}}}$$

也可以如下计算

$$\Delta G_{\mathrm{m,B}}(T_i) \approx \frac{\theta_{\mathrm{B},T_i}\Delta H_{\mathrm{m,B}}(T_{i-1})}{T_{i-1}} \approx \eta_{\mathrm{B},T_i}\Delta H_{\mathrm{m,B}}(T_{i-1}) \qquad (10.207)$$

式中

$$T_{i-1} > T_i$$
$$\theta_{\mathrm{B},T_i} = T_{i-1} - T_i > 0$$

为组元 B 在温度 T_i 的绝对饱和过冷度。

$$\eta_{\mathrm{B},T_i} = \frac{T_{i-1} - T_i}{T_i} > 0$$

为组元 B 在温度 T_i 的相对饱和过冷度。

　　直到过饱和的 q'_{i-1} 相析出组元 B 成为饱和相 q_i，两相达到新的平衡，有

$$(\mathrm{B})_{q_i} \equiv (\mathrm{B})_{饱和} \rightleftharpoons \mathrm{B}(\mathrm{s})$$

在温度 T_{E-1}，组元 B 与组成为 l_{E-1} 的 γ 相平衡，有

$$(\mathrm{B})_{q_{E-1}} \equiv (\mathrm{B})_{饱和} \rightleftharpoons \mathrm{B}(\mathrm{s})$$

降低温度到 T_E，在温度刚降到 T_E，尚未来得及析出组元 B 时，在温度 T_{E-1} 时，组元 B 饱和的 q_{E-1} 相成为组元 B 过饱和 q'_{E-1} 相，析出组元 B，即

$$(\mathrm{B})_{q'_{E-1}} \equiv (\mathrm{B})_{过饱和} \rightleftharpoons \mathrm{B}(\mathrm{s})$$

以纯固态组元 B 为标准状态，脱溶过程的摩尔吉布斯自由能变化为

$$\Delta G_{\mathrm{m,B}} = \mu_{\mathrm{B(s)}} - \mu_{(\mathrm{B})过饱和} = \mu_{\mathrm{B(s)}} - \mu_{(\mathrm{B})_{q'_{E-1}}}$$
$$= -RT\ln a^{\mathrm{R}}_{(\mathrm{B})过饱和} = -RT\ln a^{\mathrm{R}}_{(\mathrm{B})_{q'_{E-1}}} \qquad (10.208)$$

式中

$$\mu_{\mathrm{B(s)}} = \mu^{*}_{\mathrm{B(s)}}$$
$$\mu_{(\mathrm{B})过饱和} = \mu^{*}_{\mathrm{B(s)}} + RT\ln a^{\mathrm{R}}_{(\mathrm{B})过饱和} = \mu^{*}_{\mathrm{B(s)}} + RT\ln a^{\mathrm{R}}_{(\mathrm{B})_{q'_{E-1}}}$$

式中，$a^{\mathrm{R}}_{(\mathrm{B})过饱和}$ 和 $a^{\mathrm{R}}_{(\mathrm{B})_{q'_{E-1}}}$ 是在温度 T_E，组成为 q'_{E-1} 中组元 B 的活度。

　　也可以如下计算。

$$\Delta G_{\mathrm{m,B}}(T_E) \approx \frac{\theta_{\mathrm{B},T_i}\Delta_{\mathrm{cry}}H_{\mathrm{m,B}}(T_{E-1})}{T_{i-1}} \approx \eta_{\mathrm{B},T_i}\Delta_{\mathrm{cry}}H_{\mathrm{m,B}}(T_{E-1}) \qquad (10.209)$$

式中

$$T_{E-1} > T_E$$
$$\theta_{\mathrm{B},T_E} = T_{E-1} - T_E$$

为在温度 T_E，组元 B 的绝对饱和过冷度。

$$\eta_{\mathrm{B},T_E} = \frac{T_{E-1} - T_E}{T_{E-1}}$$

为在温度 T_E，组元 B 的相对饱和过冷度。

　　直到组元 B 达到饱和，组元 A 也达到饱和。γ 相组成为 $E(\gamma)$。组元 A、B 和 $E(\gamma)$ 相

达到平衡,有

$$E(\gamma) \Longrightarrow A(s) + B(s)$$

即

$$x_A (A)_{E(\gamma)} + x_B (B)_{E(\gamma)} \rightleftharpoons x_A A(s) + x_B B(s)$$

$$(A)_{E(\gamma)} \equiv A(s)$$

$$(B)_{E(\gamma)} \equiv B(s)$$

在温度 T_E 和恒压条件下,析晶在平衡状态进行,该过程的摩尔吉布斯自由能变化为

$$\Delta G_{m,A} = \mu_{A(s)} - \mu_{(A)_{E(\gamma)}} = \mu_{A(s)} - \mu_{(A)饱和} = \mu^*_{A(s)} - \mu^*_{A(s)} = 0 \qquad (10.210)$$

$$\Delta G_{m,B} = \mu_{B(s)} - \mu_{(B)_{E(\gamma)}} = \mu_{B(s)} - \mu_{(B)饱和} = \mu^*_{B(s)} - \mu^*_{B(s)} = 0 \qquad (10.211)$$

总摩尔吉布斯自由能变化为

$$\Delta G_m(T_E) = x_A \Delta G_{m,A}(T_E) + x_B \Delta G_{m,B}(T_E) = 0$$

继续降温到 T_E 以下,从温度 T_E 到组元 A、B 完全析出的温度,过程可以统一描述如下:在低于 T_E 温度的 T_{k-1},析出组元 A 和 B 晶体达到平衡,有

$$(A)_{q_{k-1}饱和} \equiv (A) \rightleftharpoons A(s)$$

$$(B)_{q_{k-1}饱和} \equiv (B) \rightleftharpoons B(s)$$

继续降温到 T_k,温度刚降到 T_k,尚未来得及析出组元 A 和 B 时,在温度 T_{k-1} 时的组元 A 和 B 的饱和相 q_{k-1} 组成未变,但已成为组元 A 和 B 的过饱和相 q'_{k-1},析出组元 A 和 B,可以表示为

$$(A)_{q'_{k-1}} \equiv (A)_{饱和} \Longrightarrow A(s)$$

$$(B)_{q'_{k-1}} \equiv (B)_{饱和} \Longrightarrow B(s)$$

这实际是共析转变。

以纯固态组元 A 和 B 为标准状态,在温度 T_k,共析过程的摩尔吉布斯自由能变化为

$$\Delta G_{m,A} = \mu_{A(s)} - \mu_{(A)过饱和} = \mu_{A(s)} - \mu_{(A)_{q'_{k-1}}}$$

$$= -RT\ln a^R_{(A)过饱和} = -RT\ln a^R_{(A)_{q'_{k-1}}} \qquad (10.212)$$

式中

$$\mu_{(A)过饱和} = \mu_{(A)_{q'_{k-1}}} = \mu^*_{A(s)} + RT\ln a^R_{(A)过饱和} = \mu^*_{A(s)} + RT\ln a^R_{(A)_{q'_{k-1}}}$$
$$\mu_{A(s)} - \mu^*_{A(s)}$$

$$\Delta G_{m,B} = \mu_{B(s)} - \mu_{(B)过饱和} = \mu_{B(s)} - \mu_{(B)_{q'_{k-1}}}$$

$$= -RT\ln a^R_{(B)过饱和} = -RT\ln a^R_{(B)_{q'_{k-1}}} \qquad (10.213)$$

式中

$$\mu_{(B)过饱和} = \mu_{(B)_{q'_{k-1}}} = \mu^*_{B(s)} + RT\ln a^R_{(B)过饱和} = \mu^*_{B(s)} + RT\ln a^R_{(B)_{q'_{k-1}}}$$
$$\mu_{B(s)} - \mu^*_{B(s)}$$

总摩尔吉布斯自由能变化为

$$\Delta G_m = x_A \Delta G_{m,A} + x_B \Delta G_{m,B} = -x_A RT\ln a^R_{(A)_{q'_{k-1}}} - x_A RT\ln a^R_{(B)_{q'_{k-1}}}$$

也可以如下计算。

$$\Delta G_{m,A}(T_k) \approx \frac{\theta_{A,T_k}\Delta_{cry}H_{m,A}(T_{k-1})}{T_{k-1}} \approx \eta_{A,T_k}\Delta_{cry}H_{m,A}(T_{k-1}) \tag{10.214}$$

$$\Delta G_{m,B}(T_k) \approx \frac{\theta_{B,T_k}\Delta_{cry}H_{m,B}(T_{k-1})}{T_{k-1}} \approx \eta_{B,T_k}\Delta_{cry}H_{m,B}(T_{k-1}) \tag{10.215}$$

式中

$$T_{k-1} > T_k$$
$$\theta_{J,T_k} = T_{J-1} - T_J$$
$$\eta_{J,T_k} = \frac{T_{J-1} - T_J}{T_{J-1}}$$
$$(J = A, B)$$

总摩尔吉布斯自由能变化为

$$\begin{aligned}
\Delta G_m(T_k) &= x_A \Delta G_{m,A}(T_k) + x_B \Delta G_{m,B}(T_k) \\
&= \frac{x_A \theta_{A,T_k}\Delta_{cry}H_{m,A}(T_{k-1}) + x_B \theta_{B,Tk}\Delta_{cry}H_{m,B}(T_{k-1})}{T_{k-1}} \\
&= x_A \eta_{A,T_k}\Delta_{cry}H_{m,A}(T_{k-1}) + x_B \eta_{B,Tk}\Delta_{cry}H_{m,B}(T_{k-1})
\end{aligned}$$

直到固溶体 γ 相完全转变为组元 A 和 B。其中有组元 A、B 组成的共晶相和过量的组元 B。物相组成为相图上的 P_k 点。

10.3.10.2 共析转变的热力学

从过饱和固溶体中,同时析出固相组元 A 和 B 的过程称为共析转变。可以表示为

$$E(\gamma) = A(s) + B(s)$$

图 10.27 为具有最低共晶点的二元系相图。物质组成点为 P 的 γ 相降温冷却。温度降至 T_E,物质组成点到达 P_1,与共熔点 E 重合。在共晶点,组元 A 和 B 都达到饱和。有

$$E(\gamma) \rightleftharpoons A(s) + B(s)$$

即

$$(A)_{E(\gamma)} = (A)_{饱和} \rightleftharpoons A(s)$$
$$(B)_{E(\gamma)} = (B)_{饱和} \rightleftharpoons B(s)$$

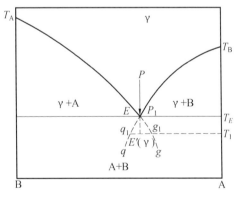

图 10.27 具有最低共晶点的二元系相图

在温度 T_E 和恒压条件下,$E(\gamma)$ 相和固相组元 A 和 B 三相平衡,析晶过程在平衡状态下进行,以纯固态组元 A 和 B 为标准状态,该过程的摩尔吉布斯自由能变化为零,即

$$\Delta G_{m,A} = \mu_{A(s)} - \mu_{(A)_{E(\gamma)}} = \mu_{A(s)}^* - \mu_{A(s)}^* = 0 \tag{10.216}$$

式中

$$\mu_{A(s)} - \mu_{A(s)}^*$$
$$\mu_{(A)_{E(\gamma)}} = \mu_{(A)_{饱和}} = \mu_{A(s)}^* + RT\ln a_{(A)_{饱和}}^R = \mu_{A(s)}^* + RT\ln a_{(A)_{E(\gamma)}}^R$$
$$a_{(A)_{饱和}}^R = a_{(A)_{E(\gamma)}}^R = 1$$

$$\Delta G_{m,B} = \mu_{B(s)} - \mu_{(B)E(\gamma)} = \mu_{B(s)}^* - \mu_{B(s)}^* = 0 \tag{10.217}$$

式中

$$\mu_{B(s)} - \mu_{B(s)}^*$$

$$\mu_{(B)E(\gamma)} = \mu_{(B)饱和} = \mu_{B(s)}^* + RT\ln a_{(B)饱和}^R = \mu_{B(s)}^* + RT\ln a_{(B)E(\gamma)}^R$$

$$a_{(B)饱和}^R = a_{(B)E(\gamma)}^R = 1$$

总摩尔吉布斯自由能变化为

$$\Delta G_m = x_A \Delta G_{m,A} + x_B \Delta G_{m,B} = 0 \tag{10.218}$$

继续降温到 T_1。在温度刚降至 T_1,组元 A 和 B 还未来得及析出时,组成为 $E(\gamma)$ 的 γ 相组成不变,但已由组元 A 和 B 的饱和相成为组元 A 和 B 的过饱和相 $E'(\gamma)$,析出固相组元 A 和 B,即共析转变。该过程可以表示为

$$(A)_{E'(\gamma)} = (A)_{过饱和} \Longrightarrow A(s)$$

$$(B)_{E'(\gamma)} = (B)_{过饱和} \Longrightarrow B(s)$$

以纯固态组元 A、B 为标准状态,组成以摩尔分数表示,共析过程的摩尔吉布斯自由能变化为

$$\Delta G_{m,A} = \mu_{A(s)} - \mu_{(A)过饱和} = \mu_{A(s)} - \mu_{(A)E'(\gamma)}$$
$$= -RT\ln a_{(A)E'(\gamma)}^R = -RT\ln a_{(A)过饱和}^R \tag{10.219}$$

式中

$$\mu_{A(s)} = \mu_{A(s)}^*$$

$$\mu_{(A)过饱和} = \mu_{A(s)}^* + RT\ln a_{(A)过饱和}^R = \mu_{A(s)}^* + RT\ln a_{(A)E'(\gamma)}^R$$

$$\Delta G_{m,B} = \mu_{B(s)} - \mu_{(B)过饱和} = \mu_{B(s)} - \mu_{(B)E'(\gamma)} = -RT\ln a_{(B)过饱和}^R = -RT\ln a_{(B)E'(\gamma)}^R \tag{10.220}$$

式中

$$\mu_{B(s)} = \mu_{B(s)}^*$$

$$\mu_{(B)过饱和} = \mu_{B(s)}^* + RT\ln a_{(B)过饱和}^R = \mu_{B(s)}^* + RT\ln a_{(B)E'(\gamma)}^R$$

直到达成该温度的平衡组成 g_1 和 q_1,是组元 A 和 B 的饱和相,有

$$(A)_{g_1} \equiv (A)_{饱和} \rightleftharpoons A$$

$$(B)_{q_1} \equiv (B)_{饱和} \rightleftharpoons B$$

从温度 T_E 直到组元 A 和 B 完全析出,脱溶反应完成,这个过程可以统一描述如下:在温度 T_{k-1},析晶达到平衡,有

$$(A)_{g_{k-1}} = (A)_{饱和} \rightleftharpoons A$$

$$(B)_{q_{k-1}} = (B)_{饱和} \rightleftharpoons B$$

继续降低温度至 T_k。在温度刚降到 T_k,组元 A 和 B 还未来得及析出时,相 g_{k-1} 和 q_{k-1} 的组成没变,但已由组元 A 和 B 的饱和相 g_{k-1} 和 q_{k-1} 变成组元 A 和 B 的过饱和相 g'_{k-1} 和 q'_{k-1},析出固相组元 A 和 B。有

$$(A)_{g'_{k-1}} = (A)_{过饱和} \Longrightarrow A(s)$$

$$(B)_{q'_{k-1}} = (B)_{过饱和} \Longrightarrow B(s)$$

共析过程的摩尔吉布斯自由能变化为

$$\Delta G_{m,A} = \mu_{A(s)} - \mu_{(A)过饱和} = -RT\ln a^R_{(A)过饮} = -RT\ln a^R_{(A)_{g'_{k-1}}} \qquad (10.221)$$

式中

$$\mu_{A(s)} = \mu^*_{A(s)}$$

$$\mu_{(A)过饱和} = \mu^*_{A(s)} + RT\ln a^R_{(A)过饱和} = \mu^*_{A(s)} + RT\ln a^R_{(A)_{g'_{k-1}}}$$

$$\Delta G_{m,B} = \mu_{B(s)} - \mu_{(B)过饱和} = -RT\ln a^R_{(B)过饱和} = -RT\ln a^R_{(B)_{q'_{k-1}}} \qquad (10.222)$$

式中

$$\mu_{B(s)} = \mu^*_{B(s)}$$

$$\mu_{(B)过饱和} = \mu^*_{B(s)} + RT\ln a^R_{(B)过饱和} = \mu^*_{B(s)} + RT\ln a^R_{(B)_{q'_{k-1}}}$$

总摩尔吉布斯自由能变化为

$$\Delta G_m = x_A\Delta G_{m,A} + x_B = G_{m,B} = -RT(x_A\ln a^R_{(A)_{g'_{k-1}}} + x_B\ln a^R_{(B)_{q'_{k-1}}})$$

$$= -RT(x_A\ln a^R_{(A)过饱和} + x_B\ln a^R_{(B)过饱和})$$

也可以如下计算:

$$\Delta G_{m,A}(T_k) \approx \frac{\theta_{A,T_k}\Delta H_{m,A}(T_{k-1})}{T_{k-1}} \approx \eta_{A,T_k}\Delta H_{m,A}(T_{k-1}) \qquad (10.223)$$

$$\Delta G_{m,B}(T_k) \approx \frac{\theta_{B,T_k}\Delta H_{m,B}(T_{k-1})}{T_{k-1}} \approx \eta_{B,T_k}\Delta H_{m,B}(T_{k-1}) \qquad (10.224)$$

式中

$$T_{k-1} > T_k$$

$$\theta_{A,T_k} = \theta_{B,T_k} = T_{k-1} - T_k$$

$$\eta_{A,T_k} = \eta_{B,T_k} = \frac{T_{k-1} - T_k}{T_{k-1}}$$

$\Delta H_{m,A}(T_{k-1})$ 和 $\Delta H_{m,B}(T_{k-1})$ 为在温度 T_{k-1} 组元 A 和 B 析晶过程的焓变。

总摩尔吉布斯自由能变化为

$$\Delta G_m(T_k) = x_A\Delta G_{m,A}(T_k) + x_B\Delta G_{m,B}(T_k)$$

$$= \frac{1}{T_{k-1}}(x_A\theta_{A,T_k}\Delta H_{m,A}(T_{k-1}) + x_B\theta_{B,T_k}\Delta H_{m,B}(T_{k-1}))$$

$$= x_A\eta_{A,T_k}\Delta H_{m,A}(T_{k-1}) + x_B\eta_{B,T_k}\Delta H_{m,B}(T_{k-1}) \qquad (10.225)$$

直到达成平衡,是组元 A 和 B 的饱和相,有

$$(A)_{q_k} = (A)_{饱和} \rightleftharpoons A(s)$$

$$(B)_{q_k} = (B)_{饱和} \rightleftharpoons B(s)$$

继续降温,重复上述过程。直到固溶体 γ 相完全转变为组元 A 和 B 形成的共晶相。

10.3.10.3 马氏体相变

奥氏体淬火快速冷却,在低温下,过冷奥氏体转变为亚稳态的马氏体。这种转变称为马氏体相变。奥氏体转变为马氏体化学组成不变,是非扩散型转变,即"协同型"转变。马氏体相变是德国冶金学家马滕斯(martens)最早在钢的热处理过程中发现的。

后来发现在铁基合金、有色金属合金、纯金属和陶瓷也发生马氏体相变。表 10.2 给

出了几种有色金属及其合金的马氏体转变的晶体结构变化。

表 10.2 有色金属中的马氏体转变

材料及其成分	晶体结构的变化	惯用面
纯 Ti	bcc → hcp	{8,811} 或 {8,9,12}
Ti – 10% Mo	bcc → hcp	{334} 或 {344}
Ti – 5% Mn	bcc → hcp	{334} 或 {344}
纯 Zr	bcc → hcp	
Zr – 2.5% Nb	bcc → hcp	
Zr – 0.75% Cr	bcc → hcp	
纯 Li	bcc → hcp(层错)	{144}
纯 Na	bcc → fcc(层错)	
	bcc → hcp(层错)	
Cu – 40% Zn	bcc → 面心四方(层错)	~ {155}
Cu – 11 ~ 13.1% Al	bcc → fcc(层错)	~ {133}
Cu – 12.9 ~ 14.9% Al	bcc → 正交	~ {122}
Cu – Sn	bcc → fcc(层错)	
	bcc → 正交	
Cu – Ga	bcc → fcc(层错)	
	bcc → 正交	
Au – 47.5% Cd	bcc → 正交	{133}
Au – 50%(mol)Mn	bcc → 正交	
纯 Co	bcc → hcp	{111}
In – (18% ~ 20%)Tl	bcc → 面心四方	{011}
Mn – (0 ~ 25%)Cu	bcc → 面心四方	{011}
Au – 56%(摩尔分数)Cu	fcc → 复杂正交(有序 → 无序)	
U – 0.4%(摩尔分数)Cr	复杂四方 → 复杂正交	$(1\bar{4}4)$ 与 $(\bar{1}2\bar{3})$ 之间
U – 1.4%(摩尔分数)Cr	复杂四方 → 复杂正交	$(1\bar{4}4)$ 与 $(\bar{1}2\bar{3})$ 之间
纯 Hg	菱方 → 体心四方	

由奥氏体向马氏体转变的过程可以表示为

$$\gamma \Longleftrightarrow \alpha$$

式中,γ 表示奥氏体;α 表示马氏体。

该过程的摩尔吉布斯自由能变化为

$$\Delta G_{m(\gamma \to \alpha)}(T) = G_{m,\alpha}(T) - G_{m,\gamma}(T)$$

$$= \left[H_{m,\alpha}(T) - T S_{m,\alpha}(T) \right] - \left[H_{m,\gamma}(T) - T S_{m,\gamma}(T) \right]$$

$$= \Delta H_{m,\gamma \to \alpha}(T) - T \Delta S_{m,\gamma \to \alpha}(T)$$

$$\approx \Delta H_{m,\gamma \to \alpha}(T_\Psi) - T \frac{\Delta H_{m,\gamma \to \alpha}}{T_\Psi}(T_\Psi)$$

$$= \frac{\Delta H_{m,\gamma \to \alpha}(T_\Psi) \Delta T}{T_\Psi} \tag{10.226}$$

式中,T_Ψ 为 α 相和 γ 相两相平衡的温度;T 为相变实际发生的温度。

$$\Delta T = T_\Psi - T$$

若

$$T = T_\Psi$$

$$\Delta T = 0$$

$$\Delta G_{m,(\gamma \to \alpha)} = 0$$

α、β 两相达到平衡,相变在平衡状态发生。

若

$$T < T_\Psi$$

则

$$\Delta T > 0$$

$$\Delta G_{m,(\gamma \to \alpha)} < 0$$

相变在非平衡状态发生。

若

$$T > T_\Psi$$

$$\Delta T > 0$$

$$\Delta G_{m,(\gamma \to \alpha)} > 0$$

γ —— α 相变不能发生,相反 α —— γ 能发生。

式中,$\Delta H_{m,(\gamma \to \alpha)}$ 为相变过程的热焓;$\Delta S_{m,\gamma \to \alpha}$ 为相变过程的熵变。

10.3.10.4 调幅分解

在一定温度和压力条件下,固溶体分解成结构相同而成分不同(在一定范围内连续变化)的两相。一相含原固溶体的 A 成分多、B 成分少,一相含原固溶体的 A 成分少、B 成分多,称为调幅分解。类似于液相分层所形成的两液相。该过程可以表示如下。

$$\gamma \longrightarrow \alpha + \beta$$

即

$$\gamma = x\alpha + y\beta$$

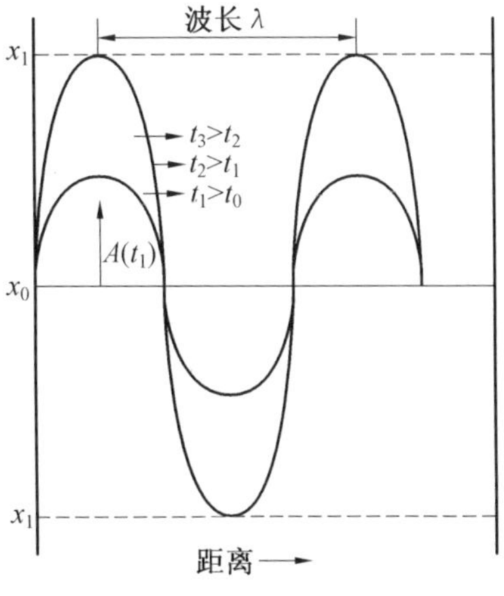

图 10.28 为调幅分解图。该过程的摩尔吉布斯自由能变化为

图 10.28 调幅分解图

$$\Delta G_{m,\gamma \to \alpha + \beta}(T) = x G_{m,\alpha}(T) + y G_{m,\beta}(T) - G_{m,\gamma}(T)$$

$$
\begin{aligned}
&= x\left[H_{m,\alpha}(T) - TS_{m,\alpha}(T)\right] + y\left[H_{m,\beta}(T) - TS_{m,\beta}(T)\right] - \\
&\quad \left[H_{m,\gamma}(T) - TS_{m,\gamma}(T)\right] \\
&= \left[xH_{m,\alpha}(T) + yH_{m,\beta}(T) - H_{m,\gamma}(T)\right] - \\
&\quad T\left[xS_{m,\alpha}(T) + yS_{m,\beta}(T) - S_{m,\gamma}(T)\right] \\
&\approx \left[xH_{m,\alpha}(T_{平}) + yH_{m,\beta}(T_{平}) - H_{m,\gamma}(T_{平})\right] - \\
&\quad T\left[xS_{m,\alpha}(T_{平}) + yS_{m,\beta}(T_{平}) - S_{m,\gamma}(T_{平})\right] \\
&= \left[xH_{m,\alpha}(T_{平}) + yH_{m,\beta}(T_{平}) - H_{m,\gamma}(T_{平})\right] - \\
&\quad T\frac{xH_{m,\alpha}(T_{平}) + yH_{m,\beta}(T_{平}) - H_{m,\gamma}(T_{平})}{T_{平}} \\
&= \frac{\left(xH_{m,\alpha}(T_{平}) + yH_{m,\beta}(T_{平}) - H_{m,\gamma}(T_{平})\right)\Delta T}{T_{平}} \\
&= \frac{\Delta H_{m,\gamma \to \alpha+\beta}(T_{平})\Delta T}{T_{平}}
\end{aligned}
\tag{10.227}
$$

式中

$$
\Delta H_{m,\gamma \to \alpha+\beta}(T_{平}) = xH_{m,\alpha}(T_{平}) + yH_{m,\beta}(T_{平}) - H_{m,\gamma}(T_{平})
$$

是相变过程的热焓。

$$
\Delta S_{m,\gamma \to \alpha+\beta}(T_{平}) = \frac{\Delta H_{m,\gamma \to \alpha+\beta}(T_{平})}{T_{平}}
$$

是相变过程的熵变。

$$
\Delta T = T_{平} - T
$$

T 为相变温度；$T_{平}$ 为相变达到平衡的温度。

若

$$
T = T_{平}
$$

则

$$
\Delta T = 0
$$

$$
\Delta G_{m} = 0
$$

α、β、γ 三相达到平衡，相变在平衡状态发生。

若

$$
T < T_{平}
$$

则

$$
\Delta T > 0
$$

若相变过程放热，则

$$
\Delta G_{m} < 0
$$

相变在非平衡状态发生。

若

$$
T > T_{平}
$$

则

$$
\Delta T < 0
$$

若相变过程放热,则

$$\Delta G_m > 0$$

相变不能发生。

若相变过程吸热,则情况相反。

也可以如下计算。

$$\gamma \longrightarrow \alpha + \beta$$

即

$$\gamma \longrightarrow m(A)_\gamma + n(B)_\gamma$$
$$m(A)_\gamma = m_1(A)_\alpha + m_2(A)_\beta$$
$$n(B)_\gamma = n_1(B)_\alpha + n_2(B)_\beta$$

式中,m、m_1、m_2 和 n、n_1、n_2 为计量系数。

在固溶体 γ、α、β 中的组元 A 和 B 分别以纯固态组元 A 和 B 为标准状态,该过程的摩尔吉布斯自由能变化为

$$\Delta G_{m,A} = m_1\mu_{(A)_\alpha} + m_2\mu_{(A)_\beta} - m\mu_{(A)_\gamma} = \Delta G_{m,A}^* + RT\ln\frac{(a_{(A)\alpha}^R)^{m_1}(a_{(A)\beta}^R)^{m_2}}{(a_{(A)\gamma}^R)^m}$$

$$(10.228)$$

式中

$$\mu_{(A)_\alpha} = \mu_{A(s)}^* + RT\ln a_{(A)_\alpha}^R$$
$$\mu_{(A)_\beta} = \mu_{A(s)}^* + RT\ln a_{(A)_\beta}^R$$
$$\mu_{(A)\gamma} = \mu_{A(s)}^* + RT\ln a_{(A)_\gamma}^R$$
$$\Delta G_{m,A}^* = m_1\mu_{A(s)}^* + m_2\mu_{A(s)}^* - m\mu_{A(s)}^* = 0$$

所以

$$\Delta G_{m,A} = RT\ln\frac{(a_{(A)\alpha}^R)^{m_1}(a_{(A)\beta}^R)^{m_2}}{(a_{(A)\gamma}^R)^m} \tag{10.229}$$

$$\Delta G_{m,B} = n_1\mu_{(B)_\alpha} + n_2\mu_{(B)_\beta} - n\mu_{(B)\gamma} = \Delta G_{m,B}^* + RT\ln\frac{(a_{(B)\alpha}^R)^{n_1}(a_{(B)\beta}^R)^{n_2}}{(a_{(B)\gamma}^R)^n} \tag{10.230}$$

式中

$$\mu_{(B)_\alpha} = \mu_{B(s)}^* + RT\ln a_{(B)_\alpha}^R$$
$$\mu_{(B)_\beta} = \mu_{B(s)}^* + RT\ln a_{(B)_\beta}^R$$
$$\mu_{(B)\gamma} = \mu_{B(s)}^* + RT\ln a_{(B)_\gamma}^R$$
$$\Delta G_{m,B}^* = n_1\mu_{B(s)}^* + n_2\mu_{B(s)}^* - n\mu_{B(s)}^* = 0$$

所以,摩尔吉布斯自由能变化为

$$\Delta G_{m,B} = RT\ln\frac{(a_{(B)\alpha}^R)^{n_1}(a_{(B)\beta}^R)^{n_2}}{(a_{(B)\gamma}^R)^n} \tag{10.231}$$

达到平衡有

$$(A)_\alpha \rightleftharpoons (A)_\beta$$
$$(B)_\alpha \rightleftharpoons (B)_\beta$$

总摩尔吉布斯自由能变化为

$$\Delta G_T = \Delta G_A + \Delta G_B = RT\ln\left[\ln\frac{(a_{(A)\alpha}^R)^{m_1}(a_{(A)\beta}^R)^{m_2}}{(a_{(A)\gamma}^R)^m} + \frac{(a_{(B)\alpha}^R)^{n_1}(a_{(B)\beta}^R)^{n_2}}{(a_{(B)\gamma}^R)^n}\right]$$

(10.232)

或者如下计算。

该过程的摩尔吉布斯自由能变化为

$$
\begin{aligned}
\Delta G_{m,A}(T) &= m_1\bar{G}_{m,(A)_\alpha}(T) + m_2\bar{G}_{m,(A)_\beta}(T) - m\bar{G}_{m,(A)_\gamma}(T)\\
&= m_1[\bar{H}_{m,(A)\alpha}(T) - T\bar{S}_{m,(A)\alpha}(T)] +\\
&\quad m_2[\bar{H}_{m,(A)\beta}(T) - T\bar{S}_{m,(A)\beta}(T)] -\\
&\quad m[\bar{H}_{m,(A)\gamma}(T) - T\bar{S}_{m,(A)\gamma}(T)]\\
&= [m_1\bar{H}_{m,(A)\alpha}(T) + m_2\bar{H}_{m,(A)\beta}(T) - m\bar{H}_{m,(A)\gamma}(T)] +\\
&\quad T[m_1\bar{S}_{m,(A)\alpha}(T) - m_2\bar{S}_{m,(A)\beta}(T) - m\bar{S}_{m,(A)\gamma}(T)]\\
&\approx [m_1\bar{H}_{m,(A)\alpha}(T_平) + m_2\bar{H}_{m,(A)\beta}(T_平) - m\bar{S}_{m,(A)\gamma}(T_平)] -\\
&\quad T[m_1\bar{S}_{m,(A)\alpha}(T_平) + m_2\bar{S}_{m,(A)\beta}(T_平) - m\bar{S}_{m,(A)\gamma}(T_平)]\\
&= [m_1\bar{H}_{m,(A)\alpha}(T_平) + m_2\bar{H}_{m,(A)\beta}(T_平) - m\bar{H}_{m,(A)\gamma}(T_平)]\\
&\quad T\frac{m_1\bar{H}_{m,(A)\alpha}(T_平) + m_2\bar{H}_{m,(A)\beta}(T_平) - m\bar{H}_{m,(A)\gamma}(T_平)}{T_平}\\
&= \frac{(m_1\bar{H}_{m,(A)\alpha}(T_平) + m_2\bar{H}_{m,(A)\beta}(T_平) - m\bar{H}_{m,(A)\gamma}(T_平))\Delta T}{T_平}\\
&= \frac{\Delta\bar{H}_{m,A}(T_平)\Delta T}{T_平}
\end{aligned}
$$

(10.233)

同理

$$\Delta G_{m,B} = \frac{\Delta\bar{H}_{m,B}(T_平)\Delta T}{T_平}$$

(10.234)

式中

$$\Delta\bar{H}_{m,A}(T_平) = m_1\bar{H}_{m,(A)\alpha}(T_平) + m_2\bar{H}_{m,(A)\beta}(T_平) - m\bar{H}_{m,(A)\gamma}$$

$$\Delta\bar{H}_{m,B} = n_1\bar{H}_{m,(B)\alpha}(T_平) + n_2\bar{H}_{m,(B)\beta}(T_平) - n\bar{H}_{m,(B)\gamma}(T_平)$$

为调幅分解过程的焓变。

$$\Delta T = T_平 - T$$

10.3.10.5 奥氏体相变

(1) 由渗碳体 + 珠光体转变为奥氏体。

如图10.29(a)所示,在恒压条件下,把组成点为 P 的物质加热升温。温度升至 T_E,物质组成点为 P_E。在组成点为 P_E 的物质中,有符合共晶点组成的珠光体和过量的 Fe_3C。珠光体是由铁素体和渗碳体按确定比例形成的共晶相。

在温度 T_E,由铁素体和渗碳体形成的共晶相 —— 珠光体转变为奥氏体,可以表示为

$$E(珠光体) \longrightarrow E(奥氏体)$$

即

$$x_1\alpha + x_2Fe_3C \Longleftrightarrow x_1(\alpha)_{E(\gamma)} + x_2(Fe_3C)_{E(\gamma)}$$

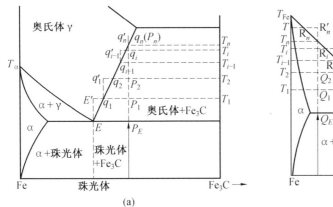 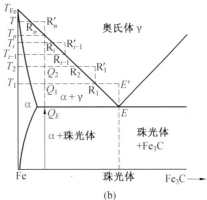

(a)　　　　　　　　　　　　　(b)

图 10.29　部分 Fe – C 相图

或

$$\alpha \rightleftharpoons (\alpha)_{E(\gamma)}$$

$$Fe_3C \rightleftharpoons (Fe_3C)_{E(\gamma)}$$

式中，E(珠光体) 表示珠光体；α 表示铁素体；Fe_3C 为渗碳体；E(奥氏体) 和 $E(\gamma)$ 表示组成为 E 的奥氏体；x_1 和 x_2 分别是组成共晶相 E(珠光体) 的组元 α——铁素体和 Fe_3C——渗碳体的摩尔分数，并有

$$x_1 + x_2 = 1$$

该过程的摩尔吉布斯自由能变化为

$$\begin{aligned}
\Delta G_{m,\alpha}(T_E) &= \bar{G}_{m,(\alpha)_{E(\gamma)}}(T_E) - G_{m,\alpha} \\
&= \left[\bar{H}_{m,(\alpha)_{E(\gamma)}}(T_E) - T_E \bar{S}_{m,(\alpha)_{E(\gamma)}}(T_E)\right] - \left[H_{m,\alpha}(T_E) - T_E S_{m,\alpha}(T_E)\right] \\
&= \Delta H_{m,\alpha}(T_E) - T_E \Delta S_{m,\alpha}(T_E) = \Delta H_{m,\alpha} - T_E \frac{\Delta H_{m,\alpha}(T_E)}{T_E} = 0 \qquad (10.235)
\end{aligned}$$

$$\begin{aligned}
\Delta G_{m,Fe_3C}(T_E) &= \bar{G}_{m,(Fe_3C)_{E(\gamma)}}(T_E) - G_{m,Fe_3C}(T_E) \\
&= \left[\bar{H}_{m,(Fe_3C)_{E(\gamma)}}(T_E) - T_E \bar{S}_{m,(Fe_3C)_{E(\gamma)}}(T_E)\right] - \\
&\quad \left[H_{m,Fe_3C}(T_E) - T_E S_{m,Fe_3C}(T_E)\right] \\
&= \Delta H_{m,Fe_3C}(T_E) - T_E S_{m,Fe_3C}(T_E) = \Delta H_{m,Fe_3C}(T_E) - T_E \frac{\Delta H_{m,Fe_3C}(T_E)}{T_E} = 0
\end{aligned}$$

$$(10.236)$$

$$\begin{aligned}
\Delta G_{m,E}(T_E) &= x_1 \Delta G_{m,\alpha}(T_E) + x_2 \Delta G_{m,Fe_3C}(T_E) \\
&= (x_1 \Delta H_{m,\alpha}(T_E) + x_2 \Delta H_{m,Fe_3C}(T_E)) - \frac{T_E(x_1 H_{m,\alpha}(T_E) + x_2 \Delta H_{m,Fe_3C}(T_E))}{T_E} = 0
\end{aligned}$$

$$(10.237)$$

或者如下计算。

$$\begin{aligned}
\Delta G_{m,E(\gamma)}(T_E) &= G_{m,E(\gamma)}(T_E) - x_1 G_{m,\alpha}(T_E) - x_2 G_{m,Fe_3C}(T_E) \\
&= \left[H_{m,E(\gamma)}(T_E) - T_E S_{m,E(\gamma)})(T_E) - x_1(H_{m,\alpha}(T_E) - T_E S_{m,\alpha}(T_E)) - \right. \\
&\quad \left. x_2(H_{m,Fe_3C}(T_E) - T_E S_{m,Fe_3C}(T_E))\right]
\end{aligned}$$

$$= \left[H_{m,E(\gamma)}(T_E) - x_1 H_{m,\alpha}(T_E) - x_2 H_{m,Fe_3C}(T_E) \right] -$$
$$T_E \left[S_{m,E(\gamma)}(T_E) - x_1 S_{m,\alpha}(T_E) - x_2 S_{m,Fe_3C}(T_E) \right]$$

$$= \Delta H_m - T_E \Delta S_m = \Delta H_m - T_E \frac{\Delta H_m}{T_E} = 0$$

或者如下计算。

α 和 Fe_3C 都以纯固态为标准状态,组成以摩尔分数表示,有

$$\Delta G_{m,\alpha} = \mu_{(\alpha)E(\gamma)} - \mu_\alpha = RT\ln a^R_{(\alpha)E(\gamma)} = RT\ln a^R_{(\alpha)饱和} = 0 \qquad (10.238)$$

$$\Delta G_{m,Fe_3C} = \mu_{(Fe_3C)E(\gamma)} - \mu_{Fe_3C} = RT\ln a^R_{(Fe_3C)E(\gamma)} = RT\ln a^R_{(Fe_3C)饱和} = 0 \qquad (10.239)$$

式中

$$\mu_\alpha = \mu_\alpha^*$$

$$\mu_{(\alpha)E(\gamma)} = \mu_\alpha^* + RT\ln a^R_{(\alpha)E(\gamma)} = \mu_\alpha^* + RT\ln a^R_{(\alpha)饱和}$$

$$\mu_{Fe_3C} = \mu_{Fe_3C}^*$$

$$\mu_{(Fe_3C)E(\gamma)} = \mu_{Fe_3C}^* + RT\ln a^R_{(Fe_3C)E(\gamma)} = \mu_{Fe_3C}^* + RT\ln a^R_{(Fe_3C)} = 0$$

$$\Delta G_{m,E(\gamma)} = x_1 \Delta G_{m,\alpha} + x_2 \Delta G_{m,Fe_3C} = 0$$

在温度 T_E,组成为 $E(\gamma)$ 的奥氏体和组成为珠光体的铁素体 α、渗碳体 Fe_3C 平衡。相变的吉布斯自由能变化为零。

升高温度到 T_1,物质组成点到达 P_1。组成为 E' 的珠光体向奥氏体 $E(\gamma)$ 转变,可以表示为

$$x_1 \alpha + x_2 Fe_3C \Longrightarrow E(\gamma)$$

该过程的摩尔吉布斯自由能变化为

$$\begin{aligned}
\Delta G_{m,E(\gamma)}(T_1) &= G_{m,E(\gamma)}(T_1) - x_1 G_{m,\alpha}(T_1) - x_2 G_{Fe_3C}(T_1) \\
&= \left[H_{m,E(\gamma)}(T_1) - x_1 H_{m,\alpha}(T_1) - x_2 H_{m,Fe_3C}(T_1) \right] - \\
&\quad T_1 \left[S_{m,E(\gamma)}(T_1) - x_1 S_{m,\alpha}(T_1) - x_2 S_{m,Fe_3C}(T_1) \right] \\
&\approx \left[H_{m,E(\gamma)}(T_E) - x_1 H_{m,\alpha}(T_E) - x_2 H_{m,Fe_3C}(T_E) \right] - \\
&\quad T_1 \left[S_{m,E(\gamma)}(T_E) - x_1 S_{m,\alpha}(T_E) - x_2 S_{m,Fe_3C}(T_E) \right] \\
&= \Delta H_{m,E(\gamma)}(T_E) - T_1 \Delta S_{m,E(\gamma)}(T_E) \\
&= \frac{\Delta H_{m,E(\gamma)}(T_E) \Delta T}{T_E}
\end{aligned} \qquad (10.240)$$

式中

$$\Delta H_{m,E(\gamma)}(T_E) = H_{m,E(\gamma)}(T_E) - x_1 H_{m,\alpha}(T_E) - x_2 H_{m,Fe_3C}(T_E)$$

$$\Delta S_{m,E(\gamma)}(T_E) = S_{m,E(\gamma)}(T_E) - x_1 S_{m,\alpha}(T_E) - x_2 S_{m,Fe_3C}(T_E)$$

是 x_1 摩尔 α 和 x_2 摩尔 Fe_3C 转化为 1 mol 奥氏体的相变潜热和熵变。

$$\Delta T = T_E - T_1 < 0$$

或如下计算。

各组元都以其纯固态为标准状态,组成以摩尔分数表示,有

$$\Delta G_{m,E(\gamma)} = G_{m,E(\gamma)} - x_1 G_{m,\alpha} - x_2 G_{Fe_3C} \qquad (10.241)$$

$$\Delta G_{m,E(\gamma)} = \left(x_{(Fe)E(\gamma)} \mu_{(Fe)E(\gamma)} + x_{(C)E(\gamma)} \mu_{(C)E(\gamma)} \right) - x_1 \left(x_{(Fe)\alpha} \mu_{(Fe)\alpha} + x_{(C)\alpha} \mu_{(C)\alpha} \right) - x_2 G_{m,Fe_3C}$$

$$(10.242)$$

$$x_1 + x_2 = 1$$

式中

$$\mu_{(Fe)_{E(\gamma)}} = \mu^*_{Fe_{(s)}} + RT\ln a^R_{(Fe)_{E(\gamma)}}$$

$$\mu_{(C)_{E(\gamma)}} = \mu^*_{C_{(s)}} + RT\ln a^R_{(C)_{E(\gamma)}}$$

$$\mu_{(Fe)_\alpha} = \mu^*_{Fe_{(s)}} + RT\ln a^R_{(Fe)_\alpha}$$

$$\mu_{(C)_\alpha} = \mu^*_{C_{(s)}} + RT\ln a^R_{(C)_\alpha}$$

$$G_{m,Fe_3C} = G^*_{m,Fe_3C}$$

将上面各式代入式(10.242),得

$$\Delta G_{m,E(\gamma)} = \Delta G^*_{m,E(\gamma)} + RT\ln \frac{(a^R_{(Fe)_{E(\gamma)}})^{x_{(Fe)_{E(\gamma)}}} (a^R_{(C)_{E(\gamma)}})^{x_{(C)_{E(\gamma)}}}}{(a^R_{(Fe)_\alpha})^{x_1 x_{(Fe)_\alpha}} (a^R_{(C)_\alpha})^{x_1 x_{(C)_\alpha}}} \quad (10.243)$$

式中

$$\begin{aligned}
\Delta G^*_{m,\gamma} &= x_{(Fe)_{E(\gamma)}}\mu^*_{Fe_{(s)}} - x_1 x_{(Fe)_\alpha}\mu^*_{Fe_{(s)}} + x_{(C)_{E(\gamma)}}\mu^*_{C_{(s)}} - x_1 x_{(C)_\alpha}\mu^*_{C_{(s)}} - x_2 G^*_{m,Fe_3C} \\
&= -RT\ln K_{E(\gamma)} \quad (10.244)
\end{aligned}$$

$$K_{E(\gamma)} = \frac{(a^R_{(Fe)_{E(\gamma)}})^{x_{(Fe)_{E(\gamma)}}} (a^R_{(C)_{E(\gamma)}})^{x_{(C)_{E(\gamma)}}}}{(a^R_{(Fe)_\alpha})^{x_1 x_{(Fe)_\alpha}} (a^R_{(C)_\alpha})^{x_1 x_{(C)_\alpha}}} \quad (10.245)$$

直到组成为 E 的珠光体完全转变为奥氏体。这时,组成为 $E(\gamma)$ 的奥氏体中 Fe_3C 还未达到饱和,剩余的 Fe_3C 会向奥氏体 $E(\gamma)$ 中溶解,有

$$Fe_3C \Longrightarrow (Fe_3C)_{E(\gamma)}$$

该过程的摩尔吉布斯自由能变化为

$$\begin{aligned}
\Delta G_m(T_1) &= \bar{G}_{m,(Fe_3C)_{E(\gamma)}}(T_1) - G_{m,Fe_3C}(T_1) \\
&= [\bar{H}_{m,(Fe_3C)_{E(\gamma)}}(T_1) - T_1 \bar{S}_{m,(Fe_3C)_{E(\gamma)}}(T_1)] - [H_{m,Fe_3C}(T_1) - S_{m,Fe_3C}(T_1)] \\
&= \Delta H_m(T_1) - T_1 \Delta S_m(T_1) \\
&\approx \Delta H_m(T_E) - T_1 \Delta S_m(T_E) \\
&= \Delta H_m(T_E) - T_1 \frac{\Delta H_m(T_E)}{T_E} \\
&= \frac{\Delta H_m(T_E) \Delta T}{T_E}
\end{aligned}$$

式中

$$\Delta T = T_E - T_1 < 0$$

或者如下计算。

以纯固态 Fe_3C 为标准状态,组成以摩尔分数表示,则

$$\Delta G_m = \mu_{(Fe_3C)_{E(\gamma)}} - \mu_{Fe_3C} = RT\ln a_{(Fe_3C)_{E(\gamma)}} \quad (10.246)$$

式中

$$\mu_{(Fe_3C)_{E(\gamma)}} = \mu^*_{Fe_3C} + RT\ln a_{(Fe_3C)_{E(\gamma)}}$$

$$\mu_{Fe_3C} = \mu^*_{Fe_3C}$$

直到渗碳体 Fe_3C 在奥氏体 γ 中溶解达到饱和,Fe_3C 和奥氏体 γ 相达成新的平衡。平衡相组成为共晶线上的 q_1 点。有

$$\mathrm{Fe_3C} \Longleftrightarrow (\mathrm{Fe_3C})_{q_1} \equiv (\mathrm{Fe_3C})_{饱和}$$

从温度 T_1 到温度 T_n，随着温度的升高，组元 $\mathrm{Fe_3C}$ 不断地向 γ 相中溶解，该过程可以描述如下：

在温度 T_{i-1}，$\mathrm{Fe_3C}$ 和 γ 相达成平衡，$\mathrm{Fe_3C}$ 在 γ 相中的溶解达到饱和。平衡组成为共晶线上的点 q_{i-1}。有

$$\mathrm{Fe_3C} \Longleftrightarrow (\mathrm{Fe_3C})_{q_{i-1}} \equiv (\mathrm{Fe_3C})_{饱和}$$

继续升高温度至 T_i，$\mathrm{Fe_3C}$ 还未来得及溶解进入 γ 相时，γ 相组成仍然与 q_{i-1} 相同，但是已由 $\mathrm{Fe_3C}$ 饱和的 q_{i-1} 变成不饱和的 q'_{i-1}。因此，$\mathrm{Fe_3C}$ 向 γ 相 q'_{i-1} 中溶解。γ 相组成由 q'_{i-1} 向该温度的平衡相组成 q_i 转变，物质组成点由 P_{i-1} 向 P_i 转变。该过程可以表示为

$$\mathrm{Fe_3C} \Longrightarrow (\mathrm{Fe_3C})_{q'_{i-1}}$$

该过程的摩尔吉布斯自由能变化为

$$
\begin{aligned}
\Delta G_{\mathrm{m,Fe_3C}}(T_i) &= \bar{G}_{\mathrm{m,(Fe_3C)}q'_{i-1}}(T_i) - G_{\mathrm{m,Fe_3C}}(T_i) \\
&= \left[\bar{H}_{\mathrm{m,(Fe_3C)}q'_{i-1}}(T_i) - T_i \bar{S}_{\mathrm{m,(Fe_3C)}q'_{i-1}}(T_i) \right] - \left[H_{\mathrm{m,Fe_3C}}(T_i) - T_i S_{\mathrm{m,Fe_3C}}(T_i) \right] \\
&= \Delta_{\mathrm{sol}} H_{\mathrm{m,Fe_3C}}(T_i) - T_i \Delta_{\mathrm{sol}} S_{\mathrm{m,Fe_3C}}(T_i) \\
&\approx \Delta_{\mathrm{sol}} H_{\mathrm{m,Fe_3C}}(T_{i-1}) - T_i \Delta_{\mathrm{sol}} S_{\mathrm{m,Fe_3C}}(T_{i-1}) \\
&= \frac{\Delta_{\mathrm{sol}} H_{\mathrm{m,Fe_3C}}(T_{i-1}) \Delta T}{T_{i-1}}
\end{aligned}
\tag{10.247}
$$

式中，$\Delta_{\mathrm{sol}} H_{\mathrm{m,(Fe_3C)}}$、$\Delta_{\mathrm{sol}} S_{\mathrm{m,(Fe_3C)}}$ 分别为 $\mathrm{Fe_3C}$ 的溶解焓、溶解熵。

$$\Delta_{\mathrm{sol}} S_{\mathrm{m,Fe_3C}}(T_i) \approx \Delta_{\mathrm{sol}} S_{\mathrm{m,Fe_3C}}(T_{i-1}) = \frac{\Delta_{\mathrm{sol}} H_{\mathrm{m,Fe_3C}}(T_{i-1})}{T_{i-1}}$$

$$\Delta T = T_{i-1} - T_i < 0$$

或者如下计算，$\mathrm{Fe_3C}$ 以其纯固态为标准状态，浓度以摩尔分数表示，有

$$\Delta G_{\mathrm{m,Fe_3C}} = \mu_{(\mathrm{Fe_3C})q'_{i-1}} - \mu_{\mathrm{Fe_3C}} = RT\ln a^{\mathrm{R}}_{(\mathrm{Fe_3C})q'_{i-1}} \tag{10.248}$$

式中

$$\mu_{(\mathrm{Fe_3C})q'_{i-1}} = \mu^*_{\mathrm{Fe_3C}q'_{i-1}} + RT\ln a^{\mathrm{R}}_{(\mathrm{Fe_3C})q'_{i-1}}$$

$$\mu_{\mathrm{Fe_3C}} = \mu^*_{\mathrm{Fe_3C}}$$

直到 $\mathrm{Fe_3C}$ 在 γ 相中的溶解达到饱和，$\mathrm{Fe_3C}$ 和奥氏体相达成新的平衡。平衡相组成为共晶线上的 q_i 点，有

$$\mathrm{Fe_3C} \Longleftrightarrow (\mathrm{Fe_3C})_{\gamma_i} \equiv (\mathrm{Fe_3C})_{饱和}$$

在温度 T_n，$\mathrm{Fe_3C}$ 和 γ 相达成平衡，$\mathrm{Fe_3C}$ 在 γ 相中的溶解达到饱和，平衡相组成为共晶线上的 q_n 点。有

$$\mathrm{Fe_3C} \Longleftrightarrow (\mathrm{Fe_3C})_{q_n} \equiv (\mathrm{Fe_3C})_{饱和}$$

温度升到高于 T_n 的温度 T。在温度刚升至 T，$\mathrm{Fe_3C}$ 还未来得及溶解进入 γ 相时，γ 相组成仍与 q_n 点相同。但是，已由 $\mathrm{Fe_3C}$ 的饱和相 q_n 变成其不饱和相 q'_n。剩余的 $\mathrm{Fe_3C}$ 向其中溶解，有

$$\mathrm{Fe_3C} \Longrightarrow (\mathrm{Fe_3C})_{q'_n}$$

该过程的摩尔吉布斯自由能变化为

$$
\begin{aligned}
\Delta G_{m,Fe_3C}(T) &= \bar{G}_{m,(Fe_3C)\,\gamma_n'}(T) - G_{m,Fe_3C}(T) \\
&= \Delta_{sol}H_{m,Fe_3C}(T) - T\Delta_{sol}S_{m,Fe_3C}(T) \\
&\approx \Delta_{sol}H_{m,Fe_3C}(T_n) - T\Delta_{sol}S_{m,Fe_3C}(T_n) \\
&= \frac{\Delta_{sol}H_{m,Fe_3C}(T_n)\Delta T}{T_n}
\end{aligned} \tag{10.249}
$$

其中

$$
\Delta T = T_n - T < 0
$$

或者如下计算

以纯固态 Fe_3C 为标准状态,浓度以摩尔分数表示。有

$$
\Delta G_{m,Fe_3C} = \mu_{(Fe_3C)\,q_n'} - \mu_{Fe_3C} = RT\ln a^R_{(Fe_3C)\,q_n'} \tag{10.250}
$$

式中

$$
\mu_{(Fe_3C)\,q_n'} = \mu^*_{(Fe_3C)} + RT\ln a^R_{(Fe_3C)\,q_n'}
$$

$$
\mu_{Fe_3C} = \mu^*_{(Fe_3C)}
$$

直到 Fe_3C 完全溶解进入 γ 相,奥氏体转变完成。

(2)由铁素体 + 珠光体转变为奥氏体。

如图10.29(b)所示,在恒压条件下,把组成点为 q 的物质加热升温。温度升至 T_E,物质组成点为 q_E,在组成点为 q_E 的物质中,有符合共晶点组成的珠光体和过量的铁素体 α。

在温度 T_E,珠光体转变为奥氏体,可以表示为

$$
E(珠光体) \rightleftharpoons E(奥氏体)
$$

即

$$
x_1\alpha + x_2 Fe_3C \rightleftharpoons E(\gamma)
$$

或

$$
\alpha \rightleftharpoons (\alpha)_{E(\gamma)}
$$

$$
Fe_3C \rightleftharpoons (Fe_3C)_{E(\gamma)}
$$

相变在平衡状态下进行,吉布斯自由能变化为零。

温度升高到 T_1,物质组成点到达 q_1,组成为 E 的珠光体向奥氏体 $E(\gamma)$ 转变,可以表示为

$$
x_1\alpha + x_2 Fe_3C \longrightarrow E(\gamma)
$$

相变在非平衡状态下进行,摩尔吉布斯自由能变化同(10.240)、(10.243)。

直到组成为 E 的珠光体完全转变为奥氏体。这时组成为 $E(\gamma)$ 的奥氏体中铁素体 α 还未达到饱和,剩余的铁素体 α 会向奥氏体 $E(\gamma)$ 中溶解,有

$$
\alpha \longrightarrow (\alpha)_{E(\gamma)}
$$

该过程的摩尔吉布斯自由能变化为

$$
\begin{aligned}
\Delta G_m(T_1) &= \bar{G}_{m,(\alpha)_{E(\gamma)}}(T_1) - G_{m,\alpha}(T_1) \\
&= [\bar{H}_{m,(\alpha)_{E(\gamma)}}(T_1) - T_1\bar{S}_{m,(\alpha)_{E(\gamma)}}(T_1)] - [H_{m,\alpha}(T_1) - S_{m,\alpha}(T_1)] \\
&= \Delta H_m(T_1) - T_1\Delta S_m(T_1)
\end{aligned}
$$

$$\approx \Delta H_m(T_E) - T_1 \Delta S_m(T_E)$$

$$= \Delta H_m(T_E) - T_1 \frac{\Delta H_m(T_E)}{T_E}$$

$$= \frac{\Delta H_m(T_E) \Delta T}{T_E}$$

或者如下计算。

以纯固态铁素体为标准状态,组成以摩尔分数表示,则

$$\Delta G_m = \mu_{(\alpha)_{E(\gamma)}} - \mu_\alpha = RT\ln a^R_{(\alpha)_{E(\gamma)}} \tag{10.251}$$

式中

$$\mu_{(\alpha)_{E(\gamma)}} = \mu^*_{\alpha(s)} + RT\ln a^R_{(\alpha)_{E(\gamma)}}$$

$$\mu_\alpha = \mu^*_{\alpha(s)}$$

直到铁素体 α 在奥氏体 γ 中的溶解达到饱和,α 和奥氏体 γ 达成新的平衡。平衡相组成为共晶线 $E\gamma - T_\alpha$ 上的 R_1 点。有

$$\alpha \rightleftharpoons (\alpha)_{R_1} \equiv (\alpha)_{饱和}$$

从温度 T_1 到温度 T_n,随着温度的升高,组元 α 不断地向 γ 相中溶解,该过程可以描述如下。

在温度 T_{i-1},α 和 γ 相达成平衡,α 在 γ 相中的溶解达到饱和。平衡组成为共晶线 $E - T_\alpha$ 上的 R_{i-1} 点。有

$$\alpha \rightleftharpoons (\alpha)_\gamma \equiv (\alpha)_{饱和} \quad (i = 1,2,3,\cdots)$$

继续升高温度值 T_i,α 还未来得及溶解进入 γ 相时,γ 相组成仍然与 R_{i-1} 相同,但是已由 α 饱和的 R_{i-1} 变成不饱和的 R'_{i-1}。因此,α 向 γ 相 R'_{i-1} 中溶解。γ 相组成由 R'_{i-1} 向该温度的平衡相组成 R_i 转变,物质组成点由 q_{i-1} 向 q_i 转变。该过程可以表示为

$$\alpha = (\alpha)_{R'_{i-1}} \quad (i = 1,2,3,\cdots)$$

该过程的摩尔吉布斯自由能变化为

$$\begin{aligned}
\Delta G_{m,\alpha}(T_i) &= \bar{G}_{m,(\alpha)_{R'_{i-1}}}(T_i) - G_{m,\alpha}(T_i) \\
&= \left[\bar{H}_{m,(\alpha)_{R'_{i-1}}}(T_i) - T_i \bar{S}_{m,(\alpha)_{R'_{i-1}}}(T_i) \right] - \left[H_{m,\alpha}(T_i) - S_{m,\alpha}(T_i) \right] \\
&= \Delta_{sol}H_{m,\alpha}(T_i) - T_i \Delta_{sol}S_{m,\alpha}(T_i) \\
&\approx \Delta_{sol}H_{m,\alpha}(T_{i-1}) - T_i \Delta_{sol}S_{m,\alpha}(T_{i-1}) \\
&= \frac{\Delta_{sol}H_{m,\alpha}(T_{i-1}) \Delta T}{T_{i-1}}
\end{aligned} \tag{10.252}$$

式中,$\Delta_{sol}H_{m,\alpha}$,$\Delta_{sol}S_{m,\alpha}$ 分别为 α 的溶解焓、溶解熵。

$$\Delta_{sol}H_{m,\alpha}(T_i) \approx \Delta_{sol}H_{m,\alpha}(T_{i-1})$$

$$\Delta_{sol}S_{m,\alpha}(T_i) \approx \Delta_{sol}S_{m,\alpha}(T_{i-1}) = \frac{\Delta_{sol}H_{m,\alpha}(T_{i-1})}{T_{i-1}}$$

$$\Delta T = T_{i-1} - T_i < 0$$

或者如下计算。

α 以其纯固态为标准状态,组成以摩尔分数表示。有

$$\Delta G_{m,\alpha} = \mu_{(\alpha)_{R'_{i-1}}} - \mu_\alpha = RT\ln a^R_{(\alpha)_{R'_{i-1}}} \tag{10.253}$$

式中

$$\mu_{(\alpha)_{R'_{i-1}}} = \mu_\alpha^* + = RT\ln a^R_{(\alpha)_{R'_{i-1}}}$$

$$\mu_\alpha = \mu_\alpha^*$$

直到 α 在 γ 相中的溶解达饱和,α 和奥氏体相达成新的平衡。平衡相组成为共晶线 $E - T_\alpha$ 上的 R_i 点,有

$$\alpha \rightleftharpoons (\alpha)_{R_i} \equiv (\alpha)_{饱和}$$

在温度 T_n,α 和 γ 相达成平衡,平衡相组成为共晶线上的 R_n 点,有

$$\alpha \rightleftharpoons (\alpha)_{R_n} \equiv (\alpha)_{饱和}$$

温度升到高于 T_n 的温度 T。在温度刚升至 T,α 还未来得及溶解进入 γ 相时,γ 相组成仍与 R_n 点相同。但是,已由 α 饱和的 R_n 变成其不饱和的 R'_n。剩余的 α 向其中溶解,有

$$\alpha = (\alpha)_{R'_n}$$

该过程的摩尔吉布斯自由能变化为

$$\Delta G_{m,\alpha}(T) = \bar{G}_{m,(\alpha)_{R'_i}}(T) - G_{m,\alpha}(T) = \Delta_{sol}H_{m,(\alpha)_{R'_i}}(T) - T\Delta_{sol}S_{m,\alpha}(T)$$

$$\approx \Delta_{sol}H_{m,(\alpha)_{R'_i}}(T_n) - T\Delta_{sol}S_{m,\alpha}(T_n) = \frac{\Delta_{sol}H_{m,\alpha}(T_n)\Delta T}{T_n} \qquad (10.254)$$

式中

$$\Delta T = T_n - T < 0$$

或者如下计算。

以纯固态 α 为标准状态,组成以摩尔分数表示。有

$$\Delta G_{m,\alpha} = \mu_{(\alpha)_{R'_n}} - \mu_\alpha = RT\ln a^R_{(\alpha)_{R'_n}} \qquad (10.255)$$

式中

$$\mu_{(\alpha)_{R'_n}} = \mu_\alpha^* + RT\ln a^R_{(\alpha)_{R'_n}}$$

$$\mu_\alpha = \mu_\alpha^*$$

直到 α 完全溶解进入 γ 相,奥氏体转变完成。

习　　题

1. 什么是相变? 如何分类?
2. 什么是均匀形核? 什么是非均匀形核? 两者有什么差别?
3. 什么是一级相变? 什么是二级相变?
4. 相变的推动力是什么?
5. 什么是溶析? 什么是共析? 两者有什么异同?
6. 什么是调幅分解?
7. 什么是马氏体相变?
8. 什么是奥氏体相变?

第11章 扩 散

含有两个或两个以上组元的体系,如果它们的浓度分布不均,就存在着浓度趋于均匀的趋势。一个组元由高浓度区域向低浓度区域的迁移称为传质。传质有两种机理,即分子传质和对流传质。分子传质是在静止的介质中分子随机运动所产生的物质迁移。对流传质是由于流体的动力学特性所产生的物质迁移。这两种传质可以同时发生在一个体系中。

11.1 分子传质

11.1.1 分子传质的概念

气体分子通常处在一种连续的随机运动状态。如果气体混合物体系的浓度分布均匀,由于随机运动造成的某一数目的分子沿着一定的方向运动,则必然有相同数目的同种分子沿着相反方向运动。其结果是不影响气体的均匀分布,不产生传质作用。如果气体混合物中存在着浓度梯度,由于随机运动造成气体混合物中高浓度区的分子向低浓度区迁移,结果产生了分子净的流动,此即发生了传质作用,直到整个气体混合物体系达到均匀状态为止。由于浓度分布不均匀而产生的分子质量迁移称为分子传质,也称为分子扩散。分子扩散也发生在液体和固体中,其原因也是由于浓度分布不均匀,分子的随机运动而产生的物质迁移。为了研究传质,需要明确与传质有关的浓度、速度和扩散通量的概念。

物质的浓度通常用质量浓度或物质的量浓度表示。质量浓度是单位体积内某种组元的质量,以 ρ_i 表示,单位为公斤·米$^{-3}$或克·厘米$^{-3}$。物质的量浓度是单位体积内某种组元的摩尔量,以 c_i 表示,单位是摩尔/厘米^3。也可以用质量分数 $w_i = \rho_i \big/ \sum_i \rho_i$ 或摩尔分数 $x_i = c_i \big/ \sum_i c_i$ 表示多元体系中物质 i 的浓度。对于理想气体有

$$x_i = c_i \big/ \sum_i c_i = \rho_i \big/ \sum_i \rho_i$$

流体的运动速度与所选择的参比标准有关,需要考虑相对速度。在一多元体系中,各个组元可能具有不同的速度,常用各组元速度的平均值定义流体的平均速度。如果组元 i 相对于静止坐标的统计平均速度为 v_i,则单位时间内组元 i 通过与速度方向相垂直的单位面积平面的质量为 $\rho_i |v_i|$,摩尔量为 $c_i |v_i|$。而混合物的质量平均速度为

$$v_m = \frac{\sum_{i=1}^{n} \rho_i v_i}{\sum_{i=1}^{n} \rho_i} = \frac{\sum_{i=1}^{n} \rho_i v_i}{\rho} = \sum_{i=1}^{n} w_i v_i \tag{11.1}$$

混合物的摩尔平均速度为

$$v_M = \frac{\sum\limits_{i=1}^{n} c_i v_i}{\sum\limits_{i=1}^{n} c_i} = \frac{\sum\limits_{i=1}^{n} c_i v_i}{c} = \sum_{i=1}^{n} x_i v_i \tag{11.2}$$

这种定义混合物体系平均速度的方法是依据通过垂直于流体速度方向的单位面积上的物质的量等于混合物中多组元通过该面积上的量之和,即

$$\rho \, |v_m| = \sum_{i=1}^{n} \rho_i |v_i| \tag{11.3}$$

$$c \, |v_M| = \sum_{i=1}^{n} c_i |v_i| \tag{11.4}$$

有了平均速度就可以定义扩散速度。在多元系中,组元 i 相对于混合物的平均速度的速度称为该组元的扩散速度。根据采用的单位,扩散速度可以表示为质量扩散速度 $v_i - v_m$ 和摩尔扩散速度 $v_i - v_M$ 等。

通量是指在垂直于速度方向的单位面积、单位时间内所通过的物质量。组元 i 的通量应为其浓度和速度绝对值的乘积,单位为 $kg \cdot m^{-2} \cdot s^{-1}$。通量是一矢量,其方向与速度方向相同,其参考标准也与速度的参考标准相同。若以静止的坐标为参考标准,则组元 i 的质量通量为

$$j_{m_i} = \rho_i v_i \tag{11.5}$$

摩尔通量为

$$J_{M_i} = c_i v_i \tag{11.6}$$

若以质量平均速度为参考标准,则组元 i 的质量通量为

$$j_i = \rho_i (v_i - v_m) \tag{11.7}$$

若以摩尔平均速度为参考标准,则组元 i 的摩尔通量为

$$J_i = c_i (v_i - v_M) \tag{11.8}$$

11.1.2 菲克第一定律

在等温等压条件下,体系中组元 i 产生扩散流,则组元 i 的扩散通量与其浓度梯度成正比

$$J_i = - D_i \nabla c_i \tag{11.9}$$

式中,J_i 是组元 i 在其浓度梯度方向上相对于摩尔平均速度的摩尔通量;D_i 是比例常数,称为扩散系数。此即菲克(Fick)定律,是菲克在 1858 年提出的。

如果不限于等温等压条件,上式可以写为

$$J_i = - c D_i \nabla x_i \tag{11.10}$$

式中,c 为上式所描写点处局部的所有物质的总的量浓度;x_i 为组元 i 的摩尔分数。

如果是等温等压条件,且 c 为常数,则式(11.10)成为式(11.9)。可见式(11.9)是式(11.10)的特殊形式。

若以质量表示浓度,则等温等压条件下相对于质量平均速度,组元 i 的扩散通量为

$$j_i = - D_i \nabla \rho_i \tag{11.11}$$

式中,j_i 为组元 i 的质量通量;D_i 为扩散系数;ρ_i 为组元 i 的质量浓度。

如果不限于等温等压条件,则有

$$j_i = - \rho D_i \nabla w_i \tag{11.12}$$

式中,ρ 为式(11.12) 所描写点处的所有物质的总质量浓度;w_i 为组元 i 的质量分数。

如果为等温等压条件,且 ρ 为常数,则式(11.12) 即成为式(11.11)。

式(11.9)、(11.10)、(11.11)、(11.12) 都是菲克第一定律的表达式。上面两种通量相应的扩散系数 D_i 是同一数值,因次为 $L^2 t^{-1}$,称为本征扩散系数。在 SI 单位制中,扩散系数的单位为米^2 · 秒$^{-1}$(m^2 · s^{-1})。

比较式(11.8) 和式(11.10),得

$$c_i(v_i - v_M) = - cD_i \nabla x_i$$

则有

$$c_i v_i = - cD_i \nabla x_i + c_i v_M \tag{11.13}$$

将式(11.2) 两边乘以 c_i,得

$$c_i v_M = x_i \sum_{i=1}^{n} c_i v_i \tag{11.14}$$

将式(11.14) 代入式(11.13),得

$$c_i v_i = - cD_i \nabla x_i + x_i \sum_{i=1}^{n} c_i v_i$$

与式(11.6) 比较,即

$$J_{M_i} = - cD_i \nabla x_i + x_i \sum_{i=1}^{n} J_{M_i} \tag{11.15}$$

由式(11.15) 可见,摩尔通量 J_{M_i} 由两部分组成:第一部分是由组元 i 的浓度梯度产生的扩散流,第二部分是由流体的流动传递的,而流体的流动的传递是由各组元不是等量扩散所产生的。上式各通量都是相对于固定坐标而言。

将式(11.10) 代入式(11.15) 并对 i 求和,得

$$\sum_{i=1}^{n} J_i = 0 \tag{11.16}$$

即 n 个扩散流不都是独立的,存在着相互关系式(11.16)。

比较式(11.7) 和(11.12),得

$$\rho_i v_i = - \rho D_i \nabla w_i + \rho_i v_M \tag{11.17}$$

将式(11.1) 两边乘以 ρ_i,得

$$\rho_i v_M = w_i \sum_{i=1}^{n} \rho_i v_i \tag{11.18}$$

将式(11.18) 代入式(11.17),得

$$\rho_i v_i = - \rho D_i \nabla w_i + w_i \sum_{i=1}^{n} \rho_i v_i \tag{11.19}$$

与式(11.5)比较,得

$$j_{m_i} = -\rho D_i \nabla w_i + w_i \sum_{i=1}^{n} \rho_i v_i \tag{11.20}$$

将式(11.12)代入式(11.20),并对 i 求和,得

$$\sum_{i=1}^{n} j_i = 0 \tag{11.21}$$

11.1.3 扩散系数与活度系数间的关系

确切地说,扩散传质的推动力应该是化学势梯度。设多元系中组元 i 的淌度为 u_i,则 x 方向上组元 i 的摩尔扩散速度为

$$v_{ix} - v_{Mx} = -u_i \frac{d\mu_i}{dx} \tag{11.22}$$

摩尔扩散通量为

$$J_{ix} = c_i(v_{ix} - v_{Mx}) = -c_i u_i \frac{d\mu_i}{dx} \tag{11.23}$$

在等温等压条件下,由

$$\mu_i = \mu_i^{\theta} + RT\ln a_i$$

得

$$\frac{d\mu_i}{dx} = RT \frac{d\ln a_i}{dx} \tag{11.24}$$

式中,a_i 为组元 i 的活度,与标准状态选择有关。将式(11.24)代入式(11.23),得

$$J_{ix} = c_i u_i RT \frac{d\ln a_i}{dx} \tag{11.25}$$

与菲克定律相比较,得

$$cD_i \frac{dx_i}{dx} = c_i u_i RT \frac{d\ln a_i}{dx}$$

$$D_i = u_i RT\left(1 + \frac{d\ln \gamma_i}{d\ln x_i}\right) \tag{11.26}$$

式(11.26)给出扩散系数与活度系数之间的关系。

由式(11.26)可见,当 $d\ln \gamma_i / d\ln x_i < -1$ 时,$D_i < 0$,则发生反向扩散,即组元 i 由浓度低向浓度高的方向扩散。这种现象称为爬坡扩散。

在实际溶液中,活度系数 γ_i 与溶液组成有关。由式(11.26)可见,扩散系数也与溶液组成有关,随溶液的浓度改变而变化。只有理想溶液

$$\frac{d\ln \gamma_i}{d\ln x_i} = 0$$

$$D_i = u_i RT \tag{11.27}$$

扩散系数与浓度无关。式(11.27)称为能斯特 - 爱因斯坦(Nernst-Einstein)公式。

11.2 菲克第二定律

11.2.1 菲克第二定律的概念

一开放体系,其体积为 V,在体系内无化学反应,体积 V 内组元 i 的质量增加速率应等于单位时间内通过表面 Ω 进入体积 V 内的组元 i 的质量,即

$$\frac{\mathrm{d}}{\mathrm{d}t}\int_v \rho_i \mathrm{d}v = \int_v \frac{\partial \rho_i}{\partial t}\mathrm{d}v = -\int_\Omega \rho_i v_i \cdot \mathrm{d}\Omega \tag{11.28}$$

式中,v_i 为 i 组元的流速;$\mathrm{d}\Omega$ 为大小为 $\mathrm{d}\Omega$ 而方向与体积 V 表面垂直(法线方向)的面积矢量,以指向体积 V 外的方向为正。

将高斯(Gauss)定律应用于式(11.28)等号右边项,得

$$\int_v \frac{\partial \rho_i}{\partial t}\mathrm{d}v = -\int_\Omega \nabla \cdot \rho_i v_i \cdot \mathrm{d}v \tag{11.29}$$

所以

$$\frac{\partial \rho_i}{\partial t} = -\nabla \cdot \rho_i v_i \tag{11.30}$$

将式(11.17)代入式(11.30),得

$$\frac{\partial \rho_i}{\partial t} = \nabla \cdot \rho D_i \nabla w_i - \nabla \cdot \rho_i v_m \tag{11.31}$$

如果除扩散流外没有流体的流动,则上式成为

$$\frac{\partial \rho_i}{\partial t} = \nabla \cdot \rho D_i \nabla w_i \tag{11.32}$$

若 ρ 和 D_i 为常数,则有

$$\frac{\partial \rho_i}{\partial t} = = D_i \nabla^2 \rho_i \tag{11.33}$$

各项除以组元 i 的相对分子质量,得

$$\frac{\partial c_i}{\partial t} = D_i \nabla^2 c_i \tag{11.34}$$

式(11.33)和式(11.34)是菲克第二定律的表达式。菲克第二定律描写非稳态扩散的规律。

11.2.2 菲克第二定律在各种坐标系的表达式

为方便计,常根据实际问题的需要选择坐标系,拉普拉斯算符 ∇^2 在不同的坐标系中有不同的表达形式,所以菲克定律就有不同的形式。

在直角坐标系中,菲克定律写为

$$\frac{\partial c_i}{\partial t} = D_i\left(\frac{\partial^2 c_i}{\partial x^2} + \frac{\partial^2 c_i}{\partial y^2} + \frac{\partial^2 c_i}{\partial z^2}\right) \tag{11.35}$$

在圆柱坐标系中,菲克定律为

$$\frac{\partial c_i}{\partial t} = D_i \left(\frac{\partial^2 c_i}{\partial r^2} + \frac{1}{r} \frac{\partial c_i}{\partial r} + \frac{1}{r^2} \frac{\partial^2 c_i}{\partial \theta^2} + \frac{\partial^2 c_i}{\partial z^2} \right) \tag{11.36}$$

在球坐标系中,菲克定律为

$$\frac{\partial c_i}{\partial t} = D_i \left[\frac{1}{r^2} \frac{\partial}{\partial r} \left(r^2 \frac{\partial c_i}{\partial r} \right) + \frac{1}{r^2 \sin \theta} \frac{\partial}{\partial \theta} \left(\sin \theta \frac{\partial c_i}{\partial \theta} \right) + \frac{1}{r^2 \sin \theta} \frac{\partial^2 c_i}{\partial \varphi^2} \right] \tag{11.37}$$

上面各式是以摩尔浓度表示的菲克定律的形式,若以 ρ_i 代替 c_i,则得到以质量浓度表示的菲克定律的形式。在讨论扩散问题时,常要求解上面的微分方程,而要求解这些方程,就需要知道初始条件和边界条件。初始条件是指起始时刻扩散组元的浓度,可表示为

$$c_i \big|_{t = t_0} = c_{i0}$$

c_{i0} 可以是常数,也可以是函数 —— 空间位置的函数。在没有化学反应和对流的情况下,最常遇到的边界条件是已知某一表面的浓度或(和)通量。

11.2.3　菲克第一定律和菲克第二定律的关系

如果体系中物质的浓度分布不随时间变化,则体系的这种状态称为稳态,可以写为

$$\frac{\mathrm{d}c_i}{\mathrm{d}t} = 0 \tag{11.38}$$

即

$$D_i \nabla^2 c_i = 0$$

或

$$D_i \nabla c_i == 常数 \tag{11.39}$$

$$\frac{\mathrm{d}\rho_i}{\mathrm{d}t} = 0 \tag{11.40}$$

即

$$D_i \nabla^2 \rho_i = 0$$

$$D_i \nabla \rho_i = 常数 \tag{11.41}$$

此即菲克第一定律,可见菲克第一定律是第二定律的特例。

11.3　气体中的扩散

扩散可以按不同的方法分类。例如,根据发生扩散的介质的聚集状态,可以将扩散分为气体中的扩散、液体中的扩散和固体中的扩散。按发生扩散的体系是均相还是非均相,可以把扩散分为有相界面的扩散和无相界面的扩散等。下面按发生扩散的介质是气体、液体和固体等进行讨论。

11.3.1　气体中的扩散和气体扩散系数

由于气体的特性,气体中的扩散有些特殊的规律。由 A、B 两种气体组成的混合物中,组元 A 在某一方向的扩散流密度等于组元 B 在相反方向的扩散流密度。因此,有

$$D_A = D_B = D_{AB} \tag{11.42}$$

这里 D_{AB} 表示互扩散系数。

对于非极性分子组成的二元系,扩散系数公式为

$$D_A = \frac{0.001\ 858 T^{\frac{3}{2}} \left(\frac{1}{M_A} + \frac{1}{M_B} \right)^{\frac{1}{2}}}{p \sigma_{AB}^2 \Omega_D} \tag{11.43}$$

式中,D_A 为 A 经过 B 的扩散系数,$cm^2 \cdot s^{-1}$;T 为绝对温度,K;M_A,M_B 是 A 和 B 的相对分子质量;p 为绝对压力,MPa;σ_{AB} 为分子的碰撞直径,Å,它是势能的函数;Ω_D 为碰撞的积分,它是一个 A 分子和一个 B 分子间势场的函数,也是温度的函数,随温度增加缓慢降低,为无因次数。

式(11.43)比较精确,其计算值和实测值的偏差小于6%。在缺乏扩散系数的实测值的情况下,可用式(11.43)计算扩散系数。当体系压力在 1 MPa 以上,式(11.43)不适用。

利用式(11.43)可估算同一体系在不同条件下的扩散系数值,表11.1给出了常用气体扩散系数的测定值。

$$D_{A,T_2,p_2} = D_{A,T_1,p_1} \left(\frac{p_1}{p_2} \right) \left(\frac{T_2}{T_1} \right)^{3/2} \frac{\Omega_{D/T_1}}{\Omega_{D/T_2}} \tag{11.44}$$

表 11.1　常用气体扩散系数的测定值

气　　体	温度 /K	扩散系数 /$(cm^2 \cdot s^{-1})$
$N_2 - CO$	316	0.24
$H_2 - CH_2$	316	0.81
$H_2 - O_2$	316	0.89
$H_2O - O_2$	450	0.59
$CO - CO_2$	315	0.18
$CO - CO_2$	473	0.38
$H_2O - N_2$	327	0.31
$CO - $空气	447	0.43
$CO_2 - $空气	501	0.43

对于具有两个以上组元的混合气体,扩散系数公式为

$$D_j = \frac{1}{\sum\limits_{\substack{i=1 \\ (j \neq i)}}^{n} Y_i^j / D_{ji}} \tag{11.45}$$

式中,D_j 为组元 j 在混合气体中扩散系数;Y_i^j 为在混合气体中不考虑组元 j 时的组元 i 的摩尔分数;D_{ji} 为组元 j 在 $i-j$ 二元系中的扩散系数。

11.3.2 固体孔隙中气体的扩散

上面讲的气体扩散是指在较大的容器中的气体扩散,还常称为普通的分子扩散。在实际过程中,常会遇到在孔隙中发生的气体扩散现象。例如金属矿物的焙烧、还原、焦炭的燃烧等过程。

在孔隙中气体的扩散由于孔的大小和形状的不同可以分为普通的分子扩散,克努森扩散和表面扩散。

11.3.2.1 普通的分子扩散

若孔隙的孔径 d 远大于气体分子的平均自由程 $\bar{\lambda}\left(\dfrac{\bar{\lambda}}{d} \leqslant 0.01\right)$,气体分子在其间的扩散与在大的容器中相同,是普通的分子扩散。

当气体通过这种大孔径的多孔介质的孔隙,从介质的一侧流到另一侧,所走的路程比不存在介质的情况要长。介质的存在减少了扩散通道的面积。曲折的孔隙增加了扩散的困难。在这种情况下,引入有效扩散系数 $D_{AB,eff}$ 表示二元气体混合物 A – B 通过多孔介质的扩散系数。$D_{AB,eff}$ 与二元气体混合物普通分子扩散系数有以下关系

$$D_{AB,eff} = \frac{D_{AB}\varepsilon_p}{\tau_p} \tag{11.46}$$

式中,ε_p 为多孔物质的孔隙度,是小于 1 的正数;τ_p 为曲折度,表示孔隙的曲折程度,是大于 1 的数。

对于不固结的物料,τ_p 值在 $1.5 \sim 2.0$ 之间;对于压实的物料,τ_p 值可达 $7 \sim 8$。其值一般由实验确定,与颗粒粒径的大小、粒度分布和形状有关。

11.3.2.2 克努森扩散

若孔隙孔径很小,气体分子的平均自由程远大于孔隙直径 $\left(\dfrac{\bar{\lambda}}{d} \geqslant 10\right)$,气体分子与孔隙壁碰撞的概率大于分子之间碰撞的概率。这种情况下,扩散的阻力主要决定于气体分子与孔隙壁的碰撞,而分子之间的碰撞阻力可以忽略,此类扩散称为克努森(Knudsen)扩散。其扩散系数为

$$D_K = \frac{2}{3}r\bar{\nu}_A \tag{11.47}$$

式中,D_K 为科努森扩散系数,$m^2 \cdot s^{-1}$;$\bar{r}$ 为孔隙的平均直径,m;$\bar{\nu}_A$ 为气体 A 的分子均方根速度,$m \cdot s^{-1}$。

将气体分子的均方根速率公式

$$\bar{\nu}_A = \sqrt{\frac{3RT}{\pi M_A}} \tag{11.48}$$

代入式(11.47),得

$$D_K = 3.07\bar{r}\sqrt{\frac{T}{M_A}} \tag{11.49}$$

式中,M_A 为气体分子 A 的摩尔质量,$kg \cdot mol^{-1}$;T 为热力学温度,K;R 为气体常数,$R =$

8.314 J·(mol·K)$^{-1}$。

可以通过比较孔隙半径与气体分子运动的平均自由程来判断气体是普通的分子扩散还是克努森扩散。气体分子运动的平均自由程可由下式计算

$$\bar{\lambda} = (\sqrt{2}\pi d^2 n)^{-1} \qquad (11.50)$$

式中,d 为气体分子的碰撞直径,nm;n 为气体分子浓度,nm^{-3}。如果 $\bar{r}$ 与 $\bar{\lambda}$ 为同一数量级,或 $\bar{r}$ 比 $\bar{\lambda}$ 仅大一个数量级,则为克努森扩散;反之则为普通的分子扩散。

还可以通过比较 D_{AB} 和 D_K 来判断气体是普通的分子扩散还是克努森扩散。若 D_{AB}/D_K 值很小,则为普通的分子扩散;反之,则为克努森扩散。

克努森扩散是气体分子直接与孔壁碰撞而不与其他分子碰撞。D_K(或 D_{Ke})是扩散组元与孔隙结构的性质。

11.3.2.3 综合扩散

当孔隙半径介于分子扩散和克努森扩散的中间值,扩散过程为两种扩散的过渡区,这种情况,两种扩散都存在,扩散系数成为综合扩散系数,为

$$D_{综} = \left(\frac{1}{D_A} + \frac{1}{D_K}\right)^{-1} = \left(\frac{D_A + D_K}{D_A D_K}\right)^{-1} \qquad (11.51)$$

恒压下减小孔径,克努森扩散系数减小,而分子扩散系数不变,当孔径减小到一定程度有

$$\frac{1}{D_K} \gg \frac{1}{D_A} \qquad (11.52)$$

则

$$D_{综} = D_K \qquad (11.53)$$

当孔径不变,增加压力,D_K 不变,D_A 减小。当压力增加到一定程度,有

$$\frac{1}{D_A} \gg \frac{1}{D_K} \qquad (11.54)$$

则

$$D_{综} = D_A \qquad (11.55)$$

11.3.2.4 表面扩散

在温度远高于气体的露点情况下,气体分子在多孔固体的孔壁表面的平衡浓度随孔内气体浓度的增加而增大,在孔壁表面形成浓度梯度。吸附表面层可以沿孔壁表面运动,吸附气体并不明显地影响孔径的大小,可以认为表面扩散和孔内扩散同时进行,扩散通量是两者之和。

假设表面扩散通量与表面浓度梯度成正比,则

$$J_{表} = -D_s \frac{d(s\rho c_s)}{dy} \qquad (11.56)$$

式中,D_s 为表面扩散系数,cm^2·s^{-1};c_s 为被吸附组元的表面浓度,mol·cm^{-2};s 为每克固体物质的表面积,cm^2·g^{-1};ρ 为固体物质的密度,g·cm^{-3};$s\rho c_s$ 则为单位固体物质吸附的气体量,mol·cm^{-3} 孔隙物。

如果认为吸附达平衡时,吸附等温线为直线,即

$$s\rho c_s = Kc \tag{11.57}$$

则

$$J_{\text{表}} = -KD_s \frac{\mathrm{d}c}{\mathrm{d}y} \tag{11.58}$$

式中,c 为孔隙中气体的浓度。

在高温情况下,孔壁吸附气体量极微,甚至为零,表面扩散可以不考虑。

11.4 液体中的扩散

11.4.1 液体中的扩散理论

由于液体的结构复杂,人们对液体结构的认识还不清楚,所以液体中的扩散理论很不成熟。下面简单介绍几种液体中的扩散理论。

11.4.1.1 空洞理论

1945 年,弗兰克尔(Френкель)提出空洞理论,该理论认为:随着温度升高,晶体中的空位浓度增加,达到熔化温度后,空位浓度急剧增加,以至在液体中形成空洞。组元沿空洞扩散,比在固体中扩散容易。扩散系数比在固体中大几个数量级。

11.4.1.2 类晶体理论

1960 年,艾林(Eyring)等人提出类晶体理论。他们把液体看作类晶体,原子为立方排列。由绝对速率理论出发,假定扩散过程中原子以不连续的方式从一个空穴移动到另一个空穴,并将扩散过程当作活化过程。其扩散活化模型的公式为

$$D = \frac{k_B T}{\zeta \lambda \eta} \tag{11.59}$$

式中,ζ 为扩散原子在同一平面上的最近邻原子数;λ 为相邻晶格点阵位置间的距离;η 为液体黏度;k_B 为玻耳兹曼常数。

11.4.1.3 起伏理论

1957 年,斯沃林(Swalin)提出起伏理论,该理论认为:固体变成液体所增加的体积分布在整个液体中,使得紧邻空穴间距离的平均值增大。液体内局部的密度起伏,产生足够大的空穴,多个相邻原子协同向空穴移动,发生扩散。斯沃林依据密度起伏及相应的能量起伏模型计算。由于原子间距变化而引起的能量变化,导出了自扩散系数的如下关系公式:

$$D \propto \frac{T^2}{\Delta_{\text{vap}} H c_f^2} \tag{11.60}$$

式中,T 为热力学温度;$\Delta_{\text{vap}} H$ 为蒸发焓;c_f 为与 $\Delta_{\text{vap}} H$ 和原子间作用力有关的参数。

11.4.2 液体的扩散系数

由于液体中存在着对流以及取样困难,测量液体的扩散系数很困难。

液体的扩散系数在数值上要比气体的扩散系数小几个数量级。液体的扩散系数与浓度有关。下面介绍扩散系数的计算公式。

11.4.2.1 液态金属的扩散系数

在扩散的活化熵和活化能分别与黏度的活化熵和活化能相同的条件下,华尔斯(Walls)等人应用艾林的绝对速度理论,推导出液态金属自扩散系数公式:

$$D = \frac{k_B \, T \nu_{conf}^{\frac{1}{3}}}{2\pi h b (2b+1)} \left(\frac{V_M}{N_A}\right)^{2/3} \exp\left(\frac{\Delta S^{\neq}}{R}\right) \exp\left(-\frac{\Delta H^{\neq}}{RT}\right) \tag{11.61}$$

式中,k_B 为玻耳兹曼常数;T 为热力学温度;ν_{conf} 为构型参数,由扩散微粒周围最近邻微粒数所决定;h 为普朗克常数;b 为几何参数,是扩散原子的半径与空穴半径之比;V_M 为摩尔体积;N_A 为阿伏伽德罗常数;$\Delta S^{\neq}$ 为活化熵;$\Delta H^{\neq}$ 为活化焓。

利用上式计算的 Hg,Ca,Sn,In,Zn,Pb,Na,Cd,Cu,Ag 等液态金属的扩散系数与实测值符合较好。

11.4.2.2 非电解质溶液的扩散系数

非电解质液体的扩散系数有斯托克斯 – 爱因斯坦公式:

$$D_{AB} = \frac{k_B T}{6\pi r \eta_B} \tag{11.62}$$

式中,D_{AB} 为 A 在稀溶液中对 B 的扩散系数;k_B 为玻耳兹曼常数;T 为绝对温度;r 为溶质 A 的质点半径;η_B 为溶剂 B 的黏度。

对于胶体粒子或大的分子通过连续介质的扩散系数,适用于式(11.62)。

对于扩散微粒与介质微粒半径相近的液体,扩散系数公式为

$$D_{AB} = \frac{k_B T}{4\pi r \eta_B} \tag{11.63}$$

这是萨瑟兰德修改斯托克斯 – 爱因斯坦公式的结果。对于液态金属、液态半导体、液态硫、极性分子液体、缔合分子液体,上式都可以适用。

此外,还有其他一些经验公式,例如极稀水溶液中溶质的扩散系数有公式

$$D_{AB}^0 = 14 \times 10^{-5} \eta_B^{-1.1} V_A^{-0.6} \tag{11.64}$$

式中,V_A 为溶质的摩尔体积,$cm^3 \cdot mol$;η_B 为水的黏度,cp。

对于非稀溶液,溶质 A 的扩散系数为

$$D_{AB} = D_{AB}^0 \frac{\partial \ln a_A}{\partial \ln c_A} \tag{11.65}$$

式中,D_{AB}^0 为极稀溶液中溶质 A 的扩散系数;a_A,c_A 分别为溶质 A 的活度和浓度。

11.4.2.3 电解质溶液的扩散系数

对于电解质溶液,在无外加电势的情况下,单一电解质的扩散可以当作分子扩散处理。因为阳离子和阴离子相互吸引以同等速度扩散,以保持溶液的电中性。

在极稀的电解质水溶液中,单一盐的扩散系数可用能斯特 – 哈斯克尔(Nernst-Haskel)方程计算

$$D_{AB}^0 = \frac{RT}{F^2} \frac{\left(\dfrac{1}{n_+} + \dfrac{1}{n_-} \right)}{\left(\dfrac{1}{\lambda_+^0} + \dfrac{1}{\lambda_-^0} \right)} \tag{11.66}$$

式中，λ_+^0，λ_-^0 为温度 T 时阳离子和阴离子的极限离子电导，$A \cdot cm^{-2}$；F 为法拉第常数；R 为气体常数；n_+，n_- 为阳离子和阴离子的价数。

在混合电解质中，离子的扩散除了考虑浓度梯度外，还须考虑电势梯度，电势梯度可以是外加的，也可以是由于扩散本身产生的电荷分离产生的。因此，只有当扩散离子的离子电导相差不大时，才可以应用分子扩散系数而不致引起太大的误差。

熔盐的扩散系数值与液态金属的扩散系数值相近。熔盐的自扩散活化能比金属的自扩散活化能大。这与熔盐为离子键而液态金属为金属键有关。熔渣中小的简单离子扩散系数大，大的复合离子扩散系数小。对于熔盐和熔渣也可以利用斯托克斯 – 爱因斯坦公式粗略估算其扩散系数。

11.5　固体中的扩散

这里讨论的是固体中原子的扩散，主要指金属晶体和原子晶体。

固体中的原子在平衡位置做热运动。当一个原子热运动的能量超过跃迁活化能，就会从平衡位置跃迁到别的位置。当跃迁的原子数量足够多，在宏观上就表现出微粒的扩散。

11.5.1　扩散的微观机理

晶体结构不同，原子在晶体中的跃迁方式不同，即扩散机理随晶体结构不同而不同。图 11.1 所示为几种可能的原子的扩散机理示意图。原子的扩散机理可以有如下几种。

11.5.1.1　原子互换位置

两相邻原子通过互换位置而迁移，如图 11.1 中 1 所示。原子在晶格中是密排的，这种迁移必然引起晶格瞬时畸变，因而消耗能量较大，活化能 $E_D \approx 1\,000\ kJ \cdot mol^{-1}$。

11.5.1.2　原子循环

相邻的三个或四个原子同时进行转圈式的交换位置，如图 11.1 中 2 所示。原子循环比原子互换位置引起的点阵畸变小很多，消耗的能量也小很多，活化能 $E_D \approx 400\ kJ \cdot mol^{-1}$。

11.5.1.3　空位扩散

晶格结点上的原子扩散到空位上，相邻的另一个原子扩散到该原子留下的空位，如图 11.1 中 3 所示。相对于原子扩散流，在相反方向上有一空位扩散流。空位扩散活化能小，$E_D \approx 170\ kJ \cdot mol^{-1}$。

11.5.1.4　间隙扩散

在间隙固溶体中，间隙溶质原子由其所占的一个间隙位置跃迁到邻近的另一个间隙位置,如图11.1中4所示。例如,尺寸较小的原子如C、H、N等在金属中的扩散。间隙扩散的活化能较高,$E_D \approx 900 \text{ kJ} \cdot \text{mol}^{-1}$。

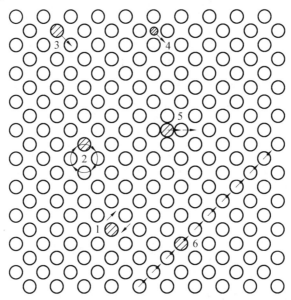

图 11.1 几种可能的原子的扩散机理示意图
1— 原子互换位置;2— 原子循环;3— 空位扩散;4— 间隙扩散;5— 间隙顶替扩散;6— 挤列扩散

11.5.1.5 间隙顶替扩散

间隙原子将其邻近的位于晶格结点上的原子推到间隙中,在晶格结点上形成弗仑克耳(Frenkel)缺陷,如图11.1中5所示。它自己占据了被推走的原子形成的缺陷位置。显然这比间隙扩散的活化能低。

11.5.1.6 挤列扩散

晶体中密排方向上某列原子有排列多余的原子,这一列原子受到挤压,如图11.1中6所示。从而这一列的每个原子沿这一列的方向进行不大的位移,形成整列原子的扩散,这种扩散活化能低。挤压扩散与波的传播相似,每个原子仅有小的位移,但传播很快。

11.5.2 固体中的扩散系数

在固态金属和合金中,扩散系数与原子的跃迁频率成正比,与原子的跃迁距离的平方成反比,即

$$D = \frac{a^2}{6\tau} = \frac{1}{6} f a^2 \tag{11.67}$$

式中,D 为扩散系数;τ 为原子做一次跃迁所需要的平均时间,即平均周期;f 为平均频率;a 为晶面间距,也是原子的跃迁距离。

式(11.67)仅适用于立方晶格的金属与合金。例如,具有面心立方晶格的金属,在其熔点附近原子跃迁频率为10^8次每秒数量级,晶面间距约为0.1 nm,其自扩散系数则为

10^{-12} m²·s⁻¹ 数量级。原子热运动频率为 $10^{12} \sim 10^{13}$ 次每秒,可见,原子在其平衡位置振动 $10^{4} \sim 10^{5}$ 次每秒,就会发生离开平衡位置的跃迁。

式(11.67) 是在假定原子每次跃迁的距离都相等,且等于晶面间距的条件下,简化推导的结果。一般说来,原子跃迁的距离并不一定相等,也不一定等于晶面间距,所以应以原子跃迁距离平方的平均值 $\bar{\delta}^2$ 代替 a^2,从而有

$$D = \frac{\bar{\delta}^2}{6\tau} = \frac{1}{6}f\bar{\delta}^2 \tag{11.68}$$

11.5.3 科肯道尔效应

将一段金棒和一段镍棒接在一起构成一个扩散偶。在两棒连接的界面处固定一根细钨丝作为惰性的标志。在 900 ℃ 经长时间退火,就可以观察到越过带有钨丝标志的界面的扩散。实验得到的金和镍相互扩散的浓度分布如图 11.2 所示。

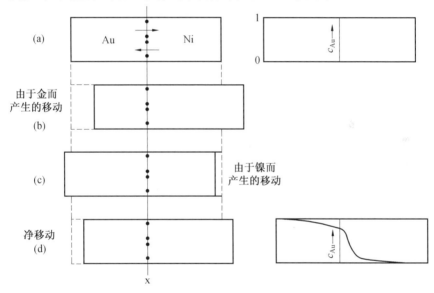

图 11.2 金和镍相互扩散的浓度分布

图 11.2(a) 为金、镍扩散的示意图。图 11.2(b) 为假设没有任何镍原子通过惰性标志的界面,只有金原子扩散所产生的结果。如果假设晶体中空位浓度在扩散过程保持为一常数,即棒的体积不变,则金原子的扩散导致金棒缩短,而镍棒有相同尺寸的伸长。图 11.2(c) 给出了在没有金原子通过惰性界面,只有镍原子扩散所产生的结果,这导致镍棒缩短,而金棒有相同尺寸的伸长,而实际观察到的是图 11.2(b)、(c) 两种效果的综合。由于金原子比镍原子扩散得快,因而通过惰性界面标志的金原子比在相反方向上通过惰性界面的镍原子多。所以图 11.2(b)、(c) 的综合结果是惰性界面的金棒这边比原来短一些,镍棒那边比原来长一些。也就是说,如果以扩散前的纯金棒的末端作为参考面,则扩散结果造成惰性界面标志从其初始位置向金棒这端移动。惰性标志的这种运动表明扩散体系中不仅有微观扩散流,还有宏观扩散流。这种现象是科肯道尔(Kirkendall)在1947 年实验发现的,称为科肯道尔效应。科肯道尔效应表明,二元系中存在互扩散,两个

组元在扩散时不一定是等原子数互换位置。

11.5.4 达肯公式

对于科肯道尔效应,达肯(Darken)在 1948 年推导出二元系中互扩散系数与其两个单一组元扩散系数的关系式。图 11.3 所示为用于质量平衡的体积元。

由科肯道尔的实验已知,在 A – B 构成的扩散偶中,体积运动速度和 A 与 B 的扩散速度有关。若令观察者处在移动的惰性标记所在的晶面上,则观察可通过该面的 A 原子的数量为

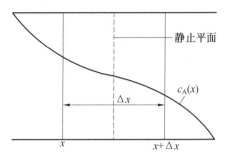

图 11.3 用于质量平衡的体积元

$$J_A = - D_A \frac{\partial c_A}{\partial x} \qquad (11.69)$$

当观察者处在扩散偶之外的空间的平面上时,所观察到的原子通过的数量为

$$J_{MA} = - D_A \frac{\partial c_A}{\partial x} + v_x c_A \qquad (11.70)$$

式中,右边第一项为组元 A 扩散引起的物质的迁移;第二项为惰性标记移动导致的标识本体运动所引起的组元 A 的迁移。第一个方程表示的是相对于运动坐标系的 A 的通量。第二个方程表示的是相对于静止的坐标系的 A 的通量。如图 11.3 所示,跨于静止面上的体积元由组元 A 的累积量等于进入该体积的 A 量与离开的 A 的量之差,因而有

$$\Delta x \left(\frac{\partial c_A}{\partial t} \right) = J_{MA} \big|_x - J_{MA} \big|_{x + \Delta x} \qquad (11.71)$$

令 $\Delta x \rightarrow 0$,得

$$\frac{\partial c_A}{\partial t} = - \frac{\partial J_{MA}}{\partial x} \qquad (11.72)$$

将式(11.70)代入式(11.72),得

$$\frac{\partial c_A}{\partial t} = \frac{\partial}{\partial x} \left(D_A \frac{\partial c_A}{\partial x} - v_x c_A \right) \qquad (11.73)$$

同理可得

$$\frac{\partial c_B}{\partial t} = \frac{\partial}{\partial x} \left(D_B \frac{\partial c_B}{\partial x} - v_x c_B \right) \qquad (11.74)$$

设 A – B 二元系中,空位浓度为一常数,即体积不变,则

$$c = c_A + c_B \qquad (11.75)$$

$$\frac{\partial c}{\partial t} = \frac{\partial c_A}{\partial t} + \frac{\partial c_B}{\partial t} = 0 \qquad (11.76)$$

将方程(11.73)和方程(11.74)相加,并利用上式,然后对 x 积分,得

$$D_A \frac{\partial c_A}{\partial x} + D_B \frac{\partial c_B}{\partial x} - v_x (c_A + c_B) = \Phi(t) \qquad (11.77)$$

由于扩散区域比样品小得多,所以对任何时间都可以应用如下边界条件:

在 $x = 0$ 处(即距分界远的地方):

$$v_x = 0, \frac{\partial c_A}{\partial x} = 0, \frac{\partial c_B}{\partial x} = 0$$

因此,$\Phi(t) = 0$ 这样就有

$$v_x = \frac{1}{c_A + c_B}\left(D_A \frac{\partial c_A}{\partial x} + D_B \frac{\partial c_B}{\partial x}\right) = \frac{1}{c}(D_A - D_B)\frac{\partial c_A}{\partial x} \tag{11.78}$$

将式(11.78)代入式(11.72)得

$$\frac{\partial c_A}{\partial t} = \frac{\partial}{\partial x}\left[(x_B D_A + x_A D_B)\frac{\partial c_A}{\partial x}\right] \tag{11.79}$$

令

$$\widetilde{D} = x_B D_A + x_A D_B \tag{11.80}$$

则

$$\frac{\partial c_A}{\partial t} = \frac{\partial}{\partial x}\left(\widetilde{D}\frac{\partial c_A}{\partial x}\right) \tag{11.81}$$

这是菲克第二定律的形式,式中 $\widetilde{D}$ 为互扩散系数,D_A,D_B 分别为组元 A 和 B 的本征扩散系数或偏扩散系数。

互扩散系数和本征扩散系数都随浓度变化。式(11.78)和(11.81)称为达肯公式。达肯公式给出了二元系互扩散系数与两个组元各自的本征扩散系数的关系。若二元系中一个组元的浓度极低,例如 $x_B \to 0$,$x_A \to 1$,则由式(11.80)可得

$$\widetilde{D} = D_B \tag{11.82}$$

这种情况下,互扩散系数与浓度极低的组元的本征扩散系数近似相等。

11.5.5 纯固体物质中的扩散

11.5.5.1 自扩散

在纯物质中,当原子、分子或离子的迁移距离大于点阵常数时,发生的扩散称为自扩散。自扩散系数满足爱因斯坦方程

$$D_i^* = B_i^* kT \tag{11.83}$$

式中,D_i^* 为物质 i 的自扩散系数;B_i^* 表示物质 i 在无任何外力场或化学势梯度驱动下,由于内部结构而迁移的能力,是与物质 i 自扩散相应的"淌度"。

11.5.5.2 同位素扩散

在由元素与其同位素构成的体系中,其同位素的扩散称为同位素扩散。同一元素的不同同位素之间的差别仅是核物理性质不同,化学性质相同,所以就其化学性质来说仍是纯物质。通常用同一元素的放射性元素做示踪剂。通过测量示踪原子的浓度分布,可以得到示踪原子的扩散系数 D^T。若将某元素与其同位素看作两个组元,则有

$$\widetilde{D} = x D^T + x^T D \tag{11.84}$$

式中,x^T 为同位素的摩尔分数。

由于同位素的量可以很少,即

$$x^T \to 0, x \to 1$$

所以

$$\tilde{D} = D^T \tag{11.85}$$

测出的互扩散系数就可以作为同位素的扩散系数,也可以当作该物质的自扩散系数。

精确的研究表明,用示踪法得到的自扩散系数 D^T 稍低于真正的扩散系数 D^*。二者的关系可写为

$$D^T = fD^* \tag{11.86}$$

f 值与晶体结构和扩散机理有关。对于间隙扩散 $f = 1$,间隙扩散基本与晶体结构无关。

11.6   影响固体中扩散的因素

扩散速率的大小主要取决于扩散系数,由扩散系数公式

$$D = D_0 e^{-\frac{Q}{RT}} \tag{11.87}$$

可知扩散系数 D 是由 D_0,Q 和温度 T 决定的。因此,温度 T 和凡是能影响 D_0,Q 的因素都会影响扩散系数,都会影响扩散过程。

11.6.1   温度的影响

扩散系数与温度呈指数关系。温度对扩散系数有很大的影响。温度越高,原子能量越大,越容易迁移,扩散系数越大。例如,1 027 ℃ 时碳在 γ 铁中的扩散系数是 927 ℃ 的 3 倍多。

将式(11.87) 取对数,得

$$\ln D = \ln D_0 - \frac{Q}{RT} \tag{11.88}$$

可见,$\ln D$ 与 $\frac{1}{T}$ 呈直线关系,$\ln D_0$ 为截距,$-\frac{Q}{R}$ 为斜率。

图 11.4 给出了金在铅中的扩散系数与温度的关系。将直线外延到 $\frac{1}{T} = 0$,可得

$$\ln D = \ln D_0$$
$$D_0 = \lim_{T \to \infty} D \tag{11.89}$$
$$\tan \alpha = -\frac{Q}{R}$$
$$Q = -R\tan \alpha \tag{11.90}$$

可见,可以由实验确定 D_0 和 Q 的值。

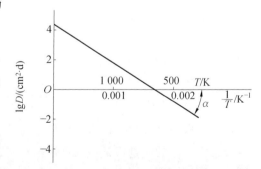

图 11.4   金在铅中的扩散系数与温度的关系

11.6.2   晶体结构的影响

晶体结构对扩散有明显的影响。通常在

密堆积结构中的扩散比在非密堆积结构中的扩散慢。例如,在 900 ℃ 时,α-Fe 的自扩散系数是 γ-Fe 的 280 倍,而碳在 α-Fe 中的扩散系数是其在 γ-Fe 中扩散系数的 100 倍。其他元素例如铬、镍、钼等在 α-Fe 中的扩散系数也比在 γ-Fe 中大。

固溶体的类型会影响扩散系数。间隙固溶体中的间隙原子已处于间隙的位置,而置换式固溶体中的置换原子通过空位机制扩散时,需要先形成空位。因此,置换式固溶体原子的扩散活化能比间隙原子大很多。

对称性低、各向异性的晶体,在其中扩散的物质的扩散速率各向异性。例如,汞和铜在密排六方金属锌和镉中的扩散系数具有明显的方向性,平行于 [0001] 方向的扩散系数小于垂直于 [0001] 方向的扩散系数。这是因为平行于 [0001] 方向扩散的原子要通过原子排列最密的 (0001) 面。扩散系数的各向异性随温度升高而减小。

11.6.3　短路扩散

前面讨论晶体的扩散是晶格中的扩散。实际晶体中还存在着晶界、晶面、表面和位错,它们都会影响物质的扩散。沿表面、界面和位错等缺陷部位的扩散称为短路扩散。实验结果表明,多晶的扩散系数大于单晶的扩散系数。这表明通过缺陷部位的扩散比通过晶格扩散容易。沿晶格、晶界、表面的扩散系数分别为

$$D_{\mathrm{v}} = D_{\mathrm{v}}^{0}\exp\left(-\frac{Q_{\mathrm{v}}}{k_{\mathrm{B}}T}\right) \tag{11.91}$$

$$D_{\mathrm{B}} = D_{\mathrm{B}}^{0}\exp\left(-\frac{Q_{\mathrm{B}}}{k_{\mathrm{B}}T}\right) \tag{11.92}$$

$$D_{\mathrm{s}} = D_{\mathrm{s}}^{0}\exp\left(-\frac{Q_{\mathrm{s}}}{k_{\mathrm{B}}T}\right) \tag{11.93}$$

式中,D_{v},D_{B},D_{s} 分别表示沿晶格、晶界、表面的扩散系数;Q_{v},Q_{B},Q_{s} 为相应的扩散活化能。在熔点附近,Q_{v} 较小,所以高温条件下显不出晶界的作用,即高温条件下晶格扩散起主要作用。低温条件下短路扩散起主要作用。两者的转变温度为 0.75 ~ 0.80T_{m},T_{m} 为晶体的熔点。

沿晶界扩散对结构敏感。在温度一定的条件下,晶粒越小,晶界扩散越显著。例如镍在黄铜单晶中的扩散系数 $D = 6 \times 10^{-4}$ cm²/d,而在平均粒径为 0.13 mm 的黄铜多晶中的扩散系数 $D = 2.3 \times 10^{-2}$ cm²/d,增加了近 40 倍。由于晶界仅占整个晶体截面积的 $\frac{1}{10^5}$,所以只有在晶界扩散系数是晶格扩散系数的 10^5 倍时,晶界扩散的作用才能显示出来。晶界扩散还与晶粒位相、晶界结构以及晶界上存在的杂质有关。

沿晶界扩散的深度与晶界两侧晶粒间的位相差(用夹角 θ 表示)有关。θ 角为 10° ~ 80°,沿晶界的扩散深度大于在晶粒内部的扩散深度,θ 为 45° 时沿晶界扩散的深度最大。这是由晶界的结构所决定的。以立方晶系为例,[100] 方向相互垂直。在 10° ~ 80°,晶界两侧位相差较大,在 $\theta = 45$°,晶界两侧位相差最大,晶界上原子排列的规律性最差,所以扩散容易进行。

过饱和空位和位错对扩散有显著影响。过饱和空位可以和溶质原子形成"空位 – 溶

质原子对"。空位－溶质原子对的迁移率比单个空位大,使扩散速率提高。刃型位错线可以看成是一条孔道,原子扩散可以通过刃型位错线较快地进行。刃型位错线的扩散活化能还不到完整晶体中扩散活化能的一半。

还有其他因素会影响扩散,例如外界压力、形变、残余应力,以及温度梯度、应力梯度、电势梯度等,这里不做详细讨论。

11.7 反应扩散

前面所讨论的都是单相固溶体中的扩散。其特点是扩散原子的浓度不超过其在基体中的溶解度。在很多体系中,扩散原子的含量超过了溶解度,而形成中间相。这种因扩散而形成新相的现象称为多相扩散或称为相变扩散及反应扩散。

11.7.1 反应扩散过程动力学

反应扩散包括两个过程,一是扩散过程;二是在界面上达到一定浓度而发生相变的反应过程。

研究反应扩散动力学,需要讨论三个问题:一是相界面的移动速度;二是相宽度变化规律;三是新相生成顺序。为简便计,设过程为扩散控制,反应可在瞬间完成。

11.7.1.1 相界面的移动速度

考虑一个 AB 二元系,试样左端为纯 B,右端为纯 A,组元 B 由左向右扩散,如图 11.5 所示,在 dt 时间内,α 相与 γ 相的界面由 x 移至 $x + dx$,移动量为 dx。设试样垂直于扩散方向的截面积为 1,阴影部分溶质质量的增加 δ_m 是由沿 x 方向的扩散引起的,则

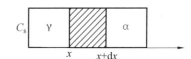

图 11.5 相界面的移动

$$\delta_m = (c_{\gamma\alpha} - c_{\alpha\gamma})dx = \left[-D_{\gamma\alpha}\left(\frac{\partial c}{\partial x}\right)_{\gamma\alpha} + D_{\alpha\gamma}\left(\frac{\partial c}{\partial x}\right)_{\alpha\gamma} \right]dt \qquad (11.94)$$

式中,$c_{\gamma\alpha}$ 为 γ 相分解产生 α 相时溶质的浓度;$c_{\alpha\gamma}$ 为所产生的 α 相中溶质的浓度;$-D_{\gamma\alpha}\left(\dfrac{\partial c}{\partial x}\right)_{\gamma\alpha}$ 为在浓度为 $c_{\gamma\alpha}$ 的界面流入阴影区的扩散通量;$D_{\alpha\gamma}\left(\dfrac{\partial c}{\partial x}\right)_{\alpha\gamma}$ 为在浓度为 $c_{\alpha\gamma}$ 的界面流出阴影区的扩散通量。

由上式得

$$\frac{dx}{dt} = \frac{1}{(c_{\gamma\alpha} - c_{\alpha\gamma})}\left[D_{\alpha\gamma}\left(\frac{\partial c}{\partial x}\right)_{\alpha\gamma} - D_{\gamma\alpha}\left(\frac{\partial c}{\partial x}\right)_{\gamma\alpha} \right] \qquad (11.95)$$

令 $\lambda = \dfrac{x}{\sqrt{t}}$,则

$$\frac{\partial c}{\partial x} = \frac{\partial c}{\partial \lambda}\frac{\partial \lambda}{\partial x} = \frac{1}{\sqrt{t}}\frac{dc}{d\lambda} \qquad (11.96)$$

式(11.95)和(11.96)都是对于浓度为 $c_{\gamma\alpha}$,$c_{\alpha\gamma}$ 的界面而言。由于界面浓度一定,所

以 $\dfrac{\mathrm{d}c}{\mathrm{d}\lambda}$ 是与浓度有关的常数,以 k 表示。将式(11.96)代入式(11.95),得相界面移动速度为

$$\frac{\mathrm{d}x}{\mathrm{d}t} = \frac{1}{c_{\gamma\alpha} - c_{\alpha\gamma}}\left[(Dk)_{\alpha\gamma} - (Dk)_{\gamma\alpha}\right]\frac{1}{\sqrt{t}} = \frac{A'(c)}{\sqrt{t}} \tag{11.97}$$

式中

$$A'(c) = \frac{1}{c_{\gamma\alpha} - c_{\alpha\gamma}}\left[(Dk)_{\alpha\gamma} - (Dk)_{\gamma\alpha}\right]$$

将式(11.97)积分,得相界面位置与时间的关系为

$$x = 2A'(c)\sqrt{t} = A(c)\sqrt{t} \tag{11.98}$$

或

$$x^2 = B(c)t \tag{11.99}$$

式中

$$A(c) = 2A'(c), B(c) = A^2(c)$$

式(11.97)、(11.98)都表明,相界面(等浓度面)移动的距离与时间成抛物线关系。反应初始新相长得快,以后越来越慢。因此,化学热处理过程时间太长意义不大。

11.7.1.2 扩散过程中相宽度的变化

如图11.6所示,组元 B 由表面向里扩散,由表面向里依次形成 γ,β,α 相,β 相区的宽度为 w_β。则

$$w_\beta = x_{\beta\alpha} - x_{\gamma\beta} \tag{11.100}$$

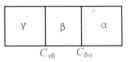

对时间求导,得

$$\frac{\mathrm{d}w_\beta}{\mathrm{d}t} = \frac{\mathrm{d}x_{\beta\alpha}}{\mathrm{d}t} - \frac{\mathrm{d}x_{\gamma\beta}}{\mathrm{d}t} = \frac{A_\beta}{\sqrt{t}} \tag{11.101}$$

图 11.6　相宽度的变化

积分得

$$w_\beta = B_\beta\sqrt{t} \tag{11.102}$$

式中,B_β 为反应扩散的速率常数。

如果该体系不止 α,β,γ 三相,一般可写为

$$w_j = x_{j,j+1} - x_{j-1,j} \tag{11.103}$$

及

$$w_j = B_j\sqrt{t} \tag{11.104}$$

式中,w_j 为 j 相区的宽度;B_j 为反应扩散的速率常数。

由实验测出 t 及 w_j,则可求得 B_j。

11.7.1.3 新相出现的规律

对于实际过程,新相能否出现及新相出现次序的影响因素很多,因此新相出现的规律很复杂。在实际体系相图中的中间相不一定都能出现,甚至可能出现相图中没有的相。因为,实际过程是在非平衡条件下进行的,新相的出现要克服界面能、弹性能等因素的影响,需要有一定的时间,即一定的孕育期。如果孕育期比扩散的时间长,则该新相就不会

出现。

　　新相的长大速率也不一定符合抛物线规律。因为符合抛物线规律须有两个条件,一必须是体扩散,而不是短路扩散;二反应须在瞬间完成,界面始终处于平衡状态。实际过程难以满足这两个条件,实际过程符合下面的公式:

$$x^n = k(c)t \tag{11.105}$$

式中,$n = 1 \sim 4$。

　　根据速率常数 B_j 可以判断新相出现的情况:

　　(1) $B_j > 0$,即 $x_{j,j+1} - x_{j-1,j} > 0$,说明 j 相与 $j+1$ 相的界面移动比 $j-1$ 相与 j 相的界面移动得快。在这种情况,j 相可以出现,且符合抛物线规律。

　　(2) $B_j = 0$,意味着 j 相与相邻两相的界面移动速度相等,$w_j = 0$。这种情况不会出现 j 相。

　　(3) $B_j < 0$,表明 j 相的两个界面之间的距离要缩小。此种情况也不会出现 j 相。

　　若扩散时间短或温度低,即使 $B_j > 0$,有些情况也可能不出现 j 相。

　　从扩散的角度看,j 相的宽度大的条件是 D_j 大,D_{j-1} 和 D_{j+1} 小;当 j 相的浓度差 $\Delta c_j = c_{j-1,j} - c_{j,j+1}$ 大,Δc_{j-1} 和 Δc_{j+1} 小。这由菲克定律可以理解。

11.7.2　实例 – 纯铁渗碳

　　在图 11.7(a) 中,C_1 是 880 ℃ 铁素体的饱和浓度,C_2 和 C_3 是 880 ℃ 奥氏体的最低浓度和饱和浓度。若在渗碳过程中保持铁棒表面奥氏体的碳浓度为 C_3,则随着扩散过程的进行,碳原子不断渗入,γ 和 α 两个相区的界面将向着铁棒右端移动,相界面两边的浓度分别保持 C_2,C_1 不变,如图 11.7(b) 所示。

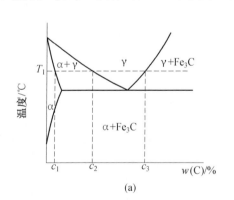

(a)

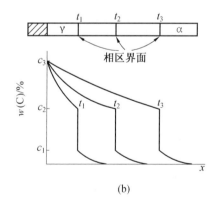

(b)

图 11.7　纯铁表面渗碳

11.8　离子晶体中的扩散

11.8.1　离子晶体中的缺陷

　　大多数离子晶体中的扩散是按空位(缺陷)机制进行的。因此,在讨论离子晶体中的扩散之前,先讨论离子晶体中的缺陷。符合化学计量的纯物质的离子晶体中存在本征缺陷 —— 弗仑克尔(Frankel)缺陷和肖特基(Schottky)缺陷。而对于非化学计量和掺杂的离子晶体来说,缺陷更复杂一些。

11.8.1.1 肖特基缺陷

肖特基缺陷由热激活产生,它由一个阳离子空位和一个阴离子空位组成一个缺陷离子对。以氧化物 MO 为例,肖特基缺陷的产生可用下面的化学反应式表示:

$$\square \Longrightarrow V''_M + V_O^{\cdot\cdot}$$

式中,$\square$ 表示完整晶体;V''_M 表示金属(M)空位;$''$ 表示相对于完整晶体的等效负电荷;$V_O^{\cdot\cdot}$ 表示氧(O)空位;$\cdot\cdot$ 表示相对于完整晶体的等效正电荷。在离子晶体中,肖特基空位浓度可以表示为

$$N_s = N\exp\left(-\frac{E_s}{2k_B T}\right) \tag{11.106}$$

式中,N 为单位体积内离子对的数目;E_s 为离解一个阳离子或一个阴离子并达到表面所需要的能量。

11.8.1.2 弗仑克尔缺陷

弗仑克尔缺陷也是由热激活产生的,它由一个正的间隙原子和一个负的空位或者由一个负的间隙原子和一个正的空位组成,后者又称为反弗仑克尔缺陷。弗仑克尔缺陷的产生可以由下面的化学反应方程式表示,对于正离子无序的情况为

$$M_M \Longrightarrow M_i^{\cdot} + M''_M$$

式中,M_M 表示金属晶格结点上的一个金属原子;$M_i^{\cdot}$ 表示位于间隙 i 位置的带等效二价正电荷的金属离子;M''_M 表示带等效二价负电荷的金属离子空位。

弗仑克尔缺陷的填隙原子和空位的浓度相等,可以表示为

$$N_f = N\exp\left(-\frac{E_f}{2k_B T}\right)$$

式中,N 为单位体积内离子结点数;E_f 为形成一个弗仑克尔缺陷(即同时生成一个间隙离子和一个空位)所需要的能量。

11.8.1.3 非化学计量化合物中的缺陷

非化学计量化合物包括阳离子缺位、阴离子缺位、阳离子间隙和阴离子间隙四种情况。以阳离子缺位的非化学计量化合物 $M_{1-y}X$ 为例,其缺陷反应可以表示为

$$\frac{1}{2}X_2(g) \Longrightarrow V_M^X + X_X^X$$

$$V_M^X \Longrightarrow V'_M + h$$

$$V'_M \Longrightarrow V''_M + h$$

式中,V_M^X 表示金属原子空位;X_X^X 表示 X^{2-} 在正常的晶格结点上;h 表示电子空穴。

若缺陷反应按上述过程充分进行,则有

$$\frac{1}{2}X_2(g) \Longrightarrow V''_M + 2h + X_X^X \tag{11.107}$$

由式(11.107)可见,在阳离子缺位的非化学计量化合物中,会产生阳离子空位和电子空穴。同样,阳离子缺位的非化学计量化合物中会产生阴离子空位和自由电子。对于阳离子间隙和阴离子间隙的情况也可类推。

11.8.2 离子晶体的扩散机制

离子晶体的扩散机制有空位扩散、间隙扩散和间隙 – 亚晶格扩散。空位扩散是阳子或阴离子空位作为载流子的扩散。间隙扩散是间隙离子作为载流子的直接扩散,即间隙离子从某个间隙位置扩散到另一个间隙位置。间隙 – 亚晶格扩散是某一间隙离子取代附近的晶格离子,被取代的晶格离子进入间隙而产生离子移动。间隙扩散比空位扩散的活化能大,较难进行。间隙 – 亚晶格扩散的晶格变形小,比较容易产生。离子扩散机制示意图如图11.8所示。

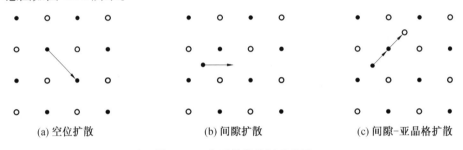

(a) 空位扩散 　　　　(b) 间隙扩散 　　　　(c) 间隙-亚晶格扩散

图11.8　离子扩散机制示意图

11.8.3 离子电导与电导率

由于热振动和能量起伏,离子晶体中的离子和空位会脱离平衡位置做无规则的布朗运动。如果存在浓度梯度,就会发生定向扩散,如果有外电场,就会做定向运动形成电流。

离子晶体的电导可以分为两种类型。其一为固有离子电导或本征电导,其二为杂质电导。前者是由构成晶体的基本离子贡献的,这些离子因热运动形成热缺陷,这种热缺陷无论是离子或空位都带电,都是离子电导的载流子,在外电场作用下定向迁移;后者是离子晶体中杂质离子贡献的。

离子晶体中离子的迁移是通过空位或间隙进行的,相对地也可以看作是空位或间隙的反方向迁移。离子与空位的相对运动过程中,会不断地发生缺陷的复合与生成。离子迁移方式有:

(1) 晶格上的离子进入邻近的空位,原来晶格上离子的位置成为空位,这可看作空位迁移。

(2) 晶格间隙的离子进入另一晶格间隙,即间隙迁移。间隙 – 亚晶格迁移是产生弗兰克尔缺陷(晶格离子进入间隙位置产生空位)和弗兰克尔缺陷消失(间隙离子进入迁移到间隙位置的离子所产生的空位)的动态平衡过程。通常弗兰克尔缺陷的平衡数量不大,所以其对迁移的贡献不大。

离子迁移需要克服能垒,因而要有足够的活化能。其跃迁频率为

$$P = \nu \exp\left(-\frac{E_a}{k_B T}\right) \tag{11.108}$$

式中,ν 为离子的试跳频率,即微粒在平衡位置上的振动频率;E_a 为活化能;k_B 为玻耳兹曼常数;T 为绝对温度。

由爱因斯坦 - 斯莫鲁克斯基(Сморукести)公式:

$$x^2 = 2Dt \tag{11.109}$$

得扩散系数

$$D = \frac{1}{2} P a^2 = \frac{1}{2} a^2 \nu \exp\left(-\frac{E_a}{k_B T}\right) \tag{11.110}$$

式中,D 为扩散系数;a 为离子从晶格位置跃迁到空位中或从间隙位置跃迁到间隙位置的距离,$a = x$。

由爱因斯坦的淌度与扩散系数关系得

$$U_{abs} = \frac{D}{k_B T} = \frac{1}{2} \frac{a^2}{k_B T} \nu \exp\left(-\frac{E_a}{k_B T}\right) \tag{11.111}$$

电化学淌度(迁移率)

$$U_i = \frac{1}{300} U_{abs} z_i e = \frac{z_i e}{600 k_B T} a^2 \nu \exp\left(-\frac{E_a}{k_B T}\right) \tag{11.112}$$

由电导率定义

$$\lambda_i = U_i \eta_i z_i e \tag{11.113}$$

式中,η_i 为单位体积中的缺陷数(间隙子数或空位数);z_i 为运动质点的价数;e 为电子的电量。

将式(11.112)代入式(11.113),得

$$\lambda_i = \frac{n_i z_i^2 e^2}{600 k_B T} a^2 \nu \exp\left(-\frac{E_a}{k_B T}\right) \tag{11.114}$$

如果跃迁离子是间隙离子,而间隙离子主要由弗兰克尔机理产生,则间隙离子数为

$$n_F = \alpha^{\frac{1}{2}} N \exp\left(-\frac{E_F}{2 k_B T}\right) \tag{11.115}$$

$$\lambda_i = \frac{\alpha^{\frac{1}{2}} N z_i^2 e^2}{600 k_B T} \nu a^2 \exp\left(-\frac{E_F}{k_B T}\right) \exp\left(-\frac{E_a}{k_B T}\right) \tag{11.116}$$

如果跃迁的是空位(即离子通过空位迁移),这些空位由肖特基机理产生,则

$$n_p = N \exp\left(-\frac{E_p}{2 k_B T}\right) \tag{11.117}$$

$$\lambda_h = \frac{N z_h^2 e^2}{600 k_B T} \nu a^2 \exp\left(-\frac{E_p}{2 k_B T}\right) \exp\left(-\frac{E_a}{k_B T}\right) \tag{11.118}$$

式中,E_p 为形成空位时所需的能量;N 为单位体积内的离子对数;E_a 为质点跃迁时所需要的能量。

在碱金属卤化物中,最常见的是肖特基缺陷。表 11.2 为碱金属卤化物中肖特基空位对的生成能和正离子通过空位运动的活化能数据。

表 11.2 碱金属离子空位对能和阳离子扩散活化能

化合物	E_a(阳离子扩散活化能)/eV	E_p(离子空位对生成能)/eV
NaCl	0.86	2.02
LiF	0.65	2.68
LiCl	0.41	2.12
LiBr	0.31	1.80
LiI	0.38	1.34
KCl	0.89	2.1 ~ 2.4

通常离子的振动频率 $\nu = 1 \times 10^{13}$。以 NaCl 为例，$a = 0.56$ nm，$N = 2.0 \times 10^{22}$，$z = 1$，$e = 1.60 \times 10^{-19}$ C，$k = 1.38 \times 10^{-23}$ J·k^{-1}，1 eV $= 1.60 \times 10^{-19}$ J，取 $T = 500$ K，将以上数据代入上式(11.118)可算得 $\lambda_h = 5.2 \times 10^{-5}$ s·m^{-1}。计算值与实测值相近。

11.8.4 离子电导率与扩散系数的关系

物体导电是载流子在电场作用下的定向迁移，载流子漂移形成的电流密度为

$$J = nqv \tag{11.119}$$

式中，n 为载流子密度；q 为每个载流子所带的电量；v 为平均漂移速度。

根据欧姆定律，有

$$J = \lambda E \tag{11.120}$$

式中，λ 为电导率；E 为电场强度。

比较以上两式，得

$$\lambda = \frac{nqv}{E} \tag{11.121}$$

载流子在单位电场强度中的迁移速率即迁移率为

$$U = \frac{v}{E} \tag{11.122}$$

代入上式，得电导率与迁移率之间的关系为

$$\lambda = nqU \tag{11.123}$$

在离子晶体中，电载流子离子浓度所形成的电流密度为

$$J_1 = -Dq\frac{\partial n}{\partial x} \tag{11.124}$$

在电场作用下，载流子产生的电流密度为

$$J_2 = \lambda E = \lambda\frac{\partial V}{\partial x} \tag{11.125}$$

式中，V 为电势。

总电流密度为

$$J_i = J_1 + J_2 = -Dq\frac{\partial n}{\partial x} + \lambda\frac{\partial V}{\partial x} \tag{11.126}$$

在热平衡状态下,可以认为 $J_i = 0$,根据玻耳兹曼分布,有

$$n = n_0 \exp\left(-\frac{qV}{k_B T}\right) \tag{11.127}$$

式中,n_0 为常数。

因此,载流子的浓度梯度可以表示为

$$\frac{\partial n}{\partial x} = -\frac{qn}{k_B T}\frac{\partial V}{\partial x} \tag{11.128}$$

将式(11.128)代入式(11.126),得

$$J_i = \frac{nDq^2}{k_B T}\frac{\partial V}{\partial x} - \lambda\frac{\partial V}{\partial x} = 0 \tag{11.129}$$

所以

$$\lambda = D\frac{nq^2}{k_B T} \tag{11.130}$$

式(11.130)给出了离子电导率与扩散系数之间的关系,称为能斯特 - 爱因斯坦方程。

比较式(11.123)和式(11.130),可得扩散系数和离子迁移率之间的关系

$$D = \frac{U}{q}k_B T = Bk_B T \tag{11.131}$$

式中,B 为离子绝对迁移率。

扩散系数与温度的关系为

$$D = D_0 \exp\left(-\frac{E_{扩}}{kT}\right) \tag{11.132}$$

式中,$E_{扩}$ 为离子扩散活化能,它包括缺陷形成能和迁移能两部分。

11.9　高分子聚合物中的扩散

当高分子聚合物与液态或气态物质接触时,物质分子就会向高分子聚合物内部扩散。此外,当温度高于高分子的玻璃化温度时,高分子键段的热运动,尤其是结点在高分子聚合物中的运动也是扩散过程。

高分子固体中的扩散符合菲克定律:

$$\frac{\partial c}{\partial t} = \frac{\partial}{\partial x}\left(D\frac{\partial c}{\partial x}\right) \tag{11.133}$$

简单气体在高分子聚合物中的扩散,扩散系数与温度的关系仍符合

$$D = D_0 \exp\left(-\frac{E}{k_B T}\right) \tag{11.134}$$

式中,E 为扩散活化能。

有机蒸气在高分子中的扩散行为比简单气体复杂,扩散系数与温度和气体的浓度有关。

习　题

1. 概述菲克第一定律和菲克第二定律。
2. 说明气体扩散的规律。
3. 何谓克努增扩散?
4. 简述液体的空洞理论、类晶理论。
5. 说明原子的扩散机理。
6. 何谓科肯道尔效应? 达肯如何处理科肯道尔效应?
7. 何谓自扩散? 何谓互扩散? 何谓本征扩散?
8. 何谓相变扩散? 说明相变规律。
9. 简述离子扩散机制。
10. 说明电导率与扩散系数的关系。

第12章 对流传质与相间传质理论

对流传质是指运动的流体和与其相接触的界面之间的传质。对流传质可以发生在固体和流体之间的界面,也可以发生在两个不相溶解(或相互溶解很少)的流体之间的界面。对流传质也是分子的扩散。对流传质不仅与传输性质(如扩散系数)有关而且还与流体的性质和流动有关。

对流有自然对流和强制对流。自然对流是由流体本身的密度差异、浓度差异或温度差异引起的流体流动;强制对流是由外界的作用所引起的流体流动。因此,对流传质也有自然对流传质和强制对流传质。

本章主要讨论对流传质,但也会涉及动量和热量的对流传递。

12.1 对流传质与流体的流动特性

12.1.1 对流传质的传质速率

12.1.1.1 对流传质的传质速率表达式

对流传质的传质速率为

$$J_A = k_A \Delta c_A \tag{12.1}$$

式中,J_A 为组元 A 的传质通量,$mol \cdot s^{-1} \cdot cm^{-2}$;$\Delta c_A$ 为组元 A 在界面上和流体内部的浓度差,$mol \cdot cm^{-3}$;k_A 为组元 A 的对流传质系数,$cm \cdot s^{-1}$,k_A 不仅与组元 A 的性质有关,还与流体的流动特性有关。

流体流经固体表面,固体表面的溶质 A 会由固体向流体传递。设固体表面上 A 的浓度为 c_{As},流体本体中 A 的浓度为 c_{Ab},则固体表面和流体本体间的传质可写为

$$J_A = k_A(c_{As} - c_{Ab}) \tag{12.2}$$

12.1.1.2 对流传质与扩散传质的关系

由于在固体表面上的传质是以分子扩散的形式进行的,所以其传质 c_{As} 也可以写为

$$J_A = -D_A \left.\frac{dc_A}{dx}\right|_{x=0} \tag{12.3}$$

若固体表面上 A 的浓度 c_{As} 为常数,则上式可写为

$$J_A = -D_A \left.\frac{d}{dx}(c_A - c_{As})\right|_{x=0} \tag{12.4}$$

比较式(12.2)和式(12.4),得

$$k_A(c_{As} - c_{Ab}) = -D_A \left.\frac{d}{dx}(c_A - c_{As})\right|_{x=0} \tag{12.5}$$

整理,得

$$\frac{k_C}{D_A} = \frac{-\frac{\mathrm{d}}{\mathrm{d}x}(c_A - c_{As})\Big|_{x=0}}{c_{As} - c_{Ab}} \tag{12.6}$$

将方程两边同乘体系的特征尺寸 L,得出无因次式

$$\frac{k_C L}{D_A} = \frac{-\frac{\mathrm{d}}{\mathrm{d}x}(c_A - c_{As})\Big|_{x=0}}{\dfrac{c_{As} - c_{Ab}}{L}} \tag{12.7}$$

式(12.7)的右边为界面上的浓度梯度与总浓度梯度之比,也是扩散传质阻力与对流传质阻力之比。

其中

$$Nu = Sh = \frac{k_C L}{D_A} \tag{12.8}$$

称为传质的努赛尔特(Nusselt)数或谢伍德(Sherwood)数。

12.1.2 层流和湍流

根据流体的流动特性,流体的流动可分为层流和湍流(或紊流)两种状态。流速较低时为层流,流速达到某一数值则变为湍流。两种状态转变的临界速度值 v_c 与流体的黏度、密度和容器的尺寸有关,可以表示为

$$v_c = Re_c \frac{\eta}{\rho L} \tag{12.9}$$

式中,v_c 为流体的临界速度;η 为流体的黏度;ρ 为流体的密度;L 为容器的尺寸,对于圆管就是管子的直径;Re_c 为比例系数,称为临界雷诺(Reynolds)数,是无因次数。

雷诺数可以表示为

$$Re = \frac{v\rho L}{\eta} = \frac{vL}{\eta_m} \tag{12.10}$$

式中,η_m 为流体的运动黏度,$\eta_m = \dfrac{\eta}{\rho}$;$Re$ 为雷诺数;v 为流体的流速。

当 v 为 v_c 时,Re 则为 Re_c,即为临界状态雷诺数的值。

雷诺数是惯性力 $v\rho$ 和黏滞力 η 的比值,当黏滞力影响大时,流体的流动受黏滞力控制,做层状的平行滑动,即为层流;当惯性力影响大时,流体的流动受惯性力控制,流体内部产生旋涡,即为湍流,也称为紊流。若两种力的影响相近,流体的流动处于过渡状态。

流体在圆管内的流动,当 $Re < 2\,300$ 时,为层流;当 $Re > 13\,800$ 时,为湍流;当 $2\,300 < Re < 13\,800$ 时,为过渡状态。

对于层流,在流动方向上,流体中的传质体运动贡献大。但在垂直于流动方向上,没有体运动,只有分子扩散一种传质方式。对于湍流,在流动方向和垂直于流动方向上,流体中都有体运动引起的传质。

12.2　边界层

1909年,普兰特(Prandtl)提出边界层的概念。边界层有速度边界层、浓度边界层和温度边界层。下面分别介绍。

12.2.1　速度边界层

当可压缩的流体流过固体壁表面,流体的本体流速为 v_b,固体壁表面处流体的流速为零。由于流体的黏滞作用,在靠近固体壁表面处有一速度逐渐降低的薄层,称为速度边界层。定义从固体壁表面流体的流速为零的位置到流速为流体本体速度的 99% 的位置之间的距离称为速度边界层厚度,以 δ 表示。

速度边界层中流体的流动也有层流和湍流两种情况。当流体流过平板时,如果流体的流速较小,平板的长度也不大,则在平板的全长上只形成层流边界层。如果流体的流速大,平板的长度较长,则在平板的全长上形成由层流边界层向湍流边界层的过渡。图12.1所示为在湍流强制对流的条件下,在平板上形成的速度边界层的示意图。在平板起始部分形成层流边界层段,其厚度用 δ_L 表示,沿着流动方向,紧接层流边界层是过渡段,再向前形成湍流边界层段,其厚度用 δ_{tur} 表示。但在湍流边界层内紧贴平板表面的底层,还有一很薄的层流底层(或称层流亚层),以 δ_{sub} 表示。

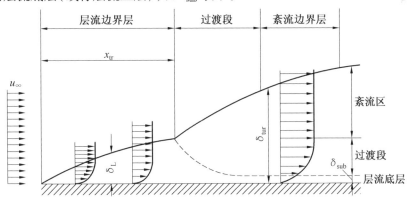

图 12.1　在平板上形成速度边界层的示意图

在层流边界层过渡为湍流边界层时,边界层厚度突然增大,边界层流体中的内摩擦应力也骤然增加。由层流边界层过渡到湍流边界层的点(称过渡点)距平板前缘的距离 x_{tr} 通过专门定义的雷诺数来确定,即

$$Re_{tr} = \frac{x_{tr} v_b}{\eta_m} \tag{12.11}$$

式中,v_b 为流体本体的流速;过渡点的位置 x_{tr} 和雷诺数 Re_{tr} 与流体的湍流度密切相关,在流体的湍流度较小的情况下,Re_{tr} 可达 $2 \times 10^5 \sim 3 \times 10^6$,工程上常取 $Re_{tr} = 3.5 \times 10^5$。实际上从层流边界层到湍流边界层中间是一个过渡段。

若流体流过平板的上下两面,则在板的上面和下面存在着相对称的层流边界层和湍流边界层。

12.2.2 平板上的速度边界层厚度

12.2.2.1 层流边界层厚度

强制流动流经平板的层流流体,其层流速度边界层厚度为

$$\delta_{\mathrm{L}} = 4.64 \sqrt{\frac{\eta x}{\rho v_{\mathrm{b}}}} = 4.64 \sqrt{\frac{\eta_{\mathrm{m}} x}{v_{\mathrm{b}}}} \tag{12.12}$$

或

$$\delta_{\mathrm{L}} = \frac{4.64 x}{\sqrt{Re_x}} \tag{12.13}$$

式中,x 为距平板前缘的距离(流体由平板前缘沿平板向后流);Re_x 为以 x 为特性尺寸的雷诺数。

上式是经简化后,用相似原理求出的联立的连续性方程和运动方程的近似解,所以有的文献系数取 4.64,有的取 5.2。上式说明,流体的黏度越大,则 δ_{L} 越大;流体的流速 v_{b} 越大,δ_{L} 越小;流体流过平板前缘的距离越长,δ_{L} 值越大,呈抛物线关系。

12.2.2.2 湍流边界层厚度

强制流动流经平板的湍流流体,其湍流边界层的厚度为

$$\delta_{\mathrm{tur}} = 0.376 \left(\frac{\eta_{\mathrm{m}}}{v_{\mathrm{b}}}\right)^{\frac{1}{5}} x^{\frac{4}{5}} = 0.376 \left(\frac{\eta_{\mathrm{m}}}{v_{\mathrm{b}} x}\right)^{\frac{1}{5}} x = \frac{0.376 x}{(Re_x)^{\frac{1}{5}}} \tag{12.14}$$

由上式可见,湍流速度边界层是流体物性和流体流动状态的函数。

12.2.2.3 湍流边界层内的层流底层厚度

强制流动的湍流流体其湍流边界层内的层流底层非常薄,其厚度为

$$\delta_{\mathrm{sub}} = \frac{194 \delta_{\mathrm{tur}}}{Re_x^{0.7}} = \frac{72.8 x}{Re_x^{0.9}} = \frac{72.8 x^{0.1}}{\left(\dfrac{v_{\mathrm{b}}}{\eta_{\mathrm{m}}}\right)^{0.9}} \tag{12.15}$$

由上式可见,层流底层厚度 δ_{sub} 与 $x^{0.1}$ 成正比,即层流底层的厚度随着距离 x 的增加而增加得很小;δ_{sub} 与 $v_{\mathrm{b}}^{0.9}$ 成正比,所以当流体速度大时,则层流底层就很薄。

12.2.3 圆管内流体的速度边界层

12.2.3.1 层流流动的边界层

图 12.2(a) 为圆管内强制流动流体做层流流动时,层流边界层厚度随距管口距离的变化。图中 x_0 的值是稳定段长度。x_0 与圆管直径 d 之间的关系为

$$x_0 = 0.0575 d \tag{12.16}$$

雷诺数为

$$Re = 0.575 \frac{d \bar{v}}{\eta_{\mathrm{m}}} \tag{12.17}$$

式中,$\bar{v}$ 为流体的平均速度。

由图 12.2(a) 可见,当流体到管子入口的距离等于稳定段长度 $0.0575d$ 时,即 $x = x_0$ 处边界层厚度 δ_L 等于圆管半径。

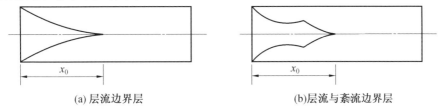

(a) 层流边界层   (b) 层流与紊流边界层

图 12.2   圆管进口处速度边界层的形成

12.2.3.2   湍流流动的边界层

图 12.2(b) 是强制流动流体做湍流流动时,层流边界层及湍流边界层厚度随距离的变化。图中的 x_0 也是稳定段的长度。对于内壁光滑的圆管,雷诺数 Re 小于 10^5 时,湍流边界层的层流底层的厚度为

$$\delta_{\text{sub}} = \frac{63.5d}{Re^{\frac{7}{8}}} \tag{12.18}$$

应用上式可算得内径为 0.1 m 的光滑圆管,当 Re 为 10^4 时,δ_{sub} 为 1.98 mm;当 Re 为 10^5 时,δ_{sub} 为 0.261 mm。

12.2.4   扩散边界层

在流体流经的固体表面扩散组元的浓度为 c_0,而在流体本体该组元的浓度为 c_b,则在固体表面和流体本体有一个该组元浓度逐渐变化的区域,该区域称为扩散边界层或浓度边界层。

定义被传递物质由界面浓度 c_0 的位置变到流体内部浓度为 $99\% c_b$ 的位置之间的距离为浓度边界层的厚度。

强制流动流经平板的流体,当其为层流时,由传质方程可以求出扩散边界层厚度与速度边界层厚度之间的关系为

$$\frac{\delta_c}{\delta_v} = \left(\frac{\eta_m}{D}\right)^{-\frac{1}{3}} = Sc^{-\frac{1}{3}} \tag{12.19}$$

式中,δ_v 即为式(12.12)中的 δ_v,Sc 为斯密特无因次数,$Sc = \dfrac{\eta_m}{D}$,是流体的运动黏度与分子扩散系数的比值,是体系的特性常数。

当流体的流速和位置确定后,δ_v 为常数,而扩散系数 D 却因扩散组元不同而不同。所以,对于同一流体中的不同组元可以具有不同的扩散边界层厚度。

在层流情况下,把层流速度边界层公式(12.12)代入式(12.19),得

$$\delta_c = 4.64 \left(\frac{\eta_m x}{v_b}\right)^{\frac{1}{2}} \left(\frac{\eta_m}{D}\right)^{-\frac{1}{3}} = 4.64 D^{\frac{1}{3}} \eta_m^{\frac{1}{6}} \left(\frac{x}{v_b}\right)^{\frac{1}{2}} \tag{12.20}$$

由上式可见,浓度边界层厚度 $\delta_c \propto \eta_m^{\frac{1}{6}}$,而式(12.12)给出速度边界层厚度 $\delta_v \propto \eta_m^{\frac{1}{2}}$。因此,虽然 δ_c 与 δ_v 都随流体的黏度而增加,但 δ_v 受黏度的影响比 δ_c 大。式(12.20)可以写为

$$\frac{\delta_c}{x} = 4.64\ Re_x^{-\frac{1}{2}}\ Sc^{-\frac{1}{3}} \tag{12.21}$$

当流经平板的强制流动的流体为湍流时,会形成湍流浓度边界层,其厚度为

$$\delta_c = c_T\ Re_x^{-0.8}\ Sc^{-\frac{1}{3}}x \tag{12.22}$$

式中,x 为所计算的边界层厚度的位置到平板起始端的距离;c_T 为常数,由实验确定;Re_x 为 x 处流体本体的雷诺数。

12.2.5 温度边界层

在流体流经的固体表面温度为 t_s,流体的温度 t_b,则在固体表面和流体本体有一温度逐渐变化的区域,该区域称为温度边界层或热边界层。

定义由界面温度 t 的位置变到流体内部温度为 $99\%t_b$ 的位置之间的距离为温度边界层。

温度边界层的状况受流体边界层的影响很大。层流时,垂直于壁面方向上的热量的传递依靠流体内部的导热。湍流时,垂直于壁面方向的传热,在层流底层仍靠流体内部的导热,而在湍流边界层内除导热外,更主要的是依靠流体质点的脉动等所引起的流体剧烈混合。

强制对流流体经平板的层流流体,其温度边界层厚度与速度边界层厚度的关系为

$$\frac{\delta_t}{\delta_v} = \left(\frac{\eta_m}{\alpha}\right)^{-\frac{1}{3}} = Pr^{-\frac{1}{3}} \tag{12.23}$$

式中,α 为导温系数(或热扩散系数)。

将式(12.13)代入式(12.23),得

$$\delta_t = 4.64x\ Re_x^{-\frac{1}{2}}\ Pr^{-\frac{1}{3}} \tag{12.24}$$

强制湍流流经平板,则温度边界层厚度为

$$\delta_t = c_t x\ Re_x^{-0.8}\ Pr^{-\frac{1}{3}} \tag{12.25}$$

式中,c_t 为由实际确定的常数。

12.2.6 有效边界层

为了数学上处理的方便,瓦格纳(Wagner)引入有效边界层的概念。如图12.3 所示,两条曲线分别为边界层和流体本体的速度分布和浓度分布。c_s 为界面处的浓度,c_b 为流体本体的浓度。实际上,边界层和流体本体没有明显的界线,这给问题的处理造成不便。为简化问题,在数学上做等效处理。在 $y = 0$ 的界面处,对浓度曲线作一切线,此切线与流体本体浓度 c_b 的延长线相交。过交点作一与界面平行的平面。此平面

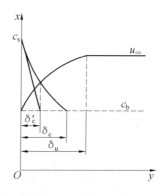

图12.3 速度边界层、扩散边界层及有效扩散边界层

与界面之间的区域即为有效边界层,以 δ'_c 表示。

切线的斜率即为界面处的浓度梯度

$$\left(\frac{\partial c}{\partial y}\right)_{y=0} = \frac{c_b - c_s}{\delta'_c} \tag{12.26}$$

$$\delta'_c = \frac{c_b - c_s}{\left(\dfrac{\partial c}{\partial y}\right)_{y=0}} \tag{12.27}$$

在界面处 $(y=0)$,流体流速为零,即 $v_{y=0}=0$,传质以分子扩散的方式进行。因此,在稳态服从菲克尔第一定律,则垂直于界面方向的物质流为

$$J = -D\left(\frac{\partial c}{\partial y}\right)_{y=0} \tag{12.28}$$

对于湍流,在 $y=0$ 处, $v_{y=0}=0$,所以上式同样适用于湍流。将式(12.26)代入式(12.28),得

$$J = \frac{D}{\delta'_c}(c_s - c_b) \tag{12.29}$$

若流体本体浓度 c_b 不随传质过程变化,界面处的浓度也不变,则上式为符合菲克尔第一定律的稳态扩散,这样数学处理就大为简化了。

在湍流的浓度边界层中,同时存在分子扩散和湍流传质。有效边界层把边界层中的分子扩散和湍流传质等效地处理为厚度 δ_c 的边界层中的分子扩散。因此,可以用稳态扩散方程处理流体和固体界面附近的传质问题。

有效边界层的厚度约为浓度边界层厚度的 $\dfrac{2}{3}$,即

$$\delta'_c = \frac{2}{3}\delta_c \approx 0.667\delta_c \tag{12.30}$$

层流强制对流传质的有效边界层厚度为

$$\delta'_c = 3.09\,Re^{-\frac{1}{2}}\,Sc^{-\frac{1}{3}}x \tag{12.31}$$

这是利用了式(12.21)。

12.3　相间传质理论

两相间的传质机理是什么? 人们对相间传质进行了许多研究,提出了以下几种理论。

12.3.1　溶质渗透理论

1935 年,黑碧(Higbie)提出溶质渗透理论。该理论认为,两相间的传质是靠流体中的微元体短暂、重复地与界面接触实现的。如图 12.4 所示,流体 1 与流体 2 相互接触,由于自然对流或湍流的原因,流体 2 中的某些组元被带到界面与流体 1 相接触。如果流体 1 中某组元的浓度大于流体 2 中该组元的浓度,则流体 1 中该组元就向流体 2 的微元体中迁移。经过一段时间 t_e 以后,该微元体离开界面,回到流体 2 内,另一微元体到达界面,重复

上述的传质过程。这就实现了两相间的传质过程。微元体在界面处停留的时间 t_e 称为微元体的寿命。由于微元体的寿命很短，组元渗透到微元体中的深度小于微元体的厚度，还来不及建立起稳态扩散，可以当作一维半无穷大的非稳态扩散过程处理。设流体边界层为一维，微分方程为

$$\frac{\partial c}{\partial t} = D\,\frac{\partial^2 c}{\partial x^2}$$

其初始条件和边界条件为

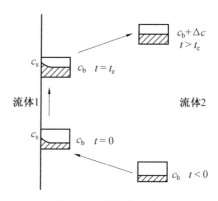

图 12.4　溶质渗透理论示意图

$$t = 0, x \geqslant 0, c = c_b$$

$$0 \leqslant t \leqslant t_e, x = 0, c = c_s$$

$$x = \infty, c = c_b$$

式中，c_b 为被传输组元在流体 2 中的浓度；c_s 为被传输组元在界面上的浓度，即在流体 1 中的浓度。

对于半无限大的非稳态扩散，菲克第二定律的解为

$$\frac{c - c_b}{c_s - c_b} = 1 - \mathrm{erf}\left(\frac{x}{2\sqrt{Dt}}\right)$$

$$c = c_s - (c_s - c_b)\,\mathrm{erf}\left(\frac{x}{2\sqrt{Dt}}\right) \tag{12.32}$$

在界面处 $x = 0$，被传输组元的扩散速度为

$$
\begin{aligned}
J &= -D\left(\frac{\partial c}{\partial x}\right)_{x=0} \\
&= D(c_s - c_b)\left[\frac{\partial}{\partial x}\left(\mathrm{erf}\,\frac{x}{2\sqrt{Dt}}\right)\right]_{x=0} \\
&= D(c_s - c_b)\frac{1}{\sqrt{\pi Dt}} \\
&= \sqrt{\frac{D}{\pi t}}(c_s - c_B) \tag{12.33}
\end{aligned}
$$

在微元体的寿命时间 t_e 内平均扩散速度为

$$\bar{J} = \frac{1}{t_e}\int_0^{t_e}\sqrt{\frac{D}{\pi t}}(c_s - c_b)\,\mathrm{d}t = 2\sqrt{\frac{D}{\pi t_e}}(c_s - c_b) \tag{12.34}$$

与传质系数的定义相比较，得

$$k_c = 2\sqrt{\frac{D}{\pi t_e}} \tag{12.35}$$

即传质系数 k_c 与扩散系数 D 的平方根成正比。这比较符合实际情况，一般认为 D 的幂次为 $\frac{1}{2} \sim \frac{3}{4}$。

12.3.2 表面更新理论

1951年,丹克沃次(Danckwerts)对黑碧的理论进行了修正,认为流体2中的各微元与流体1的接触时间,即在界面处的停留时间是各不相同的,其值在$0 \sim \infty$之间且服从统计分布规律。

设φ_t为界面上流体2的元体面积的寿命分布函数,表示界面上寿命为t的微元体面积占总微元体面积的分数。应有

$$\int_0^\infty \varphi_t \mathrm{d}t = 1 \tag{12.36}$$

以S表示表面更新率,即在单位时间内更新的微元体的表面积与在界面上总微元体的表面积的比例。在t到$t + \mathrm{d}t$的时间间隔内,未被更新的面积为$\varphi_t \mathrm{d}t(1 - S\mathrm{d}t)$,此数值应等于寿命为$t + \mathrm{d}t$的微元体面积$\varphi_{t+\mathrm{d}t}\mathrm{d}t$,因此

$$\varphi_t \mathrm{d}t(1 - S\mathrm{d}t) = \varphi_{t+\mathrm{d}t}\mathrm{d}t$$

$$\varphi_{t+\mathrm{d}t}\mathrm{d}t - \varphi_t = -\varphi_t S\mathrm{d}t$$

$$\frac{\mathrm{d}\varphi_t}{\varphi_t} = -S\mathrm{d}t \tag{12.37}$$

设S为一常数,则

$$\varphi_t = A\mathrm{e}^{-St} \tag{12.38}$$

式中,A为积分常数,代入式(12.36),得

$$\int_0^\infty A\mathrm{e}^{-St}\mathrm{d}t = 1 \tag{12.39}$$

$$\frac{A}{S}\int_0^\infty \mathrm{e}^{-St}\mathrm{d}(St) = 1 \tag{12.40}$$

而

$$\int_0^\infty \mathrm{e}^{-St}\mathrm{d}(St) = 1 \tag{12.41}$$

故

$$\frac{A}{S} = 1 \tag{12.42}$$

即

$$A = S \tag{12.43}$$

代入式(12.38),得

$$\varphi_t = S\mathrm{e}^{-St} \tag{12.44}$$

式(12.33)中的扩散速度J是对微元体寿命为t的传质速度。因此,对于寿命为由零到无穷大的微元体的总传质速度为

$$J = \int_0^\infty J_t \varphi_t \mathrm{d}t = \int_0^\infty \sqrt{\frac{D}{\pi t}}(c_s - c_b)S\mathrm{e}^{-St}\mathrm{d}t = \sqrt{DS}(c_s - c_b) \tag{12.45}$$

根据传质系数的意义,得

$$k_c = \sqrt{DS} \tag{12.46}$$

由于表面更新率 S 难以确定,所以不能预估传质系数 k_c 值。

12.3.3 双膜传质理论

1924 年,路易斯(Lewis)和惠特曼(Wvhitman)提出双膜传质理论。该理论认为:

在互相接触的两个流体相的界面两侧,都存在一层薄膜。物质从一个相进入另一个相的传质阻力主要在界面两侧的薄膜内。扩散组元穿过两相界面没有阻力。在每个相内部,被传输组元的传输速度,对液体而言与该组元在液体内和界面处的浓度差成正比;对气体而言,与该组元在气体内和界面处的分压差成正比。薄膜中的流体是静止的,不受流体内部流动状态的影响。各相中的传质是独立进行的,互不影响。

下面以气液两相间的传质为例进行讨论。假设组元 i 由液相传入气相,则有

$$J_{il} = k_1(c_{ib} - c_{is}) \tag{12.47}$$

$$J_{ig} = k_g(P_{is} - P_{ib}) \tag{12.48}$$

式中,c_{ib},c_{is} 分别为组元 i 在液相本体中和液相一侧界面上的浓度差;P_{is},P_{ib} 分别为组元 i 在气相一侧界面上和气相本体中的分压;k_1,k_g 分别为组元 i 在液相和气相中的传质系数,且有

$$k_e = \frac{D_{il}}{\delta_1} \tag{12.49}$$

$$k_g = \frac{D_{ig}}{RT\delta_g} \tag{12.50}$$

式中,D_1,D_g 为组元 i 在液体、气体中的扩散系数;δ_1,δ_g 为液相侧和气相侧薄膜的厚度。

在稳态条件下,第一相中的物质流等于第二相的物质流。即

$$J_{il} = J_{ig} \tag{12.51}$$

$$k_1(c_{ib} - c_{is}) = k_g(P_{is} - P_{ib})$$

$$\frac{k_1}{k_g} = \frac{P_{is} - P_{ib}}{c_{ib} - c_{is}} \tag{12.52}$$

界面上组元 i 的浓度 c_{is} 和压力 P_{is} 难以测量,实际上需应用流体本体相的浓度 c_{ib} 和压力 P_{ib} 计算总传质系数。而有

$$J_i = K_1(c_{ib} - c*_{ig}) \tag{12.53}$$

或

$$J_i = K_{CT}(P_{il}^* - c_{ib}) \tag{12.54}$$

式中,c_{ib} 为液相中组元 i 的温度;c_{ig}^* 为气相中与气相分压 P_{ib} 相平衡的组元 i 的浓度;P_{il}^* 为与 c_{ib} 相平衡的组元 i 的分压;P_{ib} 为气相中组元 i 的分压。

如果界面上组元 i 的压力与其浓度之间呈线性关系,即

$$P_{is} = mc_{is} \tag{12.55}$$

则有

$$P_{ib} = mc_{ig}^* \tag{12.56}$$

$$P_{il}^* = mc_{ib} \tag{12.57}$$

将式(12.53)改写为

$$\frac{1}{K_1} = \frac{c_{ib} - c_{is}}{J_{Mi}} + \frac{c_{is} - c_{ig}^*}{J_{Mi}} = \frac{c_{ib} - c_{is}}{J_{Mi}} + \frac{P_{is} - P_{ib}}{mJ_{Mi}} = \frac{1}{k_1} + \frac{1}{mk_g} \tag{12.58}$$

后一步利用了式(12.55)和式(12.56)。同理可得

$$\frac{1}{K_g} = \frac{1}{k_g} + \frac{m}{k_1} \tag{12.59}$$

由上两式可知,每个相的阻力的相对大小与气体的溶解速度有关。若 m 很小,气相阻力与其体系的总阻力基本相等,传质阻力主要在气相,这样的体系称为气相控制体系。若 m 很大,以至于气相的传质阻力可以省略,总的传质阻力主要在液相,这样的体系称为液相控制体系。前者如溶有氨的水溶液,后者如溶有二氧化碳的水溶液。在 m 值不算大也不算小的情况,总的传质阻力由两相共同决定。

在应用双膜理论时,需注意下列几点:

① 传质系数 k_1、k_g 与扩散组元的性质、扩散组分所通过的相的性质有关,还与相的流动状况有关。总传质系数 k_g、k_1 只能在与测定条件相类似的情况下使用,而不能外推到其他浓度范围。除非在所使用的浓度范围内 m 为常数(这时 k_g 或 k_1 也为常数)。

② 对于两个互不相混的液体体系,m 就是扩散组元在两个液相中的分配系数。

③ 单独的传质系数 k_1、k_g 一般是在其相应的相的传质阻力为控制步骤时测得,与二相阻力都起作用的 k_1、k_g 不同。

④ 在下列情况下,传质过程会变得复杂:

a. 界面上存在表面活性物质,引起附加的传质阻力。

b. 界面上产生湍流或者微小的扰动会使 k_1、k_g 值变大。

c. 界面上发生化学反应会使 k_1、k_g 变大。

例题 为了除去铜液中的氢,向其中充以一标准压力的纯氩。铜液的温度为 1 150 ℃,在该温度,一标准压力的氢在铜中的溶解度为 7.0 cm^3/100 g 铜。设 k_1 和 k_g 相等,判断脱氢过程由哪个相控制。

解 脱氢反应为

$$[H] = \frac{1}{2}H_2$$

其平衡常数

$$k_c = 0.026\ 2$$

铜液中氢的浓度为

$$c_H = \left(\frac{7.0}{1\ 000} \times \frac{1}{22.4} \times \frac{8.4}{100} \times 1\ 000\right)\ \text{mol/L} = 0.026\ 2\ \text{mol/L}$$

取铜液的密度为 8.40 g/cm^3。

由

$$p_{Hs} - p_{Hl}^* = m(c_{Hs} - c_{Hb})$$

$$m = \frac{p_{Hs} - p_{Hl}^*}{c_{Hs} - c_{Hb}} = \frac{p_{Hl}^* - p_{Hs}}{c_{Hb} - c_{Hs}}$$

若 $P_{Hs} \rightarrow 0$,则 $c_{Hs} \rightarrow 0$

$$m = \frac{1}{0.026\,2} \approx 38$$

若 P_{Hs} 很大，取 $P_{Hs} = 0.9 -$ 标准压力，则

$$c_{Hs} = (0.026\,2 \times \sqrt{0.9})\ mol/L = 0.024\,8\ mol/L$$

$$m = \frac{1 - 0.9}{0.026\,2 - 0.024\,8} = 71.4$$

可见，不论界面上氢的压力大或小，m 值都远大于 1，所以

$$\frac{1}{K_g} = \frac{1}{k_g} + \frac{m}{k_l} \approx \frac{m}{k_l}$$

所以，脱氢过程为液相中的传质过程所控制。

12.4 传质的微分方程

前面分别讨论了扩散传质和对流传质。在实际过程中，还有随流体流动一同传输的物质，而且在体系内还可能伴随有化学反应，也会有某些组元的生成和减少。因此，需要对这些情况做综合考虑。

12.4.1 质量守恒方程

12.4.1.1 以质量为单位表示的质量守恒方程

在体系的某一体积元内，物质 i 的质量改变可以由化学反应和相邻体积元间的物质交换引起。可以写为

$$dm_i = d_e m_i + d_i m_i \tag{12.60}$$

式中，$d_e m_i$ 表示由于物质交换在某体积元内引起的物质 i 的改变量；$d_i m_i$ 为由于化学反应所引起的某体积元内物质 i 的改变量。

体积为 V 的开放体系，体积 V 内组元 i 的质量变化率应等于单位时间内通过表面 Ω 流入体积 V 内的组元 i 的质量与在体积 V 内发生化学反应所产生的组元 i 的质量之和。即

$$\frac{d}{dt}\int_V \rho_i dV = \int_V \frac{\partial \rho_i}{\partial t} dV = -\int_\Omega \rho_i v_i d\Omega + \int_V j_i dV \tag{12.61}$$

式中，v_i 为 i 组元的流速；面积元 $d\Omega$ 是大小为 $d\Omega$ 而方向与体积 V 表面垂直（法线方向）的面积矢量，以指向体积 V 外的方向为正；j_i 为单位体积内化学反应所产生的组元 i 的质量。

将高斯（Gauss）定理应用于式（12.61）等号右边的第一项，则有

$$\int_\Omega \rho_i v_i d\Omega = \int_V \nabla \cdot \rho_i v_i dV \tag{12.62}$$

将式（12.59）代入式（12.58），得

$$\int_V \frac{\partial \rho_i}{\partial t} dV = -\int_\Omega \rho_i v_i d\Omega + \int_V j_i dV = \int_V (-\nabla \cdot \rho_i v_i + j_i) dV \tag{12.63}$$

所以

$$\frac{\partial \rho_i}{\partial t} = - \nabla \cdot \rho_i v_i + j_i \tag{12.64}$$

此即组元 i 的质量守恒方程。

将方程(12.64)对所有组元求和

$$左边 = \sum_{i=1}^{n} \frac{\partial \rho_i}{\partial t} = \frac{\partial}{\partial t} \sum_{i=1}^{n} \rho_i = \frac{\partial \rho}{\partial t} \tag{12.65}$$

$$右边 = - \sum_{i=1}^{n} \nabla \cdot \rho_i v_i + \sum_{i=1}^{n} j_i = - \nabla \cdot \sum_{i=1}^{n} \rho_i v_i = - \nabla \cdot \rho \sum_{i=1}^{n} \rho_i v_i / \rho = - \nabla \cdot \rho v_m$$

$$\tag{12.66}$$

式中，ρ 是流体的密度；$\sum\limits_{i=1}^{n} j_i = 0$，是由化学反应的质量守恒定律所得；$v_m$ 为质心速度(即质

量平均速度)，$v_m = \sum\limits_{i=1}^{n} \rho_i v_i / \rho$。

比较左边右边，得

$$\frac{\partial \rho}{\partial t} = - \nabla \cdot \rho v_m \tag{12.67}$$

此即总的质量守恒方程，即连续性方程。

若体系的总浓度不随时间变化，则有

$$\frac{\partial \rho}{\partial t} = 0 \tag{12.68}$$

$$- \nabla \cdot \rho v_m = 0 \tag{12.69}$$

由式(11.20)得

$$j_{mi} = - \rho D_i \nabla w_i + w_i \sum_{i=1}^{n} \rho_i v_i = - \rho D_i \nabla w_i + \rho_i v_m = \rho_i v_i \tag{12.70}$$

将式(12.70)代入式(12.64)，得

$$\frac{\partial \rho_i}{\partial t} = \nabla \cdot \rho D_i \nabla w_i - \nabla \cdot \rho_i v_m + j_i \tag{12.71}$$

12.4.1.2 以摩尔为单位表示的质量守恒方程

如果以摩尔为单位，将 $\rho_i = c_i M_i$ 代入式(12.64)得

$$\frac{\partial c_i}{\partial t} = - \nabla \cdot c_i v_i + j_{i,M} \tag{12.72}$$

式中，c_i 为组元 i 的体积摩尔浓度；M_i 为组元 i 的分子量；$j_{i,M}$ 为单位体积由化学反应生成的组元 i 的摩尔数量。

将方程(12.72)对所有组元求和得

$$\frac{\partial c}{\partial t} = - \nabla c v_M + \sum_{i=1}^{n} j_{i,M} \tag{12.73}$$

式中，c 为体系的摩尔浓度；v_M 为摩尔平均速度，$v_M = \dfrac{\sum\limits_{i=1}^{n} c_i v_i}{c}$；$\sum\limits_{i=1}^{n} j_{i,M}$ 为由于化学反应引起

的体系内摩尔数量的变化。

由式(11.15) 得

$$J_{Mi} = -cD_i \nabla x_i + x_i \sum_{i=1}^{n} J_{Mi} = -cD_i \nabla x_i + c_i v_M = c_i v_i \tag{12.74}$$

将式(12.74) 的后一个等号关系代入式(12.72),得

$$\frac{\partial c_i}{\partial t} = \nabla \cdot cD_i \nabla x_i - \nabla \cdot c_i v_M + j_{i,M} \tag{12.75}$$

12.4.2 质量守恒方程的简化

在一些特殊条件下质量守恒方程式(12.71) 和(12.75) 可以简化。

(1) 若 ρ 和 D_i 为常数,则式(12.71) 成为

$$\frac{\partial \rho_i}{\partial t} = D_i \nabla^2 \rho_i - v_M \cdot \nabla \rho_i + j_i \tag{12.76}$$

各项除以组元 i 的相对分子质量,得

$$\frac{\partial c_i}{\partial t} = D_i \nabla^2 c_i - v_M \cdot \nabla c_i + j_{i,M} \tag{12.77}$$

(2) 若 ρ 和 D_i 为常数,并且无化学反应发生,式(12.77) 成为

$$\frac{\partial c_i}{\partial t} = D_i \nabla^2 c_i - v_M \cdot \nabla c_i \tag{12.78}$$

(3) 除上述条件外,流体还不流动,则上式成为

$$\frac{\partial c_i}{\partial t} = D_i \nabla^2 c_i \tag{12.79}$$

此即菲克第二定律的表达式,适用于固体和静止的流体中,以及流体或气体二元系中的等摩尔逆扩散。

(4) 若 c 和 D_i 为常数,且 $\frac{\partial c_i}{\partial t} = 0$,即稳态扩散情况式(12.77) 可简化为

$$v_M \cdot \nabla c_i = D_i \nabla^2 c_i + j_{i,M} \tag{12.80}$$

若再无化学反应,则进一步简化为

$$v_M \cdot \nabla c_i = D_i \nabla^2 c_i \tag{12.81}$$

写作普通的微分方程形式则为 c

$$v_{Mx} \frac{\partial c_i}{\partial x} + v_{My} \frac{\partial c_i}{\partial y} + v_{Mz} \frac{\partial c_i}{\partial z} = D_i \left(\frac{\partial^2 c_i}{\partial x^2} + \frac{\partial^2 c_i}{\partial y^2} + \frac{\partial^2 c_i}{\partial z^2} \right) \tag{12.82}$$

若液体不流动则式(12.81) 简化为

$$\nabla^2 c_i = 0 \tag{12.83}$$

(5) 若 ρ 和 D_i 为常数,并且流体不流动,则式(12.77) 成为

$$\frac{\partial c_i}{\partial t} = D_i \nabla^2 c_i + j_{i,M} \tag{12.84}$$

上述传质微分方程中的化学反应指的是均相化学反应,即化学反应与扩散都发生在同一流体中,其在传质微分方程中是以生成项 j_i 的形式表示的。而非均相的化学反应通

常发生在相界面处,与扩散或流体流动不在同一相内。在这种情况下,传质微分方程中不包含生成项(即化学反应项),而是把化学反应作为边界条件来处理。例如,化学反应发生在相界面处,物质向界面扩散。在整个过程中,既存在扩散又存在化学反应,如同一组接力赛的每个成员,它们之间的相对快慢是十分重要的。当化学反应与扩散相比快得多,则决定整个过程速率的是扩散过程,这个过程称为扩散过程控制。反之化学反应比扩散慢得多,则决定整个过程速率的是化学反应,则这个过程称为化学反应控制。如果两者快慢相近,则这个过程为化学反应和扩散共同控制。

12.4.3　常见的边界条件

一个传质过程可以通过求解其微分方程来描述。解微分方程时,需要初始条件和边界条件。传质过程的初始条件就是过程初始时刻的浓度,即

在 $t=0$ 时,$c_i = c_{i0}$(摩尔浓度单位);

在 $t=0$ 时,$\rho_i = \rho_{i0}$(质量浓度单位);

或

在 $t=0$ 时,$c_i = f(x,y,z)\mid_{t=0}$;

在 $t=0$ 时,$\rho_i = f(x,y,z)\mid_{t=0}$;

常见的边界条件如下:

(1)表面浓度。流体表面处的浓度 c_i 或 ρ_i 有确定值。对于气体也可以是分压。例如,液体中组元 i 在表面蒸发向气相扩散,假设组元 i 符合拉乌尔定律,则边界条件为

$$p_i = x_i p_i^*$$

(2)表面通量。流体表面处的质量通量 J_i 或 j_i 有确定值。

(3)化学反应速率。界面上组元 i 的变化速率由化学反应确定,$j_i = k_i c_i$。

(4)如果所考虑的体系有对流体传质存在,则对流传质在边界上的摩尔通量可作为边界条件

$$J_i = k_c(c_{il} - c_{ib})$$

式中,c_{il} 为固 - 液界面流体中的 i 组元浓度;c_{ib} 为流体本体中 i 组元的浓度;k_c 为对流传质系数。

习　　题

1.什么是对流传质?给出对流传质公式,并说明对流传质与扩散传质的关系。

2.什么是层流?什么是湍流?两种状态转变的临界值是什么?

3.什么是边界层?举例说明几种边界层。

4.相间传质有哪些理论?简述各种相间传质理论。

5.推导传质微分方程,并解释。

第13章 化学反应动力学基础

13.1 化学反应速率

13.1.1 化学反应速率

为了定量地了解化学反应的快慢,引入化学反应速率的概念。

化学反应速率以反应物或产物的浓度对时间的变化率表示。

化学反应方程式为

$$aA + bB \Longrightarrow cC + dD$$

反应物和产物的浓度对时间的变化率为

$$j_A = -\frac{dc_A}{dt} \tag{13.1}$$

$$j_B = -\frac{dc_B}{dt} \tag{13.2}$$

$$j_C = \frac{dc_C}{dt} \tag{13.3}$$

$$j_D = \frac{dc_D}{dt} \tag{13.4}$$

式中,c_A,c_B,c_C,c_D 表示参与反应的物质 A,B,C,D 的浓度,其单位有多种表达方式,有单位体积的摩尔数,$mol \cdot L^{-1}$ 或 $mol \cdot cm^{-3}$,单位面积摩尔数,$mol \cdot \Omega^{-1}$,单位质量摩尔数,$mol \cdot g^{-1}$;t 为时间,单位可以是秒、分、小时、天或年。

反应速率表达式中,反应物前加负号,因为反应物的变化率为负,随着反应的进行,反应物减少;产物前为正号,随着反应的进行,产物增加。

在化学反应方程式中,各物质的计量系数不相同时,各物质的浓度随时间的变化率不同。例如,化学反应:

$$2H_2 + O_2 \Longrightarrow 2H_2O$$

因为 1 mol 的 O_2 和 2 mol 的 H_2 反应,H_2 的变化率是 O_2 的两倍,即

$$-\frac{dc_{H_2}}{dt} = -\frac{2dc_{O_2}}{dt} \tag{13.5}$$

可见,在化学反应方程式中各物质的浓度随时间的变化率有如下关系

$$-\frac{1}{a}\frac{dc_A}{dt} = -\frac{1}{b}\frac{dc_B}{dt} = \frac{1}{c}\frac{dc_C}{dt} = \frac{1}{d}\frac{dc_D}{dt} = j \tag{13.6}$$

将化学反应方程式写成

$$\sum_{i=1}^{n} \nu^i A^i = 0 \tag{13.7}$$

反应速率写成通式

$$j = \frac{1}{\nu^i} \frac{dc_{A^i}}{dt} \quad (i = 1,2,\cdots,n) \tag{13.8}$$

式中,ν^i 为计量系数,反应物的 ν^i 取负值,产物的 ν^i 取正值;A^i 为反应物或产物的分子式。

13.1.2 化学反应速率的各种表示方法

由于物质的浓度有多种表示方法,为方便计,化学反应速率也有多种表示方法。

物质的浓度以质量分数表示,反应速率为

$$j_A = -\frac{d}{dt}(w_A / w^\ominus) \tag{13.9}$$

物质的浓度以单位体积内的摩尔数表示,反应速率为

$$j_A = \frac{1}{V}\left(-\frac{dN_A}{dt}\right) = -\frac{dc_A}{dt} \tag{13.10}$$

物质的浓度以单位质量固体中含有组元 A 的摩尔数表示,反应速率为

$$j_A = \frac{1}{W}\left(-\frac{dN_A}{dt}\right) \tag{13.11}$$

在多相反应中,浓度以相界面上单位面积含有的摩尔数,即面积浓度表示,反应速率为

$$j_A = \frac{1}{\Omega}\left(-\frac{dN_A}{dt}\right) \tag{13.12}$$

式中,Ω 为相界面面积。

在多相反应中,浓度以单位固体体积中含有的物质摩尔数表示,即体积浓度

$$j_A = \frac{1}{V_s}\left(-\frac{dN_A}{dt}\right) \tag{13.13}$$

式中,V_s 为固体体积。

对于气相反应,可以用反应物的转化率代替浓度。转化率定义为

$$x_A = \frac{N_{A_0} - N_A}{N_{A_0}} \tag{13.14}$$

得

$$N_A = N_{A_0}(1 - x_A) \tag{13.15}$$

$$J_A = -\frac{dN_A}{dt} = N_{A_0} \frac{dx_A}{dt} \tag{13.16}$$

13.2 化学反应速率方程

13.2.1 质量作用定律

质量作用定律为：在一定温度下，化学反应速率与各反应物浓度的 n 次方的乘积成正比。

质量作用定律由基元反应得到，适用于基元反应。例如，基元反应

$$aA + bB \Longrightarrow cC$$

的化学反应速率方程可以表示为

$$j = kc_A^a c_B^b \tag{13.17}$$

式中，k 为速率常数，是 $c_A = 1$，$c_B = 1$ 时的反应速率，k 值越大，反应速率越大，k 越小，则其倒数越大，反应速率越小，即反应阻力大，所以 $\dfrac{1}{k}$ 具有反应阻力的意义；a,b 分别为反应物 A 和 B 的反应级数，也是基元反应的分子数。

13.2.2 经验速率定律

对于非基元反应，化学方程式

$$aA + bB \Longrightarrow cC + dD$$

表示的是总反应，即由何种反应物生成了何种产物，以及它们之间的计量关系。因此，计量系数不是表示反应机理的分子数。非基元反应的化学方程式反映了化学反应的始态（反应物）和终态（产物）的定量关系。可以说是化学反应的热力学方程，而不是化学反应的动力学方程。

对于实际的化学反应，弄清反应机理，给出基元反应是非常困难的事情。为了得到非基元反应的反应速率和浓度的关系，将质量作用定律推广到非基元反应，即所谓经验速率定律：在一定温度下，化学反应速率与各反应物浓度 n 次方的乘积成正比。可以表示为

$$j = kc_A^{n_A} c_B^{n_B} \tag{13.18}$$

式中，n_A 和 n_B 由实验确定。对于基元反应 $n_A = a$，$n_B = b$。对于非基元反应，则 n_A 不一定等于 a，n_B 不一定等于 b。

13.2.3 反应级数和反应分子数

将各反应物的反应级数相加，得

$$n_A + n_B = n \tag{13.19}$$

式中，n 称为总反应级数，$n = 0$ 为零级反应，$n = 1$ 为一级反应，$n = 2$ 为二级反应，$n = 3$ 为三级反应，对于基元反应，n 为整数，对于非基元反应，n 可以为分数或负数，分别为分数级和负数级反应。如果反应不符合式（13.18），反应没有级数的意义，则为无级数反应。

反应分子数是指化学反应方程式给出的反应物的分子个数。任何化学反应都有反应分子参加，反应分子数必为正数。

基元反应的反应级数等于反应分子数,非基元反应的反应级数可能等于也可能不等于反应分子数。

若以反应物的浓度变化表示反应速率,则由

$$j = \frac{1}{a}j_A = -\frac{1}{a}\frac{dc_A}{dt} \tag{13.20}$$

$$j = \frac{1}{b}j_B = -\frac{1}{b}\frac{dc_B}{dt} \tag{13.21}$$

得

$$j_A = -\frac{dc_A}{dt} = a\,kc_A^{n_A}c_B^{n_B} \tag{13.22}$$

$$j_B = -\frac{dc_B}{dt} = b\,kc_A^{n_A}c_B^{n_B} \tag{13.23}$$

13.3　化学反应速率和温度的关系

化学反应速率和温度有关。阿伦尼乌斯(Arrbenius)对实验结果进行理论分析,得到化学反应速率常数 k 与反应温度的关系式

$$\ln k = -\frac{E}{RT} + C \tag{13.24}$$

式中,E 为活化能,$kJ \cdot mol^{-1}$;R 为气体常数;C 是与时间无关的常数。

阿伦尼乌斯公式的微分形式为

$$\frac{d\ln k}{dt} = \frac{E}{RT^2} \tag{13.25}$$

阿伦尼乌斯公式常用指数形式,为

$$k = Ae^{-\frac{E}{RT}} \tag{13.26}$$

式中,A 为与温度无关的常数,称为指前因子或频率因子。

由实验求得两个不同温度 T_1 和 T_2 的速率常数 k_1 和 k_2,分别代入公式(13.24)后,两者相减,得到

$$\ln\frac{k_1}{k_2} = \frac{E}{R}\left(\frac{1}{T_2} - \frac{1}{T_1}\right) \tag{13.27}$$

就可以得到活化能 E。

阿伦尼乌斯公式适用于基元反应,也适用于大多数非基元反应。非基元反应的活化能称为表观活化能或经验活化能。它反映的是化学反应所要克服的总的能垒。

13.4　确定化学反应级数

确定化学反应级数首先需要实验测量化学反应的反应物或产物浓度随时间变化的数据、半衰期数据等。再将实验数据带入已有的多种化学反应速率方程中,进行处理,由所

符合的方程求出反应级数。而实验方法,需要根据具体的化学反应的性质和特点确定。

13.5 稳态近似

13.5.1 基元反应

由两个一级基元反应构成的复杂反应可以表示为

$$A \xrightarrow[s_1]{k_1} B \xrightarrow[s_2]{k_2} C$$

其中 A 为反应物,B 为中间产物,C 为产物。第一步的反应速率为

$$j_1 = -\frac{dc_A}{dt} = k_1 c_A \tag{13.28}$$

第二步的反应速率为

$$j_2 = -\frac{dc_B}{dt} = k_2 c_B \tag{13.29}$$

中间产物 B 的生成速率为

$$\frac{dc_B}{dt} = k_1 c_A - k_2 c_B \tag{13.30}$$

产物 C 的生成速率为

$$\frac{dc_C}{dt} = k_2 c_B \tag{13.31}$$

求解上面的微分方程,可以得到各物质的浓度随时间变化关系的解。对于很多反应,在很多情况下,求解微分方程很困难的。

为了简化该类问题的处理,泊登斯坦(Bodenstein)提出稳态近似方法。

对于中间产物 B 而言,随着反应的进行,速率方程右边第一项不断减少,第二项不断增大。反应进行到某一时刻,二者可能相等,而

$$\frac{dc_B}{dt} = k_1 c_A - k_2 c_B = 0 \tag{13.32}$$

在此时刻以后,中间产物 B 的生成速率和消耗速率相等,B 的浓度不再随时间变化。对于中间产物所处的这种状态称为稳态。如果在此时刻后,中间产物 B 的生成速率和消耗速率虽然不相等,但 B 的浓度随时间变化很小,可以取

$$\frac{dc_B}{dt} = k_1 c_A - k_2 c_B \approx 0 \tag{13.33}$$

这种情况称为准稳态。

利用稳态方法处理上面的反应,可以求出各种物质的浓度随时间变化的关系。

$$-\frac{dc_A}{dt} = k_1 c_A \tag{13.34}$$

积分,得

$$c_A = c_{A_0} e^{-k_1 t} \tag{13.35}$$

由

$$-\frac{\mathrm{d}c_B}{\mathrm{d}t} = k_1 c_A - k_2 c_B = 0 \tag{13.36}$$

得

$$c_B = \frac{k_1}{k_2} c_A = \frac{k_1}{k_2} c_{A_0} \mathrm{e}^{-k_1 t} \tag{13.37}$$

由

$$\frac{\mathrm{d}c_C}{\mathrm{d}t} = k_2 c_B \tag{13.38}$$

$$c_C = \int_0^t k_1 c_B \mathrm{d}t = \int_0^t k_1 c_{A_0} \mathrm{e}^{-k_1 t} \mathrm{d}t = c_{A_0}(1 - \mathrm{e}^{-k_1 t}) \tag{13.39}$$

由稳态法的条件

$$\frac{\mathrm{d}c_B}{\mathrm{d}t} = 0 \tag{13.40}$$

得

$$-\frac{\mathrm{d}c_A}{\mathrm{d}t} = \frac{\mathrm{d}c_C}{\mathrm{d}t} \tag{13.41}$$

而

$$\frac{\mathrm{d}c_B}{\mathrm{d}t} = k_1 c_A - k_2 c_B - \frac{\mathrm{d}c_A}{\mathrm{d}t} = k_1 c_A \tag{13.42}$$

$$\frac{\mathrm{d}c_C}{\mathrm{d}t} = k_2 c_B \tag{13.43}$$

则

$$-\frac{\mathrm{d}c_B}{\mathrm{d}t} = \frac{\mathrm{d}c_B}{\mathrm{d}t} + \frac{\mathrm{d}c_C}{\mathrm{d}t} \tag{13.44}$$

比较式(13.41)和式(13.44),可见,只有当

$$\frac{\mathrm{d}c_B}{\mathrm{d}t} \ll \frac{\mathrm{d}c_C}{\mathrm{d}t} \tag{13.45}$$

或

$$\frac{\mathrm{d}c_B}{\mathrm{d}t} \ll -\frac{\mathrm{d}c_A}{\mathrm{d}t} \tag{13.46}$$

式(13.41)才能成立,即中间产物的浓度变化率远小于稳定的反应物或生成物的浓度的变化率才能应用稳态法或准稳态法。这也是应用稳态法或准稳态法的条件。

13.5.2 非均相反应

对于非基元反应,很多是由多个步骤串联而成。尤其是多相反应,这些步骤不全是化学反应,还有传质、传热等过程。通过解微分方程来处理,常常十分困难,有些情况还难以求解。为了简化这类问题的处理,类似于对基元反应的处理,也采用稳态或准稳态近似的方法。

以气 – 固反应为例,一固体颗粒与气体发生反应。气体从本体通过气膜扩散到固体表面,在固体表面发生化学反应。该过程可以表示为

$$A \xrightarrow[J_1]{D_A} A(+B') \xrightarrow[J_2]{k_s} C$$

气体反应物 A 在气体本体中的浓度为 c_{Ag},在固体颗粒表面的浓度为 c_{As},气膜厚度为 δ,则气膜两侧的浓度梯度为

$$|\nabla c_A| = \frac{c_{Ag} - c_{As}}{\delta} \tag{13.47}$$

在固体表面气体 A 与固体 B 发生化学反应,可以表示为

$$aA(g) + bB(s) = cC(g)$$

在固体单位面积上的反应速率为

$$j_A = -\frac{1}{s}\frac{dc_A}{dt} = k_s c_{As}^a c_B^b \tag{13.48}$$

达到稳态时,组元 A 的扩散速度等于固体表面的化学反应速率,有

$$j_{扩} = j_{反}$$

$$D\frac{c_{Ag} - c_{As}}{\delta} = k_g(c_{Ag} - c_{As}) = k_s c_{As}^a \tag{13.49}$$

式中,$k_g = \dfrac{D}{\delta}$,K_s 为化学反应速率常数。

由式(13.49)求得 c_{As} 的表达式,代入式(13.48),即得到化学反应的动力学表达式。

设 $a = 1$,则式(13.49)成为

$$k_g(c_{Ag} - c_{As}) = k_s c_{As} \tag{13.50}$$

$$c_{As} = \frac{k_s}{k_g + k_s} c_{Ag} = k_{总} c_s \tag{13.51}$$

式中

$$k_{总} = \frac{1}{\dfrac{1}{k_s} + \dfrac{1}{k_g}} \tag{13.52}$$

将式(13.51)代入式(13.48),得

$$j_{扩} = j_{反} = k_{总} c_{As} \tag{13.53}$$

设 $a = 1$,则式(13.49)成为

$$k_g(c_{Ag} - c_{As}) = k_s c_{As}^2 \tag{13.54}$$

解得

$$c_s = \frac{-k_g + \sqrt{k_g^2 + 4k_g k_s}}{2k_s} \tag{13.55}$$

将式(13.55)代入式(13.48),得

$$j_{扩} = j_{反} = \frac{k_g}{2k_s}(2k_s c_{Ag} + k_g \pm \sqrt{k_g^2 + 4k_g k_s}) \tag{13.56}$$

可见,对于非一级化学反应,处理还是很麻烦的。

13.6 化学反应速率的控制步骤

由前面的例子可见,对于非一级化学反应而言,即使采用稳态方法,处理起来仍然很麻烦。还需要根据实际化学反应的情况进行简化。

在由多个步骤串联的化学反应过程中,如果其中一个步骤具有很大阻力,以至于其他步骤的阻力可以忽略不计。就可以用该步骤的速率近似代表整个过程的速率。就可以认为该步骤是整个过程速率的控制步骤。

在上面的例子里,若在气体和固体界面上的化学反应是速率的控制步骤,则可以认为由于化学反应速率慢,扩散到气 – 固界面上的气体 A 不能马上消耗掉,而造成积累,最终固体表面上气体 A 的浓度与气体本体的浓度相等。因此,反应速率

$$j_{扩} = j_{反} = k_s c_{Ag}^n \tag{13.57}$$

式中,n 的取值与界面化学反应机理有关。

若扩散为速率的控制步骤,则扩散到气 – 固界面上的气体 A 马上被化学反应消耗掉。固体表面气体 A 的浓度可以近似为零,则

$$J_{扩} = J_{反} = k_g c_{Ag} \tag{13.58}$$

13.7 非线性速率的线性化

在多个步骤串联的化学反应过程中,如果不止一个步骤具有很大阻力,则是多个步骤共同控制的反应,称为混合控制。这时就不能用一个步骤的速率代替全部步骤的速率。问题又变得复杂。为简化处理,根据具体的化学反应可以采用线性化方法。即将非线性步骤的方程采用泰勒展开,仅取线性项。这要根据实际情况是否能允许线性化带来的误差。

习 题

1. 叙述质量作用定律,并指出其适用范围。
2. 说明经验速率定律,并指出其使用对象。
3. 写出化学反应速率方程,并解释。
4. 写出阿伦尼乌斯方程,说明各符号的意义。
5. 什么是稳态近似? 什么是准稳态近似?
6. 什么是化学反应的控制步骤?
7. 如何确定反应级数?
8. 如何将非线性速率线性化?

第14章　气－固相反应动力学

材料制备和使用过程的气－固相反应一般是在大的空间中进行。反应物和产物的量都很大,并常伴有气体的流动、浓度的变化、热量的传递、温度的变化等。本书主要讨论单一颗粒的固体与气体的反应。固体颗粒浸没在气体中。气体静止或缓慢运动,其浓度均匀。除特别指出外,整个反应体系温度均匀,过程为等温。而研究完整反应器中进行的反应过程则属化学反应工程学和冶金反应工程学的范围,这里不做讨论。对于液－固反应也如此。

材料制备和使用过程有很多气－固反应。例如固体物料的还原、固体化合物的分解、金属的氧化等。

根据参加反应的固体有无孔隙,可以将气－固反应分为无孔隙固体与气体的反应和多孔固体和气体间的反应。下面分别予以介绍。

14.1　无孔隙固体与气体反应的一般情况

14.1.1　反应产物

气体与无孔隙固体的反应发生在气固界面上,发生在气固界面上,反应产物有下面以下情况:

① 产物是气体:

$$A(g) + bB(s) \Longrightarrow cC(g)$$

② 产物是固体:

$$A(g) + bB(s) \Longrightarrow cC(s)$$

③ 产物既有气体又有固体:

$$A(g) + bB(s) \Longrightarrow cC(g) + dD(s)$$

第一种例如炭的燃烧反应,第二种例如金属的氧化反应,第三种例如金属氧化物的还原反应。对于反应物 A 的计量系数 a 不为 1 的化学反应方程式,可以用 a 除以各项,使其变为 1。

14.1.2　反应类型

气体与无孔隙固体的反应可以分为以下三种类型:

(1) 反应过程中固体颗粒体积变小。反应产物是气体或易脱落的固体。在反应过程中反应物总是裸露的。

(2) 固体颗粒大小不变。在反应过程中,固态产物仍保留在未反应核的外边,颗粒总尺寸不变。

（3）反应前后固体颗粒大小不相等。固体颗粒的总尺寸随着反应的进行而发生变化,但产物包覆着反应物。

在气 – 固反应中,固体产物晶格的形成是一个重要的过程。在温度较低,颗粒尺寸很小的情况下,若反应为新相晶核的形成和长大所控制,转化率与时间的关系很复杂。在高温条件下,晶核的形成和长大很迅速,反应颗粒具有明显的界面,而且这种界面具有颗粒初始状态的形状。例如,球形颗粒为同心球面,圆柱形颗粒为共轴圆柱。

14.2　只生成气体产物的气 – 固反应

14.2.1　反应步骤

气体与无孔隙固体反应最简单的是只生成气体产物的体系,如图 14.1 所示。化学反应为

$$A(g) + bB(s) \Longrightarrow cC(g)$$

这类反应的反应步骤如下:

（1）气体反应物 A 由气流主体通过气相边界层（气体滞流膜）扩散到固体反应物表面,称为外扩散。

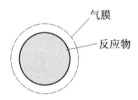

图 14.1　只生成气体产物的气 – 固反应

（2）在固体表面气体反应物 A 与固体反应物 B 进行化学反应生成气体产物 C。

（3）气体产物 C 由固体表面通过气相边界层扩散到气流主体中。

此类反应仅需考虑气膜扩散与化学反应步骤。

14.2.2　气体滞流膜内的扩散控制

由于气体反应物 A 通过气体滞流膜的扩散为控制步骤,相对说来,化学反应速率快。反应物 A 在固体颗粒 B 表面上的浓度近似为零。设固体颗粒的初始半径为 r_0,到时刻 t 时缩小到 r,则通过气体滞流膜层所传递的 A 的速率为

$$-\frac{dN_A}{dt} = 4\pi r^2 k_g c_{Ab} \tag{14.1}$$

式中,c_{Ab} 为气体反应物 A 在气流本体中的浓度。由化学反应方程式（14.a）,得

$$-\frac{dN_A}{dt} = -\frac{1}{b}\frac{dN_B}{dt} = -\frac{\rho_B}{bM_B}\frac{d}{dt}\left(\frac{4}{3}\pi r^3\right) = -\frac{4\pi r^2 \rho_B}{bM_B}\frac{dr}{dt} \tag{14.2}$$

式中,ρ_B 和 M_B 分别为固体 B 的密度和相对分子质量;b 为化学反应方程式中固体反应物 B 的计量系数。

由式（14.1）和式（14.2）,得

$$\frac{dr}{dt} = -\frac{bM_B k_g}{\rho_B} c_{AB} \tag{14.3}$$

从相似理论可以得出 k_g 的经验公式,在层流中有

$$\frac{k_g d_p y_i}{D} = 2 + 0.6 \left(\frac{\eta}{\rho D}\right)^{\frac{1}{3}} \left(\frac{d_p v \rho}{\eta}\right)^{\frac{1}{2}} \tag{14.4}$$

在滞流层内 v 近似为零,则由上式可得

$$k_g = \frac{2D}{d_p y_i} = \frac{D}{r y_i} \tag{14.5}$$

式中,D 为气体组元 A 的扩散系数;y_i 为惰性组元在气体滞流膜两侧的平均摩尔分数。

将上式代入式(14.3),积分得

$$t = \frac{\rho_B y_i r_0^2}{2bDM_B c_{Ab}} \left[1 - \left(\frac{r}{r_0}\right)^2\right] \tag{14.6}$$

当 $r = 0$ 时,即固体颗粒反应完了所需时间为

$$T_f = \frac{\rho_B y_i r_0^2}{2bDM_B c_{Ab}} \tag{14.7}$$

将上两式相比,得

$$\frac{t}{T_f} = 1 - \left(\frac{r}{r_0}\right)^2 \tag{14.8}$$

对于固体球形颗粒,其反应分数或转化率可表示为

$$x_B = \frac{w_0 - w}{w_0} = \frac{\frac{4}{3}\pi r_0^3 \rho_B - \frac{4}{3}\pi r^3 \rho_B}{\frac{4}{3}\pi r_0^3 \rho_B} = \frac{\frac{4}{3}\pi r_0^3 \rho_B / M_B - \frac{4}{3}\pi r^3 \rho_B / M_B}{\frac{4}{3}\pi r_0^3 \rho_B / M_B} = \frac{N_0 - N}{N_0} = 1 - \left(\frac{r}{r_0}\right)^3 \tag{14.9}$$

式中,w_0 为固体颗粒的初始质量;w 为固体颗粒在某一时刻 t 的质量。

由上式得

$$\frac{r}{r_0} = (1 - x_B)^{\frac{1}{3}} \tag{14.10}$$

将式(14.10)代入式(14.8),得

$$\frac{t}{T_f} = 1 - (1 - x_B)^{\frac{2}{3}} \tag{14.11}$$

$$t = t_f \left[1 - (1 - x_B)^{\frac{2}{3}}\right] \tag{14.12}$$

以 t 对 $1 - (1 - x_B)^{\frac{2}{3}}$ 作图,可得一直线,其斜率即为颗粒完全反应所需的时间 T_f。

随着化学反应的进行,固体颗粒尺寸缩小。气体滞流膜扩散的表面积随颗粒缩小而变小。气体传质系数随颗粒缩小而改变。传质系数与固体颗粒的大小和气流速度有如下关系:

当固体颗粒直径和气体流速都小时,则

$$k_g \propto \frac{1}{d_p}$$

当固体颗粒直径和气体流速都大时,则

$$k_g \propto \left(\frac{v}{d_p}\right)^{\frac{1}{2}}$$

式中,d_p 为颗粒直径;v 为气流速度;k_g 为气体反应物 A 的外扩散(或气体滞流膜)传质系数。

如果气流速度或颗粒直径都较大,利用

$$k_g \propto \left(\frac{v}{d_p}\right)^{\frac{1}{2}}$$

的关系,可得

$$\frac{t}{T_f} = 1 - (1 - x_B)^{\frac{1}{2}} \tag{14.13}$$

14.2.3 化学反应控制

如果化学反应的阻力比气体滞流膜内扩散的阻力大,则化学反应成为过程的控制步骤。这种情况下,固体颗粒外表面上的气相反应物 A 的浓度与其在气流本体内的浓度相当。假设化学反应为一级反应,则反应物 A 的变化速率方程为

$$-\frac{dN_A}{dt} = k4\pi r^2 c_{Ab} \tag{14.14}$$

而

$$-\frac{dN_A}{dt} = -\frac{1}{b}\frac{dN_B}{dt} = -\frac{4\pi r^2 \rho_B}{bM_B}\frac{dr}{dt} \tag{14.15}$$

比较上面两式,得

$$-\frac{4\pi r^2 \rho_B}{bM_B}\frac{dr}{dt} = k4\pi r^2 c_{Ab}$$

即

$$-\frac{\rho_B}{bM_B}dr = kc_{Ab}dt \tag{14.16}$$

积分上式,得

$$-\frac{\rho_B}{bM_B}(r - r_0) = kc_{Ab}t \tag{14.17}$$

整理,得

$$t = \frac{\rho_R r_0}{bM_B kc_{Ab}}\left(1 - \frac{r}{r_0}\right) \tag{14.18}$$

完全反应时间为

$$T_f = \frac{\rho_B r_0}{bM_B kc_{Ab}} \tag{14.19}$$

$$\frac{t}{T_f} = 1 - \frac{r}{r_0} = 1 - (1 - x_B)^{\frac{1}{3}} \tag{14.20}$$

由式(14.18)可见,对于化学反应为控制步骤的反应,过程的速率随着速率常数 k 和气体浓度 c_{Ab} 的增加而增加。因此,提高反应温度可以加速过程的进行。

对其他几何形状的固体颗粒,可采用类似的方法推导。对下列多种形状的固体颗粒分别得到

立方体 $\qquad \dfrac{t}{T_f} = 1 - (1 - x_B)^{\frac{1}{3}}$

圆柱体 $\qquad \dfrac{t}{T_f} = 1 - (1 - x_B)^{\frac{1}{2}}$

平板 $\qquad \dfrac{t}{T_f} = 1 - (1 - x_B) = x_B$

14.2.4　扩散和化学反应共同控制

上面讨论的是两个步骤的速率相差很大,可以用最慢的那个步骤的速率方程表示整个过程的速率。下面讨论气体滞流膜扩散的速度和化学反应的速率相差不大的情况。

当整个过程达可稳定状态时,化学反应消耗物质 A 的速率等于气体 A 由气流本体向固体表面传质的速度。在固体表面上 A 的浓度为 c_{As},它既不为零,也不等于平衡浓度。外传质速度为

$$-\frac{dN_A}{dt} = 4\pi r^2 k_g(c_{Ab} - c_{As}) \tag{14.21}$$

假设化学反应是等温一级不可逆反应,则化学反应速率为

$$-\frac{dN_A}{dt} = 4\pi r^2 k c_{As} \tag{14.22}$$

当达可稳态时,界面上化学反应速率应等于外扩散速度,即

$$4\pi r^2 k_g(c_{Ab} - c_{As}) = 4\pi r^2 k c_{As}$$

得

$$c_{As} = \frac{k_g c_{Ab}}{k + k_g} \tag{14.23}$$

将式(14.23)代入式(14.22),得

$$-\frac{dN_A}{dt} = 4\pi r^2 k\left(\frac{k_g c_{Ab}}{k + k_g}\right) = \frac{4\pi r^2 c_{Ab}}{\frac{1}{k} + \frac{1}{k_g}} \tag{14.24}$$

上式表明多个反应步骤串联结合时,过程的阻力具有加和性。

固体颗粒的消耗速率为

$$-\frac{1}{b}\frac{dN_B}{dt} = -\frac{dN_A}{dt} = \frac{4\pi r^2 \rho_B}{bM_B}\frac{dr}{dt} \tag{14.25}$$

比较式(14.24)和式(14.25),得

$$-\frac{4\pi r^2 \rho_B}{bM_B}\frac{dr}{dt} = \frac{4\pi r^2 c_{Ab}}{\frac{1}{k} + \frac{1}{k_g}}$$

整理得

$$-\frac{dr}{dt} = \frac{\frac{bM_B}{\rho_B}c_{Ab}}{\frac{1}{k} + \frac{1}{k_g}} \tag{14.26}$$

式中,除 k_g 外,其他参数均与 r 无关。

积分上式得

$$t = \frac{\rho_B}{b M_B c_{Ab}} \left[\frac{r_0 - r}{k} + \int_r^{r_0} \frac{dr}{k_g} \right] \tag{14.27}$$

若固体颗粒直径和气体流速都小,则可以用 $\frac{D}{r y_i}$ 代替 k_g 作积分,即

$$\int_r^{r_0} \frac{dr}{k_g} = \int_r^{r_0} \frac{r y_i}{D} dr$$

$$= \frac{y_i}{2D}(r_0^2 - r^2)$$

$$= \frac{y_i r_0^2}{2D} \left[1 - \left(\frac{r}{r_0} \right)^2 \right]$$

$$= \frac{y_i r_0^2}{2D} \left[1 - (1 - x_B)^{\frac{2}{3}} \right] \tag{14.28}$$

将式(14.28)代入式(14.27),得

$$t = \frac{\rho_B r_0}{b M_B c_{Ab} k} \left[1 - (1 - x_B)^{\frac{1}{3}} \right] + \frac{\rho_B y_i r_0^2}{2 b M_B c_{Ab} D} \left[1 - (1 - x_B)^{\frac{2}{3}} \right] \tag{14.29}$$

上式表明,达到一定转化率时,过程所需时间是两部分之和,即不存在传质阻力时达到同一转化率所需时间与由传质控制情况下达到同一转化率所需时间之和。这一结果适用于任何一个由多个一级速率过程串联构成的反应体系。

例题 在 900 ℃,含氧 10%(体积分数)压力为 0.1 MPa 的静止气体中,一半径为 1 mm 的球形石墨颗粒燃烧。设燃烧反应为

$$C + O_2 \longrightarrow CO_2$$

反应为一级不可逆反应。计算完全反应所需时间。

石墨密度为 2.26 g·cm^{-3},$k = 20$ cm·s^{-1},$D = 2$ cm^2·s^{-1}。

石墨颗粒直径较大,过程为外扩散传质和化学反应共同控制。

解 据方程(14.29),当 $x_B = 1$ 时,有

$$t = \frac{\rho_B r_0}{b M_B c_{Ab} k} + \frac{\rho_B y_i r_0^2}{2 b M_B c_{Ab} D}$$

忽略惰性气体的影响,将数据代入上式,得

$$t = \left[\frac{2.26 \times 0.1 \times 82.06 \times (900 + 273)}{1 \times 12 \times 0.1 \times 20} + \frac{2.26 \times 0.1^2 \times 82.06 \times (900 + 273)}{2 \times 1 \times 12 \times 0.1 \times 2} \right] \text{ s}$$

$$= 1\ 359 \text{ s} = 22.7 \text{ min}$$

14.3　固体颗粒尺寸不变的未反应核模型

在许多气-固反应体系中,生成的固体产物可以包覆尚未反应的固体反应物,形成固体产物层,例如金属的氧化、金属氧化物的还原等。随着反应的进行,未反应的核不断地缩小。整个固体颗粒的尺寸可能变化也可能不变化,这由反应物和产物的相对密度大

小而定。反应发生在固相产物与未反应核之间的界面上。固体产物层可以是多孔的、也可以是致密的,但都允许气体反应物通过产物层向内渗透,如图14.2所示。总的反应进程是由界面上的化学反应步骤和气体反应物通过固体颗粒表面气膜层的扩散步骤及穿过固体外表面并在固体产物层中的扩散步骤构成的。整个过程可以由通过固体颗粒表面气膜层的扩散步骤控制,也可以由化学反应步

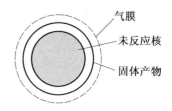

图14.2 生成固体产物包覆在固体反应物的表面的气－固反应

骤控制,或者由在固体产物层中的扩散步骤控制,或者由化学反应步骤和扩散步骤共同控制。

下面讨论反应前后固体颗粒尺寸不发生变化的情况,为简化计,做以下假设:

① 反应过程是假稳态过程。其依据是,反应界面的移动速度远较气体反应物通过产物层的扩散速度小,气体反应物A的密度远较固体反应物的密度小,因此相对于气体反应物的反应速率,固相反应界面的移动速度可以忽略不计,即在考虑气相组元A在产物层内的扩散时,反应界面近似地看作不动。

② 假设固体内温度是均匀的。

③ 化学反应为一级不可逆反应。

14.3.1 气体滞流膜内的扩散控制

若气膜阻力远大于其他各步骤阻力,则气体反应物A通过气体滞流膜的扩散过程控制整个过程的速度。这种情况下反应物的浓度分布如图14.3所示。固体颗粒外表面的浓度c_{As}等于未反应核界面上的浓度c_{Ac},而c_{Ac}等于平衡浓度c_{Ae}。对于不可逆的化学反应,平衡浓度$c_{Ae} = 0$。因此,通过气膜扩散的A的量为

$$-\frac{dN_A}{dt} = 4\pi r_0^2 k_g c_{Ab} \qquad (14.30)$$

式中,r_0为球心到产物表面的距离,即球团的初始半径,其他符号同前。

$$-\frac{dN_A}{dt} = -\frac{1}{b}\frac{dN_B}{dt} = \frac{4\pi r^2 \rho_B}{bM_B}\frac{dr}{dt} \quad (14.31)$$

比较以上两式,得

$$r_0^2 k_g c_{Ab} = -\frac{r^2 \rho_B}{bM_B}\frac{dr}{dt} \qquad (14.32)$$

故

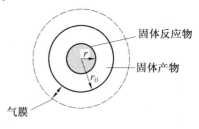

图14.3 在气膜内的扩散控制的气－固相反应

$$dt = \frac{\rho_B r^2}{bM_B r_0^2 k_g c_{Ab}}dr \qquad (14.33)$$

积分式(14.33),得

$$t = \frac{\rho_B r_0}{3bM_B k_g c_{Ab}}\left[1 - \left(\frac{r}{r_0}\right)^3\right] \qquad (14.34)$$

固体颗粒 B 完全反应,$r = 0$,完全反应的时间为

$$T_f = \frac{\rho_B r}{2bM_B k_g c_{Ab}} \tag{14.35}$$

$$\frac{t}{T_f} = 1 - \left(\frac{r}{r_0}\right)^3 = x_B \tag{14.36}$$

对于平板状颗粒和圆柱状颗粒可用类似的方法处理。平板状颗粒的结果为

$$T_f = \frac{\rho_B L}{bM_B k_g c_{Ab}} \tag{14.37}$$

$$\frac{t}{T_f} = x_B \tag{14.38}$$

圆柱状颗粒的结果为

$$T_f = \frac{\rho_B r_0}{2bM_B k_g c_{Ab}} \tag{14.39}$$

$$\frac{t}{T_f} = x_B \tag{14.40}$$

14.3.2　固相产物层内的扩散控制

　　若气膜内的扩散阻力和化学反应阻力都远小于固体产物层内的扩散阻力,则整个过程由固相产物层内的扩散控制。气体反应物 A 的浓度分布如图14.4所示。固体颗粒表面反应物 A 的浓度 c_{As} 等于气流主体中反应物 A 的浓度 c_{Ab},大于未反应核表面(即反应界面)反应物 A 的浓度 c_{Ac}。对于不可逆反应 $c_{Ac} = 0$。

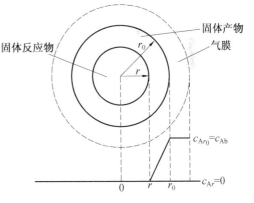

图14.4　固体产物层内的扩散控制,反应物的浓度分布

　　气体反应物 A 通过固相产物的扩散量为

$$-\frac{dN_A}{dt} = 4\pi r^2 D_e \frac{dc_A}{dr} \tag{14.41}$$

式中,D_e 是气体反应物 A 的有效扩散系数。

　　上式是在气体反应物 A 的浓度小或等分子逆向扩散的前提下才成立。对于稳态或假稳态,可以将 $\dfrac{dc_A}{dt}$ 看作常数。

　　对 r 分离变量积分,有

$$\int_0^{c_{Ab}} dc = -\frac{1}{4\pi D_e} \frac{dN_A}{dt} \int_r^{r_0} \frac{dr}{r^2} \tag{14.42}$$

得到

$$\frac{dN_A}{dt} = -4\pi D_e \left(\frac{r_0 r}{r_0 - r}\right) c_{Ab} \tag{14.43}$$

$$- \frac{dN_A}{dt} = - \frac{dN_B}{bdt} = - \frac{4\pi r^2 \rho_B}{bM_B} \frac{dr}{dt} \tag{14.44}$$

与式（14.43）比较，得

$$\frac{4\pi r^2 \rho_B}{bM_B} \frac{dr}{dt} = - 4\pi D_e \left(\frac{r_0 r}{r_0 - r} \right) c_{Ab}$$

整理得

$$- \frac{bM_B D_e c_{Ab}}{\rho_B} dt = \left(r - \frac{r^2}{r_0} \right) dr \tag{14.45}$$

积分

$$\int_0^t - \frac{bM_B D_e c_{Ab}}{\rho_B} dt = \int_{r_0}^r \left(r - \frac{r^2}{r_0} \right) dr \tag{14.46}$$

由于反应前后固体颗粒尺寸不变，即 $r_0 = r_0$，由上式可得

$$t = \frac{\rho_B r_0^2}{6bD_e M_B c_{Ab}} \left[1 - 3 \left(\frac{r}{r_0} \right)^2 + 2 \left(\frac{r}{r_0} \right)^3 \right] \tag{14.47}$$

由于反应分数

$$x_B = 1 - \left(\frac{r}{r_0} \right)^3$$

即

$$\left(\frac{r}{r_0} \right)^3 = 1 - x_B \tag{14.48}$$

代入式（14.47），得

$$t = \frac{\rho_B r_0^2}{6D_e bM_B c_{Ab}} \left[1 - 3(1 - x_B)^{\frac{2}{3}} + 2(1 - x_B) \right] \tag{14.49}$$

固体颗粒完全反应的时间为

$$T_f = \frac{\rho_B r_0^2}{6D_e bM_B c_{Ab}} \tag{14.50}$$

则

$$\frac{t}{T_f} = 1 - 3(1 - x_B)^{\frac{2}{3}} + 2(1 - x_B) \tag{14.51}$$

用类似的方法处理，可得平板状固体颗粒完全反应的时间为

$$T_f = \frac{\rho_B L_0^2}{2bM_B D_e c_{Ab}} \tag{14.52}$$

则

$$\frac{t}{T_f} = x_B^2 \tag{14.53}$$

圆柱状颗粒完全反应时间为

$$T_f = \frac{\rho_B r_0^2}{4bD_e M_B c_{Ab}} \tag{14.54}$$

则

$$\frac{t}{T_f} = x_B + (1 - x_B)\ln(1 - x_B) \qquad (14.55)$$

14.3.3 化学反应控制

若化学反应的阻力比其他步骤的阻力大,则整个过程为化学反应所控制。这种情况下,气体反应物 A 在气流主体,固体颗粒的外表面及未反应核界面上的浓度都相等,即 $c_{Ab} = c_{Ar_0} = c_{Ar}$。其浓度分布如图 14.5 所示。因此,反应过程的速率与固体产物层的存在无关。对于不可逆一级化学反应,气体反应物 A 的消耗速率为

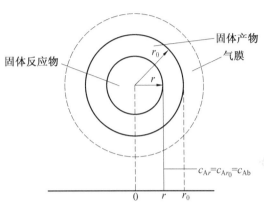

图 14.5 化学反应控制,反应物的浓度分布

$$-\frac{dN_A}{dt} = k4\pi r^2 c_{Ab} \qquad (14.56)$$

且有

$$-\frac{dN_A}{dt} = -\frac{dN_B}{bdt} = -\frac{4\pi r^2 \rho_B}{bM_B}\frac{dr}{dt} \qquad (14.57)$$

比较上面两式,得

$$-\frac{\rho_B}{bM_B}\frac{dr}{dt} = kc_{Ab} \qquad (14.58)$$

移项积分,有

$$-\int_{r_0}^{r} dr = \int_0^t \frac{bM_B kc_{Ab}}{\rho_B} dt$$

得(写成转化率表示)

$$t = \frac{(r_0 - r)\rho_B}{bM_B kc_{Ab}} \qquad (14.59)$$

$$t = \frac{r_0\rho_B\left(1 - \frac{r}{r_0}\right)}{bM_B kc_{Ab}} = \frac{r_0\rho_B}{bM_B kc_{Ab}}\left[1 - (1 - x_B)^{\frac{1}{3}}\right] \qquad (14.60)$$

固体颗粒完全反应

$$r = 0, x_B = 1$$

则完全反应时间为

$$T_f = \frac{r_0\rho_B}{bM_B kc_{Ab}} \qquad (14.61)$$

有

$$\frac{t}{T_f} = 1 - \frac{r}{r_0} = 1 - (1 - x_B)^{\frac{1}{3}} \qquad (14.62)$$

此结果和无固相产物生成的结果相同。

14.3.4 固相产物层内的扩散和化学反应共同控制

若气体滞流膜的扩散阻力很小,而固体产物层内的扩散阻力和化学反应阻力较大,且两者相近,则整个过程由固体产物层内的扩散和化学反应共同控制。这种情况下,固体颗粒外表面上反应物 A 的浓度与其在气流本体中的浓度相等,即 $c_{As} = c_{Ab}$。

通过固体产物层的扩散的 A 的量为

$$J_{A,\Omega} = \Omega J_A = -4\pi r^2 D_e \frac{dc_A}{dr} \tag{14.63}$$

采用稳态法处理,体系达稳态后 $J_{A,\Omega}$ 为一定值。

移项积分

$$\int_{c_{Ar}}^{c_{Ab}} dc_A = \frac{J_{A,\Omega}}{4\pi D_e} \int_{r_0}^{r} \frac{dr}{r^2}$$

得

$$c_{Ab} - c_{Ar} = \frac{1}{4\pi D_e} J_{A,\Omega} \left(\frac{1}{r} - \frac{1}{r_0} \right) \tag{14.64}$$

则

$$J_{A,\Omega} = 4\pi D_e (c_{Ab} - c_{Ar}) \frac{r_0 r}{r_0 - r} \tag{14.65}$$

设界面上的化学反应为一级反应,在固－固界面上的化学反应速率为

$$-\frac{dN_A}{dt} = 4\pi r^2 k c_{Ar} \tag{14.66}$$

达可稳态后,过程的速率等于通过固体产物层的扩散速率,也等于界面上化学反应的速率

$$J_{A,\Omega} = -\frac{dN_A}{dt} \tag{14.67}$$

于是

$$4\pi D_e \left(\frac{r_0 r}{r_0 - r} \right) (c_{Ab} - c_{Ar}) = 4\pi r^2 k c_{Ar} \tag{14.68}$$

整理后,得

$$c_{Ar} = \frac{D_e r_0 c_{Ab}}{k(r_0 r - r^2) + r_0 D_e} \tag{14.69}$$

代入式(14.66),得

$$-\frac{dN_A}{dt} = k4\pi r^2 \frac{D_e r_0 c_{Ab}}{k(r_0 r - r^2) + r_0 D_e} \tag{14.70}$$

由

$$-\frac{dN_A}{dt} = -\frac{1}{b}\frac{dN_B}{dt} = -\frac{\rho_B}{bM_B} 4\pi r^2 \frac{dr}{dt} \tag{14.71}$$

与式(14.70)比较,得

$$-\frac{\rho_B}{bM_B}\frac{dr}{dt} = \frac{kD_e r_0 c_{Ab}}{k(r_0 r - r^2) + r_0 D_e} \tag{14.72}$$

分离变量积分

$$\frac{kD_e r_0 c_{Ab} bM_B}{\rho_B} \int_0^t dt = - \int_{r_0}^r \left[k(r_0 r - r^2) + r_0 D_e \right] dr$$

得

$$\frac{kD_e r_0 c_{Ab} bM_B}{\rho_B} t = \frac{k}{6}(r_0^3 + 2r^3 - 3r_0 r^2) - r_0 r D_e + r_0^2 D_e \qquad (14.73)$$

用 r_0^3 除方程两边,得

$$\frac{kD_e c_{Ab} bM_B}{r_0^2 \rho_B} t = \frac{k}{6}\left(1 + 2\frac{r^3}{r_0^3} - 3\frac{r^2}{r_0^2}\right) + \frac{D_e}{r_0} - \frac{r}{r_0^2} D_e$$

$$= \frac{k}{6}\left[1 + 2(1 - x_B) - 3(1 - x_B)^{\frac{2}{3}}\right] + \frac{D_e}{r_0}\left[1 - (1 - x_B)^{\frac{1}{3}}\right] \qquad (14.74)$$

整理后,得

$$t = \frac{r_0^2 \rho_B}{6D_e c_{Ab} bM_B}\left[1 + 2(1 - x_B) - 3(1 - x_B)^{\frac{2}{3}}\right] + \frac{r_0 \rho_B}{kc_{Ab} bM_B}\left[1 - (1 - x_B)^{\frac{1}{3}}\right]$$

$$(14.75)$$

与前面的结果比较可见,达到某一转化率 $1 - x_B$ 所需时间由两部分组成。其中第一部分相当于过程仅由内扩散控制所需时间;第二部分相当于过程仅由界面化学反应控制所需时间。即达到某一转化率 $1 - x_B$ 所需时间是通过固相产物层扩散所需时间和化学反应所需时间之和。过程的时间具有加和性。

14. 3. 5　外扩散、内扩散和化学反应三者共同控制

若外传质阻力、内传质阻力和化学反应阻力三者都不能忽略,则整个过程由外扩散、内扩散和化学反应三者共同控制。在动力学方程中就应该包括这三项因素。这种情况下,反应物浓度分布如图 14.6 所示。

固体颗粒外表面的浓度为 c_{Ar_0},未反应核界面上的浓度为 c_{Ar}。因此,通过气膜扩散的 A 的量为

$$J_{A,\Omega_1} = -\frac{dN_A}{dt} = 4\pi r_0^2 k_g (c_{Ab} - c_{Ar_0})$$

$$(14.76)$$

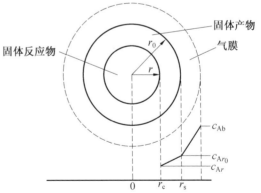

图 14.6　外扩散、内扩散、化学反应共同控制,反应物的浓度分布

通过固体产物层扩散的 A 的量为

$$J_{A,\Omega_2} = -4\pi r^2 D_e \frac{dc_A}{dr} \qquad (14.77)$$

体系达到稳定后,$J_{A,\Omega}$ 为定值,上式分离变量积分,得

$$c_{A_{r_0}} - c_{Ar} = \frac{J_{A,\Omega_2}}{4\pi D_e}\left(\frac{1}{r} - \frac{1}{r_0}\right)$$

即

$$J_{A,\Omega_2} = \frac{4\pi D_e r_0 r(c_{A_{r_0}} - c_{Ar})}{r_0 - r} \tag{14.78}$$

设固－固界面上的化学反应为一级反应,速率为

$$-\frac{dN_A}{dt} = 4\pi r^2 k c_{Ar} \tag{14.79}$$

过程达到稳态后,过程的速率等于反应气体 A 通过滞流膜的速率,也等于通过固体产物层的速率,还等于界面上化学反应消耗 A 的速率,即

$$J_A = J_{A,\Omega_1} = J_{A,\Omega_2} = -\frac{dN_A}{dt} \tag{14.80}$$

由 $J_{A,\Omega_2} = -\dfrac{dN_A}{dt}$,得

$$\frac{4\pi D_e r_0 r(c_{A_{r_0}} - c_{Ar})}{r_0 - r} = 4\pi r^2 k c_{Ar}$$

$$c_{A_{r_0}} = \frac{(r_0 - r)k + D_e r_0}{D_e r_0} c_{Ar} \tag{14.81}$$

由 $J_{A,\Omega_1} = -\dfrac{dN_A}{dt}$,得

$$4\pi r_0^2 k_g(c_{Ab} - c_{A_{r_0}}) = 4\pi r^2 k c_{Ar}$$

将式(14.81)代入上式,得

$$c_{Ar} = \frac{k_g D_e r_0^2}{k D_e r^2 + k k_g r_0(r_0 - r) + D_e} c_{Ab} \tag{14.82}$$

将式(14.82)代入式(14.79),并利用

$$-\frac{dN_A}{dt} = -\frac{1}{b}\frac{dN_B}{dt} = -\frac{\rho_B}{bM_B}4\pi r^2 \frac{dr}{dt}$$

得

$$\frac{k k_g D_e r_0^2}{k D_e r^2 + k k_g r_0(r_0 - r) + D_e r_0} c_{Ab} = -\frac{\rho_B}{bM_B}\frac{dr}{dt} \tag{14.83}$$

分离变量积分,得

$$t = \frac{\rho_B r_0}{3bM_B k_g c_{Ab}}x_B + \frac{r_0^2 \rho_B}{6bD_e M_B c_{Ab}}\left[1 + 2(1 - x_B) - 3(1 - x_B)^{\frac{2}{3}}\right] +$$

$$\frac{r_0 \rho_B}{6kM_B c_{Ab}}\left[1 - (1 - x_B)^{\frac{1}{3}}\right] \tag{14.84}$$

依据上述公式,通过实验可以推断过程的限制步骤。

14.4 收缩未反应核模型 —— 反应前后固体颗粒尺寸变化的情况

前面讨论了在反应前后固体颗粒体积不发生变化的情况。但在实际过程中,也有在反应前后固体颗粒体积发生变化的情况。固体颗粒在反应前后体积发生变化对整个过程的影响对于内扩散为过程的控制步骤的情况最为显著。对于化学反应或外传质为控制步骤的情况并不明显,可以不用考虑。下面仅讨论内扩散为过程的控制步骤,固体颗粒的体积在反应前后变化的情况。

假设固体颗粒为球形,起始半径为 r_0,反应后的半径为 r_D。反应所消耗的固体反应物的分子数乘以化学计量系数等于生成的固体产物的分子数乘以化学计量系数。化学反应方程式为

$$A(g) + bB(s) = dD(s)$$

则有

$$\frac{\left(\frac{4}{3}\pi r_0^3 - \frac{4}{3}\pi r^3\right)\rho_B}{bM_B} = \frac{\left(\frac{4}{3}\pi r_d^3 - \frac{4}{3}\pi r^3\right)\rho_D}{dM_D} \tag{14.85}$$

式中,M_D,ρ_D,d 分别为固相产物 D 的相对分子质量、密度和化学计量系数。

化简后并令其为 Z

$$\frac{dM_D\rho_B}{bM_B\rho_D} = \frac{dV_D}{dV_B} = \frac{r_d^3 - r^3}{r_0^3 - r^3} = Z \tag{14.86}$$

式中,V_D,V_B 分别为固体反应物 B 和产物 D 的摩尔体积,$V_D = \frac{M_D}{\rho_D}$,$V_B = \frac{M_B}{\rho_B}$,则

$$r_d^3 - r^3 = Z(r_0^3 - r^3)$$

即

$$r_d = \left[Zr_0^3 + r_{(1-Z)}^3\right]^{\frac{1}{3}} \tag{14.87}$$

由式(14.45)知,对固体产物层控制的反应有

$$-\frac{bM_B D_e c_{Ab}}{\rho_B}dt = \left(r - \frac{r^2}{r_d}\right)dr \tag{14.88}$$

将式(14.87)代入式(14.88),得

$$-\frac{bM_B D_e c_{Ab}}{\rho_B}dt = \left\{r - \frac{r^2}{\left[Zr_0^3 + r^3(1-Z)\right]^{\frac{1}{3}}}\right\}dr \tag{14.89}$$

积分上式,得

$$\frac{bM_B D_e c_{Ab}t}{\rho_B} = \frac{1}{2}r^2 + \frac{Zr_0^2 - \left[2r_0^3 + r^3(1-Z)\right]^{\frac{2}{3}}}{2(1-Z)} \tag{14.90}$$

由

$$x_B = 1 - \left(\frac{r}{r_0}\right)^3$$

得

$$r = r_0 \left(1 - x_B \right)^{\frac{1}{3}} \tag{14.91}$$

将式(14.91)代入式(14.90),且多项除以 $r_0 2$,得

$$\frac{2bM_B D_e c_{Ab}}{\rho_B r_0^2} t = \frac{Z - \left[1 + (Z-1) x_B \right]^{\frac{2}{3}}}{Z - 1} - (1 - x_B)^{\frac{2}{3}} \tag{14.92}$$

固体颗粒完全反应,$x_B = 1$,令完全反应所需时间为 T_f,则

$$\frac{2bM_B D_e c_{Ab}}{\rho_B r_0^2} T_f = \frac{Z - Z^{\frac{2}{3}}}{Z - 1} \tag{14.93}$$

相同的推导,对于平板状颗粒可得

$$\frac{2bM_B D_e c_{Ab}}{\rho_B L_0^2} t = Z x_B^2$$

$$\frac{2bM_B D_e c_{Ab}}{\rho_B L_0^2} T_f = Z \tag{14.94}$$

式中,L_0 为平板初始厚度。

对于圆柱形颗粒有

$$\frac{2bM_B D_e c_{Ab}}{\rho_B r_0^2} t = \frac{Z - (1-Z)(1-x_B) \ln \left[Z + (1-Z)(1-x_B) \right]}{2(Z-1)}$$

$$\frac{2bM_B D_e c_{Ab}}{\rho_B r_0^2} T_f = \frac{Z \ln Z}{2(Z-1)} \tag{14.95}$$

14.5 气体与多孔固体的反应

在气－固反应中,有些固体具有很多空隙。气体与多孔固体的反应和气体与无孔固体的反应情况不同,化学反应不是发生在一个明显的界面上,而是发生在一个区域里。其数学处理比无孔隙固体复杂。

多孔固体的气－固反应可以分为三种情况:

(1)汽化反应,固体被消耗,没有固体产物。

(2)有固相生成,在反应过程中整个固体颗粒的大小不变。

(3)在过程进行中,固体结构发生变化。

下面将分别介绍,本节介绍多孔固体的汽化反应。

14.5.1 多孔固体汽化反应的三种情况

多孔固体的汽化反应可表示为

$$A(气) + bB(固) \Longrightarrow cC(气)$$

例如焦炭的燃烧反应是这类反应。多孔固体的汽化反应包括气相传质、孔隙扩散和固体表面的化学反应三个基本步骤。

多孔固体的汽化反应可以分为以下三种情况。

（1）化学反应为过程的控制步骤。化学反应的速度比气膜扩散和孔隙扩散都要慢。气体反应物的分子可以通过孔隙扩散深入至颗粒内部。

（2）化学反应和孔隙扩散共同为过程的控制步骤。化学反应速度较快，气体反应物通过孔隙扩散至固体颗粒内部的量大为减少。化学反应和孔隙扩散都比气膜扩散慢。

（3）气膜扩散为控制步骤。化学反应速度快，气体反应物一穿过固体表面的气膜层就立即反应。

下面分别介绍。

14.5.2 化学反应为过程的控制步骤

这种情况过程有如下特征：

（1）气体反应物的浓度在整个固体颗粒的孔隙内都相同，等于气流本体的浓度。

（2）过程的活化能等于化学反应的活化能，过程的其他动力学参数也都与化学反应的动力学参数相同。

（3）过程的速度与固体颗粒的大小无关。

（4）化学反应在固体颗粒孔隙内均匀地进行，固体颗粒内部孔隙不断扩大，但外形尺寸不变，直至整个固体颗粒几乎反应完。

这种情况过程是在温度较低的条件下发生的。固体颗粒的反应过程与固体颗粒的初始孔隙结构和反应过程中孔隙结构的变化密切相关。彼德森(Petersen)假设固体颗粒具有均匀的圆柱形孔隙，它们随机相交，如图14.7所示。随着反应的进行，孔隙直径增加。单位体积多孔固体 B 的反应速率为

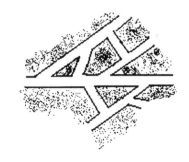

图 14.7   固体的孔隙结构

$$-\frac{\mathrm{d}N_{\mathrm{B}}}{b\mathrm{d}t} = \frac{\rho_{\mathrm{s}}S_{\mathrm{v}}}{b}\frac{\mathrm{d}r}{\mathrm{d}t} = \frac{\rho_{\mathrm{s}}}{b}\frac{\mathrm{d}\varepsilon}{\mathrm{d}t} \quad (14.96)$$

其中

$$S_{\mathrm{v}} = \frac{\mathrm{d}\varepsilon}{\mathrm{d}t} \quad (14.97)$$

式中，S_v 为单位体积固体颗粒的表面积；r 为孔隙半径；ε 为孔隙率；b 为化学计量系数；ρ_{s} 为不含孔隙的固体 B 的摩尔密度。

以气体反应物 A 表示的单位体积固体颗粒表面积 S_v 上的化学反应速率为

$$-\frac{\mathrm{d}N_{\mathrm{A}}}{\mathrm{d}t} = -\frac{\mathrm{d}N_{\mathrm{B}}}{b\mathrm{d}t} = kS_{\mathrm{v}}c_{\mathrm{A}}^{n} \quad (14.98)$$

式中，c_A 为气体反应物的本体浓度；n 为化学反应级数。

比较式(14.96)、(14.98)，得

$$\frac{\mathrm{d}r}{\mathrm{d}t} = \frac{kb}{\rho_{\mathrm{s}}}c_{\mathrm{A}}^{n} \quad (14.99)$$

将式(14.99)分离变量后积分，得

$$\int_{r_0}^{r} dr = \int_0^t \frac{kb}{\rho_s} c_A^n dt$$

$$r = r_0 + \frac{kb}{\rho_s} c_A^n t \tag{14.100}$$

$$\frac{r}{r_0} = 1 + \frac{t}{\tau_0} \tag{14.101}$$

式中

$$\tau_0 = \frac{r_0 \rho_s}{kbc_A^n} \tag{14.102}$$

假设多孔固体颗粒的孔隙都是圆柱状,在汽化反应过程中其半径均匀长大,且表面光滑。孔隙总长度是这些中心线长度之和,即

$$L = ab + bc + cd + de + \cdots \tag{14.103}$$

$$S_v = 2\pi r \left[L - r \sum_{i=1}^{m} \left(\frac{1}{\sin \varphi_i} \right) \right] - r^2 \sum_{i=1}^{m} \beta(\varphi_i) \tag{14.104}$$

式中,m 为单位体积固体颗粒内的孔隙交叉数。右边第一个求和是计算孔长的校正项,第二个求和是由于孔壁的开口的校正项,是基于交角的形状因子。如果反应过程中不产生新的孔道交叉,对于给定的固体颗粒两个求和都是常数,则上式可写成

$$S_v = 2\pi rL - Kr^2 \tag{14.105}$$

式中,K 为固体颗粒的特性常数,其数值由单位体积内孔隙的交叉数目和交叉的角度所决定。

比较式(14.97)和式(14.105),得

$$\varepsilon = \int_0^r (2\pi rL - Kr^2) dr = \pi Lr^2 - \frac{K}{3} r^3 \tag{14.106}$$

当 $r = r_0$ 时,$\varepsilon = \varepsilon_0$,则

$$\frac{\varepsilon}{\varepsilon_0} = \frac{\pi Lr^2 - \frac{K}{3} r^3}{\pi Lr_0^2 - \frac{K}{3} r_0^3} = \xi^2 \left(\frac{G - \xi}{G - 1} \right) \tag{14.107}$$

式中

$$\xi = \frac{r}{r_0} \tag{14.108}$$

$$G = \frac{3\pi L}{Kr} \tag{14.109}$$

假设式(14.107)可适用于 $\varepsilon = 0 \sim 1$ 的范围。利用式(14.107),由式(14.97)得

$$S_v = \frac{d\varepsilon}{dt} = \frac{d\varepsilon}{r_0 d\xi} = \left(\frac{\varepsilon_0}{r_0} \right) \frac{(2G - 3\xi)\xi}{G - 1} \tag{14.110}$$

当 $\varepsilon \to 1$ 时,$S_v \to 0$,而 $G - 1 \neq 0$,$\frac{\varepsilon_0}{r_0} \neq 0$,所以只有

$$2G - 3\xi = 0 \tag{14.111}$$

可得

$$\xi \big|_{\varepsilon = 1} = \frac{2}{3} G \tag{14.112}$$

将式(14.112)代入式(14.107)(取 $\varepsilon = 1$),得

$$\frac{4}{27} \varepsilon_0 G^3 - G + 1 = 0 \tag{14.113}$$

这是关于 G 的三次方程,若知道 ε_0,解方程(14.113),可求得 G。

将式(14.110)代入式(14.98),得单位体积固体颗粒的化学反应速率为

$$-\frac{\mathrm{d} N_A}{\mathrm{d} t} = k S_v c_A^n = \frac{k \dfrac{\varepsilon_0}{r_0} (2G - 3\xi) \xi}{G - 1} c_A^n \tag{14.114}$$

固体反应物 B 的转化率

$$x = \frac{\varepsilon - \varepsilon_0}{1 - \varepsilon_0} \tag{14.115}$$

将式(14.107)代入式(14.115),整理得

$$x = \frac{\varepsilon_0}{1 - \varepsilon_0} \left[\xi^2 \left(\frac{G - \xi}{G - 1} \right) - 1 \right] = \frac{\varepsilon_0}{1 - \varepsilon_0} \left[\left(1 + \frac{t}{\tau_0} \right)^2 \left(\frac{G - 1 - \dfrac{t}{\tau_0}}{G - 1} \right) - 1 \right] \tag{14.116}$$

式(14.116)仅适用于整个过程为化学反应控制的情况。

彼德森模型的主要假设是固体颗粒的孔隙是圆柱形的,并且大小相同,而实际固体颗粒的空隙形状互不相同,尺寸也不一样。彼德森模型还忽略了相邻孔隙在长大过程中的相互合并,因此孔隙率变化的公式不适用由 $\varepsilon = 0 \sim 1$ 的整个范围。

对式(14.105)取二次导数,可得

$$\frac{\mathrm{d}^2 S_v}{\mathrm{d} r^2} = -2K \tag{14.117}$$

这表示在反应过程中,单位体积的固体颗粒表面积会达到一个最大值,然后下降,这是与实际相符的。

14.5.3 孔隙扩散和化学反应共同为过程的控制步骤

孔隙扩散和化学反应共同为过程的控制步骤该过程具有以下特征:

(1) 化学反应主要发生在固体颗粒表面附近一定厚度层的区域里。

(2) 过程的动力学参数是化学反应和孔隙内的扩散的综合结果,称为表观动力学参数。

(3) 随着过程的进行,固体颗粒的外部尺寸不断减小,但固体颗粒的中心总有一部分不变,一直保持到最后阶段。

第二种情况的温度较第一种情况为高,气体不能深入地渗透到未起反应的固体内部。反应主要发生在靠近外表面的一狭窄薄层内。为简化计,可以假设,在固体颗粒的反应薄层内,平均有效扩散系数和比表面积都为常数;当反应向固体颗粒内部推进时,反应区域的孔隙构造保持不变。

在单位体积固体的反应物中,所进行的不可逆反应质量平衡方程为

$$D_e \nabla^2 c_A - kS_v c_A^n = 0 \tag{14.118}$$

式中, S_v 为反应区的单位体积所包含的表面积。

对于单一固体颗粒, 若反应发生在靠近固体颗粒的外表面附近, 则固体反应物的形状并不重要。除反应的最后阶段, 都可将反应进行的区域看作平板。这样上式可写作

$$D_e \frac{\mathrm{d}^2 c_A}{\mathrm{d}x^2} - kS_v c_A^n = 0 \tag{14.119}$$

式中, x 为和外表面相垂直的坐标轴变量。

上式的边界条件为:

$x = 0$ (即固体反应物的外表面), $c_A = c_{As}$

$$x \to \infty, c_A = \frac{\mathrm{d}c_A}{\mathrm{d}x} = 0$$

第一个边界条件忽略了外部传质的阻力, 第二个边界条件意味着距固体反应物表面某一距离处的内层, 气相反应物的浓度为零。这也意味着固体反应物的尺寸要足够大, 以保证它与反应区域的厚度相比可看作无穷大。这种情况只有在希尔(Thiele) 数大于 3 时, 才合适, 即

$$N_{\mathrm{Th}} = \frac{V_p}{A_p} \sqrt{\left(\frac{n+1}{2}\right) \frac{kS_v c_{AS}^{n-1}}{D_e}} > 3 \tag{14.120}$$

式中, V_p 和 A_p 分别为固体反应物的体积和表面积。

将式(14.119) 作一阶积分, 得

$$\frac{\mathrm{d}c_A}{\mathrm{d}x} = -\left[\left(\frac{2}{n+1}\right) \frac{kS_v}{D_e} c_A^{n+1}\right]^{\frac{1}{2}} \tag{14.121}$$

固体反应物单位表面积过程的速率为

$$j_A = -D_e \left(\frac{\mathrm{d}c_A}{\mathrm{d}x}\right) = \left(\frac{2kS_v D_e}{n+1}\right)^{\frac{1}{2}} c_{AS}^{\frac{n+1}{2}} \tag{14.122}$$

上面的讨论是假设固体颗粒的表面积和孔隙的表面积相比可以忽略不计。如果固体颗粒的孔隙率低, 或者化学反应速率很快, 则外表面上发生的化学反应也会对过程的总速率起作用。外表面上的反应速率可表示为

$$j_{外表面} = kf c_{AS}^n \tag{14.123}$$

式中, f 为外表面的粗糙因子, 是外表面的真实面积与其投影面积之比。

将式(14.123) 代入式(14.122) 中, 得

$$j_A = \left(\frac{2}{n+1} kS_v D_e\right)^{\frac{1}{2}} c_{AS}^{\frac{n+1}{2}} + kf c_{AS}^n \tag{14.124}$$

此即由内扩散和化学反应共同控制并需要考虑外表面上的化学反应的过程总速率方程。

在前面的推导中曾假设固体反应物孔隙中的传质是靠分子逆向扩散实现的。这对于气相中有大量的惰性气体存在的非等分子逆向扩散仅为一种近似的处理方法。非等分子逆向扩散会造成孔隙中气体的流动。如果气体产物的分子数比气体反应物的分子数多, 则气体的流向是离开固体, 其结果是降低了气体反应物向固体内的传质速度。反之, 如果气体产物的分子数少于气体反应物的分子数, 则气流向固体内流动。其结果是增大了气

体反应物向固体内的传质速度。对于非等分子逆向扩散来说,固体反应物单位表面积的反应速率如下表示:

零级反应,$n = 0$

$$j_{s0} = (2kS_vD_e)^{\frac{1}{2}} \left[\theta^{-1}\ln(1 + \theta) \right]^{\frac{1}{2}} c_{AS}^{\frac{1}{2}} \qquad (14.125)$$

一级反应,$n = 1$

$$j_{s1} = (2kS_vD_e)^{\frac{1}{2}} \left[\theta^{-1} - \theta^{-2}\ln(1 + \theta) \right]^{\frac{1}{2}} c_{AS} \qquad (14.126)$$

二级反应,$n = 2$

$$j_{s2} = (2kS_vD_e)^{\frac{1}{2}} \left[\frac{1}{2}\theta^{-1} - \theta^{-2} + \theta^{-3}\ln(1 + \theta) \right]^{\frac{1}{2}} c_{AS}^{\frac{3}{2}} \qquad (14.127)$$

这里

$$\theta = (x - 1)y_A \qquad (14.128)$$

式中,x 为某 1 mol 气体反应物所生成的气体产物的摩尔数;y_A 为气体反应物在气流本体的摩尔分数。

14.5.4　外扩散为过程的控制步骤

气膜扩散的阻力比化学反应和孔隙扩散都大,外扩散是过程的控制步骤。

其特征为:

(1) 气体反应物在固体颗粒外表面的浓度接近于零。

(2) 化学反应发生在外表面上,固体颗粒尺寸不断减小,固体颗粒内部无变化。

(3) 表观活化能小。

这种情况和无孔隙固体颗粒中气膜扩散控制的情况基本相同。有

$$-\frac{\rho_B}{bM_B}\frac{dr}{dt} = k_g c_{Ab} \qquad (14.129)$$

知道 k_g 的表达式,则上式可分离变量后积分,得到反应时间的表达式。

14.6　有固体产物的多孔固体的气 - 固反应

有固体产物的多孔固体的气固反应可以表示为

$$A(气) + bB(固) \Longrightarrow cC(气) + dD(固)$$

在反应过程中,由于固体产物和固体反应物的密度不同,固体体积会发生变化。在许多情况下,这种变化较小,可以近似地认为固体总体积不变。

若化学发应是过程的主要阻力,则气体反应物的浓度在固体内部都相同,反应在固体体积内部均匀地进行。

若孔隙扩散是过程的主要阻力,则反应在未反应区和完全反应生成的产物区之间的狭窄界面层内进行。在未反应区内,对于不可逆反应,气体反应物的浓度为零;对于可逆反应,气体反应物的浓度为平衡值。这与扩散控制的无孔固体收缩未反应核的情况相同。

若过程为化学反应和扩散共同控制,则整个固体颗粒的转化程度是逐渐变化的。经过一定的时间后,形成一个完全反应了的外层。然后这一完全反应了的外层的厚度逐渐向固体颗粒内部延伸。完全反应的外层和完全没反应的内层之间是部分反应层,在此层内化学反应和气体反应物的扩散并行。而无孔固体的气固反应存在一个明显的界面,该界面把未反应的固体反应物与已完全反应了的固体产物分开。因此,对于无孔固体只存在化学反应和扩散的串联。

为了问题处理方便,通常采用"粒子模型"。粒子模型假设:

(1)多孔固体具有球形、圆柱形或平板形等规则的几何形状,而且它们也是由形状相同、大小相等的球形、圆柱形或平板形的粒子构成的。

(2)这些小粒子本身没有孔隙。

(3)小粒子与气体反应物的反应可以按照未反应核处理,反应过程中,小粒子的形状不变,反应完后,小粒子的体积不变。

下面根据不同的情况进行介绍。

14.6.1 化学反应为过程的控制步骤

在化学反应为过程的控制步骤的情况下,气体反应物在固体颗粒的孔隙内的浓度是均匀的,等于气流本体的浓度。固体反应物是单个小粒子的集合体,多个小粒子之间都是孔隙。每个小粒子都是无孔隙固体颗粒,都适用于对无孔隙固体的气固反应所推得的结果。对于球形小粒子的不可逆一级反应,有

$$\frac{dr}{dt} = \frac{bM_B k c_{Ab}}{\rho_B} \tag{14.130}$$

分离变量积分,得

$$t = \frac{\rho_B(r_0 - r)}{bM_B k c_{Ab}} \tag{14.131}$$

$$T_f = \frac{\rho_B r_0}{bM_B k c_{Ab}} \tag{14.132}$$

$$\frac{t}{T_f} = 1 - \frac{r}{r_0} = 1 - (1 - x_B)^{\frac{1}{3}} \tag{14.133}$$

14.6.2 通过固体产物层的扩散为控制步骤

过程为通过固体产物层的扩散控制,反应发生在未反应的核与完全反应了的产物层之间的狭窄薄层区域。这与无孔隙固体的扩散控制的收缩未反应核的情况相似。但因多孔固体具有孔隙,所以要用$(1-\varepsilon)\rho_B$代替无孔固体的ρ_B,ε为孔隙率。对于球形固体颗粒,可得

$$t = \frac{(1-\varepsilon)\rho_B r_0^2}{6D_e bM_B c_{Ab}} \left[1 - 3(1 - x_B)^{\frac{2}{3}} + 2(1 - x_B) \right] \tag{14.134}$$

$$T_f = \frac{(1-\varepsilon)\rho_B r_0^2}{6D_e bM_B c_{Ab}} \tag{14.135}$$

14.6.3 化学反应和通过固体产物层的扩散共同为控制步骤

为处理过程为化学反应和通过固体产物层的扩散共同控制的情况,做如下假设:

(1) 固体颗粒的结构在宏观上是均匀的,并且不受反应影响。

(2) 在固体颗粒内的扩散是等分子逆向扩散或者扩散组分的浓度很低。气体反应物和产物的有效扩散系数彼此相等,并且在整个固体颗粒中都相同。

(3) 气体反应物通过每个粒子的产物层的扩散不影响扩散速度。

(4) 黏滞流动对孔隙中的传质的贡献可以忽略。

(5) 体系是等湿的。

(6) 过程为准稳态。

该过程的质量平衡方程为

$$D_e \nabla^2 c_A - j = 0 \tag{14.136}$$

式中,$D_e \nabla^2 c_A$ 为单位时间内进入固体颗粒单位体积中的气体反应物 A 的量;j 为单位时间内,单位体积的多孔固体所消耗的气体反应物 A 的量。

假设在反应过程中粒子的形状不发生变化,化学反应为一级反应,则对每个粒子其反应速率为

$$-\frac{\rho_B}{b M_B} \frac{\mathrm{d}r}{\mathrm{d}t} = k c_A \tag{14.137}$$

式中,r 为粒子中心可收缩核表面的坐标。

固体反应物中单位体积内的粒子的反应速率为

$$j = a_B k \left(\frac{A_g}{V_g} \right) \left(\frac{A_g r}{F_g V_g} \right)^{F_g - 1} c_A \tag{14.138}$$

式中,a_B 为固体反应物 B 所占据的固体颗粒的体积分数;A_g 为粒子的表面积;V_g 为粒子的体积;F_g 为粒子的形状因子,对于平板为 1,圆柱体为 2,球形为 3。

将式(14.138)代入式(14.136)得

$$D_e \nabla^2 c_A - a_B k \left(\frac{A_g}{V_g} \right) \left(\frac{A_g r}{F_g V_g} \right)^{F_g - 1} c_A = 0 \tag{14.139}$$

14.7　气－固反应中的吸附现象

14.7.1 吸附反应

吸附过程的气－固反应可以表示为

$$A(气) + B(固) \Longrightarrow C(气) + D(固)$$

反应过程包括气体反应物 A 在固体 B 表面活性中心上吸附形成表面络合物 $X^{\neq}$;表面络合物 $X^{\neq}$ 转化为表面络合物 $Y^{\neq}$;表面络合物 $Y^{\neq}$ 转化为气相产物 C 和固体产物 D。这些步骤都是可逆的,可写为

$$A + S \underset{k_{-1}}{\overset{k_1}{\rightleftharpoons}} X^{\neq}$$

$$X^{\neq} \underset{k_{-2}}{\overset{k_2}{\rightleftharpoons}} Y^{\neq}$$

$$Y^{\neq} \underset{k_3}{\overset{k_{-3}}{\rightleftharpoons}} C + S$$

式中,S 表示未被占据的固体表面的活性中心的表面位置。

A 的净吸附速率为

$$j_1 = k_1 p_A \theta_S - k_{-1} \theta_{X^{\neq}} \tag{14.140}$$

表面化学反应速率为

$$j_2 = k_2 \theta_{X^{\neq}} - k_{-2} \theta_{Y^{\neq}} \tag{14.141}$$

C 的净吸附速率为

$$j_3 = k_{-3} \theta_{Y^{\neq}} - k_3 p_C \theta_S \tag{14.142}$$

式中,$\theta_{X^{\neq}}$,$\theta_{Y^{\neq}}$ 分别表示被 $X^{\neq}$,$Y^{\neq}$ 占据的固体表面活性中心的分数;θ_S 为未被占据的固体表面活性中心的分数。

中间络合物的生成速率为

$$\frac{d\theta_{X^{\neq}}}{dt} = k_1 p_A \theta_S - k_{-1} \theta_{X^{\neq}} - k_2 \theta_{X^{\neq}} + k_{-2} \theta_{Y^{\neq}} \tag{14.143}$$

$$\frac{d\theta_{Y^{\neq}}}{dt} = k_2 \theta_{X^{\neq}} - k_{-2} \theta_{Y^{\neq}} - k_{-3} \theta_{Y^{\neq}} + k_3 p_C \theta_S \tag{14.144}$$

其中

$$\theta_S + \theta_{X^{\neq}} + \theta_{Y^{\neq}} = 1 \tag{14.145}$$

采用准稳态处理,即

$$\frac{d\theta_{X^{\neq}}}{dt} = 0, \frac{d\theta_{Y^{\neq}}}{dt} = 0$$

则

$$k_1 p_A \theta_S - k_{-1} \theta_{X^{\neq}} - k_2 \theta_{X^{\neq}} + k_{-2} \theta_{Y^{\neq}} = 0 \tag{14.146}$$

$$k_2 \theta_{X^{\neq}} - k_{-2} \theta_{Y^{\neq}} - k_{-3} \theta_{Y^{\neq}} + k_3 p_C \theta_S = 0 \tag{14.147}$$

如果式中参数都能独立确定,则可得到总速率的表达式。然而,这些参数需由总速率确定,不能独立确定。当参数较多时,难以用方程式检验模型的适用性。因此,需要用控制步骤的方法确定总反应速率。

14.7.2　表面化学反应为控制步骤

如果表面化学反应进行得慢,是控制步骤,而吸附与解吸进行得快,达到平衡或近似平衡状态,则

$$\theta_{X^{\neq}} = (\theta_{X^{\neq}})_{eq}, \theta_{Y^{\neq}} = (\theta_{Y^{\neq}})_{eq}$$

$$j_1 = 0, j_3 = 0$$

而由式(14.140)和(14.142)分别得

$$(\theta_{X^{\neq}})_{eq} = \frac{k_1}{k_{-1}} p_A \theta_S = k_A p_A \theta_S \tag{14.148}$$

$$(\theta_{Y^{\neq}})_{eq} = \frac{k_3}{k_{-3}} p_C \theta_S = k_C p_C \theta_S \tag{14.149}$$

式中

$$k_A = \frac{k_1}{k_{-1}}, k_C = \frac{k_3}{k_{-3}}$$

将式(14.148)和式(14.149)代入式(14.141),得

$$j_2 = k_2 k_A p_A \theta_S - k_{-2} k_C p_C \theta_S \tag{14.150}$$

将式(14.148)和式(14.149)相加,得

$$(\theta_{X^{\neq}})_{eq} + (\theta_{Y^{\neq}})_{eq} = k_A p_A \theta_S + k_C p_C \theta_S \tag{14.151}$$

再利用式(14.145),得

$$1 - \theta_S = k_A p_A \theta_S + k_C p_C \theta_S \tag{14.152}$$

所以

$$\theta_S = \frac{1}{1 + k_A p_A + k_C p_C} \tag{14.153}$$

达到稳态时,有

$$j = j_2 = k_2 k_A p_A \theta_S - k_{-2} k_C p_C \theta_S \tag{14.154}$$

将式(14.153)代入式(14.154),得

$$j = k_2 k_A \frac{p_A - \left(\dfrac{k_C}{k_A k_S}\right) p_C}{1 + k_A p_A + k_C p_C} \tag{14.155}$$

由

$$K = \left(\frac{p_C}{p_A}\right)_{eq} = \left(\frac{\dfrac{\theta_{Y^{\neq}}}{K_C \theta_S}}{\dfrac{\theta_{X^{\neq}}}{K_A \theta_S}}\right)_{eq} = \frac{K_A}{K_C} \left(\frac{\theta_{Y^{\neq}}}{\theta_{X^{\neq}}}\right)_{eq} = \frac{K_A}{K_C} K_S$$

$$K_S = K \frac{K_C}{K_A} \tag{14.156}$$

将式(14.156)代入式(14.155)中,消去 K_S,得

$$j = k_2 k_A \frac{p_A - \dfrac{p_C}{K}}{1 + k_A p_A + k_C p_C} \tag{14.157}$$

如果反应的总速率与表面上形成的 $X^{\neq}$ 这种活化络合物的速率成正比,则

$$j = k_2 \theta_{X^{\neq}} = k_2 \frac{p_A K_A}{1 + k_A p_A + k_C p_C} \tag{14.158}$$

此即朗格缪尔 - 辛谢尔伍德(Langmuir-Hinshelwood)的反应速率方程。

14.7.3　反应物的吸附为控制步骤

若气体反应物 A 的吸附缓慢,成为控制步骤,而表面化学反应和气体产物 C 的解吸进行得快,处于局部平衡,则

$$j_2 = 0, j_3 = 0$$

由式(14.141) 和式(14.142) 分别得

$$\theta_{X^{\neq}} = \frac{k_{-2}}{k_2} \theta_{Y^{\neq}} = \frac{1}{K_S} \theta_{Y^{\neq}} \tag{14.159}$$

$$\theta_{Y^{\neq}} = \frac{k_3}{k_{-3}} p_C \theta_S = K_C p_C \theta_S \tag{14.160}$$

式中

$$K_S = \frac{k_2}{k_{-2}}, K_C = \frac{k_3}{k_{-3}}$$

在整个过程中,A 的净吸附速率等于总的反应速率,即

$$j = j_1 = k_1 p_A \theta_S - k_{-1} \theta_{X^{\neq}} \tag{14.161}$$

将式(14.160) 代入式(14.159) 后,再代入式(14.161),得

$$j = j_1 = k_1 p_A \theta_S - k_{-1} \frac{K_B}{K_S} p_C \theta_S \tag{14.162}$$

将式(14.159) 和式(14.160) 代入式(14.145),得

$$\theta_S = \frac{1}{1 + \left(K_C + \dfrac{K_C}{K_S} \right) p_C} \tag{14.163}$$

将式(14.156) 代入式(14.163),得

$$\theta_S = \frac{1}{1 + \left(K_C + \dfrac{K_A}{K} \right) p_C} \tag{14.164}$$

将式(14.164) 代入式(14.162),得

$$j = k_1 \frac{p_A - \dfrac{p_C}{K}}{1 + \left(K_C + \dfrac{K_A}{K} \right) p_C} \tag{14.165}$$

14.7.4 产物的解吸为控制步骤

若产物 C 的解吸为控制步骤,而表面化学反应和气体反应解吸附进行得很快,处于局部平衡状态,则

$$j_1 = 0, j_2 = 0$$

由式(14.140) 和式(14.141) 分别得到

$$\theta_{X^{\neq}} = \frac{k_1}{k_{-1}} p_A \theta_S = K_A p_A \theta_S \tag{14.166}$$

$$\theta_{Y^{\neq}} = \frac{k_2}{k_{-2}} \theta_{X^{\neq}} = K_S K_A p_A \theta_S \tag{14.167}$$

将式(14.166) 和式(14.167) 代入式(14.145),得

$$\theta_S = \frac{1}{1 + (K_A + K K_C) p_A} \tag{14.168}$$

在整个过程中,产物 C 的解吸速率等于总的反应速率,即

$$j = j_3 = k_{-3}\theta_{Y\neq} - k_3 p_C \theta_S \tag{14.169}$$

将式(14.167)代入式(14.169),得

$$j = j_3 = k_{-3}K_S K_A p_A \theta_S - k_3 p_C \theta_S \tag{14.170}$$

将式(14.168)代入式(14.170),得

$$j = j_3 = \frac{k_{-3}K_S K_A p_A - k_3 p_C}{1 + (K_A + KK_C)p_A} \tag{14.171}$$

习　　题

1. 推导无固体产物层的气－固反应内扩散控制的动力学方程。

2. 推导无固体产物层的气－固反应的化学反应控制的动力学方程。

3. 推导多孔球形颗粒的气－固反应由空隙扩散控制的动力学方程。

4. 推导多孔球形颗粒的气－固反应由空隙扩散和化学反应共同控制的动力学方程。

5. 煤粉在空气中加热到 900 ℃ 发生汽化反应 $C + O_2 \Longrightarrow CO_2$,外传质和空隙扩散阻力忽略不计,煤完全汽化需要多少时间。已知:$\varepsilon_0 = 0.15$,$\gamma_0 = 5 \times 10^{-4}$ cm,$k = 10^{-4}$,$n = 1$,$c_A = 2 \times 10^{-1}$ mol · cm^{-3},$\rho_c = 0.12$ mol · cm^{-3}。

6. 推导产物的解吸为控制步骤的动力学方程。

第 15 章　气 - 液相反应动力学

在材料制备过程中,气 - 液相反应有重要作用。例如,氧气炼钢的脱碳、脱硅、脱磷等过程;用二氧化碳和硅酸钠溶液反应的碳分法制备白炭黑,用氨气和硫酸铝溶液反应,制备氢氧化铝等都涉及气 - 液相反应。

气 - 液相反应包括两个方面,一是气泡在液相中的形成及其行为;二是气 - 液相反应过程的速率。下面对这些问题进行讨论。

15.1　气泡的形成

气泡在液相中产生有两个途径,一是在气体过饱和溶液中形成气相核;二是气体由浸没在液体中的喷嘴流出而形成气泡。这两个途径形成气泡的过程和机制是不同的。下面分别予以介绍。

15.1.1　气泡核的形成

气泡核的形成像晶核形成一样,存在均匀成核和非均匀成核。气泡均匀成核极其困难,一般都是非均匀成核。

15.1.1.1　均匀成核

如果气泡在均匀相的内部产生,该气体要有很高的过饱和度。根据理查德森(Richardson)的研究,其过饱和程度相当于该过饱和气体的平衡压力为 50 ~ 100 个标准大气压。

在液相中产生一气泡核,需要克服表面张力做功。设在均匀液相中形成一半径为 R 的球形气泡核,其表面积为 $4\pi R^2$,液体的表面张力为 σ,则气泡核的表面能为 $4\pi R^2 \sigma$。如果该气泡核的半径增加 dR,则相应的表面能增加为

$$\Delta G = 4\pi\sigma\left[\left(R + dR\right)^2 - r^2\right] \approx 8\pi\sigma R dR \tag{15.1}$$

气泡表面能的增加等于外力所做的功,即等于反抗由表面张力所产生的附加压力 $p_{附}$ 所做的功。

$$\Delta G = W_{外} = 4\pi R^2 p_{附}\, dR \tag{15.2}$$

式中,$p_{附}$ 表示气泡为克服表面张力所产生的附加压力。

可见,在液相中的气泡除受到大气压力和液体的静压力外,还要具有为克服表面张力所需要的附加压力。气泡内的压力为大气压力、液体的静压力及附加压力之和。

由式(15.1)和式(15.2)得到

$$p_{附} = \frac{2\sigma}{R} \tag{15.3}$$

可见,气泡越小,表面张力所产生的附加压力就越大,即形成气泡所需要的过饱和度就越大。

15.1.1.2 非均匀成核

在装有液体的容器的底面上有大量微孔隙,液体可能浸入也可能不浸入这些微孔隙内部。如果液体不能浸入到微孔隙内部,这些孔隙就可能成为气泡形成的核心。但并不是所有这些孔隙都能成为气泡形成的核心,而只有在一定尺寸范围内的孔隙才能成为气泡形成的核心。

如图 15.1 所示,容器底部表面上的微孔隙是半径为 r 的圆柱形孔隙,固相与液相的接触角为 θ。表面张力所产生的附加压力与液体所产生的重力方向相反。附加压力的大小与孔隙半径的关系为

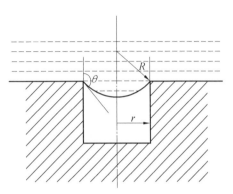

图 15.1　液相与固相孔隙的润湿

$$p_{附} = \frac{2\sigma}{R} = \frac{2\sigma\cos(180-\theta)}{r} = -\frac{2\sigma\cos\theta}{r} \tag{15.4}$$

式中,R 为液相弯月面的曲率半径。

如果孔隙内残余气体的压力与液面上方气相的压力相等,当表面张力产生的附加压力大于或等于液体的静压力,液体就不能充满这个孔隙。当附加压力与静压力相等,孔隙的尺寸为临界值,是能产生气泡的孔隙最大直径,即

$$p_{附} = p \tag{15.5}$$
$$p = \rho_1 g\, h \tag{15.6}$$

将式(15.4)和式(15.6)代入式(15.5),得

$$r_{max} = -\frac{2\sigma\cos\theta}{\rho_1 g\, h} \tag{15.7}$$

式中,ρ_1 为液体密度;g 为重力加速度;h 为液体深度;r_{max} 为孔隙的临界尺寸。

在微孔隙中气泡的长大过程如图 15.2 所示。随着气-液反应的进行,孔隙中气体压力增加,体系由状态(a)向状态(b)过渡。当气体处于状态(b)时,曲率半径为无穷大,附加压力 $p_{附}$ 为零。当体系由状态(b)向状态(c)过渡时,液面曲率半径由无穷大变为 R,但方向与状态 a 相反,由表面张力产生的附加压力 $p_{附}$ 的方向与液体静压力的方向一致,孔隙内的气相压力达到最大值 p_{max}。

$$p_{max} = p_g + \rho_1 g\, h + \frac{2\sigma\sin\theta}{r} \tag{15.8}$$

式中,p_g 为液面上方气体的压力。

当体系由状态(c)变到(d)时,接触角 θ 维持不变,液面曲率半径逐渐增大,表面张力产生的附加压力逐渐减小。当微孔的气体扩展到一定程度达到状态(e),由于浮力的作用,气泡在微孔处附着已不稳定,最后脱离孔隙上浮到溶液表面。

因为气-液反应所产生的气体压力最大值不会超过该体系在同一条件下的平衡压力值,即气泡在微孔隙中的压力不会超过平衡压力值。如果用平衡压力值代替式(15.8)中的 p_{max},就可以求出能产生气泡的微孔半径的下限值。

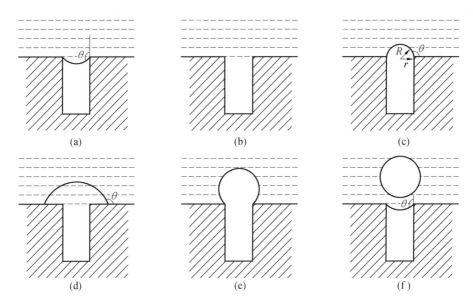

图 15.2　在微孔隙中气泡的长大过程

由上面的讨论可见,形成气泡的微孔隙尺寸的上下限与液体的表面张力,液面上方气体的压力,液体的深度,液体的密度,气 - 液反应平衡压力等许多因素有关。

气泡在孔隙中长大的速度,即气泡直径随时间的变化可近似地表示为

$$R = 2\beta (Dt)^{\frac{1}{2}} \tag{15.9}$$

式中,R 为气泡半径;D 为该气体在液体中的扩散系数;β 为生长系数,是溶液中该气体的过饱和浓度与平衡浓度之差值的函数,可定义为

$$\frac{c_b - c_e}{\rho_g} = 2\beta^3 e^3 \int_\beta^\infty \left(\frac{1}{\tilde{r}^2} e^{\tilde{r}^2} - \frac{2\beta^3}{\tilde{r}} \right) d\tilde{r} \tag{15.10}$$

式中,ρ_g 为气泡中气体的密度;$\tilde{r}$ 为虚拟变量;c_b 为气体在过饱和溶液中的浓度;c_e 为气 - 液界面上气体的平衡浓度。

当 $\beta > 10$ 时,有

$$\beta = \frac{c_b - c_e}{\rho_g} \tag{15.11}$$

上面两式可用来估计孔隙内气泡的生长情况。

当气泡的浮力超过表面张力时,气泡就会离开孔隙上浮。在气泡脱离孔隙时,其直径可用弗瑞兹(Fritz)公式估计

$$dB = 0.86\theta \left[\frac{2\sigma}{g} (\rho_1 - \rho_g) \right]^{\frac{1}{2}} \tag{15.12}$$

式中,θ 为接触角,以弧度表示。

将式(15.11)代入式(15.9),得气泡产生的频率为

$$f = \frac{1}{t_d} = \left(\frac{16D}{d_B^2} \right) \left(\frac{c_b - c_e}{\rho_g} \right)^2 \tag{15.13}$$

式中,f 为气泡产生的频率;t_d 为形成一个气泡所需要的时间;d_B 为气体直径,$d_B = 2R$。

将式(15.12)代入式(15.13),可得气泡从开始长大到离开孔隙所需要的时间为

$$t_d = \frac{(0.86\theta)^2 \rho_g^2 \sigma (\rho_1 - \rho_g)}{8Dg(c_b - c_e)} \tag{15.14}$$

方程式(15.13)和式(15.14)的推导过程,做了许多简化假设。因此,应用它们所得的结果仅是粗略的估计值,当气泡生长速度很快(例如真空脱气)时,它们不适用。在气泡生长初期,表面张力和黏滞力的影响很重要,上述方程式不适用这种情况。

处理非均匀成核的最大困难是不知道固体表面存在的成核中心的数目。因此,上述处理只是对非均匀成核机理的分析,而不能预示在某一固体表面上气泡的放出速率。

15.1.2 由喷嘴形成气泡

在材料制备、化工等实际生产过程中,常用喷嘴向液体中吹入气体进行气-液反应。例如,转炉炼钢的脱碳反应,碳分法生产白炭黑等。当气体经喷嘴吹入液体时,依据不同条件在喷嘴出口处可以形成不连续的气泡或连续的射流。研究发现,当气体的流速低时,形成不连续的气泡;当气体的流速高时,形成连续的射流。莱伯松(Leibson)和海尔康伯(Halcomb)通过在空气-水系的实验结果提出当喷嘴的雷诺数小于2 100时,气体形成不连续的气泡;而当喷嘴的雷诺数大于2 100时,喷出的气流就形成连续的射流。

$$Re = \frac{v d_e \rho_1}{\eta_1} \tag{15.15}$$

式中,v 为气体的流速;d_e 为喷嘴直径;ρ_1 为液体密度;η_1 为液体黏度。

15.1.2.1 形成不连续的气泡

若液体能润湿喷嘴,在喷嘴处气泡的形成过程如图15.3所示。在初始阶段,气泡基本上保持其原有的形状不断长大(图15.3(a)),当长大到一定程度后,气泡开始变形(图15.3(b)),形成"细颈"(图15.3(c)),最后,气泡脱离喷嘴上浮。气泡生长和脱离喷嘴的过程受液体的表面张力、黏度、密度和气泡上部所受的压力等因素影响。

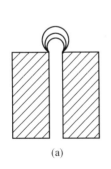 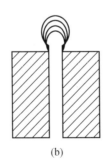 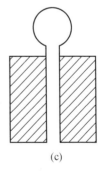

(a)　　　　　　　　(b)　　　　　　　　(c)

图15.3　在喷嘴处气泡的形成过程

当气体流经喷嘴的速度比较低时,离开喷嘴的气泡的直径由所受到的浮力与表面张力的平衡确定,即

$$\frac{1}{6}\pi d_B^3 g(\rho_1 - \rho_g) = \pi d_e \sigma, \quad Re_0 < 500 \tag{15.16}$$

则

$$d_B = \left[\frac{6d_e\sigma}{g(\rho_1 - \rho_g)}\right]^{\frac{1}{3}}, \quad Re_0 < 500 \tag{15.17}$$

许多室温实验证实了上式的正确性。对于液态金属也适用。

在 $500 \leqslant Re_0 \leqslant 2\,100$,莱伯松提出下面的经验公式

$$d_B = 0.046d_0\frac{1}{2}Re_0^{\frac{1}{3}} \tag{15.18}$$

实验数据如图15.4所示。由图15.4可见,当 $Re > 5\,000$ 时,气泡的大小近似为一常数。这是由于当 $Re_0 > 2\,100$ 时正形成射流,这些气流是因射流破碎而形成的。

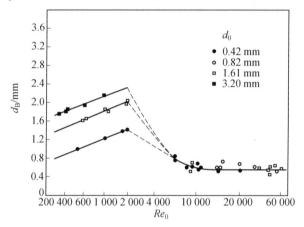

图 15.4 离开喷嘴的气泡大小与射流的水力学条件关系

液体对喷嘴的润湿性不同,形成气泡的机理也不同。如图15.5所示,对于液体润湿的喷嘴,气泡在喷嘴的内圆周上形成;对于液体不润湿的喷嘴,气泡在喷嘴的外圆周上形成。对于液体润湿的喷嘴,气泡离开喷嘴时的直径可以按下式计算:

$$d_B = \left[\frac{6d_{n0}\sigma}{g(\rho_1 - \rho_g)}\right]^{\frac{1}{2}} \tag{15.19}$$

式中,d_{n0} 为喷嘴的外径。

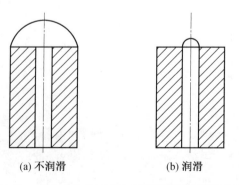

(a) 不润滑   (b) 润滑

图 15.5 气泡的形成与液体对喷嘴润湿性能的关系

15.1.2.2 射流的形成

当流经浸入液体中的喷嘴的气体速度大时,会产生射流。这时,喷入液体中的气体很快分裂成许多小的气泡。雷诺数越大,气泡的直径就越小。当雷诺数超过10 000时,气体穿过喷嘴的速度对气泡的平均直径不再产生影响。

工业应用的浸没式喷嘴有两种浸没形式,一种是水平式,另一种是垂直式。下面分别予以介绍。

（1）水平式浸没喷嘴的射流。

气流由水平式浸没喷嘴喷出时就成为气液混合物。离喷嘴越远,混入的液体就越多,其射流的形状如图 15.6 所示。其中 $y_1 = \dfrac{y}{d_0}$ 为垂直无因次距离,$x_1 = \dfrac{x}{d_0}$ 为水平无因次距离,d_0 为喷嘴的内径。

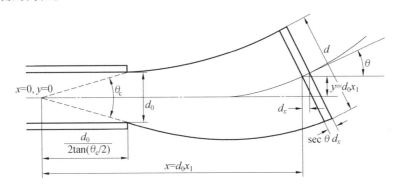

图 15.6 射流的几何形状

在距喷嘴 x 处射流中气体体积分数 C 为

$$C = \frac{1}{x_1} \left[C - \frac{\rho_1}{\rho_g}(1 - C) \right]^{\frac{1}{2}} \tag{15.20}$$

射流所能深入液体内部的距离与弗鲁德（Froude）无因次数有关。弗鲁德无因次数为

$$F_r = \frac{\rho_g v_0^2}{g(\rho_1 - \rho_g)d_0} \tag{15.21}$$

式中,v_0 为气流离开喷嘴时的速度。

弗鲁德数与射流参数之间的关系如图 15.7 所示。

弗鲁德数是惯性力与重力之比,可以看作气体离开喷嘴时所具有的惯性力与因液体和气体密度的差异而产生的重力影响之比。弗鲁德数越大,则喷出的气流进入液体越深。

（2）垂直式浸没喷嘴的射流。

托肯道松认为气流带入的动能大部分消耗在离喷嘴较近的距离的范围内,液体成为液滴和碎片。随着距离的增加,液滴和碎片又聚集起来,形成气泡区。

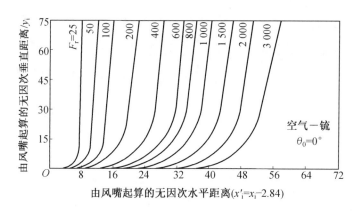

图 15.7　弗鲁德数与射流参数之间的关系

15.2　气流在液体中的运动

15.2.1　气泡的上浮

气泡在液体中的上浮速度是由推动气泡上升的浮力与阻碍其运动的黏滞力和形状阻力共同决定。当这些力达成平衡时,气泡以匀速上升。由于气泡不是刚性的,作用在它上面的力能够使它变形。气泡内的气体可以在气泡内做循环流动,从而会对阻力产生影响。气泡运动的特征参数有

雷诺数: $Re_b = d_b v \rho_1 / \eta_1$

韦伯数: $We_b = d_b v^2 \rho_1 / \sigma$

易欧特瓦斯(Evotvos)数: $Eo_b = g d_e 2(\rho_1 - \rho_g)/\sigma$

莫尔顿(Morton)数: $Mo_b = g \mu_1^4 / \rho_1 \sigma^3$

图 15.8 所示为气泡行为与 Re_b, Eo_b 和 Mo_b 等无因次数之间的关系。虚线表示各种形式的气泡存在范围。

由图 15.8 可见:

(1)当 $Re_b < 2$ 时,形成小气泡,其形状为球形,其行为类似刚性圆球。可以用斯托克斯(Stokes)定律计算其稳定上升的速度。

$$v_t = \frac{d_b^2}{18\eta} g(\rho_1 - \rho_g) \qquad (15.22)$$

(2)当 $Re_b > 1\,000$, $We_b > 18$ 或 $Eo_b > 50$ 时,在低黏度或中等黏度的液体中气泡为球冠形。其上升速度与液体的性质无关,可用下式计算。

$$v_t = 0.79 g^{\frac{1}{2}} V_B \frac{1}{3} \qquad (15.23)$$

或

$$v_t = 1.02 \left(\frac{1}{2} g d_B \right)^{\frac{1}{2}} \qquad (15.24)$$

式中,V_B 为气泡的体积;d_B 为气泡的当量直径。

(3)当 Re_b 取值居中,而 Eo_b 数值大时,形成凹坑形或带裙边形的气泡。

(4)当 Re_b 和 Eo_b 的数值都居中时,形成椭球形气泡。其上升时发生摆动,呈螺旋形轨道上升。

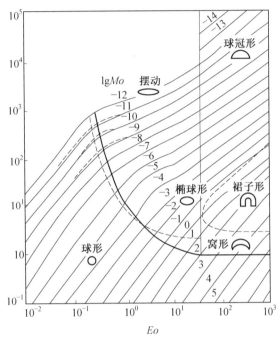

图 15.8　气泡行为与 Re_b, Eo_b 和 Mo_b 的关系

方程式(15.22)、(15.23)和(15.24)仅适用于尺寸不变的气泡。当气泡穿过液体时,由于其所受静压力不断减小,气泡尺寸不断长大。这种情况对于处在大气压下的水溶液体系不太显著,但对于金属溶液,由于其密度大,则很明显。对于球冠形气泡,其上升速度可以表示为

$$v_t = 0.79 g^{\frac{1}{2}} v_B^{\frac{1}{6}} \tag{15.25}$$

当气泡的膨胀速度缓慢时,气泡内部的压力等于同一水平面上液体所承受的静压力。设喷嘴位置为零,喷嘴到上方液面的高度为 h,喷嘴到气泡的高度为 x,则气泡内的压力为

$$p_x = p_0 - g\rho_l x \tag{15.26}$$

式中,p_0 为与喷嘴同一水平位置液体所受到的压力,且有

$$p_0 = p^{\ominus} + \rho_l g h \tag{15.27}$$

式中,$p^{\ominus}$ 为标准大气压力。

设气泡内的气体服从理想气体状态方程,即

$$p_x V_x = p_0 V_0 \tag{15.28}$$

式中,V_x 为气泡内压力为 p_x 时的体积,即气泡的体积 V_B。

将式(15.28)和式(15.26)代入式(15.25),并利用

$$v_t = \frac{dx}{dt}$$

得

$$\frac{dx}{dt} = v_t = 0.79 g^{\frac{1}{2}} \left[\frac{p_0 V_0}{p_0 - g\rho_1 x} \right]^{\frac{1}{6}} \tag{15.29}$$

在 $t = 0, x = 0$ 条件下积分上式,得

$$t = \frac{1.08 \left[p_0^{\frac{7}{6}} - (p_0 - \rho_1 g\, x)^{\frac{7}{6}} \right]}{g^{\frac{1}{2}} (p_0 V_0)^{\frac{1}{6}} \rho_1 g} \tag{15.30}$$

$$0 \leqslant x \leqslant h$$

将式(15.28)代入式(15.26),可得球冠形气泡的体积

$$v_x = \frac{p_0 V_0}{p_0 - g\rho_1 x} \tag{15.31}$$

15.2.2 气泡的分裂

上升的气泡大于一定尺寸后,变得不稳定,发生变形和分裂成若干个较小的气泡。气泡分裂过程是先在其中部形成缩颈,气体向外流动的惯性力达到和超过表面力时,缩颈处断开,气泡分裂。

$$\frac{\zeta \rho_g v_g^2}{2} \geqslant \frac{\sigma \pi l^2}{V} \tag{15.32}$$

式中,ρ_g 和 v_g 为气体的密度和速度;l 为气泡断裂处被压扁的缩颈的厚度;V 为气泡的体积。

向外流动的气体速度与液体速度(即气泡上升速度)具有相同的数量级,即

$$v_g \approx v_1$$

变形气泡的厚度 l 可由液体的毛细压力和驻点压强差之间的平衡得到

$$l \approx \frac{2\sigma}{\rho_1 v_1^2} \tag{15.33}$$

气泡体积为

$$V = \frac{1}{6} \pi d_B^3 \tag{15.34}$$

将式(15.33)和式(15.34)代入式(15.32),得气泡分裂的临界直径为

$$d_{B,crit} \approx \left(\frac{6}{\zeta} \right)^{\frac{1}{3}} \frac{2\sigma}{v_g^2 (\rho_g \rho_1^2)^{\frac{1}{3}}} \tag{15.35}$$

15.2.3 分散气泡体系

在实际生产中,液体中的气泡不是单一的,而是由大量气泡构成分散气泡体系。分散气泡体系可以由气体通过喷嘴进入液体形成,也可以由非均匀成核形成。分散气泡体系中气泡平均上升速度比同样大小的单一气泡上升的速度快。分散气泡体系可划分为三个范围:

（1）成泡体系。形成不连续的气泡,液体为连续相,空隙分数或气体含量分数小。空隙分数或气体含量分数定义为

$$\varepsilon_{\mathrm{g}} = \frac{气泡的体积}{气体和液体的体积} \tag{15.36}$$

（2）泡沫。液体仍为连续相。

（3）蜂窝状泡沫。大量泡沫构成蜂窝状结构。

$$\varepsilon_{\mathrm{g}} = 0.9 \sim 0.98$$

分散气泡体系的空隙分数与表面速度之间的关系满足下列经验公式

$$\ln (1 - \varepsilon_{\mathrm{g}})^{-1} = 0.586 v_{\mathrm{BS}} (\rho v_{\mathrm{m}})^{\frac{1}{2}} + 0.45 \tag{15.37}$$

或

$$\lg (1 - \varepsilon_{\mathrm{g}})^{-1} = 0.146 \lg (1 + v_{\mathrm{BS}}) - 0.06 \tag{15.38}$$

式中,v_{BS} 为表面速度,定义为

$$v_{\mathrm{BS}} = \frac{气体的体流速}{容器的截面} \tag{15.39}$$

v_{m} 为质量流量。

上面两个经验公式适用范围是 $\varepsilon_{\mathrm{g}} \leqslant 0.6$。

15.3　气泡与液体间的传质

气泡与液体间的传质已进行了很多研究。相对来说,对水溶液体系研究较多。因为水溶液体系实验比高温熔体容易一些。

15.3.1　传质系数的计算

按雷诺数的大小可将传质系数的计算划分为四个范围。

（1）$Re_{\mathrm{b}} < 1.0$。

气泡的行为类似于刚性球,可以通过下面的关系求传质系数

$$Sh = 0.99 (ReSc)^{\frac{1}{3}} \tag{15.40}$$

（2）$1 < Re_{\mathrm{b}} < 100$。

可以通过下面的关系估算传质系数:

$$Sh = 2 + 0.552 Re^{0.55} Sc^{0.33} \tag{15.41}$$

在上面两个雷诺数范围,气泡稳定上升的速度与 $Re^{1.8 \sim 2}$ 成正比。因此,传质系数随气泡直径的增大而增大。

（3）$100 < Re_{\mathrm{b}} < 400$。

气泡内存在着气体的循环,气泡变形并摆动,传质系数难以确定。

（4）$Re_{\mathrm{b}} > 400$。

球冠形的气泡,其传质系数可用下式计算:

$$Sh = 1.28 (ReSc)^{\frac{1}{2}} \tag{15.42}$$

利用球冠形气泡上升速度方程式(15.23),可得传质系数公式

$$k_{d} = 1.08 g^{\frac{1}{4}} D_{A}^{\frac{1}{2}} d_{b}^{-\frac{1}{4}} \tag{15.43}$$

式中,k_{d} 为传质系数;D 为扩散物质的扩散系数;d_{b} 为当量气泡直径。

15.3.2　单一气泡的传质

液体向气泡内的传质速率为

$$J_{A} = \frac{1}{S_{b}} \frac{dn}{dt} = k_{d}(c_{Ab} - c_{Ai}) \tag{15.44}$$

式中,J_{A} 为扩散物质 A 的摩尔通量;c_{Ab} 为液体中扩散物质 A 的浓度;S_{b} 为气-液界面的面积;$\frac{dn}{dt}$ 为在单位时间内传质的摩尔数。

式(15.44) 可以用来计算任一瞬间液体向气泡内的传质。但计算在气泡存在期间的总传质量则比较困难。这是因为在气泡上升过程中 k_{d} 和 S_{b} 都在变化,而气泡表面传递物质 A 的平衡浓度还与静压力有关。

在气-液体系中,气泡与液体达成平衡。设溶液中的组元 A 服从亨利定律,即

$$p_{A} = kc_{A} \tag{15.45}$$

式中,p_{A} 为扩散组分 A 在气泡内的分压,如果气泡内只有气体 A,没有其他气体,则为气体的总压;c_{A} 为溶液中组元 A 的浓度;k 为亨利定律常数。

气泡内气体的压力为

$$p_{A} = p^{\ominus} + g_{1}(h - x) \tag{15.46}$$

气泡的表面积与体积的关系为

$$S_{b} = \phi V_{b}^{\frac{2}{3}} \tag{15.47}$$

式中,ϕ 为气体的形状因子;S_{b} 为气泡的表面积;V_{b} 为气泡的体积。

设气泡内的气体为理想气体,则

$$pV_{b} = nRT \tag{15.48}$$

将式(15.48) 对时间求导,得

$$\frac{dn}{dt} = \frac{1}{RT}\left(v_{b}\frac{dp}{dt} + p\frac{dV_{b}}{dt}\right) \tag{15.49}$$

式中,$\frac{dV_{b}}{dt}$ 可写为

$$\frac{dV_{b}}{dt} = \frac{dV_{b}}{dx}\frac{dx}{dt} = v_{b}\frac{dV_{b}}{dx} \tag{15.50}$$

其中

$$v_{b} = \frac{dx}{dt} \tag{15.51}$$

为气泡上升速度,将式(15.44)、(15.46)、(15.47)、(15.48) 和式(15.50) 联立,可得

$$\frac{dV_{b}}{dx} = \frac{k_{d}RT\phi V_{b}^{\frac{2}{3}}}{v_{b}}\left[\frac{c_{Ab}}{p^{\ominus} + g\rho_{1}(h - x)} - \frac{1}{k}\right] + \frac{g\rho_{1}V_{b}}{p^{\ominus} + g\rho_{1}(h - x)} \tag{15.52}$$

当 $x = 0$ 时,$V_{b} = V_{b0}$,即喷嘴出口处气泡的体积。

若气泡内含有惰性气体,则上式成为

$$\frac{\mathrm{d}V_\mathrm{b}}{\mathrm{d}x} = \frac{k_\mathrm{d}RT\phi V_\mathrm{b}^{\frac{2}{3}}}{v_\mathrm{b}}\left[\frac{c_\mathrm{Ab}}{p^\ominus + g\rho_1(h-x)^{\frac{1}{2}}} - \frac{1}{k}\right] + \frac{g\rho_1 V_\mathrm{b}}{p^\ominus + g\rho_1(h-x)} \tag{15.53}$$

式中,k_d 和 ϕ 均为气泡体积的非线性函数,计算上两式时需采用数值积分。

图 15.9 所示为用氩气脱除钢液中氢的效率曲线。这里没考虑气泡的快速膨胀效应。由图可见,气泡体积越小,脱氢效率越高。

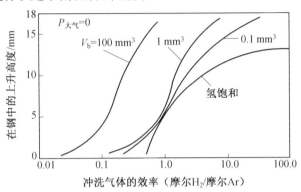

图 15.9　用氩气脱钢液中氢的效率曲线

15.3.3　分散气泡体系的传质

实际生产过程中常遇到的是分散气泡体系(即气泡群)的传质。

物质由液相向气泡群传质的传质系数可以表示为

$$k_\mathrm{d} = 1.28\left(\frac{Dv_\mathrm{B}}{d}\right)^{\frac{1}{2}} \tag{15.54}$$

式中,v_B 为气泡平均速度,且有

$$v_\mathrm{B} = \frac{\varepsilon v_\mathrm{SB}}{D_\mathrm{v}} \tag{15.55}$$

式中,D_v 为物质的体积传质系数。

$$k_\mathrm{v} = k_\mathrm{d}\Omega = 7.68(D_\mathrm{v}Dv_\mathrm{SB})^{\frac{1}{2}}d^{-\frac{2}{3}} \tag{15.56}$$

式中,Ω 为单位体积气液混合物中气泡与液体的界面面积,$\mathrm{m}^2/\mathrm{m}^3$,且有

$$\Omega = \frac{6\varepsilon}{d} \tag{15.57}$$

上述关系式适用于水溶液,也适用金属溶液。

在气泡 - 液相间的反应过程中,其控制步骤若是气泡与液相间的扩散,则将液体中扩散组分的浓度的对数与反应时间作图将得一直线;其控制步骤若是气相的传质,则过程的速率不随液相中扩散组分的浓度变化,保持为常数。前者如氩气泡从液态铝中脱氢,后者如铜的气体脱氧。在冶金过程中,气泡与液相间的扩散过程为控制步骤的情况占多数。

15.4 气－液相反应

如果气泡中的气体与液相中的物质发生化学反应,其反应过程应包括下列步骤:反应气体向气－液界面扩散,反应气体在气－液界面上向液体中溶解,溶解的气体与液相中的组元发生化学反应。因此,总过程包括物质的传递和化学反应。

15.4.1 化学反应比传质快

气体 A 溶解到溶液中,液相中含有反应组元 B。A 与 B 反应的化学方程式为

$$A + B \longrightarrow C$$

产物 C 不挥发,且能溶解于液相中,由界面向溶液本体扩散。设上反应为不可逆二级反应。溶入界面层的 A 向反应区扩散的速度比 B 由溶液主体向反应区扩散的速度快。这就使得反应区向溶液本体发展,直到 A 和 B 开始相遇的位置,即图 15.10 中的 RE 线(实际是 RE 面)。从界面到 RE 面之间的区域称为反应区。在该区内 C 的浓度为常数,以 m 表示。

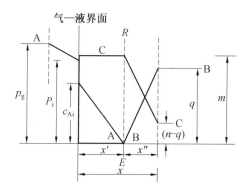

图 15.10 化学反应比传质快时气液相内反应物的浓度分布

设溶液本体中 B 的总浓度为 n,这包括未结合的和已结合到产物 C 中的 B,未结合的 B 的浓度为 q,则在溶液本体中产物 C 的浓度为 $n - q$。

单位面积上产物 C 由反应区向溶液本体中扩散的速度为

$$J_C = D_C \frac{m - (n - q)}{x''} \tag{15.58}$$

A 在反应区的扩散速度为

$$J_A = D_A \frac{c_{Ai} - 0}{x'} \tag{15.59}$$

或

$$J_A = k_g(p_g - p_i) \tag{15.60}$$

式中,p_g 为气相中 A 的分压;p_i 为气－液界面处 A 的分压。

B 由溶液本体向反应区扩散的速度为

$$J_B = -D_B \frac{q - 0}{x''} \tag{15.61}$$

达到稳态时,有

$$J_A = J_C = -J_B \tag{15.62}$$

设气体 A 溶入溶液服从亨利定律,则

$$p_g = k_A c_{Ag} \tag{15.63}$$

$$p_i = k_A c_{Ai} \tag{15.64}$$

式中,c_{Ag} 为与 p_g 平衡的液体中组元 A 的浓度;c_{Ai} 为气 - 液界面处 A 的浓度,即与 p_i 平衡的组元 A 的浓度。

将式(15.63)和式(15.64)代入式(15.60),得

$$J_A = k_g k_A (c_{Ag} - c_{Ai}) \tag{15.65}$$

由式(15.59)得

$$c_{Ai} = \frac{J_A x'}{D_A} \tag{15.66}$$

将式(15.66)代入式(15.65),得

$$J_A = k_g k_A \left(c_{Ag} - \frac{J_A x'}{D_A} \right) \tag{15.67}$$

整理得

$$\frac{D_A J_A}{k_g k_A} + J_A x' = D_A c_{Ag} \tag{15.68}$$

由式(15.61)和式(15.62)得

$$J_A = D_B \frac{q - 0}{x''}$$

即

$$J_A x'' = D_B q \tag{15.69}$$

式(15.68)+式(15.69),得

$$\frac{D_A J_A}{k_g k_A} + J_A x' + J_A x'' = D_A c_{Ag} + D_B q = \frac{D_A p_g}{k_A} + D_B q \tag{15.70}$$

后一步利用了式(15.63)。整理式(15.70),得

$$J_A = \frac{\dfrac{D_A p_g}{k_A} + D_B q}{\dfrac{D_A}{k_g k_A} + x} = \frac{\dfrac{p_g}{k_g} + \dfrac{D_B}{D_A} q}{\dfrac{1}{k_g k_A} + \dfrac{x}{D_A}} \tag{15.71}$$

式中,$x = x_1 + x_2$。

由式(15.71)可见传质速率与气相的推动力及液相中溶质 B 的等价推动力成正比,与把 A 看作穿过整个液膜的总传质阻力成反比。

15.4.2 传质与化学反应速率相近

传质速率与化学反应速率相近。溶质 A 经气相扩散,然后在液相中进行一级反应。

A 的浓度分布如图 15.11 所示。

过程达到稳态时,质量平衡方程为

$$\frac{\mathrm{d}^2 c_A}{\mathrm{d}x^2} - \frac{k_e}{D_A} c_A = 0 \qquad (15.72)$$

边界条件为

$$x = 0, c_A = c_{Ai}$$
$$x = X, c_A = c_{Ax} \qquad (15.73)$$

解方程(15.72),得

$$c_A = \frac{c_{Ax}\sinh \alpha x + c_{Ai}\sinh \alpha(X - x)}{\sinh \alpha X}$$

$$(15.74)$$

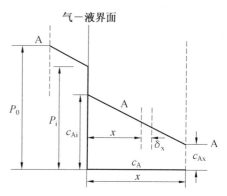

图 15.11　传质与化学反应速率相近时气液相内反应物的浓度分布

式中

$$\alpha = \sqrt{\frac{k_e}{D_A}} \qquad (15.75)$$

式(15.74)给出了液膜中 A 的浓度分布。化学反应速率等于穿过界面的传质速率。将式(15.74)对 x 求导,并令 x = 0,则有

$$\left(\frac{\mathrm{d}c_A}{\mathrm{d}x}\right)_{x=0} = c_{Ai}\left(\frac{\alpha\cosh \alpha X - \alpha\dfrac{c_{Ax}}{c_{Ai}}}{\sinh \alpha X}\right) \qquad (15.76)$$

由

$$(J_A)_{x=0} = -D_A\left(\frac{\mathrm{d}c_A}{\mathrm{d}x}\right)_{x=0} \qquad (15.77)$$

得

$$(J_A)_{x=0} = -D_A c_{Ai}\left(\frac{\alpha\cosh \alpha X - \alpha\dfrac{c_{Ax}}{c_{Ai}}}{\sinh \alpha X}\right) \qquad (15.78)$$

15.5　气体与两个液相的作用

在实际过程中常有一个气相与两个液相作用的情况。例如冶金过程中气体与炉渣和金属的作用,气体与炉渣和熔锍的作用等。

15.5.1　气泡上形成液膜或浮游的条件

15.5.1.1　形成液膜的条件

当气泡穿过液－液界面 $L_1 - L_2$ 上升时,密度较大的液体会在气泡表面形成膜。设 $L_1 - L_2$ 界面的界面能为 $\sigma_{L_1-L_2}A_B$,L_2－气界面的界面能为 $\sigma_{L_2-\text{气}}A_B$。其中 $\sigma_{L_1-L_2}$ 为液相 $L_1 - L_2$ 的界面张力;$\sigma_{L_2-\text{气}}$ 为液体 L_2 与气体间的表面张力;A_B 为气泡的表面积。生成了完整液膜的气泡的总表面能为

$$\sum_a = \sigma_{L_1-L_2}A_B + \sigma_{L_2-\text{气}}A_B \tag{15.79}$$

如果气泡向 L_1 运动过程中,其表面的 L_2 液膜完全破裂成许多细小的 L_2 液滴而悬浮在 L_1 液体中,则气泡和液滴的总表面能为

$$\sum_b = \sigma_{L_1-\text{气}}A_B + \sigma_{L_1-L_2}A_D \tag{15.80}$$

并有

$$\sum_a < \sum_b \tag{15.81}$$

将式(15.79)和式(15.80)代入式(15.81)得

$$(\sigma_{L_1-\text{气}} - \sigma_{L_2-\text{气}} - \sigma_{L_1-L_2})A_B + \sigma_{L_1-L_2}A_D > 0 \tag{15.82}$$

因为 A_B 和 $\sigma_{L_1-L_2}A_D$ 总为正值,所以气泡上的膜稳定的必要条件为

$$\sigma_{L_1-\text{气}} - \sigma_{L_2-\text{气}} - \sigma_{L_1-L_2} > 0 \tag{15.83}$$

令

$$\varphi = \sigma_{L_1-\text{气}} - \sigma_{L_2-\text{气}} - \sigma_{L_1-L_2} \tag{15.84}$$

式中,φ 称为扩展系数。

这样气泡上的液膜稳定存在的条件也可写为

$$\varphi > 0 \tag{15.85}$$

15.5.1.2 形成浮游的条件

L_2 液滴粘在气泡表面上,称其为"浮游"。产生"浮游"时,体系的总表面能为

$$\sum_c = \sigma_{L_1-\text{气}}(A_B - A_C) + \sigma_{L_1-L_2}(A_D - A_C) + \sigma_{L_2-\text{气}}A_C \tag{15.86}$$

式中,A_C 为液滴与气泡间的接触面积。

因此,产生浮游的必要条件是

$$\sum_c < \sum_b \tag{15.87}$$

或

$$\sum_b - \sum_c > 0 \tag{15.88}$$

将式(15.80)和式(15.86)代入式(15.88),得

$$(\sigma_{L_1-\text{气}} - \sigma_{L_2-\text{气}} - \sigma_{L_1-L_2})A_C > 0 \tag{15.89}$$

令

$$\Delta = \sigma_{L_1-\text{气}} - \sigma_{L_1-L_2} - \sigma_{L_2-\text{气}} \tag{15.90}$$

称为浮游系数。可见,产生浮游的条件也可写作

$$\Delta > 0 \tag{15.91}$$

由式(15.84)和式(15.90)可见,$\sigma_{L_1-\text{气}}$ 大,有利于液膜的稳定和液滴的浮游,而 $\sigma_{L_1-L_2}$ 大,不利于液膜的形成。

15.5.2 气泡在液相中的行为和运动

15.5.2.1 液相中气泡的五种情况

康纳奇(Conochie)和罗伯特森(Robertson)将气泡在液相中的行为分为五种情况:

① 气泡表面形成液膜。

② 液相 L_2 在气泡内形成球形液滴,不与气泡接触。

③ 液相 L_2 在气泡内形成球形液滴,与气泡接触。

④ 液相 L_2 在气泡内形成浮游。

⑤ 气泡表面的 L_2 液膜破碎,在液相 L_1 中形成细小的悬浮液滴。

定义三个表面能无因次数

$$X = \frac{\sigma_{L_1-L_2}}{\sum\limits_i \sigma} \tag{15.92}$$

$$Y = \frac{\sigma_{L_2-气}}{\sum\limits_i \sigma} \tag{15.93}$$

$$Z = \frac{\sigma_{L_1-气}}{\sum\limits_i \sigma} \tag{15.94}$$

$$\sum_i \sigma = \sigma_{L_1-气} + \sigma_{L_2-气} + \sigma_{L_1-L_2} \tag{15.95}$$

故有

$$X + Y + Z = 1 \tag{15.96}$$

将 X, Y, Z 以三角坐标表示,则上述五种情况分别出现在三角形的不同区域,如图 15.12 所示。

用 Δ 和 φ 或者用 X, Y, Z 来判断气泡成膜或浮游的结果相同。上述处理是近似的,没有考虑两个液相密度的差异。

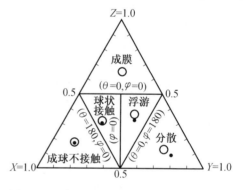

图15.12 气泡在液–液相中的行为与 X, Y, Z 的关系

15.5.2.2 其他作用对气泡的影响

气泡在液体中上升时,还受到重力、剪切力和表面活性物质的作用。威伯尔(Weber)分析了剪切力对球冠形气泡上的薄膜形成的影响。得到当气泡表面完全被液膜覆盖时,应有

$$d_e < 0.02\left(\frac{\Delta\sigma}{\sqrt{\rho\eta}}\right)^{0.8} \tag{15.97}$$

式中,d_e 为球冠形气泡的当量直径;ρ 为液体的密度;η 为液体的黏度;$\Delta\sigma$ 为表面张力差,即

$$\Delta\sigma = \varphi = \sigma_{L_1-气} - \sigma_{L_1-L_2} - \sigma_{L_2-气} \tag{15.98}$$

15.5.2.3 气泡-液滴聚合体的运动

气泡-液滴聚合体的运动与气泡上升力 $F_升$ 和液滴重力 $P_重$ 的相对大小有关。当二者相等时,有

$$\frac{r_{气}}{r_{液}} = \left(\frac{\rho_k - \rho}{\rho - \rho_{气}}\right)^{\frac{1}{3}} \tag{15.99}$$

式中，$r_{气}$ 为气泡的半径；$r_{液}$ 为附于气泡上的液滴的半径；ρ_k 为液滴的密度；ρ 为 L_1 的密度；$\rho_{气}$ 为气体的密度。

当 $F_{升} > P_{重}$ 时，气泡 – 液滴的聚合体上浮；当 $F_{升} < P_{重}$ 时，气泡 – 液滴的聚合体沉降。

习　　题

1. 在深度为 h、密度为 ρ 的液体中均匀形成气泡核，需要克服多大压力？

2. 非均匀形成气泡核，需要克服多大压力？

3. 举例说明如何计算气泡与水溶液间的传质系数？

4. 描述在喷嘴处气泡的形成过程。

5. 离开喷嘴的气泡直径大小由哪些因素决定？ 说明计算气泡直径的公式的使用范围。

6. 简述气 – 液相反应在化学反应为控制步骤和传质为控制步骤的速率方程。

第16章　液-液相反应动力学

液-液相反应是互不相溶(或相互间溶解度很小)的两个液相之间的反应。液-液相反应包括反应物和产物在两相间的传质过程,也包括两相界面上的化学反应。

液-液相反应对于材料制备具有重要意义。例如,从水溶液中用有机物萃取分离物质,火法冶金的渣-金反应,纳米材料制备的相转移反应。

两个液相间的接触有两种情况,一种是两个液相都是连续相,相间界面为一个平面,并且在发生反应的过程中界面面积基本不变,如炼钢过程的扩散脱氧;另一种是一个液相分散在另一个液体中,分散的液相不是连续相,另一液相为连续相,如萃取。

16.1　界面现象

16.1.1　界面现象

把两个互不相溶的液体倒在同一个容器中,在开始的短时间内界面上发生激烈的扰动,这种现象称为界面现象。在某些部分互溶的双组分体系中也发生界面现象。其原因是两液相通过界面相互传质时,界面上多点的浓度发生变化而引起界面张力不均匀变化所致。当传质过程很快时,界面现象很明显;而当界面现象显著时,传质过程也快。这是因为界面张力的变化速度与溶质浓度的变化速率有关。一般说来,溶质浓度变化越快,界面张力变化越快。但对于不同的体系,界面张力随溶质浓度变化的幅度不同。

界面现象常出现在三组分以上的多组分体系中。在某些情况下,当溶质从分散相向连续相传递时,界面扰动现象强。而当溶质从连续相向分散相传递时,却不发生界面扰动。当与传质同时还存在化学反应时,界面现象更明显。界面扰动可使传质速度成倍提高。如果界面上有表面活性物质,可减少界面的扰动。

当把少许表面张力小的液体加到表面张力大的液体中,表面张力小的液体会在表面张力大的液体表面铺成一薄层。不管两种液体是否互溶或部分互溶都如此。这种现象称为马昂高里(Marangori)效应。例如,在水的表面加入一滴酒精,由于酒精的表面张力比水小,酒精就在水面上铺成一薄层。用马昂高里效应可以解释将少许表面张力和密度都小的液体加到表面张力大的液体中,表面产生波纹的原因。在水的表面加入一滴表面张力很小、密度比水小的液体,由于传质的推动力很大,在瞬间产生一些界面张力梯度极大的区域。从而产生很快的扩展,由于扩展的动量很大,以至于在原来液滴的中央部位把液膜拉破,把下面的水暴露出来。这样,就形成一个表面张力小的扩展圆环和表面张力大的中心。在中心处界面张力趋向于产生相反方向的扩展运动,液体从本体及扩展着的液膜流向圆环中心,这些流体的动量使中心部分的液体隆起,液面形成波纹。

如果在水面上加入一滴表面张力大的液体,界面张力变化的趋势与上述情况正好相反,传质体界面张力增加。传质快的点比圆周具有大的界面张力,该点不会产生扩展。因而液面不产生波纹,界面稳定。

16.1.2 对界面现象的解释

为了解释界面现象,哈依达姆(Haydom) 假设非常接近界面处的溶质是平衡分布的,该处溶质在两相的浓度之比为常数,即为分配比;界面张力随向外迁移溶质的相中的溶质浓度降低而降低。据此得到

$$\Delta\sigma = -\beta(c_{2ib} - c_{2i}) \tag{16.1}$$

式中,$\Delta\sigma$ 为界面张力的变化;β 为比例常数;c_{2ib} 为液相 2 中溶质 i 的本体浓度;c_{2i} 为非常靠近界面处液相 2 中溶质 i 的浓度。

因为界面扰动强度与 $\Delta\sigma$ 成正比,对于具有一定溶质浓度的液相 2,β 大、c_{2i} 小时,界面扰动大,溶质传递速度快。如果界面被表面活性物质覆盖,溶质 i 难以越过表面活性物质传递到液相 1,β 值也会很小,界面扰动受到抑制。

界面扰动使相互接触的两个液相中组分的传质系数增大。

16.2 两个连续液相间的反应动力学

对于两个连续的液相之间的扩散问题已经在第 12 章进行了讨论。本章讨论既有扩散又有化学反应发生的过程。这种过程可划分为以下三种情况:

一是与扩散相比化学反应速率很慢,整个过程为化学反应所控制。化学反应均匀地在反应相的整个体积中进行,相当于均相反应。过程速度与溶液的搅拌速度无关,与两相的接触面积无关,而与催化剂、温度和反应相的体积有关。

二是扩散比化学反应慢得多,整个过程为扩散所控制。化学反应发生在液相内的某个狭窄区域,该区域可以看作一个平面。这个平面可以是两相界面,也可以是距两相界面一定距离处的一个平面,究竟在什么位置取决于反应类型。由于传质速度和界面面积都与搅拌强度有关,因此整个过程与搅拌强度有关。

三是扩散和化学反应快慢相近,整个过程为扩散和化学反应共同控制。化学反应在界面附近的区域内进行。该区域的大小取决于扩散和化学反应的快慢。

16.2.1 组元 i 由液相 I 向液相 Ⅱ 传质并发生化学反应

液-液相界面的液膜很薄,化学反应发生在液膜内,还是扩展到液相区决定于化学反应和传质的相对速率大小。液相 I 中的组元 i 在液膜内的传质速率为

$$J_i = |\boldsymbol{j}_i| = k_i(c_{is} - c_{ib}) \tag{16.2}$$

式中,J_i 为组元 i 的传质速率(传质速度的绝对值),即单位时间通过单位界面积传输组元 i 的量;k_i 为组元 i 的传质系数;c_{is} 和 c_{ib} 分别为界面和液相 Ⅱ 本体中组元 i 的浓度。

单位时间内单位面积上的液膜内参予化学反应的组元 i 的量为

$$w_i = j_i\delta_i \tag{16.3}$$

式中,j_i 为组元 i 的化学反应速率;δ_i 为液膜厚度,即组元 i 扩散边界层厚度。

1. 化学反应速率慢

如果化学反应速率很慢,组元 i 穿过界面进入液膜中的量远大于液膜内化学反应消耗的组元 i 的量,则组元 i 将继续扩散到液相 Ⅱ 的本体中,组元 i 参与的化学反应也将扩展到液相 Ⅱ 的本体中进行。显然,发生这种情况的条件为

$$j_i\delta_i < k_i(c_{is} - c_{ib}) \tag{16.4}$$

若组元 i 的传质速率远远大于其化学反应速率,即

$$j_i\delta_i \ll k_i(c_{is} - c_{ib}) \tag{16.5}$$

则化学反应将扩展到液相 Ⅱ 的整个体积,化学反应主要在液相 Ⅱ 中进行。

2. 化学反应与传质速率相近

如果组元 i 的传质速率与其化学反应速率相近,即

$$j_i\delta_i \approx k_i(c_{is} - c_{ib}) \tag{16.6}$$

则化学反应在液膜内进行。

3. 传质速率慢

如果组元 i 的化学反应速率比其传质速率快得多,即

$$j_i\delta_i \gg k_i(c_{is} - c_{ib}) \tag{16.7}$$

则化学反应主要在界面上进行。

16.2.2 两液相都有组分向另一液相扩散

上面讨论的是液相 Ⅰ 中的组元 i 从液相 Ⅰ 向液相 Ⅱ 扩散,而液相 Ⅱ 中的组元不向液相 Ⅰ 扩散的情况。如果液相 Ⅰ 中的组元 i 向液相 Ⅱ 扩散,同时,液相 Ⅱ 中的组元 j 向液相 I 扩散则过程更为复杂。液膜内组元 i,j 的传质速率分别为

$$J_i = k_i(c_{is} - c_{ib}) \tag{16.8}$$

$$J_j = k_j(c_{js} - c_{jb}) \tag{16.9}$$

单位面积上的液膜内的化学反应的量为

$$j_i\delta = j_j\delta \tag{16.10}$$

这里假设组元 i,j 的液膜厚度相同,都为 δ。

16.2.2.1 化学反应速率与组元 i,j 的传质速率都慢

如果化学反应速率比组元 i,j 的传质速率都慢,即

$$j_i\delta = j_j\delta < J_i \tag{16.11}$$

$$j_i\delta = j_j\delta < J_j \tag{16.12}$$

化学反应将扩展到液相 Ⅰ 和液相 Ⅱ 中,即在两液相中进行。

16.2.2.2 化学反应速率比组元 i 传质慢,比组元 j 传质快

如果化学反应速率比组元 i 传质速率慢,比组元 j 传质速率快,或与组元 j 的传质速率相近,即

$$j_i\delta = j_j\delta < J_i \tag{16.13}$$

$$j_i\delta = j_j\delta \geqslant J_j \tag{16.14}$$

则化学反应将在液膜和液相 Ⅱ 中进行。若组元 j 的传质速率比化学反应速率慢得多,化学反应只在液相 Ⅱ 中进行。

16.2.2.3 化学反应速率比组元 j 传质慢,比组元 i 传质快

如果化学反应速率比组元 j 的传质速率慢,但比组元 i 的传质速率快,或与组元 i 的传质速率相近,即

$$j_i \delta = j_j \delta < J_j \tag{16.15}$$

$$j_i \delta = j_j \delta \geqslant J_i \tag{16.16}$$

则化学反应将在液膜内和液相 Ⅰ 中进行。

16.2.2.4 组元 i 传质速率比化学反应速率慢很多

若组元 i 的传质速率比化学反应速率慢得多,则化学反应只在液相 Ⅰ 中进行。

16.2.2.5 化学反应速率与组元 i、组元 j 的传质速率都相近

如果组元 i、组元 j 的传质速率相近,并与化学反应速率相近,即

$$j_i \delta = j_j \delta \approx J_i \approx J_j \tag{16.17}$$

则化学反应在液膜和液膜附近的区域内进行。

16.2.3 化学反应是过程的控制步骤

考虑在等温条件下,发生在 Ⅰ 和 Ⅱ 两个相的一级可逆反应

$$aA \Longrightarrow bB$$

反应可以在一个相中发生,也可以在两个相中同时进行。由于溶解度的关系,通常化学反应在某一相中进行的程度很小,以至于在分析时可以略去。而认为化学反应在一个相中例如 Ⅱ 相中进行。

设组元 A、B 在两相间的分配比分别为 m_A 和 m_B,则有

$$x_A^{\mathrm{I}} = m_A x_A^{\mathrm{II}} \tag{16.18}$$

$$x_B^{\mathrm{I}} = m_B x_B^{\mathrm{II}} \tag{16.19}$$

式中,x_A^{I}、x_B^{I}、x_A^{II}、x_B^{II} 分别为 A 和 B 在 Ⅰ 和 Ⅱ 相中的摩尔分数;m_A、m_B 分别为 A 和 B 在两相中的分配系数。

16.2.3.1 组元 A 的转化速率

在任一时间内,组元 A 的总摩尔数为 G_A,则

$$G_A = G_{A\mathrm{I}} + G_{A\mathrm{II}} \tag{16.20}$$

$$m_A = \frac{x_A^{\mathrm{I}}}{x_A^{\mathrm{II}}} = \frac{\dfrac{G_{A\mathrm{I}}}{G_{\mathrm{I}}}}{\dfrac{G_{A\mathrm{II}}}{G_{\mathrm{II}}}} = \frac{1}{L} \frac{G_{A\mathrm{I}}}{G_{A\mathrm{II}}} \tag{16.21}$$

式中,$G_{A\mathrm{I}}$、$G_{A\mathrm{II}}$ 分别为组元 A 在相 Ⅰ 和相 Ⅱ 中的摩尔数;G_{I}、G_{II} 分别为相 Ⅰ 和相 Ⅱ 中多组元的总摩尔数。而

$$L = \frac{G_{\mathrm{I}}}{G_{\mathrm{II}}} \tag{16.22}$$

为 Ⅰ、Ⅱ 两相中多组元的总摩尔数之比。

将式(16.20)微分,并利用式(16.21),得

$$dG_A = dG_{A\text{I}} + dG_{A\text{II}} = (m_A L + 1)dG_{A\text{II}} \tag{16.23}$$

由于化学反应主要在相 Ⅱ 中进行,所以组元 A 的转化速率为

$$-\frac{dG_A}{dt} = V_{\text{II}}(k_1 c_A - k_2 c_B) \tag{16.24}$$

式中,V_{II} 为 Ⅱ 相的体积。

上式也可以写为

$$-\frac{dG_A}{dt} = k_1 x_A^{\text{II}} G_{\text{II}} - k_2 x_B^{\text{II}} G_{\text{II}} \tag{16.25}$$

把式(16.23)代入式(16.25)

$$-(m_A L + 1)\frac{dG_{A\text{II}}}{dt} = (k_1 x_A^{\text{II}} - k_2 x_B^{\text{II}})g_{\text{II}} \tag{16.26}$$

由化学反应方程式可知,1 mol 的 A 可以产生 $\frac{b}{a}$ 摩尔的 B。因此,组元 B 的总摩尔数为

$$G_B = G_{B0} + \frac{b}{a}(G_{A0} - G_A) \tag{16.27}$$

式中,G_{A0} 和 G_{B0} 为 $t = 0$ 时 A 和 B 的摩尔数。

16.2.3.2 组元 B 的浓度关系式

将上面对组元 A 的分析应用于组元 B,同理有

$$G_B = G_{B\text{I}} + G_{B\text{II}} = (m_B L + 1)g_{B\text{II}} \tag{16.28}$$

$$G_{B\text{II}} = \frac{G_B}{m_B L + 1} \tag{16.29}$$

$$x_B^{\text{II}} = \frac{G_{B\text{II}}}{G_{\text{I}}} = \frac{G_B}{(m_B L + 1)g_{\text{II}}} = \frac{G_{B0} + \frac{b}{a}(G_{A0} - G_A)}{(m_B L + 1)g_{\text{II}}} \tag{16.30}$$

得

$$G_A = x_A^{\text{II}} G_{\text{II}}(m_B L + 1)$$

代入式(16.30),得

$$x_B^{\text{II}} = \frac{G_{B0} + \frac{b}{a}G_{A0} - \frac{b}{a}x_A^{\text{II}}(m_A L + 1)g_{\text{II}}}{(m_B L + 1)g_{\text{II}}} \tag{16.31}$$

16.2.3.3 化学反应速率

将式(16.31)代入式(16.26),得

$$-\frac{dx_A^{\text{II}}}{dt} = \beta x_A^{\text{II}} - \lambda \tag{16.32}$$

式中

$$\beta = \frac{k_1}{m_A + 1} + \frac{k_2 b}{a(m_B L + 1)} \tag{16.33}$$

$$\lambda = \frac{k_2(aG_{B0} + bG_{A0})}{aG_{II}(m_A L + 1)(m_B L + 1)} \tag{16.34}$$

积分式(16.32),得

$$t = \frac{1}{\beta} \ln(\beta x_A^{II} - \lambda) \Big|_{x_A^{II}}^{x_{A0}^{II}} \tag{16.35}$$

式中,x_{A0}^{II} 和 x_A^{II} 分别为 $t = 0$ 时和任一时刻相 II 中组元 A 的摩尔分数。

由式(16.35)可得

$$x_A^{II} = \frac{\beta x_{A0}^{II} - \lambda + \lambda e^{\beta t}}{\beta e^{\beta t}}$$

当 $t = 0$ 时

$$x_A^{II} = x_0^{II} \tag{16.36}$$

当 $t = \infty$ 时,可得平衡浓度

$$x_{Ae}^{II} = \frac{k_2(aG_{B0} + bG_{A0})}{[bk_2(m_A L + 1) + ak_1(m_B L + 1)]G_{II}} \tag{16.37}$$

16.2.4 传质为过程的控制步骤

16.2.4.1 一个扩散过程为控制步骤

两相界面上发生的化学反应为

$$A(I) + B(II) \xrightarrow{\quad\quad} C(II) + D(I)$$

式中,I、II 分别表示相 I 和相 II。整个过程可以分为五步:

①A 向 I - II 两相界面迁移。

②B 向 I - II 两相界面迁移。

③A 和 B 在 I - II 两相界面上进行化学反应。

④产生的 C 从界面向相 II 扩散。

⑤产生的 D 从界面向相 II 扩散。

第三步即 I - II 界面的化学反应迅速,处于局部平衡,不是控制步骤。下面计算其他各步骤的速度。

第一步,A 在相 I 内部向 I - II 界面扩散,根据有效边界层理论,其扩散流密度为

$$J_A = D_A \frac{c_A - c_A^*}{\delta_A} \tag{16.38}$$

式中,J_A 为 A 的扩散流密度,$mol \cdot (m^2 \cdot S)^{-1}$;$D_A$ 为 A 在相 I 中的扩散系数,$m^2 \cdot s^{-1}$;δ_A 为 A 在相 I 中扩散时的有效边界层厚度,m;c_A 为 A 在相 I 本体中的浓度,$mol \cdot m^{-3}$;c_A^* 为 A 在相 I - II 界面上的浓度,$mol \cdot m^{-3}$。

设相 I - II 界面面积为 S,则 A 在相 I 中的扩散速率为

$$n_A = SJ_A = SD_A \frac{c_A - c_A^*}{\delta_A} \tag{16.39}$$

界面反应达到平衡,平衡常数为

$$K = \frac{c_C^* c_D^*}{c_A^* c_B^*} \tag{16.40}$$

式中,K 为平衡常数。其余各项为相应物质在界面上的浓度。

由式(16.40)得

$$c_A^* = \frac{c_C^* c_D^*}{K c_B^*} \tag{16.41}$$

假设 B、C、D 在相 Ⅰ – Ⅱ 界面上的浓度等于其本体浓度,则式(16.41)成为

$$c_A^* = \frac{c_C c_D}{K c_B} \tag{16.42}$$

将式(16.42)代入式(16.39),得

$$n_A = S D_A \frac{1}{\delta_A} \left(c_A - \frac{c_C c_D}{K c_B} \right) \tag{16.43}$$

令

$$Q = \frac{c_C c_D}{c_A c_B} \tag{16.44}$$

将式(16.44)代入式(16.43),得

$$n_A = S D_A \frac{1}{\delta_A} c_A \left(1 - \frac{Q}{K} \right) \tag{16.45}$$

同理,可推得

$$n_B = S D_B \frac{1}{\delta_B} c_B \left(1 - \frac{Q}{K} \right) \tag{16.46}$$

$$n_C = S D_C \frac{1}{\delta_C} c_C \left(1 - \frac{Q}{K} \right) \tag{16.47}$$

$$n_D = S D_D \frac{1}{\delta_D} c_D \left(1 - \frac{Q}{K} \right) \tag{16.48}$$

代入实测数据,可以求得哪个组分扩散速率最慢,即为控制步骤。

16.2.4.2　多个扩散过程为控制步骤

如果上述计算结果有几个步骤的扩散速率相近,则过程不只为一个扩散过程控制,而是为几个扩散过程控制。对于这种情况整个过程的速率不能用一个扩散速率表示。下面以两个扩散步骤控制的过程为例进行讨论。

假设 n_B 和 n_D 相近并且最慢,即反应物 B 和产物 D 的扩散为限制性步骤。当过程达稳态时,各环节速率相等,有

$$n = S D_B \frac{c_B - c_B^*}{\delta_B} = S D_D \frac{c_D - c_D^*}{\delta_D} \tag{16.49}$$

界面反应达成平衡,有

$$K = \frac{c_C^* c_D^*}{c_A^* c_B^*} \tag{16.50}$$

由于组分 A 和 C 的扩散速率比 B 和 D 快,因而界面上的 A 和 C 的浓度可以用其本体

浓度代替,即

$$c_A = c_A^*, c_C = c_C^* \tag{16.51}$$

将式(16.51)代入式(16.50),得

$$K = \frac{c_C c_D^*}{c_A c_B^*} \tag{16.52}$$

联立方程式(16.49)和(16.52),解得

$$c_B^* = \frac{\left(c_D \dfrac{D_D}{\delta_D} + c_B \dfrac{D_B}{\delta_B}\right) \dfrac{c_C}{c_A K}}{\dfrac{D_D}{\delta_D} + \dfrac{D_D c_C}{\delta_D c_A K}} \tag{16.53}$$

将式(16.53)代入式(16.44),得过程的速率为

$$n = S \frac{D_D D_B \left(c_B - \dfrac{c_C c_D}{c_A K}\right)}{\delta_D \delta_B \left(\dfrac{D_D}{\delta_D} + \dfrac{D_B c_C}{\delta_B c_A K}\right)} \tag{16.54}$$

16.3 　分散相在连续相中的运动与传质

16.3.1 　分散相在连续相中的运动

一液相以液滴的形式分散在另一液相之中,液滴在连续相中运动的情况与气泡在液体中的运动情况相似。当液滴在液体中所受的力达到平衡时,液滴的上升或下降的速度就不再变化而以恒定的速度 v_t 运动。

将液滴的速度 v_t 对其水利学直径 d_e 作图,并与固体圆球在液体中的运动相比较,得图 16.1。图中的直线 ABC 表示固体圆球在液体中的运动情况。由图可见,当液滴的直径小时,液滴的曲线和固体圆球的直径在 AB 段重合。这表明此时液滴为圆球形。随着液滴直径变大,液滴的曲线偏离固体圆球的直径。这说明液滴不再呈球形。速度 v_t 随水利学直径 d_e 的变化经过一个峰值,然后平缓地下降。处于曲线峰值的液滴直径写作 d_p,相应的速度写作 v_p。

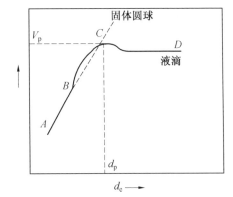

图 16.1 　液滴的运动速度与其水利学直径的关系

偏离球形的液滴可以有两种类型,一种是凹坑形,另一种是局部延伸的形状。这主要是由于外部静压力与液滴内因循环产生的压力两者之间差异所引起的。

巴雷希内卡夫(Барыщников)等人研究得到,在金属液滴的直径很小时,其在熔渣

中的沉降速度为

$$v_{t1} = \frac{2(\rho_1 - \rho_2)gr_K^2}{3\eta_2}\left(\frac{\eta_1 + \eta_2}{3\eta_1 + 2\eta_2}\right) \tag{16.55}$$

式中,v_{t1} 为金属液滴在熔渣中的沉降速度;ρ_1,ρ_2 分别为金属液滴和熔渣的密度;η_1 和 η_2 分别为金属和熔渣的黏度。

当液滴半径增大时,液滴在熔渣中的沉降速度为

$$v_{t2} = \left[\frac{8(\rho_1 - \rho_2)gr_K}{3\Omega_D\rho_2}\right]^{\frac{1}{2}} \tag{16.56}$$

式中,Ω_D 为阻力系数。

两种速度转变时的液滴半径称为临界半径。这可以令式(16.55)和式(16.56)相等,解得

$$r_{K1}^* = \left[\frac{6\eta_2^2}{(\rho_1 - \rho_2)\rho_g\Omega_D}\left(\frac{3\eta_1 + 2\eta_2}{\eta_1 + \eta_2}\right)^2\right]^{\frac{1}{3}} \tag{16.57}$$

当液滴直径继续变大时,液滴所受的阻力变大,液滴的运动速度与其半径无关。这时有

$$v_{t3} = \left[\frac{4\sigma_{L_1-L_2}(\rho_1 - \rho_2)g}{\rho_2^2\Omega_D}\right]^{\frac{1}{4}} \tag{16.58}$$

令式(16.57)和式(16.58)相等,解得此种临界半径为

$$r_{K2}^* = \left[\frac{9\sigma_{L_1-L_2}\Omega_D}{16(\rho_1 - \rho_2)g}\right]^{\frac{1}{2}} \tag{16.59}$$

继续增大液滴直径,液滴会破碎成小液滴。所能存在的最大液滴半径为

$$r_{Kmax} = 0.036\Omega_D^{\frac{1}{2}}\sigma_{L_1-L_2}^{\frac{1}{2}}\rho_1^{-\frac{1}{3}}\rho_2^{\frac{2}{3}}(\rho_1 - \rho_2)^{-\frac{5}{6}} \tag{16.60}$$

对于炼钢炉渣中的钢液滴,其临界半径分别为

$$r_{K1} = 0.065 \text{ cm}, r_{K2} = 0.21 \text{ cm}, r_{Kmax} = 0.33 \text{ cm}$$

上述公式应用前提是液滴大小相等,液滴在渣相中均匀分布且不产生聚合作用。若液滴大小不等,可用平均半径 $\bar{r}_K$ 替代做近似计算。

16.3.2 液滴和液相间的传质

16.3.2.1 液滴内部的传质

在液滴直径很小,且内循环不存在时,可将其看作刚性球。液滴内部的传质靠分子扩散实现。液滴内部的传质系数称为分散相系数。崔伯尔(Treybal)提出的计算分散相系数的公式为

$$k_D = \frac{2\pi^2 D_分}{3d} \tag{16.61}$$

式中,$D_分$ 为分散相的扩散系数;d 为液滴直径。

其传质方程为

$$\frac{c_0 - \overline{c}_t}{c_0 - c_s} = 1 - \frac{6}{2} \sum_{n=1}^{\infty} \frac{1}{2} \exp[-D_{\text{分}}^2 n^2 \pi^2 t / r^2] \tag{16.62}$$

式中, r 为液滴半径; t 为反应时间; c_0 为分散相中的起始浓度(假设液滴内浓度分布均匀); $\overline{c}_t$ 为在时间 t 时液滴内的平均浓度; c_s 为在时间 t 时液滴的表面浓度,如果液滴内的传质是控制步骤,则 c_s 就等于界面上的平衡浓度。

当反应时间较短时,式(16.62)可近似为

$$\frac{c_0 - \overline{c}_t}{c_0} = \frac{\Delta \overline{c}_t}{c_0} = 3.38 \left(\frac{D_{\text{分}} t}{r^2}\right)^{\frac{1}{2}} \tag{16.63}$$

物质流的速度可表示为

$$n = \frac{4}{3} \pi r^3 \frac{\mathrm{d} \overline{c}_t}{\mathrm{d}t} = -7.09 c_0 r^2 \left(\frac{D_{\text{分}}}{t}\right)^{\frac{1}{2}} \tag{16.64}$$

当液滴直径增大,液滴内部产生循环,则液滴内部的传质必须考虑分子扩散和对流传质。其传质系数为

$$k_d = 17.9 \frac{D_{\text{分}}}{d} \tag{16.65}$$

传质方程为

$$\frac{c_0 - \overline{c}_t}{c_0} = 1 - \frac{3}{8} \sum_{n=1}^{\infty} B_n^2 \exp\left[-\lambda_n \frac{16Dt}{r^2}\right] \tag{16.66}$$

式中, B_n 和 λ_n 为线性方程的根。

若反应时间短,则式(16.66)可简化为

$$\frac{c_0 - \overline{c}_t}{c_0} = 4.65 \left(\frac{D_{\text{分}} t}{r^2}\right)^{\frac{1}{2}} \tag{16.67}$$

质量流的速度可表示为

$$n = -9.73 c_0 r^2 \left(\frac{D_{\text{分}}}{t}\right)^{\frac{1}{2}} \tag{16.68}$$

当液滴直径继续增大时,在液滴内部出现紊流,液滴发生摆动。这种情况传质系数用下式估计:

$$k_d = \frac{0.00375 V_t}{1 + \left(\frac{\eta_{\text{分}}}{\eta_{\text{连}}}\right)} \tag{16.69}$$

式中, $\eta_{\text{分}}$ 和 $\eta_{\text{连}}$ 分别为分散相和连续相的黏度。

16.3.2.2　液滴在连续相内的传质

分散相与连续相之间的传质受液滴大小的影响。液滴与连续相之间的传质系数称为连续相系数。液滴直径小时,可看作刚性球,与流体和固体间的传质有相类似的公式。

$$sh_{\text{连}} = 2 + \beta Re_{\text{连}}^{\frac{1}{2}} s_{\text{连}}^{\frac{1}{3}} \tag{16.70}$$

式中, β 值的范围是 $0.63 \sim 0.70$ 。连续相内质量流速率为

$$J = 5.79 \left(\frac{\eta_{\text{连}}}{\eta_{\text{分}} + \eta_{\text{连}}}\right)^{\frac{1}{2}} \left(\frac{D_{\text{连}} V_t}{r}\right)^{\frac{1}{2}} r^2 \Delta c \tag{16.71}$$

式中，Δc 为连续相本体的浓度与分散相表面浓度的差值。

当液滴浓度增大时，液滴内部产生循环，液滴在连续相中摆动。

当液滴内部存在循环时，有

$$sh_{连} = 1.13 p_{e连}^{\frac{1}{2}} = 1.13 Re_{连}^{\frac{1}{2}} s_{连}^{\frac{1}{3}} \qquad (16.72)$$

式中，$p_{e连}$ 为连续相的皮克尔特(Peclt)数，有

$$p_e = Re\ s_c \qquad (16.73)$$

当 $p_{e连} = 3\,600 \sim 22\,500$ 时，须采用下式

$$sh_{连} = 5.52 \left(\frac{\eta_{连} + \eta_{分}}{2\eta_{连} + 3\eta_{分}} \right)^{3.47} \left(\frac{d\delta\rho_{连}}{\eta_{连}^2} V_t \right)^{0.056} p_{e连}^{0.5} \qquad (16.74)$$

当液滴发生摆动时，有

$$sh_{连} = 2 + 0.084 \left[Re_{连}^{0.484} s_{c连}^{0.339} \left(\frac{dg^{\frac{1}{3}}}{D_{连}^{\frac{2}{3}}} \right)^{0.072} \right]^{1.50} \qquad (16.75)$$

上面的讨论仅为单一液滴。在实际过程中分散相和连续相间的传质比上面讨论的情况要复杂很多。在实际过程中会发生分散相的破碎与合并，表面活性物质的吸附以及大量液滴的运动。这些都会使分散相与连续相之间的传质过程复杂化。

习　　题

1. 何谓马昂高里效应？如何解释？
2. 举例说明连个连续液相间的反应动力学。
3. 举例说明并讨论化学反应为控制步骤的动力学方程。
4. 举例说明并讨论传质过程为控制步骤的动力学方程。
5. 说明液滴在连续液相中的运动。
6. 举例说明单一液滴在连续液相中的传质。

第 17 章　　液 – 固相反应动力学

在冶金、化工和材料制备过程中经常涉及液 – 固相反应。研究液 – 固相反应动力学具有重要的实际意义。液 – 固相反应和气 – 固相反应具有许多相似之处,可以统称为流体和固体的反应的动力学。例如,前面介绍的气 – 固相反应动力学规律和模型有许多也适用于液 – 固相反应。当然,液 – 固相反应也有其自身的特点,本章加以讨论。

17.1　　溶　　　解

固体物质进入液体中,形成均一液相的过程称为溶解。溶解固体物质的液体称为溶剂;融入液体中的固体物质称为溶质;溶质与溶剂构成的均一液相称为溶液。在溶解过程中,溶质与溶剂发生物理化学作用,溶解是物理化学过程。

在溶解过程中,随着固体物质进入溶液,溶解从固体表面向固体内部发展。溶解过程有两种情况,一是在溶解过程中,固体物质完全溶解或者固体中不溶解的物质形成的剩余层疏松,对溶解的阻碍作用可以忽略不计;二是剩余层致密,则需考虑溶质穿过不溶解的物料层的阻力。

溶解过程包括以下步骤:

第一种情况,没有剩余层或剩余层疏松。

(1)溶剂在固体表面形成液膜。

(2)固体中可溶解的物质与溶剂相互作用,进入溶液成为溶质。

(3)溶质在液膜中向溶液本体扩散。

第二种情况,形成致密的剩余层。

(1)溶剂在固体表面形成液膜。

(2)固体中可溶解的物质在剩余层中扩散到剩余层和液膜的界面。

(3)可溶解的物质与溶剂相互作用,进入溶液液膜,成为溶质。

(4)溶质在液膜中扩散进入溶液本体。

17.1.1　溶解过程不形成致密剩余层

17.1.1.1　溶解过程由组元 B 在液膜中的扩散控制

溶质在液膜中的扩散速度慢,成为溶解过程的控制步骤。溶解速率为

$$-\frac{\mathrm{d}N_{B(s)}}{\mathrm{d}t} = \frac{\mathrm{d}N_B}{\mathrm{d}t} = \Omega_{l'l}J_{Bl'} \tag{17.1}$$

式中,$N_{B(s)}$ 为固相组元的摩尔数;$N_{(B)}$ 为溶液中组元 B 的摩尔数;$\Omega_{l'l}$ 为液膜与溶液本体的界面面积,即液膜外表面面积;$J_{Bl'}$ 为组元 B 在液膜中的扩散速率,扩散速度的绝对值。

在单位时间通过单位液膜和溶液本体界面面积进入溶液本体的溶质组元 B 的摩尔数

为

$$J_{Bl'} = | \, \boldsymbol{J}_{Bl'} \, | = | -D_{Bl'} \nabla c_{Bl'} | = D_{Bl'} \frac{\Delta c_{Bl'}}{\delta_{l'}} = D'_{Bl'} \Delta c_{Bl'} \tag{17.2}$$

$$D'_{Bl'} = \frac{D_{Bl'}}{\delta_{l'}}$$

$$\Delta c_{Bl'} = c_{Bl's} - c_{Bl'l} = c_{Bs} - c_{Bl}$$

式中,$D_{Bl'}$ 为组元 B 在液膜中的扩散系数;$\nabla c_{Bl'}$ 为液膜中组元 B 的浓度梯度;$\delta_{l'}$ 为液膜厚度,在溶解过程中,液膜面积缩小,但厚度不变;$c_{Bl's}$ 为固体和液膜界面组元 B 的浓度,即固体中组元 B 的浓度,如果固体为纯物质,则 $c_{Bs} = 1$,如果固体为固溶体,则为固溶体中组元 B 的浓度,即 $c_{Bl's} = c_{(B)s}$;$c_{Bl'l}$ 为液膜和溶液本体界面组元 B 的浓度,即溶液本体中组元 B 的浓度,$c_{Bl'l} = c_{Bl}$。

将式(17.2)代入式(17.1),得

$$-\frac{dN_{B(s)}}{dt} = \Omega_{l'l} J_{Bl'} = \Omega_{l'l} D'_{Bl'} \Delta c_{Bl'} \tag{17.3}$$

对于半径为形 r 的球颗粒,有

$$-\frac{dN_{B(s)}}{dt} = 4\pi r^2 D'_{Bl'} \Delta c_{Bl'} \tag{17.4}$$

将

$$N_B = \frac{4}{3}\pi r^3 \frac{\rho_B}{M_B} \tag{17.5}$$

代入式(17.4),得

$$-\frac{dr}{dt} = \frac{M_B D'_{Bl'}}{\rho_B} \Delta c_{Bl'} \tag{17.6}$$

式中,ρ_B 为组元 B 的密度;M_B 为组元 B 的物质的量。

分离变量积分式(17.6),得

$$1 - \frac{r}{r_0} = \frac{M_B D'_{Bl'}}{\rho_B r_0} \int_0^t \Delta c_{Bl'} dt \tag{17.7}$$

引入转化率 α,得

$$1 - (1 - \alpha_B)^{\frac{1}{3}} = \frac{M_B D'_{Bl'}}{\rho_B r_0} \int_0^t \Delta c_{Bl'} dt \tag{17.8}$$

$$\alpha_B = \frac{w_{B_0} - w_B}{w_{B_0}} = \frac{\frac{4}{3}\pi r_0^3 \rho_B - \frac{4}{3}\pi r^3 \rho_B}{\frac{4}{3}\pi r_0^3 \rho_B}$$

$$= \frac{\frac{4}{3}\pi r_0^3 \rho_B / M_B - \frac{4}{3}\pi r^3 \rho_B / M_B}{\frac{4}{3}\pi r_0^3 \rho_B / M_B}$$

$$= \frac{N_{B_0} - N_B}{N_{B_0}}$$

式中，w_{B_0} 和 w_B 分别为组元 B 的初始质量和 t 时刻质量；r_0 和 r 分别为球形颗粒的初始半径和 t 时刻半径；ρ_B 为球形颗粒的密度；M_B 为组元 B 的摩尔量；N_{B_0} 和 N_B 分别为组元 B 的初始摩尔数和 t 时刻摩尔数。

17.1.1.2　溶解过程由固体组元与溶剂的相互作用控制

固体组元与溶剂的相互作用速率慢，成为溶解过程的控制步骤。溶解速率为

$$-\frac{\mathrm{d}N_{B(s)}}{\mathrm{d}t} = \frac{\mathrm{d}N_{(B)}}{\mathrm{d}t} = \Omega_{sl}j_B \tag{17.9}$$

式中，$\Omega_{sl'}$ 为固体与液膜的界面面积，即未溶解内核的固体表面积。

单位面积的溶解速率为

$$j_B = k_B c_{Bsl}^{n_B} \cdot c_{Al's}^{n_A} = k_B c_{Bs}^{n_B} c_{Al}^{n_A} \tag{17.10}$$

式中，k_B 为溶解速率常数；c_{Bsl} 为未溶解内核与液膜界面组元 B 的浓度，即未溶解内核中组元 B 的浓度；$c_{Al's}$ 为膜与未溶解内核界面组元 A 的浓度，即溶液本体中组元 A 的浓度。

将式(17.10)带入式(17.9)，得

$$-\frac{\mathrm{d}N_{B(s)}}{\mathrm{d}t} = \Omega_{l's} k_B c_{Bs}^{n_B} c_{Al}^{n_A} \tag{17.11}$$

对于半径为 r 的球形颗粒，有

$$-\frac{\mathrm{d}N_{B(s)}}{\mathrm{d}t} = 4\pi r^2 k_B c_{Bs}^{n_B} c_{Al}^{n_A} \tag{17.12}$$

将式(17.5)代入式(17.12)，得

$$-\frac{\mathrm{d}r}{\mathrm{d}t} = \frac{M_B k_B}{\rho_B} c_{Bs}^{n_B} c_{Al}^{n_A} \tag{17.13}$$

分离变量积分式(17.13)，得

$$1 - \frac{r}{r_0} = \frac{M_B k_B}{\rho_B r_0} \int_0^t c_{Bs}^{n_B} c_{Al}^{n_A} \mathrm{d}t \tag{17.14}$$

引入转化率 α_B，得

$$1 - (1 - \alpha_B)^{\frac{1}{3}} = \frac{M_B k_B}{\rho_B r_0} \int_0^t c_{Bs}^{n_B} c_{Al}^{n_A} \mathrm{d}t \tag{17.15}$$

17.1.1.3　溶解过程由组元 B 在液膜中的扩散和组元 B 与溶剂的相互作用共同控制

溶质在液膜中的扩散慢，组元 B 与溶解的相互作用也慢，溶解过程由两者共同控制。过程速率为

$$-\frac{\mathrm{d}N_{B(s)}}{\mathrm{d}t} = \frac{\mathrm{d}N_{(B)}}{\mathrm{d}t} = \Omega_{l'l}J_{Bl'} = \Omega_{l's}j_B = \Omega J_B \tag{17.16}$$

式中

$$J_{Bl'} = \mid \boldsymbol{J}_{Bl'} \mid = \mid -D_{Bl'} \nabla c_{Bl'} \mid = D_{Bl'} \frac{\Delta c_{Bl'}}{\delta_{l'}} = D'_{Bl'} \Delta c_{Bl'}$$

$$\Delta c_{Bl'} = c_{Bl's} - c_{Bl'l} = c_{Bl's} - c_{Bl} \tag{17.17}$$

式中，$c_{Bl's}$ 为液膜靠近未溶解内核一侧组元 B 的浓度；$c_{Bl'l}$ 为液膜与溶液本体界面和组元 B 的浓度，即溶解本体组元 B 的浓度。

$$j_B = k_B c_{Bl's}^{n_B} c_{Al's}^{n_A} = k_B c_{Bs}^{n_B} c_{Al's}^{n_A} \tag{17.18}$$

式中,c_{Bs} 为未溶解内核和液膜界面组元 B 的浓度,即未溶解内核组元 B 的浓度;$c_{Al's}$ 为液膜靠近未溶解内核一侧组元 A 的浓度。

$$J_B = \frac{1}{2}(J_{Bl'} + j_B) \tag{17.19}$$

整个颗粒的溶解速率为

$$-\frac{dN_{B(s)}}{dt} = \Omega_{l'l} J_{Bl'} = \Omega_{l'l} D'_{Bl} \Delta c_{Bl'} \tag{17.20}$$

$$-\frac{dN_{B(s)}}{dt} = \Omega_{l'} j_B = \Omega_{l'l} k_B c_{Bs}^{n_B} c_{Al's}^{n_A} \tag{17.21}$$

对于半径为 r 的球形颗粒,有

$$-\frac{dN_{B(s)}}{dt} = 4\pi r^2 D'_{Bl} \Delta c_{Bl'} \tag{17.22}$$

$$-\frac{dN_{B(s)}}{dt} = 4\pi r^2 k_B c_{Bs}^{n_B} c_{Al's}^{n_A} \tag{17.23}$$

将式(17.5)分别代入式(17.22)和式(17.23),得

$$-\frac{dr}{dt} = \frac{M_B D'_{Bl}}{\rho_B} \Delta c_{Bl'} \tag{17.24}$$

和

$$-\frac{dr}{dt} = \frac{M_B k_B}{\rho_B} c_{Bs}^{n_B} c_{Al's}^{n_A} \tag{17.25}$$

将式(17.24)和式(17.25)分离变量积分,得

$$1 - \frac{r}{r_0} = \frac{M_B D'_{Bl}}{\rho_B r_0} \int_0^t \Delta c_{Bl'} dt \tag{17.26}$$

和

$$1 - \frac{r}{r_0} = \frac{M_B k_B}{\rho_B r_0} \int_0^t c_{Bs}^{n_B} c_{Al's}^{n_A} dt \tag{17.27}$$

引入转化率 α,有

$$1 - (1 - \alpha_B)^{\frac{1}{3}} = \frac{M_B D'_{Bl}}{\rho_B r_0} \int_0^t \Delta c_{Bl'} dt \tag{17.28}$$

$$1 - (1 - \alpha_B)^{\frac{1}{3}} = \frac{M_B k_B}{\rho_B r_0} \int_0^t c_{Bs}^{n_B} c_{Al's}^{n_A} dt \tag{17.29}$$

式(17.26)＋式(17.27),得

$$2 - 2\left(\frac{r}{r_0}\right) = \frac{M_B D'_{Bl}}{\rho_B r_0} \int_0^t \Delta c_{Bl'} dt + \frac{M_B k_B}{\rho_B r_0} \int_0^t c_{Bs}^{n_B} c_{Al's}^{n_A} dt \tag{17.30}$$

式(17.28)＋式(17.29),得

$$2 - 2(1 - \alpha_B)^{\frac{1}{3}} = \frac{M_B D'_{Bl}}{\rho_B r_0} \int_0^t \Delta c_{Bl'} dt + \frac{M_B k_B}{\rho_B r_0} \int_0^t c_{Bs}^{n_B} c_{Al's}^{n_A} dt \tag{17.31}$$

17.1.2　有致密固体剩余层，颗粒尺寸不变

17.1.2.1　溶解过程由溶质在液膜中的扩散控制

溶质在液膜中的扩散速率慢，成为整个过程的控制步骤。溶解速率为

$$-\frac{\mathrm{d}N_{B(s)}}{\mathrm{d}t} = \frac{\mathrm{d}N_{(B)}}{\mathrm{d}t} = \Omega_{l'l}J_{Bl'} \tag{17.32}$$

在单位时间单位液膜与溶液本体界面面积，溶质 B 的扩散速率为

$$J_{Bl'} = |\boldsymbol{J}_{Bl'}| = |-D_{Bl'}\nabla c_{Bl'}| = D_{Bl'}\frac{\Delta c_{Bl'}}{\delta_{l'}} = D'_{Bl'}\Delta c_{Bl'}$$

$$D'_{Bl'} = \frac{D_{Bl'}}{\delta_{l'}} \tag{17.33}$$

$$\Delta c_{Bl'} = c_{Bl's'} - c_{Bl'l} = c_{Bs} - c_{Bl}$$

式中，$\delta_{l'}$ 为液膜厚度；$c_{Bl's'}$ 为液膜和固体剩余层界面组元 B 的浓度，即固体剩余层外表面组元 B 的浓度，也是未溶解内核组元 B 的浓度；$c_{Bl'l}$ 为液膜和溶液本体界面组元 B 的浓度，即溶液本体中组元 B 的浓度。

将式(17.33)代入式(17.32)，得

$$-\frac{\mathrm{d}N_{B(s)}}{\mathrm{d}t} = \Omega_{l'l}J_{Bl'} = \Omega_{l'l}D'_{Bl}\Delta c_{Bl'} \tag{17.34}$$

对于半径为 r 的球形颗粒，有

$$-\frac{\mathrm{d}N_{B(s)}}{\mathrm{d}t} = 4\pi r_0^2 D'_{Bl}\Delta c_{Bl'} \tag{17.35}$$

将式(17.5)代入式(17.34)，得

$$-\frac{\mathrm{d}r}{\mathrm{d}t} = \frac{r_0^2 M_B D'_{Bl}}{r^2 \rho_B}\Delta c_{Bl'} \tag{17.36}$$

分离变量积分式(17.36)，得

$$1 - \left(\frac{r}{r_0}\right)^3 = \frac{M_B D'_{Bl}}{\rho_B r_0}\int_0^t \Delta c_{Bl'}\mathrm{d}t \tag{17.37}$$

引入转化率 α，得

$$\alpha_B = \frac{3M_B D'_{Bl}}{\rho_B r_0}\int_0^t \Delta c_{Bl'}\mathrm{d}t \tag{17.38}$$

17.1.2.2　溶解过程由溶质在固体剩余层中的扩散控制

溶质在固体剩余层中的扩散速度慢，成为整个过程的控制步骤。溶解速率为

$$-\frac{\mathrm{d}N_{B(s)}}{\mathrm{d}t} = \frac{\mathrm{d}N_{(B)}}{\mathrm{d}t} = \Omega_{s'l'}J_{Bs'} \tag{17.39}$$

在单位时间，单位剩余层与液膜界面面积，溶质 B 的扩散速率为

$$J_{Bs'} = |\boldsymbol{J}_{Bs'}| = |-D_{Bs'}\nabla c_{Bs'}| = D_{Bs'}\frac{\Delta c_{Bs'}}{\delta_{s'}} \tag{17.40}$$

式中，$D_{Bs'}$ 为组元 B 在固体剩余层中的扩散系数，$\delta_{s'}$ 为固体剩余层厚度。

$$\Delta c_{Bs'} = c_{Bs's} - c_{Bs'l'} = c_{Bs} - c_{Bl}$$

式中，$c_{Bs's}$ 为组元 B 在固体剩余层和未溶解内核界面组元 B 的浓度，即未溶解内核中组元 B 的浓度，对于纯物质 $c_{Bs} = 1$，对于固溶体 $c_{Bs} = c_{(B)s}$；$c_{Bs'l'}$ 为固体剩余层和液膜界面组元 B 的浓度，即溶液本体组元 B 的浓度。

将式(17.40)代入式(17.39)，得

$$-\frac{dN_{B(s)}}{dt} = \Omega_{s'l'}J_{Bs'} = \Omega_{s's}D_{Bs'}\frac{\Delta c_{Bs'}}{\delta_{s'}} \tag{17.41}$$

对于半径为 r 的球形颗粒，有

$$-\frac{dN_{B(s)}}{dt} = \frac{4\pi r_0^2 D_{Bs'}}{r_0 - r}\Delta c_{Bs'} \tag{17.42}$$

将式(17.5)代入式(17.42)，得

$$-\frac{dr}{dt} = \frac{r_0^2 M_B D_{Bs'}}{r^2(r_0 - r)\rho_B}\Delta c_{Bs'} \tag{17.43}$$

分离变量积分式(17.41)，得

$$4\left(\frac{r}{r_0}\right)^3 - 3\left(\frac{r}{r_0}\right)^4 - 1 = \frac{12M_B D_{Bs'}}{\rho_B r_0^2}\int_0^t \Delta c_{Bs'}dt \tag{17.44}$$

和

$$3 - \alpha_B - 3(1 - \alpha_B)^{\frac{4}{3}} = \frac{12M_B D_{Bs'}}{\rho_B r_0^2}\int_0^t \Delta c_{Bs'}dt \tag{17.45}$$

17.1.2.3 溶解过程由溶质与溶剂的相互作用控制

溶质与溶剂的相互作用的速率慢，成为溶解过程的控制步骤。溶解速率为

$$-\frac{dN_{B(s)}}{dt} = \frac{dN_{(B)}}{dt} = \Omega_{s'l'}j_B \tag{17.46}$$

式中，$\Omega_{s'l'}$ 为剩余层与液膜的界面面积，即剩余层的外表面积。

在单位时间，单位剩余层与液膜界面面积溶解速率为

$$j_B = k_B c_{Bs'l'}^{n_B} c_{Al's'} = k_B c_{Bs}^{n_B} c_{Al}^{n_A} \tag{17.47}$$

式中，k_B 为溶解速率常数；$c_{Bs'l'}$ 为剩余层和液膜界面组元 B 的浓度，即未溶解核组元 B 的浓度 c_{Bs}；$c_{Al's'}$ 为液膜和剩余层界面组元 A 的浓度，即溶液本体组元 A 的浓度 c_{Ab}。

对于半径为 r_0 的球形固体颗粒，有

$$-\frac{dN_B}{dt} = 4\pi r_0^2 k_B c_{Bs}^{n_B} c_{Ab}^{n_A} \tag{17.48}$$

将式(17.5)代入式(17.2)得

$$-\frac{dr}{dt} = \frac{r_0^2 M_B k_B}{r^2 \rho_B} c_{Bs}^{n_B} c_{Ab}^{n_A} \tag{17.49}$$

分离变量积分，得

$$1 - \left(\frac{r}{r_0}\right)^3 = \frac{3M_B k_B}{\rho_B r_0}\int_0^t c_{Bs}^{n_B} c_{Ab}^{n_A}dt \tag{17.50}$$

和

$$\alpha_B = \frac{3M_B k_B}{\rho_B r_0}\int_0^t c_{Bs}^{n_B} c_{Ab}^{n_A}dt \tag{17.51}$$

17.1.2.4 溶解过程由溶质的内扩散、外扩散共同控制

溶质在固体剩余层和液膜中的扩散速度都慢,是溶解过程的控制步骤,溶解过程由内扩散、外扩散共同控制,溶解速率为

$$-\frac{dN_{B(s)}}{dt} = \frac{dN_{(B)}}{dt} = \Omega_{s'l'}J_{Bs'} = \Omega_{l'l}J_{Bl'} = \Omega J \qquad (17.52)$$

式中

$$\Omega_{s'l'} = \Omega_{l'l} = \Omega$$

$$J = \frac{1}{2}(J_{Bs'} + J_{Bl'}) \qquad (17.53)$$

$$J_{Bs'} = |\boldsymbol{J}_{Bs'}| = |-D_{Bs'}\nabla c_{Bs'}| = D_{Bs'}\frac{\Delta c_{Bs'}}{\delta_{s'}} = \frac{D_{Bs'}}{\delta_{s'}}(c_{Bs's} - c_{Bs'l'}) \qquad (17.54)$$

式中

$$\Delta c_{Bs'} = c_{Bs's} - c_{Bs'l'} = c_{Bs} - c_{Bs'l'}$$

式中,$c_{Bs's}$ 为剩余层与未溶解的内核界面组元 B 的浓度,即未溶解的内核组元 B 的浓度;$c_{Bs'l'}$ 为剩余层与液膜界面组元 B 的浓度。

$$J_{Bl'} = |\boldsymbol{J}_{Bl'}| = |-D_{Bl'}\nabla c_{Bl'}| = D_{Bl'}\frac{\Delta c_{Bl'}}{\delta_{l'}} = D'_{Bl'}(c_{Bl's'} - c_{Bl'l}) \qquad (17.55)$$

式中

$$\Delta c_{Bl'} = c_{Bl's'} - c_{Bl'l} = c_{Bl's'} - c_{Bl}$$

式中,$c_{Bl's'}$ 为液膜靠近剩余层一侧组元 B 的浓度;$c_{Bl'l}$ 为液膜靠近液相本体一侧组元 B 的浓度,即溶液本体组元 B 的浓度。

$$D'_{Bl'} = \frac{D_{Bl'}}{\delta_{l'}}$$

对于半径为 r_0 的球形颗粒,由式(17.52)得

$$-\frac{dN_{B(s)}}{dt} = \frac{4\pi r_0^2 D_{Bs'}}{r_0 - r}\Delta c_{Bs'} \qquad (17.56)$$

和

$$-\frac{dN_{B(s)}}{dt} = 4\pi r_0^2 D'_{Bl'}\Delta c_{Bl'} \qquad (17.57)$$

将式(17.5)代入式(17.56),得

$$-\frac{dr}{dt} = \frac{r_0^2 M_B D_{Bs'}}{r^2(r_0 - r)\rho_B}\Delta c_{Bs'} \qquad (17.58)$$

将式(17.58)分离变量积分,得

$$4\left(\frac{r}{r_0}\right)^3 - 3\left(\frac{r}{r_0}\right)^4 - 1 = \frac{12M_B D_{Bs'}}{\rho_B r_0^2}\int_0^t \Delta c_{Bs'}dt \qquad (17.59)$$

和

$$3 - \alpha_B - 3(1 - \alpha_B)^{\frac{4}{3}} = \frac{12M_B D_{Bs'}}{\rho_B r_0^2}\int_0^t \Delta c_{Bs'}dt \qquad (17.60)$$

将式(17.5)代入式(17.57),得

$$-\frac{dr}{dt} = \frac{r_0^2 M_B D'_{Bl'}}{r^2 \rho_B} \Delta c_{Bl'} \tag{17.61}$$

将式(17.61)分离变量积分,得

$$1 - \left(\frac{r}{r_0}\right)^3 = \frac{3 M_B D'_{Bl'}}{\rho_B r_0} \int_0^t \Delta c_{Bl'} dt \tag{17.62}$$

和

$$\alpha_B = \frac{3 M_B D'_{Bl'}}{\rho_B r_0} \int_0^t \Delta c_{Bl'} dt \tag{17.63}$$

式(17.59) + 式(17.62),得

$$\left(\frac{r}{r_0}\right)^3 - \left(\frac{r}{r_0}\right)^4 = \frac{4 M_B D_{Bs'}}{\rho_B r_0^2} \int_0^t \Delta c_{Bs'} dt + \frac{M_B D'_{Bl'}}{\rho_B r_0} \int_0^t \Delta c_{Bl'} dt \tag{17.64}$$

式(17.60) + 式(17.63),得

$$1 - \alpha_B - (1 - \alpha_B)^{\frac{4}{3}} = \frac{4 M_B D_{Bs'}}{\rho_B r_0^2} \int_0^t \Delta c_{Bs'} dt + \frac{M_B D'_{Bl'}}{\rho_B r_0} \int_0^t \Delta c_{Bl'} dt \tag{17.65}$$

17.1.2.5 溶解过程由溶质与溶剂相互作用和溶质在液膜中的扩散共同控制

溶质在液膜中的扩散,溶质与溶剂的相互作用都慢,溶解过程由溶质在液膜中的扩散和溶质与溶剂的相互作用共同控制。

溶解速率为

$$-\frac{dN_{B(s)}}{dt} = \frac{dN_{(B)}}{dt} = \Omega_{l'1} J_{Bl'} = \Omega_{s'1'} j_B = \Omega J_B \tag{17.66}$$

式中

$$\Omega_{l'1} = \Omega_{s'1'} = \Omega$$

由式(17.66)得

$$J_B = \frac{1}{2}(J_{Bl'} + j_B) \tag{17.67}$$

式中

$$J_{Bl'} = |\boldsymbol{J}_{Bl'}| = |-D_{Bl'} \nabla c_{Bl'}| = D_{Bl'} \frac{\Delta c_{Bl'}}{\delta_{1'}} = D'_{Bl'}(c_{Bl's'} - c_{Bl'1}) \tag{17.68}$$

式中

$$\Delta c_{Bl'} = c_{Bl's'} - c_{Bl'1} = c_{Bl's'} - c_{Bl}$$

式中,$c_{Bl's'}$ 为液膜靠近剩余层一侧组元 B 的浓度;$c_{Bl'1}$ 为液膜靠近液相本体一侧组元 B 的浓度,即溶液本体中组元 B 的浓度 c_{Bl}。

$$D'_{Bl'} = \frac{D_{Bl'}}{\delta_{1'}}$$

$$j_B = k_B c_{Bs'1'}^{n_B} c_{Al's'}^{n_A} = k_B c_{Bs}^{n_B} c_{Al's'}^{n_A} \tag{17.69}$$

式中,$c_{Bs'1'}$ 为剩余层与液膜界面处组元 B 的浓度,即未溶解内核中组元 B 的浓度;$c_{Al's'}$ 为液膜与剩余层界面处组元 A 的浓度;k_B 为化学反应速率常数。

对于半径为 r 的球形颗粒,溶解速率为

$$-\frac{dN_{B(s)}}{dt} = 4\pi r_0^2 j_B = 4\pi r_0^2 k_B c_{Bs}^{n_B} c_{Al's'}^{n_A} \tag{17.70}$$

和

$$-\frac{dN_{B(s)}}{dt} = 4\pi r_0^2 J_{Bl'} = 4\pi r_0^2 D'_{Bl'} \Delta c_{Bl'} \tag{17.71}$$

将式(17.5)分别代入式(17.70)和式(17.71),得

$$-\frac{dr}{dt} = \frac{r_0^2 M_B k_B}{r^2 \rho_B} c_{Bs}^{n_B} c_{Al's'}^{n_A} \tag{17.72}$$

和

$$-\frac{dr}{dt} = \frac{r_0^2 M_B D'_{Bl'}}{r^2 \rho_B} \Delta c_{Bl'} \tag{17.73}$$

分离变量积分式(17.72)和式(17.73),得

$$1 - \left(\frac{r}{r_0}\right)^3 = \frac{3 M_B k_B}{\rho_B r_0} \int_0^t c_{Bs'l'}^{n_B} c_{Al's'}^{n_A} dt \tag{17.74}$$

和

$$1 - \left(\frac{r}{r_0}\right)^3 = \frac{3 M_B D'_{Bl'}}{\rho_B r_0} \int_0^t \Delta c_{Bl'} dt \tag{17.75}$$

引入转化率,得

$$\alpha_B = \frac{3 M_B k_B}{\rho_B r_0} \int_0^t c_{Bs'l'}^{n_B} c_{Al's'}^{n_A} dt \tag{17.76}$$

和

$$\alpha_B = \frac{3 M_B D'_{Bl'}}{\rho_B r_0} \int_0^t \Delta c_{Bl'} dt \tag{17.77}$$

式(17.74) + 式(17.75),得

$$2 - 2\left(\frac{r}{r_0}\right)^3 = \frac{3 M_B k_B}{\rho_B r_0} \int_0^t c_{Bs'l'}^{n_B} c_{Al's'}^{n_A} dt + \frac{3 M_B D'_{Bl'}}{\rho_B r_0} \int_0^t \Delta c_{Bl'} dt \tag{17.78}$$

式(17.76) + 式(17.77),得

$$2\alpha_B = \frac{3 M_B k_B}{\rho_B r_0} \int_0^t c_{Bs'l'}^{n_B} c_{Al's'}^{n_A} dt + \frac{3 M_B D'_{Bl'}}{\rho_B r_0} \int_0^t \Delta c_{Bl'} dt \tag{17.79}$$

17.1.2.6　溶解过程由溶质在固体剩余层中的扩散和溶质与溶剂的相互作用共同控制

溶质在固体剩余层中的扩散和溶质与溶剂的相互作用都慢,溶解由溶质在固体产物层中的扩散和溶质与溶剂的相互作用共同控制。

溶解速率为

$$-\frac{dN_{B(s)}}{dt} = \frac{dN_{(B)}}{dt} = \Omega_{s'l'} J_{Bs'} = \Omega_{s'l'} j_B = \Omega J_B \tag{17.80}$$

式中

$$\Omega_{s'l'} = \Omega$$

由式(17.80),得

$$J_B = \frac{1}{2}(J_{Bs'} + j_B) \tag{17.81}$$

$$J_{Bs'} = | \boldsymbol{J}_{Bs'} | = | -D_{Bs'} \nabla c_{Bs'} | = D_{Bs'} \frac{\Delta c_{Bs'}}{\delta_{s'}} = \frac{D_{Bs'}}{\delta_{s'}}(c_{Bs's} - c_{Bs'l'}) \tag{17.82}$$

式中

$$\Delta c_{Bs'} = c_{Bs's} - c_{Bs'l'} = c_{Bs} - c_{Bs'l'}$$

式中,$c_{Bs's}$ 为未溶解内核与固体剩余层界面组元 B 的浓度,即未溶解内核组元 B 的浓度;$c_{Bs'l'}$ 为固体剩余层与液膜界面组元 B 的浓度。

$$j_B = k_B c_{Bs'l'}^{n_B} c_{Al's'}^{n_A} = k_B c_{Bs'l'}^{n_B} c_{Al}^{n_A} \tag{17.83}$$

式中,$c_{Bs'l'}$ 为固体剩余层与液膜界面组元 B 的浓度;$c_{Al's'}$ 为液膜与固体剩余层界面组元 A 的浓度,等于溶液本体组元 A 的浓度 c_{Al}。

对于半径为 r 的球形颗粒,有

$$-\frac{dN_{B(s)}}{dt} = 4\pi r_0^2 J_{Bs'} = \frac{4\pi r_0^2 D'_{Bs'}}{r_0 - r} \Delta c_{Bs'} \tag{17.84}$$

和

$$-\frac{dN_{B(s)}}{dt} = 4\pi r_0^2 j_B = 4\pi r_0^2 k_B c_{Bs'l'}^{n_B} c_{Al}^{n_A} \tag{17.85}$$

将式(17.5)代入式(17.84)和式(17.85),得

$$-\frac{dr}{dt} = \frac{r_0^2 M_B D'_{Bs'}}{r^2(r_0 - r)\rho_B} \Delta c_{Bs'} \tag{17.86}$$

和

$$-\frac{dr}{dt} = \frac{r_0^2 M_B k_B}{r^2 \rho_B} c_{Bs'l'}^{n_B} c_{Al}^{n_A} \tag{17.87}$$

分离变量积分式(17.86)和式(17.87),得

$$4\left(\frac{r}{r_0}\right)^3 - 3\left(\frac{r}{r_0}\right)^4 - 1 = \frac{12 M_B D_{Bs'}}{\rho_B r_0^2} \int_0^t \Delta c_{Bs'} dt \tag{17.88}$$

和

$$1 - \left(\frac{r}{r_0}\right)^3 = \frac{3 M_B k_B}{\rho_B r_0} \int_0^t c_{Bs'l'}^{n_B} c_{Al}^{n_A} dt \tag{17.89}$$

引入转化率,得

$$3 - 4\alpha_B - 3(1 - \alpha_B)^{\frac{4}{3}} = \frac{12 M_B D_{Bs'}}{\rho_B r_0^2} \int_0^t \Delta c_{Bs'} dt \tag{17.90}$$

$$\alpha_B = \frac{3 M_B k_B}{\rho_B r_0} \int_0^t c_{Bs'l'}^{n_B} c_{Al}^{n_A} dt \tag{17.91}$$

式(17.88) + 式(17.89),得

$$\left(\frac{r}{r_0}\right)^3 - \left(\frac{r}{r_0}\right)^4 = \frac{4 M_B D_{Bs'}}{\rho_B r_0^2} \int_0^t \Delta c_{Bs'} dt + \frac{M_B k_B}{\rho_B r_0} \int_0^t c_{Bs'l'}^{n_B} c_{Al}^{n_A} dt \tag{17.92}$$

式(17.90) + 式(17.91),得

$$1 - \alpha_B - (1 - \alpha_B)^{\frac{4}{3}} = \frac{4M_B D_{Bs'}}{\rho_B r_0^2} \int_0^t \Delta c_{Bs'} dt + \frac{M_B k_B}{\rho_B r_0} \int_0^t c_{Bs'l}^{n_B} c_{Al}^{n_A} dt \qquad (17.93)$$

17.1.2.7 溶解过程由溶质在固体剩余层中的扩散、溶质与溶剂的相互作用、溶质在液膜中的扩散共同控制

溶质在固体剩余层中的扩散,溶质与溶剂的相互作用,溶质在液膜中的扩散都慢。溶解由溶质在固体剩余层中的扩散、溶质与溶剂的相互作用和溶质在液膜中的扩散共同控制。溶解速率为

$$-\frac{dN_{B(s)}}{dt} = \frac{dN_{(B)}}{dt} = \Omega_{s'l'} J_{Bs'} = \Omega_{s'l'} j_B = \Omega_{l'l} J_{Bl'} = \Omega J_B \qquad (17.94)$$

式中

$$\Omega_{s'l'} = \Omega_{l'l} = \Omega$$

由式(17.94),得

$$J_B = \frac{1}{3}(J_{Bs'} + J_{Bl'} + j_B) \qquad (17.95)$$

$$J_{Bs'} = |\ \boldsymbol{J}_{Bs'}\ | = |-D_{Bs'} \nabla c_{Bs'}| = D_{Bs'} \frac{\Delta c_{Bs'}}{\delta_{s'}} = \frac{D_{Bs'}}{\delta_{s'}}(c_{Bs's} - c_{Bs'l'}) \qquad (17.96)$$

$$\Delta c_{Bs'} = c_{Bs's} - c_{Bs'l'} = c_{Bs} - c_{Bs'l'}$$

式中,$c_{Bs's}$ 为固体剩余层与未溶解内核界面组元 B 的浓度,即未溶解内核中组元 B 的浓度;$c_{Bs'l'}$ 为固体剩余层与液膜界面处组元 B 的浓度。

$$j_B = k_B c_{Bs'l'}^{n_B} c_{Al's'}^{n_A} \qquad (17.97)$$

式中,$c_{Bs'l}$ 和 $c_{As'l}$ 分别为固体剩余层与液膜界面组元 B 和 A 的浓度。

$$J_{Bl'} = |\ \boldsymbol{J}_{Bl'}\ | = |-D_{Bl'} \nabla c_{Bl'}| = D_{Bl'} \frac{\Delta c_{Bl'}}{\delta_{l'}} = D'_{Bl'} \Delta c_{Bl'} \qquad (17.98)$$

式中

$$D'_{Bl'} = \frac{D_{Bl'}}{\delta_{l'}}$$

$$\Delta c_{Bl'} = c_{Bl's} - c_{Bl'l} = c_{Bl's'} - c_{Bl}$$

式中,$D'_{Bl'}$ 为组元 B 在液膜中的扩散系数,$\delta_{l'}$ 为液膜厚度;$c_{Bl's'}$ 为液膜靠近固体剩余层一侧组元 B 的浓度,$c_{Bl'l'}$ 为液膜与溶液界面组元 B 的浓度,即溶液本体中组元 B 的浓度 c_{Bl}。

对于半径为 r 的球形颗粒,组元 B 的溶解速率为

$$-\frac{dN_{B(s)}}{dt} = 4\pi r_0^2 J_{Bs'} = \frac{4\pi r_0^2 D'_{Bs'}}{r_0 - r} \Delta c_{Bs'} \qquad (17.99)$$

$$-\frac{dN_{B(s)}}{dt} = 4\pi r_0^2 j_B = 4\pi r_0^2 k_B c_{Bs'l'}^{n_B} c_{As'l'}^{n_A} \qquad (17.100)$$

$$-\frac{dN_{B(s)}}{dt} = 4\pi r_0^2 J_{Bl'} = 4\pi r_0^2 D'_{sl'} \Delta c_{Bl'} \qquad (17.101)$$

将式(17.4)分别代入式(17.53)、(17.54)和式(17.55),得

$$-\frac{\mathrm{d}r}{\mathrm{d}t} = \frac{r_0^2 M_B D'_{Bs'}}{r^2 (r_0 - r) \rho_B} \Delta c_{Bs'} \tag{17.102}$$

$$-\frac{\mathrm{d}r}{\mathrm{d}t} = \frac{r_0^2 M_B k_B}{r^2 \rho_B} c_{Bs'l'}^{n_B} c_{Al's'}^{n_A} \tag{17.103}$$

$$-\frac{\mathrm{d}r}{\mathrm{d}t} = \frac{r_0^2 M_B D'_{Bl'}}{r^2 \rho_B} \Delta c_{Bl'} \tag{17.104}$$

将式(17.102)、(17.103) 和式(17.104) 分离变量积分,得

$$4\left(\frac{r}{r_0}\right)^3 - 3\left(\frac{r}{r_0}\right)^4 - 1 = \frac{12 M_B D_{Bs'}}{\rho_B r_0^2} \int_0^t \Delta c_{Bs'} \mathrm{d}t \tag{17.105}$$

$$1 - \left(\frac{r}{r_0}\right)^3 = \frac{3 M_B k_B}{\rho_B r_0} \int_0^t c_{Bs'l'}^{n_B} c_{Al's'}^{n_A} \mathrm{d}t \tag{17.106}$$

$$1 - \left(\frac{r}{r_0}\right)^3 = \frac{3 M_B D'_{Bl'}}{\rho_B r_0} \int_0^t \Delta c_{Bl'} \mathrm{d}t \tag{17.107}$$

引入转化率,得

$$3 - 4\alpha_B - 3(1 - \alpha_B)^{\frac{4}{3}} = \frac{12 M_B D_{Bs'}}{\rho_B r_0^2} \int_0^t \Delta c_{Bs'} \mathrm{d}t \tag{17.108}$$

$$\alpha_B = \frac{3 M_B k_B}{\rho_B r_0} \int_0^t c_{Bs'l'}^{n_B} c_{Al's'}^{n_A} \mathrm{d}t \tag{17.109}$$

$$\alpha_B = \frac{3 M_B D_{Bl'}}{\rho_B r_0} \int_0^t \Delta c_{Bl'} \mathrm{d}t \tag{17.110}$$

式(17.105) + 式(17.106) + 式(17.107),得

$$2\left(\frac{r}{r_0}\right)^3 - 3\left(\frac{r}{r_0}\right)^4 + 1 = \frac{12 M_B D_{Bs'}}{\rho_B r_0^2} \int_0^t \Delta c_{Bs'} \mathrm{d}t + \frac{3 M_B k_B}{\rho_B r_0} \int_0^t c_{Bs'l'}^{n_B} c_{Al's'}^{n_A} \mathrm{d}t +$$
$$\frac{3 M_B D'_{Bl'}}{\rho_B r_0} \int_0^t \Delta c_{Bl'} \mathrm{d}t \tag{17.111}$$

式(17.108) + 式(17.109) + 式(17.110),得

$$3 - 2\alpha_B - 3(1 - \alpha_B)^{\frac{4}{3}} = \frac{12 M_B D_{Bs'}}{\rho_B r_0^2} \int_0^t \Delta c_{Bs'} \mathrm{d}t + \frac{3 M_B k_B}{\rho_B r_0} \int_0^t c_{Bs'l'}^{n_B} c_{Al's'}^{n_A} \mathrm{d}t +$$
$$\frac{3 M_B D'_{Bl'}}{\rho_B r_0} \int_0^t \Delta c_{Bl'} \mathrm{d}t \tag{17.112}$$

17.2　浸　　　出

利用液体浸出剂把物质从固体转入液体,形成溶液的过程称为浸出或浸取。

浸出是浸出剂与固体物料间复杂的多相反应过程。浸出过程包括如下步骤:

(1) 液体中的反应物经过固体表面的液膜向固体表面扩散。

(2) 浸出剂经过固体产物层或不能被浸出的物料层向未被浸出的内核表面扩散。

(3) 在未被浸出的内核表面进行化学反应。

（4）被浸出物经过固体产物层和（或）剩余物料层向液膜扩散。

（5）被浸出物经过固体表面的液膜向溶液本体扩散。

如果在浸出过程中没有固体产物生成，也没有剩余物料层，则阶段（2）和（4）就不存在。

17.2.1　浸出过程不形成固体产物层和致密的剩余层

浸出过程不形成固体产物层，也没有致密的剩余层。浸出反应可以表示为

$$a(A) + bB(s) \rlap{=\!=} c(c)$$

17.2.1.1　浸出过程由浸出剂在液膜中的扩散控制

浸出剂在液膜中的扩散速度慢，是浸出过程的控制步骤。浸出速率为

$$-\frac{1}{a}\frac{dN_{(A)}}{dt} = -\frac{1}{b}\frac{dN_{B(s)}}{dt} = \frac{1}{c}\frac{dN_C}{dt} = \frac{1}{a}\Omega_{l's}J_{Al'} \tag{17.113}$$

式中，$N_{(A)}$ 为浸出剂 A 的摩尔数；$N_{B(s)}$ 为固体组元 B 的摩尔数；$N_{(c)}$ 为产物 C 的摩尔数，$\Omega_{l's}$ 为液膜与未被浸出的内核的界面面积，$J_{Al'}$ 为浸出剂 A 在液膜中的扩散速率，即到达单位面积液膜与未被浸出的内核界面的组元 A 的扩散量。

$$J_{Al'} = | J_{Al'} | = | -D_{Al'} \nabla c_{Al'} | = D_{Al'}\frac{\Delta c_{Al'}}{\delta_{l'}} = D'_{Al'}\Delta c_{Al'} \tag{17.114}$$

式中

$$D'_{Al'} = \frac{D_{Al'}}{\delta_{l'}}$$

$$\Delta c_{Al'} = c_{Al'l} - c_{Al's} = c_{Al}$$

式中，$D_{Al'}$ 为组元 A 在液膜中的扩散系数；$\delta_{l'}$ 为液膜厚度，浸出过程中，固体尺寸不断减少，但液膜厚度不变；$c_{Al'l}$ 为液膜与溶液本体界面组元 A 的浓度，即溶液本体组元 A 的浓度 c_{Al}；$c_{Al's}$ 为液膜与未被浸出的内核界面组元 A 的浓度，由于化学反应速率快，$c_{Al's}$ 为零。

将式（17.114）代入式（17.113），得

$$-\frac{dN_{(A)}}{dt} = \Omega_{l's}J_{Al'} = \Omega_{l's}D'_{Al'}\Delta c_{Al'} \tag{17.115}$$

对于半径为 r 的球形颗粒，有

$$-\frac{dN_{(A)}}{dt} = -\frac{a}{b}\frac{dN_{B(s)}}{dt} = 4\pi r^2 D'_{Al'}\Delta c_{Al'} \tag{17.116}$$

将式（17.5）代入式（17.116），得

$$-\frac{dr}{dt} = \frac{bM_B D'_{Bl'}}{a\rho_B}\Delta c_{Bl'} \tag{17.117}$$

分离变量积分式（17.117），得

$$1 - \frac{r}{r_0} = \frac{bM_B D'_{Bl'}}{a\rho_B r_0}\int_0^t \Delta c_{Bl'} dt \tag{17.118}$$

和

$$1 - (1 - \alpha)^{\frac{1}{3}} = \frac{b M_B D'_{Bl'}}{a \rho_B r_0} \int_0^t \Delta c_{Bl'} dt \qquad (17.119)$$

17.2.1.2 浸出过程由浸出剂和被浸出物的相互作用控制

浸出剂和被浸出物的相互作用速率慢,是浸出过程的控制步骤。浸出速率为

$$-\frac{1}{a} \frac{dN_{(A)}}{dt} = -\frac{1}{b} \frac{dN_{B(s)}}{dt} = \frac{1}{c} \frac{dN_c}{dt} = \Omega_{sl'} j \qquad (17.120)$$

式中,$\Omega_{s'l'}$ 为液膜与未被浸出的内核的界面面积;j_B 为在单位界面面积浸出剂和被浸出物相互作用速率。

$$j = k c_{Al's}^{n_A} c_{Bl's}^{n_B} = k c_{Al}^{n_A} c_{Bs}^{n_B} \qquad (17.121)$$

式中,$c_{Al's}$ 为在液膜与未被浸出内核界面浸出剂 A 的浓度,即溶液本体浸出剂 A 的浓度;c_{Bs} 为在液膜与未被浸出内核界面被浸出物 B 的浓度,即未被浸出内核组元 B 的浓度。

将式(17.121) 代入式(17.120),得

$$-\frac{dN_{B(s)}}{dt} = \Omega_{sl'} b j_B = \Omega_{sl'} b k c_{Al}^{n_A} c_{Bs}^{n_B} \qquad (17.122)$$

对于半径为 r 的球形颗粒,有

$$-\frac{dN_{B(s)}}{dt} = 4\pi r^2 b k c_{Al}^{n_A} c_{Bs}^{n_B} \qquad (17.123)$$

将式(17.5) 代入式(17.123),得

$$-\frac{dr}{dt} = \frac{b M_B k}{\rho_B} c_{Al}^{n_A} c_{Bs}^{n_B} \qquad (17.124)$$

分离变量积分式(17.124),得

$$1 - \frac{r}{r_0} = \frac{b M_B k}{\rho_B} \int_0^t c_{Al}^{n_A} c_{Bs}^{n_B} dt \qquad (17.125)$$

和

$$1 - (1 - \alpha_B)^{\frac{1}{3}} = \frac{b M_B k}{\rho_B} \int_0^t c_{Al}^{n_A} c_{Bs}^{n_B} dt \qquad (17.126)$$

17.2.1.3 浸出过程由浸出剂在液膜中的扩散及其与被浸出物的相互作用共同控制

浸出剂在液膜中的扩散及其和被浸出物的相互作用都慢,共同为浸出过程的控制步骤。浸出速率为

$$-\frac{1}{a} \frac{dN_{(A)}}{dt} = -\frac{1}{b} \frac{dN_{B(s)}}{dt} = \frac{1}{c} \frac{dN_c}{dt} = \frac{1}{a} \Omega_{l's} J_{Al'} = \Omega_{sl'} j = \frac{1}{a} \Omega J \qquad (17.127)$$

式中

$$\Omega_{l's} = \Omega_{sl'} = \Omega$$

$$J = \frac{1}{2}(J_{Al'} + aj) \qquad (17.128)$$

$$J_{Al'} = |\ \boldsymbol{J}_{Al'}\ | = |-D_{Al'} \nabla c_{Al'}| = D_{Al'} \frac{\Delta c_{Al'}}{\delta_{l'}} = D'_{Al'} \Delta c_{Al'} \qquad (17.129)$$

其中

$$D'_{Al'} = \frac{D_{Al'}}{\delta_{1'}}$$

$$\Delta c_{Al'} = c_{Al'1} - c_{Al's} = c_{Al} - c_{Al's}$$

$$j = k c_{Al's}^{n_A} c_{Bl's}^{n_B} = k c_{Al's}^{n_A} c_{Bs}^{n_B} \tag{17.130}$$

对于半径为 r 的球形颗粒,有

$$-\frac{dN_{(A)}}{dt} = -\frac{a}{b}\frac{dN_{B(s)}}{dt} = 4\pi r^2 J_{Al'} = 4\pi r^2 D'_{Al'} \Delta c_{Al'} \tag{17.131}$$

和

$$-\frac{dN_{(A)}}{dt} = -\frac{a}{b}\frac{dN_{B(s)}}{dt} = 4\pi r^2 a k c_{Al's}^{n_A} c_{Bs}^{n_B} \tag{17.132}$$

将式(17.5)分别代入式(17.131)和式(17.132),得

$$-\frac{dr}{dt} = \frac{bM_B D'_{Bl'}}{a\rho_B} \Delta c_{Al'} \tag{17.133}$$

和

$$-\frac{dr}{dt} = \frac{bM_B k}{\rho_B} c_{Al}^{n_A} c_{Bs}^{n_B} \tag{17.134}$$

将式(17.133)和式(17.134)分离变量积分

$$1 - \frac{r}{r_0} = \frac{bM_B D'_{Bl'}}{a\rho_B r_0} \int_0^t \Delta c_{Al'} dt \tag{17.135}$$

$$1 - \frac{r}{r_0} = \frac{bM_B k}{\rho_B r_0} \int_0^t c_{Al's}^{n_A} c_{Bs}^{n_B} dt \tag{17.136}$$

引入转化率,得

$$1 - (1 - \alpha_B)^{\frac{1}{3}} = \frac{bM_B D'_{Bl'}}{a\rho_B r_0} \int_0^t \Delta c_{Al'} dt \tag{17.137}$$

$$1 - (1 - \alpha_B)^{\frac{1}{3}} = \frac{bM_B k}{\rho_B r_0} \int_0^t c_{Al's}^{n_A} c_{Bs}^{n_B} dt \tag{17.138}$$

式(17.135) + 式(17.136),得

$$2 - 2\left(\frac{r}{r_0}\right) = \frac{bM_B D'_{Bl'}}{a\rho_B r_0} \int_0^t \Delta c_{Al'} dt + \frac{bM_B k}{\rho_B r_0} \int_0^t c_{Al's}^{n_A} c_{Bs}^{n_B} dt \tag{17.139}$$

式(17.137) + 式(17.138),得

$$2 - 2(1 - \alpha_B)^{\frac{1}{3}} = \frac{bM_B D'_{Bl'}}{a\rho_B r_0} \int_0^t \Delta c_{Al'} dt + \frac{bM_B k}{\rho_B r_0} \int_0^t c_{Al's}^{n_A} c_{Bs}^{n_B} dt \tag{17.140}$$

17.2.2　浸出过程形成固体产物层或致密的剩余层,颗粒尺寸不变

浸出过程形成致密的固体产物层,可以表示为

$$a(A) + bB(s) = c(c) + dD(s)$$

17.2.2.1　浸出过程由浸出剂在液膜中的扩散控制

浸出剂在液膜中的扩散速度慢,是浸出过程的控制步骤。浸出速率为

$$- \frac{1}{a} \frac{\mathrm{d}N_{(A)}}{\mathrm{d}t} = - \frac{1}{b} \frac{\mathrm{d}N_{B(s)}}{\mathrm{d}t} = \frac{1}{c} \frac{\mathrm{d}N_{(C)}}{\mathrm{d}t} = \frac{1}{d} \frac{\mathrm{d}N_{D(s)}}{\mathrm{d}t} = \Omega_{l's'} J_{Al'} \qquad (17.141)$$

式中，$\Omega_{l's'}$ 为液膜与固体产物层的界面面积，浸出过程中液膜与固体产物层的界面面积不变。

$$J_{Al'} = |\boldsymbol{J}_{Al'}| = |-D_{Al'} \nabla c_{Al'}| = D_{Al'} \frac{\Delta c_{Al'}}{\delta_{l'}} = D'_{Al'} \Delta c_{Al'} \qquad (17.142)$$ 式中

$$D'_{Al'} = \frac{D_{Al'}}{\delta_{l'}}$$

$$\Delta c_{Al'} = c_{Al'l} - c_{Al's'} = c_{Al}$$

式中，$\delta_{l'}$ 为液膜厚度，浸出过程液膜厚度不变；$c_{Al's'}$ 是在液膜与固体产物层界面组元 A 的浓度，浸出剂与被浸出物相互作用速率快，$c_{Al's'} = 0$。

$$- \frac{1}{a} \frac{\mathrm{d}N_{(A)}}{\mathrm{d}t} = - \frac{1}{b} \frac{\mathrm{d}N_{B(s)}}{\mathrm{d}t} = \Omega_{l's'} J_{Al'} = \Omega_{l's'} D'_{Al'} \Delta c_{Al'} \qquad (17.143)$$

对于半径为 r 的球形颗粒，有

$$- \frac{\mathrm{d}N_{(A)}}{\mathrm{d}t} = - \frac{a}{b} \frac{\mathrm{d}N_{B(s)}}{\mathrm{d}t} = 4\pi r_0^2 J_{Al'} = 4\pi r_0^2 D'_{Al'} \Delta c_{Al'} \qquad (17.144)$$

将式(17.5)代入式(17.144)，得

$$- \frac{\mathrm{d}r}{\mathrm{d}t} = \frac{r_0^2 b M_B D'_{Al'}}{r^2 a \rho_B} \Delta c_{Al'} \qquad (17.145)$$

分离变量积分式(17.145)，得

$$1 - \left(\frac{r}{r_0} \right)^3 = \frac{3 b M_B D'_{Al'}}{a \rho_B r_0} \int_0^t \Delta c_{Al'} \mathrm{d}t \qquad (17.146)$$

和

$$\alpha_B = \frac{3 b M_B D'_{Al'}}{a \rho_B r_0} \int_0^t \Delta c_{Al'} \mathrm{d}t \qquad (17.147)$$

17.2.2.2 浸出过程由浸出剂在固体产物层中的扩散控制

浸出剂在固体产物层中的扩散速度慢，是浸出过程的控制步骤。浸出速率为

$$- \frac{1}{a} \frac{\mathrm{d}N_{(A)}}{\mathrm{d}t} = - \frac{1}{b} \frac{\mathrm{d}N_{B(s)}}{\mathrm{d}t} = \frac{1}{c} \frac{\mathrm{d}N_{(C)}}{\mathrm{d}t} = \frac{1}{d} \frac{\mathrm{d}N_{D(s)}}{\mathrm{d}t} = \frac{1}{a} \Omega_{s's} J_{As'} \qquad (17.148)$$

式中，$\Omega_{s's}$ 是产物层与未被浸出内核的界面面积。浸出剂 A 在固体产物层中的扩散速率为

$$J_{As'} = |\boldsymbol{J}_{As'}| = |-D_{As'} \nabla c_{As'}| = D_{As'} \frac{\mathrm{d}c_{As'}}{\mathrm{d}r} \qquad (17.149)$$

式中，$D_{As'}$ 为组元 A 在固体产物层中的扩散系数。

对于半径为 r 的球形颗粒，将式(17.149)代入式(17.148)得

$$- \frac{\mathrm{d}N_{(A)}}{\mathrm{d}t} = 4\pi r^2 J_{As'} = 4\pi r^2 D_{As'} \frac{\mathrm{d}c_{As'}}{\mathrm{d}r} \qquad (17.150)$$

过程达到稳态，$- \frac{\mathrm{d}N_{(A)}}{\mathrm{d}t} =$ 常数，将式(17.150)对 r 分离变量积分，得

$$-\frac{\mathrm{d}N_{(\mathrm{A})}}{\mathrm{d}t} = \frac{4\pi r_0 r D_{\mathrm{As'}}}{r_0 - r}\Delta c_{\mathrm{As'}} \tag{17.151}$$

式中

$$\Delta c_{\mathrm{As'}} = c_{\mathrm{As'l'}} - c_{\mathrm{As's}} = c_{\mathrm{Al}} - c_{\mathrm{As's}}$$

式中,$c_{\mathrm{As'l'}}$ 为固体产物层与液膜界面组元 A 的浓度,等于溶液本体的浓度 c_{Al};$c_{\mathrm{As's}}$ 为固体产物层与未被浸取的内核界面组元 A 的浓度。

将式(17.5)和式(17.151)代入式(17.148),得

$$-\frac{\mathrm{d}r}{\mathrm{d}t} = \frac{r_0 b M_{\mathrm{B}} D_{\mathrm{As'}}}{r(r_0 - r)a\rho_{\mathrm{B}}}\Delta c_{\mathrm{As'}} \tag{17.152}$$

分离变量积分式(17.152),得

$$1 - 3\left(\frac{r}{r_0}\right)^2 + 2\left(\frac{r}{r_0}\right)^3 = \frac{6b M_{\mathrm{B}} D_{\mathrm{As'}}}{a\rho_{\mathrm{B}} r_0^2}\int_0^t \Delta c_{\mathrm{As'}}\mathrm{d}t \tag{17.153}$$

和

$$3 - 3(1 - \alpha_{\mathrm{B}})^{\frac{2}{3}} - 2\alpha_{\mathrm{B}} = \frac{6b M_{\mathrm{B}} D_{\mathrm{As'}}}{a\rho_{\mathrm{B}} r_0^2}\int_0^t \Delta c_{\mathrm{As'}}\mathrm{d}t \tag{17.154}$$

17.2.2.3 浸出过程由浸出剂和被浸出物的相互作用控制

浸出剂和被浸出物的相互作用速率慢,是浸出过程的控制步骤。浸出速率为

$$-\frac{1}{a}\frac{\mathrm{d}N_{(\mathrm{A})}}{\mathrm{d}t} = -\frac{1}{b}\frac{\mathrm{d}N_{\mathrm{B(s)}}}{\mathrm{d}t} = \frac{1}{c}\frac{\mathrm{d}N_{(\mathrm{C})}}{\mathrm{d}t} = \frac{1}{d}\frac{\mathrm{d}N_{\mathrm{D(s)}}}{\mathrm{d}t} = \Omega_{\mathrm{s's}}j \tag{17.155}$$

式中,$\Omega_{\mathrm{s's}}$ 为固体产物层与未被浸出的内核的界面面积。

$$j = kc_{\mathrm{As's}}^{n_{\mathrm{A}}}c_{\mathrm{Bs's}}^{n_{\mathrm{B}}} = kc_{\mathrm{As's}}^{n_{\mathrm{A}}}c_{\mathrm{Bs}}^{n_{\mathrm{B}}} \tag{17.156}$$

将式(17.156)代入式(17.155),得

$$-\frac{\mathrm{d}N_{\mathrm{B(s)}}}{\mathrm{d}t} = \Omega_{\mathrm{ss'}}bj = \Omega_{\mathrm{ss'}}bkc_{\mathrm{As's}}^{n_{\mathrm{A}}}c_{\mathrm{Bs}}^{n_{\mathrm{B}}} \tag{17.157}$$

对于半径为 r 的球形颗粒,有

$$-\frac{\mathrm{d}N_{\mathrm{B(s)}}}{\mathrm{d}t} = 4\pi r^2 bkc_{\mathrm{As's}}^{n_{\mathrm{A}}}c_{\mathrm{Bs}}^{n_{\mathrm{B}}} \tag{17.158}$$

将式(17.5)代入式(17.158),得

$$-\frac{\mathrm{d}r}{\mathrm{d}t} = \frac{b M_{\mathrm{B}} k}{\rho_{\mathrm{B}}}c_{\mathrm{As's}}^{n_{\mathrm{A}}}c_{\mathrm{Bs}}^{n_{\mathrm{B}}} \tag{17.159}$$

分离变量积分式(17.159),得

$$1 - \frac{r}{r_0} = \frac{b M_{\mathrm{B}} k}{\rho_{\mathrm{B}} r_0}\int_0^t c_{\mathrm{As's}}^{n_{\mathrm{A}}}c_{\mathrm{Bs}}^{n_{\mathrm{B}}}\mathrm{d}t \tag{17.160}$$

和

$$1 - (1 - \alpha_{\mathrm{B}})^{\frac{1}{3}} = \frac{b M_{\mathrm{B}} k}{\rho_{\mathrm{B}} r_0}\int_0^t c_{\mathrm{As's}}^{n_{\mathrm{A}}}c_{\mathrm{Bs}}^{n_{\mathrm{B}}}\mathrm{d}t \tag{17.161}$$

17.2.2.4 浸出过程由浸出剂在液膜中的扩散和固体产物层中的扩散共同控制

浸出剂在液膜中的扩散速度和在固体产物层中的扩散速度都慢,共同为浸出过程的

控制步骤。浸出速率为

$$-\frac{1}{a}\frac{dN_{(A)}}{dt} = -\frac{1}{b}\frac{dN_{B(s)}}{dt} = \frac{1}{c}\frac{dN_{(C)}}{dt} = \frac{1}{d}\frac{dN_{D(s)}}{dt} = \frac{1}{a}\Omega_{1's'}J_{Al'} = \frac{1}{a}\Omega_{s's}J_{As'} = \frac{1}{a}\Omega J_{1's'}$$

(17.162)

式中

$$\Omega_{1's'} = \Omega$$
$$J_{1's'} = \frac{1}{2}\left(J_{Al'} + \frac{\Omega_{s's}}{\Omega}J_{As'}\right)$$

(17.163)

$$J_{Al'} = |\,J_{Al'}\,| = |-D_{Al'}\nabla c_{Al'}\,| = D_{Al'}\frac{\Delta c_{Al'}}{\delta_{1'}} = D'_{Al'}\Delta c_{Al'}$$

(17.164)

式中

$$D'_{Al'} = \frac{D_{Al'}}{\delta_{1'}}$$

$$\Delta c_{Al'} = c_{Al'l} - c_{Al's} = c_{Al} - c_{Al's}$$

$$J_{As'} = |\,J_{As'}\,| = |-D_{As'}\nabla c_{As'}\,| = D_{As'}\frac{dc_{As'}}{dr}$$

(17.165)

对于半径为 r 的球形颗粒,有

$$-\frac{dN_{(A)}}{dt} = -\frac{a}{b}\frac{dN_{B(s)}}{dt} = 4\pi r_0^2 J_{Al'} = 4\pi r_0^2 D'_{Al'}\Delta c_{Al'}$$

(17.166)

和

$$-\frac{dN_{(A)}}{dt} = -\frac{a}{b}\frac{dN_{B(s)}}{dt} = 4\pi r^2 J_{As'} = 4\pi r^2 D_{As'}\frac{dc_{As'}}{dr}$$

(17.167)

过程达到稳态, $-\dfrac{dN_{(A)}}{dt}$ = 常数。将式(17.167)对 r 分离变量积分,得

$$-\frac{dN_{(A)}}{dt} = \frac{4\pi r_0 r D_{As'}}{r_0 - r}\Delta c_{As'}$$

(17.168)

式中

$$\Delta c_{As'} = c_{As'l} - c_{As's}$$

将式(17.5)、式(17.166)和式(17.168)代入式(17.162),得

$$-\frac{dr}{dt} = \frac{r_0^2 b M_B D'_{Al'}}{r^2 a\rho_B}\Delta c_{Al'}$$

(17.169)

和

$$-\frac{dr}{dt} = \frac{r_0 b M_B D_{As'}}{r(r_0 - r)a\rho_B}\Delta c_{As'}$$

(17.170)

分离变量积分式(17.169)和式(17.170),得

$$1 - \left(\frac{r}{r_0}\right)^3 = \frac{3b M_B D'_{Al'}}{a\rho_B r_0}\int_0^t \Delta c_{Al'}dt$$

(17.171)

和

$$1 - 3\left(\frac{r}{r_0}\right)^2 + 2\left(\frac{r}{r_0}\right)^3 = \frac{6bM_BD_{As'}}{a\rho_B r_0^2}\int_0^t \Delta c_{As'}dt \tag{17.172}$$

引入转化率,得

$$\alpha_B = \frac{3bM_BD'_{Al'}}{a\rho_B r_0}\int_0^t \Delta c_{Al'}dt \tag{17.173}$$

$$3 - 3(1 - \alpha_B)^{\frac{2}{3}} - \alpha_B = \frac{6bM_BD_{As'}}{a\rho_B r_0^2}\int_0^t \Delta c_{As'}dt \tag{17.174}$$

式(17.171) + 式(17.172),得

$$2 - 3\left(\frac{r}{r_0}\right)^2 + \left(\frac{r}{r_0}\right)^3 = \frac{3bM_BD'_{Al'}}{a\rho_B r_0}\int_0^t \Delta c_{Al'}dt + \frac{6bM_BD_{As'}}{a\rho_B r_0^2}\int_0^t \Delta c_{As'}dt \tag{17.175}$$

式(17.173) + 式(17.174),得

$$1 - (1 - \alpha_B)^{\frac{2}{3}} = \frac{bM_BD'_{Al'}}{a\rho_B r_0}\int_0^t \Delta c_{Al'}dt + \frac{2bM_BD_{As'}}{a\rho_B r_0^2}\int_0^t \Delta c_{As'}dt \tag{17.176}$$

17.2.2.5 浸出过程由浸出剂在液膜中的扩散和化学反应共同控制

浸出剂在液膜中的扩散速度慢,化学反应速率也慢,浸出过程由这两者共同控制。浸出速率为

$$-\frac{1}{a}\frac{dN_{(A)}}{dt} = -\frac{1}{b}\frac{dN_{B(s)}}{dt} = \frac{1}{c}\frac{dN_{(C)}}{dt} = \frac{1}{d}\frac{dN_{D(s)}}{dt} = \frac{1}{a}\Omega_{l's'}J_{Al'} = \Omega_{s's}j = \frac{1}{a}\Omega J_{l'j} \tag{17.177}$$

式中

$$\Omega_{l's'} = \Omega$$
$$J_{l'j} = \frac{1}{2}\left(J_{Al'} + \frac{\Omega_{s's}}{\Omega}aj\right) \tag{17.178}$$

$$J_{Al'} = \mid \boldsymbol{J}_{Al'} \mid = \mid - D_{Al'}\nabla c_{Al'} \mid = D_{Al'}\frac{\Delta c_{Al'}}{\delta_{l'}} = D'_{Al'}\Delta c_{Al'} \tag{17.179}$$

$$\Delta c_{Al'} = c_{Al'l} - c_{Al's} = c_{Al} - c_{Al's'}$$
$$j = kc_{As's}^{n_A}c_{Bs's}^{n_B} = kc_{As's}^{n_A}c_{Bs}^{n_B} \tag{17.180}$$

对于半径为 r 的球形颗粒,有

$$-\frac{dN_{(A)}}{dt} = -\frac{a}{b}\frac{dN_{B(s)}}{dt} = 4\pi r_0^2 J_{Al'} = 4\pi r_0^2 D'_{Al'}\Delta c_{Al'} \tag{17.181}$$

和

$$-\frac{dN_{(A)}}{dt} = -\frac{a}{b}\frac{dN_{B(s)}}{dt} = 4\pi r^2 aj = 4\pi r^2 akc_{As's}^{n_A}c_{Bs}^{n_B} \tag{17.182}$$

将式(17.5)分别代入式(17.181)和(17.182),得

$$-\frac{dr}{dt} = \frac{r_0^2 bM_BD'_{Al'}}{r^2 a\rho_B}\Delta c_{Al'} \tag{17.183}$$

和

$$-\frac{dr}{dt} = \frac{bM_Bk}{\rho_B}c_{As's}^{n_A}c_{Bs}^{n_B} \tag{17.184}$$

分离变量积分式(17.183) 和式(17.184),得

$$1 - \left(\frac{r}{r_0}\right)^3 = \frac{3bM_B D'_{Al'}}{a\rho_B r_0} \int_0^t \Delta c_{Al'} dt \tag{17.185}$$

和

$$1 - \frac{r}{r_0} = \frac{bM_B k}{\rho_B r_0} \int_0^t c_{As's}^{n_A} c_{Bs}^{n_B} dt \tag{17.186}$$

引入转化率,得

$$\alpha_B = \frac{3bM_B D'_{Al'}}{a\rho_B r_0} \int_0^t \Delta c_{Al'} dt \tag{17.187}$$

$$1 - (1 - \alpha)^{\frac{1}{3}} = \frac{bM_B k}{\rho_B r_0} \int_0^t c_{As's}^{n_A} c_{Bs}^{n_B} dt \tag{17.188}$$

式(17.185) + 式(17.186),得

$$2 - \frac{r}{r_0} - \left(\frac{r}{r_0}\right)^3 = \frac{3bM_B D'_{Al'}}{a\rho_B r_0} \int_0^t \Delta c_{Al'} dt + \frac{bM_B k}{\rho_B r_0} \int_0^t c_{As's}^{n_A} c_{Bs}^{n_B} dt \tag{17.189}$$

和

$$1 - (1 - \alpha)^{\frac{1}{3}} + \alpha_B = \frac{3bM_B D'_{Al'}}{a\rho_B r_0} \int_0^t \Delta c_{Al'} dt + \frac{bM_B k}{\rho_B r_0} \int_0^t c_{As's}^{n_A} c_{Bs}^{n_B} dt \tag{17.190}$$

17.2.2.6 浸出过程由浸出剂在固体产物层中的扩散和化学反应共同控制

浸出剂在固体产物层中的扩散速度慢,化学反应速率也慢,浸出过程由这两者共同控制。浸出速率为

$$-\frac{1}{a}\frac{dN_{(A)}}{dt} = -\frac{1}{b}\frac{dN_{B(s)}}{dt} = \frac{1}{c}\frac{dN_{(C)}}{dt} = \frac{1}{d}\frac{dN_{D(s)}}{dt} = \frac{1}{a}\Omega_{s's}J_{As'} = \Omega_{s's}j = \frac{1}{a}\Omega J_{s'j} \tag{17.191}$$

式中

$$\Omega_{s's} = \Omega$$

$$J_{s'j} = \frac{1}{2}(J_{As'} + aj) \tag{17.192}$$

$$J_{As'} = | \boldsymbol{J}_{As'} | = | -D_{As'} \nabla c_{As'} | = D_{As'} \frac{dc_{As'}}{dr} \tag{17.193}$$

$$j = kc_{As's}^{n_A} c_{Bs's}^{n_B} = kc_{As's}^{n_A} c_{Bs}^{n_B} \tag{17.194}$$

对于半径为 r 的球形颗粒,有

$$-\frac{dN_{(A)}}{dt} = -\frac{a}{b}\frac{dN_{B(s)}}{dt} = 4\pi r^2 J_{As'} = 4\pi r^2 D_{As'} \frac{dc_{As'}}{dr} \tag{17.195}$$

和

$$-\frac{dN_A}{dt} = -\frac{a}{b}\frac{dN_{B(s)}}{dt} = 4\pi r^2 aj = 4\pi r^2 akc_{As's}^{n_A} c_{Bs}^{n_B} \tag{17.196}$$

过程达到稳态, $-\dfrac{dN_{(A)}}{dt}$ = 常数。将式(17.195)对 r 分离变量积分,得

$$-\frac{\mathrm{d}N_{(\mathrm{A})}}{\mathrm{d}t} = \frac{4\pi r_0 r D_{\mathrm{As'}}}{r_0 - r}\Delta c_{\mathrm{As'}} \tag{17.197}$$

式中

$$\Delta c_{\mathrm{As'}} = c_{\mathrm{As'l'}} - c_{\mathrm{As's}} = c_{\mathrm{Al}} - c_{\mathrm{As's}}$$

将式(17.5)、式(17.196)和式(17.197)代入式(17.191),得

$$-\frac{\mathrm{d}r}{\mathrm{d}t} = \frac{bM_{\mathrm{B}}k}{\rho_{\mathrm{B}}}c_{\mathrm{As's}}^{n_{\mathrm{A}}}c_{\mathrm{Bs}}^{n_{\mathrm{B}}} \tag{17.198}$$

和

$$-\frac{\mathrm{d}r}{\mathrm{d}t} = \frac{r_0 bM_{\mathrm{B}}D_{\mathrm{As'}}}{r(r_0 - r)a\rho_{\mathrm{B}}}\Delta c_{\mathrm{As'}} \tag{17.199}$$

分离变量积分式(17.198)和式(17.199),得

$$1 - \frac{r}{r_0} = \frac{bM_{\mathrm{B}}k}{\rho_{\mathrm{B}}r_0}\int_0^t c_{\mathrm{As's}}^{n_{\mathrm{A}}}c_{\mathrm{Bs}}^{n_{\mathrm{B}}}\mathrm{d}t \tag{17.200}$$

和

$$1 - 3\left(\frac{r}{r_0}\right)^2 + 2\left(\frac{r}{r_0}\right)^3 = \frac{6bM_{\mathrm{B}}D_{\mathrm{As'}}}{a\rho_{\mathrm{B}}r_0^2}\int_0^t \Delta c_{\mathrm{As'}}\mathrm{d}t \tag{17.201}$$

引入转化率,得

$$1 - (1 - \alpha_{\mathrm{B}})^{\frac{1}{3}} = \frac{bM_{\mathrm{B}}k}{\rho_{\mathrm{B}}r_0}\int_0^t c_{\mathrm{As's}}^{n_{\mathrm{A}}}c_{\mathrm{Bs}}^{n_{\mathrm{B}}}\mathrm{d}t \tag{17.202}$$

和

$$3 - 3(1 - \alpha_{\mathrm{B}})^{\frac{2}{3}} - \alpha_{\mathrm{B}} = \frac{6bM_{\mathrm{B}}D_{\mathrm{As'}}}{a\rho_{\mathrm{B}}r_0^2}\int_0^t \Delta c_{\mathrm{As'}}\mathrm{d}t \tag{17.203}$$

式(17.200) + 式(17.201),得

$$2 - \frac{r}{r_0} - 3\left(\frac{r}{r_0}\right)^2 + 2\left(\frac{r}{r_0}\right)^3 = \frac{6bM_{\mathrm{B}}D_{\mathrm{As'}}}{a\rho_{\mathrm{B}}r_0^2}\int_0^t \Delta c_{\mathrm{As'}}\mathrm{d}t + \frac{bM_{\mathrm{B}}k}{\rho_{\mathrm{B}}r_0}\int_0^t c_{\mathrm{As's}}^{n_{\mathrm{A}}}c_{\mathrm{Bs}}^{n_{\mathrm{B}}}\mathrm{d}t \tag{17.204}$$

式(17.202) + 式(17.203),得

$$4 - (1 - \alpha_{\mathrm{B}})^{\frac{1}{3}} - 3(1 - \alpha_{\mathrm{B}})^{\frac{2}{3}} - \alpha_{\mathrm{B}} = \frac{6bM_{\mathrm{B}}D_{\mathrm{As'}}}{a\rho_{\mathrm{B}}r_0^2}\int_0^t \Delta c_{\mathrm{As'}}\mathrm{d}t + \frac{bM_{\mathrm{B}}k}{\rho_{\mathrm{B}}r_0}\int_0^t c_{\mathrm{As's}}^{n_{\mathrm{A}}}c_{\mathrm{Bs}}^{n_{\mathrm{B}}}\mathrm{d}t$$

$$\tag{17.205}$$

17.2.2.7 浸出过程由浸出剂 A 在液膜中的扩散、在固体产物层中的扩散和化学反应共同控制

浸出剂在液膜中的扩散和在固体产物层中的扩散速度慢,化学反应速度也慢。浸出过程由这三者共同控制。浸出速率为

$$-\frac{1}{a}\frac{\mathrm{d}N_{(\mathrm{A})}}{\mathrm{d}t} = -\frac{1}{b}\frac{\mathrm{d}N_{\mathrm{B}(\mathrm{s})}}{\mathrm{d}t} = \frac{1}{c}\frac{\mathrm{d}N_{(\mathrm{C})}}{\mathrm{d}t} = \frac{1}{d}\frac{\mathrm{d}N_{\mathrm{D}(\mathrm{s})}}{\mathrm{d}t} = \frac{1}{a}\Omega_{\mathrm{l's}}J_{\mathrm{Al'}} = \frac{1}{a}\Omega_{\mathrm{s's}}J_{\mathrm{As'}} = \Omega_{\mathrm{s's}}j = \frac{1}{a}\Omega J_{\mathrm{l'sj}} \tag{17.206}$$

式中

$$\Omega_{\mathrm{l's}} = \Omega$$

$$J_{l's'j} = \frac{1}{3}\left(J_{Al'} + \frac{\Omega_{s's}}{\Omega}J_{As'} + \frac{\Omega_{s's}}{\Omega}aj\right) \tag{17.207}$$

$$J_{Al'} = |\boldsymbol{J}_{Al'}| = |-D_{Al'}\nabla c_{Al'}| = D_{Al'}\frac{\Delta c_{Al'}}{\delta_{l'}} = D'_{Al'}\Delta c_{Al'} \tag{17.208}$$

$$J_{As'} = |\boldsymbol{J}_{As'}| = |-D_{As'}\nabla c_{As'}| = D_{As'}\frac{\mathrm{d}c_{As'}}{\mathrm{d}r} \tag{17.209}$$

$$j = kc_{As's}^{n_A}c_{Bs's}^{n_B} = kc_{As's}^{n_A}c_{Bs}^{n_B} \tag{17.210}$$

对于半径为 r 的球形颗粒,有

$$-\frac{\mathrm{d}N_{(A)}}{\mathrm{d}t} = -\frac{a}{b}\frac{\mathrm{d}N_{B(s)}}{\mathrm{d}t} = 4\pi r_0^2 J_{Al'} = 4\pi r_0^2 D'_{Al'}\Delta c_{Al'} \tag{17.211}$$

$$-\frac{\mathrm{d}N_{(A)}}{\mathrm{d}t} = -\frac{a}{b}\frac{\mathrm{d}N_{B(s)}}{\mathrm{d}t} = 4\pi r^2 J_{As'} = 4\pi r^2 D_{As'}\frac{\mathrm{d}c_{As'}}{\mathrm{d}r} \tag{17.212}$$

$$-\frac{\mathrm{d}N_{(A)}}{\mathrm{d}t} = -\frac{a}{b}\frac{\mathrm{d}N_{B(s)}}{\mathrm{d}t} = 4\pi r^2 aj = 4\pi r^2 akc_{As's}^{n_A}c_{Bs}^{n_B} \tag{17.213}$$

过程达到稳态,$-\dfrac{\mathrm{d}N_{(A)}}{\mathrm{d}t} =$ 常数。将式(17.212)对 r 分离变量积分,得

$$-\frac{\mathrm{d}N_{(A)}}{\mathrm{d}t} = \frac{4\pi r_0 r D_{As'}}{r_0 - r}\Delta c_{As'} \tag{17.214}$$

式中

$$\Delta c_{Al'} = c_{Al'l} - c_{Al's'} = c_{Al} - c_{Al's'}$$

将式(17.5)、式(17.211)、式(17.213) 和式(17.214) 代入式(17.206),得

$$-\frac{\mathrm{d}r}{\mathrm{d}t} = \frac{r_0^2 bM_B D'_{Al'}}{r^2 a\rho_B}\Delta c_{Al'} \tag{17.215}$$

$$-\frac{\mathrm{d}r}{\mathrm{d}t} = \frac{bM_B k}{\rho_B}c_{As's}^{n_A}c_{Bs}^{n_B} \tag{17.216}$$

$$-\frac{\mathrm{d}r}{\mathrm{d}t} = \frac{r_0 bM_B D_{As'}}{r(r_0 - r)a\rho_B}\Delta c_{As'} \tag{17.217}$$

将式(17.215)、式(17.216) 和式(17.217) 分离变量积分,得

$$1 - \left(\frac{r}{r_0}\right)^3 = \frac{3bM_B D'_{Al'}}{a\rho_B r_0}\int_0^t \Delta c_{Al'}\mathrm{d}t \tag{17.218}$$

$$1 - \frac{r}{r_0} = \frac{bM_B k}{\rho_B r_0}\int_0^t c_{As's}^{n_A}c_{Bs}^{n_B}\mathrm{d}t \tag{17.219}$$

$$1 - 3\left(\frac{r}{r_0}\right)^2 + 2\left(\frac{r}{r_0}\right)^3 = \frac{6bM_B D_{As'}}{a\rho_B r_0^2}\int_0^t \Delta c_{As'}\mathrm{d}t \tag{17.220}$$

引入转化率,得

$$\alpha_B = \frac{3bM_B D'_{Al'}}{a\rho_B r_0}\int_0^t \Delta c_{Al'}\mathrm{d}t \tag{17.221}$$

$$1 - (1 - \alpha_B)^{\frac{1}{3}} = \frac{bM_B k}{\rho_B r_0}\int_0^t c_{As's}^{n_A}c_{Bs}^{n_B}\mathrm{d}t \tag{17.222}$$

$$3 - 3(1 - \alpha_B)^{\frac{2}{3}} - 2\alpha_B = \frac{6bM_B D_{As'}}{a\rho_B r_0^2} \int_0^t \Delta c_{As'} dt \tag{17.223}$$

式(17.218) + 式(17.219) + 式(17.220)，得

$$3 - \left(\frac{r}{r_0}\right) - 3\left(\frac{r}{r_0}\right)^2 + \left(\frac{r}{r_0}\right)^3 = \frac{3bM_B D'_{Al'}}{a\rho_B r_0} \int_0^t \Delta c_{Al'} dt + \frac{6bM_B D_{As'}}{a\rho_B r_0^2} \int_0^t \Delta c_{As'} dt +$$

$$\frac{bM_B k}{\rho_B r_0} \int_0^t c_{As's}^{n_A} c_{Bs}^{n_B} dt \tag{17.224}$$

式(17.221) + 式(17.222) + 式(17.223)，得

$$4 - (1 - \alpha_B)^{\frac{1}{3}} - 3(1 - \alpha_B)^{\frac{2}{3}} - \alpha_B = \frac{3bM_B D'_{Al'}}{a\rho_B r_0} \int_0^t \Delta c_{Al'} dt + \frac{6bM_B D_{As'}}{a\rho_B r_0^2} \int_0^t \Delta c_{As'} dt +$$

$$\frac{bM_B k}{\rho_B r_0} \int_0^t c_{As's}^{n_A} c_{Bs}^{n_B} dt \tag{17.225}$$

17.2.2.8　浸出过程由固体反应物 B 在液膜中的扩散控制

固体反应物 B 在液膜中的扩散速度慢，成为过程的控制步骤，浸出速率为

$$-\frac{1}{a}\frac{dN_{(A)}}{dt} = -\frac{1}{b}\frac{dN_{B(s)}}{dt} = \frac{1}{c}\frac{dN_{(C)}}{dt} = \frac{1}{d}\frac{dN_{D(s)}}{dt} = \frac{1}{b}\Omega_{l'l}J_{Bl'} \tag{17.226}$$

$$J_{Bl'} = |\boldsymbol{J}_{Bl'}| = |-D_{Bl'}\nabla c_{Bl'}| = D_{Bl'}\frac{\Delta c_{Bl'}}{\delta_{l'}} = D'_{Bl'}\Delta c_{Bl'} \tag{17.227}$$

式中

$$D'_{Bl'} = \frac{D_{Bl'}}{\delta_{l'}}$$

$$\Delta c_{Bl'} = c_{Bl's'} - c_{Bl'l} = c_{Bs} - c_{Bl}$$

式中，$c_{Bl's'}$ 为固体产物层与液膜界面组元 B 的浓度，即组元 B 在未被浸出的内核的浓度 c_{Bs}；$c_{Bl'l}$ 为组元 B 在液膜与溶液本体界面的浓度，即组元 B 在溶液本体的浓度 c_{Bl}。

$$-\frac{dN_{B(s)}}{dt} = \Omega_{l'l}J_{Bl'} = \Omega_{l'l}D'_{Bl'}\Delta c_{Bl'} \tag{17.228}$$

对于半径为 r 的球形颗粒，有

$$-\frac{dN_{B(s)}}{dt} = 4\pi r_0^2 D'_{Bl'}\Delta c_{Bl'} \tag{17.229}$$

将式(17.5)代入式(17.229)，得

$$-\frac{dr}{dt} = \frac{r_0^2 M_B D'_{Bl'}}{r^2 \rho_B}\Delta c_{Bl'} \tag{17.230}$$

将式(17.230)分离变量积分，得

$$1 - \left(\frac{r}{r_0}\right)^3 = \frac{3bM_B D'_{Al'}}{\rho_B r_0}\int_0^t \Delta c_{Al'} dt \tag{17.231}$$

引入转化率，得

$$\alpha_B = \frac{3bM_B D'_{Al'}}{\rho_B r_0}\int_0^t \Delta c_{Al'} dt \tag{17.232}$$

17.2.2.9 浸出过程由固体反应物 B 在固体产物层中的扩散控制

固体反应物 B 在固体产物层中的扩散速度慢，成为过程的控制步骤，浸出速率为

$$- \frac{1}{a} \frac{\mathrm{d}N_{(A)}}{\mathrm{d}t} = - \frac{1}{b} \frac{\mathrm{d}N_{B(s)}}{\mathrm{d}t} = \frac{1}{c} \frac{\mathrm{d}N_{(C)}}{\mathrm{d}t} = \frac{1}{d} \frac{\mathrm{d}N_{D(s)}}{\mathrm{d}t} = \frac{1}{b} \Omega_{s'l'} J_{Bs'} \qquad (17.233)$$

$$J_{Bs'} = \mid \boldsymbol{J}_{Bs'} \mid = \mid -D_{Bs'} \nabla c_{Bs'} \mid = D_{Bs'} \frac{\Delta c_{Bs'}}{\delta_{s'}} \qquad (17.234)$$

式中

$$\Delta c_{Bs'} = c_{Bs's'} - c_{Bs'l'} = c_{Bs} - c_{Bl}$$

由式（17.233）得

$$- \frac{\mathrm{d}N_{(B)}}{\mathrm{d}t} = \Omega_{s'l'} J_{Bs'} = \Omega_{s'l'} D_{Bs'} \frac{\Delta c_{Bs'}}{\delta_{s'}} \qquad (17.235)$$

对于半径为 r 的球形颗粒，有

$$- \frac{\mathrm{d}N_{B(s)}}{\mathrm{d}t} = \frac{4\pi r_0^2 D_{Bs'}}{r_0 - r} \Delta c_{Bs'} \qquad (17.236)$$

将式（17.5）代入式（17.236），得

$$- \frac{\mathrm{d}r}{\mathrm{d}t} = \frac{r_0^2 M_B D_{Bs'}}{r^2 (r_0 - r) \rho_B} \Delta c_{Bs'} \qquad (17.237)$$

分离变量积分式（17.237），得

$$4 \left(\frac{r}{r_0} \right)^3 - 3 \left(\frac{r}{r_0} \right)^4 - 1 = \frac{12 M_B D_{Bs'}}{\rho_B r_0^2} \int_0^t \Delta c_{Bs'} \mathrm{d}t \qquad (17.238)$$

引入转化率，得

$$3 - \alpha_B - 3 (1 - \alpha_B)^{\frac{4}{3}} = \frac{12 M_B D_{Bs'}}{\rho_B r_0^2} \int_0^t \Delta c_{Bs'} \mathrm{d}t \qquad (17.239)$$

17.2.2.10 浸出过程由固体反应物 B 在液膜中的扩散和在产物层中的扩散共同控制

固体反应物 B 在液膜中的扩散和在产物层中的扩散速度慢，共同为过程的控制步骤。浸出速率为

$$- \frac{1}{a} \frac{\mathrm{d}N_{(A)}}{\mathrm{d}t} = - \frac{1}{b} \frac{\mathrm{d}N_{B(s)}}{\mathrm{d}t} = \frac{1}{c} \frac{\mathrm{d}N_{(C)}}{\mathrm{d}t} = \frac{1}{d} \frac{\mathrm{d}N_{D(s)}}{\mathrm{d}t} = \frac{1}{b} \Omega_{l'l} J_{Bl'}$$

$$= \frac{1}{b} \Omega_{s'l} J_{Bs'} = \frac{1}{b} \Omega J_{l's'} \qquad (17.240)$$

式中

$$\Omega_{l'l} = \Omega_{s'l} = \Omega$$

$$J_{l's'} = \frac{1}{2} (J_{Bl'} + J_{Bs'}) \qquad (17.241)$$

$$J_{Bl'} = \mid \boldsymbol{J}_{Bl'} \mid = \mid -D_{Bl'} \nabla c_{Bl'} \mid = D_{Bl'} \frac{\Delta c_{Bl'}}{\delta_{l'}} = D'_{Bl'} \Delta c_{Bl'} \qquad (17.242)$$

式中

$$D'_{Bl'} = \frac{D_{Bl'}}{\delta_{l'}}$$

$$\Delta c_{Bl'} = c_{Bl's'} - c_{Bl'1} = c_{Bl's'} - c_{Bl}$$

$$J_{Bs'} = | \ \boldsymbol{J}_{Bs'} \ | = | - D_{Bs'} \nabla c_{Bs'} \ | = D_{Bs'} \frac{\Delta c_{Bs'}}{\delta_{s'}}$$

式中

$$\Delta c_{Bs'} = c_{Bs's'} - c_{Bs'1'} = c_{Bs} - c_{Bs'1'}$$

由式(17.240)得

$$-\frac{\mathrm{d}N_{B(s)}}{\mathrm{d}t} = \Omega_{l'1}J_{Bl'} = \Omega_{l'1}D'_{Bl'}\Delta c_{Bl'} \tag{17.243}$$

和

$$-\frac{\mathrm{d}N_{B(s)}}{\mathrm{d}t} = \Omega_{s'1'}J_{Bs'} = \Omega_{s'1'}D_{Bs'}\frac{\Delta c_{Bs'}}{\delta_{s'}} \tag{17.244}$$

对于半径为 r 的球形颗粒,有

$$-\frac{\mathrm{d}N_{B(s)}}{\mathrm{d}t} = 4\pi r_0^2 D'_{Bl'}\Delta c_{Bl'} \tag{17.245}$$

和

$$-\frac{\mathrm{d}N_{B(s)}}{\mathrm{d}t} = \frac{4\pi r_0^2 D_{Bs'}}{r_0 - r}\Delta c_{Bs'} \tag{17.246}$$

将式(17.5)代入式(17.245)和(17.246)得

$$-\frac{\mathrm{d}r}{\mathrm{d}t} = \frac{r_0^2 M_B D'_{Bl'}}{r^2 \rho_B}\Delta c_{Bl'} \tag{17.247}$$

和

$$-\frac{\mathrm{d}r}{\mathrm{d}t} = \frac{r_0^2 M_B D_{Bs'}}{r^2 (r_0 - r)\rho_B}\Delta c_{Bs'} \tag{17.248}$$

分离变量积分式(17.318)和式(17.248),得

$$1 - \left(\frac{r}{r_0}\right)^3 = \frac{3bM_B D'_{Al'}}{\rho_B r_0}\int_0^t \Delta c_{Al'}\mathrm{d}t \tag{17.249}$$

和

$$4\left(\frac{r}{r_0}\right)^3 - 3\left(\frac{r}{r_0}\right)^4 - 1 = \frac{12M_B D_{Bs'}}{\rho_B r_0^2}\int_0^t \Delta c_{Bs'}\mathrm{d}t \tag{17.250}$$

引入转化率,得

$$\alpha_B = \frac{3bM_B D'_{Al'}}{\rho_B r_0}\int_0^t \Delta c_{Al'}\mathrm{d}t \tag{17.251}$$

和

$$3 - 4\alpha_B - 3(1 - \alpha_B)^{\frac{4}{3}} = \frac{12M_B D_{Bs'}}{\rho_B r_0^2}\int_0^t \Delta c_{Bs'}\mathrm{d}t \tag{17.252}$$

式(17.249)+式(17.250),得

$$\left(\frac{r}{r_0}\right)^3 - \left(\frac{r}{r_0}\right)^4 = \frac{bM_B D'_{Al'}}{\rho_B r_0}\int_0^t \Delta c_{Al'}\mathrm{d}t + \frac{4M_B D_{Bs'}}{\rho_B r_0^2}\int_0^t \Delta c_{Bs'}\mathrm{d}t \tag{17.253}$$

式(17.251)+式(17.252),得

$$1 - \alpha_B - (1 - \alpha_B)^{\frac{4}{3}} = \frac{bM_B D'_{Al'}}{\rho_B r_0} \int_0^t \Delta c_{Al'} dt + \frac{4M_B D_{Bs'}}{\rho_B r_0^2} \int_0^t \Delta c_{Bs'} dt \qquad (17.254)$$

17.3　置换反应动力学

用电势序高的金属还原电势序低的金属的离子成为金属称为置换反应。电势序高的金属为还原剂,电势低的金属的离子为氧化剂。这种方法常用于从溶液中提取金属和溶液的净化。例如,用铁置换硫酸铜溶液中的铜离子制备金属铜。用锌置换硫酸锌溶液中的杂质铁离子,净化硫酸锌溶液。

17.3.1　置换反应的机理

置换反应是氧化还原反应。应 M_1 表示电势序高的金属,用 M_2 表示电势序低的金属。有

阳极反应

$$M_1 = M_1^{n+} + ne$$

阴极反应

$$M_2^{n+} + ne = M_2$$

总反应为

$$M_1 + M_2^{n+} = M_1^{n+} + M_2$$

把电势序高的金属 M_1 加入含有电势序低的金属的离子 M_2^{n+} 的溶液中,发生化学反应。M_1 被氧化,失去电子成 M_1^{n+},成为溶质,M_2^{n+} 被还原,得到电子成为金属 M_2,沉积在 M_1 的表面,成为电化学反应的阴极。在阴极表面进行 M_2^{n+} 的还原反应,得到金属 M_2,沉积在阴极表面。未被覆盖的 M_1 的表面成为电化学反应的阳极,在阳极表面进行 M_1 的氧化反应,得到离子 M_1^{n+},溶入溶液。

17.3.2　置换反应步骤

置换过程由以下两个步骤组成:

(1) 金属离子的扩散。这里包括两种金属离子 M_1^{n+} 和 M_2^{n+}。M_1^{n+} 从阳极表面经过双电层和边界层的扩散,M_2^{n+} 从溶液本体穿过边界层和双电层到达阴极表面的扩散。

(2) 电化学反应。M_1 在阳极失去电子成为离子 M_1^{n+} 进入溶液;M_2^{n+} 在阴极得到电子成为金属原子 M_2 沉积在阴极表面。

置换过程德尔控制步骤可以是步骤(1),也可以是步骤(2),或者是由步骤(1)和(2)共同控制。

17.3.3　置换反应速率

置换过程的速率方程有些是一级反应,即

$$-\frac{\mathrm{d}c_{\mathrm{M}_2^{n+}}}{\mathrm{d}t} = k\,\frac{S}{V}c_{\mathrm{M}_2^{n+}} \tag{17.255}$$

要进一步确定过程控制步骤是电化学反应还是传质可以比较反应活化能。

置换过程的速率方程也有二级反应,即

$$-\frac{\mathrm{d}c_{\mathrm{M}_2^{n+}}}{\mathrm{d}t} = k\,\frac{S}{V}c_{\mathrm{M}_2}^{n+} \tag{17.256}$$

17.4 从溶液中析出晶体

在材料制备和使用过程中,有很多涉及从液相中析出固相的变化。例如水溶液的沉淀和结晶,合金的凝固等。

17.4.1 过饱和溶液的稳定性

过饱和溶液是一种热力学的介稳状态。体系处于这种介稳状态的时间长短取决于溶液的组成、结构和性质。过饱和溶液的稳定性采用极限过饱和度或极限浓度的概念描述。溶液达到极限过饱和时,就自然结晶。图 17.1 所示为溶液的浓度与温度关系的状态图。两条曲线将平面划分为三个区域。其中 L 区为未饱和溶液稳定区,该区的溶液是稳定的。S 区为溶液的不稳定区,处于该区状态的溶液立刻析出溶质晶体,曲线 a 为溶解度曲线,曲线 b 和 c 分别为第一和第二介稳界限,曲线 c 是极限浓度曲线。曲线 a 和曲线

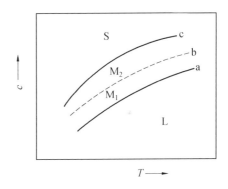

图 17.1   溶液的浓度与温度关系的状态图
L— 稳定区;S— 不稳定区;a— 溶解度曲线;
b,c— 第一和和二阶稳度界限

c 之间的 N 区是介稳区。N 区又可分为曲线 a 和 b 之间的 M_1 区以及曲线 b 和曲线 c 之间的 M_2 区。M_1 区的过饱和溶液不能自发均匀成核。M_2 区的过饱和溶液可以自发均匀成核,但要经过一段时间才能发生。

溶液的极限浓度的大小与溶质和溶剂的化学组成、结构、温度、溶液的数量、以及杂质、搅拌强度、反应器和搅拌器的材料等因素有关。目前,对这些影响因素还不能做定量的理论计算。

17.4.2 晶核形成

溶液中溶质晶核的形成有两种机理:均匀形核与非均匀形核。均匀形核是指在均相体系中自发产生晶核。非均匀形核是指在体系中的异相成为结晶中心,结晶物质在结晶中心表面成核。结晶中心可以是固态杂质、容器壁等,也可以是先期形成的晶核。许多情况是均匀形核和非均匀形核同时进行。

在溶液中,随着过饱和度的增加,出现具有一定结构和尺寸的微粒,即晶核。晶核是

由缔合物合并逐渐形成的。缔合物是由数量不同的离子、原子或分子组成。随着溶液浓度的增大,溶质的缔合物逐渐长大;溶液达到过饱和及过饱和度增大,缔合物进一步长大到临界尺寸,形成新相微粒 —— 晶核,从溶液中析出。

形核过程可以表示为

$$(B)_{过饱'} \Longrightarrow B(晶核)$$

随着晶核的形成,溶液中组元 B 的过饱和变小,直到晶核 B 与溶液达成平衡,有

$$(B)_{过饱'} \rightleftharpoons B(晶核)$$

由于晶核的粒径小,比表面积大,晶核的溶解度比同种物质晶体的溶解度大。因此,与晶核平衡的溶液中组元 B 仍然是过饱和的,但比形成晶核的过饱和浓度小。此浓度的过饱和溶液中的组元 B 不再析出晶核,但晶核可以长大成晶体。

$$(B)_{过饱'} \Longrightarrow B(晶体)$$

以晶体为标准状态,浓度以摩尔分数表示,形成晶核过程的摩尔吉布斯自用能变化为

$$\Delta G_{m,B(晶核)} = \mu_{B(晶核)} - \mu_{(B)_{过饱}} = RT\ln\frac{a_{(B)_{过饱'}}}{a_{(B)_{过饱}}} = RT\ln\frac{f'_{B(c)}c_{(B)_{过饱'}}}{f_{B(c)}c_{(B)_{过饱}}} \tag{17.257}$$

其中

$$\mu_{B(晶核)} = \mu_{(B)_{过饱'}} = \mu^*_{B(晶体)} + RT\ln a_{(B)_{过饱'}} = \mu^*_{B(晶体)} + RT\ln(f'_{B(c)}c_{(B)_{过饱'}}) \tag{17.258}$$

$$\mu_{(B)_{过饱}} = \mu^*_{B(晶体)} + RT\ln a_{(B)_{过饱}} = \mu^*_{B(晶体)} + RT\ln(f_{B(c)}c_{(B)_{过饱}}) \tag{17.259}$$

若 $c_{(B)_{过饱'}}$ 和 $c_{(B)_{过饱}}$ 相差不大,则可认为活度系数 $f'_{B(c)}$ 和 $f_{B(c)}$ 相等,所以

$$\Delta G_{m,B(晶核)} = RT\ln\frac{c_{(B)_{过饱'}}}{c_{(B)_{过饱}}} \tag{17.260}$$

均匀形核的速率与晶核出现的概率成正比,而概率的大小与产生晶核所消耗的功有关。其关系式为

$$\frac{dN}{dt} = k_N\exp\left(-\frac{\Delta G_{max}}{k_B T}\right) \tag{17.261}$$

式中,ΔG_{max} 为最大形核功。

17.4.3 晶体的长大

在形核的同时,晶核也在长大成为晶体。晶体长大所需要的溶液最小过饱和度比形核最小过饱和度小。形成晶体的过程可以表示为

$$(B)_{过饱} \Longrightarrow B(晶体)$$

摩尔吉布斯自由能变化为

$$\Delta G_{m,B(晶体)} = \mu_{B(晶体)} - \mu_{(B)_{过饱}} = RT\ln\frac{a_{B(晶体)}}{a_{(B)_{过饱}}} \tag{17.262}$$

式中

$$\mu_{B(晶体)} = \mu^*_{B(晶体)} + RT\ln a_{B(晶体)} \tag{17.263}$$

$$\mu_{(B)_{过饱}} = \mu^*_{B(晶体)} + RT\ln a_{(B)_{过饱}} \tag{17.264}$$

达到平衡时,溶液与晶体达成平衡,有

$$(B)_{饱和} \rightleftharpoons B(晶体)$$

摩尔吉布斯自由能变化为

$$\Delta G_{m,B(晶体)} = \mu_{B(晶体)} - \mu_{(B)_饱}$$ (17.265)

溶液和晶体都以纯晶体 B 为标准状态,浓度以摩尔分数表示,有

$$\mu_{B(晶体)} = \mu^*_{B(晶体)}$$ (17.266)

$$\mu_{(B)_饱} = \mu^*_{B(晶体)} + RT\ln a^R_{(B)_饱}$$ (17.267)

把式(17.266)和式(17.267)代入式(17.265),得

$$\Delta G_{m,B(晶体)} = 0$$ (17.268)

对于有大量晶体析出的溶液,溶液浓度变化与时间的关系如图 17.2 所示。其中曲线 1 可分为 ab, bc 和 cd 三段。ab 段为晶核形成到长成临界尺寸的阶段,称为结晶感应期。bc 段是临界尺寸的晶核继续长大并伴有新晶核继续产生的阶段,称为晶体生长期。ab 段的长短与过饱和溶液的稳定性和晶核形成的速率有关。一般说来,过饱和度越小,ab 段就越长。过饱和度越大,ab 段就越短,过饱和度达到极限浓度浓度,可以没有感应期。cd 段是结晶过程的最后阶段。在此阶段有小晶粒溶解,大晶体的长大,晶粒的合并,晶体结构的调整、完善。因此,

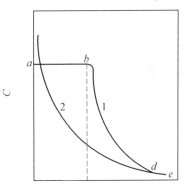

图 17.2 大量晶体析出的速度曲线

晶体粒度的构成发生变化,杂质在溶液和晶体中的分配也趋于平衡。

结晶速率方程为

$$-\frac{dc_B}{dt} = \frac{k\alpha^n S}{V}$$ (17.269)

式中,c_B 为溶液中结晶组元 B 的浓度。α 为绝对过饱和度,$\alpha = c_{(B)过饱和} - c_{(B)饱和}$;$n$ 为结晶级数,通常取 1 或 2;S 为晶体的表面积;V 为溶液的体积;k 为比例常数。

17.5 金属的熔化

17.5.1 纯物质的熔化速率

物质从固态变为液态的过程叫熔化。在一定压力下,对于纯固体物质加热到其熔点,并不断向其提供热量,固体物质就不断熔化,转变为液态。固体在熔点熔化不断吸热,但温度保持不变。纯固体物质的熔化速率由向其传热的速率决定。设纯物质浸没在该物质的液体里,熔化速率为

$$-\frac{dn}{dt} = \frac{\lambda(T_L - T_m)}{\bar{L} + (T_L - T_m)\bar{C}_p}$$ (17.270)

式中,n 为纯物质的摩尔数;λ 为该液态物质的传热系数;T_L 为液体的温度;T_m 为物质的熔点;$\bar{L}$ 为纯物质的摩尔熔化潜热,$\bar{C}_p$ 为该液态物质摩尔热容。

以质量表示熔化速率为

$$-\frac{\mathrm{d}W}{\mathrm{d}t} = \frac{\lambda(T_{\mathrm{L}} - T_{\mathrm{m}})}{L + (T_{\mathrm{L}} - T_{\mathrm{m}})C_{\mathrm{p}}} \tag{17.271}$$

式中，W 为纯物质的质量；λ 为导热系数；L 为纯物质的质量熔化潜热；C_{p} 为该液态物质的质量热容。

如果液体的温度恒定，式(17.270)、(17.271)可以写作

$$-\frac{\mathrm{d}n}{\mathrm{d}t} = \Lambda_n \Delta T \tag{17.272}$$

和

$$-\frac{\mathrm{d}W}{\mathrm{d}t} = \Lambda_w \Delta T \tag{17.273}$$

式中

$$\Lambda_n = \frac{\lambda}{\widetilde{L} + (T_{\mathrm{L}} - T_{\mathrm{m}})\widetilde{C}_{\mathrm{p}}}$$

$$\Lambda_w = \frac{\lambda}{L + (T_{\mathrm{L}} - T_{\mathrm{m}})C_{\mathrm{p}}}$$

$$\Delta T = T_{\mathrm{L}} - T_{\mathrm{m}}$$

17.5.2　合金的熔化

图 17.3 所示为 A – B 二元合金相图。如图所示，二元合金 A – B 的液相线温度与其组成有关。其熔化情况与其组成有关，即与其液相线温度有关，而且还与其浸在的熔体温度和组成有关。

17.5.2.1　熔体温度和组成为 a 点

二元合金 A – B 的组成为 $x_{\mathrm{B,O}}$，其液相线温度和组成为 d 点。熔体温度和组成为 a

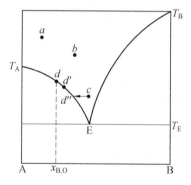

图 17.3　A – B 二元合金相图

点。浸在熔体 a 中的二元合金 A – B，其表面温度升高到 T_d 以上开始熔化，溶化后固液界面的组元 B 经过液体边界层向熔体本体扩散。其熔化速率可以用式(17.270)和式(17.271)表示，但式中的 T_{m} 应是液相线温度 T_d，即二元合金 A – B 块体的表面温度，有

$$-\frac{\mathrm{d}n_{\mathrm{A-B}}}{\mathrm{d}t} = \frac{\lambda(T_{\mathrm{L}} - T_d)}{\widetilde{L}_{\mathrm{A-B}} + (T_{\mathrm{L}} - T_d)\widetilde{C}_{\mathrm{p}}} \tag{17.274}$$

及

$$-\frac{\mathrm{d}W_{\mathrm{A-B}}}{\mathrm{d}t} = \frac{\lambda_w(T_{\mathrm{L}} - T_d)}{L_{\mathrm{A-B}} + (T_{\mathrm{L}} - T_d)C_{\mathrm{p}}} \tag{17.275}$$

精确计算式中分母还应包括二元合金 A – B 溶化后由于组元 B 浓度大于熔体的浓度，还应当包括溶解热或冲淡热。

17.5.2.2 熔体温度和组成为 b 点

二元合金 A – B 的组成为 $x_{B,0}$,其液相线温度和组成为 d 点。熔体温度和组成为 b 点。可见,溶体温度高于二元合金 A – B 的液相线温度,熔体的组元 B 的含量大于二元合金 A – B 的组元 B 含量。浸在熔体 b 中的二元合金 A – B 在其表面温度升高到 T_d 以上,开始熔化,熔体中的组元 B 会经过液相边界层向二元合金 A – B 表面扩散,提高其 B 含量,造成二元合金 A – B 的熔化温度降低。其熔化速率为

$$-\frac{\mathrm{d}n_{A-B}}{\mathrm{d}t} = \frac{\lambda_1 (T_L - T_d)}{\tilde{L}_{A-B} + (T_L - T_d)\tilde{C}_p} \tag{17.276}$$

及

$$-\frac{\mathrm{d}W_{A-B}}{\mathrm{d}t} = \frac{\lambda_1 (T_L - T_d)}{L_{A-B} + (T_L - T_d)C_p} \tag{17.277}$$

如果组元 B 的扩散速率快,二元合金 A – B 的熔化温度会降低。比如,二元合金表面组元 B 的浓度成为 d' 点组元 B 的浓度,则要用 $T_{d'}$ 代替 T_d。

17.5.2.3 熔体温度和组成为 c 点

二元合金 A – B 的液相线温度和组成仍为 d 点。熔体温度和组成为 c 点。可见,熔体温度低于二元合金 A – B 的液相线温度,熔体中组元 B 的含量大于二元合金 A – B 的组元 B 含量。浸在熔体 c 中的二元合金 A – B 的表面温度不可能升高到 T_d 以上。单靠熔体 c 向二元合金 A – B 表面传热已经不可能将其熔化。但是,由于熔体 C 中的组元 B 会向二元合金 A – B 的表面扩散,并通过液固界面向二元合金 A – B 中渗透,提高二元合金 A – B 中组元 B 的浓度。当二元合金 A – B 表面组元 B 的含量与熔体中组元 B 的含量相同时,二元合金 A – B 的液相线温度降至 T_d,二元合金 A – B 就开始熔化。随着组元 B 扩散的进行,二元合金 A – B 不断熔化。其熔化速率不仅与传热速率有关,还与组元 B 的传质速率有关。

设块状二元合金 A – B 完全浸没在熔体里,取块体中心为坐标原点,热传导方程为

$$\frac{\partial T}{\partial t} = \alpha \nabla^2 T \tag{17.278}$$

式中,T 为温度;α 为导温系数或热扩散系数,$\alpha = \dfrac{\lambda}{\rho C_p}$;$\rho$ 为二元合金的密度。

边界条件为

$$\lambda_s (T_L - T_s) = \lambda_l \left(\frac{\partial T}{\partial x}\right)_s + \tilde{\rho}_{A-B} \tilde{L}_{A-B} \tilde{J}_{A-B,x} \tag{17.279}$$

$$\lambda_s (T_L - T_s) = \lambda_l \left(\frac{\partial T}{\partial y}\right)_s + \tilde{\rho}_{A-B} \tilde{L}_{A-B} \tilde{J}_{A-B,y} \tag{17.280}$$

$$\lambda_s (T_L - T_s) = \lambda_l \left(\frac{\partial T}{\partial z}\right)_s + \tilde{\rho}_{A-B} \tilde{L}_{A-B} \tilde{J}_{A-B,z} \tag{17.281}$$

式中,λ_s 为二元合金 A – B 的导热系数;λ_1 为熔体的导热系数;$\tilde{\rho}_{A-B}$ 为二元合金 A – B 的体积摩尔密度;$\tilde{L}_{A-B}$ 为二元合金 A – B 的摩尔熔化潜热;$\tilde{J}_{A-B,x}$、$\tilde{J}_{A-B,y}$、$\tilde{J}_{A-B,z}$ 分别为二元合金 A – B 在 x,y,z 方向的熔化速率,单位为 mol·s^{-1};二元合金 A – B 的摩尔数为按成分计

算的平均值；T_L 为熔体温度；T_s 为二元合金 A – B 的液相线温度；即表面的熔化温度；下角标 s 表示二元合金 A – B 的固体表面。

如果用质量表示，则有

$$\lambda_s(T_L - T_s) = \lambda_1 \left(\frac{\partial T}{\partial x}\right)_s + \rho_{A-B}L_{A-B}J_{A-B,x} \tag{17.282}$$

$$\lambda_s(T_L - T_s) = \lambda_1 \left(\frac{\partial T}{\partial y}\right)_s + \rho_{A-B}L_{A-B}J_{A-B,y} \tag{17.283}$$

$$\lambda_s(T_L - T_s) = \lambda_1 \left(\frac{\partial T}{\partial z}\right)_s + \rho_{A-B}L_{A-B}J_{A-B,z} \tag{17.284}$$

式中，ρ_{A-B}，L_{A-B}，$J_{A-B,x}$，$J_{A-B,y}$，$J_{A-B,z}$ 为单位质量的量。

由熔体本体向二元合金 A – B 表面迁移的组元 B 的量等于二元合金 A – B 熔化进入熔体的量，有

$$k_{l,B}(c_{L,B} - c_{S,B}) = J_{A-B}(c_{S,B} - c_{B,0}) \tag{17.285}$$

式中，$k_{l,B}$ 为组元 B 在熔体中的传质系数。

这里认为在 x,y,z 三个方向迁移的量相等。求解上面方程得解析解很困难，通常给出数值解。

选择固液界面为坐标原点，x 轴固相一侧的扩散方程为

$$\frac{\partial c}{\partial t} = D_S\frac{\partial^2 c}{\partial x^2} + J\frac{\partial c}{\partial x} \quad (x > 0) \tag{17.286}$$

x 轴液相一侧的扩散方程为

$$\frac{\partial c}{\partial t} = D_L\frac{\partial^2 c}{\partial x^2} + J\frac{\partial c}{\partial y} \quad (x < 0) \tag{17.287}$$

式中，D_S 为组元 B 在固相的扩散系数；D_L 为组元 B 在液相的扩散系数。

合金熔化的温度和浓度分布如图 17.4 所示。

在熔化过程达到稳定时，即

$$\frac{\partial c}{\partial t} = 0 \tag{17.288}$$

方程（17.284）和方程（17.285）的解分别为

$$c = c_i + (c_S - c_i)\exp\left(-\frac{J_x}{D_S}\right) \quad (x > 0) \tag{17.289}$$

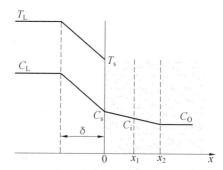

图 17.4　合金熔化的温度和浓度分布

$$c = c_L + (c_0 - c_L)\frac{1 - \exp\left(-\dfrac{J_x}{D_L}\right)}{1 - \exp\left(-\dfrac{J_\delta}{D_L}\right)} \quad (x < 0) \tag{17.290}$$

利用物质流的连续性方程，求得溶解速率为

$$J = -\frac{D_L}{\delta}\ln\left(1 + \frac{c_L - c_0}{c_i - c_S}\right) = k\ln\left(1 + \frac{c_L - c_0}{c_i - c_S}\right) \tag{17.291}$$

式中

$$k = -\frac{D_L}{\delta} \tag{17.292}$$

δ 为液相边界层厚度,这里取温度边界层和浓度边界层厚度相等。$0 - x_1$ 为二元合金 A – B 单位时间熔化的厚度。

17.6 液态金属的凝固

17.6.1 液态纯金属的凝固

物质从液态变成固态的过程称为凝固。在一定条件下,纯物质有固定的熔点。凝固是放热过程,放出的热量与物质凝固的数量成正比。因此,可以用放出热量的速率来确定凝固的速率。

在下面的讨论中忽略对流传热和辐射传热,只考虑传导传热,凝固过程的放热可用热传导方程描述,即

$$\rho C_p \frac{\partial T}{\partial t} = k \nabla^2 T \tag{17.293}$$

式中,ρ 为锭模的密度;C_p 为锭模的热容;k 为锭模的导热系数;T 为锭模的温度。

在给定的边界条件下,解微分方程(17.293)可得到任意时刻锭模的温度分布,从而得到进入锭模的热量和液体的凝固量。

直接解微分方程(17.293)很麻烦。下面仅就一些特定条件解热传导方程(17.293)。

设锭模为平板状,液体的温度为其熔点 T_m,从液体向锭模传递的热量等于液体的凝固热。凝固后的固体导热性良好,没有温度梯度。温度梯度只存在于锭模。为简化处理,只解一维微分方程。如图17.5 所示,T_0 是锭模外表面的温度,看作常数;T_s 为锭模和金属间界面温度,等于金属的熔点。在这些条件下,锭模传热相当于半无限体的一维热传导。微分方程简化为

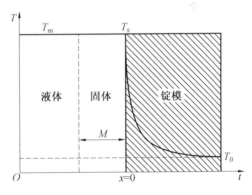

图 17.5　凝固模型示意图

$$\frac{\partial T}{\partial t} = \alpha \frac{\partial^2 T}{\partial x^2} \tag{17.294}$$

式中

$$\alpha = \frac{k}{\rho C_p}$$

为热扩散系数。

方程(17.294)的初始条件为

$$t = 0, x = 0; T(0,0) = T_0$$

边界条件为

$$x = 0, T(0,t) = T_m$$

$$x = \infty, T(\infty,t) = T_0$$

方程（17.294）的解为

$$\frac{T - T_m}{T_0 - T_m} = (\alpha\pi t)^{\frac{1}{2}} \int_0^\eta e^{-u^2} du = erf\left(\frac{x}{2\sqrt{\alpha\pi}}\right) = erf\,\eta \qquad (17.295)$$

式中

$$\eta = \frac{x}{2\sqrt{\alpha\pi}}$$

流入锭模的热量为

$$q\Big|_{x=0} = -\lambda\frac{\partial T}{\partial x}\Big|_{x=0} = \sqrt{\frac{\lambda\rho C_p}{\pi t}}(T_m - T_0) \qquad (17.296)$$

式中，$\lambda\rho C_p$ 为热扩散系数，表示在对一定传热速率的吸热能力。

单位面积液体凝固放出的热量为

$$q' = \rho_m L_m \frac{dl}{dt} \qquad (17.297)$$

式中，ρ_m 为正在凝固的物质的密度；L_m 为熔化潜热；l 为凝固层厚度。

凝固时放出的热量等于流入锭模的热量，有

$$q\big|_{x=0} = q'$$

即

$$\frac{dl}{dt} = \frac{(T_m - T_0)\sqrt{\lambda\rho_m C_p}}{\rho_m L_m \sqrt{\pi t}} \qquad (17.298)$$

从 0 到 t 积分式（17.298），得

$$l = \frac{2}{\sqrt{\pi}}\left(\frac{T_m - T_0}{\rho_m L_m}\right)\sqrt{\lambda\rho_m C_p} = k_{ls}t^{\frac{1}{2}} \qquad (17.299)$$

式中

$$k_{ls} = \frac{2}{\sqrt{\pi}}\left(\frac{T_m - T_0}{\rho_m L_m}\right)\sqrt{\lambda\rho_m C_p} \qquad (17.300)$$

称为凝固系数。

凝固层厚度和时间的平方根成正比。

如果液体过热，凝固时除相变热还要放出降温过程的物理热，式（17.299）可改写为

$$l = k_{ls}t^{\frac{1}{2}} + b \qquad (17.301)$$

式中，b 为校正常数。

17.6.2 液态合金凝固的偏析

固溶体合金凝固过程在一个温度范围内完成。在凝固过程中形成固溶体和液体的成分不同，固体或液体的成分随着温度的降低不断地变化。由于固态物质扩散慢，溶质在凝

固过程重新分配,这种现象称为偏析。偏析的大小与溶质在液固相中的分配有关,而溶质的分配系数与凝固速率有关。

17.6.2.1 溶质的分配系数

质量分数为 W_0 的二元液态合金在温度 T_1 开始凝固,在温度 T_3 凝固结束。在温度 $T_0 \sim T_2$ 范围内液固两相平衡共存。在此期间,对于确定的温度,溶质在两相中的成分之比为常数。该常数即为平衡分配系数,可以表示为

$$K = \frac{w_{B,S}}{w_{B,L}}$$

式中,$w_{B,S}$ 和 $w_{B,L}$ 分别为溶质在固相和液相中的质量分数;K 的取值可以大于 1 也可以小于 1。

图 17.6 中的(a)和(b)分别表示 $K < 1$ 和 $K > 1$ 的二元相图。对于 $K < 1$ 的合金,K 值越小,固相线和液相线之间的展开程度越大,溶质偏析程度越大;对于 $K > 1$ 的合金,K 值越大,固相线和液相线展开的程度越大,溶质偏析程度也越大。

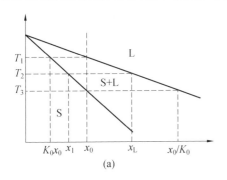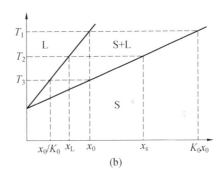

图 17.6 $K_0 < 1$(a)与 $K_0 > 1$(b)的两类二元合金相图

如果合金的固相线和液相线都是直线,则 K 值与温度无关。如果不是直线,K 值随温度变化。如果 K 值变化不大,也可将其当作常数。

合金在平衡状态凝固,由于有充足的扩散时间,液固两相都是均匀的平衡成分,两相的数量符合杠杆规则。实际的凝固过程没有充足的扩散时间,液固两相并没有达到平衡,存在成分偏析,杠杆定则不再适用。

17.6.2.2 非平衡凝固的固相中溶质的分布

如图 17.7(a)所示,一棒状合金向左向右逐渐凝固。在凝固过程中,通过搅拌液相成分保持均匀。固相中的溶质成分不均匀,浓度分布曲线如图 17.7(b)所示。W_0 表示凝固前液态合金的成分,$KW_{B,0}$ 表示液态合金开始凝固时对应的固态合金成分。随着凝固的进行,液相中溶质的凝固越来越多,析出的固相中溶质的浓度从 $KW_{B,0}$ 逐渐增加。凝固过程结束,固相中溶质浓度分布如图 17.7(b)所示。由图 17.7 可见,先后凝固的合金中溶质成分不均匀,先凝固的合金中溶质浓度小,后凝固的合金中溶质浓度大。这种偏析是长距离的,与棒长相同,称为宏观偏析。这种凝固称为标准凝固。

为推导固态合金中溶质浓度的分布规律,做如下假设:

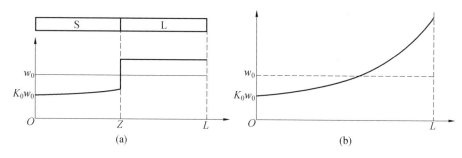

图 17.7 棒状合金浓度分布曲线

（1）凝固过程中液态合金中溶质的成分始终保持均匀。

（2）液固相界面为平面。

（3）固体中的扩散忽略不计。

（4）分配系数 K 为常数。

（5）液固态合金密度近似相等，$\rho_s = \rho_L$。

棒长为 l，截面积为 S 的二元合金，在某一时刻已凝固的长度为 x。液态合金中溶质的体积质量浓度为 $\rho_{B,L}(\rho_{B,L} = w_{B,l}\rho_L)$，此时刻有 $\mathrm{d}x$ 段液态合金凝固。凝固前，这段液态合金中溶质的量为

$$\mathrm{d}W_{B,L} = \rho_{B,L}S\mathrm{d}x \tag{17.302}$$

凝固后，这段合金中的部分溶质进入固相，其余部分留在液相，有

$$\mathrm{d}W_{B,L} = \rho_{B,S}S\mathrm{d}x + \mathrm{d}\rho_{B,L}S(l - x - \mathrm{d}x) \tag{17.303}$$

式中

$$\mathrm{d}\rho_{B,L} = \frac{(\rho_{B,L} - \rho_{B,S})\mathrm{d}x}{l - x - \mathrm{d}x}$$

为凝固 $\mathrm{d}x$ 后的液相中溶质组元 B 浓度增加的量。

$$S(\rho_{B,L} - \rho_{B,S})\mathrm{d}x = \mathrm{d}\rho_{B,L}S(l - x - \mathrm{d}x)$$

为凝固 $\mathrm{d}x$ 后，液相中剩下溶质 B 的量。$\rho_{B,L}$ 和 $\rho_{B,S}$ 分别为液相和固相中溶质组元的密度即质量浓度。

$$K = \frac{w_{B,S}}{w_{B,L}} = \frac{\rho_{B,S}/\rho_S}{\rho_{B,L}/\rho_L} \approx \frac{\rho_{B,S}}{\rho_{B,L}} \tag{17.304}$$

式（17.302）与式（17.303）相等，联立积分，并利用式（17.304），有

$$\int_0^x \frac{1 - K}{l - x}\mathrm{d}x = \int_{\rho_{B,0}}^{\rho_{B,L}} \frac{\mathrm{d}\rho_{B,L}}{\rho_{B,L}} \tag{17.305}$$

式中，$\rho_{B,0}$ 为溶质组元 B 的初始浓度，即没开始凝固时的浓度。积分得

$$\rho_{B,L}(x) = \rho_{B,0}\left(1 - \frac{x}{l}\right)^{K-1} \tag{17.306}$$

在棒的任何位置都有

$$\rho_{B,S} = K\rho_{B,L} \tag{17.307}$$

所以

$$\rho_{B,S}(x) = K\rho_{B,0} \left(1 - \frac{x}{l} \right)^{K-1} \qquad (17.308)$$

式(17.308)为标准凝固方程,即夏尔(Scheil)方程。由方程(17.308)可见,K 值越小,偏析越大。

在推导方程(17.308)时,没有考虑固相中的扩散。考虑固相中溶质的扩散,则有

$$\rho_{B,S}(x) = K\rho_{B,0} \left(1 - \frac{x}{(1 + \omega K)l} \right)^{K-1} \qquad (17.309)$$

式中

$$\omega = \frac{D_{B,S}}{lJ}$$

$$J = \frac{dx}{dt}$$

式中,$D_{B,S}$ 为溶质 B 在固相中的扩散系数;J 为凝固速率。

当 $\omega K \ll 1$ 时,即固相中组元 B 的扩散速率足够慢,式(17.309)成为式(17.308)。

多元合金凝固同样存在偏析,可以用类似上面的方法处理,只是更为复杂。

17.6.3　区域熔炼

从前面的讨论可知,一个成分均匀的棒状合金经熔化、凝固后,成分就不均匀了,两端的成分不同。在 20 世纪 50 年代,普凡(Pfann)根据合金成分偏析的原理发明了区域熔炼的物质提纯工艺技术:采用局部加热狭长料锭形成一个狭窄的熔融区。移动加热装置,使狭窄的熔融区按一定方向沿料锭缓慢移动,利用溶质在液固相间的分配不同,在熔化和凝固过程中调控溶质的分布。加热装置从棒的一端到另一端每移动一次,溶质就重新分布,被驱赶到棒的端点。使基体物质 —— 溶剂除两端外的部分纯度提高,含溶质量减少。如果溶质是杂质,基体物质就被提纯。区熔次数对区域熔炼后杂质浓度分布的影响如图 17.8 所示。

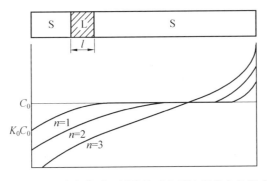

图 17.8　区熔次数对区域熔炼后杂质浓度分布的影响

固体物质的成分为 $w_{B,0}$,熔化区域的长度为 l,熔化区移动到 x 点,在 x—$x + l$ 段物质为液态。在向前移动 dx 长度,则 x—$x + dx$ 段的物质成为固体,$x + dx$—$x + l$ 段仍为液体,$x + l$—$z + l + dx$ 段固体变为液体,如图 17.9 所示。设 $\rho_L = \rho_S = \rho$,在移动过程中三段溶质量的变化分别为

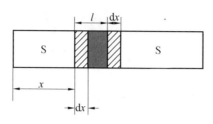

图17.9 区域熔炼示意图

x—$x + \mathrm{d}x$ 段

$$w_{\mathrm{B,l}}\rho_{\mathrm{L}}S\mathrm{d}x - w_{\mathrm{B,S}}\rho_{\mathrm{S}}S\mathrm{d}x = (w_{\mathrm{B,L}} - w_{\mathrm{B,S}})\rho S\mathrm{d}x$$

$x + \mathrm{d}x$—$x + l + \mathrm{d}x$ 段

$$S(l - \mathrm{d}x)\rho_{\mathrm{L}}\mathrm{d}w_{\mathrm{B,L}} = S(l - \mathrm{d}x)\rho \mathrm{d}w_{\mathrm{B,L}}$$

$x + l$—$x + l + \mathrm{d}x$ 段

$$w_{\mathrm{B,0}}\rho_{\mathrm{S}}S\mathrm{d}x - w_{\mathrm{B,l}}\rho_{\mathrm{L}}S\mathrm{d}x = (w_{\mathrm{B,0}} - w_{\mathrm{B,L}})\rho S\mathrm{d}x$$

根据质量守恒原理,得

$$- (w_{\mathrm{B,L}} - w_{\mathrm{B,S}})\mathrm{d}x - (l - \mathrm{d}x)\mathrm{d}w_{\mathrm{B,L}} - (w_{\mathrm{B,0}} - w_{\mathrm{B,L}})\mathrm{d}x = 0 \qquad (17.310)$$

将

$$K = \frac{w_{\mathrm{B,S}}}{w_{\mathrm{B,L}}}$$

代入式(17.310),得

$$(w_{\mathrm{B,0}} - Kw_{\mathrm{B,L}})\mathrm{d}x = l\mathrm{d}w_{\mathrm{B,L}} \qquad (17.311)$$

积分式(17.311),得

$$w_{\mathrm{B,S}}(x) = w_{\mathrm{B,0}}\left[1 - (1 - K)\exp\left(-\frac{Kx}{l}\right)\right] \qquad (17.312)$$

K 值越小,分离效果越好。

17.6.4　有效分配系数与伯顿方程

从前面的讨论可知,分配系数 K 是一个重要的物理量,K 越小,偏析越大,区域熔炼效果越好。$K = 1$ 无偏析,无法进行区域熔炼。分配系数 K 是液固两相达到热力学平衡时,液固两相中溶质的浓度比。这只有在凝固速率非常缓慢,液相充分均匀,界面反应非常迅速的情况下,这个比值才接近分配系数 K 值。前面给出的标准凝固方程和区域熔炼方程中的 K 值即为平衡值。

在实际凝固过程,液固相界面有一个液体边界层。凝固过程达到稳态时,液体边界层中的溶质分布不均匀,有一个浓度梯度。图17.10所示为区域熔炼过程溶质的浓度分布,实线为理论值(K 为平衡值),虚线为实际值(K 为非平衡值)。

界面处液相中溶质浓度升高,一方面使界面处固相溶质浓度升高,另一方面使液相溶质浓度稍有降低。从而使固液两相溶质的浓度比值不等于平衡值 K,称为有效分配系数,以 K_{E} 表示

$$K_{\mathrm{E}} = \frac{w_{\mathrm{B,S,I}}}{w_{\mathrm{B,L,b}}} \qquad (17.313)$$

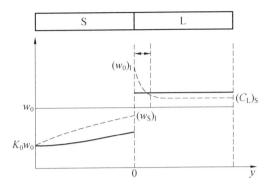

图 17.10 单向凝固杂质浓度分布示意图

式中,$W_{B,S,I}$ 为液固界面固相一侧溶质 B 的浓度;$w_{B,L,b}$ 为液相本体中溶质 B 的浓度。用有效分配系数 K_E 代替标准凝固方程和区域熔炼方程中的 K,才和实际情况相符。

有效分配系数还与凝固速率 J 有关,如图 17.11 所示。凝固越快,溶质在凝固界面液相一侧的积累越多,溶液本体溶质浓度降低量越大,有效分配系数越大。

为简化计,仅考虑一维情况。区域熔炼达到稳态,凝固过程的扩散方程为

$$D_{B,L}\frac{d^2 w_{B,L}}{dx^2} + J\frac{dw_{B,L}}{dx} = 0 \tag{17.314}$$

边界条件为

$$x = 0, \ w_{B,L} = w_{B,L,I}$$
$$x > \delta, \ w_{B,L} = w_{B,L,B}$$

式中,$D_{B,L}$ 为溶质 B 的液相扩散系数;δ 为液相浓度边界层厚度。

稳态时,从固相出去的溶质的速率等于界面处从液相扩散出去的溶质的速率。有

$$\left(w_{B,L,I} - w_{B,S,I}\right)J + D_{B,L}\frac{dw_{B,L}}{dx} = 0 \tag{17.315}$$

式中,J 为界面移动速率。

积分式(17.315),得

$$\frac{w_{B,S,I} - w_{B,L,B}}{w_{B,S,I} - w_{B,L,I}} = \exp\left(-\frac{J\delta}{D_{B,L}}\right) \tag{17.316}$$

利用

$$K = \frac{w_{B,S,I}}{w_{B,L,I}}, \ K_E = \frac{w_{B,S,I}}{w_{B,L,b}}$$

式(17.316)成为

$$K_E = \frac{K}{K + (1 - K)\exp(-J\delta/D_{B,L})} \tag{17.317}$$

式(17.317)称为伯顿(Burton)方程,由伯顿、普瑞姆(Prim)和斯利奇尔(Slichre)在 1987 年提出。

图 17.12 给出了 K, K_E 和 $J\delta/D_{B,L}$ 之间的关系。由图可见,$J\delta/D_{B,L}$ 越小,K_E 越接近 K;$J\delta/D_{B,L}$ 增大,K_E 增大,其极限为 1。

用 K_E 代替 K,标准凝固方程为

$$w_{B,S}(x) = K_E w_{B,0} \left(1 - \frac{x}{l} \right)^{K_E - 1}$$ (17.318)

区域熔炼方程为

$$w_{B,S}(x) = w_{B,0} \left[1 - (1 - K_E) \exp\left(-\frac{K_E x}{l} \right) \right]$$ (17.319)

$K_E > K$,液体凝固偏析小;

$K_E = K$,液体凝固偏析大;

由式(17.317)可见,$J\delta/D_{B,L}$ 越大,K_E 越比 K 大,凝固偏析越小,固体越均匀;$J\delta/D_{B,L}$ 越小,K_E 越接近 K,凝固偏析越大,固体成分越不均匀。

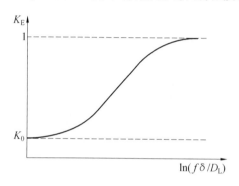

图17.11 有效分配系数与凝固速度之间的关系　图17.12 不同 K_E 时凝固体内溶质浓度分布曲线

习　　题

1. 溶解过程有哪些步骤?

2. 分别给出溶解过程分别由溶解物质的内扩散、外扩散和溶剂与溶解物质相互作用为控制步骤的速率公式。

3. 给出溶解过程由溶剂的内扩散、外扩散和溶剂与溶解物质相互作用共同扩散的速率表达式。

4. 给出浸出过程分别由液态浸出剂的内扩散、外扩散控制的速率公式。

5. 给出浸出过程分别由固态反应物的内扩散、外扩散或化学反应控制步骤的速率公式。

6. 何谓溶液中溶质的均匀成核? 何谓不均匀成核? 有何不同? 有哪些因素决定?

第18章 固 – 固相反应动力学

材料制备和使用过程中的烧结、金属氧化物的炭还原、固相合成等都涉及固–固相反应。

固–固相反应就是反应物都是固体的反应。固–固相反应可以分为三种类型:一是产物都是固体;二是产物中有气体或液体;三是交换反应,即固相反应物之间交换阴离子或阳离子生成产物。

在固–固相反应中,固体反应物之间必须彼此接触,并且至少有一个反应物在反应形成产物层后,要经过产物层扩散到另一个反应物表面。因此,固–固相反应有下列几种控制步骤:

① 相界面上的化学反应为过程的控制步骤。

② 固体反应物经过产物层的扩散为过程的控制步骤。

③ 界面化学反应和反应物经产物层的扩散共同为过程的控制步骤。

下面分别介绍。

18.1 界面化学反应为控制步骤

固–固相化学反应与反应物的接触面积密切相关。反应物的接触面积往往不是一个常量,而是随着化学反应的进程而变化。因此,在化学反应动力学的方程中,反应物的接触面积必须考虑。

固体反应物 A 与 B 发生化学反应为

$$A(s) + B(s) \Longrightarrow C(s)$$

界面上二者的浓度分别为 c_A 和 c_B,则其反应速率方程可以写为

$$-\frac{dW}{dt} = ksc_A^m c_B^n \tag{18.1}$$

式中,W 为固体反应物的质量;k 为化学反应速率常数;s 为单位质量反应物的接触面积。

如果界面 A 侧 A 为纯物质,界面 B 侧 B 的浓度为 c_B,则上式可写为

$$-\frac{dW}{dt} = ksc_B^n \tag{18.2}$$

设反应物为颗粒半径相同的圆球,在 $t=0$ 时,半径为 r_0。经时间 t 后,每个颗粒表面形成产物层。未反应的颗粒半径减小到 r,则

$$-\frac{dW}{dt} = -\frac{d}{dt}\left(N\frac{4}{3}\pi r^3 \rho\right) = 4N\pi r^2 \rho\left(-\frac{dr}{dt}\right) \tag{18.3}$$

式中

$$N = \frac{1}{\frac{4}{3}\pi r_0^3 \rho} \tag{18.4}$$

为单位质量反应物中所包含的颗粒数; ρ 为反应物颗粒密度。

反应的转化率为

$$x = 1 - \frac{\frac{4}{3}\pi r^3 \rho}{\frac{4}{3}\pi r_0^3 \rho} = 1 - \left(\frac{r}{r_0}\right)^3 \tag{18.5}$$

$$\frac{\mathrm{d}x}{\mathrm{d}t} = -\frac{3r^2}{r_0^3}\frac{\mathrm{d}r}{\mathrm{d}t} \tag{18.6}$$

$$\frac{\mathrm{d}r}{\mathrm{d}t} = -\frac{r_0^3}{3r^2}\frac{\mathrm{d}x}{\mathrm{d}t} \tag{18.7}$$

将式(18.4)和式(18.7)代入式(18.3),得

$$-\frac{\mathrm{d}W}{\mathrm{d}t} = \frac{4\pi r^2 \rho}{\frac{4}{3}\pi r_0^3 \rho}\left(-\frac{r_0^3}{3r^2}\frac{\mathrm{d}x}{\mathrm{d}t}\right) = \frac{\mathrm{d}x}{\mathrm{d}t} \tag{18.8}$$

化学反应的界面面积为

$$s = N4\pi r^2 = \frac{4\pi r^2}{\frac{4}{3}\pi r_0^3 \rho} = \frac{3}{r_0\rho}(1-x)^{\frac{2}{3}} = F(1-x)^{\frac{2}{3}} \tag{18.9}$$

式中

$$F = \frac{3}{r_0\rho} \tag{18.10}$$

若化学反应速率为式(18.2),将式(18.8)和式(18.9)代入式(18.2),得

$$-\frac{\mathrm{d}W}{\mathrm{d}t} = kF(1-x)^{\frac{2}{3}}c_B^n = \frac{\mathrm{d}x}{\mathrm{d}t} \tag{18.11}$$

则

$$\frac{\mathrm{d}x}{(1-x)^{\frac{2}{3}}} = kFc_B^n \mathrm{d}t \tag{18.12}$$

积分上式

$$\int_0^x \frac{\mathrm{d}x}{(1-x)^{\frac{2}{3}}} = \int_0^t kFc_B^n \mathrm{d}t$$

得

$$1 - (1-x)^{\frac{1}{3}} = kFc_B^n t \tag{18.13}$$

同理,对于圆柱形颗粒,有

$$1 - (1-x)^{\frac{1}{2}} = kFc_B^n t \tag{18.14}$$

对于平板形颗粒,有

$$x = kFc_B^n t = Qt \tag{18.15}$$

式中

$$Q = kFc_B^n$$

例题 在温度为740 ℃,有NaCl存在的条件下,Na_2CO_3 和 SiO_2 的反应为化学反应控

制。其化学反应为

$$Na_2CO_3 + SiO_2 \rightleftharpoons NaO \cdot SiO_2 + CO_2$$

为一级反应。有关系式

$$(1-x)^{-\frac{2}{3}} - 1 = kFct = Qt \tag{18.16}$$

实验测定 $r_0 = 0.036$ mm, $n(Na_2CO_3) : n(SiO_2) = 1 : 1$ 的数据符合上式。

18.2 扩散为控制步骤

如果反应物通过产物层的扩散比界面上的化学反应慢得多,则过程为扩散所控制。反应物在固体产物层中的扩散很复杂。下面根据不同的情况进行讨论。

18.2.1 抛物线型速率方程

如图 18.1 所示,平板状反应物 A 和 B 相互接触发生化学反应生成厚度为 y 的 AB 产物层。AB 产物层把反应物 A 和 B 分隔开。要继续进行反应,A 就需要穿过产物层 AB 向 AB – B 界面扩散。设平板间的接触面积为 S,在 dt 时间内经过产物层 AB 扩散的 A 的量为 dW_A,浓度梯度为 $\dfrac{dc_A}{dy}$。

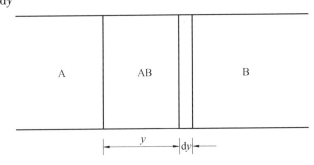

图 18.1 平板状反应物的扩散

根据菲克第一定律,有

$$\frac{dW_A}{dt} = -D_A S \frac{dc_A}{dy} \tag{18.17}$$

反应物 A 在 A – AB 界面的浓度为 100%,在界面 AB – B 的浓度为 0。则上式可写为

$$\frac{dW_A}{dt} = D_A S \frac{1}{y} \tag{18.18}$$

因为反应物 A 的迁移量 dW_A 正比于 Sdy,所以

$$\frac{dy}{dt} = \frac{k'D_A}{y} \tag{18.19}$$

式中,k' 为比例常数,积分式(18.19),得

$$y^2 = 2k'D_A t \tag{18.20}$$

即

$$y = \sqrt{2k'D_A t} = k_1 t^{\frac{1}{2}} \tag{18.21}$$

式(18.21)表示产物层的厚度与时间的平方根成正比。此即抛物线速率方程。

18.2.2　简德尔模型方程

对于固－固相反应,简德尔(Jander)提出如下假设(图18.2):

(1)反应物 B 是半径为 r_0 的等径圆球。

(2)反应物 A 是扩散相,反应物 B 被 A 包围,产物层是连续的。反应物 A、B 和产物 C 完全接触。反应从球的表面向中心进行。

(3)反应物 A 在产物层中的浓度呈线性变化,即浓度梯度为常数。

(4)反应过程中圆球的体积和密度不变。

反应物 B 的起始体积为

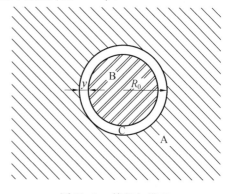

图18.2　简得尔模型

$$V_0 = \frac{4}{3} \pi r_0^3 \tag{18.22}$$

未反应部分的体积为

$$V = \frac{4}{3} \pi r^3 \tag{18.23}$$

则产物层的体积为

$$\Delta V = V_0 - V = \frac{4}{3} \pi (r_0^3 - r^3) \tag{18.24}$$

反应物 B 的转化率为

$$x = \frac{\Delta V}{V} = \frac{r_0^3 - r^3}{r_0^3} \tag{18.25}$$

令产物层的厚度为 y,则

$$y = r_0 - r$$

得

$$r = r_0 - y \tag{18.26}$$

将式(18.26)代入式(18.25),得

$$x = 1 - \left(1 - \frac{y}{r_0}\right)^3 \tag{18.27}$$

而有

$$y = r_0 \left[1 - (1 - x)^{\frac{1}{3}}\right] \tag{18.28}$$

如果产物层的厚度和反应物 B 的半径相比很小,以至于可以把产物层和反应物 B 的接触面视为平面,则可以认为前面平板模型的抛物线公式适用于此种情况,即

$$y^2 = r_0^2 \left[1 - (1 - x)^{\frac{1}{3}}\right]^2 = k_j t \tag{18.29}$$

或

$$\left[1 - (1 - x)^{\frac{1}{3}} \right]^2 = \frac{k_j}{r_0^2} t = k_j t \tag{18.30}$$

式(18.29)和式(18.30)称为简德尔方程。k_j为简德尔常数。将其对时间求导,得

$$\frac{\mathrm{d}x}{\mathrm{d}t} = k_j \frac{(1 - x)^{\frac{2}{3}}}{1 - (1 - x)^{\frac{2}{3}}} \tag{18.31}$$

简德尔方程适用于球形颗粒反应初期转化率较小的情况。随着反应的进行转化率增大,简德尔方程偏差变大。

18.2.3 方程

吉恩斯泰格(Гинстаиг)发展了简德尔得模型。其基本假设同前。反应物 A 通过产物层得扩散速率为

$$-\frac{\mathrm{d}W_A}{\mathrm{d}t} = 4\pi r^2 D_A \frac{\mathrm{d}c_A}{\mathrm{d}r} \tag{18.32}$$

将扩散过程看作稳态过程,则$\dfrac{\mathrm{d}W_A}{\mathrm{d}t}$可当作常数,积分上式

$$\int_0^{c_A} \mathrm{d}c_A = -\frac{1}{4\pi D_A} \frac{\mathrm{d}W_A}{\mathrm{d}t} \int_r^{r_0} \frac{\mathrm{d}r}{r^2}$$

得

$$\frac{\mathrm{d}W_A}{\mathrm{d}t} = -4\pi D_A \frac{r_0 r}{r_0 - r} c_A \tag{18.33}$$

由于

$$-\frac{\mathrm{d}W_A}{\mathrm{d}t} = -\frac{\mathrm{d}W_B}{b\mathrm{d}t} = -\frac{4\pi r^2 \rho_B}{b M_B} \frac{\mathrm{d}r}{\mathrm{d}t} \tag{18.34}$$

将式(18.34)代入式(18.33),得

$$\frac{4\pi r^2 \rho_B}{b M_B} \frac{\mathrm{d}r}{\mathrm{d}t} = -4\pi D_A \left(\frac{r_0 r}{r_0 - r} \right) c_A \tag{18.35}$$

分离变量积分得

$$t = \frac{\rho_B r_0^2}{6 D_A b M_B c_A} \left[3 - 2x - 3(1 - x)^{\frac{2}{3}} \right] \tag{18.36}$$

即

$$1 - \frac{2}{3} x - (1 - x)^{\frac{2}{3}} = k_\Gamma t \tag{18.37}$$

式中

$$k_\Gamma = \frac{\rho_B r_0^2}{2 D_A b M_B c_A} \tag{18.38}$$

式(18.38)称为吉恩斯泰格方程。在固 - 固反应达到高得转化率时,该方程仍能适用。例如,下列反应都符合吉恩斯泰格方程

$$CaO(固) + SiO_2(固) \Longrightarrow CaSiO_3(固)$$

$$2MgO(固) + SiO_2(固) \Longrightarrow Mg_2SiO_4(固)$$
$$SrCO_3(固) + TiO_2(固) \Longrightarrow SrTiO_3(固) + CO_2(气)$$

18.2.4 外兰西–卡特尔方程

如果反应前后固体颗粒的体积发生变化,则上述方程不适用。外兰西–卡特尔(Valensi-Carter)给出了由内扩散控制的反应前后固体圆球的体积发生变化的反应体系的动力学方程。他们的推导方法与由内扩散控制的反应前后固体圆球的体积发生变化的气－固相反应动力学方程相同。

设固体圆球的初始半径为r_0,反应后的半径为r_0,未反应核的半径为r。除反应前后体积发生变化,其他情况同吉恩斯泰格模型。

对于化学反应

$$aA(固) + bB(固) \Longrightarrow dD(固)$$

反应所消耗的固相反应物 B 的分子数与生成的固相产物 D 的分子数之比等于它们的化学计量系数之比,即

$$\frac{\left(\frac{4}{3}\pi r_0^3 - \frac{4}{3}\pi r^3\right)\rho_B}{M_B} : \frac{\left(\frac{4}{3}\pi r_0^3 - \frac{4}{3}\pi r^3\right)\rho_D}{M_D} = b : d \tag{18.39}$$

式中,M_B,M_D为固相反应物和产物 B,D 的相对分子质量;ρ_B,ρ_D为固相反应物和产物 B,D 的密度。

化简式(18.39)得

$$\frac{dV_D}{bV_B} = \frac{r_0^3 - r^3}{r_0^3 - r^3} \tag{18.40}$$

式中

$$V_D = \frac{M_D}{\rho_D}, V_B = \frac{M_B}{\rho_B} \tag{18.41}$$

分别为反应物 B 和产物 D 的摩尔体积。

令

$$\frac{dV_D}{bV_B} = z \tag{18.42}$$

代入式(18.40),得

$$r_0 = \left[zr_0^3 + r^3(1-z)\right]^{\frac{1}{3}} \tag{18.43}$$

利用式(18.35),将式中的r_0换作r_0,做积分,得

$$\frac{2bM_B D_A c_A}{\rho_B r_0^2}t = \frac{z - \left[1 + (z-1)x_B\right]^{\frac{2}{3}} - (z-1)(1-x_B)^{\frac{2}{3}}}{z-1} \tag{18.44}$$

即

$$\frac{z - \left[1 + (z-1)x_B\right]^{\frac{2}{3}} - (z-1)(1-x_B)^{\frac{2}{3}}}{z-1} = k_v t \tag{18.45}$$

式中

$$k_v = \frac{2bM_B D_A c_A}{\rho_B r_0^2}$$

x_B 为固相反应物 B 的转化率。

18.3 化学反应和内扩散共同控制

18.3.1 道莱斯外米–泰姆汉柯尔对两个固相反应物形成连续固溶体体系的处理

道莱斯外米(Doraiswamy)和泰姆汉柯尔(Tamhankar)研究了两个固相反应物能形成连续固溶体,过程由化学反应和扩散共同控制的情况。

产物区和反应区的形成过程示意图如图18.3所示。反应在等温条件下进行。在 $t = 0$ 时刻,两固相反应物开始在接触界面发生化学反应并不断地向反应物区域内推进,形成一定厚度的反应区域,即反应层。

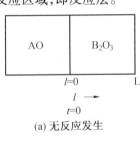

(a) 无反应发生

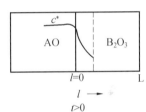

(b) 反应区形成,但无产物层

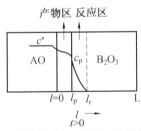

(c) 产物区域、反应区同时存在,
产物区没有扩散阻力

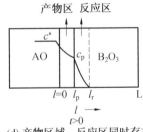

(d) 产物区域、反应区同时存在,
产物区有扩散阻力

图 18.3 产物区和反应区的形成过程示意图

随着反应的进行,反应层发生移动,并形成产物层。产物层对反应物质的传质可能会产生阻碍作用,使得产物层和反应层的界面上反应物的浓度发生变化。

18.3.1.1 产物层

设扩散系数与组成无关,则菲克第二定律可写为

$$\frac{\partial c}{\partial t} = D_p \frac{\partial^2 c}{\partial y^2} \tag{18.46}$$

式中,D_p 为产物层中所讨论组分的扩散系数。

方程(18.46)的初始条件和边界条件为,当 $t = 0$ 时,在 $y < 0$ 处 $c = c^0$,在 $y > 0$ 处,

$c = 0$;当 $t > 0$ 时,在 $y = 0$ 处 $c = c^*$,在 $y = y_0$ 处,$c = c_p$。其中 c_p 为产物层末端处组分的浓度;y_0 为产物层的厚度。

如果反应物颗粒的尺寸比产物层的厚度大得多,则应满足的初始和边界条件为,在 $t \geqslant 0$ 时,在 $y = \infty$ 处 $c = 0$。方程(18.46)的解为

$$c = c^* \operatorname{erf} \frac{y}{2(D_p t)^{\frac{1}{2}}} \tag{18.47}$$

令

$$w = \frac{c}{c^*}, z = \frac{y}{L}, \theta = \frac{D_p t}{L^2} \tag{18.48}$$

式中,L 为反应物颗粒的长度。

式(18.47)成为

$$w = \operatorname{erf} \frac{z}{2\theta^{\frac{1}{2}}} \tag{18.49}$$

上式中的变量均为无因次变量。产物层末端的无因次浓度为

$$w_p = \operatorname{erf} \frac{z_p}{2\theta^{\frac{1}{2}}} = 1 - \operatorname{erf} \frac{z_p}{2\theta^{\frac{1}{2}}} \tag{18.50}$$

18.3.1.2 反应层

假设反应层的厚度为一常数,则反应层的质量平衡方程为

$$D_r \frac{\partial^2 c}{\partial y^2} - kc = 0 \tag{18.51}$$

式中,D_r 为所讨论组分在反应层中的有效扩散系数。

方程(18.51)的初始和边界条件为,在 $t > 0$ 时,$y = y_0$ 处 $c = c_p$;在 $t > 0$ 时,$y = y_r$ 处 $c = 0$。

将方程(18.51)中的变量转变为无因次量,并利用希尔(Thiele)准数:

$$\varphi_r = L\left(\frac{k}{D_r}\right)^{\frac{1}{2}} \tag{18.52}$$

则方程(18.51)成为

$$\frac{d^2 w}{dz^2} - \varphi_r^2 w = 0 \tag{18.53}$$

初始和边界条件变为,在 $t > 0$ 时,$z = z_p$ 处 $w = w_p$;在 $t > 0$ 时,$z = z_r$ 处 $w = 0$。方程(18.52)的解为

$$w = w_p \frac{\sin h[\varphi_r(z_r - z)]}{\sin h(\varphi_r \Delta z)} \tag{18.54}$$

式中

$$\Delta z = z_r - z_p \tag{18.55}$$

为反应层的厚度。

18.3.2 经验公式

有一些经验公式可以处理由化学反应和扩散共同控制的固-固相反应。

18.3.2.1 塔曼公式

塔曼(Taman)给出的经验公式为

$$x = k_T \ln t \tag{18.56}$$

式中,k_T 为常数,与温度、扩散系数和反应物颗粒接触状况有关。

18.3.2.2 泰普林公式

对于粉料的固-固相反应,泰普林(Tapline)归纳的经验方程为

$$\frac{dx}{d(t^\alpha)} = k_t (1 - \beta x)^m \tag{18.57}$$

式中,α 是与过程的控制步骤有关的参数;m 为反应指数;β 为常数;k_t 为常数。

18.3.3 过程控制步骤的确定

前面给出的关于固-固相反应由界面化学反应控制或由扩散过程控制的公式可以写成统一的形式

$$F = kt \tag{18.58}$$

或

$$F = k_{\frac{1}{2}} \frac{t}{t_{\frac{1}{2}}} \tag{18.59}$$

式中,k 和 $k_{\frac{1}{2}}$ 均为常数。$t_{\frac{1}{2}}$ 为 $x = \frac{1}{2}$ 时所需要的反应时间。例如,简德尔方程可以写为

$$F = [1 - (1 - x)^{\frac{1}{3}}]^2 = k_j t \tag{18.60}$$

当 $x = \frac{1}{2}$ 时,$t = t_{\frac{1}{2}}$,代入上式得

$$k_j = \frac{0.046\ 2}{t_{\frac{1}{2}}} \tag{18.61}$$

所以

$$F = [1 - (1 - x)^{\frac{1}{3}}]^2 = 0.046\ 2 \frac{t}{t_{\frac{1}{2}}} \tag{18.62}$$

其他的方程都可以这样处理。

将各个方程的转化率 x 对 $\frac{t}{t_{\frac{1}{2}}}$ 作图,可得到不同的曲线,每个方程对应一条曲线。把实测数据也按 $x \sim \frac{t}{t_{\frac{1}{2}}}$ 作图,并与各方程的曲线相比较,以此确定实际反应的类型和控制步骤。在具体处理时,需要考虑实验误差。

若实验结果与界面化学反应控制或扩散过程控制的公式都不符合,则须考虑两者共同控制的情况。

18.4 影响固相反应的因素

18.4.1 粒度分布的影响

实际的反应物混合料不是同一尺寸的固体颗粒,而是不同粒度的混合物,具有一定的粒度分布。固体颗粒的粒度分布会影响其接触面积,反应过程中不同尺寸的颗粒反应终了所用的时间也不一样。粒度分布对过程的动力学有影响,其影响可用外兰希(Valensi)－卡特尔(Carter)方程估计。

将反应物按粒度分成若干组,第 i 组的平均半径为 r_i,组元 A 在第 i 组中所占的份数为 f_i,其转化率为 x_{Ai}。将卡特尔的动力学用于第 i 组,可得

$$\frac{z - \left[1 + (z-1)x_{Ai}\right]^{\frac{2}{3}} - (z-1)(1-x_{Ai})^{\frac{2}{3}}}{2(z-1)} = \frac{kt}{a_0^{2(i-1)}r_{i0}^2} \tag{18.63}$$

其中

$$r_{i0} = a_0^{i-1}r_{10} \tag{18.64}$$

式中,a_0 为相邻组的平均半径的比值。由上式可求得第 i 组的转化率,将各组的转化率加和,即得总的转化率。

反应速率常数与颗粒半径之间存在下面的经验关系

$$k = \frac{\alpha}{r^2} \tag{18.65}$$

式中,α 为常数。

单位质量颗粒的表面积为

$$S = \frac{4\pi r^2 n}{\frac{4}{3}\pi r^3 n\rho} = \frac{3}{\rho r} \tag{18.66}$$

这里 r 为平均半径或将颗粒看成等半径的球。将以上两式比较,得

$$S = \frac{3\sqrt{k}}{\rho\sqrt{\alpha}} \tag{18.67}$$

该式与实验结果相符合。

18.4.2 温度的影响

温度对反应过程有影响。化学反应速率常数 k 和扩散系数 D 与温度的关系为

$$k = A\exp\left(-\frac{E_{反}}{RT}\right) \tag{18.68}$$

和

$$D = D_0 \exp\left(-\frac{E_{扩}}{RT}\right) \qquad (18.69)$$

其中

$$D_0 = \alpha \nu a_0 \qquad (18.70)$$

式中,A 是概率因子;$E_{反}$ 为化学反应活化能;$E_{扩}$ 是扩散活化能;ν 为扩散质点在晶格位置上的本征频率;a_0 为质点间的平均距离;α 为常数。

由式(18.60)和式(18.61)可见,升高温度有利于化学反应和扩散过程。通常 $E_{扩}$ 比 $E_{反}$ 小,因此温度对化学反应速率的影响比对扩散过程的影响大。

18.4.3 添加剂的影响

向固体反应物中加入固体添加剂,会对固-固反应产生影响。可能对反应起催化作用,也可能对反应起阻碍作用。这取决于添加剂是增加还是减少反应物的晶格缺陷数目,即增加或减少晶格中空位的浓度。例如,对于 ZnO 和 $CuSO_4$ 的反应,在 ZnO 中添加 Li^+ 会加速反应,添加 Ga^{3+} 会减慢反应。

添加剂也可能会促进表面烧结,使迁移过程容易进行而加速反应。

18.4.4 反应物本身的活性的影响

反应物本身的活性是影响固-固反应速率的内在因素。固体的结构越完整,缺陷越少,晶格能越大,其反应活性也越低。

18.5　加成反应

加成反应是固态反应物之间反应生成固态产物。例如,不同金属间反应生成金属间化合物的反应,如

$$3Fe(s) + Al(s) \Longrightarrow Fe_3Al(s)$$
$$La(s) + 5Ni(s) \Longrightarrow LaNi_5(s)$$
$$Cu(s) + Zn(s) \Longrightarrow CuZn(s)$$

不同氧化物间反应生成复杂氧化物,如

$$MgO(s) + Al_2O_3(s) \Longrightarrow MgAl_2O_4(s)$$
$$MgO(s) + B_2O_3(s) \Longrightarrow MgB_2O_4(s)$$
$$Al_2O_3(s) + SiO_2(s) \Longrightarrow Al_2SiO_5(s)$$
$$Na_2O(s) + Al_2O_3(s) + SiO_2(s) \Longrightarrow Na_2Al_2SiO_6(s)$$

在固态反应过程中,生成的固态产物把不同的反应物隔离开。反应得以继续进行,固体反应物必须穿过反应界面,相互接触。

下面以生成尖晶石的固态反应为例,分析加成反应的机理。

AO 和 B_2O_3 为两种离子型氧化物,其中 A 和 B 为金属元素。起初氧化物 AO 和 B_2O_3

紧密接触,加热到一定温度,AO 和 B_2O_3 开始反应,生成尖晶石 AB_2O_4 晶核。由于两种朱武结构差异大,形成产物要进行结构重排,即化学键的要断开和重组,离子要进行迁移,需要消耗很多能量,因此,形成晶核比较困难。尖晶石 AB_2O_4 的形核过程为 O^{2-} 排在形成尖晶石晶核的晶格结点位置,A^{2-} 和 B^{3+} 穿过固体 AO 和 B_2O_3 接触的界面相互交换,排在尖晶石晶核的晶格结点位置。随着产物尖晶石 AB_2O_4 的生产,AO 和 B_2O_3 的界面被产物层隔代替,AO 和 B_2O_3 被产物层隔开。AO 和 B_2O_3 反应,A^{2-} 和 B^{3+} 不仅要穿过固体 AO 和 B_2O_3,还要穿过产物层 AB_2O_4。

在单晶固体中,扩散是空位机理,即离子空位的浓度是扩散的推动力。在多晶固体中除离子空位扩散外,还与晶界扩散、表面扩散等。另外,化学反应、固相烧结、电中性条件,以及氧化物的柯肯达尔效益等都对固态反应的扩散有影响。

固态反应的扩散机理示意图如图 18.4 所示。

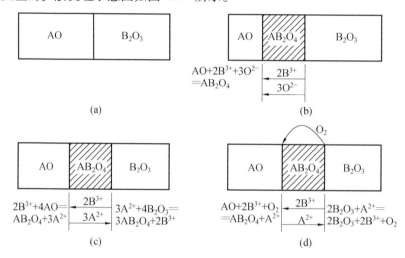

图 18.4 固态反应扩散机理示意图

图 18.4(a) 表示反应的初始状态。

图 18.4(b) 表示 B^{3+} 和 O^{2-} 沿相同方向经过 B_2O_3/AB_2O_4 界面穿过产物层 AB_2O_4 向 AB_2O_4/AO 界面扩散。可以把这种情况看作 B_2O_3 通过产物层 AB_2O_4 扩散,产物层 AB_2O_4 仅单向地朝 AO 方向推进。

图 18.4(c) 表示 O^{2-} 不迁移,A^{2+} 和 B^{3+} 作等量逆向扩散。为保持过程的电中性,向右边扩散 3 个 A^{3+} 生成 3 个 AB_2O_4,同时就要向左边扩散 2 个 B^{3+},生成 1 个 AB_2O_4。这样,在界面的左右两侧生成的产物 AB_2O_4 的厚度比例为 1∶3。

图 18.4(d) 表示 A^{2+} 和 B^{3+} 作逆向扩散,而氧是通过气相由 B_2O_3 向 AB_2O_4/AO 界面传递。

由以上分析可见,有以下三个因素影响固态反应速率:

(1) 固体间的接触面积。

(2) 固体产物成核速率。

（3）离子的扩散速，主要是通过产物层的扩散速率。

如果接触面积一定，则反应速只与后两个因数有关。在 AO 与 B_2O_3 反应的初期，反应速率主要决定于产物的成核速率；在产物层达到一定厚度，则 A^{2+} 和 B^{3+} 通过产物层的扩散成为控制步骤。在通过产物层的扩散成为控制步骤的情况下，可以认为在反应物和产物的界面化学反应达到平衡，相界面上组元的活度没有突变，活度的变化是连续的。如果产物层是厚度为 l 的平面层，扩散速率为

$$\frac{\mathrm{d}l}{\mathrm{d}t} = \frac{k}{l}$$

即

$$l^2 = kt \tag{18.71}$$

式中，k 为速率常数。产物层厚度和时间是抛物线关系。

18.6　交换反应

固体置换反应是固体反应物之间交换阴离子的反应。可以表示为

$$AX + BY \Longrightarrow AY + BX$$

或

$$AX + B \Longrightarrow A + BX$$

例如

$$ZnS(s) + CuO(s) \Longrightarrow CuS(s) + ZnO(s)$$
$$PbS(s) + CdO(s) \Longrightarrow CdS(s) + PbO(s)$$
$$Ag_2S(s) + 2Cu(s) \Longrightarrow Cu_2S(s) + 2Ag(s)$$
$$Cu_2S(s) + 2Cu_2O(s) \Longrightarrow 6Cu(s) + SO_2(g)$$

固相交换反应机理多样，这里只讨论其中的两种特殊情况：

（1）参加反应的各组元之间相互溶解度很小。

（2）氧离子的迁移速度远大于阴离子的迁移速度。

18.6.1　约斯特模型

约斯特(Jost)认为，在固相交换反应

$$AX + BY \Longrightarrow AY + BX$$

中，反应物 AX 和 BY 被产物 AY 和 BX 隔开，如图18.5(a)所示。由于阳离子扩散速度快，形成的产物 BX 层覆盖了 AX，形成的产物 AY 层覆盖了 BY。只有 A^+ 能在产物 BX 层中溶解和迁移，B^+ 能在产物 AY 层溶解并迁移，置换反应才能继续进行。如果 X_2 和 Y_2 的分压一定，则在一定的温度和压力条件下，BX/AY 界面阳离子的化学势梯度确定，其活度梯度也确定。在 BX/AY 界面离子的扩散流密度必须满足电中性的要求。两个产物层厚度的增加符合抛物线公式

$$l^2 = kt$$

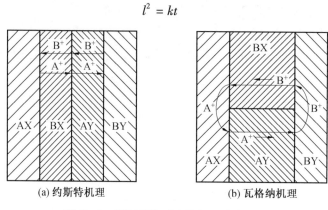

| (a) 约斯特机理 | (b) 瓦格纳机理 |

图18.5 固相置换反应的机理示意图

18.6.2 瓦格纳模型

如果A^+在产物BX层中、B^+在产物AY层中的溶解度核迁移速度都很小,产物层的生长速率就很慢。据此瓦格纳提出镶嵌模型。根据这种模型,A^+仅在AY中扩散,B^+只在BX中扩散,从而反应体系中形成一个封闭的离子循环流。从图18.5(b)可见,平衡时有三相接触,因此除温度和压力外,只有一个自由度。若选气体X_2的压力为变量,则从反应的标准吉布斯自由能变化便可算出组元A在AY中的活度和化学势。如果知道组元在AY和BX中的扩散阻力,就可以计算出在这种极端情况下的置换反应速率。许多金属与金属氧化物的置换反应符合瓦格纳模型。例如

$$Fe + Cu_2O \Longrightarrow FeO + 2Cu$$
$$Co + Cu_2O \Longrightarrow CoO + 2Cu$$

18.6.3 电化学反应模型

在固态反应中,有电子转移的氧化还原反应。例如
阳极反应

$$2Cu \Longrightarrow 2Cu^{2+} + 2e$$

阴极反应

$$Ag_2S + 2e \Longrightarrow 2Ag + S^{2-}$$

总反应为

$$2Cu + Ag_2S \Longrightarrow 2Ag + Cu_2S$$

阳极反应

$$Cu_2S \Longrightarrow 2Cu + S^{4+} + 4e$$

阴极反应

$$2Cu_2O + 4e \Longrightarrow 4Cu + 2O^{2-}$$

总反应为

$$Cu_2S + 2Cu_2O \Longrightarrow 6Cu + SO_2$$

这类电化学反应的推动力是原电池的电动势。

固相置换反应的电化学反应模型如图 18.6 所示。

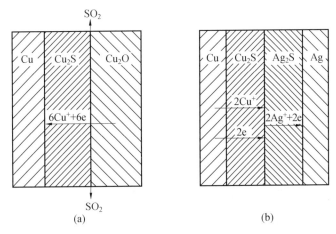

图 18.6 固相置换反应的电化学反应模型

(a) $Cu_2S + 2Cu_2O \Longrightarrow 6Cu + SO_2(g)$;(b) $Ag_2S + 2Cu \Longrightarrow Cu_2S + 2Ag$

习　　题

1. 举例说明生产实际中的固-固相化学反应。

2. 金属氧化符合化学反应为控制步骤的抛物线速率方程,推导出该方程。

3. 何谓简德尔方程? 推导出该方程。

4. 何谓吉恩斯泰格(Гинстаиг)方程? 推导出该方程。

5. 何谓外兰西-卡特尔方程? 推导出该方程。

6. 哪些因素影响固-固相反应? 解释影响固-固相反应的因素。

参考文献

［1］徐光宪,王祥云. 物质结构［M］. 北京:高等教育出版社,1987.

［2］唐有祺. 晶体化学［M］. 北京:高等教育出版社,1957.

［3］钱逸泰. 结晶化学导论［M］. 3 版. 合肥:中国科学技术大学出版社,2005.

［4］潘金生,仝健民,田民波. 材料科学基础［M］. 北京:清华大学出版社,1998.

［5］胡赓祥,蔡珣. 材料科学基础［M］. 上海:上海交通大学出版社,2000.

［6］胡赓祥,钱根苗. 金属学［M］. 上海:上海科学技术出版社,1980.

［7］林志东. 纳米材料导论［M］. 北京:北京大学出版社,2010.

［8］王世敏,许祖勋,傅晶. 纳米材料新制备技术［M］. 北京:化学工业出版社,2002.

［9］傅鹰. 化学热力学导论［M］. 北京:科学出版社,1963.

［10］李钒,李文超. 冶金与材料热力学［M］. 北京:冶金工业出版社,2009.

［11］LUPIS C H P. Chemical thermodynamics of materials［M］. New York:Elsevier Science Publishing Co. Inc. , 1983.

［12］沈鹤年. 怎样看硅酸盐相图［M］. 北京:中国建筑工业出版社,2009.

［13］莫鼎成. 冶金动力学［M］. 长沙:中南工业大学出版社,1987.

［14］华一新. 冶金过程动力学导论［M］. 北京:冶金工业出版社,2004.